（第2版）

电梯安全和应用

朱德文　付国江　朱慧缈　著

中国电力出版社
CHINA ELECTRIC POWER PRESS

内 容 提 要

本书全面而详细地阐述了电梯安全和应用技术，第 1 篇为普通电梯篇，内容包括电梯规范和电梯安全，电梯设计和电梯安全，电梯配置和电梯安全，电梯安装和电梯安全，电梯使用和电梯安全，电梯维修和电梯安全，电梯改造和电梯安全以及电梯报废问题；第 2 篇为事故处理篇，包括地震和电梯安全，电梯事故处置问题，电梯火灾事故应急处置；第 3 篇为特殊装置篇，包括自动扶梯安全，升降机安全和自动化停车场安全；第 4 篇为质量安全篇，包括落实电梯生产使用单位主体责任，加强电梯业的科学监管。本书的特点：分析和处理电梯安全问题全面而公正，抓住了实质；注意到了应用和节能；取材丰富，注意介绍国外的电梯安全内容。

本书可供电梯乘客的普通民众和电梯类专业工作者，包括建筑和电梯类设计人员，安装、维修和管理人员，升降机和停车场类人员，专业工程技术安全人员，以及大专院校有关专业师生等参考使用。

图书在版编目（CIP）数据

电梯安全和应用 / 朱德文，付国江，朱慧缈著．—2 版．—北京：中国电力出版社，2019.2 (2024.1 重印)
ISBN 978-7-5198-2766-3

Ⅰ. ①电…　Ⅱ. ①朱…　②付…　③朱…　Ⅲ. ①电梯–安全管理　Ⅳ. ①TU857

中国版本图书馆 CIP 数据核字（2018）第 295182 号

出版发行：中国电力出版社
地　　址：北京市东城区北京站西街 19 号（邮政编码 100005）
网　　址：http://www.cepp.sgcc.com.cn
责任编辑：王晓蕾（010-63412610）
责任校对：黄　蓓　郝军燕
装帧设计：张俊霞
责任印制：杨晓东

印　　刷：中国电力出版社有限公司
版　　次：2013 年 8 月第一版　2019 年 2 月第二版
印　　次：2024 年 1 月北京第三次印刷
开　　本：787 毫米×1092 毫米　16 开本
印　　张：22.5
字　　数：549 千字
定　　价：68.00 元

前　言

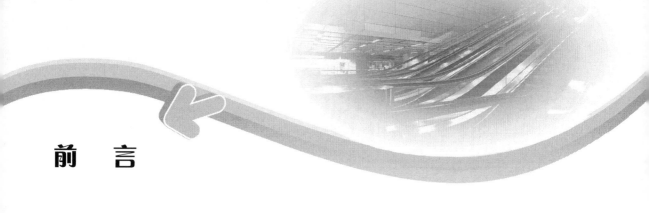

《电梯安全和应用》第 1 版由于注重结合和解决电梯的实际问题，得到读者的厚爱而受到欢迎。如今政府多次发文件关心乘梯民众，尽最大可能减少和降低电梯事故率，达到让民众安心乘梯、放心乘梯的目的。从电梯业现状和电梯运行实际出发，如今更应强调电梯界的经营和管理，因此该书修订版新增一篇即第 4 篇质量安全篇，包括两章，即第 16 章落实电梯生产使用单位主体责任和第 17 章电梯业的科学监管。为使全书篇幅不致过增，对于前 15 章，相应删去了似不急需的内容，同时把更需要的内容补充进去。

本书第 2 版由沈阳建筑大学教授级高工朱德文、付国江老师和南方航空北方分公司朱慧缈合著。

为减少和降低电梯事故率，当前应从电梯的经营和管理下手，解决实际问题，推动电梯技术的进步，真正做到让民众安心乘梯。让我们为这一目标共同努力吧！

朱德文

2018 年 9 月　于北京中信城

第 1 版前言

我国目前不论从哪个角度看，都需要有像《电梯安全和应用》这样的书。因为据有关材料统计，2010 年 1～9 月，我国共发生电梯事故 36 起，死亡 24 人；2011 年 1～9 月，发生事故 44 起，死亡 33 人。我国多年来电梯万台事故率一直是下降的，但 2011 年打破了平稳下降趋势，事故率有抬头的趋势。电梯的安全和质量是设计和制造出来的，但其安全可靠的运行是由安装和维保来维持的，只有行业企业和使用单位积极配合起来，才能保障电梯的安全和可靠运行。2011 年 7 月 5 日北京市地铁 4 号线动物园站，发生地铁自动扶梯逆行，导致 1 死 30 伤的重大事故，更引起了国内外人士的极大关注，甚至普通乘客和民众都受到很大触动。这次事故不仅和扶梯安装、维修有关，还和扶梯选型、不遵守扶梯安全规范有关，也和乘客忽视、不熟悉扶梯运行安全规则有关。所以对我国来说，预防电梯事故的形势仍然严峻，应该认真贯彻以人为本的方针，对电梯事故要引起足够重视，严格执行电梯安全规范，为减少和消除电梯事故而努力。这就是写这本书《电梯安全和应用》的背景。

本书的内容以电梯的安全和应用为主，特别是电梯的安全。从下面三方面入手：提高电梯生产质量；加强维修管理；加大向民众（包括安装维修人员）宣传的力度，严格遵守电梯安全规范。本书内容主要包括三大部分：第 1 篇为普通电梯篇，包括电梯规范和电梯安全，电梯设计和电梯安全，电梯配置和电梯安全，电梯安装和电梯安全，电梯使用和电梯安全，电梯维修和电梯安全，电梯改造和电梯安全以及电梯报废问题；第 2 篇为事故处理篇，包括地震和电梯安全，电梯事故处置问题，电梯火灾事故应急处置；第 3 篇为特殊装置篇，包括自动扶梯安全、升降机安全和自动化停车场安全。

本书的特点如下：

（1）分析和处理电梯安全问题全面而公正，抓住了实质。无论从专业角度还是从普通民众角度，切中了要害。著者认为，需从 14 个方面（本书的第 2～15 章）来分析和处理电梯安全问题。关键是执行，别有法不依。

（2）注意到了应用和节能。因为本书主要讲的是电梯安全，所以应用也是和电梯安全有关的问题；和电梯无关的应用技术，恕不能过多涉及。电梯节能是当前的方向，本书注意介绍这方面的知识。

（3）取材丰富，注意介绍国外的电梯安全内容。本书收集的写作材料是实际写出来的内容的 2～3 倍，这样在取材时是经过仔细筛选的，设身处地地考虑到了读者和专业作者的需要。我们应该虚心地学习、介绍国外先进的电梯安全技术，为我所用。

（4）从老少咸宜的角度下笔写书。就是给几岁无知的孩童念出书中某段电梯安全知识，他也能听懂学做。当然大部分内容是给所有乘客和专业技术人员预备的，并有前沿电梯安全技术知识。对书中专业术语进行了解释，多图例，避免晦涩和生硬。

本书由沈阳建筑大学朱德文教授级高工和南方航空北方分公司朱慧缈合著。撰写中得到了华夏银行资金部朱绍纲副总的鼎力相助，得到了中国电力出版社王晓蕾编辑和有关领导的大力支持，得到多位专家的把关和鼓励。对于上述各位，著者表示由衷的谢意！

如果电梯乘客在电梯乘行上，电梯安装和维修工作者、电梯管理人员在处理电梯安全问题上，能从本书中受到一点启发，并对当前的工作有所改进，那著者就感到了莫大的欣慰。由于考虑不周，书中可能存在这样那样的缺点甚或错误，欢迎读者不吝指正。

朱德文

目　录

第2篇 事故处理篇

第3篇 特殊装置篇

第4篇 质 量 安 全 篇

第1章

概　　述

2011 年 7 月 5 日北京市 4 号线地铁动物园站，发生地铁自动扶梯逆行，导致 1 死 30 伤的重大事故，给地铁交通和生命财产造成严重损失，也引起国内外人士的密切关注。事后，有关地铁服务部门、扶梯生产厂家和安装维修部门，电梯业从业人员，国家质检总局特种设备安全监察局有关负责人员，甚至普通民众，都受到很大触动。这次事故不仅与扶梯选型、安装及维修有关，也与乘客忽视、不熟悉扶梯运行安全规则有关。

从更广的角度说，电梯从业人员和监察部门，要认真查找扶梯、电梯事故发生的原因。尽管我国现在的电梯安全状况已大大好转，可形势仍然严峻；我国是世界上电梯生产和使用的大国，要求生产和使用高质量的电梯，严格执行电梯安全规范，减少和消除电梯事故。发生扶梯和电梯事故的因素涉及以下几个方面：

（1）不认真执行电梯规范的相关条款和规定。电梯规范是对电梯设计和使用的最低限度的要求，所以要不折不扣地执行电梯规范。

（2）电梯设计有漏洞，必然会造成电梯运行不正常，或发生事故。

（3）电梯配置不合理，偷工减料，也会发生事故。例如，按照事先的调查和分析，本应该配置重型扶梯而配置轻型扶梯，因此造成不耐用，提前发生故障。

（4）电梯安装不到位。再好的电梯设计，再好的电梯设备，如果安装不到位，或者安装人员素质差，达不到安装要求，电梯就不能通畅运行。

（5）电梯使用知识不普及。政府监察部门、安装维修人员及电梯从业人员应该宣传和普及电梯安全使用知识。

（6）电梯维修、保养落后。我国是电梯生产和使用大国，但维修、保养相对落后，不按时维修、保养，电梯安全难有保证。

（7）电梯改造不及时。电梯服役到期，该改造的未改造，该更新的未更新，再加上平时维修、保养跟不上，就更容易出问题了。

（8）电梯安全涉及报废问题。对于涉及电梯报废等，得有人研究；得有监察规定；还得严格执行。

（9）电梯安全和地震。尽管地震不是经常发生，但是必须有所准备。须知，地震对电梯设备有摧毁性的威胁，不得不防；否则损失惨重！

（10）电梯事故处置问题。电梯出现事故时，如果处理得好，能减少生命财产损失；否则将加大损失。

（11）电梯火灾事故应急处置。按过去电梯规范规定，发生火灾事故时，不准乘电梯逃生。

电梯火灾事故和其他电梯事故一样，处理得好，能减少生命财产损失，否则将加大损失。

（12）自动扶梯安全。同电梯一样，自动扶梯属于电梯类，过去对扶梯安全不够重视，发生过几起大的扶梯事故之后，向人们敲起了警钟：也必须注重自动扶梯安全！

（13）升降机安全。升降机虽然不属于电梯类，但是升降机安全和电梯安全一样，也经常出现问题。

（14）自动化停车场安全。机械化停车场的工作流程需要电梯和其他升降装置，其安全性十分重要，和人们的日常工作和生活息息相关，因此，对升降机、自动化停车场的安全要给予同样的重视。

上述各款构成了《电梯安全和应用　第 2 版》的全部内容，可归纳成四篇：普通电梯篇，包括第 2 章～第 9 章；事故处理篇，包括第 10 章～第 12 章；特殊装置篇，包括第 13 章～第 15 章；质量安全篇，包括第 16 章和第 17 章。

要掌握电梯安全和应用知识，避免生命财产损失，使人们更好地生活和工作，提高电梯和其他提升设备的输送效率，首先要了解一下电梯安全和应用技术的沿革，国外电梯安全应用规范，我国电梯安全和应用规范，并对今后电梯安全和应用做一展望，这是第 1 章概述的内容。

2003 年，中华人民共和国国务院令（第 373 号）公布《特种设备安全监察条例》，电梯被明确规定为特种设备。国家质量监督检验检疫总局发布的《液压电梯监督检验规程（试行）》、《杂物电梯监督检验规程》开始实施；发布《机电类特种设备制造许可规则（试行）》（国质检锅〔2003〕174 号）；发布《机电类特种设备安装改造维修许可规则（试行）》（国质检锅〔2003〕251 号）。《北京市居住小区物业管理服务标准》正式实施，其中涉及电梯的运行与维修管理。GB 7588—2003《电梯制造与安装安全规范》发布，自 2004 年 1 月 1 日起实施。

国外电梯安全应用规范主要是欧盟、美国和日本的规范，我国多采用欧盟的标准。国际标准化组织 ISO（International Organization for Standardization）是世界各国标准化团体（ISO 的成员团体）的联合会。电梯国际标准的具体工作由国际标准化组织的各技术委员会（TC）承担。ISO/TC178 技术委员会是专门研究垂直、倾斜和水平运送人和货物设备国际标准的技术委员会（不包括连续机械搬运设备和矿井提升机）。其秘书处设在法国标准化协会（AFNOR），主要承担电梯、服务电梯、自动扶梯和自动人行道及类似设备安全标准的制定、比较和研究。

据 ISO 国际标准化组织的统计：2002 年，全球生产了 297 000 台电梯，其中包括 22 000 台自动扶梯和自动人行道；全球共安装的电梯总计约 7 430 000 台，千人占有率为 1.16。

至 2006 年，由 ISO 秘书处直接出版的 ISO 标准共 22 份，其中 12 份是有关电梯标准，10 份是技术规范或技术报告。

欧盟的电梯法规标准体系主要是由电梯技术法规《电梯指令》和各种电梯协调标准组成的。1995 年 6 月欧盟发布了《电梯指令》（European Parliament Council Directive 95/16/EC of 29 June 1995 on the approximation of the laws of the Member States relating to lifts），指令中对电梯的基本健康与安全要求，允许电梯及安全部件投放市场和投入使用的条件，电梯及其安全部件的合格评定程序，对电梯和安全部件加贴 CE 标记的要求，以及各成员国为符合该指令而应当采取的措施等作出了规定。欧盟各成员国大都将该指令转换为本国的法令或法规。该指令适用于用来运送人或者人和货物的电梯，以及只用来运送货物，但人可以毫不费力地进

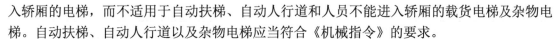

入轿厢的电梯，而不适用于自动扶梯、自动人行道和人员不能进入轿厢的载货电梯及杂物电梯。自动扶梯、自动人行道以及杂物电梯应当符合《机械指令》的要求。

1. 我国电梯安全应用规范

我国电梯安全应用规范见表1-1。电梯标准与建筑标准是相辅相成的，我国与电梯有关的建筑标准主要如下（其中有的建筑标准如后来经过修改，则以新标准为准）：

（1）《特种设备质量监督与安全监察规定》，国家质量技术监督局发布，2000年10月1日施行；

（2）GB 50352—2017《民用建筑设计通则》；

（3）JGJ 122—1999《老年人建筑设计规范》；

（4）JGJ 67—2006《办公建筑设计规范》；

（5）JGJ 38—2015《图书馆建筑设计规范》；

（6）JGJ 49—1988《综合医院建筑设计规范》；

（7）JGJ 40—1987《疗养院建筑设计规范》；

（8）GB 50096—2011《住宅设计规范》；

（9）JGJ 36—2016《宿舍建筑设计规范》；

（10）GB 50038—2005《人民防空地下室设计规范》；

（11）GB 50045—2014《高层民用建筑设计防火规范》；

（12）GB 50016—2014《建筑设计防火规范》（2018年版）；

（13）GB/T 50314—2015《智能建筑设计标准》；

（14）GB 50763—2012《无障碍设计规范》；

（15）CJJ 15—1987《城市公共交通站、场、厂设计规范》；

（16）JGJ 62—2014《旅馆建筑设计规范》；

（17）JGJ 48—2014《商店建筑设计规范》；

（18）JGJ 64—2017《饮食建筑设计规范》。

表1-1　　我国电梯安全应用规范

序号	标准号	中文标准名称	英文标准名称	批准日期/实施日期	主题内容及适用范围
1	GB 7588—2003	电梯制造与安装安全规范	Safety rules for the construction and installation of electric lifts	2003-06-16/2004-01-01	本标准规定了乘客电梯及载货电梯制造与安装应遵循的安全准则，以防电梯运行时发生伤害乘客和损坏货物的事故。本标准适用于电力驱动的曳引式或强制式乘客电梯、病床电梯及载货电梯。本标准不适用于杂物电梯和液压电梯
2	GB/T 10058—2009	电梯技术条件	Specification for lifts	2009-9-30/2010-03-01	本标准规定了乘客电梯及载货电梯的技术要求、检验规则、标志、包装、运输与贮存等。本标准适用于额定速度不大于6.0m/s的电力驱动的曳引式和额定速度不大于0.63m/s的电力驱动强制式的乘客电梯和载货电梯。不适用于液压电梯、杂物电梯和家用电梯
3	GB/T 10059—2009	电梯试验方法	Lifts-Testing methods	2009-09-30/2010-03-01	本标准规定了乘客电梯和载货电梯整机和部件的试验方法。本标准适用于额定速度不大于6.0m/s的电力驱动曳引式和额定速度不大于0.63m/s的

续表

序号	标准号	中文标准名称	英文标准名称	批准日期/实施日期	主题内容及适用范围
3	GB/T 10059—2009	电梯试验方法	Lifts-Testing methods	2009-09-30/2010-03-01	电力驱动强制式的乘客电梯和载货电梯。对于额定速度大于 6.0m/s 的电力驱动曳引式乘客电梯和载货电梯可参照本标准执行，不适用部分由制造商和客户协商确定。本标准不适用于液压电梯、杂物电梯
4	GB 10060—2011	电梯安装验收规范	Code for acceptance of lifts installation	2011-07-20/2012-01-01	本标准规定了电梯安装验收的条件、项目、要求和规则。本标准适用于额定速度不大于 6.0m/s 的电力驱动曳引式和额定速度不大于 0.63m/s 的电力驱动强制式乘客电梯、载货电梯，不适用于液压电梯、杂物电梯、仅载货电梯和家用电梯
5	GB/T 7024—2008	电梯、自动扶梯、自动人行道术语	Terminology of lifts，escalators，passenger conveyors	2008-12-06/2009-06-01	本标准规定了电梯、自动扶梯、自动人行道术语。本标准适用于制定标准、编制技术文件、编写和翻译专业手册、教材及书刊
6	GB/T 7025.1—2008	电梯主参数及轿厢、井道、机房的型式与尺寸 第 1 部分：Ⅰ、Ⅱ、Ⅲ类电梯	Lifts-Main specifications and the dimensions arrangements for its cars，wells and machine rooms Part 1: Lifts of classes Ⅰ、Ⅱ、Ⅲ	2008-12-06/2009-06-01	本标准规定了允许安装Ⅰ、Ⅱ、Ⅲ类乘客电梯的必要尺寸。本部分给出的尺寸反映了设备的要求。应当注意相关的国家标准，在某些情况下有可能要求更大的尺寸。本部分适用于所有安装在新建筑物内具有一个出入口的轿厢的电梯，且与驱动系统无关。然而，如果将对重侧置，则可以设置一个贯通的出入口，这时可能需要增加井道的深入尺寸。在相关场合，它也可以作为在用建筑电梯安装的依据。与本部分包含的主参数及轿厢、井道、机房的形式与尺寸不一致的电梯应咨询制造商。本部分不适用于速度超过 6.0m/s 的电梯。对于这类电梯应咨询制造商
7	GB/T 7025.2—2008	电梯主参数及轿厢、井道、机房的型式与尺寸 第 2 部分：Ⅳ类电梯	Lifts-Main specifications and the dimensions arrangements for its cars，wells and machine rooms Part 2: Lifts of class Ⅳ	2008-12-06/2009-06-01	本部分规定了安装Ⅳ类电梯所要求的尺寸，在 3.2.4 中定义了Ⅳ类电梯通常是用来运送货物。本部分适用于电力和液压驱动的电梯，适用于所有安装在新建筑物内具有一个或两个出入口的轿厢的电梯。在相关场合，它也可以作为亦可作为在用建筑电梯安装的依据
8	GB/T 7025.3—1997	电梯主参数及轿厢、井道、机房的型式与尺寸 第 3 部分：Ⅴ类电梯	Lifts-Main specifications and the dimensions arrangements for its cars，wells and machine rooms Part 3: Lifts of class Ⅴ	1997-10-16/1998-06-01	本标准规定了广泛用于各类建筑物中的Ⅴ类电梯的主参数及轿厢、井道的尺寸
9	GB/T 24478—2009	电梯曳引机	Traction machine for lifts	2009-10-15/2010-03-01	本标准规定了额定速度不大于 8.0m/s 的电梯曳引机的技术要求、试验方法、检验规则、标志、包装、运输及储存。本标准适用于乘客电梯和载货电梯的曳引机。本标准不适用于杂物电梯和家用电梯的曳引机
10	GB 8903—2005	电梯用钢丝绳	Steel wire ropes for elevators	2005-12-13/2006-07-01	本标准规定了电梯用光面钢丝绳的范围、术语和定义、结构、尺寸、外形和重量及允许偏差、技术要求、试验方法、检测规则、包装、标志和

续表

序号	标准号	中文标准名称	英文标准名称	批准日期/实施日期	主题内容及适用范围
10	GB 8903—2005	电梯用钢丝绳	Steel wire ropes for elevators	2005-12-13/2006-07-01	质量证明书等。经供需双方协议，在符合国家安全规定的前提下，也可使用其他结构、绳径和抗拉强度或镀锌的电梯用钢丝绳。本标准适用于载客电梯或载货电梯的曳引用钢丝绳、液压电梯用悬挂钢丝绳、补偿用钢丝绳和限速器用钢丝绳，以及杂物电梯和在导轨中运行的人力升降机等用的钢丝绳。本标准不适用于建筑工地升降机、矿井升降机以及不在永久性导轨中间运行的临时升降机用钢丝绳
11	GB 16899—2011	自动扶梯和自动人行道的制造与安装安全规范	Safety rules for the construction and installation of escalators and passenger conveyors	2011-07-29/2011-07-29	本标准是自动扶梯和自动人行道的安全规范，其目的是保证在运行、维修和检查工作期间人员和物体的安全，防止意外事故的发生
12	GB/T 12974—2012	交流电梯电动机通用技术条件	General specification for a.c. lift motors	2012-12-31/2013-06-01	本标准规定了各类型交流电梯电动机的型式、基本尺寸参数与尺寸、技术要求、试验方法与检验规则以及标志与包装的要求。本标准适用于各类型乘客电梯、客货电梯、病床电梯及载货电梯用的交流电梯电动机
13	GB 50310—2002	电梯工程施工质量验收规范	Code for acceptance of installation quality of lifts，escalators and passenger conveyors	2002-04-01/2002-06-01	本规范适用于电力驱动的曳引式或强制式电梯、液压电梯、自动扶梯和自动人行道安装工程质量的验收；本规范不适用于杂物电梯安装工程质量的验收。本规范是对电梯安装工程质量的最低要求，所规定的项目都必须达到合格
14	JG 135—2000	杂物电梯	Dumbwaiter lifts	2000-12-13/2001-06-01	本标准规定了电力驱动、轿厢是用钢丝绳或链条悬挂的杂物电梯的结构和安装，检验、记录与维修，包装、运输与贮存等方面的技术要求。适用于额定载重量不大于 500kg、额定速度不大于 1.0m/s，在层站地板水平面或高于层站地板水平面装载的电梯
15	GB/T 30560—2014	电梯操作装置、信号及附件	Lift-Control devices signals and additional fittings	2014-05-06/2014-12-01	本标准规定了电梯操作装置、按钮和指示器的要求，考虑了电梯的控制类型，并规定了适用于残障人员使用的要求（见附录 D)。附录 B 给出了可接近的特殊要求。本标准对轿厢内扶手（如果有）的要求也作了规定
16	JG/T 5010—1992	住宅电梯的配置与选择	Passenger lifts to be installed in residential buildings-Planning and selection	1992-11-06/1993-05-01	本标准规定了住宅电梯的配置和选择方法。本标准适用于安装在住宅中的乘客电梯。在建筑设计阶段，按本标准即能确定电梯的数量和它的主要规格
17	YB/T 5198—2004	电梯钢丝绳用钢丝	Steel wires for elevator ropes	2004-06-01/2004-11-01	本标准规定了电梯钢丝绳用钢丝的尺寸、外形、技术要求、试验方法、检验规则及包装、标志和质量证明书等。本标准适用于钢丝标称直径为 0.25～1.8mm，用于制造电梯钢丝绳用光面钢丝
18	JB/T 8545—2010	自动扶梯梯级链、附件和链轮	Step chains，fittings and step gears for escalators	2010-02-11/2010-07-01	本标准规定了自动扶梯用梯级链的结构型式、基本参数和尺寸、抗拉强度和链长精度，以及与这些链条相配的附件和链轮的技术要求。本标准适用于自动扶梯带有梯级的输送链，同时也适用于自动人行道的输送链

续表

序号	标准号	中文标准名称	英文标准名称	批准日期/实施日期	主题内容及适用范围
19	GB 17907—2010	机械式停车设备　通用安全要求	Mechanical parking systems-General safety requirement	2011-01-10/2011-12-01	《机械式停车设备　通用安全要求（GB 17907—2010）》增加了术语和定义（第3章）；删除了原标准表1中序号7的内容；删除了原标准附录A的内容；将原标准第5章内容调整为资料性附录B；将原标准附录C的内容调整为本标准的第6章和第7章；增加了设计要求（见5.2.2）；增加了电器设备的外壳防护等级要求（5.6.6.2）；增加了抗电磁干扰的要求（5.6.8）；调整和补充了安全防护装置（5.7）等
20	GB/T 18775—2009	电梯、自动扶梯和自动人行道维修规范	Specification for the service of electric lifts	2009-10-15/2010-03-01	本标准规定了电梯设备维修所应遵守的要求。本标准适用于电梯、自动扶梯和自动人行道
21	GB/T32271—2015	电梯能量回馈装置	Energy feedback device for lifts	2015-12-10/2016-07-01	规定了电梯能量回馈装置的技术要求、试验项目与方法、检验规则以及标志、包装、运输和贮存。本标准适用于连接到额定电压为交流400V及以下的TN-S系统的电梯能量回馈装置。不适用于电梯上具有可控整流功能的变频装置
22	GB/T 31821—2015	电梯主要部件报废条件	Specification for discard of the main parts of lifts	2015-07-03/2016-02-01	规定了“安全保护装置、紧急救援装置、井道安全门和活板门、驱动主机、轿厢、层门和轿门、电气控制装置”等13项对电梯安全运行影响较大的电梯主要部件报废技术条件
23	GB/T 31095—2014	地震情况下的电梯要求	Lifts subject to seismic conditions	2014-12-22/2015-06-01	规定了GB 7588—2003和GB 21240—2007的附加要求。适用于新安装的乘客电梯和载货电梯，同时也可作为提高在用乘客电梯和载货电梯安全性的依据。不适用于表A.1所定义的抗震电梯等级为0级的电梯。不涉及地震造成的其他风险，例如火灾、洪水或爆炸等

2. 国内外电梯事故调查

调查与分析国内外电梯发生的事故，可以看出掌握电梯安全技术的重要性，为加强我国电梯安全所应遵循的方向，从而减少和避免电梯事故。

国外电梯事故的统计分别见表1-2（2002年）～表1-4（2003）。

表1-2　　欧洲国家工人发生电梯事故统计

国别		奥地利	比利时	德国	法国	芬兰	意大利	瑞典	瑞士	英国	总计
事故后果	死亡				1					1	2
	重伤		10	19	38	2			203	3	275
	轻伤	126	23	275	332	1	136	23	232	165	1313
	总计	126	33	294	371	3	136	23	435	169	1590
事故原因	通向底坑的通道不安全		3	13	7					1+2	1+25
	无通向机房和滑轮间的通道或该通道不安全			6	33					9	48
	搬运装置不完备		1							19	20

续表

国别		奥地利	比利时	德国	法国	芬兰	意大利	瑞典	瑞士	英国	总计
事故原因	触电防护设施和/或电气设备标志不充足，缺失须知			3	7	1		4		2	17
	机房或滑轮间的地面光滑		2	6						3	11
	机房或滑轮间的照明不足		4	3		1				1	9
	曳引轮、滑轮或链轮上无安全防护装置或装置不完备				6	3					9
	对于曳引式驱动和带平衡重强制式驱动的电梯无轿厢上行超速保护装置	7		1							8
	没有机房，滑轮间地面高度不一，保护装置不完备			4	3					1	8
	井道顶部和底坑内安全空间不够		2	1				5			8
	其他原因	119	10	234	312	1		5		131	813
	新电梯安装引发的伤害				$\underline{1}$						$\underline{1}$

注：表中带底线数字代表死亡人数。

表 1-3　　国外电梯事故发生率统计

国家和地区	时间段/年	电梯数量/台	受伤事故起数	死亡事故起数	事故发生率/（$\times10^{-3}$）	死亡率/（$\times10^{-3}$）
（美国）加利福尼亚	1984	40 000	20	1	0.5	0.025
意大利	1967—1976	237 000	155	42	0.08	0.018
德国	1977—1981	309 000	247	20	0.17	0.013
西班牙	1979—1983①	168 000②	100	19	0.17	0.025
以色列	1975—1998	30 000	92	22	0.17	0.032

① 4～5 年期间。

② 西班牙电梯总数的 56%。

表 1-4　　欧洲国家乘客发生电梯事故统计

国别		奥地利	丹麦	比利时	德国	法国	西班牙	意大利	瑞典	瑞士	英国	总计
事故后果	死亡					$\underline{3}$	$\underline{5}$	$\underline{5}$	$\underline{2}$		$\underline{3}$	$\underline{18}$
	重伤	9		6	3	64	42	10		18	1	153
	轻伤	13	4	39	7	140	31	64	8	30	44	380
	总计	22	4	45	10	207	78	79	10	48	48	551
事故原因	没有轿厢上行超速或开门溜车保护装置	3				6		$\underline{1}$+7		4	$\underline{2}$+2	$\underline{3}$+22
	层门门锁装置不安全	1						$\underline{3}$				$\underline{3}$+1
	无火灾情况下的控制功能或功能不完善						$\underline{2}$	1				$\underline{2}$+1

续表

国　别		奥地利	丹麦	比利时	德国	法国	西班牙	意大利	瑞典	瑞士	英国	总计
事故原因	无安全钳和/或限速器，安全钳和/或限速器不适当					43	3	$\underline{1}$+5				$\underline{1}$+51
	无轿门	3		3			2		$\underline{1}$	1		$\underline{1}$+9
	未用专用工具而能打开层门锁					$\underline{1}$+7						$\underline{1}$+7
	轿厢和面对轿厢入口的井道壁之间间隙过大					$\underline{1}$+2						$\underline{1}$+2
	部分封闭井道的围壁过低					$\underline{1}$						$\underline{1}$
	驱动系统平层精度差	7	1	6	5	68	43	26	2	12	18	188
	通向井道和底坑的通道门上锁紧装置不完备					43		1				44
	动力操作轿门上无防护装置或防护装置不完备	3				5	3	11	1		22	45
	带有玻璃的水平滑动层门或轿门无防护拖曳手指的装置或该装置不完备						10	1			3	14
	动力操作层门上无防护装置或防护装置不完备							12				12
	其他原因	5	2	35		28	$\underline{3}$+6	8	$\underline{1}$	30	$\underline{1}$	$\underline{5}$+114

注：表中带底线数字代表死亡人数。

我国近几年电梯事故数量统计及事故发生率、各类电梯事故数据分别见表1-5和表1-6。

表1-5　　我国近几年电梯事故数量统计及事故发生率

年份/年	事故总计/起	重大事故/起	严重事故/起	一般事故/起	在用电梯/台	人员伤亡数/人			直接经济损失/万元	事故发生率/（$\times10^{-3}$）	死亡率/（$\times10^{-3}$）
						死亡	重伤	轻伤			
2002	54	1	51	2	346 067	46	9	1	210	0.156	0.133
2003	53	0	53	0	427 399	39	13	2	133.8	0.124	0.091
2004	22	0	22	0	527 329	18	4	5	206.05	0.042	0.034
2005	42	0	42	0	651 794	32	11	5	76.35	0.064	0.049
2006	39	0	39	0	—	31	7	7	—	0.051	0.040
2007	36	0	27	9	—	29	6	10	—	0.039	0.032
2008	38	0	30	8	—	32	4	10	—	0.033	0.028
2009	46	0	32	14	1 370 000	33	20		—	0.033	0.024

表1-6　　各类电梯事故数据统计

年份/年	乘客电梯/起	载货电梯/起	杂物电梯/起	自动扶梯/起
2002	25	22	5	2
2003	24	23	2	4
2004	7	14	1	0
2005①	17	10	5	3

① 2005年数据为2005年1～10月28日统计结果。

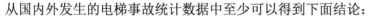

从国内外发生的电梯事故统计数据中至少可以得到下面结论：

（1）与欧美工业发达国家相比，我国 2002～2005 年期间的电梯事故发生率并不高，在 0.064～0.156 之间；而欧美工业发达国家从 20 世纪 60 年代到 90 年代的电梯事故发生率在 0.08～0.5 之间。这说明电梯技术在不断进步，电梯安全技术也在不断进步，并越来越受到人们的重视。

（2）我国 2002～2005 年期间的电梯事故死亡率偏高，千台死亡率在 0.034～0.133 之间；而欧美工业发达国家从 20 世纪 60 年代到 90 年代的电梯事故死亡率在 0.013～0.032 之间。我国的电梯事故以严重事故为多，以死亡人数为多；而欧美几个工业发达国家的以轻伤者为多。因此，对我国来说，出现电梯事故的形式很严峻，应该认真贯彻以人为本的方针，对电梯事故要引起足够重视，严格执行电梯安全规范，减少和消除电梯事故。

3. 我国的电梯安全监察工作计划

据国家质检总局特种设备安全监察局有关负责人介绍，我国近期的电梯安全监察工作任务如下：

（1）以体制创新求安全监察工作的突破性进展，建立工作体系，落实各项责任，推进改革创新。

（2）建立下述三个工作体系：①完善法规体系，努力争取《特种设备安全监察法》的立项，力争人大通过；②建立动态监督管理体系，包括基层安全监察体系的建设和信息化建设；③研究安全评价体系，仅靠事故率很难反映特种设备的安全状况，建立和我国经济发展相适应的、科学的评价体系，科学分析特种设备安全工作对经济、社会的作用。

（3）落实各项责任。政府督促协调的责任（各级政府协调解决重大问题）、企业的责任（即企业安全责任）、安全监察机构的责任（即以法监管的责任）、检验单位的责任（即技术把关责任）。

（4）实施改革创新。①实行开放立法，群众参与，科学决策。将安全技术规范的制定工作交由中国特检中心组织全国有关专家起草，送总局特种设备安全技术委员会审议，总局负责法规规范的立项、审定和发布，力争在几年内形成中国自己的特种设备法规规范体系。②行政许可改革，即实行开放鉴定评审，统一对外窗口，完善许可制度，健全监督制约机制，公开许可事项等创新，建立审查、批准、监督三分离的行政许可机制。③安全监察方式改革，即把使用环节作为监督重点，形成以安全监察机构为主导，专职执法机构配合其实施，检验检测机构技术支撑，法制机构履行法制监督的执法工作机构。④检验检测机构改革，即检验机构联合重组的改革创新实行锅炉与特检合并，省与省会城市检验机构合并，撤销县级检验机构挂靠城市中心所，对检验机构实行 ABC 分级管理，使检验机构做大、做优、做强。推动信息化建设。

（5）加大宣传和监督检查力度，严格执法，进一步消除违章行为。包括消除使用环节的违章，消除安装、维修及日常维护保养等施工作业中的违章。

（6）进一步规范电梯的安装、维修和日常维护保养。

（7）抓紧论证“简易电梯”的监管问题。

（8）促进电梯安全保护装置水平的提高。

（9）进一步提高监察和检验人员的专业技术水平与综合业务素质。

（10）引导维修和日常维护保养等市场的健康发展。

（11）探索和学习香港机电工程署对电梯的监管模式。

（12）针对电梯制造的专业化和社会化，将进一步研究制造环节行政许可的方式。

为确保电梯的安全运行，我国将通过行政许可和监督检查两大制度来实现。到 2005 年，经许可的电梯制造单位共 319 家，经许可的电梯安装、改造、维修单位共有 2693 家，经核准的电梯型式试验机构共有 4 家（河北廊坊的国家电梯质检中心、上海交大的电梯检验中心、广东省特种设备检测院、深圳市特种设备检测院）；经核准从事电梯监督检验和定期检验的机构共有 374 家。现在，正在研究加速完善电梯安全监察的法规标准体系，使中国电梯更安全、更便捷和更舒适。

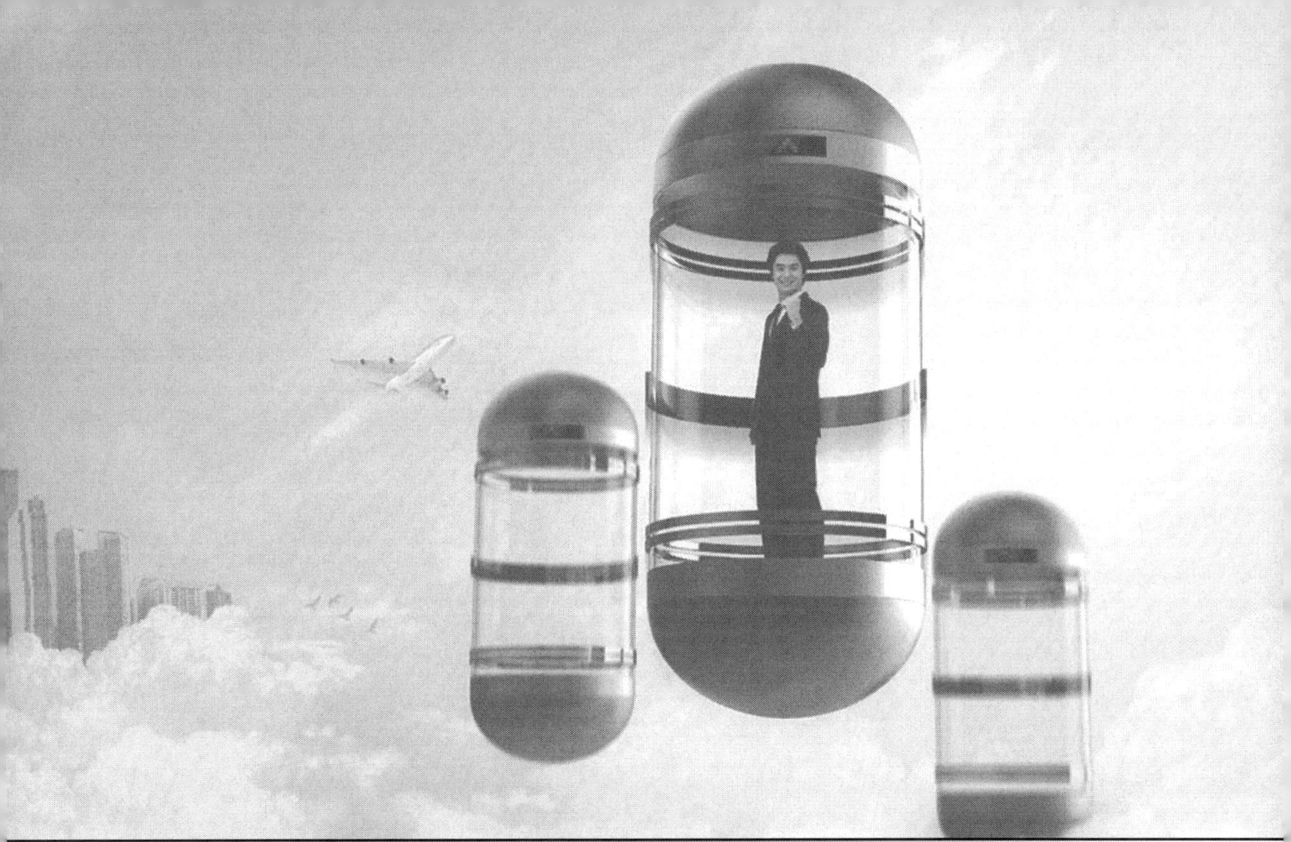

第1篇 普通电梯篇

第2章

电梯规范和电梯安全

在第 1 章里已经知道了我国各种电梯安全应用规范，可是每种规范里包含哪些内容，又有哪些电梯安全规定，怎样应用这些规定？这些都需要我们继续掌握；还要知道电梯规范对不同种类的电梯有哪些不同的要求，新旧电梯规范有哪些不同？又是如何实施的？电梯规范是怎样体现型式试验流程的？规范规定电梯要设置上行超速保护装置，又是怎样实施的？上述这些内容和问题的解决要在第 2 章中介绍。总之，电梯安全问题是以电梯规范为法律标准的，以此来衡量电梯质量的好坏，衡量电梯设计、配置、施工、使用、维修各个环节的正确与谬误。从这个角度看，第 2 章内容是电梯安全问题的根本和准绳。我们更多关心和注意的是，怎样正确理解、执行和应用电梯规范的问题。

2.1 电梯规范中关于电梯安全的规定

根据表 1-1 中我国电梯安全应用规范，尤其是 GB 7588—2003《电梯制造与安装安全规范》（以下简称《规范》），应用在电梯设计、生产、安装、使用、维修与检验上，下面是归纳出的要遵守的电梯安全要求与电气故障防护规定，并举例说明。

1. 电梯安全要求

（1）为防止电梯在运行、维修、检验检测，或者紧急操作以及停止使用期间，发生人员和财物的意外安全事故，对电梯安全技术要提出基本要求。

（2）考虑保护人员包括：①使用人员；②获得许可的电梯作业人员（含获得使用单位许可并持有相应电梯作业资格的维修、维护保养、检验检测和管理人员）；③电梯附近（井道、机房和滑轮间）的人员。

（3）考虑保护的物体包括：①轿厢中的装载物；②电梯零部件；③安装电梯的建筑物。

（4）依据电梯正确使用（而不是滥用和故意破坏）来设定安全技术基本要求，不考虑同时发生两种鲁莽动作的可能性或违反电梯使用说明的情况。

（5）为不能获得许可的电梯作业人员提供一个与使用人员相同的安全环境；获得许可的电梯作业人员必须遵守相关的安全操作规程，才能保证其自身和相关人员的安全。

（6）电梯设计应该考虑发生以下事故的可能性（包括所安装的建筑物）：①剪切；②挤压；③坠落；④撞击；⑤被困；⑥火灾（根据消防部门的要求）；⑦电击；⑧由于机械损伤、磨损和锈蚀引起的材料失效。

（7）电梯的设计和制造应该考虑组成电梯的每一零部件可能产生的危险，并且制定相应的规范。零部件应当满足：①按照通常工程实践和计算规范进行设计，要考虑到所有失效形式以及失效的严重后果。②具有可靠的机械和电气结构。③由足够强度和良好质量的材料制成。④无缺陷。⑤在良好维护下，即使有磨损，仍能满足有关安全要求。如果零部件的磨损或者疲劳等可能产生危险状态时，制造者应该在使用说明书上特别说明磨损或者疲劳后的危险性质、检查和判断方法以及更换要求等。⑥在预期的环境影响和工作条件下，不会影响电梯的安全运行。⑦不使用有害材料，如石棉等。

（8）电梯在特殊条件下（如露天或者易爆环境）工作时，应选取适用于这些特殊条件的设计准则。

（9）设计时，假设一个人可能施加的水平力至少为：①静力，300N；②撞击所产生的力，1000N。

（10）电梯电气设备的设计和制造应该保证在使用中能够防止由于电气设备本身所引起的危险，或者能够防止由于外界对电气设备的影响而可能引起的危险。电气设备必须按下列方法安装和连接：①与电梯没有任何直接联系的电路不能相混；②在电源需要换接的场合，当电梯承载时，电源供应能够被换接；③电梯运行依赖于独立的电气安全回路中的电气安全装置；④电气安装中的错误和电气设备故障不应引起危险状态。

（11）电梯设备的支承系统应能承受所有正常运行和紧急运行时所产生的载荷（包括冲击力）。这些载荷包括正常使用的，可预见的合理超载，还包括正常使用中的装卸过程、加减速、制动等，或紧急操作时安全钳动作，缓冲器冲击等的力。

（12）当电梯的安全需要维修来保持时，制造厂应该提供适当的作业指导书，并由相应经培训的电梯作业人员实施。这些维修涉及电梯、电梯部件以及其功能与磨损、破裂有关情况，但不包括免维修的设计。

（13）应防止使用者和附近人员接近具有危险性的设备区域。

（14）应将承载装置和工作区域的地板上绊跌和滑倒的危险性降到最小，承载装置和工作区域地板应该合理地平整，不应出现明显的斜坡。当采用防滑材料时，应该考虑材料的防滑性能能够长期维持，并且不取决于清扫情况。

（15）应确保电梯使用者和附近人员不受由下列相对运动引起的剪切、挤压、擦伤和其他伤害：①承载装置和外部物体之间的相对运动；②电梯设备的相对运动。

本条款着重考虑的是承载装置内、外人员的安全。

（16）如果任何一扇井道门打开或者没有锁紧，或者承载装置门没有关闭，对人产生危险的承载装置运动应该被停止。井道门包括层门，仅限于获得许可的电梯作业人员使用（如撤离）的辅助井道门、活板门等。平层和再平层（以及对接操作）时承载装置移动的危险可不予考虑。

（17）应提供相应的方法和程序，以便受困使用人员和获得许可的电梯作业人员安全地释放和撤离。电梯应能在获得许可的电梯作业人员的控制下，允许承载装置移动至撤离口的位置，但也不拒绝接纳其他不需要移动承载装置的替代方法。极端情况下，承载装置因安全钳动作，地震造成损坏而使承载装置阻卡，可以另行采取适当的说明和工作方法等。

（18）应当采取措施有效地减轻暴露的锋利锐边对使用者和附近人员产生的风险。

（19）应采取措施有效地减轻使用者和附近人员触电的风险。

（20）电磁干扰不应影响电梯的安全，电梯的电磁发射应限制在一定的范围内。

（21）使用期间，承载装置和层站应该提供适当的照明。适当的照明应该达到安全进出并操纵控制装置，包括检查平层的误差、操纵层站和承载装置的控制装置，在电力供应中断时减轻使用人员的惊慌。

（22）在地震地区应当采取措施，将地震对承载装置中的使用者和获得许可的电梯作业人员的可预见的危险影响降到最低。

（23）用于建造电梯的材料和数量不应导致危险的情形出现。这种危险的情形包括对于使用人员、电梯附近人员和获得许可的电梯作业人员产生毒害、烟熏、化学腐蚀、易燃物质和石棉暴露等伤害。

（24）应保护使用者和获得许可的电梯作业人员，使其免受环境的影响。这种环境影响包括电梯安装地区可以预见的天气条件，使用人员和获得许可的电梯作业人员直接暴露在这种环境影响时应该有相应的保护（如在承载装置和工作区域供热或者降温）。此外，对于易受天气影响的有关电梯零件，应该有适当保护。

（25）应该有防止使用人员、电梯附近人员和获得许可的电梯作业人员从井道四周楼板或者层门口（当承载装置不在该层时）坠落井道的措施。

（26）电梯正常使用时，应该确保人员在平层时安全地进出承载装置。建议考虑适当的尺寸、空间、说明和承载装置平层位置是否正确等内容。

（27）层门与承载装置门地坎水平间隙应该予以限制。应该考虑会走路小孩的安全，轮椅和辅助行走装置轮子的尺寸也应该予以考虑，测量时以使用人员移动方向垂直线为准。

（28）使用人员进出承载装置时，承载装置和层站应该充分平层。承载装置载荷引起的平层误差应该予以消除，以防止使用人员跌跤。平层误差应该足够小，以便所有使用人员（包括行动不便人员）能安全进出。

（29）只有承载装置位于平层区域附近时，才允许被困在承载装置内的人员自行撤离。以上“平层区域附近”是指承载装置与层站距离不至于产生跌跤和坠落的危险为限。此外，当承载装置门能够由使用人员因自救而用手打开时，承载装置入口与井道壁或者层门入口之间任何间隙应该尽可能地小，以防止从该间隙坠落井道（GB 7588—2003 未能完全实现本目标）。

（30）层门和承载装置门之间的空间不应容纳人员。本条款的目的是防止人员（包括小孩）从入口的侧面进入承载装置门与层门之间的空间。当承载装置门和层门有多个门扇，而且不稳固时，铰链层门与滑动承载装置门配合的情况也应该考虑。

（31）当承载装置处于平层位置时，如果层门和承载装置门关闭时遇到阻碍，则层门和承载装置门应重新开启。

（32）承载装置应能容纳和承受相应的额定载荷和可预见的合理超载。主要应考虑人员的运输，“容纳”的意思是为预定数量的使用人员提供空间，并且考虑到使用人员的重量和体积。本条款中“可以预见的合理超载”是指应考虑的下列情况：①通常由使用人员携带的载荷（如公文包、行李，但不包括用手推车装载的行李货物）；②可能有比普通使用人员高和重的使用人员；③可能挤进比设计规定更多的使用人员。

（33）承载装置的支撑或者悬挂应该能够支撑满载的承载装置，和可以预见的合理超载，特别是要注意超出额定载荷后的性能保证。

（34）当承载装置处于平层位置时，如果层门和承载装置门关闭时遇到阻碍，则层门和承载装置门应该重新开启。

（35）应采取措施防止超载的支承装置离开层站。“防止离开层站”的意思是当探测到超载时，提升驱动系统将不能工作，不执行任何命令，但并不包括钢丝绳的伸长、摩擦曳引打滑等。此外，还应该在可以预见的合理超载下，维持电梯的整机性能。

（36）应该采取措施防止使用人员（和货物）从承载装置中坠落。通过承载装置平台的安全防护装置、栅栏、围壁可实现本要求。本条款也要求对承载装置与井道壁之间任何有可能挤进使用人员的开口加以保护。承载装置出口边缘与层门门扇的间隙是这种开口的典型。

（37）应当对承载装置的运行行程予以限制，以防止其失控越程运行。垂直运行的承载装置应该限制承载装置失控越程运行。应该在承载装置行程终点设置一个安全停止装置。这个安全停止装置动作时，不应该损害设备和伤害承载装置中的使用人员。行程终点应该超越正常平层终端位置一定距离。

（38）应该限制承载装置的失控移动，目的是防止承载装置超过设计速度运行，也防止承载装置意料之外的移动。类似的事件，如承载装置超出额定速度向端站运行；或者当门打开，使用人员正在进出承载装置时，承载装置移动而离开层站；或者电梯速度控制、驱动、制动系统等部件失效而引起的可预见的故障。

（39）应该防止承载装置与任何设备在运行中产生致使使用人员伤害的碰撞。

承载装置应该有适当强度的防护装置或者围壁，防止由于水平力而产生的危险偏移，防护装置或者围壁的变形和偏移应该限制在不至于出现危险的情况下，本要求也包括承载装置或者对重到达井道的终端，最终应该被缓冲，以免产生伤害事故。

（40）承载装置的水平和旋转运动应该予以限制，以防止使用人员和获得许可的电梯作业人员失去平衡而跌跤，充分地减少使用人员和获得许可的电梯作业人员被伤害的危险。

（41）应该确保对速度和加速度的变化进行限制，将伤害使用人员的风险性减至最低。

本条款包括正常和紧急状态下速度和加速度的变化。在一个极端的紧急状态（如承载装置自由下落被停止），轻微的伤害可能性是可以容忍的，原因是这种情况出现的概率极低。

（42）当外来物体落入时，承载装置应该保护使用人员安全。应该考虑粗鲁行为和携带工具等类似的行为造成物体落入承载装置的情况。开放式井道的电梯还应该考虑恶意破坏行为（如从外面扔东西），但下雨是不予考虑的。

（43）承载装置应该有足够通风。本条款的目的是确保被困使用人员有充足的空气补充。虽然正常运行时因为行程相对较短，门的开启足以交换空气，而不需要专门的措施。

（44）承载装置的内部应该由耐火材料构成，这些材料燃烧产生的烟雾应该尽量地少。

在火灾中，承载装置使用的材料的特性和数量可能是伤害使用人员的重要原因。需要考虑材料的耐火性，燃烧释放的有毒物质等因素。使用少量不能符合上述要求的材料（如控制按钮、光线扩散器等）是允许的。

（45）当承载装置有下降至水淹区域时，应该具有相应的检测装置并防止承载装置下降至淹水区域。

（46）对于部分封闭的承载装置和在专门用途（如具有对接功能货梯）的电梯，必要时允许在承载装置内设置使用人员可以人为中止运行的装置。

（47）应该有让承载装置中的使用人员识别所在楼层的装置。如果不知道自己的位置，则可能产生混乱和茫然。通常这并不是安全问题，但在紧急状态下（如火灾），这条款是很重要的。

（48）应该提供适当和安全的工作空间。“适当的空间”是以人类工程学的原则考虑执行相应任务所需要的空间。

（49）获得许可的电梯作业人员应该能够安全地接近所有需要维修的设备。

如果需要维修的电梯设备不易于接近，但其不安全状况有相应指示时也是可以的。电梯部件的设计应该考虑安全状况指示和容易接近，以进行维修工作。

（50）应当确保人员能够安全地进出电梯运行区域内外的工作空间。不管承载装置所处的位置在何处，从任何工作区域应该能够撤出，工作区域包括承载装置顶部等。

（51）任何指定工作区域，应该能够容纳和支撑获得许可的电梯作业人员和辅助设备的重量。获得许可的电梯作业人员数量和他们携带或者使用的用于完成预定工作任务的设备应该是确定的，这些工作任务不包括工作区域需要扩大和增加的大修理。

（52）只有电梯有关的设备或者其保护装置才能允许安装在电梯设备的空间中。既要防止非获得许可的电梯作业人员（和不懂电梯危险性的人员）进入电梯设备的空间（如机房、井道等），也要防止用这些空间作仓库使用。

（53）应该充分地减少获得许可的电梯作业人员从工作区域坠落的可能性。在井道的工作区，如承载装置的顶部、临时工作平台等，有坠落的危险时（如承载装置与井道间隙），应该装设有如栏杆等安全装置。栏杆等防护设施应该有足够的强度和高度。

（54）当获得许可的电梯作业人员处于承载装置运行行程范围中，只有该获得许可的电梯作业人员才能控制承载装置移动或者停止。

当获得许可的电梯作业人员到达电梯的其他无保护的运动部件（包括对重等）时，也只有该获得许可的电梯作业人员能够阻止或者起动这些运动部件。

（55）应采取措施，防止保护在井道内的获得许可的电梯作业人员受到设备失控或者非故意移动的影响。

如果移动产生的接触是有害的，应该尽量减轻这种危险，如控制着设备运动或者设置永久性分隔屏把运动部件和工作区域分隔开，以避免碰撞事故。本条款中“设备”包括所有移动部件如承载装置、对重等。

（56）应该提供适当的方法，保护在工作区域的获得许可的电梯作业人员免受剪切、挤压、擦伤、划伤、高温和被困等危险。

（57）井道中工作的获得许可的电梯作业人员应该有适当的保护措施，防止遭受物体的坠落打击。造成打击的坠落物体可能是来自手持工具、放在承载装置顶上的松动物品等。

（58）在设备设计和建造中应该减少获得许可的电梯作业人员遭遇电击的危险。但是，电梯维修有时需要获得许可的电梯作业人员进入带电设备区域。

（59）所有获得许可的电梯作业人员使用的工作区域和进入通道时，都应该有适当的照明。“适当的照明”应该保证有关人员安全地进入和实施设备的维修操作，照明可以在获得许可的电梯作业人员不在时关闭。当获得许可的电梯作业人员在黑暗中移动有危险时，应该配备应急照明。

（60）杂物电梯的承载装置结构和尺寸应予以限制，确保人员不能进入，并且在装卸货物时也不需进入。为此承载装置的高度、深度和面积应予以限制。如果高度超标，允许分格。

2. 电气故障防护

（1）以下列出的任何单一电梯电气设备故障，其本身不应成为导致电梯危险故障的原因。

可能出现的故障有：①无电压；②电压降低；③导线（体）中断；④对地或对金属构件的绝缘损坏；⑤电气元件的短路或断路以及参数或功能的改变，如电阻器、电容器、晶体管、灯等；⑥接触器或继电器的可动衔铁不吸合或吸合不完全；⑦接触器或继电器的可动衔铁不释放；⑧触点不断开；⑨触点不闭合；⑩错相。

（2）电梯中需要电气安全装置监控的装置。电梯中需要电气安全装置监控的装置见表 2-1。

表 2-1　　电梯中需要电气安全装置监控的装置

序号	需要由电气安全装置监控的装置	GB 7588 有关条款
1	检查检修门、井道安全门及检修活板门的关闭位置	5.2.2.2.2
2	底坑停止装置	5.7.3.4.a）
3	滑轮间停止装置	6.4.5
4	检查层门的锁紧状况	7.7.3.1
5	检查层门的闭合位置	7.7.4.1
6	检查无锁门扇的闭合位置	7.7.6.2
7	检查轿门的闭合位置	8.9.2
8	检查轿厢安全窗和轿厢安全门的锁紧状况	8.12.4.2
9	轿顶停止位置	8.15b）
10	检查钢丝绳或链条的非正常相对伸长（使用两根钢丝绳或链条时）	9.5.3
11	检查补偿绳的张紧	9.6.1e）
12	检查补偿绳防跳装置	9.6.2
13	检查安全钳的动作	9.8.8
14	限速器的超速开关	9.9.11.1
15	检查限速器的复位	9.9.11.2
16	检查限速器绳的张紧	9.9.11.3
17	检查轿厢上行超速保护装置	9.10.5
18	检查缓冲器的复位	10.4.3.4
19	检查轿厢位置传递补装置的张紧（极限开关）	10.5.2.3b）
20	曳引驱动电梯的极限开关	10.5.3.1b）2）
21	检查轿门的锁紧状况	11.2.1c）
22	检查可拆卸盘车手轮的位置	12.5.1.1
23	检查轿厢位置传递装置的张紧（减速检查装置）	12.8.4c）
24	检查减行程缓冲器的减速状况	12.8.5
25	检查强制驱动电梯钢丝绳或链条的松弛状况	12.9
26	用电流型断路接触器的主开关的控制	13.4.2
27	检查平层和再平层	14.2.1.2a）2）

续表

序号	需要由电气安全装置监控的装置	GB 7588 有关条款
28	检查轿厢位置传递装置的张紧（平层和再平层）	14.2.1.2a）3）
29	检修运行停止装置	14.2.1.3c）
30	对接操作的行程限位装置	14.2.1.5b）
31	对接操作停止装置	14.2.1.5i）

注：表中除 20、22 和 26 三种电气安全装置的类型可选择安全触点或安全电路外，其余的 25 个电气安全装置必须是安全触点型，对于经允许的要求特殊防潮、防爆危险的电梯，则另有规定。

3. 制动器防粘连

（1）制动器防粘连设计问题。在新规范颁布前，电梯制动器设计上不符合新规范的规定而存在一些安全隐患。以一台 PLC 控制的载货双速电梯为例，在电气设计上某些厂家的设计如图 2-1 所示。

图 2-1 中的 KS、KX 分别为双速电梯的上、下行接触器。正常情况下，电梯在上、下行时，抱闸由 KS、KX 其中的一副常开触点来控制（单触点控制），其实这种设计方式存在很大的安全隐患，也不符合 GB 7588—2003《规范》第 12.4.2.3.1 条的规定：切断制动器电流，至少应用两个独立的电气装置来实现，不论这些装置与用来切断电梯驱动主机电流的电气装置是否为一体。

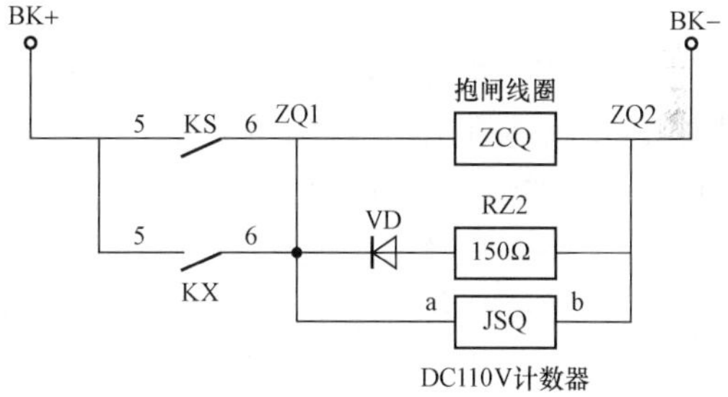

图 2-1　某些厂家防粘连保护安全设计

如果接触器 KS、KX 任何一副触点一旦粘连，则抱闸会自动打开，不能闭合。或者电梯在满载时下行，这就相当于一个物体近似地做自由落体运动，极可能导致设备的损坏和人员的伤亡。

（2）GB 7588—2003《规范》对制动器设计的要求。GB 7588—2003《规范》中的第 12.4.2 条规定："12.4.2.1　当轿厢载有 125%额定载荷并以额定速度向下运行时，操作制动器应能使曳引机停止运转。在上述情况下，轿厢的减速度应不超过安全钳动作或轿厢撞击缓冲器所产生的减速度。

所有参与向制动轮货盘施加制动力的制动器机械部分应分两组装设。如果一组部件不起作用，应仍有足够的制动力使载有额定载荷以额定速度下行的轿厢减速下行。

电磁线圈的铁心被视为机械部件，而线圈则不是。

12.4.2.3.1　切断制动器电流，至少应用两个独立的电气装置来实现，不论这些装置与用来切断电梯驱动主机电流的电气装置是否为一体。

当电梯停止时，如果其中一个接触器的主触点来打开，最迟到下一次运行方向改变时，应防止电梯再运行。"

在（1）中提到的制动器设计显然不符合《规范》对制动器设计的要求，因为没有做到：如果一组部件不起作用，应仍有足够的制动力使载有额定载荷以额定速度下行的轿厢减速下行。

（3）解决方案。根据 GB 7588—2003《规范》第 12.4.2.3.1 条的规定，可以采用图 2-2 方案解决，图中 KK、KM 分别为快、慢车接触器，除了 KS、KX 上、下行接触器控制抱闸外，快慢车接触器也控制抱闸的动作，具有两副独立的电气触点控制抱闸回路，防止了因接触器粘连而导致抱闸误动作的可能。

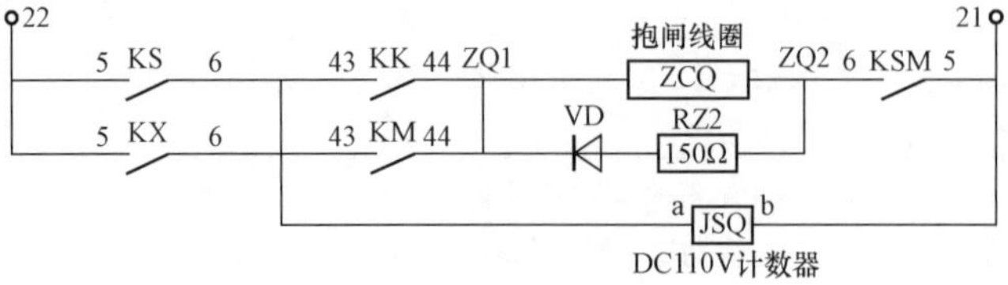

图 2-2 针对图 2-1 的解决方案

2.2 电梯规范中的安全事项

电梯规范（包括地区发布的电梯规范）对不同种类的电梯有不同的要求，要在应用中有发挥地严格执行电梯规范的条文。下面介绍电梯规范中有关的电梯交通配置事项和安全事项。

2.2.1 电梯规范中的交通配置

（1）轿厢与对重。轿厢的有效面积、额定载重量及乘客人数。

1）一般规定。为防止由于人员引起的轿厢超载，轿厢的有效面积应予以限制（对于轿厢的凹进和突出部分，不管高度是否小于 1m，也不管其是否有单独门保护，在计算轿厢最大有效面积时均必须算入）。为此额定载重量与最大有效面积之间的关系见表 2-2。

2）载货电梯和非 8.2.3 条（规范条款，下同）所述的非商业用汽车电梯，要应用 8.2.1 的要求。此外，设计计算时不仅要考虑额定载重量，还要考虑可能进入轿厢的运载装置的重量。特殊情况，为了满足使用要求而难以同时满足 8.2.1 条要求的载货电梯和病床电梯在其额定载重量受到有效控制条件下，轿厢面积可参照表 2-3 的规定执行。

3）专供批准的且受过训练的使用者使用的非商业用汽车电梯，额定载重量应按单位轿厢有效面积不小于 200kg/m³ 计算。

表 2-2 额定载重量与最大有效面积间的关系

额定载重量/kg	轿厢最大有效面积/m²	额定载重量/kg	轿厢最大有效面积/m²	额定载重量/kg	轿厢最大有效面积/m²	额定载重量/kg	轿厢最大有效面积/m²
100①	0.37	525	1.45	900	2.20	1275	2.95
180②	0.53	600	1.60	975	2.35	1350	3.10
225	0.70	630	1.66	1000	2.40	1425	3.25
300	0.90	675	1.75	1050	2.50	1500	3.40
375	1.10	750	1.90	1125	2.55	1600	3.56
400	1.17	800	2.00	1200	2.80	2000	4.20
450	1.30	825	2.05	1250	2.90	2500③	5.00

① 一人电梯的最小值。

② 二人电梯的最小值。

③ 额定载重量超过 2500kg 时，每增加 100kg 面积增加 0.16m²，对中间的载重量其面积由线性插入法确定。

表 2-3　　乘客数量计算表

乘客人数/人	轿厢最小有效面积/m^2	乘客人数/人	轿厢最小有效面积/m^2	乘客人数/人	轿厢最小有效面积/m^2	乘客人数/人	轿厢最小有效面积/m^2
1	0.28	6	1.17	11	1.87	16	2.57
2	0.49	7	1.31	12	2.01	17	2.71
3	0.60	8	1.45	13	2.15	18	2.85
4	0.79	9	1.59	14	2.29	19	2.99
5	0.98	10	1.73	15	2.43	20	3.13

注：超过 20 位乘客时，对超出的每一乘客增加 0.115m^2。

4）乘客数量。乘客数量应由下述方法获得：

按公式$\frac{\text{额定载重量}}{75}$计算结果向下圆整到最近的整数；或按表 2-3；取其中较小的数值。

（2）电气故障的防护、控制、优先权中的控制。其中优先权和信号有下述要求：

1）对于手动门电梯应有一种装置，在停梯后不小于 2s 内，防止轿厢离开停靠站。

2）从门已关闭后到外部呼梯按钮起作用之前，应有不小于 2s 时间让进入轿厢的使用者能揿压其选择的按钮。集选控制运行有轿门的电梯例外。

3）对于集选控制情况，从停靠站上可清楚地看到一种发光信号，向该停靠站的候梯者指出轿厢下一次的运行方向。

4）对于群控电梯，不宜在各停靠站设置轿厢位置指示器。但是，可采用一种先于轿厢到站的音响信号。

2.2.2　电梯规范中的安全技术

《规范》中规定的与电梯安全有关的部分要点是：

（1）规范从保护人员和货物的观点出发制订乘客电梯和载货电梯的安全规范，防止发生与使用人员、电梯维护或紧急操作相关的事故的危险（0.1.1 条）。

（2）可能因下列事故造成危险：①剪切；②挤压；③坠落；④撞击；⑤被困；⑥火灾；⑦电击；⑧由下列原因引起的材料失效：1）机械损伤；2）磨损；3）锈蚀（0.1.2.1 条）。

（3）通风。机房应有适当的通风，同时必须考虑到井道通过机房通风。从建筑物其他处抽出的陈腐空气不得直接排入机房内，以保护诸如电机、设备以及电缆等，使它们尽可能不受灰尘、有害气体和湿气的损害（6.3.5 条）。

（4）照明和电源插座。机房应设有固定式电气照明，地板表面上的照度应不小于 200lx。在机房内靠近入口（或几个入口）的适当高度处应设有一个开关，以便进入时能控制机房照明。机房内应设置一个或多个电源插座（6.3.6 条）。

（5）动力操纵的自动门

1）阻止关门的力应不大于 150N，这个力的测量不得在关门行程开始的 1/3 之内进行。

2）层门及其刚性连接的机械零件的动能，在平均关门速度下的测量值或计算值不应大于 10J。

滑动门的平均关门速度是按其总行程减去下面的数字计算：

①对中分式门，在行程的每个末端减 25mm；

②对旁开式门，在行程的每个末端减 50mm。

3）当乘客在层门关闭过程中，通过入口时被门扇撞击或将被撞击，一个保护装置应自动地使门重新开启。这种保护装置也可以是轿门的保护装置。此保护装置的作用可在每个主动门扇最后 50mm 的行程中被消除。对于这样的一种系统，即在一个规定的时间后，它使保护装置失去作用以抵制关门时的持续阻碍，则门扇在保护装置失效下运动时，上述规定的动能不应大于 4J。

在轿门和层门联动的情况下，上述要求仍有效。阻止折叠门开启的力不应大于 150N。这个力的测量应在门处于下列折叠位置时进行，即折叠门扇的相邻外缘间距或与等效件（如门框）距离为 100mm 时进行（7.5.2.1.1 条）。

（6）动力驱动的非自动门。在使用人员连续控制和监视下，通过持续揿压按钮或类似方法（持续操作运行控制）关闭门时，当按上述第②条计算或测量的动能大于 10J 时，最快门扇的平均关闭速度不应大于 0.3m/s（7.5.2.1.2 条）。

（7）层门锁紧和关闭的检查。对坠落危险的保护，在正常运行时，应不可能打开层门（或在多扇层门中的任何一扇），除非轿厢停站或停在该层的开锁区域内。开锁区域不得大于层站地平上下的 0.2m。在用机械操纵轿门和层门同时动作的情况下，开锁区域可增加到不大于层站地平上下的 0.35m（7.7.1 条）。

（8）对剪切的保护。如果一个层门或多扇层门中的任何一扇门开着，在正常操作情况下，应不可能启动电梯或保持电梯继续运行。然而，可以进行轿厢运行的预备操作。

1）层门的上门框与轿厢地面之间的净高度在任何位置时均不得小于 2m；

2）无论轿厢在此区域内的任何位置，必须有可能不经专门的操作使层门完全闭合（7.7.2 条）。

2.3 新旧检规在电梯安全上的异同

新检规是指国家质检总局制定，于 2009 年 12 月 4 日发布，2010 年 4 月 1 日实施的 TSGT 7001—2009《电梯监督检验和定期检验规则——曳引与强制驱动电梯》，同时废止了于 2002 年发布的旧检规《电梯监督检验规程》。新检规的前段实施说明：新检规不仅为规范电梯检验行为提供了准则，更将为转变社会认识，转变工作方式，促进生产企业和使用单位落实责任，促进电梯安全监察的科学发展，发挥了其特定的作用。在这里要介绍的是：新检规的主要内容和特点，新检规附件 A 与旧检规附录 2 的不同处，以及对新检规一些条款的理解和实施等内容，显然这些内容都是围绕电梯安全和应用这条主线展开的。

2.3.1 新检规的主要内容和特点

（1）新检规的主要内容。新检规把检验项目分为 A、B、C 三个类别。A 类项目，检验机构对提供的文件、资料进行审查和检验，并与自检结果对比和判定。不经审查、检验或者审查、检验不合格者，施工单位不得进行下道工序的施工。B 类项目，检验机构对提供的文件、资料进行审查和检验，并与自检结果进行对比，对项目的检验结论做出判定。C 类项目，检验机构对提供的文件、资料进行审查，认为自检记录或者报告等文件和资料完整、有效，对自检结果无质疑，可确认为合格。如果对自检结果有质疑，再对该类项目进行检验、判定。新检规的各类检验项目统计见表 2-4。

（2）新检规的特点。

1）检验模式从“以监管设备为主”向“以监督企业为主”转变。新检规中，“曳引与强制驱动电梯（以下简称电梯）的生产（含电梯的设计、制造、安装、改造、维修、日常维护保养，下同）和使用单位，以及从事电梯监督检验和定期检验的特种设备检验检测机构，应当遵守本规则规定。”2002 版旧检规相应条款为：“特种设备监督检验机构开展电梯的验收检验和定期检验，必须遵守本规程规定的检验内容与检验方法。”由此可见，新检规适用范围出现了调整。旧检规适用的单位是特种设备监督检验机构，内容是开展电梯的验收检验和定期检验；而新检规适用的单位是电梯生产和使用单位，以及特种设备检验检测机构，内容是电梯的安装、改造、重大维修监督检验和定期检验（注意：这里不含电梯的设计、制造）。

表 2-4　　新检规各类检验项目统计

检验类型	A 类		B 类		C 类		项目数合计
	项目数	比重（%）	项目数	比重（%）	项目数	比重（%）	
有机房曳引电梯监检	5	7.04	21	29.58	45	63.38	71
无机房曳引电梯监检	5	6.94	21	29.17	46	63.89	72
强制驱动电梯监检	4	6.06	19	28.79	43	65.15	66
有机房曳引电梯定检	—	—	18	39.13	28	60.87	46
无机房曳引电梯定检	—	—	18	37.50	30	62.50	48
强制驱动电梯定检	—	—	17	48.48	25	59.52	42

2）检验内容从技术把关向技术监督转变。新检规规定：“检验机构应当在施工单位自检合格的基础上实施定期检验。”“电梯生产单位的自检记录或者报告中的结论，是对设备安全状况的综合判定；检验机构出具检验报告中的检验结论，是对电梯生产和使用单位落实相关责任、自主确定设备安全等工作质量的判定。” 新检规对新安装电梯监督检验、定期检验项目各有侧重；监督检验项目主要针对型式试验合格的新安装电梯，主要检查在安装过程中，其结构、配置有可能发生变化的项目、影响电梯安全运行的关键项目、验证安装质量的功能试验项目。定期检验项目主要是针对已经验收合格的电梯使用过程中的磨损等变化可能影响运行安全的项目。在检验项目精简、调整中，对保障乘客安全的项目予以保留、强化，即“功能项目”基本全部保留，而对单项检验项目做了精简。

3）检验结果从安全保障向符合性评价转变。旧检规的电梯检验过程，是由检验机构对电梯设备实施检验，出局检验报告书；对检验合格的电梯出具电梯安全检验合格证并提出有效期至某年某月。其检验结果是一种安全保障的模式。而新检规的检验结果从安全保障向符合性评价转变，显得更具科学性和更加合理，表现在：

①新检规的电梯安全检验可以极大地降低电梯单体的事故发生率。我们知道，一部电梯的零部件多达上千件，GB 7588—2003《规范》规定的安全项目超过 400 项，而新检规的检验项目只有几十项。根据统计分析，规定检验项目之外的电梯零部件发生事故的几率极低，我们没必要也没有能力对所有电梯项目进行全面检验，因此新检规的检验方法是比较科学的方法。

②新检规实施的电梯安全检验，对全国、一个地区、或一个品牌的电梯，可以确保电梯

的事故率大大降低。根据质检总局的统计资料，新检规电梯安检开展以来，电梯事故呈逐年下降趋势，全国的电梯事故率由 2002 年的 0.156 逐渐下降到近年的 0.033，全国近年电梯事故数据见表 1-6。

③对“电梯检验合格”的理解。电梯检验合格是说明被检验电梯符合检验规程的相应条款，不能等同为电梯安全合格而完事大吉，只能说明被检验电梯在电梯安全上有了基本保证。

2.3.2　新检规附件 A 与旧检规附录 2 的不同处

了解新检规附件 A 与旧检规附录 2 的不同处，对我们严格执行新检规的各项规定，保证电梯安全是有好处的。新检规附件 A 与旧检规附录 2 的不同处主要有下面几点：

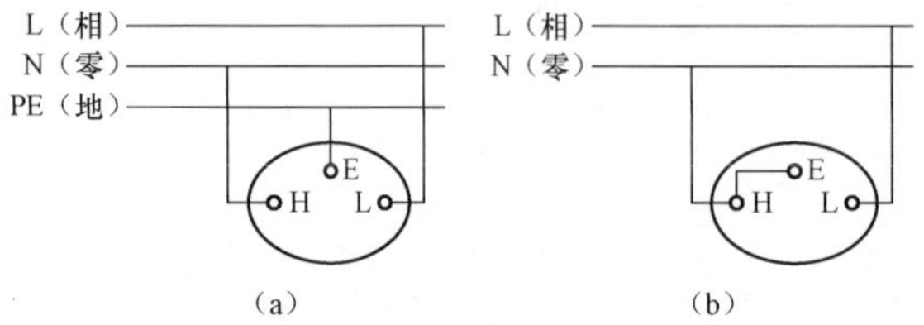

图 2-3　2P+PE 型插座示意图

（a）正确接线；（b）不正确接线

（1）新检规第 2.5 项照明与电梯插座（C 类项目）。新检规要求机房电源插座应为 2P+PE 型。由图 2-3（a）可见，2P+PE 型插座中，左边的 H 接 N 线，L 接相线，E 接 PE 线。图（b）中不接 PE，或者 N 线与 PE 线短接不符合要求。增加的要求为：应当在主开关旁设置控制井道照明、轿厢照明和插座电路电源的开关。

（2）新检规第 2.7 项主开关（B 类项目，旧检规为一般项）。关于“如果从控制柜处不容易直接操作主开关，该控制柜应当设置能分断主电源的断路器”。就是说，如果从控制柜不容易接近主开关，则控制柜上应设置一个符合 GB 7588—2003《规范》第 13.4.2 条要求的断路器。第 13.4.2 条是针对机房有多个入口的情况，要求在每个入口都设置一个符合第 14.1.2 条的电气安全装置，由该电气安全装置来切断一个断路接触器，该接触器与主开关连用，从而达到在每个入口都能切断主开关的目的，如图 2-4 所示。

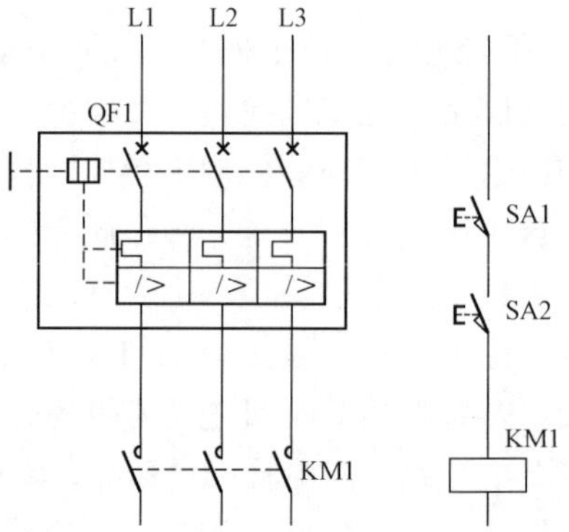

图 2-4　多入口机房通过电气安全装置切断主开关

（3）新检规第 3.16 项缓冲器（B 类项目，旧检规中，选型和固定为重要项）。新检规第 3.16 项第（5）款规定：“对重缓冲器附近应当设置永久性的明显标识，标明当轿厢位于顶层端站平层位置时，对重装置撞板与其缓冲器顶面间的最大允许垂直距离，并且该垂直距离不超过最大允许值。”

旧检规第 7.4 条规定：“轿厢在两端站平层位置时，轿厢、对重的撞板与缓冲器顶面间的距离：耗能型缓冲器应为 150～400mm；蓄能型缓冲器应为 200～350mm。轿厢、对重装置的撞板中心与缓冲器中心的偏差不大于 20mm，同一基础上缓冲器顶部与轿底对应距离差不大于 2cm。”

新检规取消了中心偏差和对应距离的检测，对越程距离没有具体数值的限定，但是需要满足《规范》第 10.5.1 条的要求，即“极限开关应设置在尽可能接近端站时起作用而无误动作危险的位置上。极限开关应在轿厢或对重（如有）接触缓冲器之前起作用并在缓冲器被压缩期间保持其动作状态。”也就是说，越程距离的设置是为了便于装设极限开关，使得极限开关既不会误动作（如，由于极限开关与端站过近，可能导致轿厢正常平层后极限开关也动作），也不会在接触缓冲器前不动作。

（4）新检规第 7 项无机房电梯附加检验项目。本部分适用于无机房曳引驱动电梯，旧检规无此内容。所谓无机房是指通常布置在机房内的机器设备（包括控制柜、驱动主机、主开关和紧急操作装置）布置在其他场所，如井道顶部、底坑、轿顶、轿厢内、平台上、井道外部等。GB/T 7024—2008《电梯、自动扶梯、自动人行道术语》中关于无机房电梯的定义是：不需要建筑物提供封闭的专门机房用于安装电梯驱动主机、控制柜、限速器等设备的电梯。增加此条，使新检规适用范围更全面、更广，为无机房电梯的生产和验收提供了很好的依据。

2.3.3　对新检规一些条款的理解和实施

（1）新检规第 2.5 项第（1）款规定："机房应当设置永久性电气照明；在机房内靠近入口（或多个入口）处的适当高度应当设有一个开关，控制机房照明"。

对此理解：①无论机房有一个还是多个入口，在机房的每个入口的适当高度处均应当设置一个单独接通机房照明的开关；②当机房有多个入口处时，各入口处的照明开关应当能单独接通机房的照明，各开关单独控制一个照明灯的通断或其并联控制一个照明装置而不应当串联控制一个照明。应当采用如图 2-5（a）、（b）的方式，而不应当采取图 2-5（c）的方式。

第 2.5 项第（3）款规定："应当在主开关旁设置控制井道照明、轿厢照明和插座电路电源的开关。"

此处的开关与第 2.5 项第（1）款中的开关有区别，它有"开关形式"的要求。根据《规范》中第 13.6.3.3 条，开关所控制的电路均应具有各自的短路保护，该开关应具备短路保护的功能，如带有熔断器的刀开关、单相自动空气断路器等。

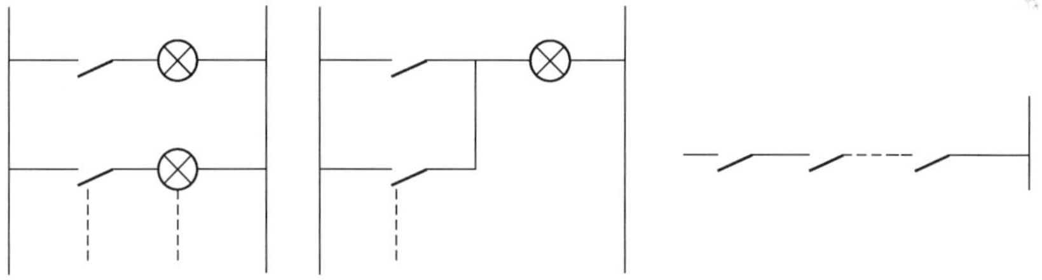

图 2-5　开关照明接通形式

（a）单个开关单独接通照明；（b）并联各开关单独控制照明；（c）各开关串联控制照明

（2）第 2.11 项限速器。该项第（2）款规定："限速器或者其他装置上应当设有在轿厢上行或者下行速度达到限速器动作速度之前动作的电气安全装置，以及验证限速器复位状态的电气安全装置。"

鉴于目前市场上限速器的多样性，对于该电气安全装置可理解为：验证超速动作的电气安全装置与验证限速器复位状态的电气安全装置可以是一个电气安全装置，如图 2-6 所示。

（3）第 2.12 项接地。该项规定："（1）供电电源自进入机房或者机器设备间起，中性线（N）与保护线（PE）应当始终分开；（2）所有电气设备及线管、线槽的外露可以导电部分应当与保护线（PE）可靠连接"。

此条中的接地应是指机房中性线与保护线的设置，让人不明白的是只要求了对机房内的中性线与保护线的布置，为何不验证或确认中性线、保护线与变压器中性点的接地连接是否良好呢？如果机房外的保护线悬浮或断线（图 2-7），那么机房内的外露可以导电部分接保护线就是正确也无用。

图 2-6 验证限速器超速动作和复位状态的电气安全装置

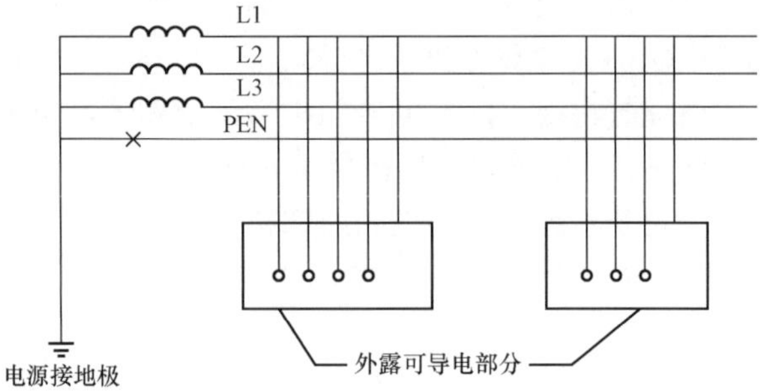

图 2-7 机房外保护线悬浮或断线

（4）第 2.13 项电气绝缘。该项规定：“动力电路、照明电路和电气安全装置电路的绝缘电阻应当符合表 1（本书表 2-5）的要求。”

对于表 2-5 内电路标称电压的表达方式容易产生误解，即安全电压电路虽然也是不大于 500V 的电路，但不能采用 500V 的测试电压。因此，若将表 2-5 变为表 2-6，相对来说容易理解。

表 2-5 动力电路、照明电路和电气安全装置电路对绝缘电阻的要求

标称电压/V	测试电压（直流/V）	绝缘电阻/MΩ	标称电压/V	测试电压（直流/V）	绝缘电阻/MΩ
安全电压	250	≥0.25	>500	1000	≥1.00
≤500	500	≥0.50			

表 2-6 修改后的对绝缘电阻的要求

标称电压/V	测试电压（直流/V）	绝缘电阻/MΩ	标称电压/V	测试电压（直流/V）	绝缘电阻/MΩ
≤安全电压	250	≥0.25	>500	1000	≥1.00
安全电压约 500	500	≥0.50			

（5）第 5.1 项悬挂装置、补偿装置的磨损、断丝、变形等情况。该项第①款提到：“出现笼状畸变、绳芯挤出、扭结、部分压扁、弯折。”

对于此条中钢丝绳的异常情况的描述，图 2-8 较为典型，易于理解。

（6）第 6.5 项门运行和导向。该项规定：“由于磨损、锈蚀或者火灾可能造成层门导向装置失效时，应当设置应急导向装置，使层门保持在原有位置。”

应急导向装置如图 2-9 所示，即便是滑块的尼龙块因上述原因失效后，滑块中的金属仍可起到应急导向作用。

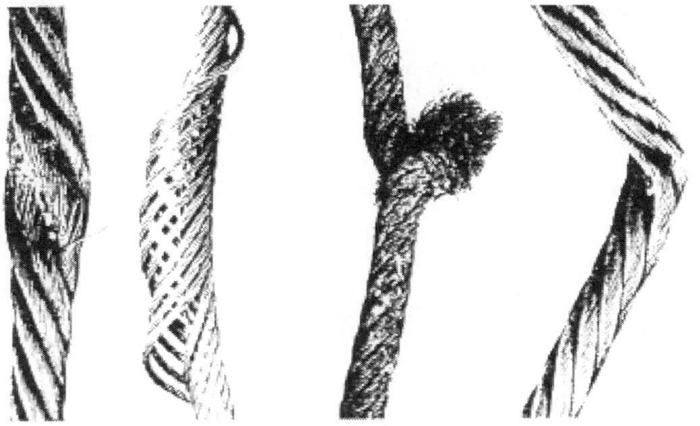

图 2-8　钢丝绳各种异常情况

（a）局部压扁；（b）笼状畸变；（c）严重扭结，绳芯突出；（d）严重弯折

图 2-9　滑块的尼龙块和金属均可起应急导向作用

（7）第 6.10 项门刀、门锁、滚轮与地坎间隙。该项规定：“轿门门刀与层门地坎，层门锁滚轮与轿厢地坎的间隙应当不小于 5mm；电梯运行时不得互相碰擦。”

在本条中规定了门刀、门锁、滚轮与地坎间隙，同时根据日常中的工作经验表明，门刀与门滚轮侧面，门刀与厅门头盖板间隙也会经常出现蹭擦现象。

第3章

电梯设计和电梯安全

电梯安全首先用电梯设计来保证，如果电梯设计有问题，当然就谈不到电梯安全运行了。这一章介绍怎样从电梯设计上来保障电梯安全。电梯设计安全的主要内容是电梯控制保护问题。从无机房电梯到电梯电气依次介绍它们的安全问题；最后深入到电梯部件，从电梯机械部件和电梯门中怎样保证电梯安全。有许多电梯安全问题可追究到电梯设计问题，如果电梯设计人员不深入了解电梯安装和运行细节，或一时设计疏忽，则可能埋下电梯运行安全的隐患。

3.1 无机房电梯安全措施

无机房电梯目前已广泛被应用，随之而来的是其安全性显得更为重要，为此有的技术人员对曳引式无机房电梯设计自驱动轿厢，或设计无机房电梯抱闸后备电源，便于无机房电梯的紧急救援，使无机房电梯结构更加紧凑，便于工作人员维修。在这里要介绍正在广泛应用或即将广泛应用的无机房电梯安全设计技术，以及无机房电梯设计安全改进措施。

3.1.1 无机房电梯安全设计技术

1. 充分利用井道布置

（1）井道顶层空间。采用专门设计制造的扁形盘式驱动主机，使其能安放在井道顶层轿厢和井道壁之间，而把控制柜与顶层层门装成一体。其优点是驱动主机和限速器与有机房电梯受力工况相同，控制柜调试维修方便。其缺点是电梯额定载重量、额定速度和最大提升高度受驱动主机外形尺寸制约，紧急盘车操作困难。

（2）井道底坑空间。将驱动主机安放在底坑内，控制柜挂在靠近底坑的轿厢和井道壁之间。其优点是增加电梯额定载重量、额定速度和最大提升高度时不受驱动主机外形尺寸的限制，紧急盘车操作方便。其缺点是由于驱动主机和限速器受力工况与普通电梯不同，必须进行改进设计。

（3）井道侧壁开孔空间。将驱动主机和控制装置安放在顶层井道侧壁预留开孔内。其优点是可以增加电梯额定载重量、额定速度和最大提升高度，又能选配普通电梯使用的驱动主机和限速器，安装、维修和紧急盘车操作比较方便。其缺点是需要适当增加顶层预留开孔井道侧壁的厚度，在井道壁开孔外侧要装设检修门。

2. 研制特殊电梯部件

（1）结构紧凑并可满足不同工况的新型驱动主机。

（2）具有较高灵活性、方便性和可靠性的控制柜。

（3）构造简单，外形尺寸能减少宽度和高度的连体轿厢轿架。

（4）减小井道顶层高度、又可以进行伸缩安装的轿顶护栏。

（5）符合 GB 7588 规定，可以设在井道不同位置的新型限速器。

（6）能装在轿架梁上端或下端的单提位安全钳系统。

（7）既符合 GB 7588 缓冲行程的规定，又具有最小安装尺寸的新型缓冲器。

（8）简便、安全可靠的紧急操作装置。

3. 开发新型驱动装置

（1）已经开发问世的新型驱动装置主要有直线电机，直接驱动轿厢或对重，摩擦传动机构和轿厢；用钢丝带曳引驱动轿厢和对重。以便通过压缩驱动主机尺寸，或简化传动机构来处理井道布置问题。

（2）减小顶层高。方法如下：

1）轿厢。选取最小轿厢内部净高度，尽量减小吊顶所占的轿厢高度空间。

2）轿顶护栏。设置轿顶护栏的目的是为了安装或检修电梯时，防止操作人员坠入井道。而电梯正常运行时轿顶不允许站人，因此可把轿顶护栏设计成插接式。当进行安装检修操作时，把活动部分提高到安全高度并销接。而在开始正常运行前再将活动部分退回到较低位置。

3）井道顶最低部件。为了减小井道顶层高度，应把井道顶部件安放在井道顶层轿厢与井道壁之间。

4）极限开关。在条件允许情况下，减小顶层极限开关起作用的安装距离，以便减小轿厢位于顶层时对重与缓冲器的安装距离，最终达到减小井道顶层高度的目的。

5）对重。无机房电梯通常将对重与驱动主机布置在轿厢与井道壁的同侧空间内。当电梯额定载重量较小和相应的井道截面尺寸有限时，常常通过增加对重高度来压缩其需要占据的井道垂直方向投影面积，这样会出现对重而不是轿厢决定顶层高度的情况。解决的方法是：减小底层极限开关的起作用安装距离；在不改变对重与缓冲器安装距离的条件下，降低对重缓冲器的安装高度。

（3）研制连体轿厢轿架。

1）立梁嵌接轿壁。把轿架立梁与轿厢、轿壁嵌接的优点是：可使轿架导轨方向尺寸减小 100mm 以上；立梁与轿壁嵌接后，刚度互补，强度提高；型钢立梁的槽形空间可以安放轿厢操纵盘和开设轿厢自然通风孔。

2）上梁拼成轿顶。好处是：一是可以减小轿厢轿架的高度尺寸；二是型钢上梁的槽形空间可以安放轴流风机，用作线槽进行布线。

3）可装压重轿底。这样，压缩了轿底的高度尺寸；简化结构，减轻重量；内外轿底合一后刚度增大，强度提高，便于装设压重。无机房电梯为了选配小型驱动主机，通常采用 2:1 曳引驱动，这在某些特殊情况下可能发生轿厢无法下行而曳引绳打滑，而在轿底装设压重是解决这一问题的有力措施。

4）万向缓冲靴。由于轿厢和轿架做成一体后，在它们中间取消了减振装置，因此装在连体轿厢轿架上的导靴应该选用具有多个方向缓冲作用的产品。目前多数轿厢导靴在导轨轨顶方向装有预紧力可调的弹簧，而在导轨轨侧方向只设减振橡胶垫。对于连体轿厢轿架，为了弥补取消的减振装置，应该选用至少在轿厢导轨轨顶和轨侧三个方向具有预紧力可调的导靴，以加大对轿厢的减振作用。

5）曳引悬挂横梁。采用 2:1 曳引的连体轿厢轿架，一般通过减振橡胶垫将其安放在悬挂横梁上，驱动主机即可通过绕过装在悬挂横梁上的两个返绳轮的钢丝绳，驱动轿厢沿着导轨上下运动。为了防止减振装置在轿厢超载或冲顶蹾底时，不被压坏或者错位，应该在连体轿厢轿架和悬挂横梁之间设置限位和防跳螺栓。另外为了减缓轿厢运行时的垂直和水平振动，减振橡胶垫应该具有稳定的工作刚度和较长的使用寿命。

4. 开发新型驱动方式

（1）钢丝绳曳引驱动。这种驱动方式与传统钢丝绳曳引驱动有两大变化：一是采用 2:1 曳引比，使曳引驱动转矩减小一半和曳引轮转速提高一倍后，来压缩驱动主机外形尺寸；二是研制扁形盘式同步无齿驱动主机，以便能够安放在井道上端轿厢和井道壁之间。

（2）钢丝带曳引驱动。采用扁形钢丝带代替圆形钢丝绳，这样在同样绳径比条件下，大大减小了曳引轮直径，再加上采用 2:1 曳引比，使曳引驱动转矩进一步减小和曳引轮转速更加提高，可大大压缩驱动主机外形尺寸，可以容易地将其安放在井道顶层轿厢和井道壁之间。

（3）直线电机驱动。这种驱动方式可以不要对重，将永久磁铁直接安装在轿厢上，而把线圈固定在对应侧的井道壁上，通过组成的直线电机直接驱动轿厢上下运动。也可将线圈安装在对重上而把永久磁铁固定在对应侧的井道壁上，通过组成的直线电机间接驱动轿厢上下运动。

（4）摩擦轮驱动。把带有摩擦轮的驱动主机直接安装在轿厢底部，使其与特制的轿厢导轨接触，并借助压轮施加一定的正压力，通过驱动主机带动摩擦轮旋转时产生的摩擦力来驱动轿厢沿着导轨上下运动。

5. 控制系统

（1）具有灵活性。为了便于电气布线，无机房电梯的控制柜通常安放在靠近驱动主机的位置，主要有三种形式：①当驱动主机安装在井道底坑内时，控制柜放在顶层并与层门做成连体型；②当驱动主机安装在井道底坑内时，控制柜放在井道底层轿厢与井道壁之间并做成壁挂型；③当驱动主机安装在井道壁开孔空间内时，控制柜放在同一开孔空间并做成轻便型。

（2）具有方便性。

1）电气设备的选型与安装应有利于井道内动力电路、安全电路、照明电路和控制电路的井道布线。

2）控制柜外形应能满足连体型、壁挂型和轻便型的特殊尺寸要求。

3）控制柜的设计应能适应连体型、壁挂型和轻便型的特殊安装要求。

4）不管控制柜放在什么位置和采用哪种形式，要求都能进行检修操作。

（3）具有可靠性。设计中应特别注意下述问题：

1）控制系统选用的电气设备和元器件应具有较长的使用寿命和较高的工作可靠性，以便减少检修工作量。

2）放在井道附近的控制柜容易和电气线路产生干扰，因此在控制系统设计中应采取更加得力的软件和硬件抗干扰措施。

3）应该采用串行通讯先进技术，以便减少井道电缆和导线的数量，提高信号交换的可靠性。

6. 紧急操作

（1）顶层井道外盘车。当把驱动主机安放在井道顶层内时，在顶层层门处开洞，操作人员站在顶层层门外通过专用机构打开驱动主机制动器，然后利用轿厢和对重的重量差驱动轿厢运动，同时通过层门洞口观察轿厢是否进入开锁门区。这一方法的主要问题是当轿厢和对重接近平衡载荷时，不能确保轿厢产生运动。另外，利用制动器控制轿厢运动的操作也不够安全。

（2）底坑井道内盘车。当把驱动主机安放在井道底坑内时，操作人员进入底坑进行盘车操作与在机房操作一样简单方便，但问题是当停车故障正好发生在轿厢处于底层开锁区上方时，操作人员无法进入底坑。如能在底坑处装设检修门，则此问题可迎刃而解。

（3）井道壁外平台盘车。当把驱动主机安放在井道壁开孔空间内时，操作人员可以打开检修门，站在平台上进行盘车操作。问题是当检修门能装在建筑物内侧时，操作人员可借助临时平台进行操作。但如果检修门必须装在建筑物外侧时，则需要在建筑物外面设置爬梯和简易悬臂平台。

7. 通风照明

（1）井道通风。对于无机房电梯来说，取消机房后应该在井道顶部开设专用通风孔，否则将不符合 GB 7588 规定，另外也会增大电梯的运行噪声。

（2）机房通风。对于无机房曳引驱动电梯，驱动主机通常采用顶层内上置、底坑内下置和井道壁开孔内侧置，可以把井道看作机房，因此只要设计中考虑了井道通风。即可满足 GB 7588 对机房提出的通风和温度的要求。

（3）机房照明。机房照明的目的是为电梯在机房内进行安装、调试、维修和紧急盘车操作提供足够的照明。对于无机房电梯，应该根据驱动主机和控制柜的安装位置参照上述规定设计照明电源、电源开关和电源插座，以保证驱动主机、控制柜、限速器等部件能在足够条件下进行安装、调试、维修和紧急盘车操作。

8. 主要参数

由于无机房电梯不设机房，所以额定载重量、额定速度和最大提升高度三个主要参数受到了井道布置的制约。

（1）额定载重量。曳引转矩是决定驱动主机尺寸的主要因素，它直接与载重量和曳引轮直径有关。在满足 GB 7588 规定和载重量相同的前提下，减小曳引转矩的方法有三：①采用 2:1 曳引比，使钢丝绳拉力减小一半；②8mm 钢丝绳曳引驱动，使曳引轮节圆直径减到 320mm；③采用钢丝带曳引驱动，使曳引轮直径减到更小。

（2）额定速度。无机房电梯额定速度的大小是决定驱动主机外形尺寸的另一个重要因素。提高电梯运行的额定速度必然加大电动机和减速器的驱动功率，将导致驱动主机外形尺寸的增大，同样会带来井道布置的困难。另外，提高额定速度后还会给无机房电梯带来如何降低振动和噪声的新问题。

（3）最大提升高度。最大提升高度的影响主要反映在两个方面：一会加大轿厢悬挂钢丝绳、随行电缆和平衡补偿链的重量，使曳引转矩随之增加，最终导致驱动主机外形尺寸加大和井道布置困难；二是无机房电梯的驱动主机、悬挂绳头、返绳滑轮、限速器等部件常常安装在与井道内壁固接的轿厢导轨、对重导轨或承重梁上，因此增加电梯提升高度，也会加大导轨、承重梁和井道内壁的支承力。

额定载重量、额定速度和最大提升高度既是限制无机房电梯使用的约束条件，也是促进

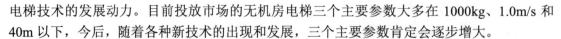

电梯技术的发展动力。目前投放市场的无机房电梯三个主要参数大多在 1000kg、1.0m/s 和 40m 以下，今后，随着各种新技术的出现和发展，三个主要参数肯定会逐步增大。

3.1.2 无机房电梯设计安全改进措施

近年来，我国的无机房电梯增长率远远高于小机房和有机房电梯，各电梯厂家都有无机房电梯产品。由于无机房电梯问世至今，各国还没有一部专用于无机房电梯的标准规范，电梯维修人员对无机房电梯发生的事故和困难，如冲顶、下行时安全钳误动作（轿厢质量大于对重）、蹾底、紧急电源在停电状态下无效、控制柜维修可接近性等，对维修很担忧和很不顺手。因此，有的维修和检测技术人员对无机房电梯在设计安全方面提出了改进措施，见表 3-1。

表 3-1　　无机房电梯在安全方面的改进措施

项　目	内　　容
采用紧急电源松闸和机械松闸一体化，加装紧急电动运行装置	（1）规范规定：GB 7588—2003《规范》第 12.5.1 条规定："如果向上移动装有额定载重量的轿厢所需的操作力不大于 400N，电梯驱动主机应装设手动紧急操作装置，以便借用平滑且无辐条的盘车手轮能将轿厢移动到一个层站。" 第 12.5.2 条又规定："如果 12.5.1 规定的力大于 400N，机房内应设置一个符合 14.2.1.4 规定的紧急电动运行的电气操作装置。" （2）目前无机房电梯一般都会在控制柜内装有备用电源，以便在电梯停电时提供能量，使曳引机抱闸松开，再通过轿厢与对重的重量不平衡力矩的作用进行救援工作。 （3）问题是：如果后备电源出了故障，又如何进行救援？应配备一个机械松闸，可以化解后备电源故障带来的不便。 （4）当两者重量相当，不平衡力矩差较小时，疏散乘客就比较困难。 （5）由于井道顶部空间小，轿厢位置的不确定性，无法实现人工手动盘车。所以建议无机房电梯应配置紧急电动运行的电气操作装置
在轿底设置滑轮	（1）目前无机房电梯一般采用 2:1 曳引方式驱动。当对重完全压在缓冲器上时，应同时满足下面 4 个条件中的 3 个： 1）轿厢导轨长度应能提供不小于 $0.1+0.035v^2$（m）的进一步的制导行程。 2）符合 GB 7588—2003《规范》第 8.13.2 尺寸要求的轿厢最高面积的水平面（不包括 5.7.1.1c）所述的部件面积），与位于轿厢投影部分井道顶最低部件的水平面（包括梁和固定在井道顶下的零部件）之间的自由垂直距离不应小于 $1.0+0.035v^2$（m）。 3）井道顶的最低部件与：①固定在轿厢顶上的设备的最高部件之间的自由垂直距离（不包括下面②所述及的部件），不应小于 $0.3+0.035v^2$（m）；②导靴或滚轮、曳引绳附件和垂直滑动门的横梁或部件的最高部分之间的自由垂直距离应不小于 $0.1+0.035v^2$（m）。 难以满足：4）轿厢上方应有足够的空间，该空间的大小以能容纳一个不小于 0.50m×0.60m×0.80m 的长方体为准，任一平面朝下放置即可。对于用曳引绳直接系住的电梯，只要每根曳引绳中心线距长方体的一个垂直面（至少一个）的距离均不大于 0.15 m，则悬挂曳引绳和它的附件可以包括在这个空间内。 （2）依据 GB 7588—2003 第 8.2 条对轿厢的有效面积、额定载重量、乘客人数以及第 8.1.2 条规定，在 800kg 以下额定载重量的电梯其轿厢的有效面积为 2m²（约 1500mm×1300mm）。GB 7588—2003 第 8.13.3.5 条规定："护栏应装设在距轿厢边缘最大为 0.15m 之内。"那么以 ϕ10mm 曳引钢丝绳计算滑轮直径 400mm 加安全防护后截面积在 200mm×600mm。以 2:1 曳引方式驱动 800kg 以下额定载重量的电梯，当对重完全压在缓冲器上时，其轿厢顶部很难放置一个 0.50 m×0.60 m×0.80 m 的长方体。因此采用轿底导向轮设置可以给轿厢预留空间，满足 GB 7588—2003《规范》第 25.7.1.1 条 d）款的要求，该空间同时可以作为检修空间和紧急救援平台
轿顶紧急提升装置加装电气安全保护开关	（1）下行时安全钳误动作，轿厢质量大于对重时，"紧急电动运行的电气操作装置故障或紧急电动运行牵引力＜轿厢加安全钳复位牵引力"无效。大多数无机房电梯目前没有这样的应急处理能力。 （2）通常的处理方法采用葫芦拉升来解决，被困轿厢里的乘客不能快速释放。 （3）轿厢紧急提升装置使用时一端固定在轿顶（加装安全开关），另一端可固定在导轨或导轨支架上

续表

项　目	内　　容
轿顶安全窗设置	（1）GB 7588—2003《规范》第 8.12.2 条规定："如果轿厢有援救和撤离乘客的轿厢安全窗，其尺寸不应小于 0.35m×0.50m。" （2）目前很多无机房电梯没有配置安全窗。在安全钳误动作轿厢质量大于对重时，前述款，（1）已无效，因此被困轿厢里的乘客不能快速释放。有了轿顶安全窗，至少营救人员可以快速解救乘客，而有冲顶情况则可以通过安全窗抵达轿顶进行修理
限制特殊场合使用	（1）如果上述安全方面进行强制实行，就可以解决无机房电梯出现故障时乘客长时间被困情况。 （2）由于无机房电梯结构的特殊性，有的技术人员建议限制特殊场合使用无机房电梯，例如医院手术用梯、残疾人活动较多场合以及敬老院等

3.2　电梯控制保护问题

电梯控制保护包括电梯电气配电要求、电梯电气控制软件保护、电梯电气控制硬件保护等。

3.2.1　电梯电气配电要求

电梯的电气控制设备由制造厂成套供应，其电源进线及控制和配电出线由安装单位配套。电气设计只需为用电设备提供电源、选配断路器和配电线路。其中对电梯控制柜、轿厢照明、轿顶插座和轿厢报警装置等用电设备，只选配开关和到开关输入端的供电线路。电梯控制保护首先要达到电梯配电设计要求，这些要求是：

（1）电梯的负荷分级和供电要求。应与建筑的重要性和对电梯可靠性的要求相一致，并符合国家标准《供配电系统设计规范》的规定。高层建筑和重要公建的电梯供配电为二级，重要的为一级；一般载货电梯、医用电梯为三级，重要的为二级；多层住宅和普通公建的电梯为三级。高层建筑中的消防电梯，应符合国家标准《高层民用建筑设计防火规范》的规定。普通电梯和消防电梯的电源应分别采用专用的供电回路；消防电梯的配电设备应有明显标志。

（2）电梯的供电。宜从变压器低压出口（或低压配电屏）处分开而自成供电系统。一级负荷电梯的供电电源应有两个电源，供电采用两个电源送至最末一级配电装置处，并自动切换；为一级负荷供电的回路应专用，不应接入其他级别的负荷。二级负荷电梯的供电电源宜有两个电源（或两个回路），供电可采用两个回路送至最末一级配电装置处，并自动切换。当变电系统低压侧为单母线分段且母联断路器采用自动投入方式时，可采用线路可靠独立出线的单回路供电。亦可由应急母线或区域双电源自动互投配电装置出线的、可靠的单回路供电。

消防电梯供电应采用两个电源（或两个回路）送至最末一级配电装置处，并自动切换。三级负荷电梯供电宜采用专用回路供电。

（3）每台电梯应装设单独的隔离电器和保护装置，并设置在机房内便于操作和维修的地点。应能从机房入口处方便、迅速地接近。如果机房为几台电梯共用，各台电梯的隔离电器应易于识别。隔离电器应具有切断电梯正常使用情况下最大电流的能力，但不应切断下列设备的供电：

1）轿厢、机房和滑轮间的照明和通风；

2）轿顶和底坑的电源插座；

3）机房和滑轮间的电源插座；

4）电梯井道的照明；

5）报警装置。

上述照明、通风装置和插座的电源，可从电梯的主电源开关前取得，由机房内电源配电箱（柜）供电或单设照明配电箱，或另引照明供电回路并单设照明配电箱。

无机房电梯其主电源开关应设置在井道外工作人员方便接近的地方，并应具有必要的安全防护。厅站指示层照明由自身动力电源供电。

电梯的隔离电器和短路保护装置可设置在机房内电源配电箱（柜）内，选用断路器，电源配电箱（柜）的位置应符合要求；当电梯台数较多，隔离电器需分别就近设置时，可选用隔离开关，短路保护装置可设置在机房内电源配电箱（柜）内，各电梯供电回路分别设置断路器。

（4）主开关选择。电梯电源设备的馈电开关宜采用低压断路器。低压断路器的额定电流应根据持续负荷电流和拖动电动机的起动电流来确定。过电流保护装置的负载–时间特性曲线应与设备负载–时间特性曲线相配合。

（5）照明、通风装置和插座的供电回路。根据设备所在部位和工作特点，至少应分为两个供电回路，并分别设置隔离电器和保护装置。

1）轿厢用电设备（照明、通风、插座和报警装置）供电回路和保护断路器（如同机房中有几台电梯驱动主机，每个轿厢均应设置一个）。此断路器应设置在相应的主开关旁。

2）机房、井道和底坑用电设备（照明、通风和插座）供电回路和保护断路器。此断路器应设置在机房内，靠近其入口处。

照明一般采用交流 220V 电压供电，井道照明供电回路应单设 pe 线，井道照明灯具外露可导电部分可靠接地。当井道照明需以安全电压供电时，宜提供专用供电回路和保护断路器，照明变压器低压侧宜设隔离电器和保护装置，外露可导电部分严禁直接接地或通过其他途径与大地连接。

插座一般选用“2p＋pe 型 250V”。当某处插座需以安全电压供电时，宜提供专用供电回路和保护断路器，变压器低压侧宜设隔离电器和保护装置，外露可导电部分严禁直接接地或通过其他途径与大地连接。电压不同的电源插座，应有明显区别，不得存在互换的可能和弄错的危险。

3.2.2 电梯电气控制软件保护

电梯软件保护包括软件设计和电梯安全运行。软件设计结合适当的外围硬件电路，能有效地完善电梯的安全保证系统。例如，一般的电梯电路（图 3-1）中，厅门电气联锁触点、轿门电气联锁触点和其他安全部件电气开关触点都是串联在一条回路上，当这条回路的任一点发生断开，安全回路继电器就动作，切断控制电路或主电路，使电梯停止运行。

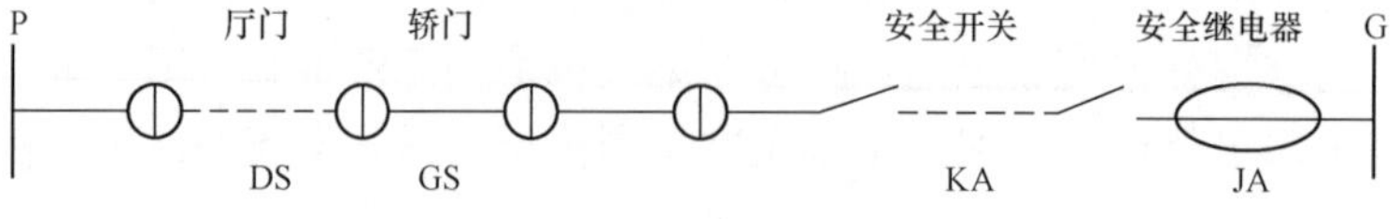

图 3-1 安全部件串联设置安全电路

图 3-1 的电路中厅门电气联锁触点和轿门电气联锁触点对电梯起到的保护作用，完全是通过硬件实现的，其功能非常简单。而对几个回路分别设置，结合软件监测和判断，如图 3-2

所示，完全可以加强对电梯安全运行的保障作用。

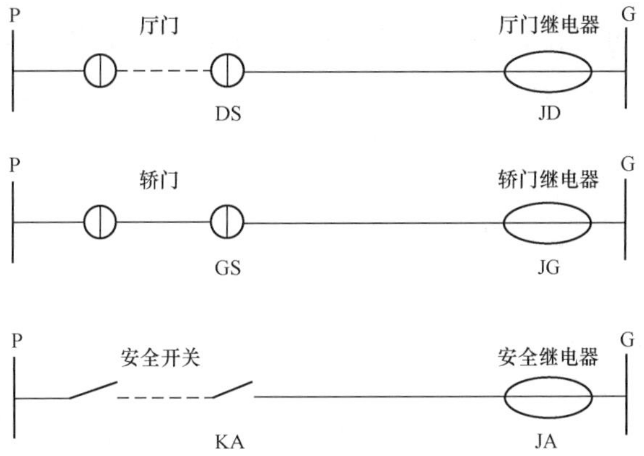

图 3-2　安全部件并联设置安全电路

从图 3-2 中看出，厅门电气联锁、轿门电气联锁以及其他安全部件电气联锁分别设置一条电路，各有一个继电器作为监测元件。又分别取厅门、轿门的继电器某一触点状态作为厅轿门是否锁闭的验证信号，并送入控制系统，供软件进行处理。在相关的软件中，对厅轿门信号进行检测：当检测到在正常运行状态下，厅轿门关闭或者开启的状态不一致，或者在正常设定的区域内，时间与设定有偏差（门终端正常的调整误差除外）时，即判断为一种致命性的故障，电梯停止运行，并给出故障代码供维修使用。在正常的开关门当中，厅轿门电气触点的通断应保持一致，即同时开或者同时关。当由于厅门或轿门意外短接而没有复位（特别是厅门回路短接这种情况最多），开关门时有一边一直处于闭合状态，则经过一段设定的时间，厅门和轿门仍然处于非同时通断的状况，电脑就检测出发生了厅轿门不同步的故障。在开门或者关门进行完之后，自动将电梯控制回路断电，或者给出一个软件安全回路的故障信号，使门保持最后状态，电梯停止运行，同时记录并给出故障代码。这就有效地防止了短接门回路不慎引起的意外伤害，而整体电路改动很少。

通过软件设计结合适当的外围硬件电路，能有效地完善电梯的安全保证系统。提高电梯安全性和可靠性的措施还有：

（1）设置软件安全回路。将变频器与微机的故障信号作为安全信号处理。当出现故障时，同样也切断控制电路的电源，进而切断主回路，使电梯停止运行。如通过旋转编码器监测电梯的运行速度与电梯预置的速度进行比较，当两者出现的偏差值大于一定值时，即判断为速度异常，控制电梯急停，然后以慢速移动向下寻找平层位置，并给出故障代码。

（2）内置防空转保护回路。GB 7588—2003 中第 12.10 条规定：曳引驱动电梯应设有电动机运转时间限制器，并应在不大于下列两个时间值的较小值时起作用：45s；电梯运行全程的时间再加上 10s，若运行全程的时间小于 10 s，则最小值为 20s。实际设计中，相邻两个光（磁）隔板的通断信号来判断，控制电脑从经过第 1 个光（磁）隔板时开始计时。当经过规定的时间，电脑仍然未收到来自第 2 个光（磁）隔板的信号，电脑就自动判断为电梯故障，送出信号，切断软件安全回路，导致电梯停止运行。

（3）主要接触器/继电器状态的软件监控。配合外围电路，尤其需要双计算机配合，将同一个继电器/接触器的两副触点分别输入到两台计算机，用软件判断其通断状态。状态不一致即为出错，停止电梯的运行。用这种方法判断继电器/接触器的触点是否工作可靠，也可以判断相关外围线路工作的可靠性。

（4）完善的故障提示系统。完善的故障提示系统设计对以后的维护保养和正常运行有重要作用。好的设计，电梯维护方便，故障消除时间短。完善的故障提示系统设计包括故障发生时间（精确到秒），运行状态（方向、楼层、速度等），故障发生时的各继电器/接触器/主要开关的通断状态等。

3.2.3 电梯电气控制硬件保护

电梯电气控制硬件保护是计算机对电梯安全运行的一种保护功能。我们就一些具体的保护技术问题进行说明。

（1）制动器保护。GB 7588—2003 中的第 12.4.2.1 条规定："所有参与向制动轮或盘施加制动力的制动器机械部件应分两组装设。如果一组部件不起作用，仍应有足够的制动力使载有额定载荷以额定速度下行的轿厢减速下行。电磁线圈的铁心被视为机械部件，而线圈则不是。"这就从规范上根本防止了制动器完全失效的可能。在 2003 年以前，曾多次发生过电磁线圈的铁心完全失效的故障。铁心安装在电磁线圈内，其原动力是电磁线圈，可动铁心被卡是电梯中最危险的故障。由于没有定期保养检查，长年累积生锈，铁心涂上过多的油脂易粘灰尘，当季节温度变化时导致粘连。电磁线圈铁心存在剩磁现象。这是电磁线圈铁心发生故障的两个主要原因。而故障又多发生在电梯运行停站的开门瞬间，特别是提前开门更为危险。为了防止铁心被卡，加装制动器检测开关，把信号输入计算机，软件设计上增加相应的保护功能，除了确认制动器开闭动作外，因为将计算机软件编入了时间限制器，所以一旦检测到制动器铁心开闸、合闸动作有缓慢现象（故障预兆）时，将禁止电梯运行。

（2）运行距离与时间保护。20 世纪 80 年代中期，有厂家采用数字化串行通信分散控制技术，机房计算机用于控制电梯运行距离与速度，轿厢计算机用于监视电梯运行楼层间速度的时间控制，并采用 1024C/T 编码器以检测出弹性联轴器的松动与齿轮磨损。

在电梯界内，计算机安全保护功能现在已得到广泛应用。如配件厂开发出的 60000C/T 以上编码器与对应的控制系统和变频器，适应于无齿轮低速曳引机的检测与更高性能要求的检测。有的在高速梯上安装了 2 套编码器：限速器编码器或井道感应器以测距离和时间；马达编码器以测速度。

计算机对现代电梯的主要保护功能是：

1）终端距离保护。井道数据写入后，当电梯检修运行终端限位开关失效时，曳引机编码器与端站层楼感应器检测的距离与时间超过终端平层一定值时，电梯不能继续运行，而应换向运行。

2）运行距离强制保护。当电梯高速运行时，轿厢进入两端减速区内，而轿厢未能减速时，编码器与层楼感应器检测的距离与时间超过一定值时，则强制减速。再超过一定值时，会有抱闸动作。

3）在高速运行中编码器检测速度与轿厢在井道楼层间的位置距离偏差被异常检出时，能有强制减速、停站和保护动作。

（3）运行曳引能力保护。在电梯实际运行中，由于轿厢内负载的变化和钢丝绳轿厢减振系统的弹性伸缩，加上钢丝绳在曳引轮上产生微量爬行位移，当曳引轮槽或钢丝绳磨损而导致曳引条件的恶化时，钢丝绳会在曳引轮上逐渐开始打滑。轿厢在井道内某楼层间的来回运

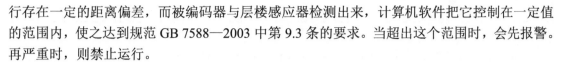

行存在一定的距离偏差，而被编码器与层楼感应器检测出来，计算机软件把它控制在一定值的范围内，使之达到规范 GB 7588—2003 中第 9.3 条的要求。当超出这个范围时，会先报警。再严重时，则禁止运行。

（4）运行扭矩保护。利用计算机技术能绘出电梯运行扭矩包络曲线。当大于监视值时，自动降速，就近靠站。保护动作分为电动机零速力矩保护、运行正侧扭矩保护和运行负侧扭矩保护。当 125%的运行曳引能力保护速度自动降到 GB 7588—2003 中第 12.6 条“速度：宜不小于额定速度的 92%”时，为满足检验超载 110%运行，与 125%的运行试验曳引能力，曳引机驱动条件的机械、电气与功率设计要满足规范要求。

（5）预防故障保护。现代电梯的计算机故障预防功能越来越强大，维保信息窗口可观察各易损件设计寿命与实际使用时间的比较，各种运行情况的历史记录；有远程监控的电梯还可进行远程保养，如停电自动平层开门装置定期检测，厅门开关不畅通被卡自修复运行等。

（6）防止轿内关人保护。防止轿内关人保护的保护功能目前已扩大到整个系统。除了电梯抱闸、主计算机、厅们、停电、轿门电气、安全回路故障外，发生其他故障时，计算机都能控制抱闸，将轿厢移动到就近平层开门。抱闸除线圈烧坏外，其他故障都可在平层区内检测出来，避免了关人。

3.3　电梯机械部件安全处理

电梯事故中有一多半是电梯机械部件事故。为了防止电梯超速，从 2003 年起，我国新电梯必须装设上行超速保护装置。在这里介绍电梯设计如何保障上行超速保护装置的实施及其他机械安全部件的实施。

3.3.1　上行超速保护装置类型及安全分析

国家标准 GB 7588—2003 在 2003 年年底正式推出，其中的第 9.10 条明确提出了在曳引电梯上必须安装轿厢上行超速保护装置。但标准中并没有明确指出必须采用哪种上行超速保护形式，只是规定了它作用的位置：轿厢、对重、钢丝绳系统、曳引轮、曳引轮轴。推出的上行超速保护装置技术产品主要有轿厢上行安全钳、钢丝绳制动器、直接作用在曳引轮或最靠近曳引轮的曳引轮轴上的制动器以及安装在对重上的安全钳等四种形式。

四种上行超速保护装置的特点各有不同，其适应性和检验方式也各不相同，究竟哪种上行超速保护装置更适合，要从可靠性、可行性及经济性等方面进行比较，结合本企业电梯的实际结构进行具体分析和作出设计选择。详细情况见表 3-2。

表 3-2　　四种“上行超速保护装置”比较

项　目	内　　容
轿厢上行超速保护装置的四种可能形式	（1）在 GB 7588—2003《规范》中对上行超速保护装置列出了四种可能的形式： 1）作用于轿厢：使用双向限速器与双向安全钳的组合； 2）作用于对重：使用普通限速器和普通安全钳的组合； 3）作用于钢丝绳系统：使用钢丝绳制动器、双向限速器和普通安全钳的组合； 4）作用于曳引部位：在曳引部位加装制动器。 （2）要求上行超速保护装置在使空轿厢制停时其最大减速度不得大于 $1.0g_n$。 （3）要从可靠性、可行性及经济性等方面进行比较，作出选择

续表

项　目	内　　容
可靠性	（1）依据型式试验报告是对产品设计和制造最基本的考核。上行超速保护装置产品必须通过型式试验，否则绝对不能采用。但是通过了型式试验的产品，由于不同的结构形式，产品在特性上亦不完全相同，选用时要加以分析。 （2）可靠性分析。 形式1）双向固定在电梯轿厢上，制动直接发生在轿厢与刚性导轨之间。安全钳制动的减速度有可能大于1.0g_n。因此应注意其上行制动力不能过大，以使制动最大减速度不大于1.0g_n。 形式2）作为上行超速保护装置用的对重安全钳，固定在电梯对重架上。制动不直接作用于电梯轿厢，而是通过曳引钢丝绳间接地体现在轿厢上。即使对重安全钳的制动是瞬时的，瞬间就使得曳引钢丝绳被制动。此时可以理解为整个系统质量体系（包括轿厢、曳引钢丝绳和对重）被隔断，轿厢成为一个孤立的质量体。从理论上讲，轿厢的制停过程是处于上抛运动状态（忽略导靴的摩擦阻力不计），轿厢的运动加速度最大不会超过1g_n。说明作为上行超速保护装置用的对重安全钳，可以是瞬时式的。 形式3）直接作用于曳引钢丝绳，使轿厢失去上行曳引力而制动或减速。 形式4）不论是采用同步无齿轮曳引机，还是另外加装的装置，制动都不直接作用于电梯轿厢上，而是通过曳引钢丝绳间接地把制动效果体现在轿厢上。 （3）形式1）、2）和3）的制动都不会使轿厢的最大减速度超过1g_n。但要注意考核它们的最小制动能力，使整个系统速度达到规范所要求的“……降低至对重缓冲器设计范围”
可行性	（1）双向安全钳的具体结构形式不同，其安装方式也不一样，必然涉及轿厢结构的改变。而图纸改动增加了常规工作量，可能还牵涉技术问题，如底坑深度，井道空间等，这是整机厂家所不欢迎的。有些问题若始终无法与规范统一，最终会导致整个（双向安全钳）设计方案不成功。 （2）可行性分析。 1）形式1）双向安全钳的原理与现有的单向安全钳完全相同。有一种所谓“组合式”双向安全钳，完全是两个单向安全钳的一顺一倒的组合，其制动性能本身毋庸置疑。最需要注意的是其安装对轿厢结构变动的影响程度。否则制动性能再好，也难于推广应用。 现在市场上的单体式双向安全钳已具有很好的安装适应性能，如某电梯配件有限公司的120型和121型单体式双向安全钳。其中120型安全钳是按“连续调整的方式”进行型式试验的双向安全钳，下行最大允许质量从1200～4000 kg，最高速度为2.0m/s。其特点是：①完全一体化结构；②只有一个（组）弹簧；③只有一对楔块；④只用一套提拉机构。 单体式双向安全钳已经做到与现有安全钳有相同或相近的外形结构；可以方便地与现有轿厢相连接，做到既适用于新梯制造，又适用于旧梯改造。 2）形式2）在对重上加装限速器和安全钳，这是一项成熟技术，和在轿厢上加装限速器和安全钳一样。主要要考虑到机房中安放限速器的空间和对重架底部加装安全钳的空间及联结方式，还有安全钳提拉机构位置。 3）形式3）的钢丝绳制动器一般被认为是使用最方便的上行超速保护装置。它不涉及对电梯结构的改变，可以较方便地安装于机房中，这是它目前迅速流行的原因之一。钢丝绳制动器安装中会遇到的问题是，当轿厢或对重架接近制动器时，由于绳头锥套分布不在一条直线上，要求制动器有较大间隙。 由于机房空间的具体情况不同，并非所有的机房中都可以安装钢丝绳制动器，有时只好选择双向安全钳，因此钢丝绳制动器与双向安全钳构成一种互补的选择。 钢丝绳制动器用作上行超速保护装置，是一个前所未有的产品。使用夹持钢丝绳的方式来制动钢丝绳的运动，是否是一个好的方案，有一定争议。实际上，钢丝绳作为一个常见基础产品，主要是用作牵拉。钢丝绳在使用过程中利用其受拉的力学特征，现在对其施加横向夹紧力，似乎有悖于其设计初衷，不能排除对其性能带来负面影响。 4）形式4），在有齿轮曳引机上若要加装上行超速保护装置，只能是在曳引轮上另加一个制动器，且只有在曳引机的设计制造阶段才可能进行，不大容易在出厂后的曳引机上另行加装。因此形式4）上行超速保护装置难于成为一个独立且又通用的商品出现。 （3）按照对GB 7588—2003《规范》的解释，使用同步无齿轮曳引机时，可以不需要另外的上行超速保护装置，但必须就曳引机做上行超速保护装置的型式试验

3.3.2　制动器不能制动设计分析及失效处理

电梯安全保护器件有限速器、制动器、缓冲器、安全钳等，它们的安全保护动作流程如图3-3所示。今介绍电梯制动器不能制动设计分析及失效处理问题。

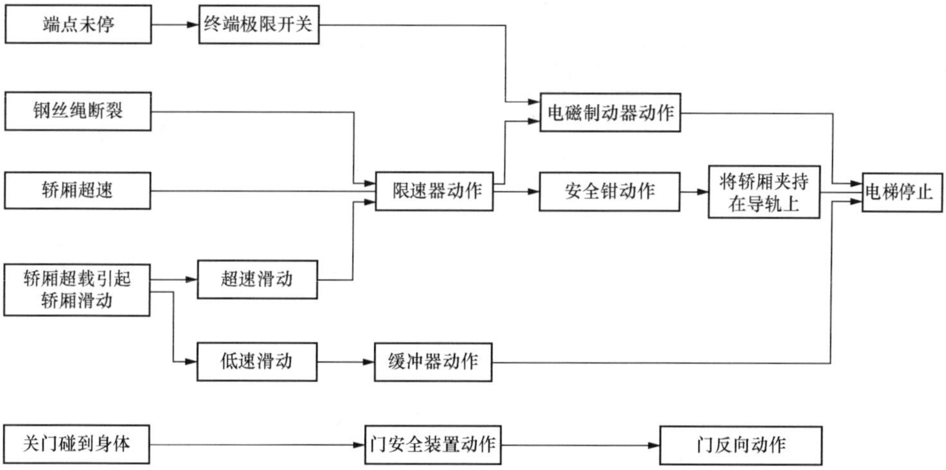

图 3-3　安全保护器件动作流程

1. 制动器不能制动设计分析

正在运行中的电梯，由于某种突然事故的出现而应该立即停梯，但是由于制动器的卡阻等原因导致制动失效，电梯继续运行，最后导致冲顶或蹾底事故的发生。在这里，作为电梯制动系统的制动器起着关键作用。

机械制动器主要担负着保持电梯轿厢停车位置和在电气故障时紧急制动的功能。在早期的交流单、双速电梯上，机械制动器还担负着减速平层的功能。因此，电梯机械制动器一旦失效，则必然出现电梯无法停车而发生滑移现象，最后可能发生冲顶或蹾底事故。

因此，必须对制动器实施有效的安全技术防护。预防制动器失效的故障，除了加强制动器的结构和可靠性设计外，还必须对制动器的动作状况进行监控。在当前变频调速已占主流的情况下，对变频调速电梯，可在控制系统内加入防止机械制动失效的电气制动保护功能。比如，如果制动器未能有效抱闸制动，多个制动单元监控开关未能正确动作时，可立即在电梯的拖动电动机内加入直流电气制动，同时以语音报警。待乘客离开轿厢后，自动将轿厢停止，并防止电梯再运行，以防止轿厢可能发生的冲顶事故。因此可以说，电气制动可以成为电梯机械制动失效的补充防护措施，而作为电梯制动的最后保障应该是机械制动。

2. 制动器失效处理

制动器失效（制动器抱闸不正常：制动器松闸明显滞后，抱闸间隙不均匀）是造成电梯运行不平稳和电梯振动的一个原因。那么，什么原因造成制动器失效，又怎样解决呢？制动器失效（故障）表现为制动器合闸合不上或不完全合上，开闸时开不了或不完全打开的不稳定状态。主要表现为电气类故障和机械类故障，其详细情况和处理办法见表 3-3。

表 3-3　　电气类故障和机械类故障的处理

类别	失效现象	失效原因	处理方法
电气类故障	电梯溜车或冲顶	（1）控制器线圈的触点粘连，造成制动器一直不释放。 （2）控制电路设计隐患，其他回路在故障时，造成控制制动器线圈的接触器不释放或意外释放	（1）严格执行 GB 7588 第 12.4.2.3 条的各项规定。 （2）对可靠开闸也应有相应具体规定。现场事故经验证明：如果半拖闸或拖闸运行，只需要 10 多分钟就可将闸皮磨完或致其失效

续表

<table>
<tr><th>类别</th><th>失效现象</th><th>失效原因</th><th>处理方法</th></tr>
<tr><td>电气类故障</td><td>电梯溜车或冲顶</td><td>（3）控制制动器线圈的触点接触不良，时断时续，造成闸瓦与制动鼓间摩擦，发展到一定程度后，闸瓦会因磨损完或高温等因素失效，制动力失效</td><td>（3）现场事故经验还证明：从可靠开闸的角度看，控制制动器线圈的电气装置也并非越多越好。可以研究电气装置采用晶闸管等无触点元件问题</td></tr>
<tr><td rowspan="2">机械类故障</td><td>结构设计存在缺陷，造成制动器制动力减小或不能抱闸，造成电梯溜车冲顶或蹾底事故</td><td>（1）机械卡阻，造成制动器断电后无法合闸或合闸缓慢；
（2）弹簧力过小（弹性系数变化或压缩定位螺母移位），制动力不足：
1）制动器抱闸不紧，手动松闸装置中拨杆限位弹簧断裂，造成制动器失灵；
2）拨杆转动过程中易造成弹簧变形和剪切；
3）手动拨杆转动到死角或接近死角时无法复位，将支撑电磁线圈盖，从而抵消制动压缩弹簧预紧力，使制动器在失电时抱闸力不够或不能抱闸；或手动拨杆在转动过程中有较为严重的卡阻现象；
4）调整制动器螺钉未加弹簧垫圈、锁紧螺母等防螺钉松动装置；
5）使用中调整螺钉容易退出，也会削弱对限位弹簧的限位</td><td>（1）增加制动器动作检测装置。例如在执行机构上加反馈的微动开关，预防了部分可能发生的溜车事故。
今后考虑将微动开关改成可连续位移变化的检测器件，或进一步采用间隙感应元件，直接将闸瓦与制动鼓间的间隙变化反馈给控制中心，控制中心利用连续位移变化或间隙变化比，利用执行机构上微动开关的信号，从而得到更全面可靠的判断。
（2）对制动器结构进行改进：
1）去掉限位弹簧，避免手动松闸时限位弹簧发生剪切或变形。
2）去掉调整螺钉，在拨杆的顶端加限位挡板，以限制拨杆的转动；或将限位螺钉加长，拧进后顶住手动拨杆，使其处于零位；在限位螺钉上加弹簧垫圈和锁紧螺母，确保限位螺钉不松动。
3）正常使用时，手动拨杆始终处于零位。
4）手动松闸时，先拧出限位螺钉，再用松闸扳手扳动手动拨杆松闸</td></tr>
<tr><td>电梯溜车冲顶或蹾底现象</td><td>（1）鼓上有油污，闸瓦老化或材质意外变化，致使制动鼓与闸瓦间摩擦系数变小，制动力不足；
（2）机械卡阻，造成制动器不打开或不完全打开，长期摩擦致使其闸瓦失效，制动力不足</td><td>（1）增加动力感应装置，在闸瓦或制动鼓上加入特殊应力材料，使制动力可转变成电量变化反馈到控制中心，从而可以方便地调节制动力矩。
（2）通过制动力矩的信号处理，准确判断轿厢载荷的状态，为下一次电梯的起步预力矩提供准确数据。
（3）在电梯发出停止合闸指令后，时刻根据编码器的反馈检测轿厢的状态。如意外溜车，则在相应的反方向通过电机绕组施加一力矩，保持电梯在平层位置，并发出警报，禁止人员处在剪挤位置。
（4）由于在用电梯在紧急刹车时，曳引条件遭到破坏的情况较为普遍，所以可以参考如今汽车制动逐渐推行的 ABS 制动系统实施之。对于 2.5m/s 以上的高速梯将有积极意义</td></tr>
</table>

第4章

电梯配置和电梯安全

高层建筑和智能建筑业的发展，带动电梯业的发展，必然需要电梯选型与配置技术。电梯设置数量的激增，促使如何选用电梯成为一个非常突出的问题。因为大楼配置电梯一旦失误，就会造成巨大经济损失。例如，某市有一个地理位置相当好的出租写字楼，尽管电梯质量上乘，但所选用的电梯速度太低，台数不够，造成大楼内交通不畅，租户极其不满。业主不得不将使用不足两年的电梯拆掉重购，并将设在大楼侧边的一台非客运电梯改装为客梯。不仅造成重大经济损失，而且改造后的电梯输送系统难以成为一个完善的系统。当今，不时有电梯配置质量不良，或电梯的技术性能与大楼档次不配套的现象。在国内电梯配置的顾问服务还未能被市场全面认识时，电梯配置设计一般由建筑设计院的设计人员完成，但建筑设计人员往往缺乏全面的电梯知识，多以类比或估计的方法布置和确定电梯的台数和主要参数，缺乏科学性。在上述情况下，电梯选型与配置就显得十分必要。电梯配置（elevator traffic dispatching）是指电梯交通系统分析、电梯交通配置设计、选型分析、电源设计、安装和维修工程流程等。电梯生产全过程包括电梯设计（电气设计和机械设计）、制造、电梯交通系统分析和计算、安装及维护诸环节。显然，电梯配置也是影响电梯安全的重要因素。本章介绍的电梯选型和配置，电梯更新及功能选择，对电梯安全起着主要影响作用；电梯所处环境对电梯安全也有影响。要保证电梯安全，电梯配置得当与否是不可忽略的一个环节。

4.1 选型配置与电梯安全

电梯交通选型和配置能提高输送效率，增加建筑物的综合功能，达到最优化指标。它更多体现的是应用，在量化上间接地保证了电梯安全。

4.1.1 电梯配置性能指标期望值和最优配置

电梯已成为建筑现代化的重要因素之一，将给现代建筑增加附加值。在现代社会中，电梯已成为城市物质文明的一种标志。随着高层建筑物的增多，需要高速、大容量的电梯亦多。电梯还要适应不同的建筑物类型。近几年，由于多层、小高层建筑物的出现，需配置廉价、实用可靠的经济型住宅电梯。再加上原有的多层住宅需加装电梯，随着城市老龄化人口的加剧，经济型住宅电梯开发热潮是必然的趋势。随着智能建筑的兴起，电梯交通系统也要智能化。首先要和智能大楼的所有自动化系统联网，和消防、保安、楼宇控制设备相互联系，使电梯成为高效安全的运输工具。

电梯能耗约占大楼总能耗的 3%～7%，因此，实施电梯交通最优配置，降低电梯能耗，也是降低大楼能耗的需要。电梯是唯一在大楼里频繁起动的大容量设备，是电磁干扰的元凶，怎样减少和防止电磁干扰，又是保护环境和大楼安全的一项重要任务。在电梯选型和配置上，电梯安全体现在选取所公认的并被长期生产实践所证明是正确的电梯主参数和基本规格上，体现在电梯性能指标量化的期望值上。

1. 电梯性能指标期望值

电梯交通系统量化包括两方面的内容：①电梯交通系统期望值；②计算电梯交通系统输出量的实际值，即电梯交通系统输出量的数量表示。没有达到这一步，就没有达到量化程度，没有达到电梯交通配置的目的。

（1）JG/T 5010—1992《住宅电梯的配置和选择》。电梯交通系统输出量的期望值是多少？即输出量的实际值是多少才符合人们的要求？电梯和建筑设计规范都没有正面涉及这个问题。JG/T 5010—1992 中第 4.2.4 条：电梯的规格和数量应符合附录 A～附录 F 中各图表的规定。这些图表是根据一天内上行高峰期的交通需要和 4.2.2、4.2.3 条及表 4-1 中规定的指标制成的。

表 4-1　JG/T 5010—1992 规定的电梯交通系统输出量的期望值

<table>
<tr><td colspan="2" rowspan="2">项　目</td><td colspan="3">级　别</td></tr>
<tr><td>60</td><td>80</td><td>100</td></tr>
<tr><td colspan="2">电梯在主楼层的最大间隔时间/s</td><td>60</td><td>80</td><td>100</td></tr>
<tr><td colspan="2">全行程的最大理论时间/s</td><td>20</td><td>30</td><td>40</td></tr>
<tr><td colspan="2">5min 内的输送能力</td><td colspan="3">居住于主楼层以上的人口的 7.5%</td></tr>
<tr><td colspan="2">如果主楼层以上的服务层数多于右面给出的数值，至少应设两台电梯</td><td>6</td><td>7</td><td>8</td></tr>
<tr><td colspan="5">—</td></tr>
<tr><td colspan="2">相邻两楼层之间的距离/m</td><td colspan="3">2.8±0.20</td></tr>
<tr><td colspan="2">额定载重量/kg</td><td>400</td><td>630</td><td>1000</td></tr>
<tr><td colspan="2">离开主楼层时，轿厢中乘客的数量（近似于额定载重量的 80%）/人</td><td>5</td><td>7</td><td>11</td></tr>
<tr><td colspan="2">每个乘客消耗的时间（进、出轿厢时间）/s</td><td>3.5</td><td>3.5</td><td>3.5</td></tr>
<tr><td colspan="5">—</td></tr>
<tr><td>额定速度/m/s</td><td>0.63</td><td>1.00</td><td>1.60</td><td>2.50</td></tr>
<tr><td>每个停层时间消耗的总和/s</td><td>9.5</td><td>10.0</td><td>9.5</td><td>9.5</td></tr>
</table>

表 4-1 中规定的电梯交通系统输出量的期望值过于简单，显然不能满足电梯交通配置的实际需要。电梯交通系统输出量的期望值是国内外众多的电梯和建筑专业人员，经过长期实践总结出来的，不同的专业人员，在不同时期，采用的期望值也并不相同。

（2）国内采用的电梯交通系统期望值。国内大多采用的电梯交通系统期望值如表 4-2 所示（国外电梯交通系统期望值在这里恕不讨论）。

2. 电梯的主参数和基本规格

（1）电梯的主要参数。

1）额定载重量。电梯设计所规定的轿内最大载荷。乘客电梯、客货电梯、病床电梯通常采用 320kg、400kg、630kg、800kg、1000kg、1250kg、1600kg、2000kg、2500kg 等系列；载货电梯通常采用 630kg、1000kg、1600kg、2000kg、3000kg、5000kg 等系列；杂物电梯通常采用 40kg、100kg、250kg 等系列。

2）额定速度。电梯设计所规定的轿厢速度，标准推荐乘客电梯、客货电梯、病床电梯采用 0.63m/s、1.00m/s、1.60m/s、2.50m/s 等系列；载货电梯采用 0.25m/s、0.40m/s、0.63m/s、1.00m/s 等系列；杂物电梯采用 0.25m/s、0.40m/s 等系列。实际使用上还有 0.50m/s、1.50m/s、1.75m/s、2.00m/s、4.00m/s、6.00m/s 等系列。

表 4-2　　电梯交通系统性能指标的期望值

<table>
<tr><th colspan="3">建筑物类型</th><th>CE（%）</th><th>AI/s</th><th>AP/s</th></tr>
<tr><td rowspan="5">办公楼</td><td colspan="2">公司专用楼</td><td>20～25</td><td rowspan="6">30 以下为良好
30～40 为较好
40 以上为不良</td><td rowspan="12">60 以下为良好，60～75 为较好，75～90 为较差，120 为极限。住宅、医院和百货商店可稍微长些</td></tr>
<tr><td colspan="2">准专用楼</td><td>16～20</td></tr>
<tr><td colspan="2">机关办公楼</td><td>14～18</td></tr>
<tr><td colspan="2">分区出租办公楼</td><td>12～14</td></tr>
<tr><td colspan="2">分层出租办公楼</td><td>14～16</td></tr>
<tr><td colspan="3">旅　馆</td><td>10～15</td></tr>
<tr><td colspan="3">住宅楼</td><td>3.5～5.0</td><td>60～90</td></tr>
<tr><td rowspan="4">医院</td><td rowspan="2">大型</td><td>人的交通</td><td>20</td><td rowspan="2"><60</td></tr>
<tr><td>车的交通</td><td>2</td></tr>
<tr><td rowspan="2">中小型</td><td>人的交通</td><td>20</td><td rowspan="2"><120</td></tr>
<tr><td>车的交通</td><td>2</td></tr>
<tr><td colspan="3">百货商店</td><td>16～18</td><td>60～90</td></tr>
</table>

注：1. 医院的电梯使用人数和小车数按 1 人/床和 0.1 车/床计算。

2. 百货商店的电梯和扶梯使用人数按顾客高峰时每小时乘客人数计算。

（2）电梯的基本规格。电梯的基本规格由以下参数组成:

1）电梯的类型。乘客电梯、载货电梯、病床电梯、自动扶梯等，表明电梯的服务对象。

2）电梯的主参数。包括电梯额定载重量、额定速度。

3）驱动方式。直流驱动、交流单速驱动、交流双速驱动、交流调压驱动、交流变压变频驱动、永磁同步电机驱动、液压驱动等。

4）操纵控制方式。手柄开关操纵、按钮控制、信号控制、集选控制、并联控制和群控等。

5）轿厢形式与轿厢尺寸。轿厢有无双面开门的特殊要求，以及轿厢顶、轿厢壁、轿厢底的特殊要求。轿厢尺寸有内部尺寸和外廓尺寸，以宽×深×高表示。内部尺寸根据电梯的类型和额定载重量确定；外廓尺寸关系到井道设计。

6）井道形式与尺寸。井道是封闭式还是空格式，井道尺寸以宽×深表示。

7）厅轿门形式。按开门方式可分为中分式、旁开式、直分式等；按控制方式可分为手动开关门、自动开关门等。

8）开门宽度与开门方向。开门宽度是指厅轿门完全开启时的净宽度。根据开门方向确定左开门或右开门。

9）层站数。电梯运行于建筑物的楼层。各楼层用以进出轿厢的地点称为层站。

10）提升高度和井道高度。

11）顶层高度和底坑深度。

12）机房形式。上机房、下机房、无机房等。

（3）乘客电梯技术参数。乘客电梯技术参数见表4-3。

表4-3　　乘客电梯技术参数

额定载重量/kg	额定速度/（m/s）	型号	提升高度	层高	轿厢			层门		井道				机房		
			最大/m	最小/mm	宽度/mm	深度/mm	高度/mm	宽度/mm	高度/mm	宽度/mm	深度/mm	底坑深度/mm	顶层高度/mm	宽度/mm	深度/mm	高度/mm
630	1.0/1.62	TKJ630/1.0-1.6 -2.0JXW-WVF	50/80	3000	1400	1200	2400	800	2000	2360	1800	1400/1600 2200	4400/4800 5200	2500	3500	2400
800	1.0/1.62	TKJ800/1.0-1.6 -2.0JXW-VVVF	50/80	3000	1400	1350	2400	800	2000	2860	1950	1400/1600 2200	4400/4800 5200	2800	3500	2400
1000	1.0/1.62	TKJ1000/1.0-1.6 -2.0JXW-VVVF	50/80	3000	1600	1500	2400	800	2200	3860	2120	1400/1600 2200	4400/4800 5200	3200	4200	3000

3. 电梯交通最优配置

在掌握电梯交通配置基本方法之后，下面介绍电梯交通最优配置的基本轮廓和基本方法，供有兴趣的读者继续深入下去。

（1）电梯服务方式的选择。电梯采用不同的服务方式，其输送效率也不同。如在早晨上班的人很多、上楼十分拥挤时，采用隔层服务运行是上策，能缓解拥挤，是最优运行方式，此时强于单程快行运行方式。

（2）计算机电梯交通配置。在电梯交通配置设计时，用 CAD 设计强于用手工设计。用计算机进行调配时，强于用其他方法的调配，因此属于一种最优配置方法。

（3）实行电梯交通分析。包括电梯交通计算，事先给出各种情况下的各种输送模式，以便在实施时采用最优运行模式。

（4）智能控制技术。对电梯交通系统使用模糊控制、专家系统及神经网络等技术进行控制，使电梯输送达到高效率和自动化。

（5）电梯群控。即对多台电梯进行分组，根据楼内交通量的变化，用计算机控制，实行最优输送的运行方式。

（6）采用双层轿厢。对大型超高层建筑物，采用双层轿厢电梯输送运行，既不增加井道，输送效率又会大大提高。

（7）改进电梯机电技术。这是从机械和电气控制方面提高电梯输送效率的另外一种重要途径。例如，当前正在大力研究和推行的无机房电梯技术就是其中之一。

（8）多目标最优化方法。由于电梯交通系统变量多而复杂，且都是统计变量，因此适合采用多目标最优化方法。最优化原则是：配置的电梯台数要少；各台电梯服务量均等；节省能量。

（9）分组分区方法。对设置多台电梯的高层建筑物，输送乘客的数量很大又很急迫时，宜采用分组分区方法以提高输送效率。值得指出的是：采用不同的优化方法，提高的程度也不一样。这是个很值得探讨的问题，国外发表许多研究最优化算法的论文，以提高电梯交通输送效率。

总之，最优化方法以多目标最优化方法和分组分区方法研究为主。对整个电梯交通配置来说，以智能控制技术、电梯群控和计算机电梯交通配置研究为主，这些基本属于电梯交通动态特性研究的内容。

4.1.2　电梯选型配置原则及其技术问题

1. 电梯选型配置原则

（1）功率匹配原则。电梯负载设备可分为纯阻型负载、曲线型负载（感型或容型）及非线型负载三类。电源的输出功率一般是以纯阻型负载来衡量的，而纯阻型负载、曲线型负载和非线型负载的内在功率因数不一样，且差别很大。纯阻型负载功率因数为 1；曲线型负载功率因数一般为 0.6～0.8；非线型负载功率因数一般看作 0.2～0.4。因此，同功率的电源所能匹配不同性质的负载的最大功率是不一样的。例如：10kVA 的稳压器最大能带 7kW 的纯阻型负载；但最大只能带 5kW 的曲线型负载或 3kW 的非线型负载。电源设备不能长期满负荷带载运行，必须在功率匹配比上留有一定的裕度。例如：10kVA 的 UPS（输出功率因数 0.8）最大能带 8kW 的重要负载，而带 8kW 的负载已是满负荷 100%运行了。但长期满负荷（100%）运行肯定有损设备，故障率肯定会增大。电源带载率应保有 30%的富余度比较合适，即 10kVA 的 UPS（输出功率因数 0.8）最佳带载率应是 10kVA×0.8×70%=5.6kW 以下，即在满载 10kVA×0.8=8kW 的基础上保有 30%的富余度！只有这样才能大大延长设备的运行寿命。

（2）电源种类选择。一般的市电电网会存在各种问题，如电压不稳，电压持续偏高或偏低，频率不稳，频率持续偏高或偏低，波型畸变不正，谐波成分多，高频干扰，浪涌电流，电噪声，供电中断及雷击等。针对电网的各种问题，专业技术人员设计了解决各种供电问题的相应设备，如针对电压不稳的问题，研制出稳压电源和调压器；针对市电的干扰问题，研制出净化电源；针对市电的中断问题，制造了发电机、UPS、EPS 及逆变电源；针对雷击问题，有了防雷器、避雷器等。稳压电源仅能解决市电电压不稳的问题；净化电源仅能解决市电的干扰问题（也具有窄范围的稳压作用）；而发电机、UPS、EPS 等能解决市电的中断问题。其中，发电机供电电压和频率质量相对不高，波型不纯正，谐波成分也大，且从市电切换过程中存在较长的转换时间（即使装有 ATS 自动切换开关也存在 1～6s 间断时间），仅能适用于低端基础设备供电场所。而对精密仪器或要害、重要负载，则必须使用 UPS。从另一方面说，发电机的运行也存在较大噪声。EPS 为应急电源系统，一般具有软启动或变频启动功能，满足消防行业的安全设计，较适合使用于感性负载，是以大容量蓄电池经逆变供给消防应急照明、消防电梯、消防水泵等设备的备用应急电源。EPS 与市电切换存在 1～5s 时间，仅能解决市电中断问题，而不能解决市电干扰等其他问题，不能用于重要的 IT 业要害负载设备。逆变电源与 EPS 工作原理相似，仅能解决市电中断问题，适用于民用家庭应急照明或家电作后备使用。而 UPS 则能解决市电的所有不良因素，如电压、频率的不稳，电网的各种干扰，市电的中断等。但 UPS 作为计算机外部设备，属于精密型电源，仅适用于计算机、服务器等 IT 业负载，而不能滥用于纯动力类设备。纯动力类设备仅适合配带动力型 EPS 电源或备用发电机组。

2. 电梯选型须注意的技术问题

（1）电梯参数选择。决定电梯输送能力的主要参数是电梯台数、额定载重量与额定速度。电梯应具有适当的输送能力。输送能力如能满足 5min 乘客集中率（Up-peak percentage arrival rate）的乘梯要求，就可以认为电梯的选用是合理的。

电梯到达门厅的平均间隙时间 AI 不应太长。一般要求应不超过 40～90s（表 4-2）。简单的估算办法：电梯从底层直达顶层的平均行程时间 AP 应不超过 2min。

候梯时间与乘梯时间应尽量缩短。这是为了满足乘客的心理要求。比较能接受的限度是：候梯时间不超过 30s，乘梯时间不超过 90s。

为了提高电梯运行效率，减少乘客乘梯时间，可采取直接停靠、提前开门、快速关门等新技术。直接停靠是在运行曲线中取消了低速平层段，电梯从额定速度按一定减速度减到零速，此时正好是平层位置。如有微小偏差，可用“再平层”的技术予以调整；提前开门是指轿厢还未达到零速即未完全平层的一小段安全距离之内开门机开始动作，待轿厢完全准确平层时门已基本打开；快速关门是指满足最大阻止关门力和门最大动能限制的前提下提高关门平均速度，从而缩短关门时间。这些措施在每个停站的平层及开关门过程中节省的时间看似不多，但许多层站累计起来其效果比单纯提高电梯速度要好得多。

（2）注意客梯的可靠性、先进性与舒适性。所谓可靠性是指电梯系统在规定的时间内保持给定功能的能力。这是建立在大量统计数据基础上的概念。对电梯可靠性的要求，是指在运行时间里故障要尽可能少，并且一旦出现故障要能很容易排除。而影响到人身安全的环节（如安全钳、限速器、安全触板、光栅门区保护系统等）要绝对不能失灵。

电梯的先进性目前主要体现在拖动与控制技术方面。矢量控制的调频调压调速技术（VVVF）使交流异步电机的调速性能达到了直流电机的水平，使用计算机的逻辑控制系统正在取代继电器并使电梯的控制功能不断增加，网络控制和模糊控制理论的应用又使电梯调度控制向智能化方向发展。

舒适性主要指电梯的加速度、振动、噪声、装潢、照明等指标，其目的是给乘客提供一个尽量舒适的乘梯环境。早期舒适性的要求主要是把超重与失重感、烦躁与焦虑感等控制在乘客能忍受的范围内；现代的舒适性则追求使乘客生理上、心理上把乘坐电梯真正当成“上上下下的享受”。

在电梯选型时显然可靠性是最重要的指标。国标 GB 10058 中规定：电梯运行 6 万次中出现的故障少于 5 次，则为合格品；少于 2 次则为一等品；少于 1 次为优等品。

（3）拖动控制方式：交流双速、调压调速与调频调速的选择。电梯停层时梯速为零。正常运行时以额定速度做匀速直线运动。在零速与额定速度之间则作加速或减速过渡，对这一段时间里电机转速的控制叫作调速。在轿厢作加速或减速运动时，乘客会出现超重与失重。普通人对超重和失重的承受能力是很有限的，我国国标 GB 10058 规定了加速度 a 值不得大于 1.5m/s^2。另外，如果加速度总在波动，乘客就会有颠簸的感觉，甚至出现眩晕。这就要求加速度变化率 ρ 尽可能小。直流电机具有良好的调速性能，但直流电机用集电环供电，维修工作量较大。交流异步电机结构简单，工作可靠，随着计算机与电力电子技术的发展，用不同的调速方式满足了不同电梯的需要。低速电梯常采用交流双速（AC-2）方案，控制环节少，故障概率低。主要缺点是平层准确度和乘坐舒适感很难两全，目前多用于货梯中。中速电梯多采用调压调速（ACVV）技术。这种调速方式用改变电压的方式改变电机的转矩，通过对电机转矩与负载力矩之间差值的调整，控制电机正、负角加速度，并用全闭环的控制方式使电梯在受控的速度和加速度下运行。

近十年来出现了调频调压调速（VVVF）的新技术。这种调速技术发展很快，其调速性能已完全可与直流电机相媲美。除了具有良好的舒适感之外，平层准确度也大为提高，而且具有明显的节能效果，现在已成为电梯调速的主流技术。

（4）液压电梯的选型。液压电梯轿厢上升时的匀速直线运动是通过油泵以一定的流量向油缸中注入油液使柱塞匀速上升来实现的，下降时的匀速直线运动是通过油缸中的油液以一定的流量排入油箱，轿厢自重使柱塞匀速下降来实现的。液压电梯也有个调速问题。在轿厢上升时一般有两种方式：一种是容积调速，或叫做泵控缸调速；另一种是节流调速，或叫做阀缸控调速。在轿厢下降时一般采用节流调速。 液压电梯的优点是对机房要求低，有较大的承载能力，安全问题也比较少。缺点是提升高度有限，一般不超过 6 层楼房；电梯的速度也不能很快，一般不宜超过 1m/s。

货梯，尤其是大吨位（2t 以上）货梯，应优先选用液压电梯。旧楼房增设电梯时难以找到合适的机房与井道，此时液压电梯显示出明显的优点。此外，别墅式 2～3 层住宅如需设置电梯，液压电梯无疑也是最理想的机型。

4.1.3　无机房电梯驱动装置和驱动方式选型

下述开发的新型驱动装置供无机房电梯驱动装置选型时参考。

（1）已经开发问世的新型驱动装置主要有直线电动机，直接驱动轿厢或对重，摩擦传动机构和轿厢；用钢丝带曳引驱动轿厢和对重。以便通过压缩驱动主机尺寸，或简化传动机构来处理井道布置问题。

（2）减小顶层高。

1）轿厢。选取最小轿厢内部净高度，尽量减小吊顶所占的轿厢高度空间。

2）轿顶护栏。设置轿顶护栏的目的是为了安装或检修电梯时，防止操作人员坠入井道。而电梯正常运行时轿顶不允许站人，因此可把轿顶护栏设计成插接式。当进行安装检修操作时，把活动部分提高到安全高度并销接。而在开始正常运行前再将活动部分退回到较低位置。

3）井道顶最低部件。为了减小井道顶层高度，应把井道顶部件安放在井道顶层轿厢与井道壁之间。

4）极限开关。在条件允许情况下，减小顶层极限开关起作用的安装距离，以便减小轿厢位于顶层时对重与缓冲器的安装距离，最终达到减小井道顶层高度的目的。

5）对重。无机房电梯通常将对重与驱动主机布置在轿厢与井道壁的同侧空间内。当电梯额定载重量较小和相应的井道截面尺寸有限时，常常通过增加对重高度来压缩其需要占据的井道垂直方向投影面积，这样会出现对重而不是轿厢决定顶层高度的情况。解决的方法是：减小底层极限开关的起作用安装距离；在不改变对重与缓冲器安装距离的条件下，降低对重缓冲器的安装高度。

（3）研制连体轿厢轿架。

1）立梁嵌接轿壁。把轿架立梁与轿厢轿壁嵌接的优点是：可使轿架导轨方向尺寸减小 100mm 以上；立梁与轿壁嵌接后，刚度互补，强度提高；型钢立梁的槽形空间可以安放轿厢操纵盘和开设轿厢自然通风孔。

2）上梁拼成轿顶。好处一是可以减小轿厢轿架的高度尺寸，二是型钢上梁的槽形空间可以安放轴流风机，用作线槽进行布线。

3）可装压重轿底。这样，压缩了轿底的高度尺寸；简化结构，减轻重量；内外轿底合一后刚度增大，强度提高，便于装设压重。无机房电梯为了选配小型驱动主机，通常采用 2:1 曳引驱动，这在某些特殊情况下可能发生轿厢无法下行而曳引绳打滑，而在轿底装设压重是解决这一问题的有力措施。

4）万向缓冲靴。由于轿厢和轿架做成一体后在它们中间取消了减振装置，因此装在连体轿厢轿架上的导靴应该选用具有多个方向缓冲作用的产品。目前多数轿厢导靴在导轨轨顶方向装有预紧力可调的弹簧，而在导轨轨侧方向只设减振橡胶垫。对于连体轿厢轿架，为了弥补取消的减振装置，应该选用至少在轿厢导轨轨顶和轨侧三个方向具有预紧力可调的导靴，以加大对轿厢的减振作用。

5）曳引悬挂横梁。采用 2:1 曳引的连体轿厢轿架，一般通过减振橡胶垫将其安放在悬挂横梁上，驱动主机即可通过绕过装在悬挂横梁上的两个返绳轮的钢丝绳，驱动轿厢沿着导轨上下运动。为了防止减振装置在轿厢超载或冲顶蹾底时，不被压坏或者错位，应该在连体轿厢轿架和悬挂横梁之间设置限位和防跳螺栓。另外，为了减缓轿厢运行时的垂直和水平振动，减振橡胶垫应该具有稳定的工作刚度和较长的使用寿命。

4.1.4 电梯位置布置原则和电源要求

1. 电梯的位置布置原则

（1）电梯是出入大楼人员经常使用的工具，因此要设置在进入大楼的人容易看到且离出入口近的地方。一般可以将电梯对着正门或大厅出入口并列布置（但对于超高层建筑，为避免井道风的作用，应阻止正门进入的风直接吹向层门）；也可将电梯布置在正门或大厅通路的旁侧或两侧。为了防止靠近正门或大厅入口的电梯利用率高、较远的利用率低，可将电梯群控，或将单梯分服务层设置。

（2）百货商场的电梯最好集中布置在售货大厅或一端容易看到的地方，当有自动扶梯设置时综合考虑决定二者位置，而工作人员和运货用电梯应设置在顾客不易见到的地方。

（3）为便于梯组的群控，大楼内的电梯应集中布置，而不要分散布置（消防电梯可除外）。对于电梯较多的大型综合楼，可以根据楼层的用途、出入口数量和客货流动路线分散布置成电梯组。同组群控的电梯服务楼层一般要一致。

（4）同组群控的电梯相互距离不要太大，否则增加了候梯厅乘客的步行距离，乘客还未到达轿厢就出发了。因此直线并列的电梯不应超过 4 台；5～8 台电梯一般排成 2 排厅门面对面布置；8 台以上电梯一般排成“凹”形分组布置。呼梯按钮不要远离轿厢。候梯厅深度应参照 GB/T 7025.1—2008 的要求。

（5）为了乘客方便，大楼主要通道应有指引候梯厅位置的指示牌；候梯厅内、电梯与电梯之间不要有柱子等突出物；应避免轿厢出入口缩进；不同服务层的 2 组电梯布置在一起，应在候梯厅入口和候梯厅内标明各自服务楼层，以防乘错造成干扰；群控梯组除首层可设轿厢位置显示器外，其余各候梯厅不要设，否则易引起乘客误解。

（6）若大楼出入口设在上下相邻的两层（如地下有停车场、地铁口、商店等），则电梯基站一般设在上层，不设地下服务层，两层间使用自动扶梯，以保证电梯运输效率。地下入口交通量很少时可设单梯通往地下，或在候梯厅加地下专用按钮。

（7）对于超高层建筑，电梯一般集中布置在大楼中央，采用分层区或分层段的方法。候梯厅要避开大楼主通路，设在凹进部位以免影响主通路的人员流动。

（8）医院的乘客电梯和病床电梯应分开布置，有助于保持医疗通道畅通，提高输送效率。

（9）对于旅馆和住宅楼，应使电梯的井道和机房远离住室（如井道旁是楼梯或非住室），避免噪声干扰住室，必要时应考虑采用隔声材料隔声。

（10）电梯的位置布置应与大楼的结构布置相协调。

（11）候梯厅的结构布置应便于层门的防火（见 GB 7588—2003 的规定）。

（12）自动扶梯的布置形式对于单列有连续线型、连续型、重叠型；对于复列有并列型、平行连续型、十字交叉型。

2. 电源要求及注意事项

以日立 BVF 医用电梯安装为例，其要求的电源系统如图 4-1 所示，系统图参数见表 4-4，安装计划注意事项见表 4-5。

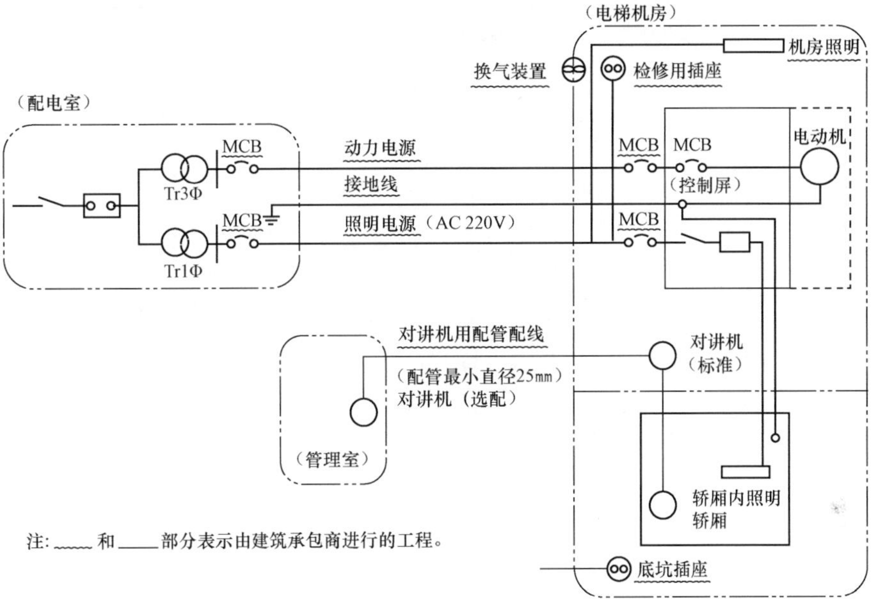

图 4-1　BVF 医用电梯电源系统

表 4-4　　电源系统图参数

项　目	内　　容
动力电源装置	为了维持电梯的良好性能，请正确选用各种适宜的电源设备。机房电源开关应设置在机房出入口附近，电梯机房内控制屏电源端的电源变化应控制在±7%以内
照明电源	轿内照明与指层灯在维修保养时需要使用，为了不受其他部位停电的影响，请做成单独回路（AC 220V，10A）
对讲机	作为轿内与外部的紧急联络时必要的通话装置，若需要管理室与轿厢进行联络，请进行从管理室到机房的配线工程。标准对讲机的配线数为一台 8 条线，如增加一台请追加一条线。在建筑设计初期请决定对讲机（母机）的台数
换气装置	为了避免机房的温度超过 40℃，请选用适当风量的换气装置，并将它们和通风窗对面设置
底坑插座	在底坑进行保养时必须用到，请设置在最底层的出入口侧的下方（AC 220V，10A）
机房照明设备	请设置机房维修保养时所必需的照明度，并与窗户相配合来规划。照明开关和检修用插座应设置在机房出入口附近

表 4-5　　**BVF 医用电梯电梯安装计划注意事项**

注意事项	内　　容
电梯土建应满足的工作环境要求	(1) 机房的空气温度应保持在 5～40℃; (2) 电梯运行地点的最湿月月平均最高相对湿度为 90%，同时该月月平均最低温度不高于 25℃; (3) 供电电压：电压波动为±7%范围内; (4) 空气介质中无爆炸危险，无足以腐蚀金属和破坏绝缘的气体及导电尘埃
井道注意事项	(1) 井道四壁（包括各层圈梁）应是垂直的，井道壁垂直允许偏差（图 4-2）为: 高度小于或等于 30m 的井道：0～+25mm; 高度小于或等于 60m 的井道：0～+35mm; 高度小于或等于 90m 的井道：0～+50mm。 (2) 井道四壁为 200mm 混凝土墙或 240mm 砖墙。不允许采用空心砖砌筑。 (3) 电梯井道最好不设置在人们能到达的空间上面。如果实际情况不能达到本规定，请与电梯厂家联系。 (4) 如电梯井道为钢结构，请尽早与电梯厂家联系 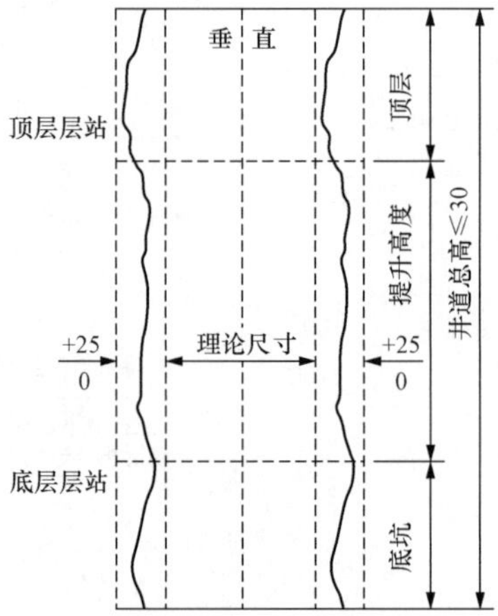 图 4-2　井道偏差示意图
应由大楼业主和总承包商负责的工作	(1) 底坑深度和顶层高度须满足产品要求，底坑必须防水并备有排水口。 (2) 机房应设置恰当的照明、通风和防火设备。 (3) 预留或开一切必要的孔洞，且在电梯安装完毕后进行必要的装修。 (4) 提供和保证所有支承用的预埋件、混凝土座和钢筋混凝土楼面等，以便支承电梯设备、缓冲器及厅门的安装。 (5) 提供所有必须用于支架、地脚螺栓和主机梁等灌注用的水泥或混凝土。 (6) 免费提供适量水泥、砂石等用于捣制踏板。 (7) 在电梯安装前按照电梯承包商有关引线位置和电线尺寸的指导，把动力电源和照明电源接至电梯各机房并配好开关。 (8) 免费提供防盗、防潮、单独且具有足够面积的储藏室，以便在工程进行中，存放材料和工具。 (9) 提供工地照明和电梯安装、调试、喷漆等所需的电源

4.2　电梯部件选型和计算配置

4.2.1　电梯曳引钢丝绳的选型

电梯部件选型以曳引钢丝绳的选型、使用和维护为例进行说明。正确选择、使用和维护曳引钢丝绳，不仅有利于电梯的安全和正常运行，还能延长钢丝绳的使用寿命，见表 4-6。

表 4-6　　曳引钢丝绳的选择、使用和维护

项目	内 容 说 明
电梯、钢丝绳的选择	电梯钢丝绳是以单绳股围绕绳芯呈螺旋状捻制而成。通常采用 50～65 号优质碳素钢或 60Si2Mn 钢丝。为了安全，电梯钢丝绳用特号或 1 号钢丝，其钢丝直径限制在 0.3～1.3mm 之间。常用的电梯曳引钢丝绳有西鲁式（X 型）和瓦灵吞式（W 型）。国产电梯普遍使用西鲁式 8 或 6 钢丝股的钢丝绳，其中 8X（19）应用较多。 （1）钢丝绳标记识别。以额定载重量 1000kg 的乘客电梯为例，曳引钢丝绳采用 8X（19）—16—140 右交，其中 8 为绳股数量，X 为西鲁式，（19）为每一绳股中的钢丝根数，16 为钢丝绳的公称直径（mm），140 为钢丝绳的抗拉强度（kgf/mm^2），右交为钢丝在绳股和绳股在绳中右交方向捻制。国产曳引钢丝绳均为右交。 （2）绳芯。电梯钢丝绳均选用带浸油的纤维绳芯，绳芯支撑和固定绳股位置以改善绳丝之间的接触，减缓冲击载荷，起贮油池作用，供钢丝绳长期润滑之油源，使钢丝润滑良好。 （3）西鲁式（X 型）钢丝绳的结构与特征。西鲁式电梯钢丝绳交股的截面每股为 1+9+9，即芯加第一层加第二层共 19 根钢丝组成：中心钢丝 1 根，ϕ1.2mm，内层钢丝 9 根，ϕ0.6mm，外层钢丝 9 根ϕ1.05mm。外层丝径比内层丝径大，因此又称外粗式钢丝绳。其特点： 1）每股内外层钢线数量相同，但直径不等，外层嵌埋在内层凹口内，多层钢丝的捻距相等，结构紧密牢固，不易开卷。外层粗钢丝增加耐磨性，内层细钢丝提高柔软性，有利于受弯时的相互滑动，因而提高了钢丝绳的挠性和使用寿命。 2）层间钢丝平行线接触，钢丝绳耐疲劳性好，钢丝内部之间的耐磨损性能好，接触面积增大，接触应力减小
曳引钢丝绳的安全系数	从安全角度要求，电梯钢丝绳有一定的根数和安全系数，GB 7588 对 $K_{静}$有具体的规定：采用三根或三根以上曳引钢丝绳的电梯，$K_{静}$=12；采用两根曳引钢丝绳的电梯，$K_{静}$=16，通常要求乘客、载货和医用电梯钢丝绳根数应不少于 4 根，安全系数为 12；杂物梯应不少于 2 根，安全系数为 10。 （1）钢丝绳在工作中存在静动两种载荷，但影响钢丝绳使用寿命的主要还是静载荷，为了计算简化起见，仅对静载作实用计算。 （2）钢丝绳直径的选择。为了提高电梯钢丝绳的强度，延长使用寿命，通常按式 $D/d \geqslant 40$ 选取电梯钢丝绳的直径，其中 d 为钢丝绳直径，不小于 8mm；D 为曳引轮直径
钢丝绳的使用与维护	（1）钢丝绳的检查。电梯钢丝绳所处状况的好坏直接关系着设备和乘客的安全，必须引起足够的重视，工作中应仔细观察和慎重检查，其检查内容： 1）检查断丝的根数、部位和捻距断丝情况； 2）钢丝绳直径变细情况。除目测外，定期用游标卡尺测量绳径和磨损情况； 3）检查电梯钢丝绳的张力，各绳张力相互差值不应超过 5%； 4）钢丝绳的润滑、清洁和锈蚀情况； 5）绳头及其组合情况，全长有无其他异常，如绳的异常伸长变化等。 （2）钢丝绳的磨损和变形。根据使用经验，电梯钢丝绳在正常工况下很少有突然断裂的现象，其损坏一般是在长期运行中由于磨损、弯曲疲劳、锈蚀或外伤逐渐形成的。应特别注意磨损、锈蚀的检查。磨损包括钢丝绳表面、股与股之间、丝与丝之间的磨损。 机械磨损主要为外部均匀磨损、变形磨损和内部磨损三种。一般来说，对纯机械磨损，电梯钢丝绳在使用过程由于其硬度比绳槽高，磨损很慢。但由于张力、槽型、钢丝绳在槽中打滑、偏磨、打滚，而与绳槽产生磨损，这种磨损在正常情况下是均匀的。变形磨损，是指电梯钢丝绳在某一段内的局部磨损，由于电梯钢丝绳和绳轮经常发生慢性移位或电梯钢丝绳在绳轮上剧烈振动、冲击所造成，使电梯钢丝绳局部挤压变形；虽然电梯钢丝截面积并未减小，但局部挤压处的钢丝材质已受损，容易断丝。对内部磨损，由于电梯钢丝绳的经常弯曲，股中钢丝间产生相对移位，股与股之间接触压力增大，使相邻股间的钢丝产生局部压痕，时间一长，会因应力集中而折断。电梯钢丝绳磨损、变细，将使钢丝绳内的电梯钢丝截面积变小，拉力降低，严重时应报废更换电梯钢丝绳。根据经验，电梯钢丝绳存在内部断丝时，电梯钢丝绳在运行中能听到“咔嚓”的响声。 （3）钢丝绳卧入绳槽的情况。检查绳槽工作表面是否平滑，电梯钢丝绳卧入绳槽内的深度是否一致。方法是把直尺沿轴向紧贴曳引轮外圆面，然后测量槽内钢丝绳顶点至直尺距离。当其差距达到 1.5mm 时，应重车或调换轮缘。 检查电梯钢丝绳在绳槽内是否落底和打滑。当钢丝绳与槽底的间隙减少至 1mm 时绳槽需重新车削。绳槽在切口下面的轮缘厚度，当钢丝绳直径为ϕ13mm 时，应不小于ϕ12.5mm；当钢丝绳直径为ϕ16mm 时应不小于ϕ15.5mm。

续表

项目	内 容 说 明
钢丝绳的使用与维护	（4）电梯钢丝绳的锈蚀。电梯钢丝绳在使用过程中会发生锈蚀，机械性能降低，钢丝直径变细、股间松动，以致发生脆性断裂。这种断裂是“雪崩式”的断裂，它比一般的断丝或磨损更危险。维修中凡遇到钢丝绳锈蚀尤其要重视，应仔细观察。如发现锈蚀严重，已形成麻坑或绳股外层钢丝有松动现象，不论断丝或绳径变细多少都应更换；如发现钢丝绳出现“红油”，说明绳芯无油，内部生锈，应引起注意。必要时可剁绳头检查钢丝绳的内部锈蚀情况。防止钢丝绳锈蚀的方法是在绳上涂油保护。 （5）对断丝的分析。 1）过载断丝。由电梯钢丝绳承受过载负荷或冲击负荷造成，其断口呈现杯状塑性收缩，由于电梯钢丝绳的安全系数大，这种断丝比较少见。 2）疲劳断丝。出现在股的弯曲程序最大一侧的外层钢丝，金属疲劳产生的断丝，断口形状平齐。 3）磨损断丝。钢丝绳同曳引轮之间摩擦打滑造成，这种断丝是在钢丝磨损极其严重且发生在外层钢丝，断口两侧呈斜茬，断口扁平。 4）锈蚀断丝。锈蚀严重所致，断口不整齐，呈钎尖状。 5）剪切断丝。被硬性拉断或受较大外力打击、挤压造成。断口呈剪切状。 6）扭结断丝。这种断丝在正常使用中很少出现，只有在钢丝绳出现松弛造成扭结才出现，断口形状平整、光滑。 （6）钢丝绳的润滑。一般来说，在曳引轮直径较大，温度干燥的使用场所，钢丝绳使用3～5年自身仍有足够的润滑油，不必添加新油。但不管使用时间多长，只要在电梯钢丝绳上发现生锈或干燥迹象时，必须加润滑油。 1）润滑方法。 ①在钢丝表面用鬃刷逆钢丝绳运行方向，均匀薄涂一次专用的ET稀释型电梯钢丝绳脂，或者使用20号机油。这种方法的好处是简便，不用加热，涂敷方便。但应注意浇油时不可太多，绳表面能有轻微的渗透润滑即可。不能涂抹钙基润滑脂。 ②加热涂敷。先用钢丝刷子刷去绳上的污垢和残留物，并用煤油清擦（严禁用汽油清洗），将润滑油（石墨和凡士林的混合物）加热到80℃以上涂敷。对钢丝绳润滑要适度，表面不能敷油太多。否则，曳引力降低，严重时平衡不了负载力矩，容易出现下面两种现象：a. 电梯运行失控，造成电梯冲顶、蹾底事故；b. 电梯钢丝绳在轮槽打滑，如同拉锯，严重磨损绳槽和钢丝绳本身。 2）润滑油应具备的特征：不带酸、碱，不含水分，不吸湿气；在大气中不易干燥，低温时不硬化（龟裂），高温时不流失；具有适当黏度，以免电梯钢丝绳运转时甩油；具有足以渗到电梯钢丝绳、丝股间及绳芯的特性
钢丝绳的报废和更换	（1）钢丝表面虽未受任何损伤，但断丝根数达到对应数字者应报废； （2）钢丝表面磨损或腐蚀占直径的30%时，即使断丝数为0亦应报废； （3）表面磨损百分数已达到，而对应的断丝数未达到者不报废； （4）电梯钢线绳出现断股时应报废； （5）捻距的估算：一般以6.5倍绳径为一捻距，如8X（19）西鲁式钢丝绳8股ϕ16mm的捻距约为6.5×16mm=100mm； （6）电梯钢丝绳直径减少10%时应报废； （7）电梯钢丝绳表面有严重锈蚀、发黑、斑点、麻坑以及外层钢丝松动，必须立即更换； （8）更换电梯钢丝绳时，同组的各电梯钢丝绳要一同更换； （9）使用中，若发现内部的润滑油被挤出有如流汗现象时，表示电梯钢丝绳已达超载状态。发生此现象要立即检查，找出原因，必要时应更换新绳； （10）保持电梯钢丝绳的清洁。若发现表面有沙土等污垢，应用煤油擦干净（严禁用汽油）； （11）对钢丝直径不等的钢丝绳，断丝数是指细丝而言，一根粗丝相当于1.7根细钢丝

4.2.2 住宅楼电梯配置及核准问题

电梯配置及优化是以配置计算和核准为前提，以电梯规范为法则，以电梯配置期望值为比较标准的。举例：住宅楼18层/18站/18门、630kg（或450kg）、1.5m/s的电梯，一梯两户，可否达到中华人民共和国建筑工业行业标准的JG/T 5010—1992《住宅电梯的配置和选择》的标准？

这涉及住宅楼电梯交通配置及核准问题。

（1）电梯交通配置操作。根据电梯交通基本配置操作步骤进行。电梯交通基本配置步骤用一句话来说就是：由电梯交通单元参数，求得乘客出入总时间等，再求得电梯运行周期，最后求电梯交通系统的输出量。

如果设：

t_p——每个乘客出入时间；

t_d——电梯开关门单元时间；

t_r——电梯单站运行时间；

T_P——乘客出入总时间；

T_d——电梯开关门总时间；

T_r——电梯行车总时间；

RTT——电梯运行周期；

CE——5min 载客率；

AI——平均间隙时间；

AP——平均行程时间；

N——电梯台数。

则电梯交通基本配置步骤是：

$$t_p、t_d、t_r \rightarrow T_P、T_d、T_R \rightarrow \text{RTT} \rightarrow \text{CE、AI、AP、}N$$

再简化一点，用上述符号表示如下式：

$$\left.\begin{matrix} t_p \\ t_r \\ t_d \end{matrix}\right\} \Rightarrow \text{RTT} \Rightarrow \left\{\begin{matrix} \text{CE}^* \\ \text{AI}^* \\ \text{AP}^* \end{matrix}\right.$$

（2）配置计算。

第 1 步：从实际经验得知：住宅楼电梯轿厢上行人数 r_u 和下行人数 r_d 与轿厢额定载重量 R_e 有一定的关系：

$$r_u=0.48R_e，r_d=0.32R_e，r=0.8R_e \tag{4-1}$$

第 2 步：已知 R_e=630kg，则 r=0.8 R_e=504kg=7 人

第 3 步：对住宅楼各层服务，有 r_u=3r/5=0.6×7 人=4.2 人

单程可能停站数 f：

$$f = n(1-n_0^{r_u}) = 18\times\left[1-\left(\frac{n-1}{n}\right)^{r_u}\right] = 18\times\left[1-\left(\frac{17}{18}\right)^{4.2}\right] = 3.84 \tag{4-2}$$

第 4 步：假设轿厢门宽 j=800mm，则轿厢出入口宽度修正系数 K=1。

第 5 步：电梯单站运行时间 t_p 为

$$t_p=0.8+1\times3.84^{1/3}=2.37\text{s}$$

第 6 步：假设层距 h=3.0m，则轿厢行程 S_L=3×（18–1）=51m。结合式（4-2），得轿厢平均运行距离 S 为

$$S=S_L/f_1=51/3.84=13.28\text{m} \tag{4-3}$$

额定速度 v_e=1.5m/s 对应的加速时间 t_a=2.1s，加速距离 S_a=1.58m。

因为 S=13.28 m≥2S_a=2×1.58 m，所以单站运行时间

$$t_r=2.1+13.28/1.5=10.95\text{s}$$

第 7 步：开关门单元时间

$$t_d=3.7+0.2=3.9\text{s}$$

第 8 步：根据住宅楼的电梯运行周期 RTT 公式，则有

$$\text{RTT}=0.88r-t_a-1.1t_d+2S_{lu}/v_e+n(t_a+1.1t_d)\left[2-\left(\frac{n-1}{n}\right)^{0.6r}-\left(\frac{n-1}{n}\right)^{0.4r}\right]+$$

$$rK\left\{0.66\times\left[n-n\left(\frac{n-1}{n}\right)^{0.6r}\right]^{1/3}+0.44\times\left[n-n\left(\frac{n-1}{n}\right)^{0.4r}-1\right]^{1/3}\right\} \tag{4-4}$$

$$=0.88\times7-2.1-1.1\times3.9+2\times51/1.5+18(2.1+1.1\times3.9)\left[2-\left(\frac{17}{18}\right)^{0.6\times7}-\left(\frac{17}{18}\right)^{0.4\times7}\right]+$$

$$7\times1\times\left\{0.66\times\left[18-18\left(\frac{17}{18}\right)^{0.6\times7}\right]^{1/3}+0.44\times\left[18-18\left(\frac{17}{18}\right)^{0.4\times7}-1\right]^{1/3}\right\}=120.212\ 784\text{s}$$

第 9 步：平均间隙时间 AI=120.2s。

第 10 步：假设每户 3.5 人，得 5min 载客率 CE 为

$$\text{CE}=\frac{5\times60r}{\text{RTT}\cdot Q}=\frac{5\times60\times7}{120.2\times2\times18\times3.5}=13.87\% \tag{4-5}$$

第 11 步：计算平均行程时间 AP。假设 r_d=0，结合第 7 步，得快行区间行车时间 T_{re}

$$T_{re}=S_L/1.5=51/1.5=34\text{s}$$

$$\text{AP}=\text{RTT}-(r_u+2)-2.2t_d-T_{re}$$

$$=120.2-(4.2+2)-2.2\times3.9-34=71.42\text{s}$$

（3）用 JG/T 5010—1992 核准。

由第 8 步结果，平均间隙时间 AI=120.2s，接近 JG/T 5010—1992 中的 4.1 条，属于 100 s 系列。

JG/T 5010—1992 中 4.2.4 条中的表 1 对应的 5min 载客率 CE=3.5%～5.0%，国外为 CE=7.5%。而本配置为 CE=13.9%［见式（4-5)]，相当高。

（4）建议。本住宅楼设计和电梯选型配置中还有改进之处：

1）各楼门间应设联系廊。“单元式高层住宅每单元只设一部电梯时应采用联系廊连通”。对防火对应急都有好处。

2）应设 1～2 台消防梯。《高层民用建筑设计防火规范》JB 50045—1995（2005 年版）第 6.3.1 条规定:塔式住宅、十二层及十三层以上的单元式住宅和通廊式住宅中应设消防电梯。第 6.3.2 条规定：消防电梯可与客梯兼用。

3）应考虑 GB 50096—1999《住宅设计规范》中的 4.1.7 条～4.1.9 条的要求。

4）R_e=750kg、v_e=1.m/s 的 1 台客梯可以服务 60～100 户。本住宅 1 台电梯才服务 36 户，选 v_e=1.m/s 的完全可以，可降低成本，输送性能也能保证。

5）避免下述现象：住宅电梯不能运行了，没人管，互相扯皮。

6）最后也应指出：《住宅电梯的配置和选择》JG/T 5010—1992（推荐性标准），虽然对配置和选择规定得比较详尽，但是它的制定主要是等效采用了国际标准 ISO4190-6：1984 电梯与服务电梯——第 6 部分　住宅电梯的配置与选择。而国际标准 ISO4190-6：1984 与我国目前实际有较大距离，因此只能作为参考使用。

4.3　电梯功能选择与电梯安全

4.3.1　高层建筑物中电梯系统的功能选择

1. 高层建筑物中电梯的选型和配置功能

在高层建筑物中，快速、高效、平稳的垂直服务是不可缺少的。电梯作为垂直交通工具，对其台数、控制方式及有关参数的选定将不仅直接影响建筑物的一次投资（一般电梯投资约占建筑物总投资的 10%左右)，而且还将影响建筑物的使用安全和经营服务质量。在建筑物内，合理地确定电梯的台数、容量、额定速度和控制方式非常重要，而且电梯一经选定和安装使用，以后若想增加或改型就非常困难，甚至不可能。因此，应该在设计开始时对电梯的配置和选择应予以充分重视。

超高层建筑物大都在 100 层左右，建筑物内人口流动量大，纵向交通主要依靠电梯，有效设计超高层建筑物的电梯的关键，是把局部区域内的电梯系统联合起来。通过由地面始发站至局部区域的空中候梯厅之间的快速穿梭电梯进行服务，乘客到达空中候梯厅后再换乘区间电梯。为了能够将乘客以最快的速度运送到达目的楼层，一般以建筑每 30～35 层为一局部区域。

在配置和选择超高层电梯时应注意以下功能:

（1）单组电梯可行的电梯限制数是 8 台。

（2）位于每一电梯楼层区域（办公楼）的上面楼层数，不应超过 15～16 层（双层的是 18～20 层）。

（3）典型办公楼电梯载重量，单层为 1350kg、1600kg 和 1800kg；双层为：1350/1350kg、1600/1600kg、1800/1800kg。

（4）典型空中走廊/观光层，电梯载重量为 2040kg、2250kg、2500kg。

（5）电梯的垂直加速度为 0.9～1.5m/s^2。

（6）电梯速度偏重于克服长行程。典型的无减速箱电梯的额定速度是 2.5m/s、3.5m/s、4.0m/s、5.0m/s、6.0m/s、7.0m/s、8.0m/s、9.0m/s、10.0m/s 等。

（7）牵引式电梯最长行程为 600m。

2. 超高层建筑物中电梯的控制系统要求

由于超高层建筑物中多采用多梯系统，为了提高梯群的使用效率，以最快的速度满足乘客的需要，缩短候梯时间，应采用微机控制系统，通过计算机控制系统及时地处理大量信息，判断各站台的呼叫信息和各台电梯的位置、方向、开闭状态及轿内呼叫等各种状态，以提高运送能力，改善服务质量，提高经济效益。电梯群控系统主要有以下几个特点:

（1）轿厢到达各停靠站台前应减速，到达两端站台前要强迫减速、停车，以避免冲顶和蹾底，保证安全。

（2）对轿内乘客所要到达的层站进行登记，并通过指示灯作为应答信号。在到达指定层站前减速停车、消号。对候梯乘客的呼叫进行登记，并作出应答信号。

（3）满载直驶，只停轿内乘客登记的层站。

（4）当轿厢到达某一站台后成为空载，另有层站呼叫时，该轿厢与另外行驶中同方向的轿厢进行比较各自至呼叫层站的距离，使最优确定的轿厢（如近者轿厢）抵达呼叫层站并消号。

（5）基站乘客呼叫时，调用往基站行驶的轿厢与空载轿厢之近者前去服务。

（6）在各层站处设置轿厢位置显示器，以便对层站乘客进行电梯运行预报，消除乘客的焦急情绪，同时可使乘客向应答电梯预先走去，缩短候梯时间。

（7）层站呼叫被登记应答后，轿厢到达该层站时，应有铃声提醒候梯乘客。

（8）运行中的轿厢扫描各层站的减速点，根据轿内或层站有无呼叫信号来决定是否停车。

（9）层站乘客呼叫轿厢，对此层站能提供服务的所有电梯的应答器均能作出应答。

（10）控制室将梯群进行分类，分单数停层站和双数停层站，所有电梯都以端站为终点。在中间层站，如单数层站呼叫双数层站的轿厢，则控制室不登记和不作应答；反之亦然。

（11）中间层站呼叫直达电梯时，直达电梯不登记，也不作应答。

（12）轿厢完成输送任务后，若无呼叫信号或接到指令执行其他服务，则电梯停留在该层站，轿门打开，等待其他呼叫信号。

（13）控制系统时刻监视电梯的状态，同时扫描各层站的呼叫信息。

3. 超高层建筑物电梯的供电系统要求

超高层电梯的供电系统一般都配置两路独立的供电电源，以保证电梯的用电，防止电梯因供电中断而使乘客滞留在电梯内。当一路电源发生故障或进行维修时，另一路电源自动投入。若发生意外事故或大范围地区停电使第二电源也不能供电时，这时供电系统应转换到第三电源。超高层建筑物的第三电源一般由柴油发电机供给。当第三电源也发生故障时，只有依靠蓄电池供电，一般要求蓄电池能够给各楼层的公共通道提供应急照明和应急电力，其余向电梯供电，并且能够维持电梯继续工作一段时间。

4. 电梯的接地系统要求

现代电梯使用计算机系统控制以后，电梯的接地系统就变得复杂了。它包括信号接地、安全接地保护和防雷接地保护等。

5. 电梯的弱电系统要求

电梯除了设备本身配有的各种弱电与监视装置外，一般还有在电梯轿厢内设置与电梯机房和值班室都能对讲的专线电话和应急铃等弱电设备。在设有多台电梯群控的建筑物里还设有事故运行操作盘，用以监视电梯的异常情况和进行紧急操作。现在在许多大厦采用诸多计算机系统，如楼宇自控系统（BAS）、火灾报警联动控制系统（FAS）和保安监控系统（SAS），这些控制系统都要对电梯实现监控，其目的就是为了加强对电梯的管理，提高电梯的使用率，降低能耗，为人们提供舒适、快捷、安全的环境。

（1）楼宇自控系统对电梯的监控功能。楼宇自控系统是计算机对建筑物内的设备实施一体化管理和控制。其对电梯的监控功能为:

1）电梯的运行台数时间控制。

2）电梯的运行状态监控。

3）语音报告服务系统。

4）停电及紧急状态的处理。

5）定期通知维护及开列保养单等。

（2）火灾报警联动控制系统对电梯的监控功能。火灾报警联动控制系统是一独立的子系统，其主要功能是对楼宇内火情进行监控，它对电梯的中断和优先识别高于其他系统。火灾报警联动控制系统对电梯的监控功能为：

1）普通电梯平时受楼宇自控系统监控。当发生火灾时，电梯将直驶首层，不应答任何内外召唤，返首层后开门，切断电源，停止使用。

2）消防电梯在发生火灾时，电梯将直驶首层待命，切断普通电源，由应急电源供电。

（3）保安监控系统对电梯的监控功能。在电梯轿厢和出入口监控，安装门禁系统，电梯根据 IC 卡记录的保安级别自动运行至规定的楼层。

4.3.2　双层轿厢电梯的功能选择与安全

在当今不断修建高层建筑，特别是超高层建筑的时代，对双层轿厢电梯的设置及其技术研究已经提到日程上来。在亚洲，由于办公楼里人口密度大，楼层面积小，地价昂贵，双层轿厢电梯是理想的选择。1997 年在吉隆坡建起的石油大厦（双子塔），1998 年在上海建起的金茂大厦，2004 年建起的“台北 101 大楼”，2008 年建起的上海环球金融中心，都安装有双层轿厢电梯，甚至双层穿梭电梯。2010 年建成的高 828m 的迪拜哈利法塔也装设双层轿厢电梯。

双层轿厢电梯（double-deck elevators，DD 电梯），简称双层电梯，是将两个相同的轿厢上下连接起来，共在同一井道内，服务于两个相邻的楼层。在基站上的乘客根据所去大楼楼层为奇/偶数的不同，而从不同位置上乘坐电梯。其输送能力大约是两台单层轿厢的 70%，节省大约 30%的井道空间，而双层轿厢电梯的价格和单层轿厢电梯差不多。这是在高层建筑物中今后要大力增设双层电梯的主要原因。双层电梯在高层建筑物中的重要性日益显露出来，高层建筑物，特别是超高层建筑物（如 80 层以上），需要具有高效率的输送系统。在这里要介绍和电梯配置安全有关的双层轿厢电梯传统期望值及其运行模式分析。

1. 双层轿厢电梯传统参数期望值

双层轿厢电梯的传统参数是进行双层电梯设计和安装所依赖的传统期望值，也是多年来电梯技术人员总结出的经验数据。设置双层电梯（包括单层电梯）的建筑物的分区数和建筑层数的关系见表 4-7，额定载重量 R_e、实际（nominal）载客人数 r 与最大区域人数、平均间隙时间 AI、5min 载客率 CE 的关系见表 4-8。

表 4-7　　建筑物的分区数和建筑物层数的关系

建筑物层数	电梯分区数		建筑物层数	电梯分区数	
	单层	双层		单层	双层
15	1	1	45	3	3
30	2	2	60	4	3

表 4-8　　电梯额定载重量 R_e 与最大区域人数的关系

电梯额定载重量 R_e/kg		满载人数/人	实际载客人数 r/人	最大区域人数/人	
				平均间隙时间 AI≤30s，5min 载客率 CE=12%	平均间隙时间 AI≤30s，5min 载客率 CE=14%
单层轿厢	1350	20	16	1333	1143
	1600	23	19	1583	1357
	1800	27	22	1833	1571
	2250	33	25	2083	1686
	4530	66	50	4166	3571
双层轿厢	1350/1350	20/20	16/16	2666	2286
	1600/1600	23/23	19/19	3166	2714
	1800/1800	27/27	22/22	3666	3143
	2250/2250	33/33	26/26	4166	3571

办公楼设置单层电梯，上面楼层数不应超过 15～16 层。双层电梯不应超过 18～20 层。典型额定载重量，单层是 1350kg、1600kg、1800kg；双层是 1350/1350kg、1600/1600kg、1800/1800kg。典型穿梭电梯额定载重量是 1800kg、2040kg、2250kg、2500kg，单层或双层。

电梯业开发出的生理学极限是：人可以忍受的垂直方向最大加速度/减速度为 0.9～1.5m/s^2；加速度变化率≤2.5m/s^3；音响：≤50dB；15～20mg；≤2000Pa。

2. 双层轿厢电梯的运行模式分析

双层轿厢电梯的运行模式可分为下面 5 种情形。

（1）双层轿厢电梯常规运行模式。传统的双层轿厢电梯只要求将去偶数、奇数楼层的乘客在底层的 2 个候梯厅内分派到 2 个轿厢内。一般地，去奇数楼层的人搭乘下轿厢，去偶数楼层的人搭乘上轿厢。一旦电梯被派出，上下轿厢内的召唤将受限制，直到电梯应答某一轿外召唤，或电梯应答完所有登记的轿内召唤而返程运行时，上下两轿厢的所有轿内召唤才不受限制。已经搭乘电梯的乘客可以登记任何目的楼层直到向下运行到基站。

（2）间隔运行模式。如图 4-3 所示，其中下轿厢（LLF）仅在奇数楼层停车，上轿厢（ULF）

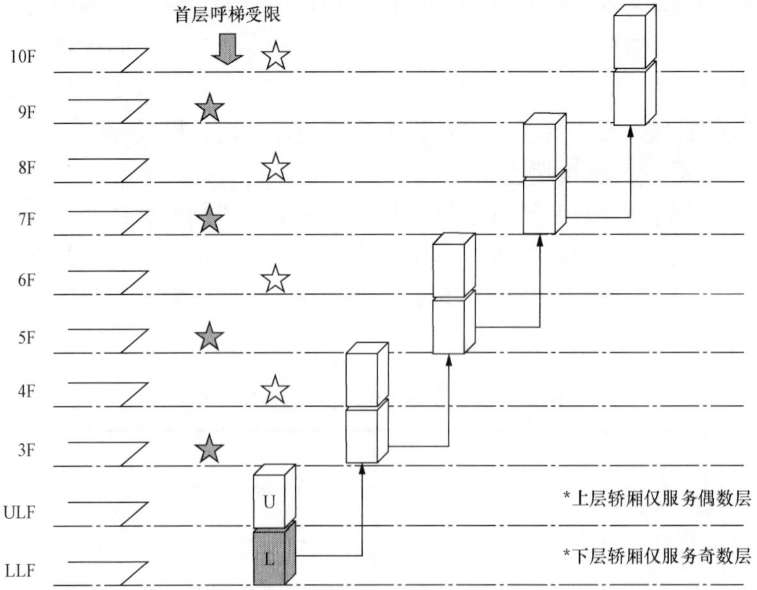

图 4-3　间隔运行模式

仅在偶数楼层停车。此模式能在一个运行周期内使停站数最小化，从而提高电梯输送能力。此模式应用于早晨上行峰值期间。

（3）受限运行模式。如图 4-4 所示，其中，乘客离开及到达候梯厅受限制；在候梯厅的轿厢召唤的下轿厢仅在奇数楼层停车，上轿厢仅在偶数楼层停车；乘客在标准电梯层（后梯大厅层除外）的层间乘梯不受限制，并能乘梯至任意楼层。该模式缩短了乘客从候梯大厅至候梯大厅层上任意电梯楼层的输送时间。

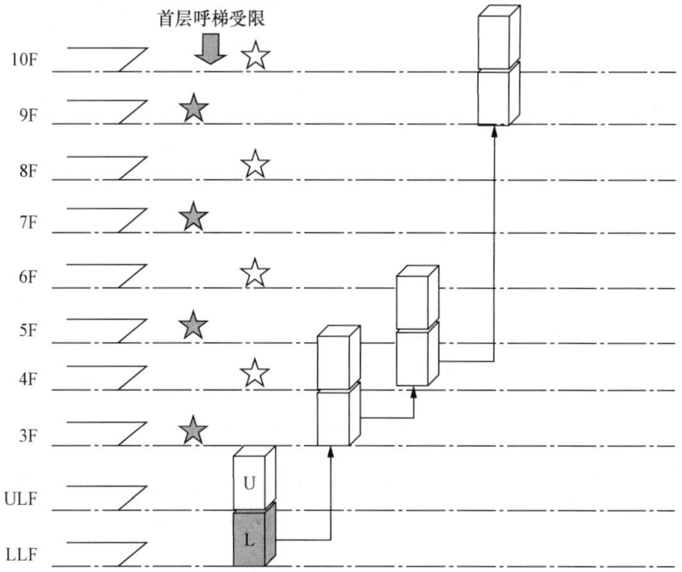

图 4-4　受限运行模式

（4）单轿厢运行模式。如图 4-5 所示，其中，当客流较小时，可关闭双层轿厢中的下轿厢，即用常规模式取代上轿厢而可服务全部楼层。此模式适用于非高峰时段层间客流较少的情况。

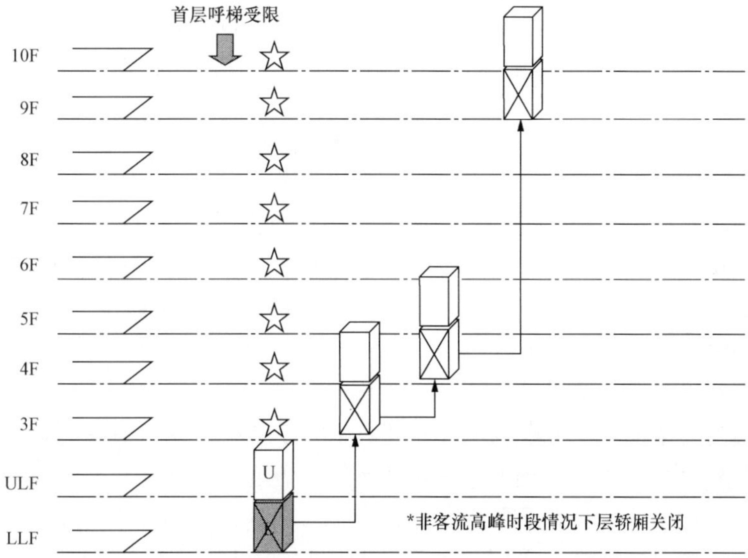

图 4-5　单轿厢运行模式

（5）无限制轿厢运行模式。如图 4-6 所示，其中，乘客能够乘梯至任意楼层；除在基站候梯厅按照奇、偶楼层分配轿厢外，乘客不必考虑目的楼层是否为奇数或偶数。

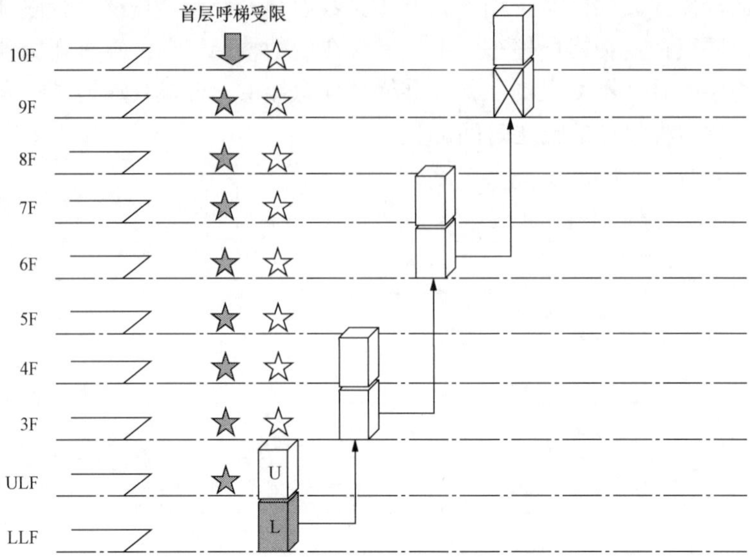

图 4-6　无限制轿厢运行模式

传统的双层轿厢电梯运行模式通常根据建筑物不同时间的客流量变化特点，选择多种运行方式混合使用，以达到最佳运行效果。传统运行方式典型形式见表 4-9，每种运行模式均可随运行时间及服务需求更改。

表 4-9　　**传统运行方式典型形式**

时间	8:00	9:00	11:30	13:00	17:00	19:00～次日 8:00
模式	间隔运行模式	受限运行模式；单轿厢运行模式	间隔运行模式	受限运行模式；单轿厢运行模式	间隔运行模式	受限运行模式；单轿厢运行模式
类别	上行高峰	工作时间	午餐时间	工作时间	下行高峰	晚上时间

4.4　电梯技术环境安全要求

电梯技术环境对电梯安全有影响，例如风载荷对电梯层门，电梯设备用润滑油和液压油对润滑部件，机房环境对机房设备均有影响，甚至电梯零部件所用材料对电梯零部件，防爆电梯场所粉尘对防爆电梯都有影响。在这里仅介绍机房温度对电梯电子元件和电梯运行的影响，以引起我们对电梯技术环境的重视。

4.4.1　机房温度对电子元件的影响

电梯机房温度对电梯电子元器件的正常工作有很大影响，并直接关系到整个电梯系统的稳定运行，因此控制机房温度，确保电梯电子元器件在正常温度下工作，对于保证电梯的正常运行、延长电梯使用寿命具有重要意义。

在夏季高温天气里电梯容易出现各种各样的异常与故障，大多是因为电梯的电气系统，特别是主板元件损坏、变频器保护等出现问题，这些与机房温度过高有关。

（1）影响半导体元器件。通常情况，电梯使用的电子元器件在机房正常的环境温度内（5～40℃的范围内）能够可靠工作。但是实际情况中有很多电梯的机房温度不能满足上述规定。尤其是在夏季，很多电梯机房的温度远高于 40℃，很难保证电子元件可靠工作。其中，接触器、继电器以及安全回路使用的安全触点（开关）等部件的工作温度范围较大，受机房温度的影响较小。受温度影响最大的部件是电子元器件，尤其是对温度十分敏感的半导体元器件。

（2）对轴流风扇降温的分析。电梯主控制板由许多电子元器件组成，这些元器件对环境温度和散热条件要求很高，例如微处理器、功率晶体管等半导体器件以及电解电容器等原件，当环境温度与元器件温度之和达到或超过元器件的最高使用温度后，电子元器件将无法可靠地工作，各种故障和问题也随之而来。随着集成度、工作频率和功率的提高，对散热条件的要求也不断提高，从自然冷却到强制风冷，甚至需要采用水冷。但是大多数集成电路和晶体管没有使用散热片，只是依靠控制柜上的轴流风扇整个主控板进行风冷。这样的散热方式在温度不超过 40℃时是有效的。而在炎热的夏季，在一个没有空调、通风不良的机房内，某些机房的温度甚至能够达到 50℃以上。在这种温度下，风冷的效果不佳，由于元器件温度过高，自然要引起各种各样的电梯故障了。

（3）变频器问题。一方面，变频器的功率模块（IGBT 模块）具有完善的过电压、过电流和过热保护功能，也正是由于其自我保护而使变频器停止工作，从而使电梯停止运行。另一方面，即使模块本身正常工作，因为变频器内功率模块的散热太多，是强制风冷散热，而风冷散热的效果取决于风扇输入的空气流的流量，及热源与空气流的温差，所以当机房的温度过高，通风不畅时，风冷散热的效果就明显变差。此时功率模块产生的热量不断积聚，其本身和控制板温度升高，最终导致变频器因过热保护而停止工作。现场检验表明，变频器故障大多是由于模块或控制板的过热保护造成的。此时维保人员即使使用紧急电动或平层功能也无济于事，只有通过手动盘车或松闸慢速移动轿厢来解救被困乘客。然后等待模块或控制板冷却后，再通过某些操作重置变频器，清除故障后才能使电梯恢复正常工作状态。这个过程既费时又费力。如果能降低机房环境温度，则可以在很大程度上避免这种情况的发生。

（4）变频器中的电解电容器也受环境温度的影响。电解电容器的使用温度绝对不能超过额定温度。如果环境温度过高，超过了电解电容器的额定温度，将会使电解电容器中的电解液沸腾而产生过压，造成电解液泄漏，使电解电容器永久性损坏。温度过高也导致电解电容器使用寿命缩短，最终导致电梯故障的发生。

（5）不能随意破坏控制柜内原有的风道。为了降温，有的将控制柜门打开或取下，以为可以通风。殊不知这样破坏了控制柜内原有的风道，反而使某些区域的通风条件恶化，造成这一区域的元器件温度过高，进而导致各种故障的发生。所以不能轻易改变控制柜内原有的风道。

4.4.2　机房温度和电梯运行

（1）电梯机房环境温度是关系到电梯设备能否安全稳定运行的重要因素。

举两个例子来说明。

案例 1：某医院 1998 年安装了 2 台 TBJ1000/1.0-JXW（VVVF）电梯，运行一直正常。2002 年冬天，气温一直保持在–2℃左右，1 号电梯运行不正常：开锁准备上行时，电梯不能启动，轿厢屏幕指示“3”，并且不停地闪烁。

故障原因：按厂家说明书中介绍，闪烁“3”的故障原因有三种可能：①门刀碰擦门轮，起动时电源压降过大；②三相电源不平衡，N 线接触不良；③测速装置不正常。按照以上三条检查安全回路、电源、测速装置等，结果都正常。但故障依然存在，其运行速度只有正常慢车运行速度的一半。在慢行时，电梯时而出现停止不动，并同时闪烁“3”的故障时而又能正常运行。检修曳引机时，发现里面的机械润滑油像凝固了似的。随后给电梯曳引机更换了浓度低的润滑油后，电梯便正常运行了。

案例 2：2007 年我国南方出现了大雪灾，气温在–5℃的时间长达一个月，某医院 2 台东芝 55-VF 型电梯虽都能正常运行，但曳引机里面的电动机都发出了异样刺耳的声音。

故障原因：仔细倾听发现，刺耳的声音来自电动机里面的轴承，更换了 2 台曳引机的电动机轴承后，问题得到了彻底解决。故障发生的原因是：电动机里面的轴承是封闭的，且是高速轴承，里面的润滑油因环境温度过低而凝固了，起不到润滑的作用，导致电动机里面的轴承因缺乏润滑油的润滑而发生摩擦，产生了刺耳的声音。

（2）应对措施。

1）电梯机房内温度过高会对控制柜里面的变频器、PLC 等各种微电子元件以及曳引机的散热产生影响而引起故障，用户单位可采取安装制冷空调来消除隐患。

2）电梯曳引机 1 年应换 2 次润滑油：冬季使用浓度低的润滑油，夏季使用浓度高的润滑油，能保证电梯的正常运行。

3）我国中部地区气温处于零下的时间并不很长，许多用户单位使用了浓度相对适中的润滑油，这样做会更经济。

4）遇到极端恶劣的低温天气，润滑油就会凝固，从而导致电梯故障。这正是上述两例电梯运行故障的原因。在电梯机房分别装上冷、暖空调，将不会发生润滑油凝固导致电梯不能正常运行的故障。

第5章

电梯安装和电梯安全

电梯安装要保障电梯安全。电梯安装的安全问题和电梯设计有关，如果电梯安装不严格地按照电梯设计要求执行，安装后的电梯运行就要出现问题或发生事故。而电梯设计需要发挥电梯安装的实践性和创造性，摸索和掌握电梯安装工艺，为以后的电梯安全运行创造条件，即电梯安装是保障电梯安全的一个重要环节。本章要介绍电梯安装中的安全问题，电梯安装内容和要求，电梯施工安全管理，电梯安装电气安全，电梯检验作业人员安全问题，电梯门安全保护和部件安装安全问题等内容。从实际发生的电梯安装问题出发，探寻和解决电梯安装中的安全问题，保质保量地完成电梯安装任务。

5.1 电梯安装中出现的安全问题

5.1.1 电梯安装注意问题

提出电梯安装应注意和避免的安全问题，并提出改进措施，供安装电梯时参考，见表 5-1。

表 5-1　　电梯安装应注意和避免的安全问题

问题	后　果	改 进 措 施
导轨支架安装间距超过 2.5m	电梯轨道由导轨组成，导轨尺寸为 5m 长。当支架超过 2.5m 时，就有可能在某一根导轨上发生只有一个导轨支架固定的情形，虽然导轨之间有连接件紧固，但在电梯运行中因不均匀负载产生的撞击力会使导轨的垂直度发生偏移，在电梯紧急制动闸车时有可能发生导靴脱轨，造成严重的安全事故	（1）安装时应注意每根导轨至少应有 2 个导轨支架，其间距不大于 2.5m。特殊情况，应有措施保证导轨安装满足 GB 7588 规定的弯曲强度要求。 （2）导轨支架水平度不大于 1.5%，导轨支架的地脚螺栓或支架直接埋入墙的埋入深度应不小于 120mm。 （3）调节支架固定可采用膨胀螺栓，但不得固定在砖墙上。如果用焊接支架，其焊缝应是连续的，并应双面焊接
顶层导轨预留制导行程过短	当电梯向上运行失控状态时，会造成轿厢冲顶。如果预留制导行程导轨过短，会形成导靴脱轨，严重时将发生安全事故，并直接损坏轿厢顶部设备	当对重完全压在它的缓冲器上时，应符合 GB 7588 第 5.7.1.1 条款的要求。轿厢导轨长度应能提供不小于 $0.1+0.035v^2$（m）的进一步的制导行程
导轨安装后，轨道的垂直度超差	电梯安装中轨道安装质量直接影响到电梯的运行质量，垂直度超差会使乘客在轿厢中感到电梯稳定度差，无安全感	（1）应对每列导轨工作面（包括侧面与顶面）进行安装基准线检查，每 5m 的偏差均应不大于下列数值：轿厢导轨和设有安全钳的对重导轨为 0.6mm；不设安全钳的 T 形对重导轨为 1.0mm。 （2）在有安装基准线时，每列导轨应整列检测，偏差测取点应选在导轨支架处。

续表

问题	后果	改进措施
导轨安装后，轨道的垂直度超差	电梯安装中轨道安装质量直接影响到电梯的运行质量，垂直度超差会使乘客在轿厢中感到电梯稳定度差，无安全感	（3）电梯安装完成后检验导轨时，可对每5m铅垂线分段连续检测（至少测3次），取测量值间的相对最大偏差不应大于上述值的2倍。并可用调整导轨与导轨架之间的间隙来修正垂直度
在井道平面布置中忽略电缆、线槽的位置	（1）在轿厢运行中，因原井道内布局不合理，有可能对电缆及线槽发生碰、擦。在电缆、电线的敷设中，线槽内导线过于饱满，会影响槽盖固定，也不符合线槽内容积量的要求。 （2）电缆距轿箱过近，会影响电缆下部的弯曲半径，发生不必要的损伤，缩短使用寿命	（1）在井道平面布置时，除考虑轿厢，导轨置外，还要较精确计算安装电缆和线槽位置尺寸。一般情况下都在召唤按钮盒同侧；在施工中，线槽内导线总面积不应超过槽截面积的60%，每根线槽至少应有两个固定点。导线在槽内每2m左右用压板固定，以保证导线的使用强度。 （2）随行电缆敷设，其梯井电缆支架位于电梯行程的1/2加上1.5m处；而轿底电缆支架的水平距离不小于800mm。当轿厢完全压缩缓冲时，该电缆弯曲部分距地为100～200mm为宜
曳引机承重梁未安置在结构梁上	曳引机是动载设备，基础不牢固，会发生设备坍塌等危险，造成严重质量事故	（1）检查建筑物结构图纸，使曳引机承重结构梁安置在结构的承重梁或墙上。较好的做法是在结构施工阶段，就检查预留孔洞，作为安装曳引机承重梁的位置。 （2）实际施工中要注意承重梁确实支撑在结构梁上，并符合GB 10060—1993中4.1.7条之规定，其支承长度超出墙厚中心20mm，且不小于75mm
绳轮的垂直度超差	电梯的轿厢运行是通过绳轮、钢丝绳来牵引，导向运行的，如果绳轮垂直度偏大，会使钢丝绳沿边运行，增加轮、绳的受力变形，减少绳轮与钢丝绳的使用寿命，严重的会使工作时的钢丝绳滑出轮槽	（1）在轿厢位置和曳引机位置确定后，用吊线法测量绳轮的垂直度和轮之间的平行度，曳引轮、导向轮、复绕轮的垂直度应不超过0.5mm，导向轮侧面应平行于曳引轮侧面，两侧面平行度偏差严禁大于±1mm。可采用拉线法测量平行度。 （2）限速器绳轮垂直度不大于0.5mm，用吊线法测量，限速器绳轮应垂直于机房平面，并与安装在电梯底坑内的张紧轮上下垂直对应一致，且符合GB 10060—2011中4.2.9条的规定
施工单位自行拆卸、调整制造厂生产的限速器	限速器与轿厢上安全钳联动匹配使用。一旦电梯失控超速运行，限速器就控制安全钳动作，使电梯停在可控范围之内，保障轿厢与人身安全。自行拆卸、调整会造成电梯超速时失控等问题，造成严重的安全事故	（1）安装前仔细检查限速器的型号、规格是否正确。限速器在电梯出厂前已经调试并铅封，安装时要检查铅封情况，确保所安装的限速器符合产品要求。严禁作业人员拆卸其内部结构。 （2）当对重侧有限速器时，则应注意限速器的动作速度，不能前后错装
不重视曳引绳头的制作	曳引绳头是电梯安装的重要部件，在施工现场制作。如绳头组合不牢固，会使轿厢或对重发生下坠和人身安全事故	曳引绳头中锥形套筒法已广泛用于电梯中，施工应严格按电梯安装工艺规程制作，如选用巴氏合金浇灌要符合规定，不得有杂质，其温度以350℃为宜，并一次浇灌成型。连接钢丝绳的长短要一致，避免钢丝受力不匀，调整困难而影响质量
在施工过程中，损伤、剥离轿厢、门扇、召唤盒的保护层	轿厢内装潢、门扇、召唤面板均为外装潢配套的部分，受损后会直接影响到电梯的外观质量，而且有划痕凹痕后修补很困难	应注意产品保护，必要时在轿厢组装后内部用夹板支撑以保护轿厢的装潢，经常检查门扇的保护层，如有发现损伤，及时加强保护工作
层门地坎低于层楼平面	层楼地面施工通常在施工程序中安排在层门地坎安装之后，若层楼地坪高出层门地坎，当楼层地面上有水时，会使水流入电梯井内，造成电梯设备损坏和锈蚀，影响电梯的正常运行	层门地坎施工前应复核施工图纸，并联系土建单位在各层楼厅门口标出标准50线，来确定各层的最终地坪实际标高（包括各层楼的地面装饰高度）。通过这样的预防措施来保证层门地坎均高于各楼层最终地面2～5mm

续表

问题	后　果	改 进 措 施
门套在安装后，有前后、左右倾斜现象发生	目前门套采用钢制作较多，前后、左右倾斜会影响外观质量，还影响到门扇的开启和关闭	根据轿厢中心线确定门套的中心线后，安装门套时两侧应与门口墙体加以固定，门套内侧之间应根据门开尺寸用木板进行支撑，在浇筑混凝土时，以免使门套受外力影响而发生位移、胀鼓的情况（有条件时混凝土浇筑可分段进行）
底坑内漏设停止开关	底坑部位在安装、维修时有许多工作要做，如检查导靴、安全钳、缓冲器等，不设停止开关切断电源会由于意外情况使电梯突然起动，因而导致在底坑作业人员有发生意外事故的危险	必须安装停止开关，以便作业人员进入底坑后能立即触动开关、切断电梯控制回路电源，使电梯保持在停止运行的稳定状态之中
缓冲器水平度、垂直度超差	底坑中安装多个缓冲器时，如果缓冲器的高度和行程不一致，当电梯失控蹲底时，会使轿底受力不均而导致轿厢及导轨变形	根据电梯厂家设计要求，安装合适的缓冲器，在同一基础上的两个缓冲器顶部与轿厢底对应距离差不大于 2mm，液压缓冲器柱塞铅垂度不大于 0.5%，底部安装位置正确
电梯制动器闸瓦受油浸污	闸瓦受油浸污，当电梯制动时会发生打滑、溜车而造成安全事故。另外，闸瓦变形、厚薄不一，闸瓦与制动轮之间间隙不匀，都会造成制动失效	如发生此类情况应予更换闸瓦。制动器调整时应动作灵活，制动时两侧闸瓦应紧密，均匀地贴合在制动轮的工作面上，松闸时应同步离开，其四角处间隙平均值两侧各不大于 0.7mm

5.1.2 电梯施工中存在的一些问题

电梯安装质量是电梯产品的各项服务功能和技术指标得以实现的保障，也是电梯投入使用后维修保养的基础。随着电梯技术的不断进步及安装队伍素质的提高，电梯的安装工艺质量有明显提高，但电梯安装施工也存在一些问题。这些问题如下：

（1）少数电梯限速器及安全钳安装后联动试验未认真调试。如安装在某住宅区 2 号楼的 GPS-CR 电梯，因限速器生锈，致使夹绳装置不动作而使闸车失灵；安装在某住宅楼的电梯因安全钳连杆、楔块未做调整，闸不住车；有的电梯额定速度与限速器动作速度不匹配；更有甚者，某安装单位将 GPS-Ⅱ型电梯用于对重安全钳的限速器安在了轿厢一侧。国家标准 GB 7588 规定："对重安全钳装置的限速器动作速度应大于轿厢安全钳装置的限速器动作速度，但不得超过 10%"，该型号电梯的轿厢、对重限速器的动作速度都是按照相应的上限值调整的。互换使用，不但使对重侧限速器的动作速度小于轿厢侧限速器的动作速度，而且轿厢侧限速器的动作速度超出了规范要求的范围，轿厢下行超速时将会发生难以预料的严重后果。

（2）做空载运行调试而忽略载荷运行调试，是电梯调试易出现的问题。安装在生产调度科研楼的 GPS-Ⅱ型电梯，层站不多、额定载重量 1000kg，空载运行时一切正常，但一部在额定载荷运行时带转抱闸停车，平层准确度偏差约 20mm，再运行时关门缓慢；另一部载荷加到 75%时电梯就处于保护状态不能运行（与超载保护无关）。这显然是安装人员没有按照厂家的调试规程进行调试。好的电梯产品如果没有良好的安装调试，仍然得不到好的效果；安装在小区住宅楼的电梯额定载荷上行平层不到位，再平层后开着门下落 30mm，该梯经过 2 次检测、3 次整改才达到合格要求。

（3）安全装置的电气开关损坏失效情况在检测中时有发现。安装在某住宅楼的电梯，轿厢停在下端站附近，从检修状态转换到正常状态并发出到顶层指令后，轿厢到站不换速，造成对重撞在缓冲器上。电梯不换速的原因可能是因为层楼记忆出错造成的，但如果强迫换速装置起作用，则不会发生蹾底事故；安装在某 3 号楼的电梯下极限开关复位弹簧丢失，用混凝土块顶住开关；安装在另一住宅楼的电梯，撞弓已压住了限位开关，但轿厢仍然向限位保护方向行使。

（4）土建电气施工跟不上或电源柜装配不满足电梯的使用要求。检测时电梯用临时电源供电的比例约为 40%；有的主电源开关容量过小，如某部电梯的电机功率 15kW、额定速度 1.50m/s、提升高度 60 多米、额定载荷 1000kg，而主电源开关容量仅为 32A。

（5）控制系统特别是安全系统的设计不符合 GB 7588 要求。台湾某公司的 P15-CO-60 型电梯，抱闸电路仅用一个接触器的触点控制，若该接触器粘连或卡住，则很可能酿成重大事故；某电梯公司的 TKJ1000/1.0-JXW 型电梯，电气原理图上的抱闸电路设计为接触器控制，而实际采用的是小型继电器，其触点容量及形式均达不到使用要求和标准要求；日本某 SB300 型电梯，控制柜中仅有一个接触器，不符合标准要求，且检修运行时轿顶无优先权。

（6）个别电梯平衡系数调整值与厂家要求相差甚远。值得注意的是一些电梯安装调试完成之后轿厢重新装饰，而平衡系数未重新调整。例如，某开发区综合楼安装的 TOEC-40 电梯，安装后用户自行装饰了轿厢，平衡系数降低到 28%，致使额定载荷平层时电梯超速保护；又如安装的 GPS-Ⅲ电梯也因为轿厢装饰使得平衡系数仅为 25%。此外，轿厢装饰后如果超重过多会对驱动性能、部件磨损、曳引条件产生不利影响。

（7）底坑下方存在两层以上人员能到达的空间时，却仅在对重缓冲器下方的−1 层内采用直蹾方式处理。近年来，高层住宅、写字楼、大型商场地下往往盖了两层以上，为了提高电梯的使用效率，一般两台并联电梯只有一台下到地下室，另外一台只到地上一层，但后者底坑下方的−1 层、−2 层内（或更多）存在着有人能到达的空间。监督检验中常发现安装单位仅要求建设单位在对重缓冲器下方的−1 层内浇灌实心桩墩，而在−2 层内（或更多）未采取任何处理。

GB 7588—2003 第 5.5 条规定，底坑下方存在人员能到达的地方，可采取对中缓冲器下方安装一直延伸到坚固地面上的实心桩墩的方式处理。当采取上面的错误做法时，−1 层内的实心墩子其实并未延伸到坚固地面。如果电梯失控，对重高速撞击对重缓冲器，并通过实心墩子直接冲击−1 层楼面，其下方若有人可能会造成伤亡事故。因此，正确的做法是沿−1 层实心桩墩下方继续浇灌，一直延伸到−2 层内（或更多）的坚固地面上。也可以采取将底坑下方的人能到达的空间封闭或在对重上安装安全钳等方式处理。

5.1.3 高速电梯安装中的问题

高速电梯安装中的问题不仅是电梯安全中的一个方面，也是电梯业中进行科研探讨的一项课题。下面是实际安装电梯中出现的问题。

（1）电梯导轨要多次检查。高速电梯导轨在电梯选型时要检查，入场后还要检查，在安装前还要检查：剔除有缺陷的、有问题的导轨。因为安装后再发现问题就不好处理了。由于国内电梯安装现场条件较差，电梯安装和其他工种作业相互交叉，导轨存贮空间和码放条件有限，耽搁太久容易受到损伤。所以导轨进入现场就应立即安装。

（2）高速电梯导轨应有特殊的安装工艺和方法。高层建筑物电梯提升高程长，建筑物本身有一定晃动，所以如何确定电梯安装的样板线是个需要考虑的问题。施工时间段的选择，中间样板架的架设，激光导轨检测仪器及专用工装的使用，样板架及样板材料的选择，对安装导轨质量都有影响。导轨安装完毕要有中间检验环节。如发现有问题，立即纠正，不能进入下一道工序。

如果采用传统的脚手架施工，要考虑脚手架巨大的用量和自重对施工周期、施工成本的影响。研究和采用无脚手架施工工艺和方法已提到安装企业的议事日程。

业主可能要求对高层建筑物分段施工和分段投入，如何实现高速电梯的分段安装、分段验收并投入使用，也是电梯企业要考虑的一项课题。

（3）轿厢导靴与轿厢平衡问题。高速电梯通常配置滚轮导靴，能保证电梯具有较好的承运质量。但滚轮导靴制造成本高，对轿厢平衡较敏感。安装过程中轿厢平衡系数较大时对导靴有损害，为此在安装过程中建议使用临时性的滑动导靴。在安装和轿厢装饰完成，并精细地进行轿厢平衡后，再更换使用滚轮导靴。这样不仅可以保证滚轮导靴的性能，还可延长滚轮导靴的使用寿命。轿厢平衡偏差较大时，电梯停驶一段时间后，滚轮导靴的弹性材料会有一定的塑性变形，折损滚轮导靴的性能。怎样避免这种折损也是一项课题。

5.2　电梯施工安全管理

对电梯施工安全管理，各个电梯厂家和电梯公司都比较重视，从一般安全事项、工作场所安全、实用工具安全、设备材料和环境安全、施工安全准则及电梯施工事故与预防，各个方面加强实施。但不怕一万，就怕万一，在电梯施工安全管理上还有疏漏之处。现从电梯施工事故与预防、现场环境安全与保护、产品零件保护几方面来介绍，以引起重视。

5.2.1　电梯施工事故及预防

电梯事故是出乎预料的事件，主要是由人为或高危险条件所致。所致后果为员工人身伤害，或财产损失，或作业中断（图 5-1）。施工中有可能发生的伤害和现场审核采取的措施见表 5-2。

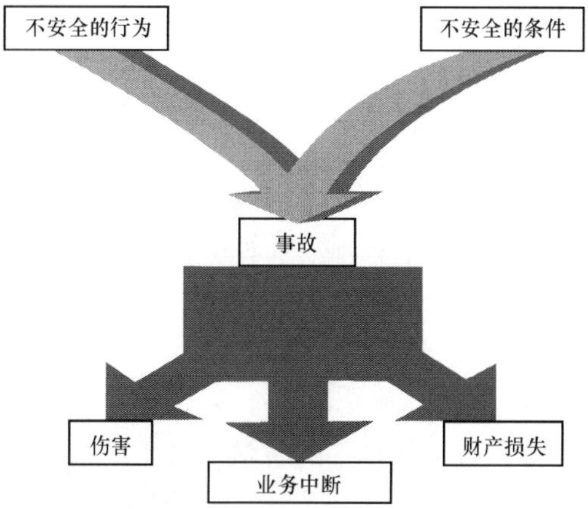

图 5-1　电梯事故原因及后果

表 5-2　　可能发生的伤害和现场审核采取的措施

种类	条目	内　　容
可能发生的伤害		（1）伤害所致不能返回下一个班次的工作； （2）骨折或拉伤； （3）肢体或部分肢体损失； （4）失去知觉
现场审核采取的措施	对井道	（1）封闭电梯井道，以免人员掉入； （2）为井道工作提供足够亮度的照明； （3）脚手架按标准搭设并有周期性检查； （4）厅门区域保持清洁，以防杂物掉入井道
	劳保服装	劳保服装必须免费提供给所需要的每一个人
	对电/气焊设备等	对电/气焊设备、起重设备、用电安全、卫生条件、梯子、急救设备、防火、机械设备、安全通道、脚手架、登记保管诸项进行检查
	对员工要求	（1）如果没有资质，不要从事电气工作； （2）不要在工作中与同伴打斗或开玩笑； （3）只做被授权的工作
	认真做到并承诺	（1）工作在 2m 以上的地方时，系好安全带，除非有护栏的情况能够防止坠落； （2）确认在危险情况下，切断电源并锁闭后，才进行清洁和安装工作，或者知道我的监督同事已经这样做了； （3）不站在停止的传送带上； （4）不操作任何没有培训过的运输设备，除非我的监督授权我这样做； （5）只操作具有良好保护的设备和大型工具，或具有保护（如抱闸）、工作正常的设备，向上级及时报告任何设备安全问题； （6）非常情况时，要理解高处跳下的伤害危险； （7）不参与打斗/玩耍/乱扔物品，以及其他导致自身和他人伤害的活动； （8）正确使用空压设备及工具（射钉枪），理解误用所造成的伤害； （9）保持工作区域的卫生和秩序，消除滑倒和碰伤的危险； （10）及时报告发现的任何不安全的条件和行为，及时报告可能导致人身伤害和设备损坏的任何事故给监督员，并采取纠正措施

其中现场审核采取的措施包括：对井道，劳保服装，电/气焊设备、起重设备、用电安全、机械设备、安全通道诸项进行检查。对全体员工提出严格的要求，使他们认真了解并承诺做好自己分内的工作。

5.2.2　施工现场安全环保管理

1. 一般规定

（1）施工人员入场前，由安全主管部门负责人员进行安全教育，由项目经理负责人对作业班组进行安全技术交底。

（2）每天上班前由班长负责进行班前安全讲话，说明当天工作应注意的安全事项。

（3）作业人员必须遵守施工现场的安全、环保管理制度。

（4）进入施工现场必须戴好安全帽，系好帽带；不得穿高跟鞋，不得在施工现场内吸烟。

2. 井道内施工

（1）在井道工作时应随身携带工具包，随时将暂时不用的工具、部件放入包内，防止坠落。做到“干活脚下清”，脚手架上不得存放杂物，加强消防意识，杜绝火灾隐患。

（2）脚手架搭拆时，操作人员必须有相应的特殊工种操作证，遵守脚手架搭设的操作规程，电梯首层设水平安全网，首层以上部位每隔四层设一道安全网，两台电梯井道相通时，不得有一落到底的空挡，空挡部位也要按规定悬挂安全网。安装过程有不合适的部位，需要移动架管时，一次只能移动一根并且固定好后方可移动另一根，移动完后，要检查扣件螺栓必须拧紧，该部工作结束后，要及时复位。

（3）井内作业时，严禁同一井内交叉作业，以防工具、物料不慎坠落伤人。

（4）井内施工时，作业人员必须拴好安全带、戴好安全帽。

（5）注意检查层门防护挡板，出入井道后及时复位。

（6）底坑施工时，不得试车。

3. 现场搬运

（1）设备搬运过程中，注意稳拿稳放，节奏要统一，以免伤人或损坏设备。

（2）搬运对重框、对重块时要小心谨慎，既不要碰坏设备，又不要碰伤作业人员。

5.2.3　施工现场产品零件保护管理

（1）各层层门防护栏保持良好，以免非工作人员随意出入。

（2）作业时防止物体附着移动，避免砸坏样板。

（3）作业出入井道时，注意不能触碰层门口的基准线；井道内作业，例如电、气焊作业时，注意爱护基准线。

（4）脚手架不得随意挪动，横管需要移位时，应随时逐根固定。

（5）每次作业前，均应复查一次基准线，确认无移位，与其他物体不接触后，方可作业。

（6）导轨及其他附件在露天放置必须设置防雨、防雪措施。设备的下面应垫起，以防受潮。

（7）运输导轨时不要碰撞地面。可用草袋或木板等物保护，且要将导轨抬起运输，不可拖动或用滚杠滚动运输。

（8）当导轨较长，遇到往梯井内运输不便时，可先用和导轨长短相似的木方代替导轨进行试验，找出最佳的运输方法后再行运输。

（9）当梯层灯盒、按钮盒、导轨支架孔洞，剔出主钢盘或预埋件时，不要私自破坏，要找土建、设计单位等有关部门协商解决。

（10）在立导轨的过程中，对已安装好的导轨支架要注意保护，不可碰撞。

（11）安装导轨支架和导轨时注意保护基准线。如果不慎碰断，应重新校验，确保其精确度。

（12）机房的机械设备在运输、保管和安装过程中，严禁受潮、碰撞。

（13）机房的门窗要齐全、牢固，机房要上锁，非有关人员不能进入机房，以防意外。

（14）曳引机在试运转时，发现有异常现象，需拆开检修调整，首先应由厂家来人检查处理。未经厂家同意，不得随意拆卸。

（15）导靴安装后，应用麻布等物进行保护，以免尘渣进入导靴衬中，影响其使用寿命。

（16）施工中要注意避免物体坠落，以防砸坏导靴。

（17）对重框架的运输、吊装和装索块的过程中，要格外小心，不要碰坏已装修好的地面、墙面及导轨其他设施，必要时要采取相应的保护措施。

（18）吊装对重过程中，不要碰基准线，以免影响安装精度。

（19）轿厢组件应放置在防雨、非潮湿处。

（20）轿厢组装完毕，应尽快挂好层门，以免非工作人员随意出入。

（21）轿门、轿壁的保护膜在交工前不要撕下，必要时要再加保护层，如纸板、胶合板等。工作人员离开时锁好梯门。

（22）施工过程中如运送材料，在往轿厢搬运时，需用纸板或木板将轿厢地坎和厅门地坎遮住，以防垃圾掉入地坎槽内。

（23）门扇、门套有保护膜的，要在竣工后才能把保护膜去掉。

（24）在施工过程中对层门组件要注意保护，不可将其碰坏，保持外观平整光洁，无划伤、撞伤痕迹。

（25）填充门套和墙之间的空隙时，要求有防止门套变形的措施。

（26）防止杂物坠落在井道内，以免砸伤已安装好的电梯部件。

（27）补偿绳轮和油压缓冲器要有可靠的防尘措施，避免影响其功能。

（28）补偿链环不能有开焊，补偿绳不能有断丝、锈蚀等现象。

（29）修理曳引绳头，需将轿厢吊起时，应注意松去补偿钢丝绳的张紧装置，否则易发生倒拉现象，甚至拉断倒链，造成轿厢坠落的严重事故。

（30）钢丝绳、绳子头组件等在运输、保管及安装过程中，严禁有机械性损伤。禁止在露天潮湿的地方放置。曳引绳表面应保持清洁，不粘杂质。

（31）使用电气焊时要注意不要损坏钢丝绳，不可将钢丝绳作导线使用。

（32）施工现场要有防范措施，以免电器零配件丢失、损坏。

（33）机房和脚手架上的杂物、尘土要随时清除，以免坠落井道，砸伤设备或影响电气设备功能。

（34）轿内操纵盘及所有的层楼指示、召唤按钮的面板要加强保护，防止损伤。若土建不具备交工条件，试车完毕后应取下外面板妥善保管，并保护好盒内的器件。

（35）对于易受外部信号干扰的电子线路，应有防干扰措施。

（36）用铜线跨接时，连接螺钉必须加弹簧垫。各接地线应分别直接接到专用接地端子上，不得串接后再接地。

（37）电梯机房应由安装调试人员管理，其他人员不得随意进入。机房的门窗须齐全，门应加锁，并标有“机房重地、闲人免进”字样。

（38）机房需保证通风良好和保温，没有雨雪侵入的可能。

（39）机房内应保持整洁、干燥、无烟尘及腐蚀性气体，不应放置与调试电梯无关的其他物品。

（40）每日工作完毕时，应将轿厢停在顶层，以防楼内跑水造成电梯故障；将操纵箱上开关全部断开，并将各层门关闭，锁梯后将主电源拉闸断电。

5.3 电梯安装电气安全

5.3.1 电气安全装置

电气安全装置是在机械安全装置中加入主控电路、控制电路等构成，我国国家标准 GB 10058《电梯技术条件》，对电梯必须设置的电气安全装置做出了明确规定。电梯必须设置的电气安全装置包括以下几种：

（1）超速保护装置。用测速装置或限速器检测超速联动连锁开关，安全钳卡夹导轨进行保护。当梯速超出额定运行速度时，此装置能迅速切断电气线路，以防止发生事故。

（2）供电系统断相、错相保护装置。当电梯供电系统中出现断相时，安全系统能使电梯自动停车，以免电机过热或烧毁；当供电系统出现错相时，电气安全系统能自动停止供电，以防电动机反转造成危险。

（3）超越上、下限工作位置时的保护装置。在井道中设有最大极限的电气保护装置，当电梯运行到顶层或底层平层位置仍不能停车时，保护装置动作，以防电梯冲顶或蹾底造成事故。

（4）层门锁与轿门电气联锁装置。用电气触头机械联锁。当电梯的厅门（层门）与轿门没有关闭时，电梯的运行控制部分不应该接通，电机不能运转。

（5）停电或电气系统发生故障时的移动轿厢装置。有些电梯安装了停电应急装置，停电时可提供另外的电源，使电梯运行到平层位置（也可以用手轮盘车的方法将电梯放到就近层），开门放出乘客。

（6）接零接地保护装置（零线和地线应始终分开）。其作用是当电气设备漏电时起保护作用，以防造成人身或设备事故。

（7）电梯防雷保护装置。防止雷击损坏电梯设备。

（8）轿顶必须设置检修运行开关，并应满足以下要求：

1）电梯运行只能点动。

2）轿厢检修运行速度不应超过0.63m/s。

3）检修运行只能在轿厢正常运行的范围内，且安全装置应起作用。

4）在检修开关上或其近旁应标出“正常”及“检修”字样，并标出运行的方向。

当电梯不能以正常速度运行时，多数情况下还能以检修速度运行。用于检修或电梯发生故障后将电梯开到平层位置并开门。

（9）底坑停止开关。电梯井道坑内设有电梯停止开关，开关上或其近旁应标出“停止”字样。便于检修时控制电梯运行，并防止误动作伤人。

根据电梯种类的不同和电气控制方式不同，电梯的电气安全装置也不完全相同，但其电气安全装置的选择和配置，必须符合国家标准有关的规定。表5-3所示为普通电梯常用的电气安全保护装置。

表5-3　　普通电梯常用的电气安全保护装置

序号	安全保护类别	采用的方法、装置
1	即时切断主电源	在机房中，对应每台电梯都装设能切断该电梯除必要供电电路外的供电主开关，它具有切断电梯正常使用情况下最大电流的能力
2	过载及短路安全保护	（1）利用热继电器对交流电梯拖动电动机和直流发电机组实现过载及短路保护，用手动复位热继电器保护； （2）对交流电梯曳引电动机和直流发电机组的交流原动机的短路保护，采用熔断器； （3）直流曳引电动机的短路保护用瞬时动作过流继电器；过载保护用反时限动作或延时动作继电器

续表

序号	安全保护类别	采用的方法、装置
3	错相断相安全保护	用机电式或半导体式相序继电器保护
4	端站减速安全保护	用行程开关切断高速或接入端站强迫减速装置进行保护
5	端站限位安全保护	用行程开关切断方向接触器或方向继电器
6	越程安全保护	用联锁装置或行程开关切断总电源进行保护
7	超载安全保护	用压磁式或杠杆式称重装置进行控制
8	超速及断绳保护	用测速装置或限速器检测超速带动联锁开关，安全钳卡夹导轨进行保护
9	层门、轿门闭锁安全保护	用电气触头机械联锁，保证层门不闭锁时电梯不能运行
10	急停安全保护	在轿厢内及轿顶设急停按钮
11	轿门自动安全保护	由门安全触板带动联锁开关或光电式传感器带动开门电机，或采用电子感应式进门检测器
12	补偿装置张绳或厢带安全保护	用张紧装置带动联锁开关进行安全保护
13	轿顶及底坑检修时安全保护	在轿顶及井底安装检修用的联锁保护装置
14	防止触电安全保护	电气设备应设外壳，防止直接触及，外壳应接保护地线
15	直流电动机弱磁安全保护	用弱磁继电器保护
16	事故逆转保护	检测给定信号与速度信号的差值，有故障时继电器动作切断控制电源
17	轿顶安全窗安全保护	用门锁开关装置，打开安全窗时，联锁开关动作，切断控制电路
18	并联电梯相对于侧面安全门安全保护	用联锁开关装置，打开安全门时，联锁开关动作，切断控制电路

5.3.2 制动器电路安全问题

根据 GB 7588—2003《电梯制造与安装安全规范》的规定，对制动器电路有如下要求：

（1）当轿厢载有 125%额定载荷并以额定速度向下运行时，操作制动器应能使曳引机停止运转。在上述情况下，轿厢的减速度不应超过安全钳动作或轿厢撞击缓冲器所产生的减速度。所有参与向制动轮或盘施加制动力的制动器机械部件应分两组装设。如果一组部件不起作用，应仍有足够的制动力使载有额定载荷以额定速度下行的轿厢减速下行。电磁线圈的铁心被视为机械部件，而线圈则不是。

（2）被制动部件应以机械方式与曳引轮或卷筒、链轮直接刚性连接。

（3）正常运行时，制动器应在持续通电下保持松开状态。切断制动器电流，至少应用两个独立的电气装置来实现，不论这些装置与用来切断电梯驱动主机电流的电气装置是否为一体。当电梯停止时，如果其中一个接触器的主触点未打开，最迟到下一次运行方向改变时，应防止电梯再运行。

（4）由交流或直流电源直接供电的电动机：必须用两个独立的接触器切断电源，接触器的触点应串联于电源电路中。电梯停止时，如果其中一个接触器的主触点未打开，最迟到下一次运行方向改变时，必须防止轿厢再运行。当电梯停止时，如果其中一个接触器的主触点未打开，最迟到下一次运行方向改变时，应防止电梯再运行。

根据上面的规定，我们可以像下面这样理解。如果回路中有一个触点粘连，另一个接触器触点仍能将制动器回路可靠断开，防止出现溜梯。两个接触器互相有独立性，即无相互控制关系，两个接触器必须分别由两个独立的信号控制，不能由一个信号控制。能够及时发现接触器未打开这一故障，以防止另一个接触器也未打开而造成溜梯。

正确的控制电路如图 5-2 所示。而有缺陷的制动器电路如图 5-3 和图 5-4 所示。

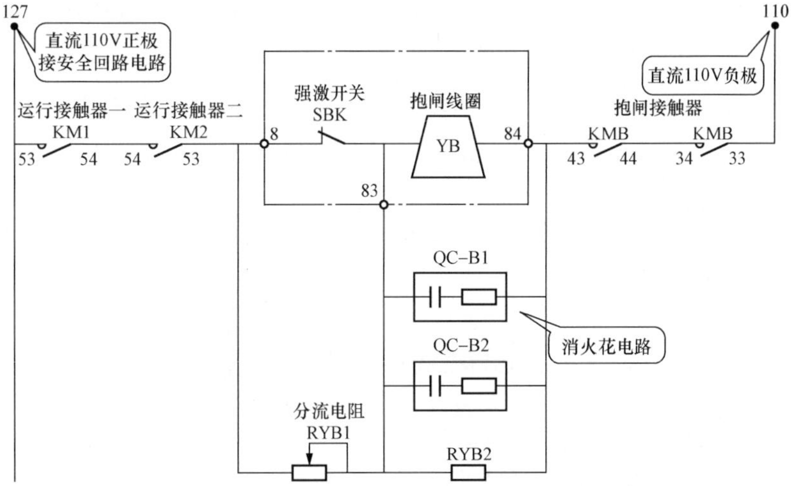

图 5-2　三菱 SPVV（A）电梯抱闸电路

因为线路图 5-3 不符合 GB 7588—2003 中的有关制动器控制回路的要求。正常平层停梯时，YJ 不释放，回路中只有 S 或 X 一个触点，一旦粘连，就会溜梯。

图 5-5 也是有缺陷的制动器电路，因为 XC、SC 与 YXC 不独立，有相互控制关系。

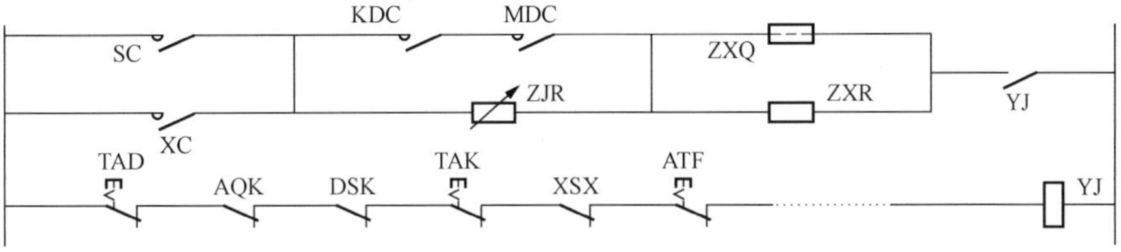

图 5-3　有缺陷的制动器电路 1

SC、XC—方向接触器；YJ—安全回路接触器；TAD—轿顶停止开关；TAK—底坑停止开关；ATF—机房停止开关；AQK—安全钳联动开关；DSK—限速器张紧装置开关；XSX—限速器超速开关；ZXQ—制动器线圈；ZXR—线圈放电电阻；ZJR—限流（经济）电阻

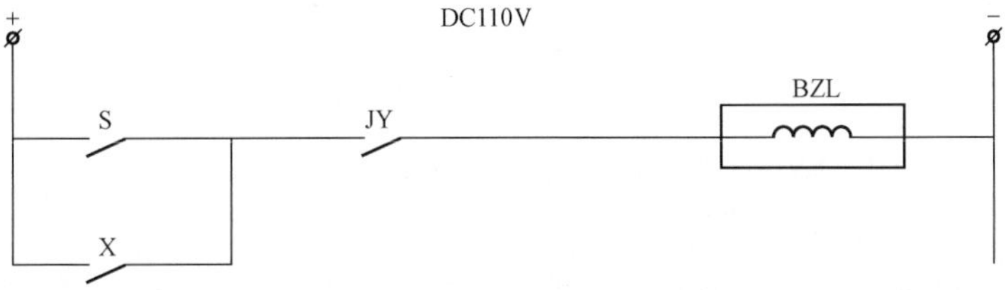

图 5-4　有缺陷的制动器电路 2

S—上行接触器触点；X—下行接触器触点；JY—电气安全回路继电接触器触点；BZL—制动器线圈

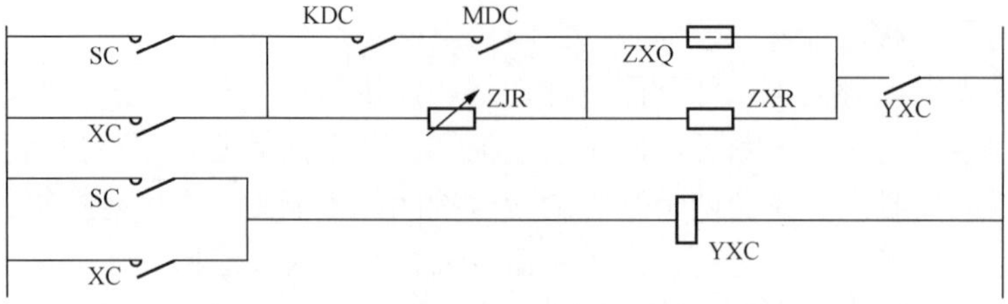

图 5-5 有缺陷的制动器电路 3

SC、XC—方向接触器；YXC—运行接触器；ZXQ—制动器线圈；ZXR—线圈放电电阻；ZJR—限流（经济）电阻；KDC、MDC—快、慢速接触器

检查方法：通过查看电气原理图对照实物，找出用来断开制动器回路的电气装置（接触器），判断这两个电气装置在电梯运行时是否一直保持接通，电梯停车时是否同时释放；判断这两个装置是否存在相互控制关系，是否由一个信号控制。另外，电梯以正常速度运行，按住一个接触器使其不能释放，令电梯反向，检查是否能启动。再按上述方法，按住另一个接触器，检查是否能反向启动。

5.4 电梯检验作业安全问题

5.4.1 电梯验收检验的安全操作

电梯验收检验的安全操作包括检验工作基本安全要求、机房检验、轿顶进入和退出以及底坑进入和退出等项内容，见表 5-4。

表 5-4 电梯验收检验的安全操作

项目	内容
检验工作基本安全要求	（1）现场检验应至少由两名持有电梯检验员资格证书的人员进行。 （2）现场检验的检验员身体状况应良好。如有身体不适，应提前说明，不应参加检验。检验人员开始检验前应按规定穿戴安全帽、工作服、绝缘鞋，并携带检验工具、仪器设备和专用工具。 （3）检验过程中检验人员应共同进行每个项目的检验，随时保持相互之间畅通和有效的联系，进行各项检验和功能实验时，应逐步确认现场情况，得到确认应答后方可进行操作，不得未经确认自行开始检验。禁止不同位置（如一在机房一在轿顶）交叉检验。 （4）检验中出现下列情况应终止检验： 1）控制系统不正常，可能危及检验人员安全； 2）制动装置不正常，可能造成危险状态； 3）有漏电、积水等情况，可能造成触电危险； 4）配合检验的人员无资格或不了解被检电梯技术特点。 （5）其他可能造成危险的情况
机房检验的方法	（1）机房门应是向外开启，如机房门向内开启，则在检验过程中应将机房门始终置于打开位置。 （2）观察机房环境，确定没有妨害安全的情况（如漏水、漏电、危险异物、异味、烟雾等）。 （3）进入机房应确认被检验电梯的主电源开关位置，并确认有效，多部电梯一一对应。 （4）在机房操作电梯运行时，应确保轿内无乘客，厅、轿门关闭，先切断门机控制电源，再操作电梯运行。 （5）手动盘车时，应先切断主电源开关，机房内至少有两个人配合操作。一旦盘车完毕，务必全部拆除用于手动盘车所有对象，并将它们放回安全位置。 （6）检查控制柜各元器件的通断、电阻、接线、标识、固定情况等应断电。通电状态检验控制功能（如防粘连）应使用绝缘工具，不得徒手接触控制柜内元器件、端子等处，应防止人体所带静电对控制电路板、元件的影响。 （7）在机房检验操纵轿厢时，应防止超越端站，同时防止轿厢冲顶或蹾底。

续表

项目	内 容
机房检验的方法	（8）曳引机、限速器等需接近或测量的检验应在断电状态进行。 （9）需要进行动态检验的，检验人员应在设置检验工况后确认机房内所有人员均远离曳引轮、导向轮、限速器等转动部件和带电部位，位置安全时方可进行。 （10）多部电梯同一机房时，应注意相邻电梯的运行状态和位置，以确保安全。 （11）在机房内不得依、靠、扶、坐、压各设备部件
轿顶进入和退出方法	（1）进入轿顶的步骤： 1）将电梯正常运行至次高层或选定进入轿厢层站以下的一层停止。如层高过大，可使用机房或轿厢内检修装置操作轿厢下行，观察轿厢位置，至轿顶与厅门地坎平行处（两者高度差不影响进入轿顶）停止。 2）使用专用钥匙打开层门，保持厅门开启状态（可使用专用工具），检验人员身体各部位均在厅门平面以外，按下厅门外选层按钮，观察电梯应不能运行；否则急停开关失效。 3）从层门外按下轿顶急停开关，关闭层门，按下厅门外选层按钮，观察电梯，应不能运行；否则急停开关失效。 4）使用专用钥匙打开层门，保持厅门开启状态，进入轿顶，将轿顶检修装置的“检修/运行开关”置于检修位置，退出轿顶，恢复轿顶急停开关，关闭层门，按下厅门外选层按钮，观察电梯，应不能运行；否则检修/运行开关失效。 5）使用专用钥匙打开层门，保持厅门开启状态，观察轿顶确定没有妨害安全的情况，检验人员方可进入轿顶，应站立于轿顶可靠部位的平面上，不得踩踏轿顶设备，站稳后关闭层门开始检验。 （2）轿顶检验步骤： 1）轿顶检验只能在电梯处于检修状态下以检修速度（平层速度）进行。 2）检验过程中应保持各层门关闭状态，防止无关人员进入轿厢。 3）参与轿顶检验人员总数不得超过 3 人，并均应具有相应资质。 4）在电梯运动状态下轿顶人员的身体各部分（包括衣服、检验工具）均不得超出轿顶护栏范围之外，尤其是轿厢与对重交汇处。 5）在电梯运动情况下轿顶人员不得在轿顶移动。 6）各种静态功能检验均应在按下轿顶急停后方可开始，检验过程中应小心动作。检验完成后应整理工具，稳定站立，再恢复急停开关。 （3）退出轿顶的步骤： 1）将电梯运行至易于出轿顶的位置，即停止位置处轿顶与厅门地坎两者高度差不影响退出轿顶。 2）按下轿顶急停开关，打开厅门，保持厅门开启状态，整理使用检验工具，放置在厅门外安全位置，关掉轿顶照明，恢复轿顶检修开关到正常位置，人员离开轿顶，从关门外恢复轿顶急停开关。 3）关闭厅门，按下厅门外选层按钮，观察电梯，应能正常运行
底坑进入退出的方法	（1）进入底坑的步骤： 1）将轿厢停止在轿厢地坎与最底层站地坎之间，保持适当安全距离（不少于 9m 或 3 层）的位置。 2）在最底层站用专用钥匙打开厅门，保持厅门开启状态，检验人员身体各部位均在厅门平面以外，按下厅门外选层按钮，观察电梯，应不能运行。 3）使厅门呈完全打开状态，从厅门外借助手电筒等照明设备观察底坑状况，确定没有妨害安全的情况。 4）进入底坑前要保持鞋底清洁（特别是油污等），防止足下打滑。 5）保持厅门开启状态，进入底坑，对安装有底坑爬梯的应先检查爬梯的可靠性，然后利用底坑爬梯小心进入。严禁手握随行电缆攀爬。稳定重心时，可借助地坎和缓冲器混凝土墩。底坑如果没有安装爬梯，则要借助梯子或人字梯。 6）打开底坑检修照明开关，按下底坑急停按钮，再次观察底坑及轿厢底部情况，确定无异常，离开底坑，关闭厅门，层门外按下厅门外选层按钮，观察电梯，应不能运行；否则底坑急停开关失效。 7）用专用钥匙打开厅门，保持厅门开启状态，进入底坑，关闭厅门恢复底坑急停开关，开始底坑检验。 （2）底坑检验步骤： 1）如遇通井道电梯，则要特别小心，严禁检验人员身体或检验工具等超出本梯轨道地面的范围。 2）底坑检验过程中电梯运行应在检修状态下以检修速度进行，检修操作应尽可能在轿顶进行，保证联系的可靠和反应及时。 3）检验轿底各处时，应首先蹲伏于底坑安全位置，随时观察轿厢位置，并就近控制底坑急停开关，检修操作待电梯在检验要求位置停稳后，按下急停开关方可进行检验。 （3）退出底坑的步骤： 1）在底坑检验完毕，按下底坑急停按钮，由配合人员在厅门外，用专用钥匙打开厅门，使厅门呈完全打开状态，先把工具等放置在厅外。恢复急停按钮，关闭底坑照明，利用爬梯或梯子退出底坑。 2）关闭厅门，按下厅门外选层按钮，观察电梯，应能正常运行

5.4.2 电梯检验作业人员安全问题

在电梯检验作业中，由于检验人员操作或行为不当可能导致自身受到伤害。检验作业人员发生自身伤害问题已变得十分突出，并未引起足够重视。据统计，在国内外发生电梯事故的人员伤害中，电梯检验人员占有相当大的比例。

现在提出的电梯检验作业安全，是指采用安全技术和管理措施，消除检验作业中由于不安全环境、不安全设备以及检验人员的不安全行为所导致的人身伤害，保障电梯检验人员的安全和健康。电梯检验作业安全包括：做好检验前的准备，消除不安全因素；做到检验环境安全；做到检验项目安全和检验内容安全；做到检验应急措施安全；注意检验顺序合理和安全；做到检验作业人员的行为安全；以及要制定检验作业安全规范等要点。

电梯检验人员受到伤害的主要类别和因素如图 5-6 所示。

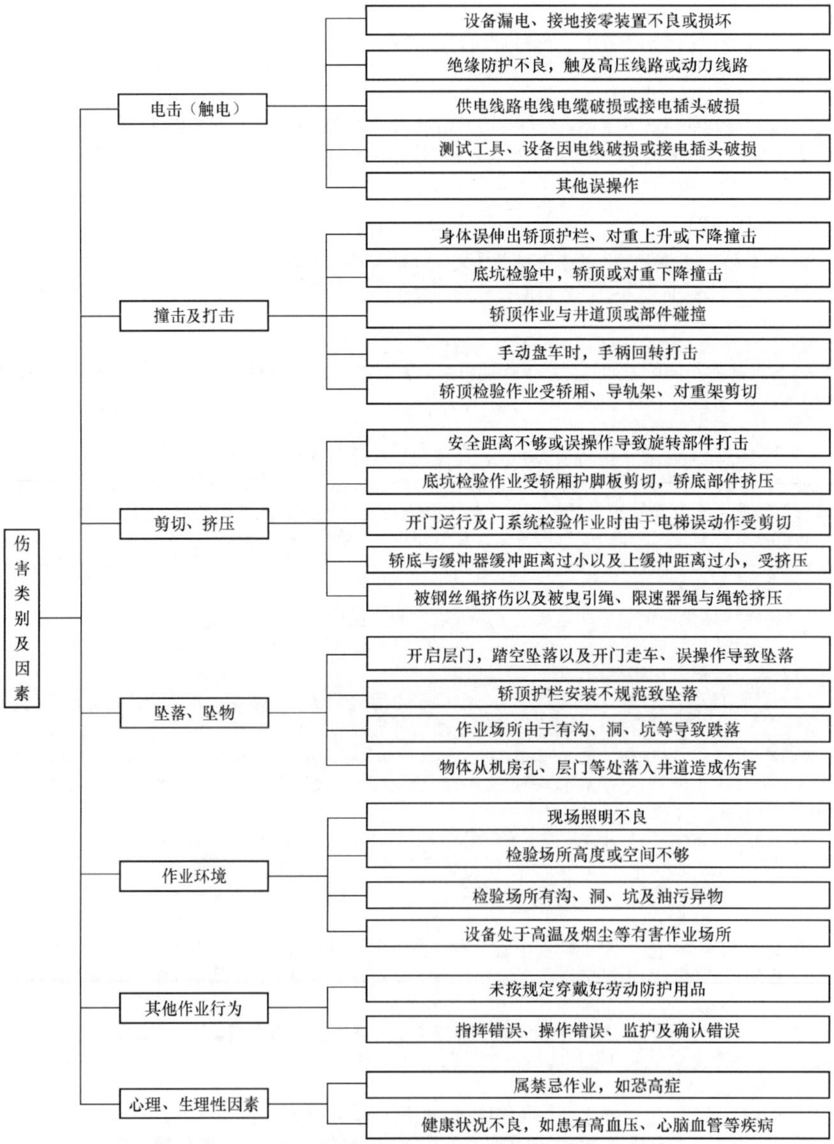

图 5-6 电梯检验人员受到伤害的主要类别和因素

5.5　无脚手架电梯施工安全问题

5.5.1　电梯无脚手架安装的安全问题

电梯无脚手架安装与传统的有脚手架安装相比，费用低廉，安装方便，工期短。但是对安装工艺和监管要求相对较高，一旦发生事故，后果将很严重。目前比较常见的电梯无脚手架安装有两种形式：采用卷扬机、吊笼形式；采用轿厢、主机并开临时慢车形式。前者使用吊笼的方法，在安装中使用未经检验的简易升降装置运送人员，是一种违犯标准的行为；后者，开慢车时对重无轨道，靠钢丝绳定位，亦不理想。两种方法存在一定的危险性，需要施工单位制定可靠的安装工艺和严格的管理制度，加强安装人员的安全观念。特别是使用吊笼形式，应该由相关部门对吊笼检验合格后才能实施。详细安装方法如下。

1. 采用卷扬机、吊笼形式

利用吊笼垂直运送安装人员和材料，实现无手架安装。要注意的是：

（1）施工开始后应先临时安装能正常工作的轿厢缓冲器，并在底层安装安全网。

（2）主机及机房部件垂直运输。常见的方法为：预留井道上口，用卷扬机把机房设备直拉进入机房。预留井道口要有周边防护，暂停使用时应盖好。用完后应第一时间封闭，全程严防人员和物品坠落。

（3）吊笼检查。吊笼大小应检查，太大影响放线，太小影响轨道和厅门的安装。吊笼要求至少使用 40cm×40cm 以上尺寸角铁，底部每隔 35cm 加一档加强筋，并用木板满铺底部，并加固定，四周高度不得低于 110cm，用木板封闭下部至少 50cm 高度。吊笼四角应有 4 个直径不小于 24mm 的可伸缩的高强度定位螺杆。当吊笼停止时，可利用该螺杆将吊笼紧固在井道壁上，以保证吊笼的平稳。吊笼两边应配备手扳葫芦，一是起保护作用，二是可以实现吊笼的小行程移动。

（4）轿厢的组装及吊装。无脚手架安装的轿厢组装一律在底层，轿厢组装完成后，必须在限速器、安全钳安装好，并使安全钳处于动作状态后再起吊轿厢。此时由于安全钳处于动作状态，轿厢在轨道上只能上不能下，因此可有效保证安全。轿厢起吊至最顶层后，用葫芦固定住，其间井道内包括轿厢上下禁止有人，并应及时将钢丝绳对重放到位。在检查曳引机制动器不打滑、不溜车，轿厢与对重基本平衡后，方可撤除手拉葫芦及复位安全钳。

（5）施工安全事项。吊笼井道作业必须系好安全带、生命线，脚穿软低鞋；配备工具袋，用过的工具应随手放入袋内。井道内严禁垂直交叉作业。施工开始后机房门应处理完善，并配有锁。安装监检时，应根据具体的施工方案作相应调整。虽然各项保护措施就位后，能起到保护人员和保障施工安全的作用，但是其采用的简易升降装置会带来很多安全隐患，因此应该由相关部门对其检验合格后才能实施。

2. 采用轿厢、主机并开临时慢车形式

安装最底层的轨道后，在底层拼装轿厢，然后开慢车一层一层向上装，对重用钢丝绳定位，同样也可实现无脚手架安装。检验过程要注意：

（1）层门防护及围挡。由于施工方案要在层门就位以前就要开慢车，因此除层门防护同常规电梯安装外，每层还应有安全护网，以有效防止人员或杂物坠入井道。

（2）组装轿厢前应先安装轿厢缓冲器、轿厢安全钳，在其各项防护完善以前禁止开慢车。

即安装好一台一层站的电梯后，才可以开慢车。

（3）凡是涉及使用卷扬机进行起吊的工作，机房必须有人时刻查看卷扬机的运行，而机房门此时已经到位。

（4）顶部工作平台的固定。必须用膨胀螺栓固定在混凝土或围梁上，且在平台上的人员必须使用安全带和生命线。

（5）对重架吊至顶层后应使用两种独立的保护措施悬吊。

此种工艺的主要危险，即监检工作应注意的是：①安装顶部工作平台；②吊装对重框架并固定；层门防护。

5.5.2 搭建和使用电梯无脚手架施工平台的安全问题

根据井道顶层临时工作平台的不同形式，采用不同的搭建方法。常见的工作平台的形式有两种：①整体式平台；②简易式平台。

1. 整体式平台搭建过程要点

整体式平台牢固、安全、可靠，但对井道和门框的结构、尺寸、强度有相应的要求。搭建方案比较简单，在顶层门口安装完成后，在机房使用卷扬机或手拉电动葫芦吊起工作平台，等平台吊入井道就位后，由熟练工用膨胀螺栓固定平台的底部和上部。搭建过程要注意以下几个关键点：

（1）对机房地面的强度要求较高。为防止机房地面塌陷，要求机房地面要有足够的设计强度，施工前进行必要的验算和检查。

（2）用来固定平台的顶层门框及墙壁应是混凝土或圈梁，必须牢固可靠，不允许是砖墙。施工前要检查墙壁是否满足安装安全要求，固定平台时要保证螺栓有足够的膨胀力。

2. 简易式平台搭建过程要点

简易式平台简易方便，能适用于不同结构和尺寸的井道，但搭建过程较复杂，因平台较简易，故使用时要注意安全。简易式平台主体结构由 2 根槽钢、4 根扁铁、1 根角铁和一些木板组成。平台的安装人员应严格按照平台搭建方案施工，在整个施工过程穿戴好安全帽和全身式安全带，并将安全带上的自锁器悬挂在生命绳上，生命绳应穿过机房楼板，并在机房可靠地固定。

简易式平台搭建程序的注意点如下：

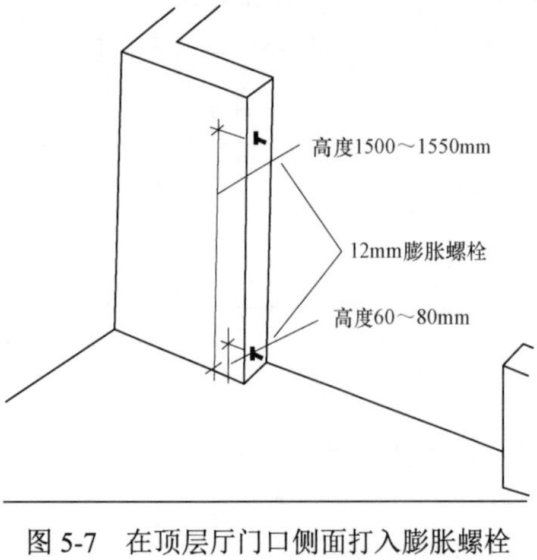

图 5-7 在顶层厅门口侧面打入膨胀螺栓

（1）在顶层厅门口侧面离地面 60～155mm 的高度，在墙的中心各打入一根膨胀螺栓（图 5-7）。

（2）在顶层厅门外，组装好简易式平台主体框架，将扁铁固定好，把槽钢推入井道内（图 5-8）。

（3）如果厅门内侧是砖墙，还必须用膨胀螺栓加铁板将槽钢末端固定在顶层厅门地面上（图 5-9）。

（4）安装好槽钢后，先铺设横木板并用铁丝捆扎牢固，然后铺设其他的木板和围栏（图 5-10），木板和围栏都应用铁丝和钉子固定好。

（5）在简易式平台悬臂端的井道壁内，还应安装 2 个带吊环的承重支架，用钢丝绳和滑拉螺钉与简易式平台悬臂端连接好（图 5-11），目的是做好二次保护。

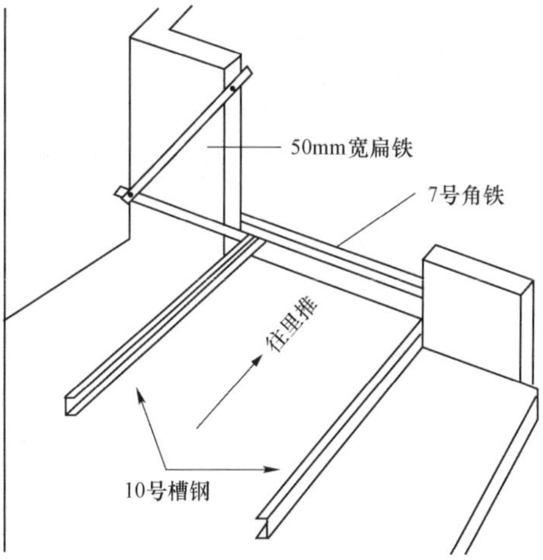

图 5-8　把槽钢推入井道内

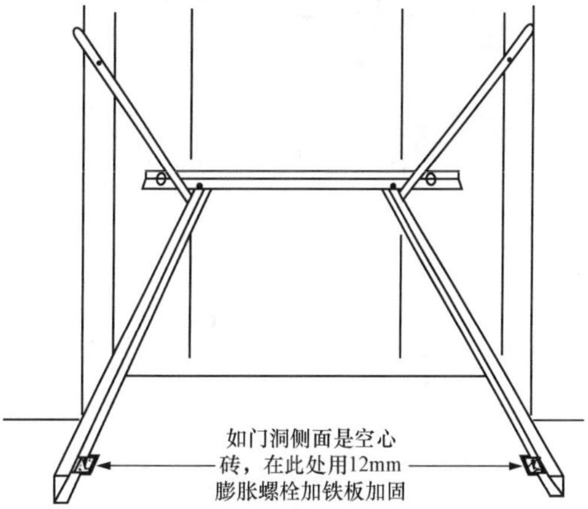

图 5-9　用膨胀螺栓加铁板将槽钢末端固定

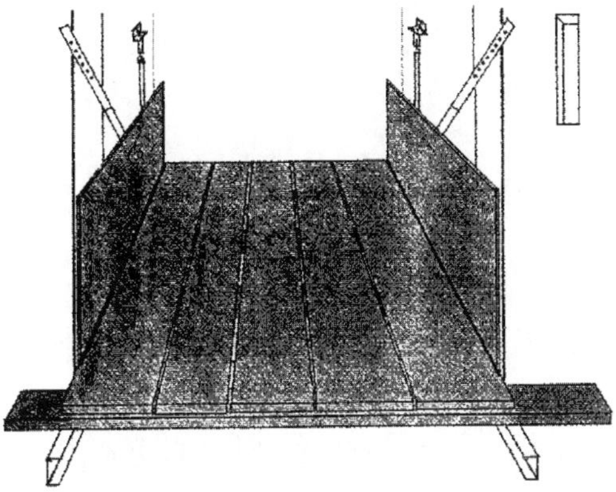

图 5-10　先铺设横木板再铺设其他木板和围栏

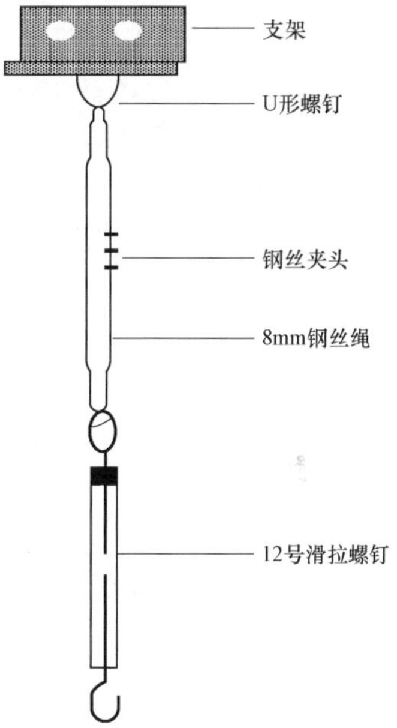

图 5-11　做好平台的二次保护

3. 使用井道顶层临时工作时的要点

在使用井道顶层临时工作平台时，应注意以下几个关键点：

（1）安装人员应穿戴好安全帽和全身式安全带，并将安全带上的自锁器悬挂在生命绳上。生命绳应穿过机房楼板，并在机房可靠固定。

（2）在平台上工作时，只允许承载 2 名施工人员和一些必要的工具。

（3）每次作业前，都要检查作业平台的安全性。

第6章

电梯使用和电梯安全

使用电梯时必须有安全条件做保证，我们进行电梯设计、配置、安装，制定和执行电梯规范和标准，都是为了保证电梯安全，在此前提下提高输送效率，节省能耗，提高各项性能指标，实现大楼的综合功能。这章专门介绍在使用电梯时怎样保证电梯安全。首先，使用电梯的人们（不管是大人还是小孩）都要了解电梯安全乘坐常识；其次，了解和掌握电梯操作和运行安全技术，VVVF 电梯运行安全、运行管理安全、维修运行安全，以及电梯运行时其他应急功能所涉及的安全知识等内容。

6.1　电梯基本结构和安全装置

要了解电梯安全装置，首先要了解电梯基本结构。

6.1.1　电梯基本结构

因为曳引式电梯是垂直交通运输工具中使用最普遍的一种电梯，所以作为电梯常识，也要了解曳引式电梯的基本结构。

（1）曳引系统。曳引系统由曳引机、曳引钢丝绳、导向轮及反绳轮等组成。曳引机由电动机、联轴器、制动器、减速箱、机座、曳引轮等组成，它是电梯的动力源。曳引钢丝绳的两端分别连接轿厢和对重（或者两端固定在机房上），依靠钢丝绳与曳引轮绳槽之间的摩擦力来驱动轿厢升降（图 6-1）。导向轮的作用是分开轿厢和对重的间距，采用复绕型时还可增加曳引能力。导向轮安装在曳引机架上或承重梁上。

钢丝绳的绕绳比大于 1 时，在轿厢顶和对重架上应增设反绳轮。反绳轮的个数可以是 1 个、2 个甚至 3 个，这与曳引比有关。

（2）导向系统。导向系统由导轨、导靴和导轨架等组成。它的作用是限制轿厢和对重的活动自由度，使轿厢和对重只能沿着导轨作升降运动。导轨固定在导轨架上，导轨架是承重导轨的组件，与井道壁连接。导靴装在轿厢和对重架上，与导轨配合，强制轿厢和对重的运动服从于导轨的直立方向。

（3）门系统。门系统由轿厢门、层门、开门机、联动机构、门锁等组成。轿厢门设在轿厢入口，由门扇、门导轨架、门靴和门刀等组成。层门设在层站入口，由门扇、门导轨架、门靴、门锁装置及应急开锁装置组成。开门机设在轿厢上，是轿厢门和层门启闭的动力源。

（4）轿厢。轿厢是用以运送乘客或货物的电梯组件。它是由轿厢架和轿厢体组成。轿厢架是轿厢体的承重构架，由横梁、立柱、底梁和斜拉杆等组成。轿厢体由轿厢底、轿厢壁、轿厢顶及照明、通风装置、轿厢装饰件和轿内操纵按钮板等组成（图 6-2）。轿厢体空间的大小由额定载重量或额定载客人数决定。

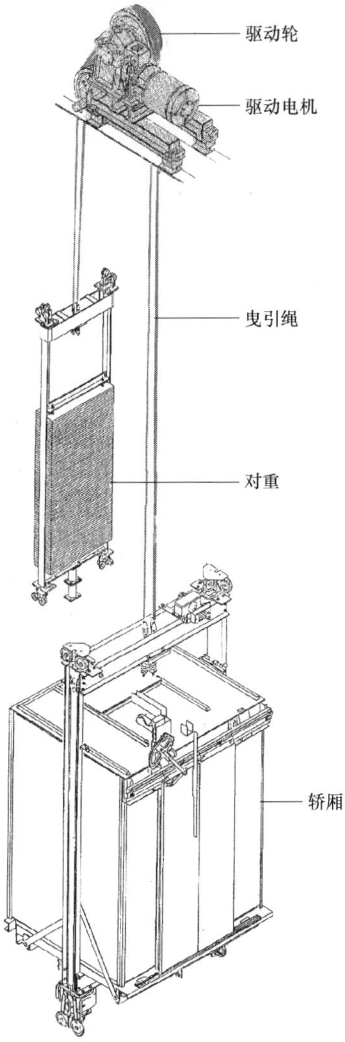

图 6-1　曳引系统结构

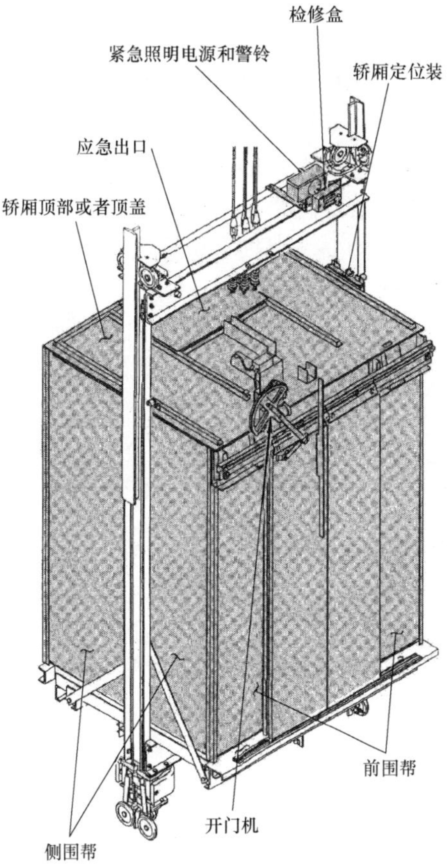

图 6-2　轿厢结构图

（5）重量平衡系统。重量平衡系统由对重和重量补偿装置组成。对重由对重架和对重块组成。对重将平衡轿厢自重和部分的额定载重。重量补偿装置是补偿高层电梯中轿厢与对重侧曳引钢丝绳长度变化对电梯平衡设计影响的装置。

（6）电力拖动系统。电力拖动系统由曳引电机、供电系统、速度反馈装置、调速装置等组成，对电梯实行速度控制。曳引电机是电梯的动力源，根据电梯配置可采用交流电机或直流电机。供电系统是为电机提供电源的装置。

速度反馈装置是为调速系统提供电梯运行速度信号。一般采用测速发电机或速度脉冲发生器，与电机相连。调速装置对曳引电机实行调速控制。

（7）电气控制系统。电气控制系统由操纵装置、位置显示装置、控制屏、平层装置、选层器等组成，它的作用是对电梯的运行实行操纵和控制。

操纵装置包括轿厢内的按钮操作箱或手柄开关箱、层站召唤按钮、轿顶和机房中的检修或应急操纵箱。控制屏安装在机房中，由各类电气控制元件组成，是电梯实行电气控制的集中组件。位置显示是指轿内和层站的指层灯。层站上一般能显示电梯运行方向或轿厢所在的层站。选层器能起到指示和反馈轿厢位置、决定运行方向、发出加减速信号等作用。

（8）安全保护系统。安全保护系统包括机械和电气的各类保护系统，可保护电梯安全使用。

6.1.2 电梯安全装置

机械方面的安全装置有：限速器和安全钳起超速保护作用（图 6-3）；缓冲器起冲顶和撞底保护作用；还有切断总电源的极限保护等。限速器的钢丝绳围绕着绳轮和底坑中的胀绳轮形成一个闭环，其绳头部与轿厢紧固在一起，并通过机械连杆与安全钳连起来。如果轿厢超速，限速器立即动作，触发夹绳装置夹紧钢丝绳。当轿厢下降时，钢丝绳拉动安全钳运作，使安全钳对导轨产生摩擦力，把轿厢迅速制动在导轨上，停止运动。

电气方面的安全保护在电梯的各个运行环节都有。

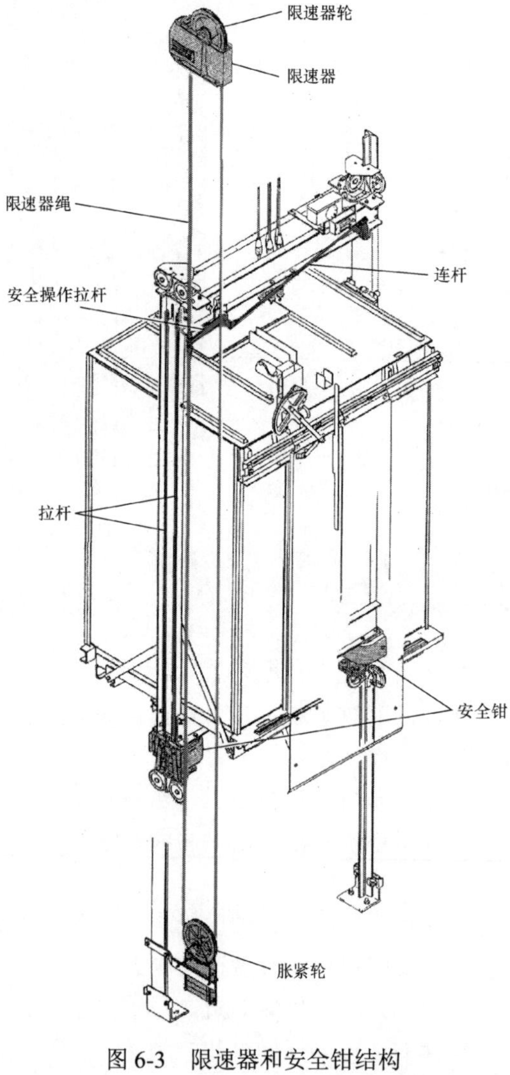

图 6-3 限速器和安全钳结构

6.2　电梯操作安全

电梯操作安全包括很多内容，这里主要指的是与电梯运行有关的操作安全问题。下面将介绍盘车人员的安全保护，电梯门锁安全问题，防范电梯开门走快车，以及电梯联动一体化等内容。

6.2.1　盘车人员的安全保护

设置在曳引机上的手动紧急操作装置，是解救电梯困人最常用的手段，也是在电梯检修中时常要用到的。电梯在运行中，因为停电或临时发生故障往往会中途停车，有时也会出现冲顶或蹾底现象，这时就需要手动盘车，应用曳引机手动紧急操作装置，松开制动闸，经过盘车，使轿厢回到正常位置。但要记住：手动盘车前必须切断电源！应该重视和加强电梯盘车人员的安全保护工作。详细情况见表 6-1。

表 6-1　　盘车人员安全保护和对盘车手轮的要求

<table>
<tr><th>项目</th><th>内 容 和 图 示</th></tr>
<tr><td>盘车人员
安全保护</td><td>（1）在电梯机房安装前，从设计角度考虑，安放曳引机的水泥高台应建造宽大一些，在盘车时，盘车人员所站立的位置能宽大一些，而有回旋的余地。要站得稳，这样就不需要另外设置盘车人的安全防护装置了；
（2）在机房中，或在安全操作规程中，写上手动盘车前必须切断电源的警示语句，用以提醒盘车人员；
（3）在已经形成了的窄小的盘车人所站立的钢梁上，增设一个安全栏。安全栏可分为固定式和活动式两种</td></tr>
<tr><td rowspan="2">盘车手轮
安全性</td><td>（1）固定式（图 6-4）可按照曳引机底架钢梁上盘车人站立的端部具体情况，如面积、高度等，把安全栏焊接在上面，要方便盘车人员的出入，要保证在盘车时，万一曳引机起动或用力不当时，人不被从高台摔下。安全栏的具体样式可从实际出发去做。
（2）活动式（图 6-5）是在盘车人站立的位置上，要在相应和可以焊接的位置上焊上 3 根钢管，在需要手动盘车时，先把安全栏插入，然后人再上去盘车。</td></tr>
<tr><td>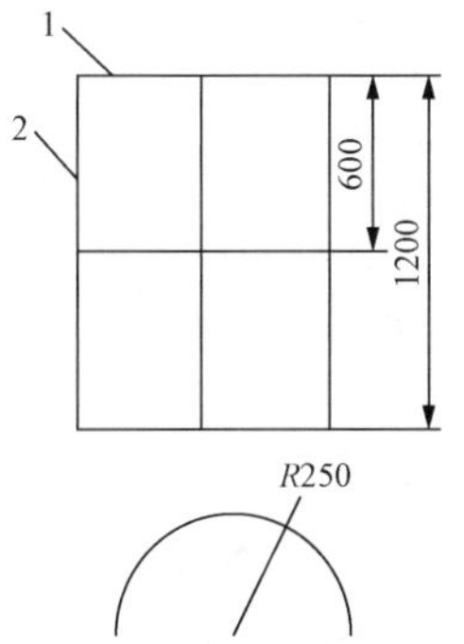
图 6-4　固定式安全栏
1—立柱；2—围栏
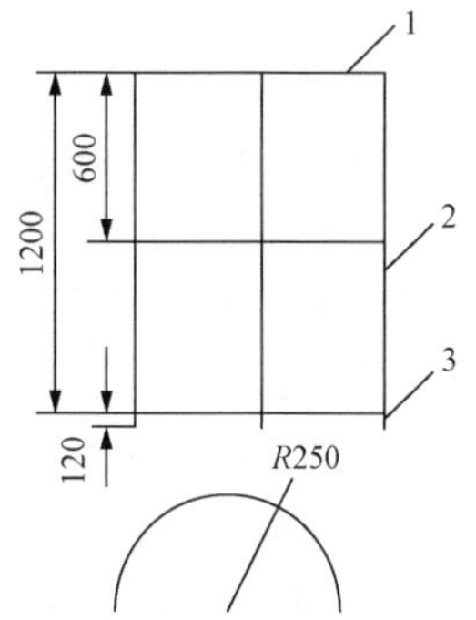
图 6-5　活动式安全栏
1—围栏；2—立柱；3—插脚

紧急操作的安全性有赖于电梯操作规程的全面执行。在从事紧急操作时，操作人员承受着由轿厢与对重产生的不平衡转矩的冲击，盘车手轮的形状是一个影响操作者安全与否的因素。图 6-6①、②的两种易于伤害手臂；图 6-6③也有割手之险；图 6-6④的转动部件外伸，有飞甩之险。图 6-6⑤虽有改观，但同样能够伤害操作者的手臂，曾有两次遭受伤害的均是这种结构形式所致。这两次均未断电，盘车时电梯进入了自动运行。图 6-6⑥是 GPS-II 的新型盘车手轮，可以说它是一个无伤害型的盘车手轮</td></tr>
</table>

续表

项目	内容和图示
盘车手轮安全性	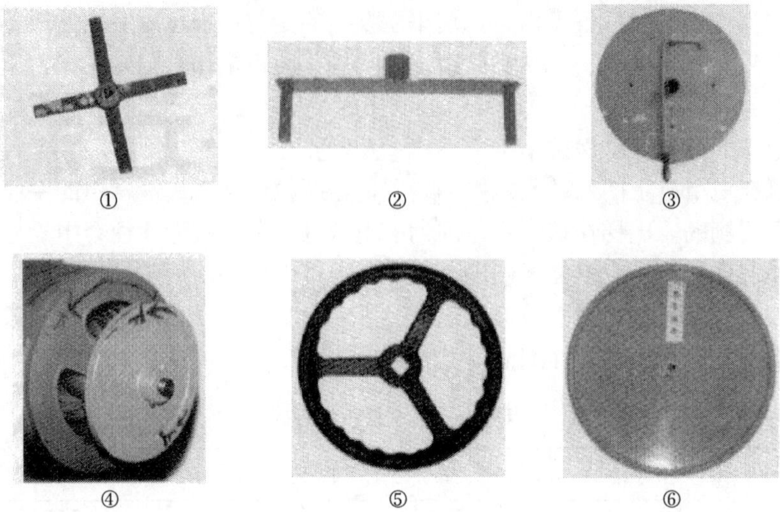 图 6-6 盘车手轮形状
上手性	紧急操作的过程，就是在开闸情况下，使用人的手臂之力，平衡由对重与轿厢在盘车手轮产生的力矩差，从而使轿厢上下移动。那么，盘车手轮的上手性或得手与否，自然就成了影响使用效能的一个重要因素。从这个角度看，图 6-6②、⑤最好；图 6-6①、④、⑥也可以；图 6-6③最差。但在这里我们还是想推崇图 6-6⑥，尽管它的上手性不是最好的，但它足以产生 GB 7588 中 12.5.1 条里所规定的操作力（400N），又不伤手
重量的大小	实际中，绝大多数的盘车手轮都是可拆卸式的，通常置于显眼的、易于接近的位置上。在盘车过程中，尚需完成一个安装与拆卸的辅助性工作，因而其重量的大小就成了影响紧急操作过程省力与顺利的一个因素。此外，重量向来就是一个与材料节约紧密相关的问题。在这里，图 6-5⑥依然是值得推崇的:它的外圈是由钢管焊接而成，中部采用全封闭的钢板为辐，易于加工，轻盈好用

6.2.2 电梯门锁安全问题

扒门伤害事故在电梯事故中占有较大的比重，如 2006 年 6 月 29 日晚 21 时许，哈尔滨市某花园小区，一家三口从 15 层乘电梯下楼，行至 14 层至 13 层之间，电梯突然停梯，轿厢地坎离 13 层厅门上门楣只有 320mm，距离 13 层厅门下地坎约 1700mm。男事主扒开电梯轿门和厅门，从 320mm 的缝隙爬出，失足坠落井道身亡。又如 2004 年 8 月 1 日，贵州省遵义市一个 21 岁女孩，在狮山大酒店乘坐电梯时，在电梯停止运行情况下，扒开电梯门，结果跌落到 10 多米深的电梯井内，当场死亡。问题归结到：怎样对待开门锁的安全问题。问题再广一点：怎样对待电梯困人操作安全问题。从电梯设计、安装、配置及操作等多角度提出下面的意见，供相关人员和乘客参考。

1. 电梯因故障停梯是一种保护性措施

当乘客被关在轿厢时，如何自救和救援，通过上面和以前的多次事故，我们应当接受血的教训。

2. 自救方法和事故分析

（1）现代电梯关人自救的最好办法是报警，等待救援！切勿强行扒门来企图逃离轿厢。

（2）电梯是垂直交通工具，一旦发生事故，很容易酿成恶性事故，追究其根源：

1）第一类是由于设计、制造和安装不周而引起的。

2）第二类是由于使用者操作不当而引起的。

3）按照系统安全学的观点：发生事故的直接原因是人的不安全行为和物的不安全状态造成的。

（3）若设计、安装时将“人的不安全行为”忽略，即无论如何在轿内扒不开门（在平层区除外），就是使“物的不安全状态 ”不存在。是否就能杜绝电梯乘客坠落事故呢？

3. 电梯设计建议

（1）老式曲柄连杆传动的电梯轿门，当门关闭后，拐臂过死点，轿内一般不容易扒开门。

（2）按欧洲标准设计制造的电梯，轿厢不在平层区时，一般扒不开轿门，如迅达的QKS9门，轿厢不在平层区，轿门机构有一个尼龙销限制开门，扒门也只能扒开30mm左右的缝。西尔康生产的电梯门系列，门到平层区碰一个撞弓，不在平层区碰不上撞弓，扒不开门。国内安利索电梯有限公司和苏州启元电梯有限公司生产的门机系统，可以按用户要求加装轿门机械锁。而进入香港地区的电梯都要求加装轿门机械锁，即轿厢不在平层区，在轿内扒不开轿门。

（3）发生事故的电梯都是因为没有此功能或将这一功能破坏，扒开了门造成坠落事故（1996年北京文联宿舍一男乘客就是死在原设计被破坏的电梯里）。

现在电梯门系统，大量使用变频同步带传动，机械效率高，在轿厢内很容易扒开门，建议增加部分零部件，使电梯在轿厢内如果没到达开门区就扒不开门，而进入开门区后才能扒开轿门。

（4）中国电梯市场和在用电梯不只执行中国电梯标准，还有日本标准，美国标准。能否强调一律按中国标准设计生产、安装，在检验时也应强调按中国标准检验。

（5）在设计轿厢时，还应特别考虑关人的轿厢通风和换气问题。

4. 强化电梯管理职能，广泛宣传

（1）报警装置必须起作用，强化电梯管理职能，警铃和通讯设施要可靠。上述案例中酒店的工作人员已经通过监控设备看到这一情况，但为什么不通话制止她的不安全行为？

（2）乘客须知要像平面交通管理规则一样，家喻户晓：“红灯停，绿灯行，横穿马路走人行横线”。立体交通应如何文明乘梯，发生故障如何自救，媒体应该广泛宣传，使乘电梯的人避免发生不安全行为。生产厂家则应强调如何不发生“物的不安全状态。”

5. 电梯规范规定和使用建议

（1）GB 7588—2003《电梯制造与安装安全规范》规定：

1）对坠落危险的保护：（对层门外的乘客）在正常运行时，应不可能打开层门，除作轿厢停站或停在该层的开锁区域内，开锁区域不得大于层站地平上下0.2m。

2）（对在轿厢内的乘客）电梯应只有轿厢位于开锁区内时，才有可能从轿厢内打开轿门。

3）（对门锁的机械强度要求）门锁应能承受一个沿开门方向，应作用在锁门处的最小为1000N的力，应无永久变形。

4）对门锁的型式试验：F1.2.2.2 静态试验……沿门的开启方向……施加一个1000N的静态力，作用300s的时间；F1.2.2.3 动态试验：处于锁住状态的门锁装置应沿门的开启方向进行一次冲击试验，其冲击相当于一个4kg的刚体从0.5m高度自由下落所产生的效果。试验之后，不得存在可能影响安全的任何磨损，变形或断裂。

（2）使用建议。目前国内在用电梯，有的厂家设计关门到位是用电机堵转力矩保持的，由于力矩太小，两个手指就能将轿门拈开。若正在运行的电梯就可能因轿门电锁断路而停梯。若电梯因停电关人，门电机因断电没有关门力矩了，很容易打开轿门。若不在开锁区，同样会发生危险，建议最好使用机械锁。

6. 地方质监局判断

（1）对第 2 个案例，地方质监局判断："电梯设施完好，各项技术数据均在正常范围，是乘客错误的逃生方法，造成事故的发生！"

（2）强调提出人的不安全行为，我们应该如何正确判断？我国电梯应该怎么保证不再发生坠落事故？电梯厂家应强调不发生"物的不安全状态"。

6.2.3 防范电梯开门走快车

在电梯门处虽然有很多安全保护系统，但是由于人为的行为以及元器件本身的故障缺陷等，还是造成了电梯开门走车的现象，发生夹人、剪切、挤压、坠落等人身伤害事故。怎样避免此类事故之发生呢？下面的做法可供考虑。

1. 行为上严格规定安装、维修人员的操作规程

为了避免电梯安装、维修过程中和过程后，因忘记拆下短接线造成的危险隐患，在平时的修理过程中要注意：

（1）短接安全回路时最好不要全部短接。查出是哪个开关有问题就短接哪个开关。

（2）注意厅门门锁电气安全装置和验证轿门闭合的电气安全装置是不是同时短接的。

（3）如果必须要短接门锁电气安全装置，检查门锁故障时，要保证电梯处于检修状态。记住在短接时，在短接线上穿上工具包或者钥匙包之类的东西，这样在修好电梯时可以提醒操作人员拔掉控制柜上的短接线。要养成这样一个好习惯。

（4）修完电梯后必须要认真检查一遍是否留有短接线。

2. 技术上严格限制电梯开门走快车运行的条件

很多电梯厂家的抱闸电路是按如图 6-7 所示的电路进行设计，串接在制动器线圈回路中的接触器的触点有门联锁接触器触点、运行接触器触点、安全接触器触点、抱闸接触器触点等，只要这些条件满足，不管在什么条件下，抱闸就通电释放，电梯拒运行。针对回路中含有门联锁接触器触点的情况，若触点粘连或调试、维修过程中忘记拆除门联锁封线且封线回路不受检修开关控制，以及错误封线造成门联锁接触器开门时不释放等，此时若允许电梯可以快速运行，就存在发生电梯剪切事故的可能。

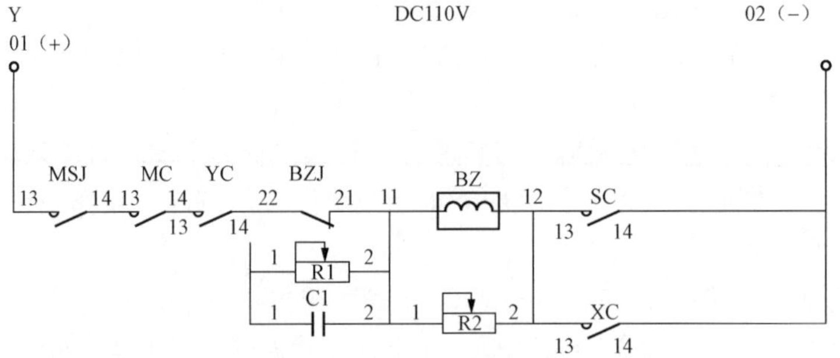

图 6-7 电梯抱闸回路

以 Otis 某些型号的电梯为例，介绍处理方法。

（1）Otis 的某些控制柜里就设置了专门的门锁短接插座，当利用此插座短接门锁时，其内部线路能保证电梯始终处于检修状态。

（2）Otis 的某些控制柜（如 Gen2）就设定了一种安全功能，一旦在外部人员打开电梯层门后，轿厢便不再能够运行快车，即使是再关上层门或是短接门锁安全回路，轿厢也只能够是在检修人员的控制下以检修速度运行，除非是按照正常的离开井道程序进行，或是去井道外部控制柜处进行一次复位操作，否则一直不能够运行快车，这样就确保不发生开门走梯现象，同时也在很大程度上保证了维修、检验人员进入井道后的安全。

（3）在快车运行之前，控制系统除了检测厅门信号（DW）、轿门信号（DFC）是否有效外，控制系统还必须要检测关门到位信号、防止门夹人保护装置的信号有没有动作，像这样的设计就保证了电梯相关人员的安全，大大增强了电梯的安全系数。

3. 明确分工生产单位、使用单位和检验单位的责任

TSGT 7001—2009 新检规规定了电梯生产单位、使用单位以及从事电梯监督检验和定期检验的特种设备检验检测机构的职责要求，促进了电梯运行安全保障工作的有效落实。按照新检规，保证电梯的安全要靠设计、制造、安装、改造、重大维修、日常维护保养、使用单位落实主体责任来实现，设备是否处于安全状态要靠企业的自检，因此使用单位要加强电梯的日常管理，指定专职的管理人员，以使电梯投入运行后，妥善处理在使用、维护保养、检查修理等方面的问题。检验机构的检验是监督企业和使用单位是否落实了相应责任，其质量体系是否正常运转，是为开展电梯安全检查工作提供技术支持的一项工作。新检规从源头上已经对生产单位、使用单位以及检验单位进行了分工。对于电梯开门走车的事故隐患，电梯生产单位、维修单位、使用单位、检验单位等都要落实自身的责任，并认真履行，这样才能有效地排除开门走车故障。

6.2.4 电梯联动一体化

电梯是人们在智能楼宇中最主要的搭乘工具，对电梯进行有效的安全控制和节能管理是越来越多智能小区项目所提出的迫切需求。在这里介绍通过电梯控制系统结合楼宇对讲系统，进行智能召唤和控制电梯，从而实现可视对讲与电梯联动控制的技术。

1. 工程概况

某项目使用 8 台通力电梯，以及东南创通电梯楼层控制系统，采用可视对讲联动式及外呼刷卡式的 IC 卡控制模式，要求电梯系统具备如下功能：

（1）刷卡直达功能，即必须刷卡才能使用电梯，否则电梯所有受控楼层按键全部失效；

（2）可视对讲联动功能（通信协议采集方式）；

（3）保存用梯记录查询报表；

（4）设定楼层权限的功能；

（5）消防自动脱离功能和手动脱离功能；

（6）采用联网方式，所有电梯控制器通过总线连接到管理计算机，令计算机与控制器能够方便、及时地进行数据交换，即计算机能将控制器运行所必需的参数通过总线下载到控制器，并且能够通过总线获取各控制器的运行状态。

2. 系统功能

智能楼宇对讲与电梯联动一体化解决方案使访客在住户许可的情况下，无需用卡或记住

密码，就可乘梯，且只能到达住户所在楼层，而不能进入其他楼层，既解决了小区的安全问题，又解决了访客用梯的问题。访客来访时，通过可视对讲系统与业主通信完毕后，业主按可视对讲分机上的开门键开门；单元门打开，访客进入，同时电梯一层外呼上行按钮被激活，电梯根据自身的优先派梯程序将最近的电梯派至一层；当电梯到达一层并开门后，系统开放被访层权限并开始计时等待（该时间可以设置，在该时间内访客要去的楼层按钮可以被激活），使访客可在进入轿箱后手动登记所要拜访的楼层，而其他楼层按钮无效。

要实现以上功能，有两种方式可供选择：

（1）通信协议采集方式。楼宇对讲系统“电梯控制器”采集每户对讲分机的“开锁”按键信号，并提供通信协议，实现楼宇对讲系统与电梯楼层控制系统的通信；电梯楼层控制系统从“电梯控制器”上获取业主的楼层信号，使该层的电梯按钮在电梯开门后一定时间内可以被登记，访客进入电梯后按键即可到达相应楼层。

（2）硬件采集方式。楼宇对讲系统“电梯控制器”也可提供对应每户对讲分机的“开锁”按键信号（超过 12 层的楼宇需增加电梯控制扩展器），并将之以触点信号的形式传输给电梯楼层控制系统的楼层信号采集器；电梯楼层控制系统获得业主开锁的按键信号，并记忆该楼层地址，使该层的电梯按钮在电梯到达一楼并开门后，在一定时间内可以被激活，访客按键即可到达相应的楼层。

3. 系统工作流程

（1）业主乘梯流程（图 6-8）。

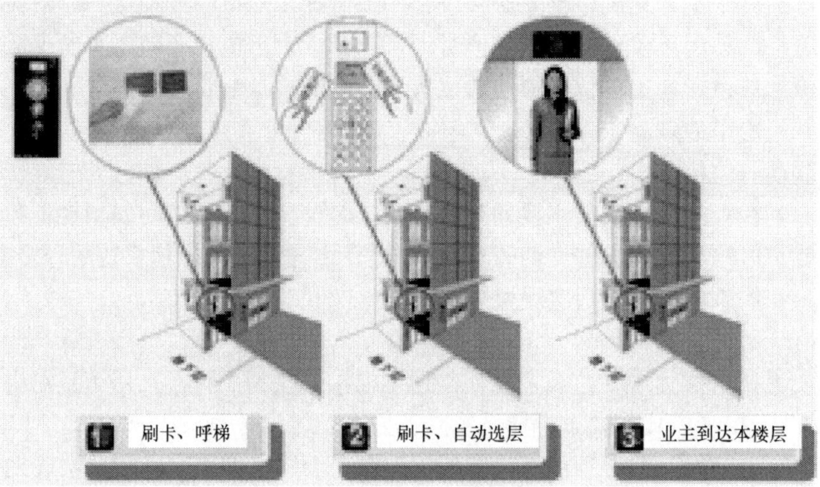

图 6-8 业主乘梯流程示意图

1）业主刷卡呼梯。

2）用户进入电梯刷卡后，电梯根据卡内权限自动选层（无权限的楼层按钮无法激活），关闭梯门，上行。

3）到达对应楼层后，梯门打开，用户进入该楼层。

（2）访客乘梯流程。

1）访客在一楼大堂通过可视对讲与业主联系。

2）业主确认访客身份后，按“开门”键授权，系统自动激活一层的电梯外呼按钮（上行按钮）。

3）电梯行至一楼、梯门打开后，被访层权限开放，访客进入电梯后可以手动登记业主所在楼层（按其他楼层按钮无效）。

4）电梯将访客送达业主所在楼层。

4. 电梯楼层控制系统

电梯楼层控制系统由管理中心、主控制器、扩展控制器、读卡器、电梯分配器、外呼按钮控制器、对讲协议采集器及开门检测开关等构成。管理中心与主控制器双向连接；每个主控制器控制一台电梯（超过 16 层的楼宇需增加扩展控制器）；同一个单元并且停站相同的电梯可共用一台电梯分配器和外呼按钮控制器；每台电梯的一层厅门装有一个开门检测开关，用于检测一层电梯厅门的状态并上传给电梯分配器。

电梯楼层控制系统集计算机技术、自动控制技术、网络通信技术、智能卡技术、传感技术、模式识别技术以及机电一体化技术于一体。系统最多可带 256 个主控制器，每个主控制器可控制 1 个 I/O 控制器和 3 个 I/O 扩展板，每个 I/O 控制器可控制 16 层，每个 I/O 扩展板也可控制 16 层，即 1 个主控制器可控制 64 层。

系统特点如下：

（1）系统与电梯为无源触点连接，与电梯完全电气隔离，并且可以兼容所有品牌电梯。

（2）系统全部采用日本欧姆龙继电器输出，性能稳定，寿命可达 1 亿次以上。

（3）系统全部采用 ARM 公司的 Cortex-M3 32 位处理器，功耗低、运算速度快、处理能力强、可靠性高。

（4）系统可实现电梯与可视对讲系统或其他第三方系统的联动控制，让楼宇更加智能化、人性化。

（5）系统采用国际最先进的 CAN 通信方式，比传统的 RS485 更快、更稳定。

（6）当访客进行可视对讲后，若同一单元有多台电梯，系统可实现就近派梯，将最近的电梯派到一层，节能、便捷。

（7）系统具有消防脱离、手动脱离、停电脱离、故障脱离等多种与电梯脱离的功能。

（8）系统采用 SQL 数据库管理，安全、稳定、高效。

（9）所有电路板均采用防水、防尘、防静电控制箱安装保护。

6.3 电梯运行使用安全

电梯运行使用安全包括：运行前的安全保护，电梯运行控制与安全，电梯运行不正常事项的处理；怎样减少运行噪声和电梯振动，使乘客具有较好的舒适感；又怎样做到运行节能？下面将重点介绍前几个问题。

6.3.1 电梯运行前的安全保护

如今使用电梯的人越来越多，但是有些乘客对电梯的结构、性能还不很了解，部分乘客在乘坐电梯时提心吊胆，总感到不安全。因为电梯是一种复杂的输送设备，在运行中由于某种原因的确出现过一些不安全的情景，如超速运行、失去控制、操作按钮不起作用，或电梯关门夹人等。但是电梯本身是一种完善的输送设备，设计人员设计了多种安全装置，采用了多种安全措施来消除这些不安全因素。只要电梯正确使用和定期维修、检查，就不会发生事

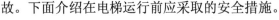

故。下面介绍在电梯运行前应采取的安全措施。

1. 接地

电梯上所有的电气设备的金属外壳均有良好的接地，其接地电阻值都小于 4Ω。电梯的保护接地（接零）系统都是良好的，对电气设备的绝缘强度在安装时都进行了测试。其绝缘电阻都大于 1000Ω/V，并且其阻值不小于：①动力电路和电气安全装置电路时为 0.5MΩ；②其他电路（控制、照明、信号）时为 0.25MΩ。所以电梯是安全用电设备，不易发生触电、漏电现象。

2. 曳引绳

曳引绳承受着电梯的全部悬挂重量，它的质量直接关系到运行中的安全。电梯上使用的钢丝绳比普通钢丝绳要求高，国家规定曳引绳必须符合 GB 8903—2005《电梯用钢丝绳》标准。曳引绳的特点是强度大、柔韧性好，而且像客梯、医用电梯的钢丝绳根数都不少于 4 根，静载安全系数不少于 12，绳头组合的拉伸强度都不低于钢丝绳的拉伸强度。高质量的曳引绳保证了电梯运行中的安全。

3. 制动器

电梯不运行时轿厢能稳稳地停在原来的位置上。电梯的传动方式是利用曳引绳搭在曳引轮上，绳的一端悬挂着轿厢，另一端悬挂着对重。当曳引轮转动时利用摩擦力来传动曳引绳，使轿厢上下运行。只要曳引轮不转动，轿厢就不会移动。而曳引轮经制动轮被控制，不运行时制动器上的制动压簧产生制动力矩迫使闸瓦紧紧地抱住制动轮，制动轮又通过轴等机械零件使曳引轮不能转动。

为了确认制动器的可靠性，电梯在交工前曾做过静载试验和运行试验，此时各承载部件都没有损坏，曳引绳没有打滑现象，制动必须可靠。在交工前电梯应做的另一试验，即电梯作以额定载重量 110%运行时，制动器也均能可靠地把电梯制动住。制动器保证了电梯在运行前的安全，它在运行中和发生事故时更是起到重要的作用。

4. 轿厢超载装置

为了使电梯能在设计载重量范围内正常运行，在轿厢上设置了超载装置。一般在载重量达到额定载重量的 110%时电梯超载保护装置起作用，超载蜂鸣器鸣响，轿厢不能关门，电梯将自动切断控制电路，使电梯无法起动。这时只有减少轿内重量到规定范围内，电梯才能关门、起动。因此电梯在没有运行前就由该装置把关，避免了起动后的不安全运行。

超载装置结构很多，但工作原理都一样。此装置一般设在轿底，轿底与轿厢体是分离的，活动轿底安装在超载装置的杠杆上，随着轿内重量的增加，杠杆系统在外力作用下产生移动。当杠杆移动到一定位置时使轿底开关动作切断电源，电梯无法起动。有的电梯在轿底称重装置上还有一个控制开关，它规定了电梯最小载重量，当轿内重量达不到这个值时电梯也同样不能起动，这主要是一方面为了防止无司机操作时，小孩进入轿内自己开电梯，以避免发生危险，另一方面节约电力。

5. 直驶功能及满载保护

当轿厢内载荷达到 80%～90%的额定载荷时，满载开关应动作，这时电梯起动后途中不停车，直驶到所指令的顺向最近的一站停车，减载后才能应答其他层站的呼梯。也就是说当满载时，顺向截车功能取消。

电梯运行前的准备还有：

（1）电梯厅外自动开关门锁的钥匙、操纵箱上电梯工作状态转换开关的钥匙，需由电梯专职人员或电梯司机专门保管和使用。

（2）停用超过一周后的电梯重新使用时，使用前应经过认真检查和试运行后方可交付正式使用。

（3）司机在开启厅、轿门进入轿厢前，必须确定轿厢在该层井道内，才可开启。司机在用机械开锁钥匙打开厅门时，一只手在转动钥匙，另一只手用力去扒开厅门，人体重心升高，容易失衡，要注意安全！

（4）启用照明装置，且轿厢内的照明要有合适的亮度。

（5）轿厢内一切正常后，检查层楼指示灯和方向信号灯显示是否齐全完好，发现异常要及时报告维修。

（6）在电梯正式运行前，应将电梯试运行数次，检查警铃开关、安全触板、光电（幕）是否灵活可靠；信号是否正常，停梯平层是否准确。如发现异常，立即停梯维修，不带病运行。

（7）厅门关闭后，应不能从外面开启。在厅门和轿门未关闭的情况下，电梯应不能启动。

（8）轿厢在运行时，断开安全开关，电梯应立即停止。

（9）查看上一班电梯运行记录，如有异常情况，应先进行检查，再升梯。

6.3.2 电梯运行控制与安全

6.3.2.1 正常运行控制

GB 7588—2003《电梯制造与安装安全规范》对正常运行控制有哪些要求；对《规范》的解说；最后对《规范》的理解和应用。这些都是在电梯正常运行控制和电梯安全上必须遵守的要求。

1.《规范》对正常运行控制的要求

正常运行控制应借助于按钮或类似装置，如触摸控制、磁卡控制等。这些装置应置于盒中，以防止使用人员触及带电零件。

门开着情况下的平层和再平层控制要求如下：

（1）运行只限于开锁区域（见《规范》中 7.7.1）：

1）应至少由一个开关防止轿厢在开锁区域外的所有运行。该开关装于门及锁紧电气安全装置的桥接或旁接式电路中。

2）该开关应是满足《规范》中 14.1.2.2 要求的一个安全触点或者其连接方式满足《规范》中 14.1.2.3 对安全电路的要求。

3）如果开关的动作是依靠一个不与轿厢直接机械连接的装置，如绳、带或链，则连接件的断开或松弛，应通过一个符合《规范》中 14.1.2 要求的电气安全装置的作用使电梯驱动主机停止运转。

4）平层运行期间，只有在已给出停站信号之后才能使门电气安全装置不起作用。

（2）平层速度不大于 0.8m/s。对于手控层门的电梯，应检查：

1）对于由电源固有频率决定最高转速的电梯驱动主机，只用于低速运行的控制电路已经通电。

2）对于其他电梯驱动主机，到达开锁区域的瞬时速度不大于 0.8m/s。

（3）再平层速度不大于 0.3m/s。应检查：

1）对于由电源固有频率决定最高转速的电梯驱动主机，只用于低速运行的控制电路已经通电。

2）对于由静态换流器供电的电梯驱动主机，再平层速度不大于 0.3m/s。

2. 对《规范》的解说

门开着情况下的平层功能，俗称提前开门功能，通常用于乘客电梯，其目的是为了节省时间，提高运行效率。门开着情况下的再平层功能，通常用于载货电梯，其目的是为了补偿货物或搬运车辆进出轿厢造成曳引钢丝绳伸缩导致的轿厢少量升降，使轿厢地坎和层站地坎始终保持基本水平，方便货物或搬运车辆进出。

要使电梯能够在门开着情况下运行，就必须短接层门和轿门电气安全装置。这种短接只能在开锁区域内进行，一旦轿厢离开开锁区域，就必须将短接回路断开，以防止电梯在开锁区域外也能开门运行。

上述“应至少由一个开关防止轿厢在开锁区域外的所有运行”指的是开门运行，而不应该包括正常运行、检修运行、紧急电动运行以及对接操作运行。

3. 对规范的理解和应用

电梯运行控制在 GB 7588—2003 和 GB/T 18775—2009《电梯维修规范》中有明确说明，主要内容是：

（1）正常运行。用于装置按钮的盒应无损伤，以防触电。如采用绳、带或拉杆作为轿厢和机房之间的控制方式，则绳、带或拉杆应可靠。平层情况应符合使用说明书的规定，与平层有关的部件应正常工作。

（2）门开着情况下的平层和再平层。在开锁区域内，如允许层门和轿门打开时进行轿厢的平层和再平层运行，应符合以下要求：

1）运行只限于 GB 7588—2003《规范》7.7.1 中规定的开锁区域。

①防止轿厢在开锁区域以外所有运行的开关应有效，符合 GB 7588—2003《规范》中 14.2.1.2 a）2）的要求。

②如果开关的动作是依靠一个不与轿厢直接机械连接的装置，如绳、带或链，则检查连接件断开或松弛的开关应有效，符合 GB 7588—2003 中 14.2.1.2a）3）的要求。

2）平层速度不大于 0.8m/s。对于手控层门的电梯，应符合 GB 7588—2003 中 14.2.1.2b）的要求。

3）再平层速度不大于 0.3m/s，并应符合 GB 7588—2003 中 14.2.1.2c）的要求。

在电梯行车中的注意事项：

1）对于有司机的电梯，司机在服务时间内，最好不离开电梯，如果必须离开时，应将电梯开至基站，在操纵箱上切断电源，关闭厅门。

2）使轿厢载重量不超过额定载重量。

3）在电梯内，禁止装运易燃易爆等危险品。

4）电梯开动之前，必须关闭厅门和轿门。严禁在厅门或轿门敞开的情况下，按下应急按钮来开动电梯做一般运行。

5）轿厢顶上不能存放其他物品。非检修需要，不许有人进入轿厢顶上。

6）如果电梯自动平层没有达到要求，司机可以用起动按钮来达到。

7）在电梯运行中，绝对禁止揩拭、润滑或修理机件。

8）严禁乘用人员随便扳弄操纵箱上的开关和按钮等电器元件。

9）乘用人员切勿依靠轿厢门，以免碰撞乘用人员，夹住衣物，妨碍电梯开关电梯门。

10）电梯在运行过程中不能突然换向。只有在电梯停靠楼层后才可能换向。

11）司机、乘用人员和其他任何人员均不得在厅、轿门中间停留或谈话，以免发生危险。

12）所有开停按钮，必须用手操作，严禁用身体其他部位或工具操作。

4. 电梯运行中起作用的安全保护

（1）厅门和轿门。要使电梯起动，其中一个重要的条件是必须所有的厅门及轿门均关闭好，只要有一扇门没关上，电梯就不能起动，这是由于在各门上都装有机械电气联锁装置。门没关好，电路就不通，电梯就不能起动。

一般电梯上装有自动门锁，关门时锁臂插入开关盒，而锁臂头向上运动推动行程开关触头接通电梯控制电路，只有在所有门上的电气触头都接通的前提下才能走车。

电梯轿门上还装有安全触板。在关门过程中当触板碰到任何人或物时，厅门、轿门立即自动退回，然后重新关门，触板动作的碰撞力不大于0.5kg，这样就避免了门扇夹伤人或夹着物件关不上门。目前还有的电梯上装有光电触板，采用不可见光来控制开关门，也有的采用先进的超声雷达检验器来控制开关门，这些装置均避免了事故的发生。

关门时门速也有所控制。首先厅、轿门全速运行，然后分2次减速运行，最后靠惯性来使门扇关好。一方面使门关时运行平稳，避免关门速度太快，最后门扇撞击门框；另一方面也为了安全起见，避免夹人。

要使电梯起动，除了轿门、厅门关好外，还必须是在轿顶安全窗开关、安全钳开关、坑底开关、上下极限开关等都处在正常状态时才能起动。

（2）超载试验。电梯竣工前，电梯已做了超载试验，即在轿厢内加入110%额定载荷，断开超载保护电路，通电持续率40%情况下，到达全行程范围往复运行30次，电梯都能可靠地起动、运行、停止，而且各部分都正常的情况下才能交付使用。这一试验保证了电梯今后的正常运行。

6.3.2.2 检修运行控制

1.《规范》规定

为便于检修和维护，应在轿顶装一个易于接近的控制装置。该装置应由一个能满足《规范》14.1.2电气安全装置要求的开关（检修运行开关）操作。

该开关应是双稳态的，并应设有无意操作的防护。

同时应满足下列条件：

“a）一经进入检修运行，应取消：

1）正常运行控制，包括任何自动门的操作；

2）紧急电动运行（《规范》14.2.1.4）；

3）对接操作运行（《规范》14.2.1.5）。

只有再一次操作检修开关，才能使电梯重新恢复正常运行。

如果取消上述运行的开关装置不是与检修开关机械组成一体的安全触点，则应采取措施，防止《规范》14.1.1.1列出的其中一种故障列在电路中时轿厢的一切误运行；

b）轿厢运行应依靠持续揿压按钮，此按钮应有防止无意操作的保护，并应清楚地标明运行方向；

c）控制装置也应包括一个符合《规范》14.2.2 规定的停止装置；

d）轿厢速度应不大于 0.63m/s；

e）不应超过轿厢的正常的行程范围；

f）电梯运行应仍依靠电气安全装置。

控制装置也可以与能防止无意操作的特殊开关结合，从轿顶上控制门机构。”

2. 对《规范》的解说

本条款没有说明在轿顶检修操作之外，电梯其他位置能否设置检修操作。如果允许设置，则它与轿顶检修操作的逻辑关系应该怎样？我国的 GB/T 10058—2009 中规定在机房、轿厢等处都可以设置检修操作，而轿顶检修操作应当优先于这些地方的检修操作，这就是我们常说的“轿顶优先”的来源。

国外 EN81-1 则对此做了不同的规定：

“如果需要在轿厢内、底坑或者平台上移动轿厢，则应当在相应位置上设置附加检修控制装置，并且符合以下要求：

1）每台电梯只能设置 1 个附加检修装置；附加检修控制装置的型式要求与轿顶检修控制装置相同。

2）如果一个检修控制装置被转换到“检修”，则通过持续按压该控制装置上的按钮能够移动轿厢；如果两个检修控制装置均被转换到“检修”位置，则从任何一个检修控制装置都不可能移动轿厢，或者当同时按压两个检修控制装置上相同方向的按钮时，能够移动轿厢。”

3. 对《规范》的理解和应用

电梯维修安全操作的主要内容有：

（1）基本概念。尽量利用诊断系统发现电梯的故障。在有远程监视系统的地方，应使该系统只对电梯进行单向的监视，而不用于可能造成危险的远程控制操作。

（2）维修地点和通道。

1）只有被批准的人员才能进入的地点和通道的门必须加锁。必要时，通道门、层门和活板门外应贴有告示，标明“未经许可禁止入内”。这些锁的钥匙应只有专门人员或维修人员才能保管或持有。

上述门不能向内打开，而且应不用钥匙就能从内部打开。仅用于运输材料的活板门只能从内部锁住。活板门不得向下打开，除非它连接有伸缩梯。

2）维修地点（包括通道）应：

①具有足够的活动空间，以便安全、方便地进行维修。

②地面采用防滑材料。

③依据可能坠落的高度，提供适用的扶手、支柱、护脚板和/（如底坑扶梯），以防止坠落的危险。

3）在人员可能受运动部件积压的地方，在任何情况下均应提供安全区。例如，除在底坑 GB 7588—2003 中 5.7.3.3 规定的安全空间外，在底坑内对重运动区域设置适当的护栏，以防止底坑内的维修人员受到对重的挤压。

4）在存在剪切危险的部件之间，自由安全距离应被确保。

5）在为维修人员保留的空间（如机房），可能通道位于无防护的运动部件之间或处于张紧状态的部件之间，此时应提供足够的安全距离。

6）为了维修，需移动或运输笨重的零部件时，应提供用于提升设备时的附加装置，如金属支撑和钩子。

（3）照明。

1）所有维修地点和通道必须提供充分的照明。

2）在环境正常照度不足时，为调整、设定和维修，在工作区域应提供局部照明。局部照明可用低压（≤36V）便携灯。

3）当正常照明中断时，应提供紧急照明，它们用可充电的紧急电源供电。在正常供电中断时，紧急照明的电源宜自动起动。

4）在进入井道、机房、滑轮间或其他只有被批准的人员才能进入的地点时或之前，应能打开这些地点的照明灯。

（4）控制器。

1）维修、检查和紧急操作的控制器应有明确标志。它们的位置（如按钮）、运动（如杠杆和手轮）和它们的作用应一致。

2）控制器应位于适当的位置，使维修人员在操作时能够看到并检查受控制的零部件和危险区域。特别是：

①在机房里的电梯控制屏（柜）处，应能看到受控制的曳引机及它的特征，以便能够安全地操作。

②在轿顶的控制站处，应能清楚地看到危险区域。

③应妥善设计和维护用于维修操作的控制器，使在有危险时，它们仅在有意识的操作下才起作用。

④在那些为调整、检查、寻找故障、清扫或维修而要将运动部件的防护罩拆去或移开的地方，同时为进行这些操作需要使该运动部件运行时，应采用适当的控制（控制位置、持续控制、提高安全条件等）来保证维修人员的安全。

应使用安全防护措施以防止人员受到伤害。在维修操作中，应避免拆除或移去电梯的防护装置。如必须拆除或移去防护装置时，应尽量减少并尽快恢复。

此外，尚有人员防护用品、指示器、救援及切断电源等维修措施，请看 GB/T 18775—2009《电梯维修规范》中的原文条款，此处不详述。

6.3.2.3 紧急电动运行

1.《规范》规定

“14.2.1.4 对于人力操作提升装有额定载重量的轿厢所需力大于 400N 的电梯驱动主机，其机房内应设置一个符合 14.1.2 的紧急电动运行开关。电梯驱动主机应由正常的电源供电或由备用电源供电（如有）。同时下列条件也应满足：

a）应允许从机房内操作紧急电动运行开关，由持续揿压具有防止无意操作保护的按钮控制轿厢运行，运行方向应清楚地标明。

b）紧急电动运行开关操作后，除由该开关控制的以外，应防止轿厢的一切运行。检修运行一旦实施，则紧急电动运行应失效。

c）紧急电动运行开关本身或通过另一个符合 14.1.2 的电气开关应使下列电气安全装置失效：

1）9.8.8 安全钳上的电气安全装置；

2）9.9.11.1 和 9.9.11.2 限速器上的电气安全装置；

3）9.10.5 轿厢上行超速保护装置上的电气安全装置；

4）10.5 极限开关；

5）10.4.3.4 缓冲器上的电气安全装置。

d）紧急电动运行开关及其操纵按钮应设置在使用时易于直接观察电梯驱动主机的地方；

e）轿厢速度不应大于 0.63m/s。”

2. 对《规范》的解说

检修运行控制和紧急电动运行控制之间的逻辑关系：检修运行一旦实施，则紧急电动运行应失效。

检修运行应仍依靠电气安全装置，而紧急电动运行应使部分电气安全装置失效。通常的做法是用紧急电动运行开关将这部分电气安全装置短接起来，操作该开关使电梯从紧急电动运行状态恢复至正常运行状态时，再断开短接回路。问题是一旦出现紧急电动运行开关和检修运行开关都被操作的情况，标准要求检修运行应有效，紧急电动运行应失效。此时如果不对紧急电动运行的短接回路进行处理，就会出现短接着部分电气安全装置开检修的危险情况，这显然不符合标准。解决问题的方法是：将检修运行开关的常闭触点串联进紧急电动运行的短接回路即可，具体如图 6-9 所示。

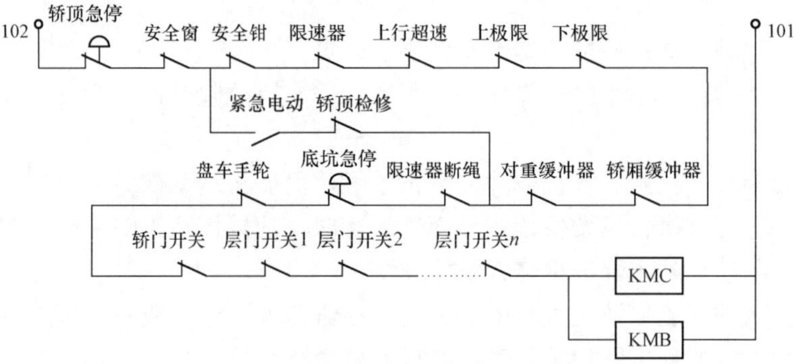

图 6-9 一种正确的紧急电动运行短接回路

还有一点需要注意，有些设计人员不用紧急电动运行开关来短接部分电气安全装置，而是用紧急电动运行上下行按钮并联起来短接。这种设计会带来安全隐患。因为紧急电动运行开关符合安全触点的要求，当操作它恢复到正常运行状态时，短接回路能被可靠地断开，但紧急电动运行上下行按钮却不行，当操作者撤掉持续揿压力时，它是靠弹簧回复力来断开，无法可靠地断开短接回路，因而是不符合《规范》14.2.1.4c）的要求的。即使再将部分电梯紧急电动运行控制装置上的上下行公共按钮串联进短接回路，如图 6-10 所示，也是不符合标准的，因为两个非安全触点简单串联并不构成安全电路。

6.3.2.4 对接操作运行控制

1. 《规范》规定

“满足下列条件时，允许轿厢在层门和轿门打开时运行，以便装卸货物：

a）轿厢只能在相应平层位置以上不大于 1.65m 的区域内运行；

b）轿厢运行应受一个符合 14.1.2 要求的定方向的电气安全装置限制；

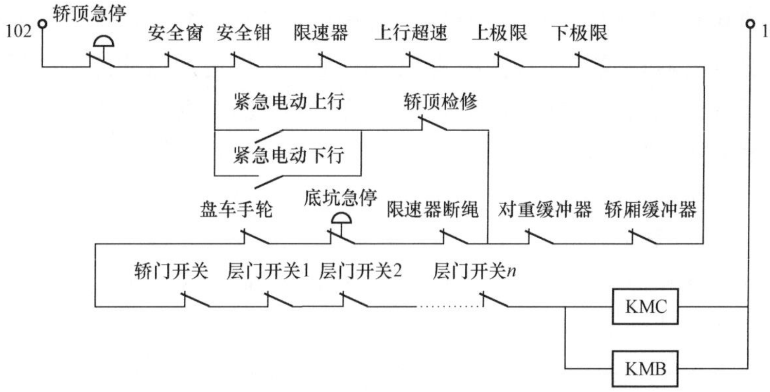

图 6-10　一种错误的紧急电动运行短接回路

c）运行速度不应大于 0.3m/s；

d）层门和轿门只能从对接侧被打开；

e）从对接操作的控制位置应能清楚地看到运行的区域；

f）只有在用钥匙操作的安全触点动作后，方可进行对接操作。此钥匙只有处在切断对接操作的位置时才能拔出。钥匙应只配备给专门负责人员，同时应供给他使用钥匙防止危险的说明书；

g）钥匙操作的安全触点动作后：

1）应使正常运行控制失效。

如果使其失效的开关装置不是与用钥匙操作的触点机构组成一体的安全触点，则应采取措施，防止 14.1.1.1 列出的其中一种故障出现在电路中时，轿厢的一切误运行。

2）仅允许用持续揿压按钮使轿厢运行，运行方向应清楚地标明；

3）钥匙开关本身或通过另一个符合 14.1.2 要求的电气开关可使下列装置失效：

——相应层门门锁的电气安全装置。

——验证相应层门关闭状况的电气安全装置。

——验证对接操作入口处轿门关闭状况的电气安全装置。

h）检修运行一旦实施，则对接操作应失效；

i）轿厢内应设有一停止装置［14.2.2.1e）］。”

2. 对《规范》的解说

本条款的规定，是为了使安装于仓库、商场、工厂等场所的载货电梯装卸货物方便。电梯有了对接操作运行功能后，可以与运输车辆的货厢地面方便地找平，从而可以将货物平移出入。

对接操作运行与门开着情况下的平层和再平层有着相似的前提，即都是开着门运行。但是它们有着很大不同：首先，前者是由操作者手动控制，通过钥匙开关来短接和断开短接门电气安全装置，因此通常都用安全触点来实现；而后者是由控制系统自动控制，通过传感器来给出信号，因此通常都用安全电路来实现。其次，前者只能短接对接层站的，而且是对接侧的（针对两面开门的电梯）层门和轿门电气安全装置；而后者一般是短接整个门电气安全装置。还有，前者的运行区域限于对接层站之上 1.65m 以内，而后者的运行区域可以是任何层站的开锁区域内。

还有一点需要注意，《规范》中 14.2.1.5h）条指出，检修运行一旦实施，则对接操作应失效，这说明检修运行与对接操作运行的逻辑关系同前述检修运行与紧急电动运行的逻辑关系类似，应将检修运行开关的常闭触点串联进对接操作运行的短接回路中，以防出现短接门电气安全装置开检修的危险情况。

6.3.3 电梯运行不正常事项

1. 运行不正常的处理方法

（1）当电梯厅门和轿门关闭，上、下运行按钮接通，而电梯尚未起动时，立即停梯，防止驱动电动机单相运转或制动器失效而损坏电动机。

（2）电梯在运行中如发现运行速度有显著加快或减慢时，立即停梯检查，以免发生危险或损坏电动机。

（3）发生下列情形之一时，立即停梯，并通知维修人员检修：

1）轿内指令已登记，关闭了厅门和轿门，而电梯不能起动。

2）司机已扳动手柄开关，关闭了厅、轿门，电梯不能起动。

3）在厅门、轿门开启的情况下，轿内按下指令按钮或扳动手柄开关时，能起动电梯。

4）到达预选层站时，电梯不能提前自动换速；或虽能自动换速，但平层时不能自动停靠。或停靠后超差过大；或停靠后不能自动关门。

5）电梯在运行过程中，中途停车。

6）在厅外能把厅门扒开。

7）人体碰撞电梯部件金属外壳时有麻电现象。

8）熔断器频繁烧断。

9）电梯在起动、运行或停靠开门过程中有异常响声、噪声、振动等。

10）电梯在额定速度下运行时，限速器或安全钳动作刹车。

（4）电梯在正常负荷下如有超越端站位置而继续运行时，电梯应停止使用，进行检查维修。

2. 电梯运行中出现事故时起作用的安全保护

（1）照明线路和动力线路分开。电梯发生故障时，为了使电梯停止运行，必须切断电源，但这时只是切断了动力电源使电梯无法运行，同时必须保证轿厢内的照明、通风、报警装置有电，避免电梯失电后轿厢内一片黑暗及无法与外界联系，造成乘客恐惧和慌乱。另外，此时还必须保证轿顶插座、机房内照明插座、井道内照明均有电，使设在井道壁上的照明灯亮着，当人们通过安全窗撤出轿厢时避免再出事故。

（2）限速器与安全钳。当电梯失控轿厢超速下降时，这时就由限速器和安全钳装置来保证使电梯停止下降，从而使电梯安全地停在井道某个位置。限速器和安全钳一起组成轿厢快速制停的装置。限速器安装在机房内，安全钳安装在轿厢的两侧，它们之间由钢丝绳和拉杆连接。限速器和安全钳种类很多，常见的限速器有抛块式限速器、抛球式限速器；安全钳有瞬时式安全钳（用于低速梯）和渐进式安全钳。它们共同的功能就是制止轿厢失控下滑降。

当轿厢超速下降时，轿厢的速度立即反映到限速器上，使限速器的转速加快，当轿厢的运行速度达到 115%的额定速度时，限速器开始动作，分 2 步迫使电梯停下来。第 1 步是限速器会立即通过限速器开关切断控制电路使电机和电磁铁制动器失电，曳引机停止转动，制动器牢牢卡住制动轮使电梯停止运行。如果这一步没有达到目的，电梯还是超速下降，这时限速器进行第 2 步制动，即限速器立即卡住限速器钢丝绳，此时钢丝绳停止运动，而轿厢还是下降，这样钢丝绳就拉动安全钳拉杆提起安全钳楔块，楔块牢牢夹住导轨。安全钳起作用时，轿厢制动距离为当电梯额定速度为 1.75m/s 时，制动距离最多为 1020mm。

在安全钳动作之前或与之同时也迫使安全钳开关动作，也起到切断控制电路的作用（该开关必须采用人工复位的形式）。一般情况下限速器动作的第一步就能避免事故的发生，尽量避免安全钳动作，因为安全钳动作后安全钳楔块将牢牢地卡在导轨上，将会在导轨上留下伤痕，损伤导轨表面。所以一旦安全钳动作了，维修人员在恢复电梯正常后，将会修锉一下导轨表面，使表面保持光洁、平整，以避免安全钳误动作。

为了防止由于绕在限速器上的钢丝绳断裂或钢丝绳张紧装置失效，在张紧装置边上装有断绳开关。一旦限速器绳断裂或张紧装置失效，断绳开关动作，同样切断控制电路。该装置使轿厢运行速度正确无误地反映到限速器上，从而保证了电梯正常运行。

（3）轿顶安全窗及安全窗开关。在轿厢顶部设有向外开启的安全窗，作用是当电梯发生事故时专供救急和检修使用，人们可从此窗撤出轿厢内。此外当安全窗开启时将设在窗边的安全窗开关动作，它也能切断控制电路，使电梯无法起动，另外，此开关也能使检修或快车运行的电梯立即停止运行。

在轿厢顶部还设有排气扇，留有空气进出的通道，使轿厢内人员不会有气闷的感觉。

（4）上下终端超越层保证装置。当电梯运行到最高层或最底层时，为防止电梯失灵继续运行，造成轿厢冲顶或撞击缓冲器事故，在井道的最高层及最底层外安装了几个保护开关来保证电梯的安全。

1）强迫缓速开关。当电梯运行到最高层或最底层应减速的位置而电梯没减速时，装在轿厢边的上下开关打板使上缓速开关或下缓速开关动作，强迫轿厢减速运行到平层位置。

2）限位开关。当轿厢超越应平层的位置 50mm 时，轿厢打板使上限位开关或下限位开关动作，切断电源，使电梯停止运行。

3）极限开关。当以上 2 个开关均不起作用时，轿厢上的打板触动极限开关上碰轮或下碰轮，通过钢丝绳使装在机房的终端极限开关动作，切断电源使电梯停下。

有的电梯在安装极限开关上下碰轮处直接安装上极限和下极限开关，以代替机房内的终端开关，其作用是一样的。极限和缓速限位开关在轿厢超越平层位置 50～200mm 内就迅速断开，这样就避免了事故的发生。

（5）缓冲器。在以上所有安全装置都失灵的情况下（这种可能极少），电梯轿厢或对重直冲井道底坑时，就由最后一道安全装置缓冲器来保证电梯的安全。

缓冲器安装在井道底坑内，一般为 3 个，在对应轿底处安装 2 个，对应对重下面安装 1 个。缓冲器分弹簧缓冲器及液压缓冲器。当轿厢或对重压在缓冲器上后，缓冲器受压变形，使轿厢或对重得到回弹，回弹数次后使轿厢或对重得到缓冲，最后静止下来。

对重缓冲器还起到一个避免轿厢冲顶的危险。在轿厢冲顶前，对重架子撞上了对重缓冲器，避免了轿厢冲顶撞击机房地面的危险。

（6）通信设备。轿厢内装有警铃、电话，它们直通机房或值班室。发生故障时，人们在轿内可通过它们和外界取得联系，以便尽快解除故障，使电梯尽快投入正常使用。

（7）顶层高度与底坑深度。设计人员在设计井道高度时，为了安全，对顶层高度和底坑深度这两个尺寸有所要求。

1）顶层高度为电梯最顶层平层位置至井道顶面的距离，这保证了当轿厢冲顶时，对重被缓冲器缓冲后轿厢撞不到井道顶面。

2）底坑深度为建筑物最底层平层位置至井道地坑的距离，这一距离一方面使轿厢撞击缓冲器时有一个缓冲的距离，另一方面为了当轿厢压缩缓冲器到达最低位置时，使轿厢底部的任何零部件都碰不到地面，以免损坏电梯。

根据上述的电梯井道的安全装置及设计人员在设计电梯及井道时周密的考虑，认为电梯只要选型得当，安装合格，日常维护良好，维修人员及司机遵守操作规程，电梯在运行中是不会出现危险和故障的。

6.4 电梯管理安全

6.4.1 电梯安全监督管理办法

我国和相关行业连续发布电梯规范和标准（见第1.3节），许多省和市也连续出台电梯安全管理办法，以求保证电梯安全运行，预防和减少事故，保障人民群众生命和财产安全。《北京市电梯安全监督管理办法》从2008年6月1日起施行，内容包括总则、电梯的生产、电梯的使用、检验检测、监督检查、法律责任及负责共七章。今摘录第二章电梯的生产和第三章电梯的使用，供我们参考、学习和执行。

第二章 电梯的生产

第九条 电梯制造单位应当按照安全技术规范的要求提供相应的随机文件，并保证制造电梯的配件供应。

第十条 电梯的安装、改造、维修施工前，施工单位应当将拟进行的电梯安装、改造、维修情况书面告知所在地区（县）电梯安全监督管理部门，告知后即可施工。施工时，应当执行北京市《电梯安装维修作业安全规范》，确保施工过程中的安全。

电梯的安装、改造、维修和日常维护保养单位，应当执行北京市《电梯安装、改造、重大维修和维护保养自检规则》，做好自检记录。

第十一条 电梯的安装、改造、重大维修工程竣工后，施工单位应当在监督检验合格后30日内将有关技术资料移交使用单位。电梯使用单位应当将其存入该电梯的安全技术档案。

第十二条 从事电梯日常维护保养的单位应当做好下列工作：

（一）按照电梯使用维护说明书提出的保养项目、方法和周期要求，制定电梯的日常维护保养方案，确保其维护保养电梯的安全技术性能；

（二）至少每15日进行一次日常维护保养工作；

（三）制定应急措施和救援预案，至少每半年进行一次应急演练；

（四）设立24小时日常维护保养值班电话，接到故障通知后及时予以排除；

（五）接到电梯乘客被困故障报告后，30分钟内赶到现场实施救援；

（六）对电梯进行日常维护保养时，执行北京市《电梯日常维护保养规则》，并做好记录；

（七）协助电梯使用单位制定电梯安全管理制度和应急预案。

第十三条 电梯安装、改造、维修和日常维护保养单位应当对电梯作业人员进行安全教育和技术培训，并记录教育和培训情况。

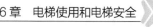

安全教育和技术培训记录，至少保存2年。

第十四条　从事电梯安装、改造、维修和日常维护保养作业的人员，应当取得相应的《特种设备作业人员证》。其中，从事电梯安装、改造作业的人员，应当取得电梯安装项目资格；从事电梯维修、日常维护保养作业的人员，应当取得电梯维修项目资格。未取得《特种设备作业人员证》的人员，不得上岗作业。

电梯安装、改造、维修和日常维护保养作业人员作业时应当持证。

第三章　电梯的使用

第十五条　电梯使用单位应当做到：

（一）设置电梯的安全管理机构或者配备电梯专职安全管理人员；

（二）建立并严格执行电梯安全运行管理制度，建立完整的电梯安全技术档案；

（三）保证电梯紧急报警装置能够有效应答紧急呼救；

（四）在电梯轿厢内或者出入口的明显位置张贴安全注意事项、警示标志和有效的《安全检验合格》标志；

（五）制定电梯事故应急措施与救援预案，并定期组织演练；

（六）发生电梯乘客被困故障时，迅速采取措施对被困人员进行抚慰和组织救援。

第十六条　电梯出现故障或者发生异常情况时，电梯使用单位应当组织进行全面检查，消除电梯事故隐患后，方可重新投入使用。

第十七条　电梯使用单位应当使用符合安全技术规范的电梯，不得购置未取得电梯制造许可的单位制造的电梯；应当委托取得相应许可的单位实施电梯安装、改造、维修和日常维护保养活动。

第十八条　电梯投入使用前或者投入使用后30日内，电梯使用单位应当向电梯所在地的区（县）电梯安全监督管理部门登记。

在用电梯停用拟超过15日的，电梯使用单位应当自停用之日起10日内书面告知原登记部门；重新启用前，应当书面告知原登记部门。

电梯报废时，电梯使用单位应当自报废之日起30日内到原登记部门办理注销。

第十九条　电梯的安装、改造、重大维修过程，必须经过电梯检验检测机构按照安全技术规范要求进行的监督检验。

未经监督检验合格的电梯，电梯使用单位不得投入使用。

第二十条　在用电梯应当进行定期检验，定期检验周期为一年。电梯使用单位应当在电梯安全检验合格有效期届满前一个月向电梯检验检测机构提出定期检验要求。

未经定期检验或者检验不合格的电梯，不得继续使用。

第二十一条　电梯使用单位的安全管理人员应当履行下列职责：

（一）进行电梯运行的日常巡视，做好电梯日常使用状况记录，落实电梯的定期检验计划；

（二）妥善保管电梯层门钥匙、机房钥匙和电源钥匙；

（三）监督电梯日常维护保养单位定期检修、保养电梯；

（四）发现电梯存在安全隐患需要停止使用的，有权作出停止使用的决定，并立即报告本单位负责人；

（五）遇有火灾、地震等影响电梯运行和电梯乘客人身安全的突发性事件时，应当迅速采取措施，停止电梯运行。

第二十二条 电梯乘客应当按照电梯安全注意事项和警示标志正确使用电梯，不得有下列行为：

（一）使用明示处于非正常状态下的电梯；

（二）强行扒撬电梯层门、轿门；

（三）在电梯内蹦跳、打闹；

（四）携带易燃易爆物品或者危险化学品搭乘电梯；

（五）拆除、毁坏电梯的部件或者标志、标识；

（六）运载超过电梯额定载荷的货物；

（七）其他危及电梯安全运行的行为。

乘坐的电梯发生故障时，电梯乘客应当通过报警装置与电梯管理人员取得联系，服从指挥。

第二十三条 电梯进行更新、改造、维修或者日常维护保养所需费用，由电梯的所有权人承担。

电梯的所有权人将电梯交付他人使用管理的，应当与使用管理单位签订书面合同，明确双方安全管理责任和电梯更新、改造、维修或者日常维护保养的出资义务。

居民住宅电梯的更新、改造和维修所需资金的管理，按照国家和本市有关住宅专项维修资金的规定执行。

6.4.2 电梯技术保障乘客安全搭乘

在电梯安全管理上，首先从电梯技术上保障乘客安全搭乘电梯，例如提供电梯加减速度范围和安全空间等，同时乘客也要文明搭乘。从技术、管理以及其他各个方面，共同保障电梯乘客的安全搭乘。

1. 电梯为乘客创造一个安全的加、减速度范围

电梯从设计阶段开始，就想方设法为乘客提供安全措施。例如，电梯为乘客创造一个安全的加、减速度范围，提供一个安全空间等。当然这得需要与乘客安全操作和文明乘梯相配合起来才行。

乘客在乘坐电梯时，由于电梯非正常的加、减速度而容易受到伤害。因为此时乘客会承受一定的超重与失重。电梯在正常运行的情况下，乘客会有轻微的不适，但不会造成任何伤害。如果轿厢运行速度超过规定数值，且轿厢在端站未停靠而驶向井道底坑或顶板时，电梯会突然中断供电，此时电梯配备的安全部件将会起作用而使电梯停止运行。为了保证乘客安全，电梯提供了这样的保证：轿厢的制停减速度不超过重力加速度 g_n。乘客承受其值为 g_n 的制停减速度的持续时间一般不会超过 1s。g_n 是国际公认的安全制停减速度，是电梯对乘客的加（减）速度进行了限制，从而保证了乘坐电梯过程的绝对安全。

保证乘客承受的加（减）速度总是处在安全范围内的具体措施是：

（1）正常运行情况。正常运行的电梯，国家标准推荐的起制动加（减）速度最大值不得超过 1.50m/s^2，其平均值不得超过 0.48m/s^2（电梯额定速度为 1.0～2.0m/s 时）和 0.65m/s^2（额定速度为 2.0～2.5m/s 时）。这么小的加（减）速度不会给乘客带来任何不适。

（2）安全钳制停。当轿厢运行速度超过了额定速度的 115%时，电梯的限速器就会动作，先用一个符合安全触点要求的装置，切断电梯曳引机的电源使之停止转动，同时曳引机的制动器动作，使曳引机逐渐停止转动，并一直保持在静止状态。如果切断电源后轿厢速度未减，

则限速器会拉动轿厢安全钳（或对重安全钳，或其他形式的上行超速保护装置）动作，使轿厢—对重系统停止运行。在轿厢运行的整个过程中，其平均减速度小于 g_n。

（3）缓冲器制停。轿厢运行到达端站时如果未停止运行，则端站停止开关会发出信号使电动机减速制停。如果电梯轿厢继续运行，就会触动极限开关而切断曳引机电源，制动器动作，使电梯减速制停。如果仍未能使下行的轿厢停止运行，轿厢就会碰到缓冲器。在轿厢装有额定载重量且速度达到 115%额定速度的情况下，缓冲器会使轿厢以小于 g_n 的平均减速度从运动状态变为静止状态。轿厢上行超越端站时，装在对重侧的缓冲器同样会使轿厢停止。

（4）曳引机制动器制停。当曳引机接通电源时，制动器才处于打开状态；当曳引机失电时，制动器立即动作，对与曳引轮直接联结的部件进行制动。如果制动器动作之前曳引机在正常转动，则制动器动作之后以一定的制动力使曳引机减速，直到停止转动。当轿厢载有 125%额定载重量并以额定速度向下运行时，操作制动器能使曳引机停止运转。此时，轿厢的减速度不会超过 g_n。为了提高制动器的可靠性，所有参与向制动轮（或盘）施加制动力的机械部件分两组装设。如果一组部件不起作用，则另一组仍有足够的制动力使载有额定载重量的并以额定速度下行的轿厢减速制停。

这样，无论电梯在正常运行时，还是在遇到故障、安全部件动作使轿厢制停时，都确保使乘客承受的加（减）速度保持在安全范围以内。

2. 电梯为乘客提供一个安全空间

（1）井道的封闭。在井道壁上开的层门、检修门和各种孔洞，都装有无孔的门，不能向井道内开启。电梯运行时都处于关闭和锁住状态。每个门都有一个具有安全触点的开关，用来确认门的关闭状态，这个开关串联在电梯控制系统的安全回路中。只要有一扇门未能关闭，则电梯不能运行。电梯在维修时，凡是开着的门都必须采取可靠的隔离措施，以确保乘客不能误入井道。

（2）层门的开闭。层门表面光滑平整，周边缝隙狭小，有自闭能力。在垂直方向施加 300N 的力或在开启方向施加 150N 的力，都不会丧失封闭功能。轿厢到达停靠层站时，轿门驱动层门，二者同步打开或关闭，此时其他层门都保持关闭状态。在特殊情况下，只有保管钥匙的人才能打开层门，此时电梯自动停止运行。

（3）轿门的开闭。轿门只能在轿厢停层时打开。开闭时通常由开门机驱动。轿厢通过专门的装置与层门连接，并使两者同步进行开关门。为了防止关门过程中碰伤乘客，最大关门速度不超过 0.3m/s，最大阻止关门力不超过 150N，平均关门速度下的最大动能不超过 10J。当关门过程中碰到乘客时，门会自动重新打开；在轿门未完全关闭的情况下，不能起动电梯或保持电梯继续运行。特殊情况下，在靠近层站的地方，在轿厢停止运行并切断开门机电源的情况下，用一个不大于 300N 的力可以打开（或部分打开）轿门以及与之连接的层门。

（4）门锁的作用。门锁是使层门保持关闭的装置。锁住层门时，沿开门方向用小于 300N 的力不会使门锁降低锁紧效能；用小于 1000N 的力不会使锁紧元件出现永久变形。一般情况，门锁只能被轿门打开；特殊情况下，可以由专门人员用钥匙打开。除机械装置外，门锁还有一个与层门保持同步闭合或打开的安全触点，负责向控制柜提供层门是否关闭的信息。轿门上的安全触点与其他重要部位的许多安全触点一起串联在安全回路中，只要有一组安全触点未闭合，电梯便不能通电运行。

第7章

电梯维修和电梯安全

电梯维修是保证电梯安全的重要一环，很多时候电梯发生事故是因为不定期维修、不及时维修、维修工作跟不上或不重视造成的。质量再好的电梯不维修是不行的。如果保质保量的维修，则电梯不容易出事故，还能延长电梯使用寿命。美国 20 世纪 30 年代装设的电梯，用了三四十年后，到废弃的时候还运行正常，质量完好。下面将介绍电梯维修安全一般要求，电梯部件安全维修，无机房电梯维修安全，电梯维修检验安全，电梯电气故障的防护，电梯维修风险评价，电梯异常处置及电梯紧急情况维修要求等。

7.1 电梯维修安全一般要求

GB/T 18775—2009《电梯维修规范》规定了电梯设备维修所应遵守的要求，适用于电梯、自动扶梯和自动人行道。在这里强调提出的是电梯维护保养安全和维修安全问题，详细内容如下。

7.1.1 维护保养安全知识

在电梯维修保养工作中，如果对安全工作重视不够，就容易导致维修人员伤亡事故，造成不应有的生命财产损失。所以要特别注意电梯维护保养安全，见表 7-1。

表 7-1 电梯维护保养安全知识

项目	内容
安全建议	（1）首先研究电梯安全工作如何进行，估计工作地点可能发生的危险，从而制定安全工作制度和安全工作守则。 （2）应提供安全技术，进行安全培训，使维修人员充分认识工作中的危险性及有关安全措施
安全工作的进行	（1）须由有足够经验，及受过训练、有上岗证书的人员进行检修工作。 1）工作时须由 2 人或 2 人以上进行，以便有所照应。在 2 人或 2 人以上操作时，必须以 1 人为主，其余人员要服从指挥，更不能随意开机、合闸。 2）注意用电安全，电器应具有有效的绝缘，并可靠接地。 3）机器危险部分应有防护罩。如工作中必须拆除，则在检修完毕后立即装回原处。 4）机房及井道内要确保良好的照明及通风。 5）检修人员必须遵守国家对电梯有关的安全规定，及有关安全操作规定。 6）在井道中维修电梯时，严禁两脚踩踏不同的运动部件，或一脚踩运动部件、另一脚踩固定部件。 （2）进入井道工作时，最低层门出入口处或开启的其他层门上，应装设有效的围栏，并设警告标志。 1）维修时每层的门口须悬挂警告标志、内外门应保持关闭。 2）起重设备必须由注册专业工程师检验，并须确保安全使用，不得超载。 3）工作前须试验各安全开关，包括紧急停止开关是否有效，不得将其短路。 4）机房严禁其他人员进入，离开时即锁好房门。 5）井道内不得上下位置同时作业。 （3）应在轿顶上安装护栏，轿顶上工作人数不应超过规定

续表

项目	内　　容
常见以及较为严重的伤亡事故	（1）在井道内工作时遭受电击。 （2）在机房工作时误触带电机件。 （3）电梯冲顶，维修人员夹于轿顶及井道天花板之间。 （4）电梯上冲，维修人员夹于轿顶与楼层牛腿之间。 （5）在轿顶上工作时，不慎坠于井道内。 （6）在厅门旁工作时，外门突然打开坠于井道内
其他事项	（1）必须提供及确保维修人员使用个人安全用品，如安全帽、护眼罩、劳保手套及安全带等。 （2）遇有意外事故发生，应及时救援

7.1.2　电梯维修安全要求

电梯维修安全包括了电梯施工安全，主要有维护操作安全、机房井道作业安全、吊装作业安全等。

1. 维护操作安全

（1）电梯有关人员，包括电梯司机、维护、修理和改装人员、管理人员、施工人员、生产和设计人员、监督、检验、检查和测试人员等，都必须遵守和严格执行国家和部委关于电梯的所有规范、标准和条令。并在各自的工作中具体地和创造性地实施，包括电梯运行使用和操作，电梯检修状态下使用和操作，消防状态下电梯的使用和操作，紧急供电时使用和操作及电梯安全操作。主管人员和部门要定期检查安全操作执行情况。

（2）电梯司机工作中要认真负责，发现电梯异常情况要及时通知维修人员及早检修，确保人身和设备安全。

（3）电梯设备应严格按照标准要求，应接地良好。检修中应严格执行有关安全操作规程。带电作业时必须使用绝缘防护工具。

（4）电梯司机要做好交接班工作，下班前应关闭工作电源，巡视电梯系统相关部位，确实无误后方可离开岗位。

（5）对非工作人员禁止进入电梯工作场地，禁止从事电梯专业人员的工作。

2. 机房井道作业安全

（1）进行电梯检修的人员，要穿戴好劳保防护用品，确保安全生产，并由两人以上进行检修。

（2）检修时如果不需要电梯运行，应断开位置开关：

1）机房检修时应断开电源总开关；

2）轿顶检修时应断开轿顶检修箱的急停开关或安全钳连动开关；

3）在轿厢内工作时应断开操纵盘电源和急停开关；

4）在底坑工作时应断开底坑检修开关和限速器张紧装置的安全开关。

（3）在机房检修，司机发现电梯异常时，立即撳按操纵盘急停按钮，切断电源开关；维修人员发现异常时，应立即切断电源总开关，并与带电部位和转动部位保持一定距离；需要带电作业时，要一人操作，一人监护；电梯试运行时，维修人员与司机用对讲机保持密切联系；在切断电源总开关后，才能对设备进行清洁、调整、注油或更换零件作业。

（4）严禁层门敞开着，而电梯驶离该层站，防止人员或物品坠入井道。

（5）不得在机房、轿顶、底坑同时进行检修工作，以免轿厢失控或工具失手造成危险。

（6）严禁维修人员在井道外探身到轿顶，或在轿厢地坎内外各站一只脚，或在轿顶和导轨架或对重装置各站一只脚，进行较长时间的维修工作，防止电梯失控以发生危险。

（7）在任何转动部件上工作时，都必须停驶电梯和切断控制电源。

3. 吊装作业安全

吊装作业是在电梯维修中一项很重要的工程，必须注意吊装作业安全。具体办法是：

（1）吊装作业前准备。对调装工具要进行检查。调装工具是否完好，悬挂导链的支架和悬挂点是否可靠，调装工具与起重量是否适应等。

（2）预备木方。更换电梯曳引绳时，需要把曳引绳从曳引轮上摘下，把轿厢在顶层用钢丝绳吊起，将对重在底坑用木方支住。支住的方法是：选用两根长度相同，竖起时高于缓冲器的木方，木方截面大于150mm×150mm，木方垂直竖稳，用铁丝捆在对重导轨上。

（3）对重搁在木方上。轿厢用检修速度上行至顶层，当对重搁在木方上后立即停车。要求在对重稳固地搁在木方上，木方垂直而不歪斜时，再开始吊装作业。吊装作业过程中，底坑不得留人。

（4）吊装钢丝绳要与卡子相匹配。吊装钢丝绳要与钢丝绳卡子的规格相匹配：每根吊装钢丝绳用卡子扎成一个环形，使用的卡子应不少于3个，被夹钢丝绳的长度应不小于300mm，各扎头间距应不小于100mm。

（5）吊装。吊装时，吊装钢丝绳应穿过轿厢上横梁；维护人员应站在安全位置处操作；轿厢吊起50mm后，应对各部位进行安全检查；确认没有问题时，可继续作业。

（6）放松导链链条。吊起轿厢以后，用足够强度的保险钢丝绳将吊起轿厢进行保险，确认没有问题，再放松导链链条。

（7）卡住限速器绳。用限速器卡绳装置卡住限速器绳，以防止意外事故发生。如有意外，将轿厢用安全钳制停在导轨上。

（8）吊装后作业。检查各部位，没有异常时，继续进行吊装后的作业。

（9）摘下曳引绳。从曳引轮上摘下曳引绳时，应顺序摘下，顺序装回，检查曳引绳装上顺序是否正确，检查轿顶轮、对重轮曳引绳是否进入绳槽。

7.2 电梯异常处置和安全检查办法

7.2.1 电梯故障处理流程

1. 电梯故障处理方法

电梯发生故障时，应首先切断电梯电源。为了使电梯尽快重新运行，电梯物业员要把故障情况及时、详细地报告给专业维修人员。

2. 简单故障诊断法

管理员可以排除一些简单的故障。

（1）关不上电梯门时，检查开关盒内的开关设定位置是否正常。

（2）电梯门不能完全关上时，检查门槛槽内有无故障物。

（3）检查电梯是否有人为阻碍，例如杂物阻止门的关闭，轿厢门的安全触板被强行动作等。

3. 乘客被关在轿厢内时

（1）打电话告诉维修人员。管理员应尽最大努力消除乘客的紧张情绪。与乘客通电话，直到维修人员赶来现场。告诉乘客轿厢内很安全，不要试图自行逃出轿厢。

（2）切勿尝试强行释放乘客。

（3）若确有已受过培训的电梯管理人员，在确保安全的情况下按“困人救援法”救出被困乘客。

4. 谨防事故

（1）停电时。告诉乘客停电的实际情况，劝乘客不要试图逃出轿厢（轿厢内辅助照明灯会自动照亮）。电源恢复接通后，只要按轿厢内或门厅的楼层按钮，轿厢就会起动。

（2）发生水灾时。应当停用电梯，并采取行动阻截水流入电梯。电梯再运行前，要先联络电梯维修人员进行检查。

（3）发生火灾时。指引所有乘客离开电梯到安全地方。确认轿厢内无人后，切断电梯的电源开关。火灾时，除消防人员执行援救任务外其他人员不许使用电梯逃难。

5. 困人救援法

电梯发生故障时，应及时通知电梯维修部门。在专业维修人员到达前，由经过训练的电梯管理救援人员，根据需要，依照下列步骤释放被困乘客。

（1）确认故障电梯的轿厢位置。在进行救援被困乘客时，先要确保自己安全。由机房控制柜或厅外的轿厢位置指示器确认轿厢位置。但在停电时，轿厢位置指示器不能指示，为确认轿厢位置，可用专用钥匙小心开启厅门，再用电筒于井道内确认轿厢位置。

（2）电源切断确认。在进行救援时，为防止轿厢突然移动，发生危险事故，应先将该电梯的机房总电源切断。

（3）在轿厢所在的楼层，用专用厅门钥匙小心开启厅门，查看轿厢地板和楼面高低相差是否为0.5m以内。

（4）轿厢停于接近厅门位置，且高于或低于楼层不超过0.5m时。先用专用厅门钥匙开启厅门，然后在轿顶用人力开启轿厢门，并协助乘客离开轿厢，最后重新将门关妥。

（5）轿厢停于远离层门位置时。应先将轿厢移至接近层门，然后按上述第4步接出乘客，移动轿厢方法如下（执行此步骤人员必须经过专门培训）：

1）利用对讲机通知轿厢内乘客保持镇定，并说明轿厢随时可能会移动，不可将身体任何部分探出轿厢外，以免发生危险。如果此时轿厢门处于未完全闭合状态，则应将其完全关闭。

2）进入机房切断该故障电梯电源开关。

3）在控制柜内，把开关“救援—正常”扳至“救援”处，控制柜内蜂鸣器发出声响。

4）把盘车旋柄装在电机轴上。

5）由一名受训援救人员控制旋柄，另一受训援救人员手持释放杆，轻轻撬开“抱闸”（制动器），轿厢会由于自重而移动。为了避免轿厢上升或下降太快发生危险，操作时应断续动作（一撬一放）使轿厢逐步移动，直至蜂鸣器寂静为止（表明轿厢已经移至门区）。

6）若轿厢停于最上层厅门以上位置或最下层厅门以下位置时，不可只撬开制动器，使轿厢自行移动。由一名已受训人员在撬开制动器同时，另一名受训人员用力把持手柄一端，并用人力绞盘，使轿厢向正确方向移动。

7）把控制柜内“救援—正常”开关扳至“正常”处，并拆除旋柄。

6. 特别情况处理

遇有其他复杂情况，如安全钳已动作或钢丝绳脱离正确槽位，则应等待电梯公司专业维修人员指示处理。

7. 电梯钥匙的管理和使用

电梯钥匙使用不当，将有可能造成电梯门开启者坠落井道的严重事故。在使用电梯时，应严格遵守下述规程；因违反下述规程而造成的事故和损害，操作者将要承担全部事故及损害责任。

（1）电梯须经当地劳动局检验合格后才可投入使用。

（2）使用三角钥匙的人员须持有劳动部门颁发的电梯操作上岗证。使用时，把钥匙插入锁孔并转动而开锁，然后小心用手打开门。请注意：此时轿厢有可能不在本层，有跌下井道的危险，故开启厅门后应确认轿厢在本层后才可进入。

（3）电梯钥匙要有专人保管使用。

（4）电梯运转时，电梯机房门必须上锁，无关人员未经允许严禁进入机房。

7.2.2 电梯维修安全设备

电梯维修也要注意安全，否则电梯维修就失去了意义，因为电梯维修容易发生安全事故。要用电梯维修时的安全设施和安全部件来保证电梯维修安全。其中安全部件有：油压缓冲器，控制电源，轿厢顶部安全扶手，HOSS®护罩、门楔和门锁，人身保护装置，底坑安全工具和路障牌，DrakaCam®监视相机，安全钳，夹绳器，限速器等。现对人身保护装置和底坑安全工具作一介绍，供实际维修人员使用和参考。

1. 人身安全设备

人身安全设备有标准防跌落安全带和保险防跌落安全带，它们的技术尺寸见表 7-2，外形图如图 7-1 所示。各种型号的安全工具和特雷卡 Park™ 的技术数据见表 7-3（包括外形图）。

表 7-2 标准防跌落安全带和保险防跌落安全带的技术尺寸

件 号	描 述	件 号	描 述
标准防跌落安全带 SK-DRAKA-1	基本安全防跌落工具； 标准安全带，系索； 跨肩带和可以装载所有东西的带子	保险防跌落安全带 SK-DRAKA-2	特挂的防跌落安全带； 特挂的安全带，系索； 跨肩带和可以装载所有东西的带子

2. 底坑安全设备

Pit Alert™ 底坑水位探测警报系统的技术数据见表 7-4，外形图如图 7-2 所示，是专门为电梯行业设计的。对于可能给电梯轿厢带来损坏的泄露或者洪水警报，产品可提供信息。如果探测器探测到水位，则会发信号到控制器，通过连接电缆或者无线传感器告诉技术人员底

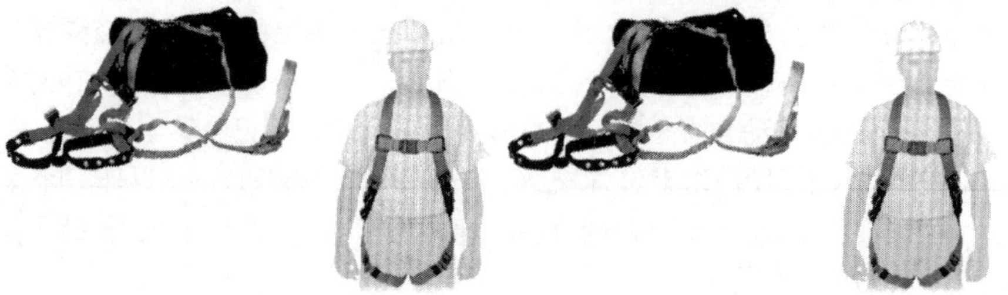

（a）　　（b）

图 7-1 标准防跌落安全带和保险防跌落安全带的外形图

（a）标准防跌落安全带；（b）保险防跌落安全带

坑被洪水淹没。又可发送信号到电梯控制柜，然后控制柜发出轿厢上移至洪水水位以上的指令，让随行电缆保持干燥状态。底坑水位探测警报系统安装简单，使用电池或者 9V 插孔转换器，并提供 2 年保修。

表 7-3　　安全工具和特雷卡 Park™ 的技术数据

件　号	描　　述	外　形　图
SK-DRAKA-3	安全工具（包含所有以下列出的项目，每个项目使用的区域是不同的）	
SK-463942	安全帽	
SK-9305CVA	护目镜	
SK-43MB000	安全眼镜	
SK-8511	防尘/防雾呼吸器	
SK-MAXLITE	耳塞，10 个一包装	
SK-30338018	嵌入式 GFCI	
SK-02801-00-18	GFCI 装置的通用测试器	
SK-34575H	急救工具	
SK-MLT407RNTP	休息牌，25 个一包装	
SK-65960	锁定搭钮，2 个一包装	
SK-1502RED	垫锁	
SK-7100-02	护膝，1 对	
SK-1JL4095UL	具有皮手掌的手套	
SK-GB 5020P	袋子，可以选择 SK-DRAKA-3 的安全工具	
特雷卡 Park™ 018-8-0001	特雷卡安全 Park，一套定价工具包含：SK-DRAKA-3 安全工具（具有袋子），SK-DRAKA-1 标准防跌落安全带，DK-SSB4 安全路障牌以及 011-6-000 标准门楔	

表 7-4　　Pit Alert™ 底坑水位探测警报系统技术数据

件号	描　　述
010-6-0001	Pit Alert™ 底坑水位探测警报系统包含一个探测器，一个无线传感器和 2 个水位探测器
010-6-0002	无线传感器，包含 2 个探测器

底坑水位探测警报系统包括 3 个部分（图 7-3）：

（1）控制器。可以分装在底坑或者遥远的地方，可以直接接受水位探测器和接收器的输入信号。接收器可以接收多至 16 各无线传感器的信号。一整套 C 继电接触器提供一个连接电梯控制面板或者其他检测/控制设备的平台。当探测到水位，控制器发出警报声，激活它的继电接触器。需要一个 9V 电池（不包含在内）。

（2）无线传感器。传感器具有一个水位探测器的插件输入，可以传感信号到 90m 远处的控制器。当水位探测器探测到水位，传感器就发送信号到控制器。传感器需要 AAA 电池（不包含在内）。

（3）水位探测器。放置在底坑。额外的水位探测器可以加入连接，提供更广泛的防范区域。

7.2.3 对电梯部件的维护

1. 电梯维护保养需注意的问题

一台电梯的好坏固然取决于它的内在质量，但电梯一经运行，其使用寿命和故障率却往往取决于日常的使用和保养。电梯的使用保养同制造质量、安装质量一样，都是确保电梯安全运行、优质服务的重要条件。但是缺乏科学、合理性的维护保养，不仅缩短了零部件的使用寿命，甚至严重的，还给电梯安全运行埋下了事故隐患。今举几例说明。

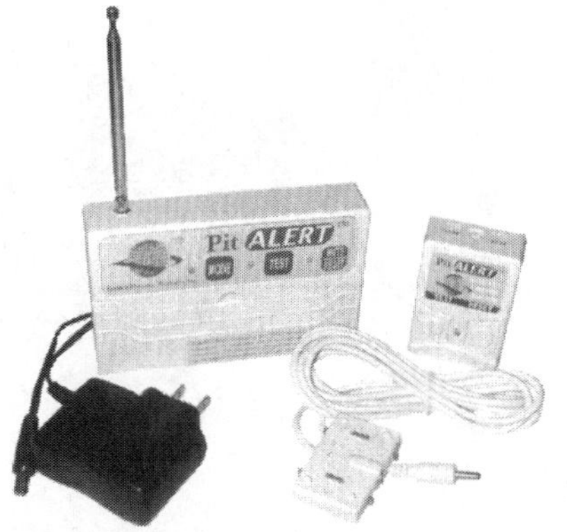

图 7-2 Pit Alert™ 底坑水位探测警报系统

图 7-3 底坑水位探测警报系统组成

（1）制动器的维护保养。制动器在电梯停止时，维持轿厢与对重平衡，它是安全回路各功能开关实现保护的执行部件，所以通常在中修、大修中都要对其各零部件进行分解、清洗、检修、调整，更换掉老化失效、磨损严重、性能降低的不合用件，调整各部位的参数，使其达到和恢复到设计时的工作技术指标。然而，有些人在对刹车装置电磁铁的可动铁心润滑时，却没有使用性能优良的石墨润滑剂，取而代之的是用黏性较大的凡士林去润滑。因为凡士林过量积聚，产生了一次高速冲顶事故。该隐患的性质是相当严重的，它与闸没有紧贴在制动轮表面上，或开闸间隙大于 0.7mm；与闸门不能同进启闭等问题相比，是有过之而无不及。前者只是减弱了制动器的作用，而后者则相当于在那一刻给需要停止的电梯拆除了制动器，岂不可怕？

（2）导轨的维护保养。某电梯保养公司关于导轨维护保养的有关条款如下：

“1）轿厢和对重的导轨应每周涂抹一次润滑剂，可用浓厚的汽缸油或钙基润滑油。

2）导轨如因断油、停用而致使表面锈蚀，或因安全钳动作而造成表面划伤的，应事先磨光。

3）年度检查时要拧紧连接螺栓，使两轨之间的距离偏差保持在 0～3mm 之间。

4）导轨的靴衬磨损严重，会引起轿厢在运行中晃动，当磨损量超过 1mm 时应更换。

5）对于滚轮式导靴，要经常检查导靴的滚轮，如有脱圈、剥落、轴承损坏等现象应及时地予以更换，轴承处要经常加注润滑剂，但与滚轮导靴相接触的导轨工作面不得有油污。”

上面是关于导轨维护保养的工作制度，这个制度只是侧重了导轨的“导向”作用，忽视了在安全钳动作时，导轨有支撑轿厢与对重的安全功能。导轨维护保养是影响导轨与安全钳的作用效果及制停成败的一个不可忽视的因素。导轨与安全钳的作用效果有赖于两者之间的摩擦系数，如果摩擦系数过低就会造成制动距离太长，甚至导致制停失败。因此在保养导轨时，首先，不能选用极压性太好的高级润滑剂，因为极压性太好容易形成油膜（而降低了摩擦系数），只使用普通机械油 L-AN 全损耗系统用油即可；其次，还要消除原先的润滑剂及其尘渣等污物，因为这些东西很容易塞满制动元件表面的花纹沟槽，降低摩擦系数。

（3）曳引钢丝绳的维护保养。曳引钢丝绳的维护保养是一项技术性较强、难度较大的维护保养工作。维保可以延长钢丝绳的寿命，但是稍有不慎便会造成新的麻烦。

曳引钢丝绳在电梯使用中通常受到以下几个因素的影响：

1）磨损。这包括钢丝绳与绳槽之间的磨损，也包括钢丝绳的内部磨损（限于在运行中绕过曳引轮和导向轮的部分）。

2）腐蚀。腐蚀会使钢丝的寿命显著降低，它不仅直接减小钢丝的横断截面，而且还会进一步加剧钢丝绳的磨损。

3）受力不均。曳引钢丝绳的载荷不均是影响其寿命的一个重要因素。当曳引钢丝绳中拉伸载荷变化为 20%时，钢丝绳寿命变化可达 30%～200%。对磨损、腐蚀的预防措施是润滑。曳引钢丝绳在制造时中心有油浸麻心 1 根，使用时在压力作用下绳芯向外渗油，停用时向内吸油，因此在使用初期无需考虑润滑。但使用日久，则油芯会逐渐枯竭，就必须定期上油，以减磨防腐。在润滑曳引钢丝绳时做到要“透、薄、对”。不“透”不足以消除内磨；不“薄”，甩甩搭搭将影响其他部件的使用，尤其是甩在制动器上还会造成危险或打滑（用老话说，就是手摸有油感即可）；不“对”，则很可能降低了电梯的曳引能力，构成蹾底、冲顶的隐患。防护表面氧化宜用 GB 10060—1993 的 4.3.4 条推荐的 ET 极压稀释型钢丝绳脂；渗透润滑，最好还是使用专用的戈培油。

当看到拉伸载荷有 20%的变化，便可影响钢丝绳寿命的 30%～200%时，是否意识到在平时漠视钢丝绳的受力，没有自觉地将其受力调整到 GB 10060 的 4.3.4 条要求的每根钢丝受力与平均值偏差均不大于 5%的要求，是个不小的错误呢？

2. 电梯制动器抱闸间隙的调整

关于电梯制动器，我们介绍了制动器防粘连实例（第 2.1.2 节），制动器不能制动设计分析及失效处理（第 3.6.1 节），以及制动器电路安全问题（第 5.4.1 节），现在介绍制动器抱闸间隙的调整问题。

制动器是电梯机械系统的主要安全部件之一，它直接影响电梯的安全运行和舒适感。舒适感和平层准确度的要求可通过调整制动器松闸和抱闸的时间变化及制动力矩的大小来达到目的。为了减小制动器抱闸、松闸时的时间和噪声，制动器线圈内两块铁心之间的间隙越小越好，一般以松闸后闸瓦不碰擦运转着的制动轮为宜。

对于交流双速电梯的制动器抱闸间隙，按规定不大于 0.7mm，且间隙应均匀，但是这类抱闸的调整较为复杂，调整时各个部位相互牵制影响，如没有一定的经验，难以调到最佳状态。实际调整做法是：将电梯空载轿厢停放于顶层端站，电梯转换到检修运行状态，轿厢内不能有人。调整应由 2 人进行，1 人把住盘车手轮防止松闸后溜车，另外 1 人进行调整。首先调整抱闸铁心间距，如图 7-4 所示。图中，1′为抱闸瓦块行程调节螺栓；2′为铁心间距调节螺栓，3′为闸瓦上下间隙调节螺栓。放松螺栓 1、1′的防松螺母，用绝缘导线使抱闸线圈通电打开抱闸，松开 1、1′使抱闸打开时不起定位作用。再松开 2、2′的防松螺帽，调节 2、2′螺栓使抱闸间隙增大到 1mm 左右（目测即可），用事先准备好的白纸或杂志纸（纸的面积应大于闸瓦面积，可采用 16 开白纸或 16 开的普通杂志，纸厚为 0.07mm 左右）各 10 张分别垫入 2 块闸瓦与制动轮之间。调节 2、2′使闸瓦与制动轮之间的间隙减小到正好压住纸张，这样铁心间距就调好了，调节时应注意 2 与 2′均衡调节，防止铁心向单侧偏移。转动盘车手轮取出纸张。再根据欲调的抱闸间隙垫入纸层数在 2～4 层。如制动轮同心度不太好，间隙可适当放大，但最多垫纸不能多于 10 张（单边）。断开线圈电源，闸瓦压住纸后放松 3、3′的防松螺母，分别调节 3、3′的 4 个螺栓使闸瓦压紧，应注意受力均匀，再调节 1、1′螺栓使之旋紧到顶后再稍微回旋一点以便取纸，然后紧固所有防松螺母，接通抱闸线圈电源，转动盘车手轮，取出纸张，拆除临时导线，调整即告完成。该法简单易行，比较容易掌握，有心者不妨一试。

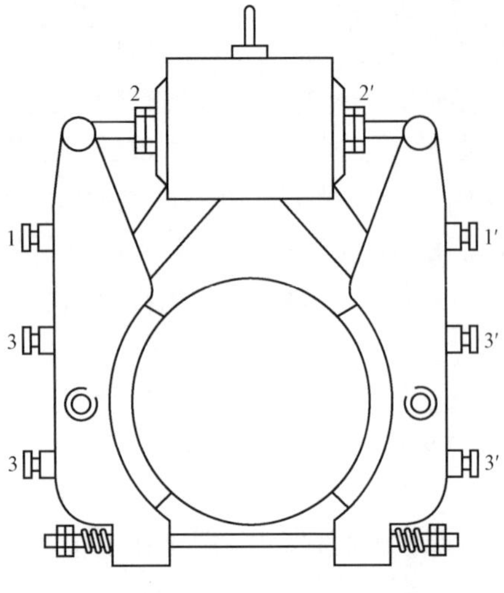

图 7-4 制动器调整螺栓示意图

7.2.4 电气故障维修和防护

电梯的电路控制技术，从继电器控制技术到 PLC 可编程序控制技术，再到计算机控制技术，对它们进行维修要采用不同的思维方法。

1. 对继电器控制方式的维修

电梯控制屏由几十只继电器和接触器等组成，继电器动作受到串联或并联的常开、常闭触点开关控制。它们的工作是按设计好的顺序进行的，如图 7-5 所示。其工作特征是：1 号继电器工作控制 2 号继电器工作，2 号继电器工作控制 3 号继电器工作，3 号继电器工作控制 4 号继电器工作等。电梯停至 1 楼，要到 3 楼，按 3 楼按钮，3 楼指令继电器 J3J 工作，使上方向继电器 JKS 工作，再按上方向按钮 AYS，上方向辅助继电器 JFS 工作，使关门启动继电器 IJQ 工作；又使关门继电器 JGM 工作，门关闭后门锁继电器 JMS 工作，使启动继电器 JQ 工作；又使快车接触器 K 工作；再使上方向接触器 S 工作；再使制动器 DZZ 工作，运行继电器 JYT 工作，此时，电梯起动向上快速运行。这一连串的动作都是按顺序进行的。

根据继电器逻辑顺序的工作原理，维修时仔细观看继电器的工作顺序，对电梯电路出现的故障能较准确地找到故障范围。例如，继电器及按钮工作了第 1 步 AYS 和第 2 步 J3J 后便停止工作那就检查第 3 步工作的继电器 JKS 回路，检查控制该继电器串联或并联的常开、常闭触点，便可找到问题。再如，继电器及按钮按顺序工作了 7 步，第 8 步 JMS 继电器没有工作，就查 JMS 回路。因此，对继电器控制电路的维修，运用的是逻辑顺序的思维方法。

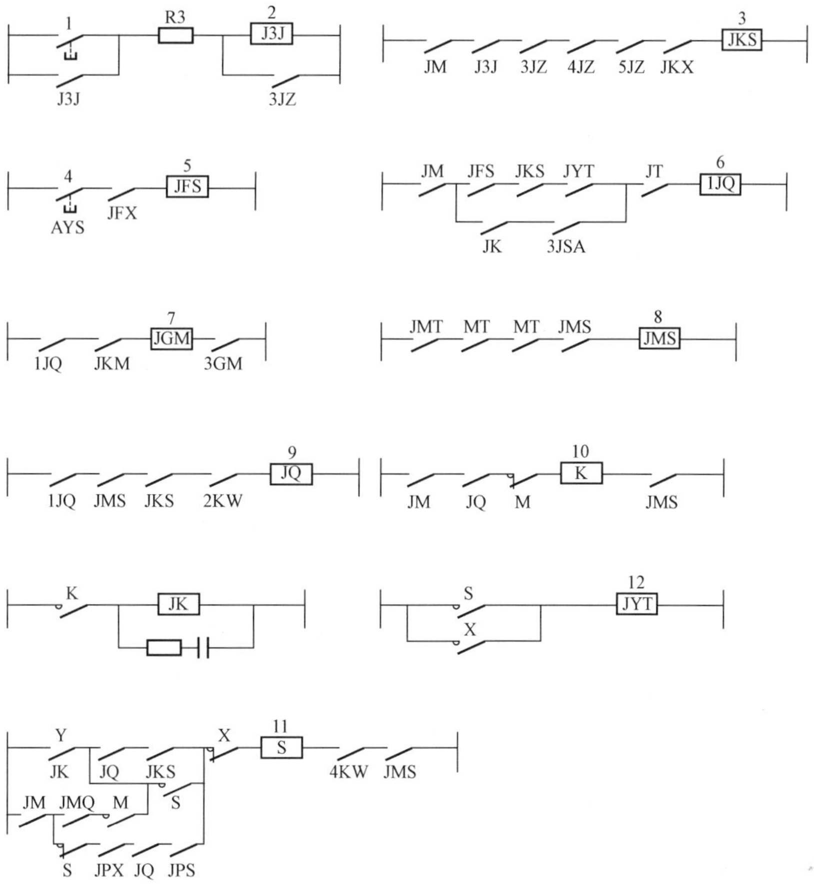

图 7-5　电梯继电器控制方式工作原理

2. 对可编程序控制器控制方式的维修

对 PLC 可编程序控制器（图 7-6）来说，过去的几十只控制电梯运行的继电器被两块集成电子线路板组成的控制器取代。将电梯运行的逻辑顺序翻成梯形图后，用编程器输入至 PLC 可编辑程序控制器，控制器便可控制和操纵电梯的运行。电子元件无触点工作，使维修人员看不到以前继电器按顺序工作的步骤。控制器的一端是信号输入端，另一端是输出端，控制着上下方向接触器和开关门继电器，以及楼层照明的显示。

可编辑程序控制器输出信号给出是由输入信号是否满足为条件，例如电梯在 1 楼要到 3 楼，输入端接到 3 楼指令 A3J 信号，X07 点亮，Y7、Y11 常亮，上方向灯 DS、3 楼按钮灯 DJ3 再按向上方向 AYS 按钮，X01 亮，Y6 亮，关门继电器 JGM 工作，门关闭；门锁继电器 JMS 触点闭合，X09 亮，Y1、Y3 亮，向上接触器 S、快车接触器 K 工作，电梯向上运行。如果某个输入信号在该输入时出故障，电梯运行的条件便不满足，电梯不能工作。例如，按 A3J 按钮，X07 不亮，Y11、DJ3 灯不亮，这就反映出由于 X07 端没有接收到信号，Y11 没有信号输出，DJ3 灯亮的条件不满足。再如，Y7、Y11 灯亮（指令和定向信号收到），电梯门已关闭，但 X09 不亮，此时 Y1、Y3 不亮，即它们没有输出信号，S、K 接触器不会工作，这就说明要使 S、K 接触器工作的 3 个条件还少一个，即 JMS 门锁信号没有送到，X09 不亮。

因此，对 PLC 可编程序控制器操纵的电梯进行维修，既要有逻辑顺序的思维，也要有条件满足才能工作的逻辑分析思维。

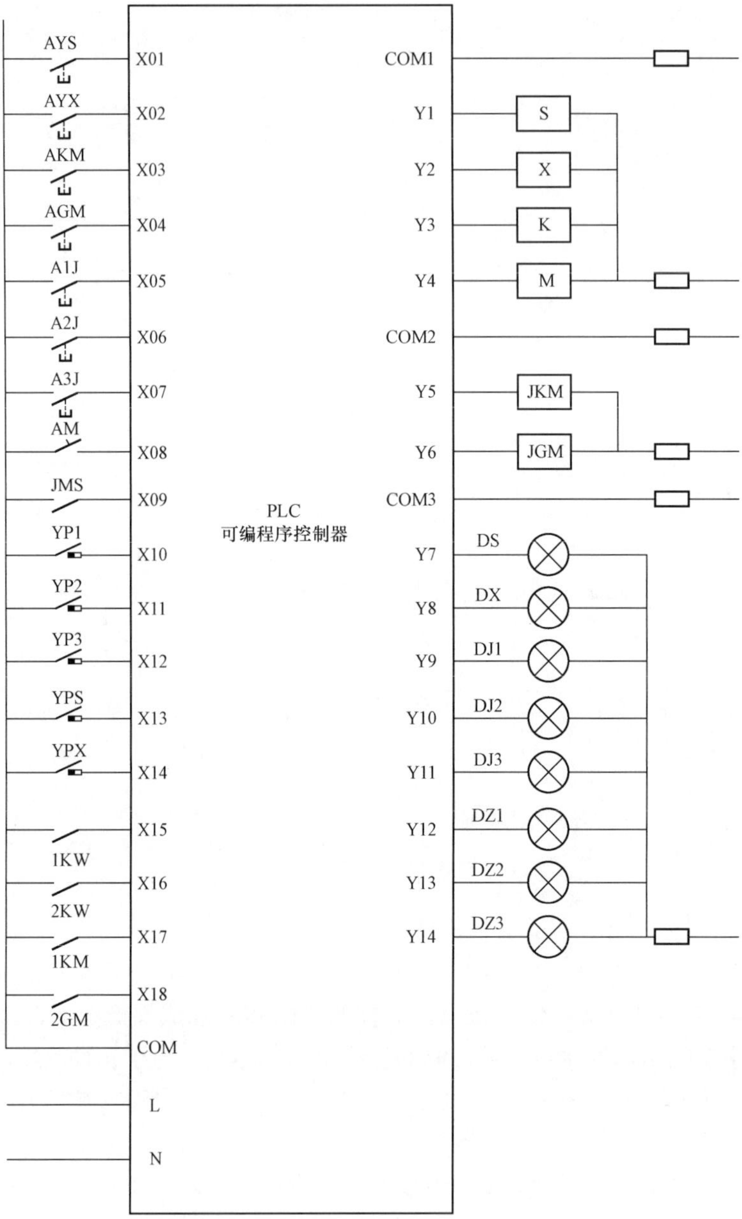

图 7-6 电梯 PLC 控制方式原理图

3. 对计算机控制方式的维修

21 世纪初，操纵电梯的部分元件被电子装置更替，例如，指令、召唤、旋转编码、平层装置等。现在的指令、召唤信号采用串行传输技术，选层采用旋转编码的高速计数技术等，要求我们掌握新的技术。对这类电梯进行维修，首先要清楚各元件装置的功能和性能，然后要理清对该类电梯维修的思路。

（1）各主要元件的功能。

1）指令、召唤装置起着到达某站的作用。旋转编码器和轿顶平层器起着测量各层距离和总高度的作用，其信号分别送至计算机，经过计算和判断处理，操纵电梯选层、定向、起动、运行、换速、停站、开关门以及指令、召唤、方向和层楼点灯的显示。

2）安全回路。由电梯各安全部件上的限位开关串联后，将信号送至计算机。门锁回路将各层门和轿门的开关串联后，同样将信号送至电脑。如果电脑接收不到，电梯不能起动。

（2）各主要元件的性能。

1）指令、召唤、层显装置需工作电源，信号串行传输。

2）旋转编码装置也需工作电源，信号高速计数传输。

3）平层装置需工作电源，无线发射、接收形成回路，阻隔回路，发出信号。

4）限位开关机械闭合时通，机械断开时不通。

（3）维修方式。

1）顺序。指令→定向→关门，门闭合→起动→运行→换速→停站→关门。

2）条件。安全回路显示，门锁回路显示，平层回路显示，层楼、方向显示等。

3）系统和分门别类的认识。在了解了电子装置和机械开关的功能和特性后，对其正常时的指示和产生故障时的症状要清楚认识。

下面将以 HOPE 系列电梯为例：

（1）检查安全回路、门锁回路、门区域平层、层楼等信号是否正常，电脑板上的发光二极管及七段码是否直接显示。

（2）欠、过电压，主接触器信号，制动信号，指令、召唤串行传输等信号是否正常，调节电脑板上的电位器，板上的七段码便会显示出是否为正常代码。

（3）部分元件装置故障症状。如旋转编码器出现故障，电梯在检修速度下运行约 50cm 后，电脑便出错，致电梯停车。再如，下端站强迫限位开关出故障时，电梯行驶不到基站时运行正常；当轿厢进入基站与强迫减速开关接触时，电脑便出错而至电梯停车。这些情况见表 7-5 和表 7-6。

表 7-5　　HOPE 系列电梯功能指示显示

显示	功　能	状　态		显示	功　能	状　态	
29 号	安全回路	正常	亮	UP	上运行	上运行时	亮
89 号	快车运行状态	快车运行	亮	DN	下运行	下运行时	亮
DZ 号	轿顶感应器	在门区域时	亮	#21	开门	开门正常	亮
41 号	内外门锁	门销接触好	亮	#22	关门	关门正常	亮

表 7-6　　HOPE 系列电梯故障代码显示

代码	代 码 含 义	代码	代 码 含 义
E0	正常	E8	#LB　故障
E1	欠速	E9	#5　故障
E2	超速	EA	BK　故障
E6	过电压	EB	指令串行传输错误
E7	欠电压	EC	召唤串行传输错误

7.3 电梯紧急情况维护要求

电梯紧急情况维护要求包括电梯规范的相应规定，火灾时的处置维护，地震时的处置维护，停电时的处置，应急电梯装置和监视器等。其中地震时的处置维护和火灾时的处置维护分别在第 10 章和第 12 章中介绍，现在重点介绍停电时的处置和电梯应急装置。

7.3.1 电梯停电时的应急处理

电梯停电时的处置主要考虑如何用自备发电设备，如何将轿厢内的乘客尽早地救出。即各组电梯按照预先确定的顺序逐台运行到避难层。自备发电管制运行是按照已经确定的顺序自动运行，所以不用手动操作。如果自备电源有余量，则可设置手动管制运行，以作必要的紧急救援，使电梯能及早完成救援。其自备发电管制运行程序如图 7-7 所示。

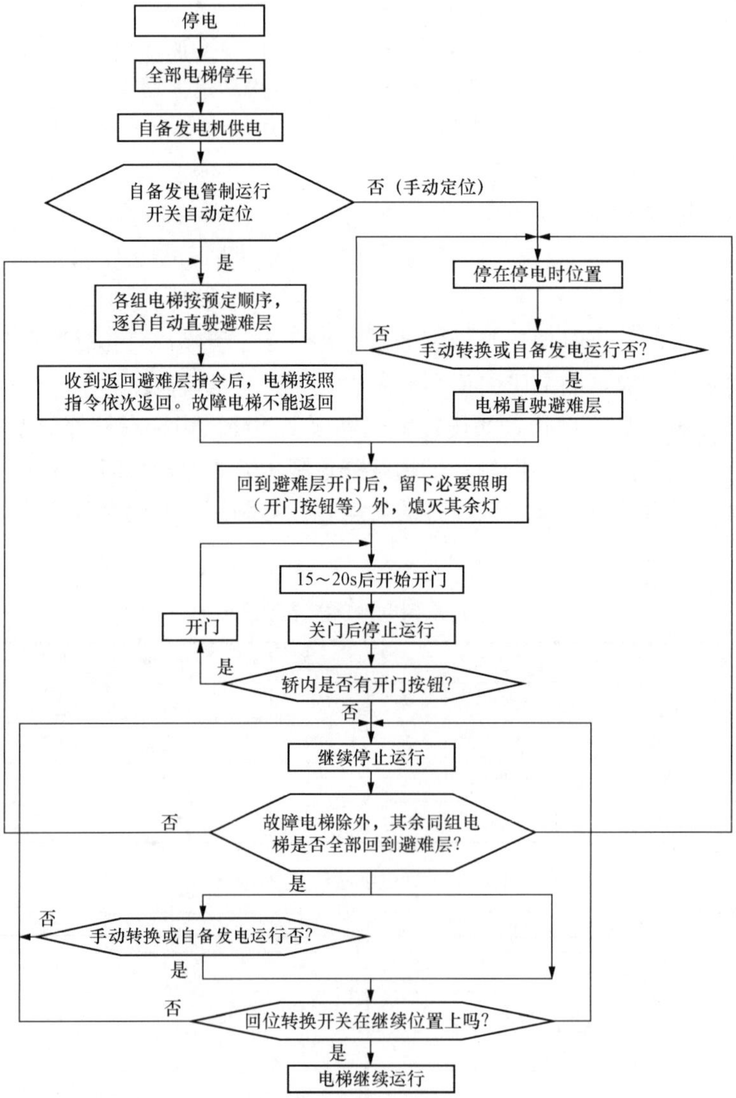

图 7-7 自备发电管制运行程序

7.3.2　MF610 电梯应急装置

MF610 系列电梯应急装置是专为现代电梯优化使用而设计的安全保护装置，可以全天候跟踪电梯的运行情况。一旦检测到电梯由于供电系统故障（缺相、停电、火警）、电梯硬件或软件故障（非电梯安全、门锁回路故障）而引起的电梯突然间停止运行时，会在极短时间内迅速自动投入工作。在确保安全下，将电梯运行至平层位置，打开轿门和厅门，让乘客安全走出电梯。产品采用电流、电压、速度自动跟踪技术，具有过热、过电压、低电压、过电流、超速、缺相及相间短路的保护功能，防止电梯飞车，保证乘客安全。电梯如果有轿厢冲顶、蹾底等情况发生时，则存在极大的安全隐患，MF610 系列电梯应急装置的超速保护功能能有效地防止此类情况的发生。型号说明如图 7-8 和表 7-7 所示。

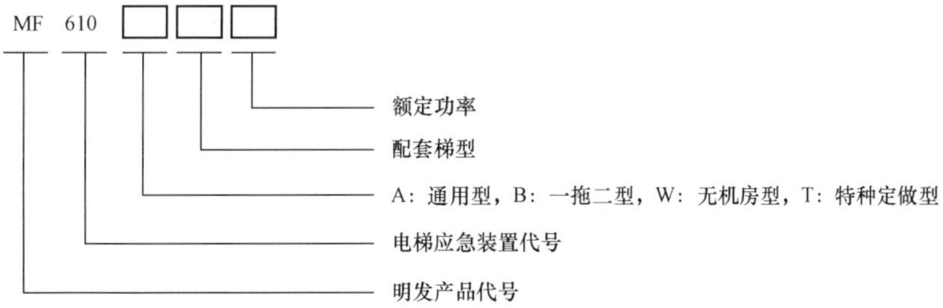

图 7-8　MF610 系列电梯应急装置型号说明

MF610 系列电梯应急装置的特点：

（1）主要原材料均来自进口，入仓前经过高温、低温等性能测试，稳定性高、寿命长、质量好。工业级 32 位高速 CPU，变频技术，力矩大，舒适感好、无干扰。

（2）通用性强。接口设计灵活简单，安装方便，适用范围广（同步、异步、有机房、无机房电梯均可配套）。

（3）参数可调。产品使用操作面板进行人机对话，安装人员可根据电梯现场情况调节参数，使得轿厢平层更准确（可调），运行舒适感更佳，同时开门时间的长短也可调节。

表 7-7　MF610 系列电梯应急装置种类

种类	主要参数	图　　示
MF610A 电梯应急装置	体积：340mm×250mm×650mm 适用范围：电梯功率小于或等于 18kW，最大站间距小于或等于 7m 电机电压：AC380V	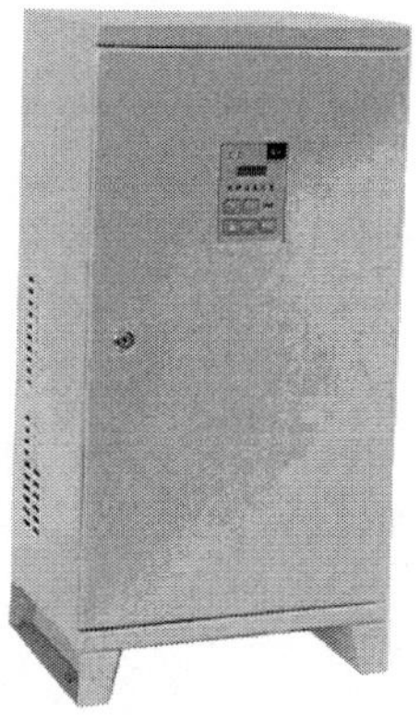

续表

种类	主要参数	图　　示
MF610C 电梯应急装置	体积：400mm×180mm×560mm 适用范围：电梯功率小于或等于 11kW，最大站间距小于或等于 7m 电机电压：AC380V	
MF610W 无机房电梯应急装置	体积：400mm×170mm×510mm 适用范围：该型号适用于无机房电梯，挂在电梯井道中。电梯功率小于或等于 12kW，最大站间距小于或等于 7m 电机电压：AC380V	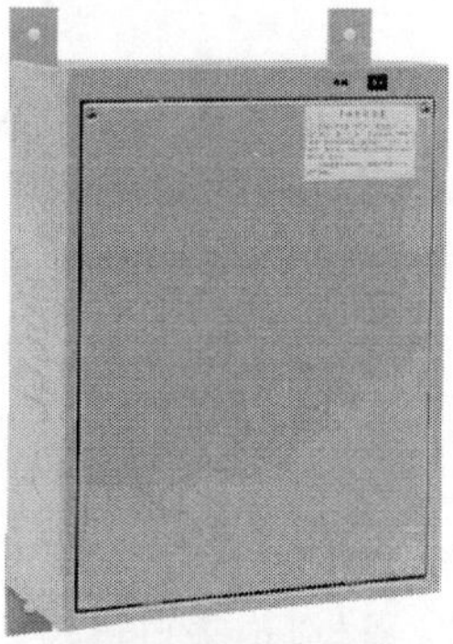
MF610D 电梯应急装置	体积：400mm×250mm×720mm 适用范围：电梯功率小于或等于 27kW，最大站间距小于或等于 7m 电机电压：AC380V	
MF610B 一拖二电梯应急装置	该型号应急装置可先后拖动两台电梯平层开门 体积：400mm×250mm×720/820mm 适用范围：同一机房的两台电梯，电梯功率小于或等于 27kW，最大站间距小于或等于 7m 电机电压：AC380V	

（4）维护方便。自我工作记录功能，维保人员可随时查看内存数据。检查装置工作情况。

（5）电池寿命长。产品选用优质干式免维护电池，充电器根据电池特性而专门设计，大大延长电池使用寿命。

（6）安抚功能（选用）。工作过程提供照明、音乐及安抚语言，消除乘客惊慌。

7.4　电梯维修风险评价分析

电梯维修风险评价的主要内容是对在用电梯进行风险评价，以实现电梯系统安全为目的，应用安全系统工程的原理和先进的检测仪器设备，对影响电梯系统运行安全的危险因素进行定性、定量分析，预测电梯系统中存在的危险源、分布部位、数量、发生概率以及严重程度等提出采取降低风险的对策和措施。

1. 电梯风险评价依据和评定过程

电梯风险评价主要依据是：GB/T 18775—2009《电梯维修规范》，GB 7588—2003《电梯制造与安装安全规范》，GB 24804—2009《提高在用电梯安全性的规范》，GB/T 20900—2007《电梯、自动扶梯和自动人行道安全风险评价和降低的方法》等。

电梯风险评价评定过程如图 7-9 所示。适用于电梯风险评价的常用方法有安全检查表、故障树分析、概率危险评价等。在此处采用 GB/T 20900—2007 确定的方法。该方法对影响电梯安全的子系统（如曳引系统、导向系统、轿厢、门系统等）及使用管理状况、维护保养状况、能耗状况等，进行检验检测，定性、定量分析，并对风险的严重程度和风险的发生概率进行评估，确定风险等级类别，提出降低风险的措施。

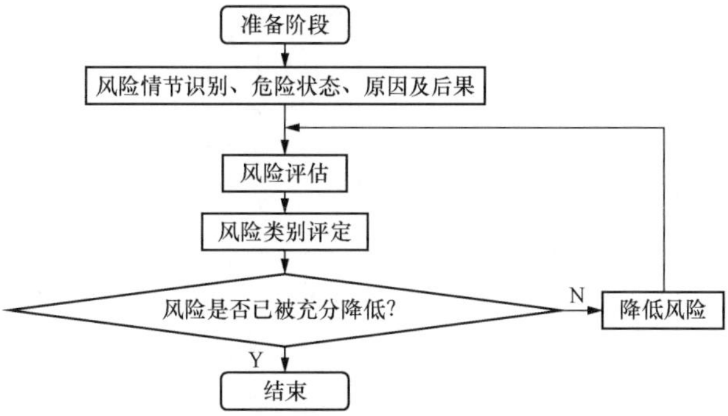

图 7-9　电梯风险评价评定过程

2. 风险情节识别和评估

（1）风险情节识别。风险情节由危险状态和伤害时间组成。电梯危险状态的类型主要有机械危险、电气危险、热危险、化学危险、因忽视人类工效学所引起的危险等。伤害事件的原因有：涉及一般机械危险状态，涉及运动零部件，涉及因重力引起，涉及电气危险、热危险、化学危险，涉及人类工效学等。伤害事件的后果是风险的表现结果，伤害可能是其一部分，如由机械原因引起的后果有擦伤、割破、刺穿、钩住、缠绕、剪切、刺伤、拖入、灼伤、挤压、撞击、喷射、拽住等。与重力原因有关的后果有跌落、挤压、滑倒、绊倒、夹住、卡住等。

对在用电梯进行风险识别时，应从以下几方面进行：产品设计存在的不合理项目、制造质量、安装质量、使用环境、使用不当、维修质量、老设备不符合现行标准的项目、机械电气老化磨损等。在清洁识别过程中应结合具体情况采用，例如可采用：

1）根据 GB 7588—2003、GB 24804—2009 等标准中的安全要求进行电梯风险情节的识别。

2）实践经验。由熟悉电梯安全技术知识和安全法规标准的人员对电梯系统进行现场检验，发现存在的危险，并进行数据收集。

3）通过查阅、统计有关电梯的故障、事故的历史记录，获得能够帮助定性和定量分析的信息和数据。

4）询问对电梯安全评价具有丰富经验的人员，分析出电梯系统中可能存在的危险。

（2）风险评估。风险要素的评估有统计法、试验法、询问专家法、模糊评价法等。根据 GB/T 20900—2007 确定伤害事件后果严重程度的高低，分为 4 个等级，见表 7-8。另外，根据伤害事件发生的概率大小，将其分为 6 个等级，其说明见表 7-9。

表 7-8 伤害事件的严重程度

严重程度	说　明	严重程度	说　明
1-高	死亡、系统损失和环境损害严重	3-低	较小损伤、较轻职业病、系统或环境属次要损害
2-中	严重损伤、严重职业病、系统或环境损害严重	4-可忽略	不会引起伤害、职业病及系统或环境的损害

表 7-9 伤害及发生的概率

发生的概率	说　明	发生的概率	说　明
A 频繁	在使用寿命内很可能经常发生	D 极少	未必发生，但在使用寿命内很可能发生
B 很可能	在使用寿命内很可能会发生数次	E 不大可能	在使用寿命内不可能发生
C 偶尔	在使用寿命内很可能至少发生 1 次	F 不可能	概率几乎为零

（3）风险要素的影响因素。风险评价确定的关键是如何判定危险发生的概率和危害程度，这需要大量的试验数据和经验积累。调查统计得出，分析电梯系统中各部件风险情节的发生概率如图 7-10 所示。从图中看出，电梯出现缺陷及故障较多、危险性较大的部位是电梯的门系统、机房设备、应急照明与报警装置，分别占总数的 26.4%、23.2%、10.5%。门系统常见的缺陷及故障有强迫关门装置失效、门扇变形、层门门锁啮合长度不足、层门电气联锁不可靠、防止门夹人的安全触板或光幕失效等。机房设备常见的缺陷有限速器超期未校验、主机漏油、电动机异声、救援装置缺失、应急照明与报警未安装、损坏或安装不合理等。这些缺陷及故障有可能导致人员坠入井道或受到剪切、挤压、被困等危险，严重影响电梯安全和运行质量。

3. 风险类别及降低措施

（1）风险类别。根据伤害事件的严重程度（表 7-8）和伤害及发生的概率（表 7-9），可以得到风险类别和相应采取的措施见表 7-10。

（2）降低措施。如果电梯风险评定属于Ⅰ类或Ⅱ类，则采用下述方法降低或防护风险：

1）通过修改电梯设计或更换电梯部件来消除危险。

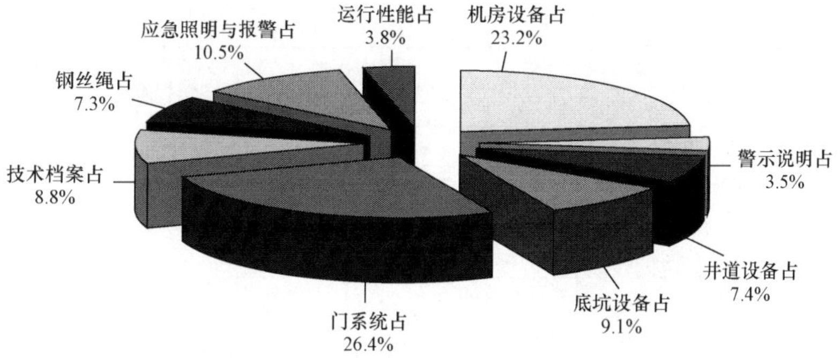

图 7-10　在用电梯缺陷及故障情况统计

表 7-10　风险类别和相应采取的措施

风险类别	风　险　等　级	采 取 的 措 施
Ⅰ	1A、1B、1C、1D、2A、2B、2C、3A、3B	需要采取防护措施以降低风险
Ⅱ	1E、2D、2E、3C、3D、4A、4B	需要复查，在考虑解决方案和社会价值的实用性后，确定是否需要进一步的防护措施来降低风险
Ⅲ	1F、2F、3E、3F、4C、4D、4E、4F	不需要任何措施

2）采取与设计有关的措施来降低风险。包括：①重新进行设备设计，如提高其可靠性，减少暴露；②减少暴露于危险中的频次和持续时间；③根据具体情况改变使用、维护、清洁程序；④如果电梯部件失效，则增加防护或安全装置。

3）告知使用者装置、系统或过程的遗留风险，包括培训、增加警告标志、使用个人防护装备等。

4）消除或降低使防护措施（如防护装置、安全装置等）失效，或不采取防护措施的可能性。

4. 风险评价例

以某个在用乘客电梯为风险评价对象，对其安全状况进行综合评价。即依据相关的电梯安全标准及风险等级评价方法，以曳引式电梯为对象，制订了包含曳引系统、导向和重量平衡系统、轿厢、门系统、电气系统、安全保护装置、机房、井道及底坑、外部环境、使用、管理及维护保养等十多项内容的评价模型，确定的风险评价科目有 150 多项，见表 7-11。

应用此模型，对多台在用电梯进行了安全风险评价实践研究，实验结果表明具有较好的可操作性和针对性。评价结果显示：该电梯安全状况较好，但存在个别安全隐患，建议采取防护措施以消除隐患。

表 7-11　某电梯存在的风险项目

项目序号	情节			风险要素评估		风险类别	防护及风险降低措施	实施防护措施后		风险类别	遗留风险
	危险状态	伤害事件									
		原因	后果	S	F			S	F		
1	轿厢内控制装置和地板上的照度不足 50lx	乘客进入轿厢，轿门关闭	乘客不能快速找到目的楼层按钮，乘客有不安全感	4	A	Ⅱ	家装照明灯，使轿厢内控制装置和地板上的照度至少为 50lx	4	F	Ⅲ	—

续表

项目序号	情节			风险要素评估		风险类别	防护及风险降低措施	实施防护措施后		风险类别	遗留风险
	危险状态	伤害事件									
		原因	后果	S	F			S	F		
2	轿厢内报警装置失效	电梯发生故障困人时，轿厢内乘客无法和外界联系	乘客被困轿厢，救援人员到达无法救援	3	C	Ⅱ	轿厢内设置符合要求的报警装置	3	E	Ⅲ	—
3	手动紧急操作装置缺失	乘客有不安全感，不能及时被救援	乘客不能及时救出	3	C	Ⅱ	设置符合要求的手动救援装置	3	E	Ⅲ	—

7.5 无机房电梯维修安全

7.5.1 无机房维修保养特点

无机房电梯独特的结构布置能够将几乎所有的机器设备都安装在井道内，除了对井道的实际空间要求之外，对建筑设计的限制几乎没有，因此在市场上得以迅速推广，成为各大电梯制造商着力开发的主要产品之一。

1. 从无机房电梯的结构特点看维修

目前的无机房电梯使用了许多业界前沿的技术，以三菱的无机房电梯 ELENESSA 为例，该型电梯的无齿轮曳引机由于采用了多项先进小型化技术，如永磁式电动机、独特的定子结构和内嵌式双制动器布局等，体形极为小巧。优化的电动机设计还大大减小了直接影响电梯运行舒适感的转矩脉动，紧凑的机械结构运行起来却比以前的产品更平滑、安静与舒适。在电梯驱动方面，高存储大规模集成电路和低噪声 PWM 逆变元件等先进技术的应用，使驱动装置对曳引机的变压变频控制更为精确、平滑，作为电机驱动回路电源系统的 IPU（集成功率单元）和 PM（永磁）电动机又大大降低了能耗。新型的直接驱动式门系统同样采用永磁电动机并布置在门机结构内部，不仅节省空间，而且使开关门动作更加平稳、安静。门回路的控制使用高性能芯片强化灵敏度，能根据各楼层间的不同情况进行精确控制。轿内操纵箱安装在轿厢侧壁，进入轿厢后无需转身即能登记指令信号。轿厢内设计非常人性化，显示器采用大字体、指令按钮的高度较以前有所降低，使得任何人都能方便操作。这些无机房电梯对用户来说意味着更安全可靠、更舒适的乘梯享受，而对于电梯维修保养来说，则要求更高技术含量、更准确而安全地实施维修工作。

2. 无机房电梯维修保养工作的安全性要求

无机房电梯由于主要的机器设备全都安装在井道内，对这些设备的维修保养都需要在轿顶区域内进行，不但工作空间狭小并且增加了许多危险性。因此操作中必须按照特殊的维修保养安全步骤进行。通常情况下，顶层层站出入口位置会有路人经过，因此作业人员在对无机房电梯进行维护保养时，一定要注意采取相应的安全隔离防护措施。保养作业过程中，不仅需要保障作业人员自身的绝对安全，更要严格防止可能出现的一些无关人员带来的安全隐患。在顶层层站出入口工作时，应限定在尽可能小的楼面区域内和尽可能短的时间内完成。同时在维修保养的作业过程中，还应尽量避免将保养用工具放置在层站楼面上，并处于无人保管状态。以三菱 ELENESSA 电梯为例，其保养中的安全措施是：

（1）从层站检修面板操作电梯的安全要求。无机房电梯的很多检修及操作功能都由层站检修面板提供。层站检修面板的钥匙应总是能够方便地被维护保养人员和营救人员得到。在层站面板上进行检修或救援操作时应按正确步骤进行，操纵电梯运行前，必须确认轿厢内的人员情况，电梯运行只允许处于手动及应急救援状态下。作业结束后及在没有作业人员看护时，应使层站检修面板处于关闭锁紧状态。不合格人员的随意操作可能会造成巨大危害，甚至是人身伤害。

（2）在轿顶上工作时的安全注意事项。用三角钥匙打开层门后，在踏进轿顶之前必须按照正确的步骤展开轿顶防护栏。

1）在踏上轿顶前总是先使用紧急停止开关切断电气安全回路，保证电梯不会意外移动；

2）踏上轿顶后立即展开防护栏并固定到位；

3）确认防护栏电气联锁安全开关被激活。

在轿顶防护栏没有展开之前，禁止踏上轿顶工作，否则会有坠落危险。在轿顶作业过程中，当轿厢移动时，身体任何部位不允许超出防护栏范围。在离开轿顶之前，应确认轿顶上没有松动部件，防止活动部件坠落造成底坑内工作人员的意外伤害。

（3）使用轿厢机械固定装置。当对无机房电梯的曳引机和控制屏进行维修保养时，由于操作人员是站在井道内的轿顶上而非机房地面，因此轿厢应该以机械方式固定在导轨上，以消除由于轿厢意外移动所产生的危险。ELENESSA 无机房电梯提供了一套轿厢机械固定装置，该装置位于轿顶上靠曳引机的一侧，能够将轿厢固定在以下任一位置：

1）可以对控制屏进行维护保养。在这个位置上，轿顶平面位置大致与顶层平层平齐。

2）可以对曳引机进行维护保养。在这个位置上，轿顶平面位于井道顶部下约 2m 处。

7.5.2　无机房电梯应急救援形式

无机房电梯应急救援形式有：通过牵引绳远程释放抱闸装置、通过以后备电池保证的电气释放抱闸装置、通过专用的停电紧急救援装置及 NICE3000 一体化援救装置，机型有通力公司无机房电梯、迅达公司无机房电梯、蒂森公司无机房电梯、三菱公司无机房电梯及日立公司无机房电梯等型号的手动救援装置见表 7-12。

表 7-12　　无机房电梯应急救援形式

项目	内 容 和 图 示
通过牵引绳远程释放抱闸装置	（1）通过牵引绳远程释放抱闸装置的原理图如图 7-11 所示。它通过设置在井道外的绳索来控制主机抱闸的开合，轿厢移动通过轿厢和对重的平衡差来实现。  图 7-11　通过牵引绳远程释放抱闸装置的原理图

续表

项目	内 容 和 图 示
通过牵引绳远程释放抱闸装置	（2）优点： 1）成本很低。 2）操作简单，电气线路简单。 3）整个装置只占很小的空间。 （3）缺点： 1）在轿厢和对重基本平衡的情况下，无法实现轿厢的移动，需要人工添加额外的负载来打破平衡。 2）轿厢的移动纯粹是一种溜车动作，速度控制能力极差，乘客承受的心理压力较大。 3）因为系统完全失电，必须在井道外设置视窗或者监视屏，以便救援人员确定方向和速度。 4）系统完全失电时无法实现对平层的控制。 5）无法实现自动开门
通过以后备电池保证的电气释放抱闸装置	（1）以 OTIS 的 GeN2 为典型代表，在紧急操作盘内设置一套专门用于紧急救援的电路和蓄电池。在紧急救援时，通过蓄电池给抱闸线圈供电，并在保证安全的情况下松开抱闸。轿厢的移动也是通过轿厢和对重的平衡差实现的。 （2）优点： 1）成本较低。 2）由于控制系统有电，可以控制速度和平层。 3）整个装置占用空间较小。 （3）缺点： 1）在轿厢和对重基本平衡的情况下，无法实现轿厢的移动，需要人工添加额外的负载来打破平衡。 2）轿厢的移动纯粹是一种溜车动作，速度控制能力极差，乘客承受的心理压力较大。 3）电气线路稍显复杂，除正常控制外还需额外增加蓄电池供电情况下的控制。 4）无法实现自动开门
通过专用的停电紧急救援装置	（1）在停电情况下除正常的控制系统外，辅以额外的停电救援装置来取得电动机、抱闸和门系统的控制。轿厢的移动通过专门的变频电路来控制电动机的运行。电动机的运行原则上采用轻载方向运行。其原理图如图 5-2 所示。 （2）优点： 1）在轿厢和对重基本平衡的情况下，也可以实现轿厢的移动。 2）轿厢移动依靠电动机的变频控制，平稳运行。 3）抱闸的释放、电动机的运行和开门控制全自动运行，使被困乘客 0 时间释放。 （3）缺点： 1）因为需要额外的变频装置而造成成本上升。 2）需要控制电动机、抱闸、门机及蓄电池的偏高成本。 3）需要独立的电路控制，造成线路异常复杂。 4）非专业的电路设计在可靠性和电磁兼容性方面，有待提高。 5）体积大，给无机房的土建布置带来麻烦
NICE3000 一体化救援装置	（1）结构原理。NICE3000 一体化救援装置是在一体化控制器的基础上，增加一个 UPS 装置，能够在无人操作的情况下自动完成救援平层工作。其主回路接线图和 UPS 电源电路图分别如图 7-12 和图 7-13 所示。图中，JAQ 为安全回路辅助触点；JYJ 为同步曳引机短路接触器；JUP 为由一体化控制器控制的开关。 系统电源正常时，应急开关 KUP、JUP 处于断开状态。此时 UPS 处于充电状态，系统的电源由主电源提供。当主电源停电时，一体化控制器检测到其母线电压低于 250V 后，输出控制应急运行开关 KUP 闭合，系统电源将由 UPS 来提供。此时系统自动进入停电应急运行模式，判断电梯是否在平层状态的方法有： 1）如果是非平层状态和非平衡状态，则系统自动检测后，闭合 JTJ 接触器，打开抱闸，电梯自动网重的方向溜车运行到门区。 2）如果是非平层状态，在平衡状态或溜车运行速度很低时，系统自动判断进入应急电动运行方式，以 1/10 额定梯速向最近平层点运行。当 NICE3000 检测到有平层信号后，保持开门状态，释放乘客，不再运行。当系统收到平层信号、开门到位信号后，释放 KUP、JUP 应急接触器，等待市电电网供电。 （2）优点： 1）在保证安全可靠的前提下，全自动完成停电救援。 2）不需要额外的变频装置。 3）专业的变频电路设计，可靠性高。 4）完全的一体化设计，不需要额外的逻辑电路。

续表

项目	内 容 和 图 示
NICE3000 一体化 救援装置	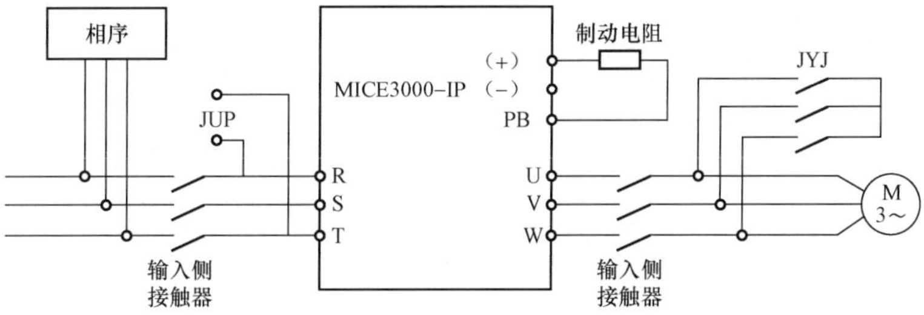 图 7-12　主回路接线图 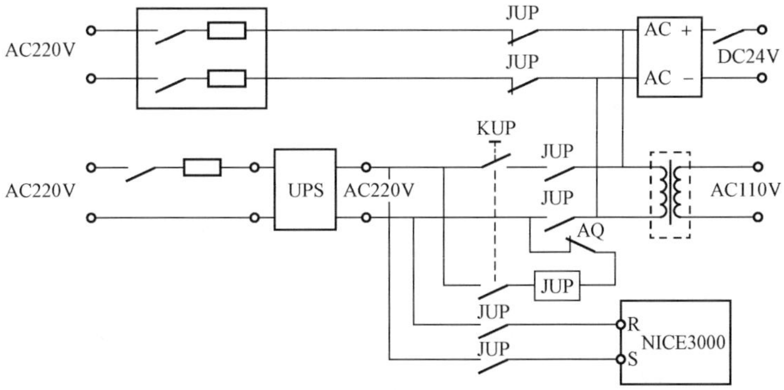 图 7-13　UPS 电源电路图 5）在轿厢和对重基本平衡的情况，也可以实现轿厢的移动。 6）轿厢的移动依靠电动机的变频控制，平稳运行。 7）抱闸的释放、电动机的运行和开门控制全自动运行，使被困乘客 0 时间释放。 8）系统只需要一定容量的 UPS，占用空间较小，布置方便。 （3）缺点。因为需要电动机、抱闸、门机，UPS 成本比第 1 种、第 2 种方式稍高

第8章

电梯改造和电梯安全

电梯改造和电梯安全在电梯运行使用和维修中最容易引起人们关心和注意，尤其在我国，电梯的维修和改造量巨大，上上下下一齐关心，是个提到议程上需要着手解决的问题。本章主要介绍电梯改造设计和电梯安全，部件改造和电梯安全，电梯更新和电梯安全，以及电梯改造后的安全检验等内容。

8.1 对电梯改造的理解

按照《机电类特种设备安装改造维修许可规则（试行）》（国质检锅〔2003〕251 号）中的规定，电梯改造有两层意思：①使电梯的额定速度、额定载荷、驱动方式、调速方式、控制方式、提升高度、运行长度（对人行道）、倾斜角度、名义宽度、防爆等级、防爆介质及轿厢重量中的一项或几项参数的内容发生变更者，都应当认定为改造作业。②通过下述部件：限速器、安全钳、缓冲器、门锁、绳头组合、导轨、曳引机、控制柜、防火层门、玻璃门及玻璃轿壁、上行超速保护装置、含有电子元件的安全电路、液压泵站、限速切断阀、电动单向阀、手动下降阀、机械防沉降（防爬）装置、梯级或踏板、梯级链、驱动主机、滚轮（主轮、副轮）、金属结构、扶手带、自动扶梯或自动人行道的控制屏中的一项或几项部件的型号或规格的变更，致使①中列出的电梯参数等内容发生变更时，都应当认定为改造作业，见表 8-1。

电梯改造和电梯改装的区别。改装（modification）是指在电梯交付使用后，由于某种原因对电梯及其部件进行了一系列操作，这些操作对电梯的特性会产生影响，如改变额定速度、额定载重量、轿厢质量，更换曳引机、轿厢、控制系统、导轨及导轨类型等。采用新技术、新材料全面地或部分地改进在用电梯的功能、性能、可靠性、安全性和装潢的这类改造也属于改装范畴。改装通常包括电梯改造和更新的内容。

电梯更新和电梯报废有密切联系。如果电梯报废或部分报废，换成新件，但未改变电梯性能，只是恢复和保持了电梯的原有性能，这属于电梯维护和修理的范围。如果电梯部分报废、安装新的电梯部件改变了电梯性能，就属于电梯改装或者说改造的范围。如果整个电梯报废并改变了电梯性能，则称作电梯更新，当然属于电梯改装或者说改造的范围了。

电梯维护（maintenance）亦称为电梯保养，是指在电梯交付使用后，为保证电梯正常及安全的运行，而按计划进行的所有必要的操作，如润滑、检查、清洁等。维护还包括设置、调整操作及更换易损件的操作，这些操作不应对电梯的特性产生影响。

电梯修理（repair）是指为保证在用电梯正常、安全运行，以相应新的零部件取代旧的零部件，或对旧的零部件进行加工、修配的操作，这些操作不改变电梯特性。

电梯维修（service），狭义的电梯维修是指电梯的维护和修理。广义的电梯维修，即 GB 18775—2009《电梯、自动扶梯和自动人行道维修规范》（以下简称为《电梯维修规范》）中的维修，是在电梯设备交付使用后的所有维护、修理和改装。

在《机电类特种设备安装改造维修许可规则（试行）》（国质检锅〔2003〕251 号）中，有重大维修、维修和日常维护保养的概念。此处的日常维护保养和维修，属于《电梯维修规范》中维护的范围；而重大维修，属于修理的范围。也就是说，《机电类特种设备安装改造维修许可规则（试行）》（国质检锅〔2003〕251 号）中所指的重大维修、维修和日常维护保养，属于《电梯维修规范》中狭义的电梯维修范围，见表 8-1。

表 8-1　　电梯施工类别划分表

<table>
<tr><th>类别</th><th>部　件　调　整</th><th>参 数 调 整</th></tr>
<tr><td>改造</td><td>以下部件变更型号、规格，致使右栏列出的电梯参数等内容发生变更时，应当认定为改造作业：
限速器、安全钳、缓冲器、门锁、绳头组合、导轨、曳引机、控制柜、防火层门、玻璃门及玻璃轿壁、上行超速保护装置、含有电子元件的安全电路、液压泵站、限速切断阀、电动单向阀、手动下降阀、机械防沉降（防爬）装置、梯级或踏板、梯级链、驱动主机、滚轮（主轮、副轮）、金属结构、扶手带、自动扶梯或自动人行道的控制屏</td><td>不管左栏所列部件是否变更，致使以下参数等内容发生变更者，应当认定为改造作业：
额定速度、额定载荷、驱动方式、调速方式、控制方式、提升高度、运行长度（对人行道）、倾斜角度、名义宽度、防爆等级、防爆介质、轿厢重量</td></tr>
<tr><td>重大维修</td><td>不变更右栏列出的参数等内容，但需要通过更新或者调整以下部件（保持原规格）才能完成的修理业务，应当认定为重大维修作业：
限速器、安全钳、缓冲器、门锁、绳头组合、导轨、曳引机、控制柜、导靴、防火层门、玻璃门及玻璃轿壁、上行超速保护装置、含有电子元件的安全电路、液压泵站、限速切断阀、电动单向阀、手动下降阀、机械防沉降（防爬）装置、梯级或踏板、梯级链、驱动主机、滚轮（主轮、副轮）、金属结构、扶手带、自动扶梯或自动人行道的控制屏</td><td rowspan="3">额定速度、额定载荷、驱动方式、调速方式、控制方式、提升高度、运行长度（对人行道）、倾斜角度、名义宽度、防爆等级、防爆介质、轿厢重量</td></tr>
<tr><td>维修</td><td>不变更右栏列出的参数等内容，但需要通过更新或者调整以下部件（保持原型号、规格）才能完成的修理业务，应当认定为维护保养作业：
缓冲器、门锁、绳头组合、导靴、防火层门、玻璃门及玻璃轿壁、液压泵站、电动单向阀、手动下降阀、梯级或踏板、梯级链、滚轮（主轮、副轮）、扶手带</td></tr>
<tr><td>日常维护保养</td><td>不变更右栏列出的参数等内容，需要通过调整以下部件（保持原型号、规格）才能完成的修理业务，应当认定为维护保养作业：
缓冲器、门锁、绳头组合、导靴、电动单向阀、手动下降阀、梯级或踏板、梯级链、滚轮（主轮、副轮）、扶手带</td></tr>
</table>

下面介绍关于中修和大修概念，上面提到的重大维修，可参考大修。

（1）具有下面三条中的一条者，电梯要进行中修：①新装电梯已使用 2 年以上，且使用十分频繁者；②需要拆检电梯传动部件和机械电气安全装置；③除个别部件在不需要拆卸的情况下，对其进行清洗，加油润滑，拧紧电气接线端子的螺栓等，绝大部分零件均需进行拆卸检查。

电梯中修工程内容见表 8-2。

表 8-2　　电梯中修工程内容

项目种类		项 目 内 容
机械部件	曳引机蜗轮减速箱	清洗曳引机蜗轮减速箱，更换减速箱内的齿轮油
	曳引机蜗杆轴	调换曳引机蜗杆轴伸处的石棉盘根或耐油橡胶密封圈
	密封垫圈	调换曳引机蜗轮减速箱盖与箱体之间的密封垫圈，或重新涂抹密封胶
	石棉刹车带	调换电磁制动器闸瓦的石棉刹车带，调整闸瓦与制动轮的间隙≤0.7mm，并使间隙均匀
	导靴、滑块	调整和整修厅轿门的联动部分，调整更换厅轿门滑轮及更换门扇下端导靴、滑块
	电磁制动器	调整电磁制动器的制动弹簧压缩力
	限速器上卡绳压块	调整或更换限速器上卡绳压块
	安全钳楔块与导轨之间间隙	检查和调整轿厢安全钳楔块与导轨之间间隙为 2～3mm，并使间隙保持均匀一致
	限速器钢丝绳	检查和调整限速器钢丝绳与安全钳连杆的连接情况，限速器钢丝绳的张紧及伸长状况
	导靴及靴衬	调整和调换轿厢、对重的导靴及靴衬
	调整曳引钢丝绳的松紧度	检查和调整曳引钢丝绳的松紧度，若轿厢在最高层的层楼平面位置时，对重底部与对重缓冲器顶面之间小于 100mm 时，应截短曳引钢丝绳的伸长部分，使该间距在规定尺寸范围内
	门刀与厅门机构钩子锁	检查和调整门刀与厅门机构钩子锁轱辘的啮合状况，调整锁钩的锁紧啮合状况（使锁钩啮合长度不小于 7mm）
	校正导轨	调整或更换导靴靴衬，修锉导轨上的刻痕，并重新校正导轨
电气部件	继电器、接触器	主控制屏及信号继电器屏上继电器、接触器触点的整修或更换，或更换整个继电器、接触器
	接线螺栓	检查和拧紧各接触器、继电器上的接线螺栓
	方向机械联锁	检查和调整方向机械联锁的可靠性
	限位开关	检查和调整井道内各限位开关动作可靠性及其动作装置
	磁性开关	检查和更换井道内各磁性开关（或选层器上各种触点）工作的可靠性
	按钮元件	检查和更换轿厢操纵箱、各层厅外召唤按钮箱上的按钮元件、开关及电气元件
	指示灯	检查和更换信号指示灯的灯泡及灯座
	绝缘电阻	动力回路和信号照明回路的绝缘电阻的测量和处理
	门保护	对乘客电梯、集选控制的有/无司机电梯，应检查门保护（安全触板、光电保护器或电子接近保护器）和超载、满载控制的动作可靠性
	测速装置	对直流电梯、闭环控制的交流调速电梯应检查和调整测速装置作用可靠性；整修或调换测速机的电刷和清除其整流子的炭精粉
	整流子和电刷	对直流电梯的直流电动机的发电机的整流子和电刷进行清洗（用酒精）整修或更换
	起制动和平层	检查和调整电梯的起制动舒适感和平层停车准确度

（2）具有下面三条中之一条者，电梯要进行大修：①电梯正式投入使用已达 3～5 年；②电梯已中修 2 次以上；③电梯发生过重大事故，其主要部件（如曳引机、轿厢、控制屏等）严重受损。大修内容见表 8-3。

表 8-3　　电梯大修工程内容

项目种类		项目内容
机械部件	蜗轮减速器的拆修	（1）调整和铲刮蜗轮蜗杆齿侧间隙，如磨损量过大，即需更换蜗轮副。 （2）调整或更换蜗杆轴伸端的轴承及石棉盘根（或橡胶密封圈）。 （3）更换蜗杆轴的后门头平面轴承。 （4）整修或更换减速器滑动轴承。 （5）若蜗轮减速箱的箱体、箱盖铸件有严重变形或有裂痕等，则应予以更换或修补
	电磁制动器	电磁制动器（刹车）的拆修、清洗、更换刹车皮，调整间隙
	曳引电动机	若曳引电动机有异常摩擦声，起制动电流明显增大，轴向窜动增大，空载电流（如电梯处于半载——平衡线）明显增大，则应予以更换为同型号、同规格的电动机
	限速器	限速器的拆修和动作速度的整定并加铅封
	限速器钢丝绳	限速器钢丝绳的清洗，截去伸长部分，并检查和润滑其张紧轮的转动部分
	安全钳	调换安全钳的楔块，并调整其与导轨面的间隙均匀，并保证间隙在 2～3mm 之内；用检修速度试动安全钳动作的可靠性
	导轨	清洗导轨，更换严重变形的轿厢导轨或用增加导轨撑架方法调整其垂直度和平行度
	轿厢	轿厢的变形或更换部分严重变形的轿壁
	自动门机	拆修自动门机或更换同型号同尺寸的自动门整机或更换门电机
	轿内装潢	整修或更换轿内的装潢
	厅轿门	调整厅轿门的联动性，检查和调换厅、轿门滑轮和调换严重变形的厅、轿门门扇
	导向轮、轿顶轮等	更换或重新车削导向轮、轿顶轮、对重轮的绳槽，拆洗、润滑其轮轴，更换轴承
	油压缓冲器	彻底检查并清洗油压缓冲器，更换缓冲器油
	安全触板等	调整或更换轿门的安全触板、光电保护器或电子门保护器
	轿厢满载装置	对集选控制电梯需检查轿厢的满载、超载装置的动作可靠性
	厅、轿门喷漆	轿厢及厅、轿门的喷漆
	导靴、靴衬	调整和更换轿厢、对重的导靴及靴衬
	曳引钢丝绳	截短伸长的曳引钢丝绳或更换断股严重的曳引钢丝绳
电气部件	接线	更换控制屏上继电器、接触器或控制屏的重新接线
	控制屏	由于电梯控制功能的增加而重新调换控制屏
	门锁开关	调整或更换个别楼层的门锁接点（或开关）
	保护开关	调整井道各部位保护开关的动作位置，并更换个别开关元件
	元件及布置线	轿内和厅外各层的操纵箱、按钮箱中的元件及布置线的整理等
	电线管导线	更换电线管（槽）内的导线（包括动力线）
	绝缘电阻	检查动力电路、照明及信号电路的绝缘电阻
	随行电缆信号指示系统	检查或更换随行电缆的断股或外表老化的电缆线
		检查或更换信号指示系统的功能及元件
	电机炭刷、整流子等	对于直流电梯、交流调速电梯尚需检查和更换电机炭刷、整流子的清洗及车削等，以及其输出电压、电流等参数是否变化很大
	选层器	对于有选层器（或井道磁开关）的电梯应检查或更换选层器（或井道内各磁性开关及永久圆磁铁的磁性等）

续表

项目种类		项 目 内 容
电气部件	主电源开关及熔丝	检查和调整更换有严重烧蚀的主电源开关及熔丝等
	电梯整机性能	检查和调整电梯整机性能，使之达到原设计要求
	电梯的各项功能	检查和调整电梯的各项功能，使之达到原设计要求

在 GB/T 18775—2009 中特别强调：经过修理的电梯设备，所涉及的部分应按 GB 7588 或 GB 16899 或 GB 21240 或 EN81-3 进行检验，合格后才可投入使用。

经改装的电梯设备，应按 GB 7588—2003 的附录 E.2 或 GB 16899—2011 的 16.2.2 或 GB 21240—2007 的附录 E.2 或 EN81-3:2001 的附录 E.2 进行改装后的检验，合格后才可投入使用。

8.2 电梯改造设计安全

8.2.1 电梯电气改造设计的安全问题

在电梯电气改造设计中有时忽视了电梯规范的要求，或忽视了型式试验和必要的测试步骤，给日后的电梯运行带来不良后果：制动带严重磨损，或发生冲顶、蹾底现象，造成不应有的生命和财产损失。下面用实际工程中的事例来说明，并提出解决办法。

1. 驱动回路上主接触器的配置问题

GB 7588—2003《电梯制造与安装安全规范》第 12.7.1 条规定："由交流或直流电源直接供电的电动机，必须用两个独立的接触器切断电源，接触器的触点应串联于电源电路中，电梯停止时，如果其中一个接触器的主触点未打开，最迟到下一次运行方向改变时，必须防止轿厢再运行"。某电梯改造部门设计的主拖动系统电气原理图如图 8-1 所示，从图中可看出：

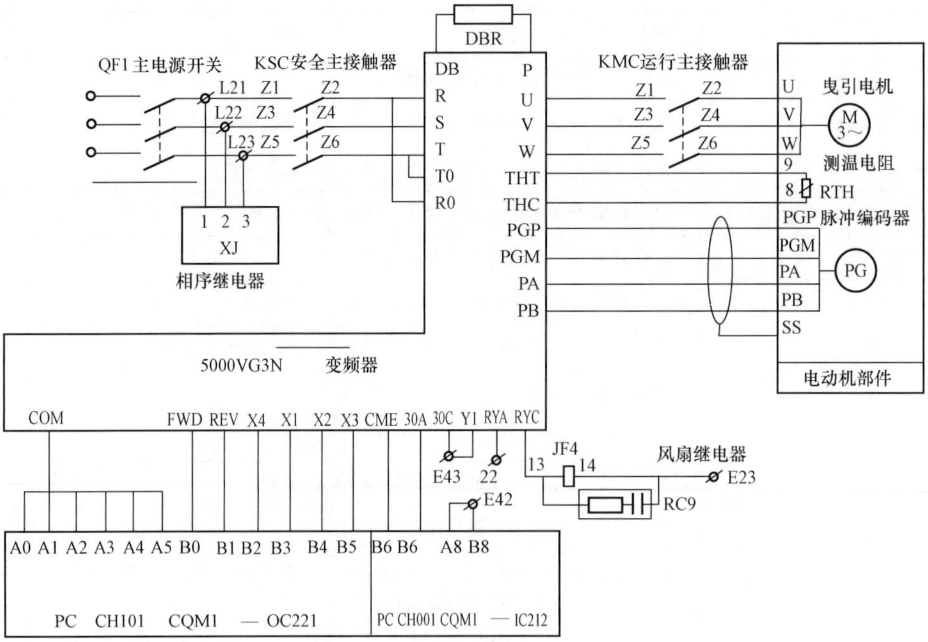

图 8-1 主拖动系统电气原理图

在主拖动回路中有 2 个安全主接触器 KSC 和运行接触器 KMC。变频器工作电源 T0、R0 接在安全主接触器 KSC 之后，为了保证变频器除了锁梯以外的正常工作状态，KSC 必须保持闭合。而从现场观察和实况录像得到：KSC 始终保持闭合状态，而 KMC 不管是在电梯运行还是停车时，也始终保持吸合状态。这就是说，在拖动回路中设置的这两个接触器并不是独立的，不符合 GB 7588—2003 第 12.7.1 条规定的要求，给电梯运行安全带来了隐患。

电梯改造设计的目的，是使改造后的电梯安全舒适地运行。改进措施如下：

将安全主接触器 KSC 的主触点放在变频器之后，并与运行接触器 KMC 的主触点串联。在变频器上增加一条输入回路，来自 PC 输出端，由 KSC、KMC、YJ 触点串联构成，如图 8-2 所示。

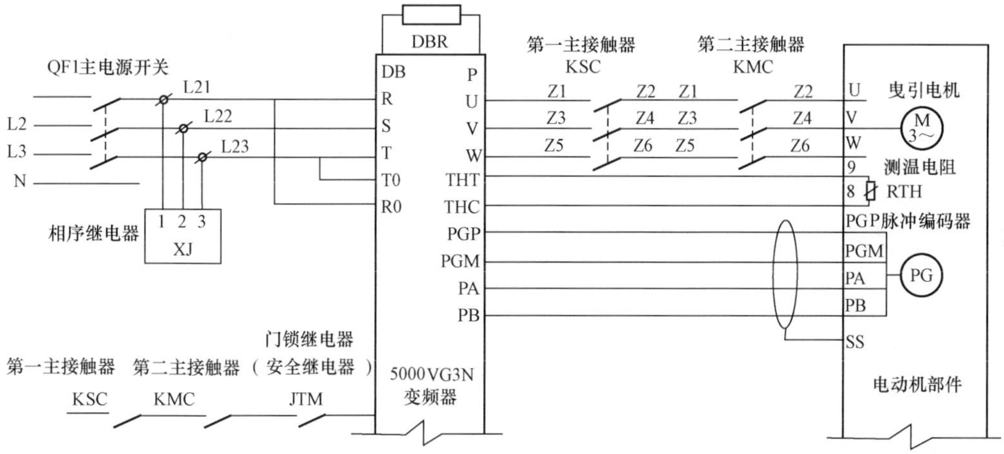

图 8-2 主拖动系统改进电气原理图

2. 切断制动器电流的电气装置问题

GB 7588—2003 第 12.4.2.3.1 条规定："切断制动器电流，至少应用 2 个独立的电气装置来实现，不论这些装置与用来切断电梯驱动主机的电气装置是否为一体。当电梯停止时，如果其中一个接触器的主触点未打开，最迟到下一次运行方向改变时，应防止电梯再运行"。某电梯公司进行电梯改造设计的电梯制动器原理图如图 8-3 所示，从图中看出：制动器线圈受到 4 个接触器 6 个触点的控制，虽然满足 GB 7588－2003 第 12.1.2.4 条的规定："当电气安全装置为保证安全而动作时，应防止电梯驱动主机起动或立即使其停止。制动器的电源也应被切断……电气安全装置应直接作用在控制电梯驱动主机供电的设备上"，但进一步分析知道：正常停梯时，电气安全装置因未起保护作用而动作时，切断制动器电流的实际上是 2 个运行接触器 KMC 和抱闸接触器 KBC，它们都受 PC 机的程序控制。在正常工作时，KMC 始终不释放，在控制环节上过于重复，而且只有 1 个接触器切断制动器电源，不符合电梯规范的规定。

对于制动回路电气原理图 8-3 的改进设计如图 8-4 所示。其改进点是：

（1）减少了抱闸接触器的主触点。

（2）安全主接触器 KSC 和运行接触器 KMC 的控制回路做了变更。

（3）门锁继电器 JTM 取代了原来的 YJ 触点，且与原来的单纯门锁不同。

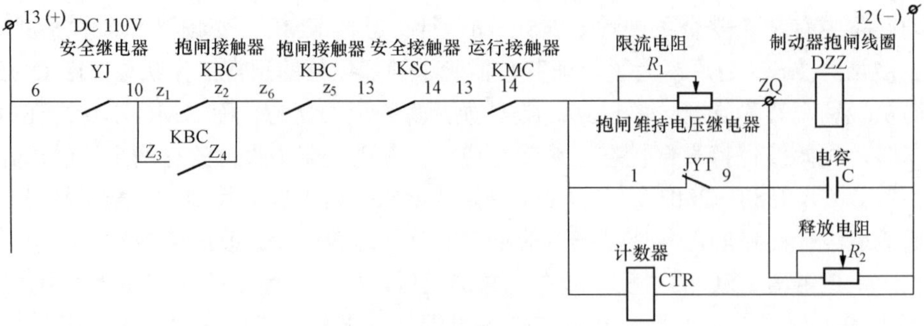

图 8-3　电梯制动器原理图

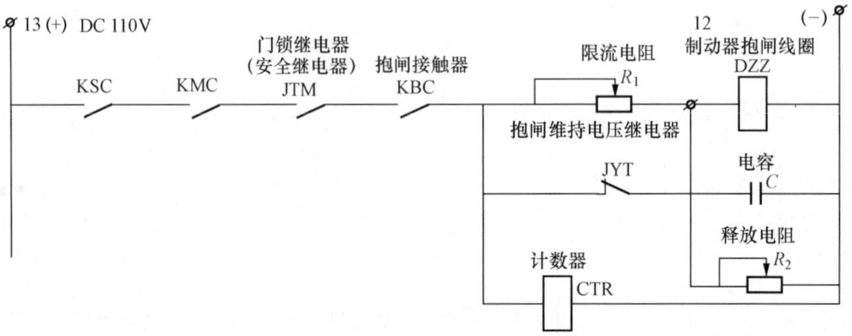

图 8-4　制动器原理图的改进图

3．对两个主接触器的直接控制问题

某电梯公司电梯改造设计的继电器、接触器驱动回路如图 8-5 所示。从图中看出：安全

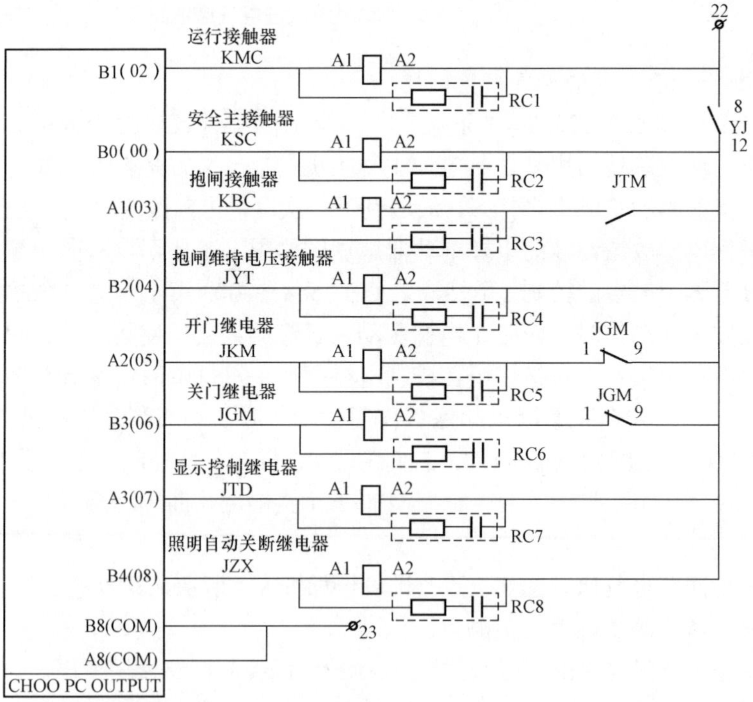

图 8-5　继电器、接触器驱动回路

主接触器 KSC 在驱动回路中受安全继电器 YJ 的直接控制，而运行接触器 KMC 未受到 YJ 的直接控制。这样，YJ 动作时，防止电梯驱动主机启动或立即使其停止的功能只能由 KSC 一个电气装置来完成。从电气安全装置动作来看，上述设计不符合 GB 7588—2003 第 12.7.1 条的规定。

对继电器、接触器驱动回路图 8-5，改进的 PC 机输出回路如图 8-6 所示。改进处有：

（1）门锁继电器 JTM 可以看作是完善了的安全继电器 YJ，将 JTM 的触点设置在 2 个驱动主接触器之后，使之受 JTM 的直接控制。

（2）因为制动回路中已有了门锁继电器 JTM 对制动线圈的直接控制，所以解除了 JTM，亦即安全继电器 YJ 对抱闸接触器的直接控制。

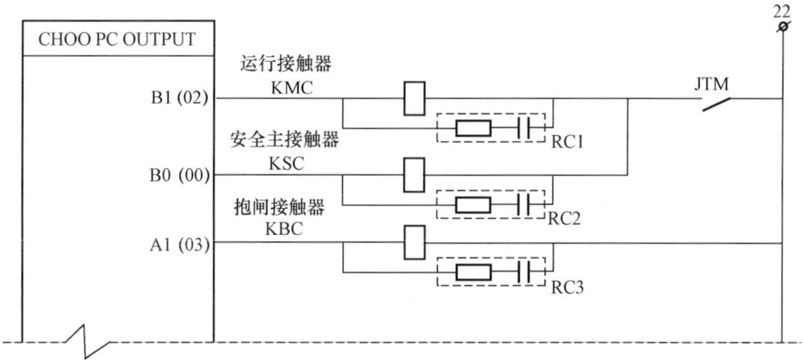

图 8-6　继电器、接触器驱动回路改造设计改进图

8.2.2　住宅电梯的改造实例

20 世纪 90 年代，把可编程序控制器（简称 PLC）应用在高层交流调速电梯的改造中，是当时电梯改造的一项时兴技术，对今天的电梯改造也有参考意义。其详细情况见表 8-4。

表 8-4　　高层交流调速电梯的改造

项目	内　　容
改造前电梯情况	改造前的 2 台并联交调电梯，是 24 层 1.6m/s 住宅梯。原来采用走灯机械选层，故障率高，调试难；继电器柜体积庞大，故障频繁；测速发电机特性不稳定，国际上已被淘汰；调速装置适应电网能力差，范围窄，舒适感时好时坏，灯泡式层楼显示易坏等
改造效果	经过改造，电梯系统故障率大大降低，舒适感好，电梯速度也提高到额定速度，提高了运行效率。经改造完成，运行后 5 个多月检查，做到了舒适稳定，实现了更新换代，受到用户的好评，多家新闻单位均给予了肯定性报道
改造过程	（1）确定层楼减速点。选用光电码盘测速方式，将测速反馈的每转齿数转换为模拟电压信号，其输出走过的齿数通过光电耦合器，输入 PLC 的高速输入口 XO，作为高速计速和速度检测信号。光电码盘为每圈 120 齿，电机同步转速为 1500r/min，额定转速 1380r/min，最高频率为 1380×（120/60）Hz=2.76kHz，PLC 的单相高速输入限制频率为 10kHz，改造可行。 1）电梯的平层仍采用上、下 2 个干簧触点（也可用光电或磁开关），每过一层平层区即对 PC 内部层楼计数器进行移位处理。确定减速点是从平层干簧均插入清零开始，边运行边计数，边比较边运行，直至满足减速距离时开始减速。为了使电梯的层楼信号的翻转更为可靠，我们沿用了原来电梯轿顶上的上高速、下高速减速干簧，通过上、下行接触器切换，只用一个 PLC 输入点，就能实现层楼的正确翻转和修正。上、下端站的高速强迫减速也作为置数修正信号，如图 8-7 所示。 2）在 2 个端站，由于梯速高，24 层和 1 层的强迫换速位于 23 层和 2 层各个中间，这就与 1.0m/s 电梯有很大不同，程序设计需要很完善，否则会造成电梯的冲顶或蹾底。电梯从 23 层以下直至 24 层时，强迫换速起作用。置数修正程序为 24。但当电梯从 23 层以下至 23 层时，就不能置数，这时强迫换速输入 PC，从 23 层中速再向上，强迫换速延时作用见图 8-8。

续表

项目	内　　容
改造过程	3）由于梯速快而层距短，减速点总在前一层的中间位置，无论单、多层运行，因减速点已过去，仅靠减速铁板就会丢失层楼信号，故在程序中加入单层减速信号的补偿，每起动一次，补偿一个层楼信号。这种补偿，必须在电梯平层干簧均离开平层开始算起，以克服电梯将动未动造成的多余计算。 4）由于减速距大于层距，故减速时，不能依照 1.0m/s 的电梯那样，减速开始即开始寻找平层点，而要穿过最近的一个平层铁板，下一个平层区才是真正的目的层，故设计了速度设定条件，即当速度低于某一速度（略高于低速）时，才开始平层动作。 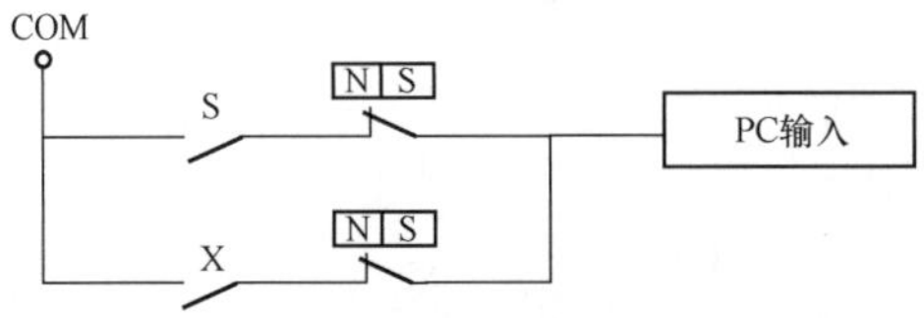 图 8-7　高速强迫减速作为置数修正信号 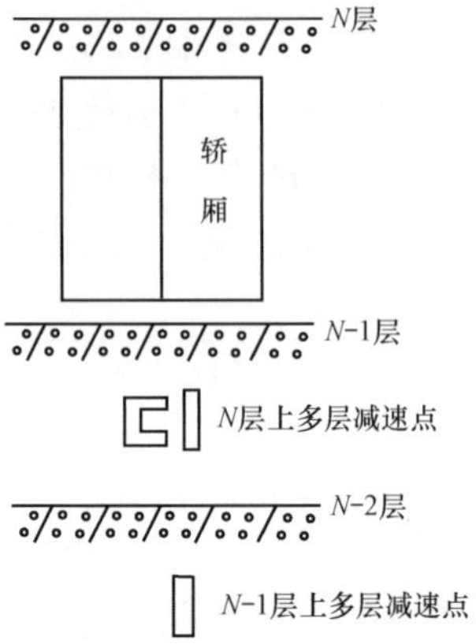 图 8-8　强迫换速延时作用 当电梯检修时，采用平层感应器作为楼层翻转触发信号，有时多次起动、停止可能造成多计数，为了能在轿内方便地改变楼层，特设计了手动修正功能。检修状态下，同时按下向上和开门按钮，单触发式上计数。同时按下向下和关门按钮，单触发式下计数。免去上、下端站修正的烦琐手续。 （2）输入、输出处理。选用的三菱 FX2 型小型 PLC，具有中型机的功能，如矩阵输入、输出，中断及输出刷新功能等。利用其高速输入口，用 SPD 功能指令对电梯的速度进行检测，高速计数用以测距，同时对速度取样，可算出其加速度和加速度变化率，用编程器进行监控，作为调试的依据。 1）减少 PC 输入、输出点的方法很多。用编码输入的方法，串行输出方法，硬件复杂，响应慢。经过研究，可选择矩阵方式输入/输出。其优点是硬件简单，可靠性高，不会出差错，并可减少连线，节省点数。但必须加装隔离二极管。但在改造工程中，接线较复杂，不适宜旧梯改造，必须设法处理一下。 可采用光电耦合器方法，将输入指令、召唤与矩阵隔离。从控制柜与外部信号来看，仍然为一一对应关系，利用原来的敷设电缆即可。并且光电管的单向导电性，也省去了隔离二极管。实际应用效果良好，如图 8-9 所示。 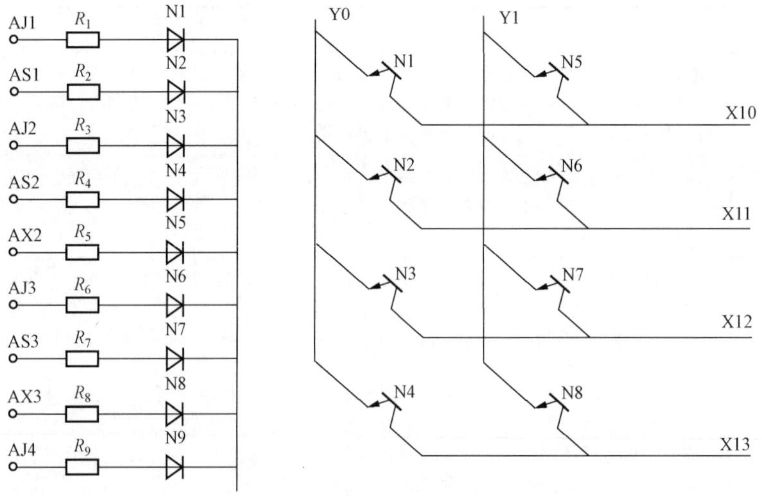 图 8-9　采用光耦合器方法 2）输出采用定时中断方式的扫描程式，作成 3×N 矩阵，其中，N 为层楼数，以指令为一路，上召唤和上方向为一路，下方向和下召唤为第三路，分时轮流扫描、刷新，这样可减少 24×2=48 个输出点，经济效益可观。

续表

项目	内　　容
改造过程	3）如果按钮显示仍为电珠方式，为清除闪烁，点灯电源宜平滑，并且扫描频率要足够快。可用 24V 稳压源供电，测得灯泡上的电压有效值为 5V 左右，把 6.3V 的灯泡用上去，亮度等均能满足要求。如果采用发光器件替代灯泡，效果会更好。 4）电梯的数码显示低位一般用 BCD 码输入出，经 BCD—七段码转换，中功率晶体管驱动放大即可。高位由于不是 1 就是 2 或全无，我们用加装二极管的方法，只用 2 个输出点，很少的外围线路，就能达到同样效果，如图 8-10 和图 8-11 所示。 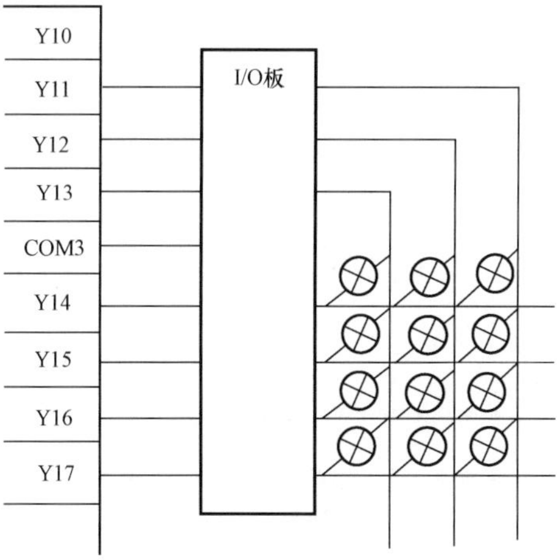 图 8-10　加装二极管的方法（1） 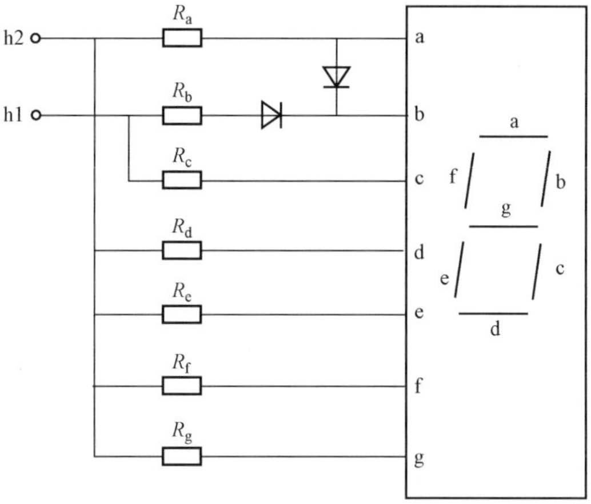 图 8-11　加装二极管的方法（2） （3）调速装置与 PLC 的接口。利用 PC 的 SPD 指令和高速计数指令，数据存储区域，可以很方便地组成条件转跳子程序。电梯运行时，根据测得的速度，计算出相应的减速距离，再与实际计数值（实际位置）比较，当小于这个距离时，就立即发出减速信号，进行减速平层。 一般来说，电梯多层运行的舒适感较好解决，较难的是单层运行的效率和舒适感，当电梯还未运行到恒定速度就减速（单层），乘客会出现不舒服感觉，其加速度变化率大。传统的方式是用逻辑形式，在起动前判别单层还是多层。单层就以中速起动；否则就以高速起动。一旦起动起来，即使减速来得及，也不应答单层信号，其判别电路（程序）复杂，效果也不好。可采用一套简单又合理的程序。无论单、多层，电梯均以全速起动，然后判断是否单层运行，如果来得及减速，则全速切出中速保持一定时间，匀速后减速，来不及减速就过了单层，就中速切出，高速继续保持，直至下次减速为止，如图 8-12 所示。

续表

项目	内　　容
改造过程	（4）调速装置调试。在调试过程中，测速反馈值的大小，直接影响到整个调试进程。反馈值过大，制动过大；反馈值过小，来不及减速。它的大小要配合制动一起调节为佳。预置制动是一种调节电动、制动重叠角大小的电位器。其调试原则是：当电动、制动发光管交替闪亮时，应略有重叠。也可静态先调节，加大预制动，直至制动灯亮，再逆时针调电位器 1/4 圈即可完成初调，再按上述方法精调。 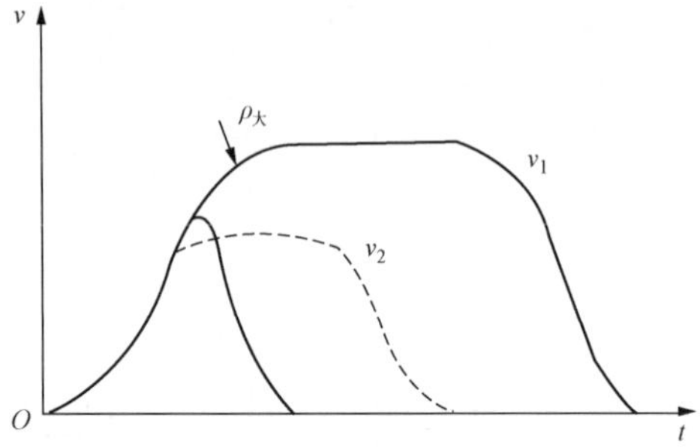 图 8-12　减速过程 1）反馈值的调节必须动态调整。当电梯空载上行时，制动、电动灯交替闪烁；而空载下行，满速时以电动灯亮为主。 2）调试时，PI 参数也是一个很重要的量，一般 I（积分）的调节范围不大。P（比例）不宜过大。过大，就出现超调现象。改造的这两台 24 层电梯尤为明显。它不但使系统的稳定裕量变小，系统还有振动。当电梯空载下行，减速制动时，制动过猛（超调）使电机力矩下降，这时由于对重的拖动，倒拉轿厢向上（反方向）运动，由于调速装置不识别方向，电梯低速走过一段距离直至保护动作。P 过小，则有时起动力矩不够，减速不够及时，反应迟钝，常冲过层楼。 3）利用软件开发还为电梯增加了下列功能：电梯的应急再平层功能，无关人之忧；轿内外呼显示；运行和停站显示；检修状态及直达功能的约定显示

8.2.3 电梯改造和节能问题

电梯改造的一个重要要求指标是节能。本节从三种曳引机的对比、交流双速电动机的改造、交流调压驱动系统的改造及一体化控制系统的节能应用，来论述电梯改造过程和节能方法。

1. 电梯三种曳引机的对比

电梯曳引机技术经过了蜗轮蜗杆传动曳引机、行星齿轮和斜齿轮传动曳引机、无齿轮传动曳引机三个发展阶段，它们的性能对比见表 8-5。由图中可知，永磁同步曳引机体积小、结构简单、可靠性高及高度节能等，成为当前电梯曳引机的首选。

2. 交流双速电动机的节能改造

交流双速电动机早期被广泛应用于客货电梯，如今已被淘汰，只是在一些中小型的电梯厂家中仍作为货梯的标准配置。交流双速曳引机驱动控制主回路如图 8-13 所示。

交流双速电梯采用的三相交流异步电动机定子内具有两个不同极对数的绕组分别为 6 极和 24 极。快速绕组（6 极，同步转速为 1000r/min）作为起动和稳速之用；而慢速绕组（24 极，同步转速为 250r/min）作为制动转速和慢速平层停车用。起动过程中，为了限制起动电流，以减小对电网电压波动的影响，一般按时间原则串电阻、电抗一级加速或二级加速。减速制动是在慢速绕组中按时间原则进行二级或三级再生发电制动减速，以慢速绕组进行低速运行直至平层停车。

表 8-5　　三种曳引机的性能对比

性能特点	异步电动机蜗轮蜗杆减速	永磁同步电动机行星斜齿轮减速	永磁同步电动机无齿轮传动
效率	60%～70%，效率较低	≥96%，效率很高	80%～90%，效率较高
体积	体积大，质量大，安装费力	结构紧凑，体积小，安装方便	体积较小，质量小，安装方便
制动	制动于电动极端，通过减速箱的增力作用，制动力矩得到有效放大，可靠性好	制动于电动极端，通过减速箱的增力作用，制动力矩得到有效放大，可靠性好	制动于绳轮端，无增力机构，制动器须设计很大以保证冗余制动力，可靠性略差
其他	结构简单，噪声小，齿面易于磨损，生产成本低	运行平稳，寿命长，噪声偏大，生产成本较高	结构简单，维护性好，一般需 2:1 安装

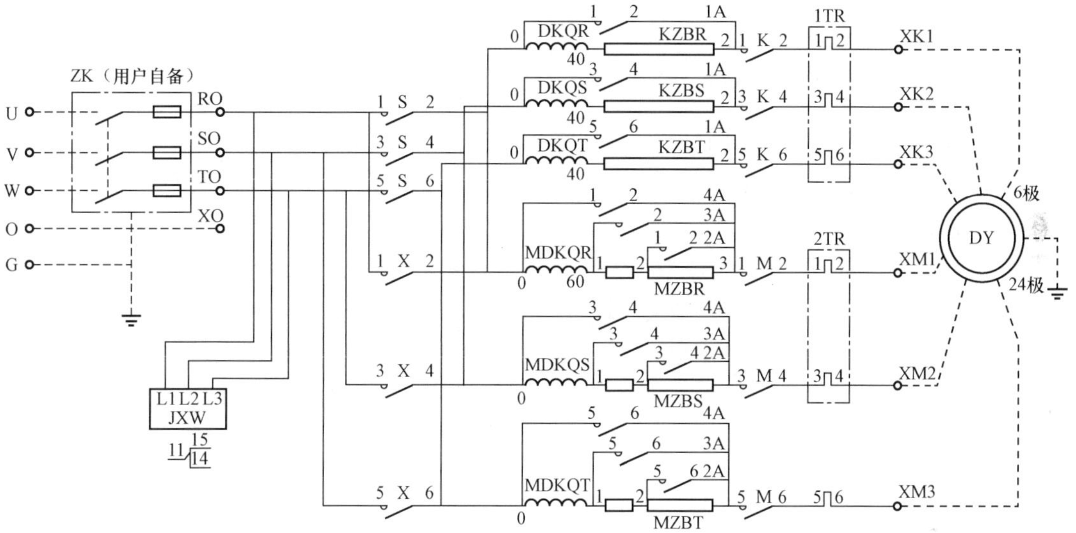

图 8-13　交流双速曳引机驱动控制主回路

对交流双速进行变频节能改造，可选用 WISH8000 一体化控制柜，针对电梯改造现场的特殊情况，对 9 层站以下电梯采用并行信号传输方式设计。与传统的电梯控制并行传输的概念有很大不同，每个楼层的指令和指示灯信号仅占用逻辑控制的一个端口，接线比原来减少了一半。虽然采用这样的并行传输方式，WISH8000 一体化控制柜仍采用 N 条曲线自动生成的距离控制，保证了卓越的运行舒适感。

3. 交流调压调速系统的节能改造

对于采用通用变频器驱动控制的电梯，在电动机发电运行（电梯轻载上行或重载下行）的时候，母线电压由于势能的回馈而快速升高，需要及时释放掉，一般采用制动单元及制动电阻的方式来实现，如图 8-14 所示。这种方法简单，成本低，但是不节能，电阻发热严重，造成机房温度上升。

如果把直流制动单元替换为 PWM 能量反馈单元（图 8-15），则既可节能，又可降低机房的温升。WISN-MDFB 电梯专用能量反馈单元与目前其他能量反馈单元相比，其主要特点是具有电压自适应控制回馈功能。一般能量反馈单元都是根据变频器直流回路电压的大小来决定是否回馈电能回馈电压采用固定值。受电网电压的波动影响，回馈效果明显下降，电容中储能被电阻提前消耗了。电阻专用能量反馈单元采用电压自适应控制，即无论电网电压如何波动，只有当电梯机械能转换成电能送入直流回路电容中时，电梯专用能量反馈单元才及时将电容中的储能回送电网，有效解决了原有能量反馈单元的缺陷。

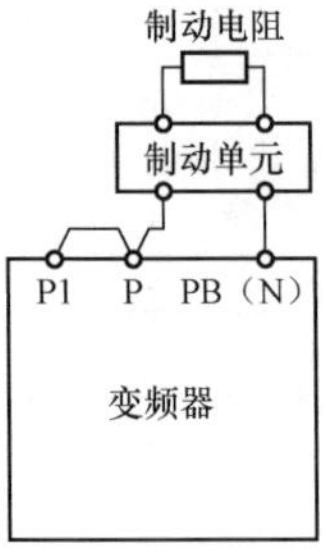

图 8-14 制动单元及制动电阻接线图

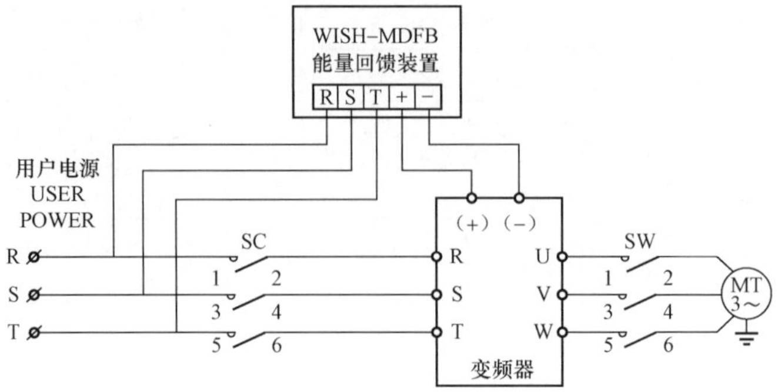

图 8-15 能量反馈单元接线图

4. 一体化控制系统的节能改造

近年来集成电梯逻辑控制与驱动控制的一体化控制系统已成为电梯控制的主流配置。若在现有基础上，进一步集成能量反馈技术，无疑可以为客户创造更多价值。此类控制系统由 PWM 整流器和 PWM 逆变器构成双 PWM 可逆整流控制系统，无需增加任何附加电路，对变换器的开关器件按照一定的控制规律进行通断控制，就可以消除网侧谐波污染，实现高功率因数及能量双向流动方便电动机四象限运行，并且电动机动态响应时间短，是高质量能量回馈技术之一。该四象限电梯一体化控制系统驱动主回路为电压型交—直—交变频，其基本结构包括网侧变流器、负载侧变流器、中间直流环节、控制电路等。系统框图如图 8-16 所示。

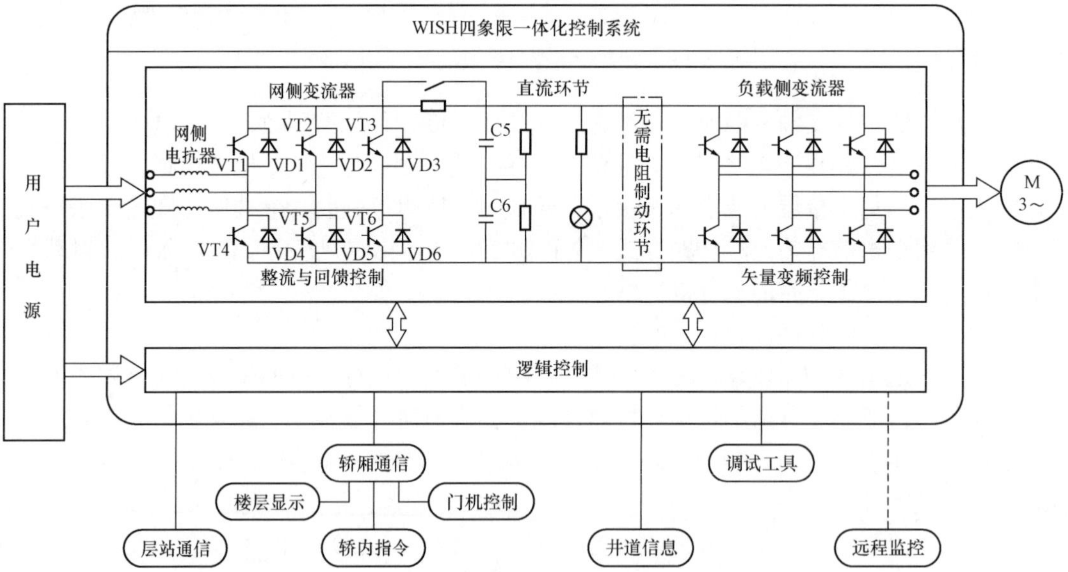

图 8-16 四象限电梯一体化控制系统

电梯一体化控制系统变频驱动回路要实现四象限运行，必须满足以下条件：

（1）网侧端需要采用可控变流器。当电动机工作于能量回馈状态时，为了实现电能回馈电网，网侧变流器必须工作于逆变状态，不可控变流器不能实现逆变。

（2）直流母线电压要高于回馈阈值。变频器要向电网回馈能量，直流母线电压值一定要高于回馈阈值，只有这样才能向电网输出电流。电网电压和变频器耐压性能决定阈值大小。

（3）回馈电压频率、相位必须和电网电压相同。回馈过程中必须严格控制其输出电压频率和电网电压频率相同，避免浪涌冲击。

8.2.4　电梯轿厢装潢和电梯安全

电梯轿厢装潢和电梯安全密切相关。如果在轿厢装潢时忘了电梯安全，装潢时改变电梯的平衡系数和电梯性能，导致电梯事故。所以在装潢前，在电梯设计时就应考虑到装潢带来的影响，留出余量，不致影响电梯的安全。电梯装潢设计是电梯改造设计的重要组成部分，电梯装潢设计和电梯种类有关。电梯装潢总的原则和电梯种类的关系见表 8-6。

表 8-6　　电梯装潢总的原则和电梯种类的关系

项目	内　　容
电梯装潢总的原则	（1）在设计电梯装潢时，首先要考虑电梯的用途，然后参照建筑物的装修风格去考虑电梯装潢材料的选择、加工和安装。 （2）电梯按用途分为乘客电梯、载货电梯、病床电梯、杂物电梯、住宅电梯、客货电梯、特种电梯等。载货电梯和杂物电梯在轿厢及厅轿门的装潢上一般采用钢板喷塑，灯光明亮即可。 （3）在材料上，病床电梯和住宅电梯一般选用发文不锈钢或钢板喷塑，色彩应柔和；吊顶设计不宜烦琐，选用白色有机投光板柔光设计。整体效果应简洁明快，调节人们的情绪和心情。 （4）面积测算问题。用户采用电梯轿厢的内尺寸（宽、深、高）；门框的尺寸（宽、高）。如果轿厢不是规则的矩形，还要画图，把拐角部分测量准确。门装潢要测量门扇的宽和高。有了这些尺寸，工厂就可以加工出相应的产品。 （5）报价。一般是按照用户要求，分项报价，如轿厢、门的报价。各家生产装潢的公司都有自己的价格定位。 （6）需要注意，电梯装修后会改变电梯的平衡系数。如果是用户新购电梯，要把装修物的重量估算一下，提前告诉电梯制造厂。如果是在用电梯装修，就需要由电梯调试人员进行调整
乘客电梯装潢	（1）乘客电梯是为运送乘客而设计的电梯，主要用于宾馆、饭店、大型商场等客流量大的场所，因而多采用多种材料和色彩的组合。 （2）极为讲究的内部装饰材质，在线条和造型上极尽所能，着重在每一个细微之处，体现尊贵宁静，豪华气派、庄重典雅、安全舒适的搭乘空间，给人以赏心悦目的视觉感受。 （3）运用不同色温的差异和不同光源的处理，可昏黄暖和，可明亮轻快，体现出不同的电梯装潢风格，营造适合各种环境要求的最佳气氛
病床电梯装潢	（1）医用电梯中接触的病人很多，需要经常对轿厢内部消毒处理。 （2）轿厢内壁、地面、吊顶、扶手等都会接触一些化学制剂，需要能防腐蚀的材料对轿厢内部进行装饰。 （3）要对厅门门套和轿厢前壁做适当的防撞缓冲处理，这样既可保护厅门门套和轿厢前壁，又能减轻相撞时的冲击，保护病床上的病人。 （4）在轿厢的装饰风格上要能体现出一种温馨舒适的感觉，不能让病人感到冰冷和恐惧，使病人能暂时忘掉或减轻身体上的病痛
住宅电梯装潢	（1）住宅电梯在装潢上更多地考虑到的是适应不同年龄和不同文化素质的人群。 （2）儿童在轿厢内的嬉戏可能与扶手或轿壁相撞；老人因眼神不好可能在操作选层时遇到困难；素质低的人可能在轿厢内吸烟引起火灾；醉酒的人可能对轿厢，厅门和操纵盘进行破坏。 （3）住宅电梯可能受到家具和自行车等一些物品的撞击。所以在对住宅梯进行装潢时，轿壁装饰要考虑采用一些能缓冲的材料，但不能采用木材等易燃材料进行装饰。 （4）轿内操纵盘的按钮和楼层指示器应大小合适，并且选择较醒目的颜色，同时要考虑到它们具有较高的防破坏性和被破坏后的安全性
别墅电梯装潢	（1）别墅电梯的装潢更具个性化一些，能充分体现主人的个人爱好、审美观念，职业范围等特点。 （2）轿内的装饰应能和整个家居相辅相成。在门的装饰上采用与家装用门同样的开启方式。在颜色搭配和外形布置上能尽量融合在整体的家装效果中。 （3）在视觉上让人感到清新明快的时代气息

续表

项目	内　　容
轿厢装修后的超重	（1）在多年的有关资料中，电梯装潢造成轿厢重量改变，造成平衡系数不符合要求，致使电梯发生不同程度的事故。 （2）电梯轿厢装修后的比重按1t轿厢约自重320kg计，经装修后重量超出380kg。要使电梯回复基点（即达原平衡系数）对重必须同时加重190kg，即对曳引机而言总重量共加重570kg。当然，电梯设计已有一定的超重预留数据。 （3）电梯自身超重，使电梯运行中无轻松的缓冲，可能使电梯产生各种事故，特别是高速梯及无机房更应注意。 （4）在装修设计就要控制一定的装修重量。每年在世界各地都有因电梯装修超重而带来的各种意外。但到目前还未得到真正的重视，电梯装潢设计中，应尽量不要选太多厚重的材料
轿厢装修应留救生窗（逃生口）	（1）当电梯运行时突然发生事故，如不能回到平层，轿门就不能打开，这时需利用轿顶救生窗拯救被困乘客时。若装修中没按原位留救生窗，就会增加不便及缓长救援时间。多一秒就会多一分危险（首先就是心理恐惧），所以在设计过程中，应注意同时考虑救生窗与装修美观，不能图美观而忽视了逃生出路。 （2）装修用的木材需要考虑防火。如轿厢用太多木材，可能会引发火灾。当然在运用过程中，可按消防惯例，在木材表面涂上防火涂料。但由于轿厢长期在上下运作中，电线可能会造成外皮老化损伤，一旦电源与木材摩擦接触起火，在一个较小的空间，万一有了烟火，会使乘客逃救无门。作为电梯业制造者在设计中应将这小小的细节同样放在安全的规范中。 （3）电梯安全是电梯美观的前提，只有在这个基础上才能构制出更多、更完美的设计方案，让常用的冰冷轿厢变得温馨和赏心悦目

8.3 电梯部件改造和安全

8.3.1 停电柜与变频门机的改造配合

1. 故障实例

GVF-B1600-CO60和GVF-15-CO60型电梯在正常情况下可以正常运行，在停电自救状态下不能正常开门，两台梯的故障现象完全一致。在2002年4月某日的现场现象是：

（1）在电梯运行过程中切换至停电柜供电状态，在平层后门有开的趋势，但感觉开门力不够。当用手将门拉开过开门保持点后，可以开门，但比正常速度要慢很多。

（2）停电柜供电的状态下，在轿顶观察电子板上的指示灯，发现与正常情况完全相同，有开门及开门允许信号导入，应该开门。DMC-1板的L10-L15闪烁，表明CPU已发出三相波形控制信号，但电动机出力不够，不能冲过开门力保持装置。

（3）在轿顶用万用表交流档测量门机铡刀开关处的电压为交流 128V，正常情况应为交流110V，用万用表直流挡测量门机电子板放电电阻两端电压（即直流母线电压）为直流115～120V，正常情况应为直流155V。

2. 故障分析

（1）门在正常情况下可以正常运行，证明电子板、电动机、编码器、接线等均无问题。

（2）在停电柜供电的情况下，门控制系统接收与发出的信号完全正常，并且已有三相波形控制信号发出，但电动机没有足够大的转矩输出。考虑主要是因为直流母线电压过低，所以电动机的输出转矩下降。

（3）电子板上的整流滤波示意图如图8-17所示，在输入为AC128V有效值（正弦波）时输出应约为直流$\sqrt{2}$×128V=179V，而现在只有直流115～120V，所以有可能交流输入波形不是正弦波。后经证实，停电柜的输出为交流方波（图 8-18）。整流滤波后的直流母线电压与输入的交流电压有效值基本相同，而不存在$\sqrt{2}$倍的关系。

3. 处理方法

考虑在每次上电后的第一次开门过程中增大电动机的相电压，即提高电动机的输出转矩。而在其他时刻恢复为正常电压、正常速度曲线。采用该方法会使在非停电柜供电状态下，上电后的首次开门电流变大，是否可行要由试验验证。

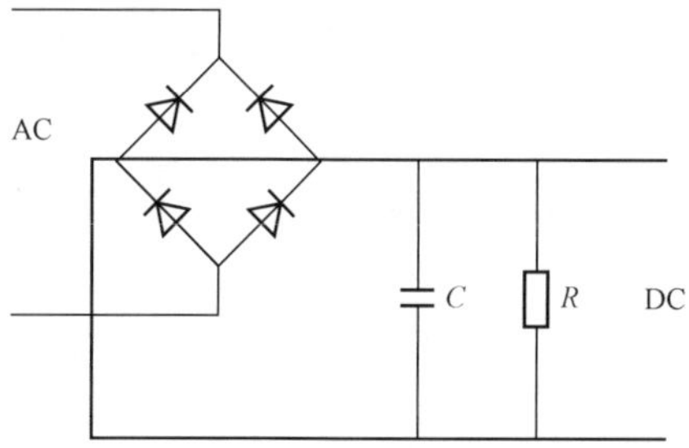

图 8-17　电子板上的整流滤波示意图

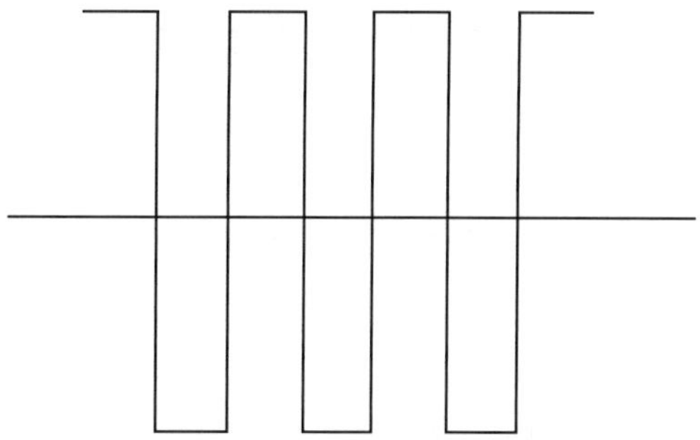

图 8-18　停电柜的输出交流方波

8.3.2　更换变频器后舒适感不良的处理

1. 故障实例

GVF-15-CO90 型电梯并联控制，停层站 16/13，其中 3 号电梯的 VG3N 变频器烧坏，建议使用 VG7S 变频器，变频器更换后，其舒适感调整无法满足客户要求。该电梯更换完 VG7S 变频器后，电梯的起动和停车舒适感都不理想，和现场的另一台使用 VG3N 变频器的电梯的舒适感比较，有一定的差距，客户表示不接收，要求进一步调整。

2. 处理过程和结果

（1）处理过程。

1）输入完变频器参数后，电梯运行时的减速距离异常。将 PLC 的参数 D312 由 11360→11700，D333 由 6020→6520 后，电梯运行时的减速距离正常。但电梯运行的舒适感很差。

2）调整轿底差动变压器和修改变频器有关参数，电梯的运行舒适感有所改善，但仍然较差。具体改动的变频器参数见表 8-7。

表 8-7　具体改动的变频器参数

功能码	改动前	改动后	功能码	改动前	改动后
E55	2.3	9.5	L06	24	10
E56	1.4	7.5	L07	24	21
F07	2.5	5.5	L08	24	16
C36	2.5	2.0	/	/	/

3）将步骤 2）的变频器参数复员后，重新修改变频器参数 F39 由 0.00→0.10，L04 由 0→1，E55 由 2.3→3.4 后，电梯的起动、停车舒适感满足客户要求。

（2）处理结果。修改了变频器 F39、L04、E55 的数据，电梯运行正常，起动、停车舒适感不良问题消除，满足客户要求，以下是变频器参数更改前及更改后的电梯运行曲线。

1）按处理过程 1）完成参数修改后电梯的运行曲线如图 8-19 所示。

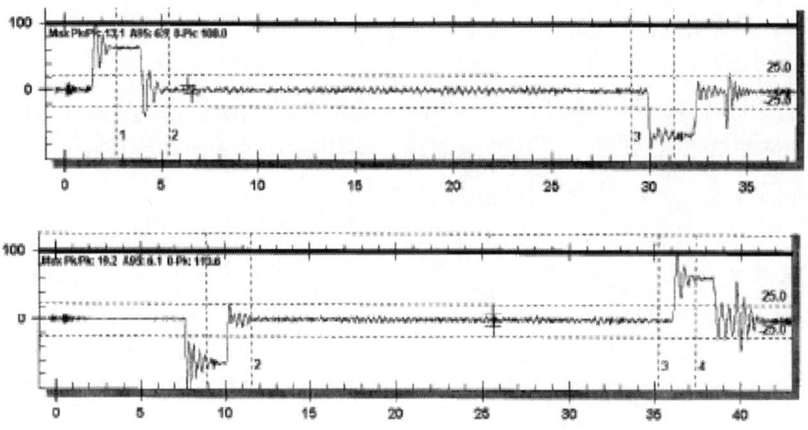

图 8-19　按处理过程 1）完成参数修改后电梯的运行曲线

2）按处理过程 2）完成参数修改后电梯的运行曲线如图 8-20 所示。

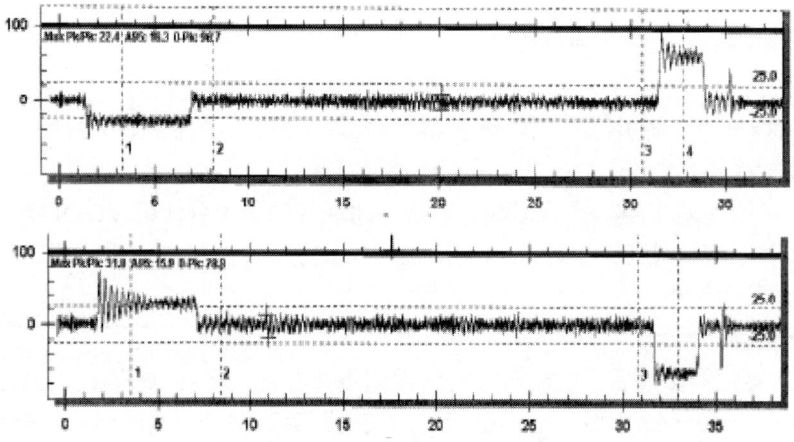

图 8-20　按处理过程 2）完成参数修改后电梯的运行曲线

3）按处理过程 3）完成参数修改后电梯的运行曲线如图 8-21 所示。

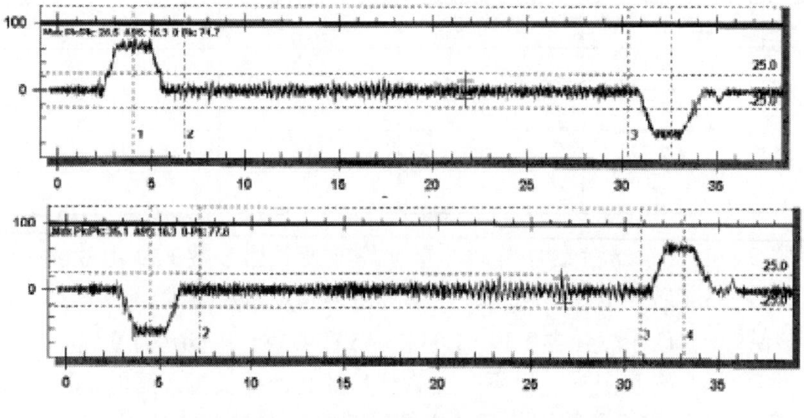

图 8-21　按处理过程 3）完成参数修改后电梯的运行曲线

3. 原因分析

造成变频器更换后的舒适感不理想的主要原因是变频器的有关参数设置有误。具体是 L04 功能码的参数设置不对，该功能码是固定 S 模式固定。由于 L04 功能码的参数设置不对，造成 S 字段 L05-L12 功能码无效，使电梯没有按设计要求的 S 字模式进行，所以电梯的舒适感无法调整到理想状态。

防止再发生对策：对于有关修改程序的作业，要加强责任感，认真核对清楚每一个地址和参数的内容，避免输错或疏漏。

8.4　电梯更新选型应注意的问题

电梯更新选型应注意的问题见表 8-8。

表 8-8　　**电梯更新选型应注意的问题**

<table>
<tr><th>项目</th><th>内　　容</th></tr>
<tr><td>考虑电梯的输送能力</td><td>
（1）电梯更新选型土建图如图 8-22 所示。乘客搭乘电梯的平均行程时间应不超过 120s。
（2）电梯台数、额定载重量和额定速度。电梯的输送能力取决于电梯台数、额定载重量、额定速度和在控制技术方面的改进，与新建建筑物的电梯选型有一些区别。
1）在旧梯更新时，在原有的建筑物中增加电梯台数不太现实，故可不予考虑。
2）旧梯更新时，建筑物原有的井道尺寸已经固定，如果在井道尺寸允许的情况下，应采用尽可能大的额定载重量的电梯。
3）电梯的速度对建筑物井道的顶层高度和底坑深度有不同的要求，速度越大，要求的顶层高度和底坑深度也越大。电梯更新时，建筑物原有井道高度已经确定，如果允许，应采用额定速度大的电梯。但是，到了 1.75m/s 以上速度的电梯在居民楼中使用的效率就会受到其楼层高度和停站数的影响，不能发挥高速电梯应有的效率。
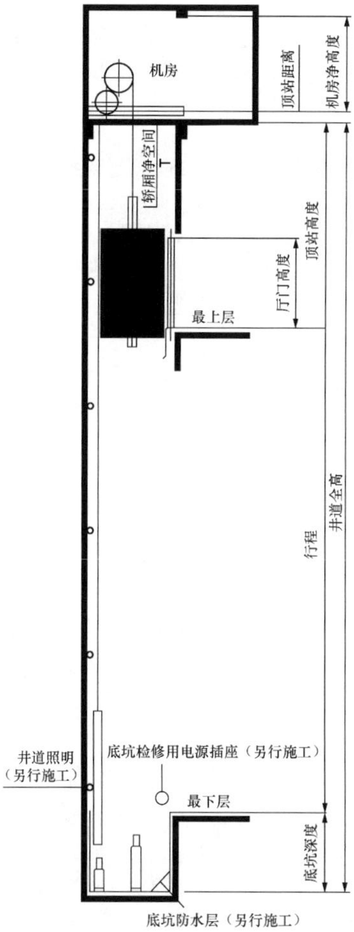

① 井道截面图
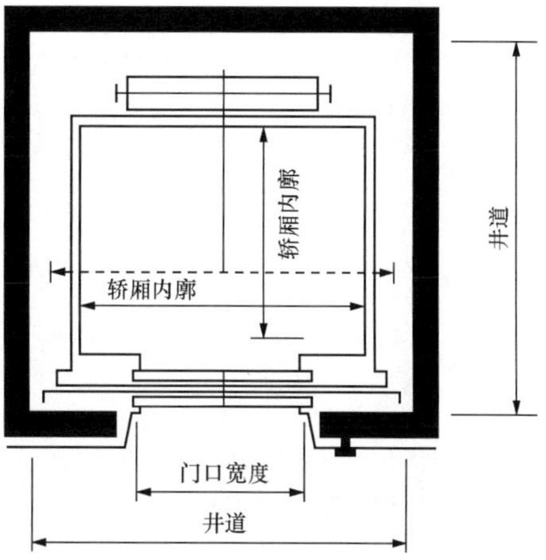

② 井道平面图
图 8-22　电梯更新选型的土建图
</td></tr>
</table>

续表

项目	内　　容
考虑电梯的输送能力	4）老旧住宅楼在设计之初，由于对电梯的配置考虑不周，24 层高楼只配备了一大一小的两台电梯。由于小梯载客量太少，速度又低，而高层住宅的客流量很大，致使小梯运行时常常会导致乘客滞留，特别是在下班高峰时，一层候梯厅会出现排起长队等候电梯的现象。因此不得不长时间使用大梯，导致大梯过度磨损，缩短了使用寿命，增加了故障率。电梯更新时，尽可能地增加小梯的载重量，提高梯速。更新后小梯的载重量已增加到 630kg，速度提高到 1.6m/s，基本保证了住户的顺畅出行。 （3）采用控制技术的改进。在旧梯更新的过程中，受到原有条件的限制，提高电梯的输送能力应从如下采用控制技术的改进来达到： 1）采用直接停靠技术。在电梯运行曲线中取消低速平层段，电梯从额定速度按一定的减速度减到零速，此时正好在平层位置。如果有小偏差，则利用“再平层”技术予以调整。 2）采用提前开门技术。在轿厢还未到达零速，在未完全平层的一小段安全距离内开门机开始动作。待轿厢完全平层时，门已基本打开，通过提前开门的控制来提高电梯的运行效率。 3）采用快速开门技术。在满足最大阻止关门力和门最大动能限制的前提下，提高平均关门速度，从而缩短关门时间，节省乘客的乘行时间和候梯时间。 总之，在旧梯的更新工作中，从电梯台数、额定载重量、额定速度和控制技术的改进这四个方面，在决定电梯型号时，特别需要认真考虑电梯是否能采用一些新的控制技术，达到电梯运输能力的要求。
考虑电梯的性能	（1）可靠性。按照 GB/T 10058—2009《电梯技术条件》规定，整机可靠性为起制动运行 60 000 次中失效（故障）次数不应超过 5 次，每次失效（故障）修复时间不应超过 1h，控制柜失效（故障）次数不应超过 2 次。 （2）舒适性。 1）由于在电梯设计和制造过程中在某些细节方面的忽略，也会造成舒适感的下降。例如，目前越来越多的生产厂家推出了永磁同步无机房或小机房电梯，由于永磁同步曳引机与变频器之间的匹配问题，会造成在低楼层重载和高楼层轻载起动时有倒拉的现象发生，影响其舒适性。 2）当有反绳轮安装在轿顶或轿底时，如果制造时采用的轴承质量不佳，则要增大轿厢内的噪声。所以在旧梯更新中，考虑电梯设计和制造细节方面的情况能提高电梯的舒适性
考虑建筑物尺寸的因素	（1）在旧梯更新中，建筑物的原有尺寸已经固定，而更新的电梯在尺寸上不可能与原有的电梯完全相同，所以在考虑新电梯选型时，应该充分考虑每一处建筑物的特点来确定电梯型号，而不宜大批量地订购某一型号的电梯。 （2）不同曳引比电梯间的更换。如果将原来的直挂式电梯改为曳引比为 2:1 的电梯，同时反绳轮安装在轿顶时，要出现下面的施工难度： 1）顶层高度方面。因为原来曳引比为 1:1，轿顶上无反绳轮，而更新后的电梯曳引比为 2:1，轿顶上增加了反绳轮，为了增加舒适感，有可能在轿厢的高度上有所增加。如果原有的顶层空间不满足要求，则在新电梯安装施工时就要求对井道的顶板加以提高。 2）剔凿井道方面。当曳引比为 1:1 的电梯更新为曳引比为 2:1 的电梯时，曳引绳要由原来的穿越 2 次机房地面增加为穿越 4 次机房地面，才能满足安装的要求。在某些特殊情况下，这样的剔凿工程不易实现。例如在某单位的一台电梯的更新工程中，发现机房地面的混凝土厚度深达 1m，在这样的条件下施工非常不易。 3）所以在电梯选型时，要考虑新型号的电梯是否在施工方面存在难度。建议在选型时采用与原来同样曳引比的电梯。 4）不同轿厢形状的电梯之间的更换。在原来某些老的梯型中，使用了扁长形的轿厢，其开门宽度相应增大，井道形式和尺寸也相应采用了扁长形。则在旧梯更新过程中，如果采用现在通用的电梯形式时，势必会造成同样的载重量的电梯在原有的井道上无法安装的问题。而只能采用小轿厢的电梯，从而引起额定载重量的下降。 所以在电梯更新中，宜使用相同厂家的电梯来使轿厢的尺寸能与现有井道的尺寸相匹配，或者采用新厂家的非标电梯来解决这个问题

8.5　电梯改造后的安全管理和安全检查

8.5.1　电梯改造后慢车不能运行的处理

1. 电梯事故实例

【例1】 GVF-15-CO105型并联电梯，停层25/25，改造完成其中一台电梯后，调试慢车，变频器出现热敏电阻回路断线故障，电梯慢车不能运行。

【例2】 省工商银行是两台YP单控电梯改造为GH98A系列并联电梯。先改造其中一台电梯，改造安装完成后，在轿顶进行慢车试运行，电梯有起动信号，但不能保持：在轿顶按上行按钮，继电器“11”与“101”重复吸合和释放，直到接触器“97”释放，继电器“15BZ”和“10TZ”始终不吸合；同样当在轿顶按着下行按钮，继电器“12”与“101”重复吸合和释放，直到接触器“97”释放，继电器“15BZ”和“10TZ” 不始终吸合。在轿内也不能进行慢车试运行，情况与轿顶相同。

2. 处理办法与原因分析

处理办法：①检查电梯接线：现场将电梯热敏电阻接线错接到V1-1和V1-2上，而将电梯抱闸接线接到V1-3和V1-4上；按该电梯电气接线图，重新将电梯热敏电阻接线接到V1-3和V1-4上和电梯抱闸的接线路接到V1-1和V1-2上，再进行慢车试运行，电梯不能运行。②检查电梯热敏电阻的阻值，发现此时接线（8、9端子）的热敏电阻的阻值为“0Ω”，测量另外一相热敏电阻（8、10 端子）的阻值为“8.6kΩ”。③检查电梯故障码，变频器报警码出现“nrb”，是热敏电阻电路断线保护故障。④将电梯热敏电阻接线换为（8、10端子）阻值为“8.6kΩ”热敏电阻上，电梯变频器报警码消失，电梯能进行慢车运行。

原因分析：由于现场接线错误。将电梯电机热敏电阻接线与电梯抱闸接线相互接反，试运行后将电机热敏电阻击穿导通，致使出现电梯变频器报警（热敏电阻电路断线保护），所以不能慢车试运行。其中使用的热敏电阻为：热敏电阻标准阻值为10.1kΩ。热敏电阻内部接线如图8-23所示。

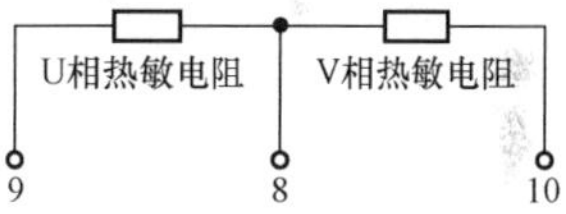

图8-23　热敏电阻内部接线

8.5.2　电梯改造项目的检验

1. 事故实例和分析

【例3】 某旅社发生电梯开门走梯事故，导致1名乘客当场死亡。从事故发生的录像和事后维修得知，电梯由于控制电源回路接触不良发生故障，维修人员正在进行维修，为了查找事故，维修人员短接了厅轿门电气联锁回路，却将电梯置于正常状态，乘客进入时，轿厢正处于厅轿门地坎之间，轿厢在开着门的情况下突然上升，将乘客挤压在轿厢地坎和厅门上坎之间，现场惨不忍睹。查找原因时，了解到此电梯门锁电气联锁回路如图8-24所示。

图8-24　某电梯门锁电气联锁回路

GB 7588—2003《电梯制造与安装安全规范》第14.1.1条规定：“在14.1.1.1中所列出的任何单一电梯电气设备故障……，其本身不应成为导致电梯危险故障的原因……”又在第14.1.1.1条指出：“可能出现的故障：……g）接触器或继电器的可动衔铁不释放……”为了防止这一条款描述的事故发生，电梯设置了PC的常开信号输入点A1，由设置基于轿厢、相当于轿门关门终端的“快车开关”产生信号。即使当厅轿门电气连锁开关一起被短接，或者门联锁继电器触点异常黏合等故障发生时，快车开关仍然处于断开状态，电梯控制计算机没有收到快车起动信号，电梯就不会运行，以避免事故发生。

在电梯事故现场，却没有找到此“快车开关”。原来该电梯在此前进行了改造，更换了变频器、厅轿门门锁和变频门机，改造中由于新门机无“快车开关”的装设位置，改造设计施工方案中也没有“快车开关”装设的具体做法，因此现场作业人员在轿顶将原来连接“快车开关”的两根导线短接了。

【分析】“快车开关”设置对防止此类开门走梯事故并不是最佳方案，维修人员错误操作是这一事故的直接原因，电梯不当的改造是电梯事故的部分原因。下面详细分析电梯的不当改造。

（1）电梯改造的设计与施工方案未对轿门门机关门到位开关，即“快车开关”进行技术交底，未了解新门机中关门到位开关的具体安装位置，也没有给出具体安装实施方案。

（2）施工人员缺少对电梯技术特点的了解，随意施工，且未受到有效的施工监督。

（3）特种设备检验机构的检验人员未对相关资料进行仔细审查，现场检验也未对有关项目进行检验。

电梯新检规对改造的要求。按照新检规TSGT 7001—2009《电梯监督检验和定期检验规则—曳引与强制驱动电梯》，对于改造项目的检验、改造或者重大维修单位需提供以下资料：①改造或者维修许可证和改造或者重大维修告知书，许可证范围能够覆盖所施工电梯的相应参数；②改造或者重大维修的清单以及施工方案，施工方案的审批手续齐全；③所更换的安全保护装置或者主要部件产品合格证、型式试验合格证书以及限速器和渐进式安全钳的调试证书（如发生更换）；④施工现场作业人员持有的特种设备作业人员证；⑤施工过程记录和自检报告，检查和试验项目齐全，内容完整，施工和验收手续齐全；⑥改造后的整梯合格证或者重大维修质量证明文件，合格证或者证明文件中包括电梯的改造或者重大维修合同编号、改造或者重大维修单位的资格证编号、电梯使用登记编号、主要技术参数等内容，并且有改造或者重大维修单位的公章或者检验合格章以及竣工日期。

检验方法：审查相应资料。第①～④项在报检时审查，第④项在其他项目检验时还应查验，第⑤项在试验时查验，第⑥项在竣工后审查。

2. 改造检验建议

为了更好地贯彻和执行电梯新检规，保障电梯的安全运行，提出如下建议：

（1）应提交设计计算书、电气原理图等。当改造涉及曳引力、导轨强度、轿厢强度等问题时，应提交已经通过审核和批准的设计计算书。改造项目都是个案，没有参照性，因此存在着较大的不确定性，技术上也存在着一定的风险，列出设计计算书，有助于提高改造的质量。如改造项目为更换曳引机整机，就涉及曳引能力和电动机容量选择等需要计算的问题，因此设计计算书作为施工方案的制订依据之一，应一起提交。

（2）负责资料审查的检验人员应该具有较高的电梯专业水平，应具有检验师或以上资格。从事故原因的分析中可知，虽然电梯安全运行的主体责任在于电梯生产、使用单位，但是，假如负责资料审查和现场检验的检验机构检验人员，尤其是负责资料审查的检验人员具有较高的专业技术水平和责任感，相信此起事故是可以避免的。

（3）改造作业所更换的关键部件（尤其是控制柜等），应进行整件的更换。按照《机电类特种设备安装改造维修许可规则》，电梯改造定义为：由于限速器等部件变更型号、规格，或者由于参数的调整，使额定速度等参数的内容发生变化，均认定为改造作业。此款规定的执行，应再进行细化。例如，如果对一台电梯进行改造，将原来的交流调压调速装置更换为变频器，再适当地增加一些装置，而信号控制部分（电脑主板）不作变化，则必然需要更改一些线路。这样完成的一个控制柜，按照新检规的检验方法，负责资料审查的检验人员的专业技术水平要求非常高，至少要有型式试验检验人员的专业水平。实际上，检验人员的专业技术水平也可能参差不齐，极有可能当做为电梯改造项目的最后把关者时，出现疏漏而埋下事故隐患。因此，建议新检规应规定部件更换时进行整件更换，且附有该部件的型式试验报告，这样可以减少检验工作中人为的失误。

（4）应进行改造过程检验。改造是一个相当复杂的过程，其中的某一项失误，就可能成为导致事故的一个相当主要的原因，因此有必要对电梯改造过程进行监检。

第9章

电梯报废问题

电梯报废问题和电梯改造、电梯更新、电梯安全有密切的联系，因为电梯报废之后势必要进行电梯改造或更新。问题是什么时候报废（即报废的期限），是电梯设备和电梯部件的使用寿命问题。本章介绍住宅电梯报废管理问题；电梯设备或部件报废、更新实例。搞清楚与电梯报废有关的各种问题，就能保证更科学地进行电梯设计、安装和维修，保证电梯安全。

9.1 老旧电梯的故障隐患和更新调查

2005 年北京市政府发布了《关于消除本市老旧居民住宅电梯安全隐患意见的通知》，以消除本市部分居民住宅电梯存在的型号老旧、使用年限较长、故障频繁、不符合现行国家标准等安全隐患问题。对于这些老旧电梯的故障隐患和更新调查分析见表 9-1。

表 9-1　　老旧电梯的故障隐患和更新调查分析

项目	内　　容
老电梯所执行设计和制造标准偏低	（1）20 世纪 80 年代初期电梯执行的标准水平低，也不成体系。80 年代中后期发布了 GB 7588—1987、GB 10058—1988、GB 100 59—1988、GB 10060—1988，使电梯的设计、制造、安装、检验有了较系统的标准体系。但上述标准改版修订较快，与现行的电梯标准有一定的变化，特别是《电梯制造与安装安全规范》到 2003 年已修订过两次，内容有较大变动。 （2）20 世纪 80 年代初期的电梯能够达到或部分达到 GB 10058—1988《电梯技术条件》标准。但该标准于 2009 年进行了修订，对部分内容做了增删。例如该修订标准.2 条增加了对控制柜的可靠性考核要求，该要求规定电梯起制动运行 60 000 次，控制柜失效次数不应超过 2 次；6.3.2 条明确要求：正常生产时安全部件的型式试验每年不少于 1 次，控制柜、曳引机的型式试验每 2 年进行 1 次；6.3.3 条明确要求：正常生产时，整梯型式试验每 3 年进行 1 次。遵循旧标准生产的电梯控制柜（图 9-1）的故障率、安全部件的可靠性都不能得到很好的保证。有的控制柜是改造单位自行组装的，没有经过任何型式试验，其可靠性更难保证。 （3）20 世纪 80 年代中后期安装的电梯整梯和各部件遵从的安全标准 GB 7588—1987，与现行的国家标准 GB 7588—2003 有很大差异，导致老旧电梯的重大安全部件与现行国家标准要求严重不符。例如层门锁紧装置已不符合 GB 7588—2003 中 7.7.3.1.7～7.7.3.1.9 的规定，按照旧标准生产和使用的层门锁紧装置（图 9-2）在弹簧失效的情况下，重力会导致开锁且无防护装置避免灰尘。 （4）大量梯速为 1m/s 的老旧电梯在安装之初就使用了瞬时式安全钳，不符合现行 GB 7588—2003 中 9.8.2.1 条的规定。老旧电梯没有上行超速保护装置，不能满足 GB 7588—2003 中 9.10 条的要求。 （5）控制系统也不符合 GB 7588—2003 中 12.4.2.3.1 条的规定，不能检测切断制动器电流的 2 个独立电气装置的触点在电梯停止时是否打开。有的控制系统根本就没有 2 个独立电气装置来切断制动器电流。 （6）新标准还对轿顶护栏、底坑对重侧护栏及报警装置提出了明确的要求。上述差异造成了安全隐患

续表

项目	内　容
	  图 9-1　控制屏正面　　图 9-2　由多个位置开关控制的开门机构
电梯型号老旧，控制系统笨重庞大，使用元件多	（1）由于电梯型号老旧，使用元器件多，技术落后（图 9-3、图 9-4），造成故障点多，故障率高，零配件短缺，给维修工作带来了困难，影响了电梯运行。 （2）电梯多为继电器控制。通过机械触点的开合，众多开关的通断来实现逻辑控制功能，由于大量使用开关、继电器、接触器（图 9-5、图 9-6）造成故障点多，故障率相对较高。 （3）零配件短缺导致供应困难，无替代品，有的电梯厂家早已停产多年，零件损坏后只能花大价钱定制或拆借其他电梯的相应配件应急，给维修工作带来了很大麻烦，影响了电梯服务质量。其原因是，这些电梯设计较早，许多新技术不成熟，没有得到应用。近几年电子技术、电力电子技术、计算机信息技术获得了长足的进步，集成电路的稳定性不断提高，使得变频器、微处理器、存储器、具有逻辑判断功能的部件、串行通信部件光电器件在电梯中得到了普遍的应用，使得电梯的稳定性、舒适性大大提高，故障率大大降低，节约了能源，维修更加简单

图 9-3　陈旧的三相整流装置

图 9-4　老旧电缆

图 9-5　由众多继电器、接触器、电线组成的控制屏

图 9-6　由小灯泡组成的楼层显示

续表

项目	内　　容
老旧电梯安装、使用之初，相关管理法规与体系不够健全	（1）老旧电梯在使用之初对其监管不够完善，现在，随着监管体系和相关法规的不断完善，旧电梯在日趋严格的监管下漏洞百出。 （2）定期检验前，老旧电梯的维保单位要花费大量的人力物力，对不符合检验标准的部件进行更换，对不符合标准的项目进行整改

9.2　住宅电梯报废管理问题

9.2.1　住宅电梯更新改造年限问题

住宅电梯的数量在不断增加，对已趋老旧的电梯，面临着更新或者改造的问题。详细情形见表9-2。

9.2.2　住宅电梯更新实例

住宅电梯更新，就意味着旧的住宅电梯要报废。下面用例子来说明电梯的使用期限，供有关部门和专业人员参考。

表9-2　　住宅电梯更新改造年限问题

项　目	内　　容
旧住宅电梯存在的问题	（1）旧电梯的更新就是以旧换新。将旧梯拆下更换成符合国家标准的新型电梯，但是在实际现场具体操作中，还有许多问题必须通盘考虑。例如，住宅在用电梯中近一半以上多属老旧电梯，由于经费不足等客观因素，老旧电梯急需更新的状况十分严重。 （2）在用住宅电梯中运行10年以上的电梯（2000年统计）均为1989年以前投入运行的，绝大多数不符合《电梯制造与安装安全规范》。主要存在如下几大问题。 1）梯井土建属于非标井道，用现在的国标对照时，关键的梯井宽、深两个尺寸出入甚大，无法兼容。 2）控制系统、井道信息多属于继电器控制。因其故障率高、耗电大、控制方式落后而被政府职能部门明令于××××年以前淘汰。 3）舒适感和平层精度。因此类梯型多属滞速停车而远不能满足国标GB/T 10058《电梯技术条件》关于起（制）动加（减）速度、振动加速度的规定。 4）电气拖动系统、曳引机、限速器、安装钳、厅轿门等机构的许多部分均与相关国标有很大差异，特别是安全部件（如门锁、强迫关门装置等）存在安全隐患，严重危及安全运行。据统计，发生在门上的人身安全事故占总事故的80%以上。 5）采用非电梯专用的继电器控制。这类控制由于控制结构复杂，器件多，触点多，技术落后，可靠性低，故障率高，有时甚至由于控制环节多，使电磁系统磁滞产生的积累误差（时间差），足以造成电梯失控而发生不易捕捉的安全事故
在用住宅电梯的使用年限	（1）关于在用住宅电梯的使用年限，目前尚无可遵循的依据，原则上可视电梯日常维修保养的水平、维保到位程度、运行频率、电梯本身的状况等因素去考虑。 （2）根据多年运行实际经验、维保和管理上积累的资料，以北京前三门地区电梯为例，我们认为住宅电梯的使用年限以完成3个中修、2个大修后再进行更新为宜，由此推算宜以15～18年为电梯的更新周期较为理想。如图9-7所示（以18年为例） 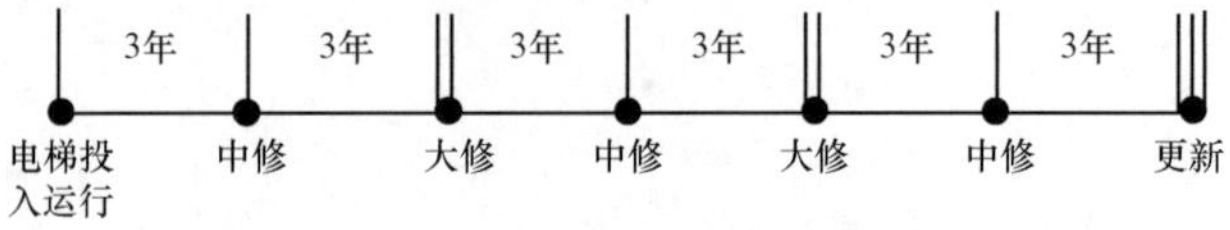 图9-7　电梯中修、大修、更新日期

北京“前三门”地区一共有73台住宅电梯，于2002年完成了电梯拆除更新工程，见表9-3。

表9-3　住宅电梯更新原因

项　目	拆　除　原　因
使用时间长	“前三门”地区为北京首批高层住宅电梯，自1978年投入使用，到2002年拆除，使用时间已达24年。电梯整机老化比较严重，经多次大修，故障频繁，维持正常运行难度大，急需更新
磨损严重，故障率高	住宅单元内设计为“单梯”，运行频繁，厅、轿门滑道磨损严重，门系统故障率高，开关门噪声大
整机老化	电梯整机因老化出现难以预计的故障，例如，其中一台（下置式）电梯曳引机从动轴向右侧偏离10mm，曳引轮向右侧偏离80mm，曳引轮相对从动轴向左侧偏离30mm。另一台电梯联轴器上键槽和蜗杆轴被轴键严重磨损即发生扫键。有的电梯抗绳轮被磨透，掉边（抗绳轮位置在井道内顶部，不易检修）；曳引绳（8股19丝，ϕ16）在轿厢侧锥套部位断股（在1根上断6股）；电缆断芯；常发生溜梯现象
平层误差大	电梯舒适感差，平层误差达30～100mm
安全设施落后，不全	厅门为非直接式门锁。层门缺少三角钥匙；限速器没设安全开关；自动层门没有自闭关门装置；速度为1m/s的电梯使用瞬时式安全钳；被动门缺少安全开关；控制屏的电气安全装置不符合规定；轿厢无称重装置，超载靠人为控制，一旦超载，电梯平层严重超差，下行更为严重，运行风险极大
居民有投诉	机房噪声易传到居室内，致使居民投诉
起制动性能差	顶层高度4.2 m，因电梯平层超差、起制动性能差等原因，一般顶层不停梯
运行效率低	运行效率低。电梯开门宽度一般为1100mm，实际开门宽度为900 mm，开关门时间延长了22%，电梯正常运行速度下调为0.8m/s，单程运行时间至少增加20%
交流双速，耗电量大	交流双速，耗电量大，要求的电机功率较大；控制系统和信号系统的部件损坏率高，维修和运行成本也高
超出改造范围	控制系统在设计上存在缺陷，电气改造与机械改造不同步，控制系统与拖动系统不匹配，如果进行改造，将不彻底。所以当时有关部门经过几年酝酿，采用从根本上解决问题的电梯更新工程

9.3　电梯设备或部件报废、更新实例

9.3.1　曳引钢丝绳的损伤和报废实例

1．曳引钢丝绳的损伤

随着电梯钢丝绳的使用时间、外部环境和自身质量等因素的影响，会产生磨损、疲劳和锈蚀等现象，给电梯的安全使用带来很大隐患。曳引钢丝绳的损伤有以下几方面：

（1）磨损。

1）外部磨损。电梯在运动时钢丝绳与曳引轮绳槽接触，并有相对运动产生摩擦，在机械的物理的化学的作用下，钢丝绳表面不断磨损。外部磨损后绳径将变细，外周表面的细钢丝

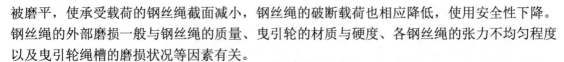

被磨平，使承受载荷的钢丝绳截面减小，钢丝绳的破断载荷也相应降低，使用安全性下降。钢丝绳的外部磨损一般与钢丝绳的质量、曳引轮的材质与硬度、各钢丝绳的张力不均匀程度以及曳引轮绳槽的磨损状况等因素有关。

2）内部磨损。在使用中，钢丝绳经过曳引轮时所承受的全部负荷压在钢丝绳的内侧，各细钢绳的曲率半径不可能完全相同。由于钢丝绳的弯曲，其内部各细钢丝就会相互产生作用力并产生滑移，股与股间的接触应力增大，使相邻股间的钢丝产生局部压痕。当反复循环拉伸弯曲时，在压痕处则产生磨损，构成内部磨损。由于受压面积不同，采用线接触钢丝绳比采用点接触的钢丝绳有利，而采用面接触钢丝绳比采用线接触的钢丝绳更有利。钢丝绳的弯曲程度、运动速度和内部润滑程度对钢丝绳的内部磨损均有影响。内部磨损同样会使钢丝绳的绳径变细。

（2）疲劳。钢丝绳反复通过曳引轮绕上绕下，无数次弯曲，容易使钢丝绳产生疲劳，韧性下降，最终导致断丝。疲劳断丝一般出现在绳股弯曲程度严重的一侧外层钢丝上。通常情况下疲劳断丝的出现意味着钢丝绳已经接近使用后期。

（3）锈蚀。在有害气体或恶劣环境下使用的钢丝绳，容易造成腐蚀性损伤，表面形成很多圆形腐蚀坑，并逐步形成应力集中点，极易产生疲劳裂纹。腐蚀又使钢丝绳的截面积减少，降低了钢丝绳的破断载荷。钢丝绳由于因腐蚀而形成的内部麻芯和表面油脂的减少，使钢丝绳表面容易产生氧化锈蚀，造成钢丝绳的锈蚀损伤。

2. 电梯钢丝绳的报废

根据电梯钢丝绳标准 EN 12385-5 和 ISO 4344，德国达高（DRAKO）电梯钢丝绳的报废标准见表 9-4。

表 9-4　德国达高（DRAKO）电梯钢丝绳的报废标准

标　准	报废或在规定的时间跨度内检查的钢丝绳级别			立即报废的钢丝绳级别		
	6×19	8×19	9×19	6×19	8×19	9×19
外层股断丝平均数量	单位捻距长度大于 12	单位捻距长度大于 15	单位捻距长度大于 17	单位捻距长度大于 24	单位捻距长度大于 30	单位捻距长度大于 34
集中于 1 根或 2 绳股上的断丝数量	单位捻距长度大于 6	单位捻距长度大于 8	单位捻距长度大于 9	单位捻距长度大于 8	单位捻距长度大于 10	单位捻距长度大于 11
在 1 根外层股上临近的断丝数量	4	4	4	大于 4	大于 4	大于 4
中间的断丝数量	单位捻距长度 1 根	单位捻距长度 1 根	单位捻距长度 1 根	单位捻距长度 1 根	单位捻距长度 1 根	单位捻距长度 1 根

（1）绳径的缩小。遵守 TRA102DIN15020，BI.2 的规定，与目前钢丝绳报废标准相比较，如实际绳径比名义绳径缩小 6%，应更换钢丝绳。基于钢丝绳某段长度上断丝的最大数量，参考长度是 6 倍或 30 倍的绳径，得到的电梯钢丝绳的报废标准见表 9-5。

表 9-5 参考长度是 6 倍或 30 倍绳径的电梯钢丝绳的报废标准

钢丝绳结构	外层股断丝数量	6 倍绳径断丝数量	30 倍绳径断丝数量
达高 6×19S-麻芯	114	6	12
达高 6×19W-麻芯 达高 6×25F-麻芯 达高 180B（6×25F-麻芯）	114	10	19
达高 8×19S-麻芯 达高 250H，8mm	152	10	19
达高 8×19W-麻芯 达高 8×25F-麻芯 达高 250T 达高 250H（除 8mm） 达高 200B	152	13	26
达高 300T 达高 310T	180～200	16	32
达高 180B（6×36W5-麻芯）	216	18	35

（2）注意事项。

1）只有符合以下条件才可适用表 9-10。单层交互捻钢丝绳；曳引轮材质是铸铁或钢；断丝平均分布在绳股上。

2）如果钢丝绳的破断不是以常规的形态平均发生在绳股上，而是集中于一两根绳股上，则以上表格不适用。

3）如果在同一根绳股上相邻地有 5 处以上的断丝，应立即更换。

4）钢丝绳上过多的冠状磨损意味着断丝数量将快速增加。

5）在某些情况下，取决于运行条件、机器设计以及载重等，即使在外股无可见断丝，也应更换钢丝绳。比如，实际绳径比名义绳径缩小 6%，即使发生在很短的一段范围内，也应立即更换。

6）如果电梯系统包含塑料曳引轮，参考德国的电梯安全指导，这种情况下内层钢丝比外层钢丝断裂更多。

7）上面表格对钢丝绳的检测以及是否更换，只起到指导作用，评估钢丝绳的状况时，任何发现的变化都应考虑。是否更换钢丝绳的最终决定，必须建立在评估人员的经验上。

8）对德国以外已安装的达高钢丝绳，应遵守相关的钢丝绳更换的法定规范，请参见 EN12385-3 附件 C。

9.3.2 日本电梯遥控系统维修与更新实例

（1）日本电梯设备遥控系统的维修与更新见表 9-6。

表 9-6 日本电梯设备遥控系统的维修与更新

项目	内容
电梯设备遥控维修现状	（1）据 1998 年 3 月末统计，日本国内被保养的 55 万台升降机（电梯、扶梯、自动人行道、杂物梯）中，约 30%（即 17 万台电梯）有远程监视功能。而自动扶梯则少有远程监视功能。遥控维修的目的是维护保养设备的性能和功能，确保安全，防故障于未然。要进行 24h、365d

续表

项目	内容
电梯设备遥控维修现状	的监视诊断，尽量减少因维修而停机，即使万一发生故障，也可以做到很快修复。 （2）作为新技术，利用 Web 对应的网络或因特网，在主页上能够掌握设备的运行状况。使用人工智能 AI 自动诊断维修的必要性
楼宇设备的更新	（1）楼宇设备会随着时间而劣化和老化，包括物理老化（设备磨损、腐蚀等）、社会老化（信息不足、环境变化）等。更新则是使在用楼宇成为更加舒适的空间，同时提高设备经营效率。 （2）楼宇设备更新的目的是：提高舒适性；有效利用空间；增添美好形象；为了防灾和安全化；对应达到情报化；适应老年化；达到节能和省力。 总之，更新的目的是使楼宇效率高、安全和有灵活性，实现运行设备的节能和管理的省力化。 （3）日本更新市场方面的实际调查整理见表 9-6；今后更新市场的预测见表 9-7。表中的所谓“维持”就是为了抑制建筑物的功能下降速度所进行的日常点检、管理和清理工作，即维护。所谓“修补”就是为了把功能劣化了的部件修复到原来的水平或将部件或材料的一部分进行更换，即修理。所谓“修改”就是为了适应老年化、信息化、防灾和安全化，提高舒适性、节能和省力化，提高形象和空间的有效利用，以此 7 个项目为目的的更新（包括改造）

（2）办公楼宇的更新市场及预测见表 9-7 和表 9-8。

表 9-7　办公楼宇（民间非住宅）的更新市场

竣工年	1970 年以前	1971—1980 年	1981—1990 年	1991—1995 年	合计
存有量/1000m^2	53 672（15.0%）	84 480（23.6%）	136 969（38.3%）	82 434（23.1%）	357 555（100%）
［维持］实施率（平均单价 5413 日元/m^2）	63.9%	62.5%	68.2%	72.2%	平均 66.7%
［修补］市场（设备）/百万日元	123 391	120 851	39 007	3085	286 334
［修补］实施率（设备、平均单价 6246 日元/m^2）	15.3%	17.5%	12.7%	6.6%	平均 13.0%
［修改］市场/百万日元	381 360	551 323	256 810	49 904	1 239 397
［修改］实施率（各年间的最佳者）	12.7%（快捷的供排水环境）	11.1%（舒适的空气环境）	4.6%（OA 化）	3.6%（舒适空间的充实）	

表 9-8　更 新 市 场 预 测

竣工年	1995 年	2000 年	2005 年	2010 年
办公楼宇的存有面积/1000m^2	357 554	402 213	435 875	472 339
［维持］市场/百万日元	1 298 914	1 463 404	1 559 423	1 675 853
［维持］市场/百万日元	564 015	722 909	912 957	1 076 086
［维持］市场/百万日元	1 239 396	1 413 477	1 619 659	1 780 658

（3）遥控维修。

1）无人管理和远程监控。一般利用通信线路对设备运行状态或异常状态进行 24h 的远程监视。例如：

①24h 值勤的高级公寓管理员仅在白天进行工作，把远程监视系统引入夜间的设备管理，

万一发生故障，由应急人员去解决。

②引入 24h 远程监视系统，加强捕捉预兆的管理，延长机器的维护周期。例如，日立公司自 1983 年起就依靠远程监视系统，对防范防灾设备和其他设备进行异常监视和修复。

2）多栋楼宇的群组管理，包括设备保养的楼宇管理。为了进一步提高效率，可把多栋楼宇作为一个群组，应用通信和计算机技术实施自动化和高效率管理。其实施实例如图 9-8 所示。

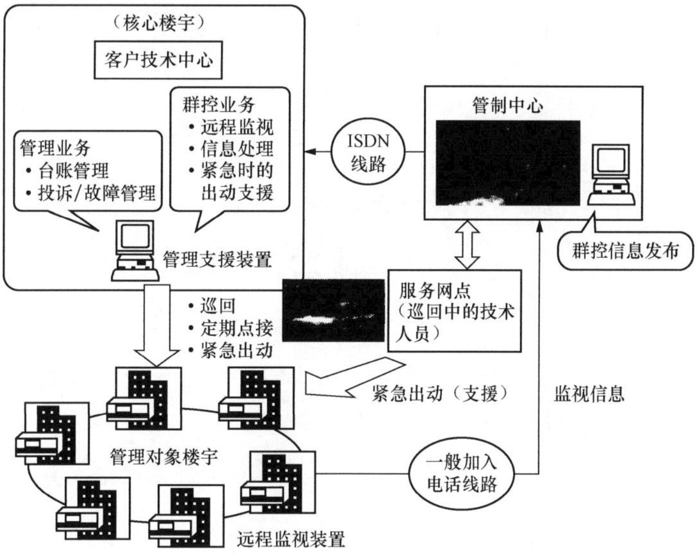

图 9-8　群组管理的实施实例

①用地域、巡回手段对管理对象的多栋楼宇进行编组，把管理其他楼群的“技术中心”设置在核心楼宇，以管理支援装置为核心进行设置。

②在管理楼宇设置终端，由技术中心进行远程监控。

③根据管理楼宇的规模，按无人管理应对、以最少的人员进行常驻管理。

④技术人员按来自管理支援装置的计划保养日程安排表进行巡回管理和定期点检。

⑤在夜间巡查技术人员不在的时间内，发生异常情况时，则从技术中心或有常驻人员值班的最近楼宇中派遣应对人员。

⑥若应对人员不够，就暂从签有合约的管理公司派出人员支援。

⑦按照上述做法，配合远程监视和巡查管理，与原来的仅是常驻管理的情况相比，可以削减群组中多栋楼宇的管理人数。其特点是，不用常留常驻人员，通过及时的外部支援，可以确保临时必要的人力。日立公司在 1993 年开始，把具有上述功能的“楼宇群控系统”投放市场，现有约 50 套系统正在运行中。

（4）变事后保养为预防保养。一般设备的远程监视是进行设备故障等的异常监视。由于实际设备大多数仅有继电器触点信号，只能输出故障和异常信号。但是，不知道设备故障在何时发生，这给楼宇使用者造成困难，而在故障发生后才去修复的时间又长，导致料想不到的支出。因此，要研究捕捉异常的预兆现象，在故障到来前就做到了妥当处置。把这种预防保养的方法引入远程监视中，在设备有故障前就能进行处置。

（5）电梯设备遥控维修系统的构成。电梯遥控维修系统的整体如图 9-9 所示。该系统由如下装置构成，并各自以公用线路或专用线路连接：

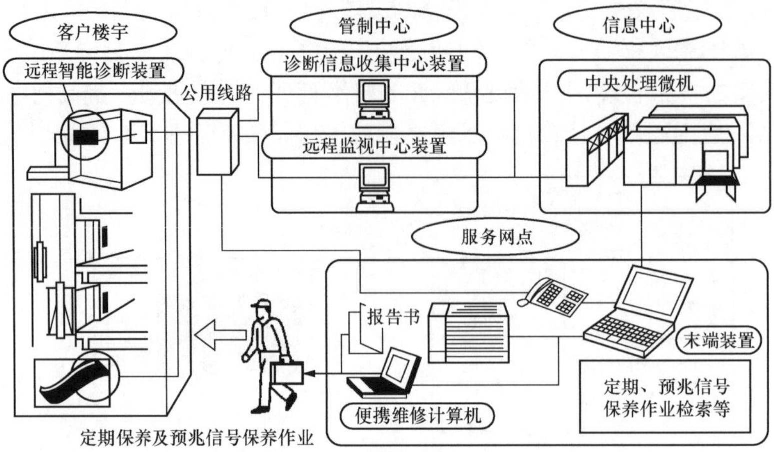

图 9-9 电梯遥控维修系统的整体构成

1）在各电梯、扶梯上设置遥控诊断装置，并在扶梯内设置多个感应器；

2）在自动扶梯附近设置最多 12 台共用的信息装置；

3）管制中心设置远程监视中心装置和诊断信息收集中心装置；

4）信息中心的中央处理计算机；

5）服务网点的终端装置和便携检修计算机。

（6）各装置的作用。

1）远程智能诊断装置和感应器。远程智能诊断装置具有诊断、计测、故障监视及故障信息记忆功能。通过电梯及扶梯本身的控制信息，对其 24h、365d 运行作业中的微妙变化进行监视、诊断、计测各部环节的动作次数和通电时间等。此外，感应器可捕捉扶梯链或带的张紧力等，连熟练技术人员也难以觉察到的微妙变化。

2）信息装置。用远程智能诊断装置把计测和分析的信息送给管制中心装置，1 台信息装置可以送出 12 台扶梯的信息。

3）远程监视中心装置。捕捉来自远程智能诊断装置的电梯或扶梯的故障信号，并显示在荧屏上。在电梯出现困梯的故障时，能够通过对讲机与管制中心的专业技术人员直接通话。

4）诊断信息收集中心装置。进行与远程智能诊断装置之间的通信，收集诊断信息和计测信息，并送往中央处理电脑进行维修卡片制作和履历管理。

5）中央处理计算机。对已收集的诊断信息和计测信息数据、主文件的数据及过去维修卡的信息等进行查对诊断，根据诊断报告书和诊断结果，进行预兆信号保养作业指示书的制作，把这些数据传送到全国服务网点的终端装置上。

6）终端装置。根据从中央处理电脑送来的数据，把诊断报告书的输出和保养作业指示书的数据传送给便携维修电脑。而且万一发生故障时，使服务网点的专业技术人员急速赶到该现场，同时还通过故障诊断支援功能，用通信收集分析故障发生时的运行状况，对到达故障现场的专业技术人员进行支援。

7）便携维修电脑。从终端装置收集定期保养作业信息和预兆保养作业信息。专业技术人员根据该便携维修电脑的保养信息进行作业。

（7）遥控维修系统的特点。

该系统有效利用了智能诊断功能、耐用期限预测功能及故障诊断支援的3项功能，能满足客户的需求，具有如下7项特点。

1）也捕捉红色信号（异常）和黄色信号（异常的预兆）。可从电梯的200项以上的作业信息或从扶梯的5种感应器和微机的运行信息中捕捉异常的预兆，并立即进行适当的处置。

2）进行24h诊断，把因维修而停机的时间限制到最少。

3）把停机次数限制到最少。根据各种部件的动作次数和动作时间，以及以各种感应器捕捉的各种部件的动作状态，由计算机进行解析并判定和指示适当作业周期。

4）万一发生故障时的快速对策。在全国服务网点配备终端装置的故障诊断支援功能，以此即时确认故障发生时的状况，判定故障原因。可以对故障部位和必须修理的部件等进行预先维修，迅速进行处置。另外，扶梯是在安全装置动作时，用袖珍呼叫机自动地把故障内容通知客户管理者。而且在扶梯能够再起动的情况，可以迅速恢复运行。

5）万一发生困梯故障，也可与管制中心通过热线直接联系。由于轿内乘客和管制中心的技术员可用对讲机直接对话，可以消除乘客的不安。同时专业技术人员立即出动。

6）缩短令人揪心的候梯时间。由电脑记忆使用频率高的楼层，通过程序变更（有偿），缩短候梯时间（有些梯种不适用）。

7）在地震等大范围灾害情况下，能迅速恢复，也能在远距离全部确认地震感应器有否动作，并能够迅速修复（电话线路正常的情况下）。

（8）更新技术。

1）电梯控制更新“1日工法”。

①随着微机技术的进步，变频控制方式已成为主流，提高了乘梯的舒适感、平层精度和可靠性，实现了节能。这与交流双速控制的继电器控制方式相比，其技术等级差别非常明显。例如两种种最新型电梯更新方式：

a．全拆旧装新。拆除整台旧电梯，安装新电梯。

b．准拆旧装新。继续使用出入口部件等与建筑物成为一体的部件，其余换成新部件。

②然而在营运中的建筑物里进行更新工程，工期方面会给客户造成不便。为解决这个问题，就是在短期内把标准型旧电梯更换为最新的变频控制方式电梯的“电梯控制更新”。其更新的主要装置列于表9-9中。把电梯的曳引电机、控制柜等7个装置拆旧换新，继续留用原有的7个装置，拆除控制上已不需要的1个装置。而且，控制更新完成后，对于该电梯装饰方面的刷新等就可按计划去安排。

③控制更新的“1日工法”是停止时间最短的更新运行电梯方式。为此，大力改善当地的作业，仅在用户使用电梯频率较少的休息日，或感觉适宜的1日中，连续停止电梯运行。主要的改善内容如下：

a．减少现场作业，采用专用电机。舍弃现场曳引机更换作业，在工厂制作，预先组装。

b．用减少运送和搬入时间的对策，分割控制柜等装置的构造，实现小型、轻量化。

c．扩大原有装置的利用范围和进行并行作业，减少作业时间。

④控制更新的成果是：

a．采用变频控制方式，提高了舒适感和平层精度。

b．由于控制设备采用微机成为无触点，提高了可靠性。

c．节能效果与原来的旧电梯相比较，可节能 30%。

d．由于控制设备的微机化，使用电话线路适用于诊断 24h 电梯作业的“遥控维修系统”。

表 9-9 旧电梯更新的主要装置

序　号	主要装置名	新　制	留　用	撤　去
1	电机	○		
2	控制柜	○		
3	器具箱	○		
4	操纵箱	○		
5	随行电缆	○		
6	位置检测器	○		
7	极限开关	○		
8	曳引机		○	
9	限速器		○	
10	轿厢		○	
11	门机		○	
12	出入口		○	
13	厅外按钮及指示器		○	
14	对重		○	
15	选层器			○

2）扶梯 1 日装饰更新。

①扶梯大多数被设置在决定楼宇总体形象的位置上（建筑物的中心部分），并成为安全、舒适地移动人流的纵向交通工具。然而，运行了 20 年以上的扶梯是要考虑性能、安全性及装饰的更新了。然而，扶梯是日常的必需品，要长期停用进行更新是困难的，因此更新的实施计划就一再被拖延了。

②在此介绍在最短停止期内能够实施的“扶梯 1 日装饰更新”，其设备构成为 5 种组件。

a．梯级不锈钢化。将原来的铝合金梯级更换为日立原装的不锈钢梯级，成为高级优美的装饰。

b．扶手带的刷新。备有 8 种标准色及其他特殊颜色。选择配合楼宇的氛围、形象的颜色，着意提升楼宇形象。

c．通过清扫、涂扫和抛光的作业，刷新出入口的踏板（盖板）。

d．其他装饰部分的精制。贴薄膜或者铝型材的再电镀及防蚀铝加工。

e．安装梯级自动清扫装置和移动扶手自动清扫机，能经常确保扶手带的优美状态。

③对有定休日的客户可利用定休日，从定休前一日、关铺后约 22 时起，到定休次日、开铺前的 10 时，在共 36h 内完成更新工程。而对没有定休日的客户，就要通过反复多次的，在客户不使用扶梯的时间内（夜间作业等）完成更新。

④若再有一日作业时间，就可进行如下的选配更新：

选配 1：扶梯的驱动装置及控制装置的更新。可采用最新控制装置和斜齿轮驱动装置，以提高可靠性和实现节能。

选配 2：追加扶梯变速运行系统“关注运行系统”。

⑤日立生产的扶梯中有 1/3，即约 5000 台运行已超过 20 年。此次是以提高装饰性和安全性为主要目的，在不给客户增添麻烦的时间带内进行更新。而且开发以尽量短的期间进行更新为新型扶梯的项目，组成提高性能、功能、安全性和装饰焕然一新的产品阵容。

⑥自动扶梯的更新要引入新技术，引入扶梯变速运行系统，设置两种运行方式：

a．自动转换方式。在内藏于变频控制装置的时间继电器上设定速度转换时间带，自动向低速运行方式转换。适用于商场和银行等老年乘客多的时间带，以及在宾馆等场所，在夜间使扶梯能低速安静地运行。

b．按钮方式。在扶梯入口附近设置柱形按钮。一按此按钮，扶梯就在“运行变慢”的广播通知后，转换成低速度。当达到所定时间，在“运行变快”的广播通知后，就回到平常速度。适用于需考虑影响输送效率的车站和公共设施场所。

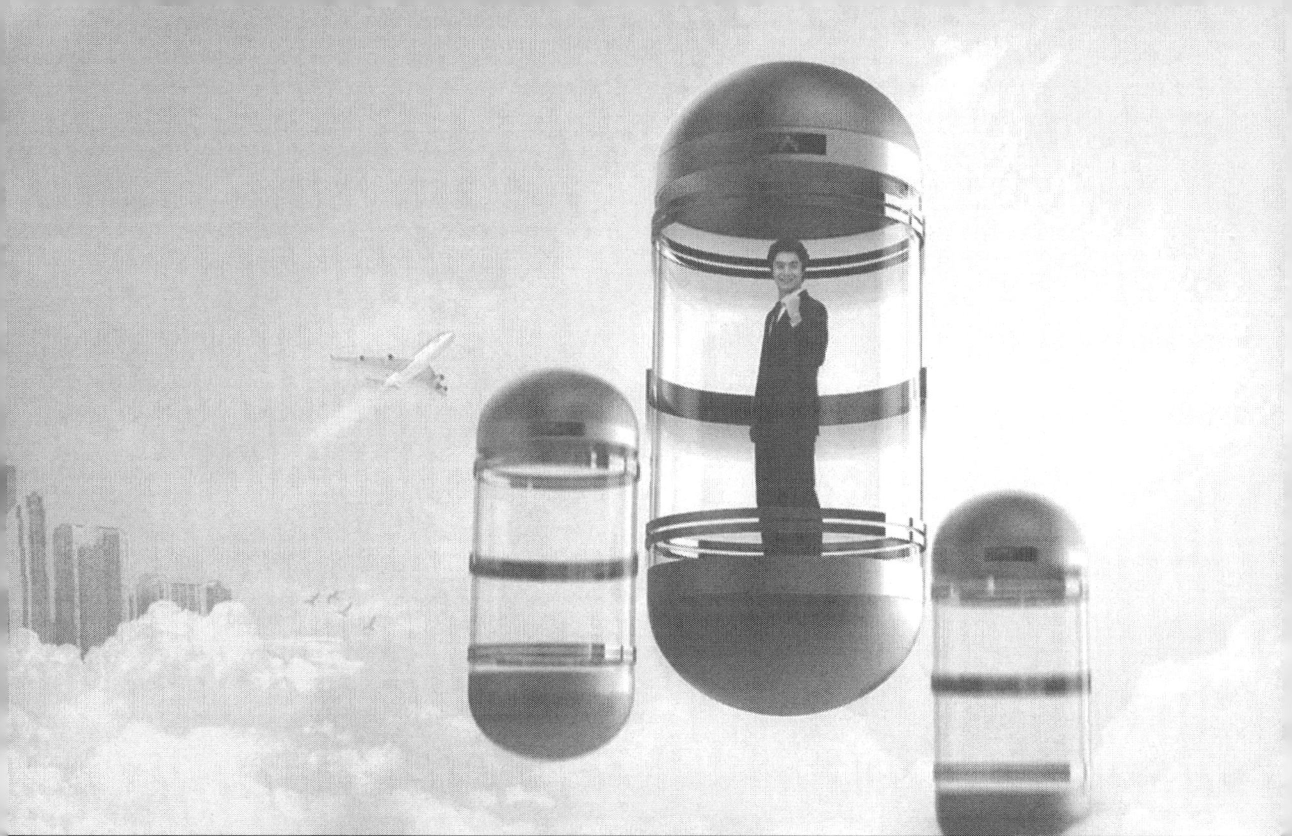

第2篇　事故处理篇

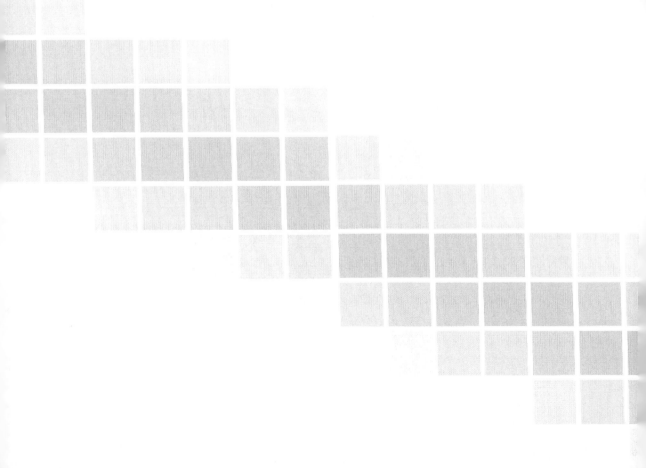

第10章

地震和电梯安全

地震不但对建筑物造成严重破坏和生命财产损失，还会对电梯设备造成严重破坏，因此必须高度重视，事前采取必备的应对措施，地震发生时采取有效的应急措施，尽量减少生命财产损失。地震后科学地总结地震对电梯的破坏情况，不断地改进电梯设计和运行工作，也是一项重要的任务。本章介绍电梯抗震情况，电梯抗震安全性指标，电梯抗震设计与施工，以及地震发生时的电梯管制运行等内容，以求不断掌握地震和电梯安全技术，为保证减少地震损失和保证电梯安全服务而努力。

10.1 电梯抗震调查

10.1.1 世界主要地震分析和震后客梯调查

对世界主要地震做分析和震后客梯调查是必要的。1964 年美国阿拉斯加发生地震之后，电梯抗震能力不足的问题得到了关注。虽然提出了一些增进地震中电梯安全性的措施，但这些措施很少被采用。1971 年，洛杉矶北部的 San Fernando 发生了地震，9000 台电梯中有 7000 台遭受损坏，其中 700 台电梯的对重从导轨上脱出。人们开始认识到这一问题的严重性，并提出改进技术措施，修订公共建筑中电梯的相关标准。1987 年，Whittier Narrows 发生了自 1971 年 San Fernando 地震以来的第一次大地震，在这次地震中，地震保护装置有效地减少了损坏和人员伤害，尽管其作用和性能未完全达到预期要求。其后发生的两次大地震——1989 年的 Loma Prieta 和 1995 年的 Northridge 地震中，医院电梯系统体现出良好的性能，人们普遍将其归功于 1973 年后相关标准针对医院电梯系统的修改。

对地震中电梯行为的研究工作开展得很少，其中大部分集中于对重装置的动力学研究。一些试图从系统辨识的角度进行调查研究，一些试图通过有限元的方法来模拟对重装置的时间响应特性。然而，检验其准确性的试验数据尚嫌不足。

1999 年，台湾地区发生了两次大地震："9・21"的集集地震（7.3 级）和"10・22"的民雄地震（6.4 级）。灾区的电梯大部分损坏，由于建筑物的上部层楼难以接近，许多重要组织机构的震后工作受到了阻碍。在医院，病者出入层楼的垂直输送被耽搁。由于这一问题，震后救援工作的负担大大加重。

2008 年 5 月 12 日四川汶川发生里氏 8.0 级特大地震，造成重大人员伤亡和财产损失。地震涉及成都、德阳、绵阳、雅安、广元、阿坝等大中小城市，受震动波的冲击，电梯、自动扶梯不同程度地损坏。国家质检总局从 17 个省火速抽调 251 人奔赴重灾区。据统计，上述 6 个重灾区的49 000多台特种设备中，受损数量高达20 918台，占总数的42.7%。震后共有20 041台电梯不同程度受损。又全国 17 个省市共派出 2882 名电梯等特种设备专家和技术人员齐聚四川，进行新中国成立以来最大的一场特种设备抢修大会战。

2011 年 3 月 11 日日本东北大鹿半岛发生 9.0 级地震，是日本迄今为止遭受的最强地震，也是自 1900 年以来现代记录保存系统中全世界最强的 5 次地震之一。地震造成 2.1 万余人伤亡，海啸高达 38.0m，45 700 座建筑物、23 万辆汽车和卡车被毁或被冲走，造成核电厂 3 次大爆炸和放射性泄露。此次地震是日本 1900 年以来震级最大的地震，也是世界第 4 大的地震，见表 10-1 和表 10-2。

表 10-1　　日本 1900 年以来 5 次震级最大的地震

序号	日期	地址	地震名称	震级
1	2011-03-11	2011 日本东北	东北地震	9.0
2	1933-03-03	1933 宫城县三陆	三陆地震	8.4
3	1994-10-04	北海道东宝	北海道东宝地震	8.3
4	1962-03-04	十胜	1952 十胜地震	8.3
5	1958-11-07	奥斯特罗夫	1958 奥斯特罗夫岛地震	8.3

表 10-2　　1900 年以来世界上 5 次震级最大的地震

序号	日期	地址	地震名称	震级
1	1960-05-23	智利瓦尔迪维亚	1960 瓦尔迪维亚地震	9.5
2	1964-03-28	阿拉斯加威廉王子湾	1964 阿里山就地震	9.2
3	2004-12-26	印度尼西亚苏门答腊	2004 印度洋地震	9.1
4	2011-03-01	日本东北	2011 东北地震	9.0
5	1962-11-04	俄罗斯堪察加半岛	1962 堪察加地震	9.0

10.1.2 地震损坏情况和震损数据

1. 汶川大地震损坏情况

汶川大地震对成都、德阳、绵阳、广源、雅安、阿坝等六个重灾区的 20 041 部电梯造成了不同程度的损坏，人们也不得不重新审视电梯的安全性能，特别是电梯的抗震性能。

使用空心导轨的对重脱轨远高于使用 T 形普通导轨（图 10-1）；对重架脱轨占震损电梯总数的比例，是 41.67%（图 10-2）；对重与轿厢运行中碰撞占震损电梯总数的比例，是 16%（图 10-3）；地震中对重块从对重架上脱离坠落，视为对人员产生最危险的损坏形式（图 10-4）。

图 10-1　最危险的地震损坏——对重块坠落

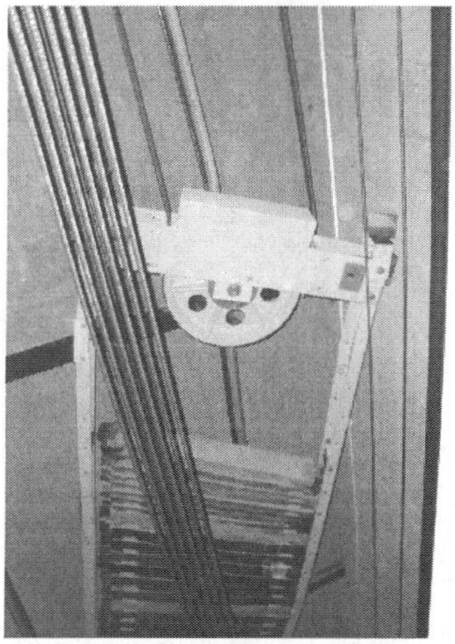

图 10-2　最多的地震损坏——对重架脱轨

图 10-3　最严重的地震损坏——对重与轿厢运行中碰撞

图 10-4　较突出的地震损坏——空心导轨弯曲变形

图 10-5 所示为某电梯新、老产品的两列对重导轨支架。老产品采用 16mm 铁板制作，设置了拉杆，此次地震无一部对重脱轨；改进后的新型号采用 5mm 铁板制作，取消了这个支架拉杆，简化了对重机构，此次地震对重脱轨等损坏近半。

图 10-6 左边的对重导靴，靴口深 36mm；右边的对重导靴，靴口深 20mm。成都特检所进行导靴比对检测，发现地震出轨的其啮合深度在 18～26mm 之间；而啮合深度在 30mm 以上的几乎没有出现这种损坏。

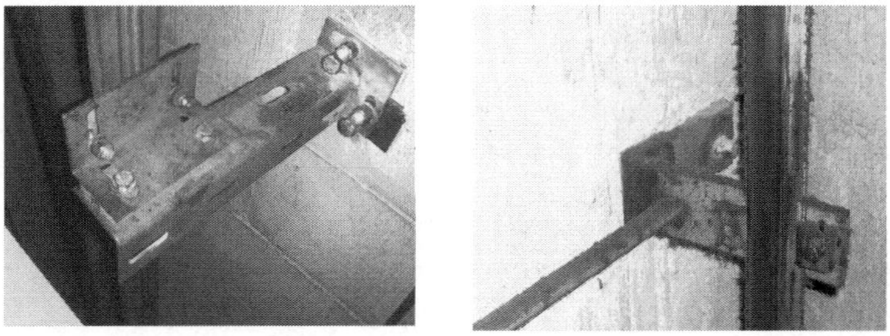

图 10-5　两种导轨支架的比较

图 10-6 两种对重导靴的比较

2. 震损数据

在汶川地震中，绵阳市共有在用电梯 1159 台，因建筑物被定为危房不具备检验条件的电梯有 228 台，经检验有 283 台电梯受地震影响被判停止使用，两者合计 511 台，占 44%；另有 330 台电梯被判为监护使用，占 28%。成都市特种设备检验所震后第二天对 16 800 余台电梯状况进行调查，有 50%的电梯在地震中遭到不同程度的损坏，其中千余台电梯损坏严重不能使用。西安市 16 000 多台电梯，5 月 12 日地震发生后，30%的电梯由于故障或损坏而不能起动运行。几大品牌电梯震损率的比较见表 10-3。

表 10-3　几大品牌电梯震损率的比较

损 坏 形 式	A 电梯厂	B 电梯厂	C 电梯厂	小计	比例（%）
对重导靴脱离导轨	9	145	34	188	52.36
对重架与桥厢撞击	0	4	3	7	1.94
对重导靴损坏	0	62	28	90	25.06
对重导轨损坏	0	8	25	33	9.19
对重导轨支架损坏	0	10	32	42	11.70
对重块松动	0	2	4	6	1.67
对重块坠落	0	1		1	0.28
对重护栏损坏	0	13	28	41	11.42
轿厢导靴脱离导轨	0	1		1	0.28
轿厢导靴损坏	0	1		1	0.28
补偿链（绳）缠绕、钩挂	0	0	2	2	0.56
补偿链导向轮严重变形或损坏	0	1	1	2	0.56
控制屏倾覆	0	0	2	2	0.56
曳引机位移	0	0	1	1	0.28
钢丝绳脱槽	0	0	2	2	0.56
限速器损坏	0	0	1	1	0.28
感应器损坏	4	11		15	4.18
厅门轻微变形	5			5	1.39
其他损坏	1	1		2	0.56
故障电梯数量	19	249	91	359	
在用总量	1358	1360	936	3654	
震损率	1.40%	18.3%	9.72%	9.82%	

10.2 电梯抗震安全性目标

10.2.1 我国对电梯抗震的要求

地震对电梯来说是最大的风险，能给电梯造成最大的破坏事故，因此，国内外对电梯抗震都十分重视。我国对电梯抗震的要求及任务见表 10-4。

表 10-4　　我国对电梯抗地震的要求及任务

项目	详 细 内 容
抗地震性能和安全要求	在继续关注电梯安全和性能要求的同时，还需要关注电梯的抗地震性能和抗地震安全要求。现在我国已有 60 万台以上新老电梯伴随着楼群在人口密集地区日夜运行，人们对电梯的依赖性越来越大。除了品牌、价格、质量、功能等外，人们普遍关心的还是电梯运行的安全可靠性及突发事态下的安全感。在人类对地震这一自然灾害还不能准确预报和加以控制的情况下，与建筑物的抗震要求一样，电梯的抗震性能和要求必然引起人们的关注，一方面需要学习国外先进的电梯抗地震经验，另一方面需要提到议事日程上来考虑
学习国外先进的电梯抗地震经验	美国 1964 年的阿拉斯加大地震、1971 年的洛杉矶大地震、日本 1978 年的宫城县海大地震等所造成的电梯损坏，都敲响了重视建筑物内电梯抗地震的警钟。经过对地震给电梯造成的损坏进行统计、分析，可以为电梯的抗地震工作积累第一手资料，进而可以加强电梯抗地震性能和功能方面的一系列工作。在积累资料进行分析的基础上，日本电梯安全中心用了十多年时间，于 1980 年完成的日本《电梯抗震设计及施工指南》，主要从工程设计上对地震给电梯的影响和损坏，对电梯导轨、绳轮的设计计算以及机房设备的防震措施等方面作了规定和介绍。国外专业刊物如《电梯世界》、《地震谱（Earthquake Spectia）》《结构工程（Journal of Structural Engineering）》等对电梯遭受地震时的损坏情况，部件的受力分析、计算和某些部件的数字模型以及部件的设计、安装等进行了分析和理论探讨
我国电梯抗震情况	（1）我国对电梯抗震研究还处于初始阶段。但是，我国所拥有的电梯数量和乘坐人群已赶上发达国家，电梯市场前景潜力巨大，尤其是《工程建设强制性条文》的执行，更会加快电梯的发展。江苏连云港核电站的电梯已在国内第一次明确提出了抗震要求；其后，大亚湾核电站等电梯项目也有了这样的考虑或要求。可以预见，今后高层建筑的电梯抗震要求会越来越普遍，抗震并将成为电梯的新任务、新课题。 （2）电梯是附属于高层建筑的大型、复杂组装设备，不可能在实物上进行抗震试验研究，也无法用缩小比例的建筑物和电梯模型来做复杂的抗震试验。因此，借鉴国外的资料和技术，积累实践经验，提高分析能力，开展理论研究是必要而可行的途径。 （3）国内专家、学者也开始了这方面的理论分析研究工作，在《工程抗震》《起重运输机械》等刊物以及一些高校学报上进行了交流和讨论。 蒂森电梯公司在我国已在其产品上成功进行了抗震分析及设计改进，并通过了国家授权的专业机构的抗震试验和计算机计算分析验证。试验是利用进口的全电脑控制的大型振动试验设备对实物及实际安装进行模拟地震来完成的
抗震具体要求	（1）选好进行试验的合作单位。拥有高素质的科研和技术力量，先进的试验设备（包括系统的硬件和软件），丰富的经验和业绩是选择和评估的主要内容。 （2）结合具体项目，从技术、经济观点分析振动设备是否适用，特别是试验设备有关的各种参数和功能是否满足试验要求；分析振动试验、分析用软件是否先进，是否获得了主管部门以及国际同行的认可。 （3）起核心作用的是组织电梯工程技术人员和抗震试验、分析专业人员，共同讨论和准备电梯抗震试验与计算分析大纲。 （4）确定地震工况。按照电梯所承受的震谱图，根据抗震试验要求进行分析和处理，获取符合要求并可使用的抗震试验输入反应谱。 （5）对电梯进行合理的部件分解。分析各个部件及接口的受震情况，并改进设计，落实技术措施，准备相应的图纸和资料。工作时既要紧密结合电梯产品及安装实际，又要考虑试验设备和试验现场的可操作性。 （6）电梯工程技术人员与抗震试验、分析专业人员之间的交流和配合。合作和协调要贯穿全过程，相互理解和支持是试验和计算分析取得成功的重要条件。 （7）跨专业、跨学科的合作。电梯抗震的理论研究已超越了原来电梯的设计、计算的观念和范畴。对从事电梯产品的技术人员来说，在掌握电梯产品的设计和技术之外，也需要注意跨专业、跨学科的知识扩充。研究地震及电梯的地震响应，对电梯及部件进行受力和运动分析。强度、变形、位移计算以及计算机仿真，都离不开电脑技术和相关软件的应用以及结构力学、数学建模、有限元方法等专业知识和技能。如果电梯

续表

项目	详 细 内 容
抗震具体要求	工程技术人员在这方面能有所扩充和了解，甚至掌握某些技能，会大大有助于在抗震领域内的工作的开展。对从事抗震分析、研究的专业人员来说，工作的对象是电梯及其部件，是一个比较特殊和复杂的组合性的专用运输系统，直接关系到人们的安全。这些专业人员了解电梯，同样也是重要而有益的。可见，进行电梯抗震研究，解决电梯抗震问题，跨专业、跨学科的合作是十分必要的。 （8）结合工程。电梯抗震要求更直接面对具体设计和工程措施，并用实验或计算分析来加以验证。有许多措施往往是结合具体工程进行分析，提出解决办法，通过试验反复改进而取得成功的。如电气控制柜的抗震措施，机房设备的防位移、防倾覆，以及防脱绳等就是这方面的例子。 （9）解决电梯抗震问题，也会对电梯功能提出要求，例如地震紧急操作、地震后如何尽快恢复功能等。针对我国情况，要组织有关专家及工程技术人员讨论，明确目标及操作流程。具体实施方案和采用的技术要由各企业、公司来确定。 （10）通过抗震分析、试验，可能会发现在地震状态下由于地震力的作用，原来的电梯部件设计思想或者所考虑的功能不能满足要求。这也可能涉及对标准的解释、修改或补充，需要由国家主管部门组织专家分析、讨论

10.2.2 日本抗震级别和抗震性能指标

1. 日本抗震性能指标

建筑物的抗震性能要求是对于稀少发生的地震，能维持其功能；对于极少发生的地震，能确保人身安全。对于装设于建筑物的升降机，作为建筑设备，有必要与抗震设计的抗震思想相吻合。电梯的抗震性能指标是在稀少发生的地震情况下，能够运行；在极少发生的地震情况下，也能使轿厢悬垂支持住。自动扶梯的抗震指标是在稀少发生的地震情况下，不规定自动扶梯的运行功能，但要求在极少发生的地震情况下，即使发生设备损坏，也不能从建筑物的支撑部向外脱落。建筑物和升降机的抗震设计指标和性能比较见表10-5。

表10-5　　建筑物和升降机的抗震设计指标和性能比较

地震规模		建 筑 物	升 降 机
稀少发生的地震①，②	抗震指标	维持可使用的功能	维持可运行的功能
	抗震性能	根据许用应力计算，确保损伤界限内的抗力	根据许用应力计算，确保进行界限内抗力，按地震管制运行，关闭回避
极少发生的地震①，②	抗震指标	不倒塌，确保生命安全	确保乘客生命安全
	抗震性能	根据保持力计算，确保水平抗力	确保轿厢悬垂支持，防止轿厢本体下落，确保安全界限抗力

① 对于稀少发生的地震，建筑物基础部分的加速度设为 80～100Gal；对于极少发生的地震，建筑物基础部分的加速度设为 40 000Gal，1 Gal=0.01m/s²。

② 对于稀少发生的地震，发生期待值设想为20～30年；对于极少发生的地震，发生频度设想为100年。

2. 日本抗震级别

考虑到地震时建筑物用途的重要性，有关政府办公设施和医院应当比一般建筑物具有更高的抗震性能，故设定为一般建筑物抗震性能设定的抗震级别 A_{09} 的约1.5倍，其相应的抗震级别为 S_{09}。对于超过60m的高层建筑和60m以下的建筑物的设计方法也不同。对于设置超过60m高层建筑的电梯，考虑到作为纵向交通的重要性，将设计的地震系数增加。电梯的抗震级别和建筑物基础部分加速度的关系见表10-6。

表 10-6　　电梯抗震级别和建筑物基础部分标准加速度、抗震措施

项　目		抗震级别	
		A_{09}	S_{09}
运行界限抗力	建筑基础部分加速度标准值	120Gal①	200Gal①
	绳等细长物的防钩挂设施	对井道突出物设置防绳钩挂保护设施，以进到 60m 高为单位强化保护措施	相对 A_{09} 级强化防止措施
	地震时管制运行	设 P 波管制运行、关门回避运行	同 A_{09} 级，但提高了抗震强度，能早期恢复运行
安全界限抗力	建筑基础部分加速度标准值	400Gal	600Gal
安全界限抗力	层间变形角	自动扶梯在层间变形角 1/100 时本体不脱落	同 A_{09} 级
	防绳外脱措施	设置绳挡板	同 A_{09} 级

① 表列数字为建筑物高 60m 以下的场合。当建筑物高超过 60m，抗震级别 A_{09} 为 200Gal，S_{09} 为 300Gal。

3. 确保抗震性能方法

电梯设备分为：对于稀少发生的地震，地震后运行的“升降引导设备”；对于极少发生的地震，与乘客生命安全有关的“悬垂设备”。电梯、自动扶梯的抗震设计设备的区分和对于地震规模的抗震性能的确保方法见表 10-7。其中，在稀少发生的地震的情况下，设备强度设计以弹性设计为主进行，而在极少发生的地震的强度设计中，容许以弹塑性设计为主。对于升降引导设备，在极少发生的地震中不要求功能保证，在日本升降机抗震设计、施工指南中，规定为确保抗震性能的对策项目如图 10-7 所示。

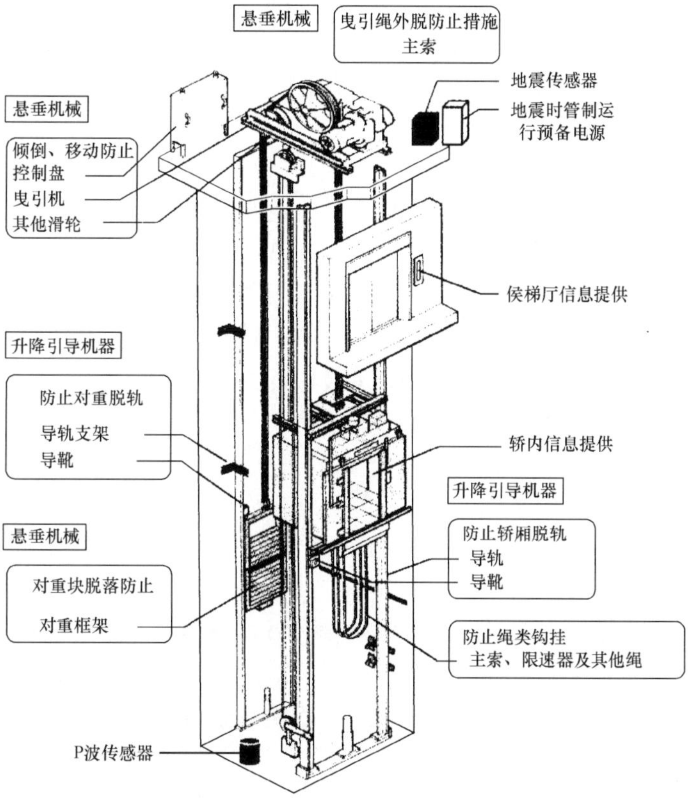

图 10-7　抗震对策项目概念图

表 10-7　　**抗震设计设备的区分和抗震性能的确保**

<table>
<tr><th rowspan="3">抗震设计
设备区分</th><th rowspan="3">设备构成</th><th colspan="2">抗震性能和确保方法</th></tr>
<tr><th>稀少发生地震</th><th>极少发生地震</th></tr>
<tr><td>运行界限抗力确保（弹性设计）</td><td>安全抗力确保（以弹塑性领域的结构韧性效果和衰减效果的取得）</td></tr>
<tr><td rowspan="2">电梯升降
引导设备</td><td>（1）导轨
（2）导轨支架
（3）导轨装置</td><td>防止轿厢和对重从导轨上脱落</td><td rowspan="2">不要求功能保证</td></tr>
<tr><td>主索、限速器绳及其他绳</td><td>防止绳类（细长物）的钩挂（突出物保护）</td></tr>
<tr><td rowspan="3">轿厢悬
垂设备</td><td>（1）控制盘
（2）曳引机
（3）导向轮</td><td rowspan="3">功能保持</td><td>不倾倒、移动（支持部抗力确保）</td></tr>
<tr><td>无机房、导轨及支架</td><td>轿厢悬垂支持（确保导轨能力）</td></tr>
<tr><td>（1）主索、限速器绳
（2）对重框架</td><td>曳引绳不从曳引机轮外脱（防外脱装置），防对垂块脱落装置</td></tr>
<tr><td>自动扶梯
框架本体设备</td><td>（1）固定支持部
（2）非固定支持部（滑动支撑部）</td><td colspan="2">不移动（支持部抗力确保），不落下（确保层间变位相应配合余重）</td></tr>
</table>

注：对于无机房电梯，不是在导轨上悬垂的结构，作为升降引导设备处理。

10.3　电梯抗震设计与施工

10.3.1　我国电梯抗震设计

根据试验分析，在地震中对电梯机房设备造成的损害主要有：设备在地震力作用下的结构问题、设备位移、倾覆、倾斜等。例如，对电梯 TW160 型曳引机装置采取抗震措施，进行抗震分析和试验。随同主机一起试验的部件有主机机架、导向系统、承重工字梁及钢丝绳。对主机进行加载处理，对模拟设备实际安装工况进行试验，使之能真实反映被试部件在地震中的状况，并对试验前后的部件进行性能测试对比，验证措施的有效性。

1. 主机及机架的抗震设计

主机与机架用螺栓连接在一起，主机机架通过减震橡胶安装在承重工字梁上，如图 10-8 所示。由于地震响应力对主机位移有影响，所以对作用于主机上的水平地震力及垂直地震力必须采取防范措施。防止位移的主要措施是安装减震橡胶、固定螺栓和限位止动块。

主机自身及机架质量较大，采用减震橡胶设计可以减小一部分垂直地震力。限位止动块分别安装于主机机架及承重工字梁上。在电梯运行时，由于轿厢载重量的不同，减震橡胶的垂直尺寸会有变化，因此，在设计限位止动块时应给机架留有一定的自由空间，否则将影响舒适性。限位止动块与主机及机架之间采用橡胶衬垫过渡，避免刚性接触，又不影响减震橡胶的自由运动，又对主机位移和倾覆起到了限制作用。要注意：限位止动块的断面许用载荷必须大于水平及垂直地震力。

2. 主机电动机的抗震设计

主机电动机采用悬臂式安装，垂直及水平地震力对减速机轴、电动机轴及联轴器有一定损害，所以在电动机抗震上主要考虑地震力对轴及联轴器造成的破坏。为此采用框架式固定，框架将电动机固定在机架上，框架与电动机之间用橡胶隔层，如图 10-9 所示，以避免刚性碰撞对电动机造成损害，并使电动机有一定的活动余地。

3. 防止主钢丝绳脱落等抗震设计

（1）防止主钢丝绳脱落。由于电梯钢丝绳在正常情况下承受非常大的张力，所以很少因地震震动而使钢丝绳从绳轮上脱开，但是地震时钢丝绳的震动呈现复杂现象，特别对于高速电梯及升降行程大的电梯，钢丝绳会引起超出预测范围以外的移动。

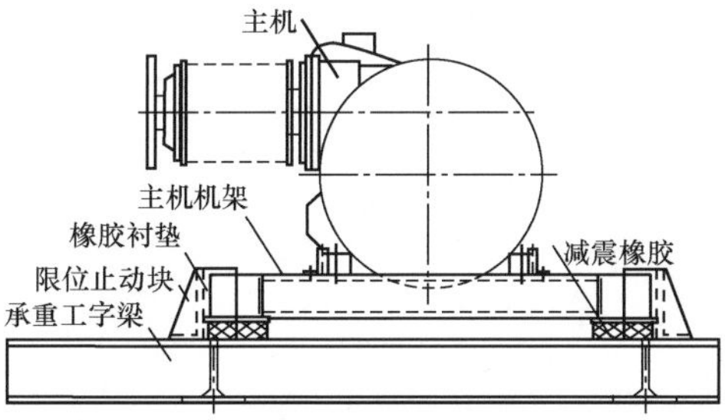

图 10-8　主机及机架抗震结构图

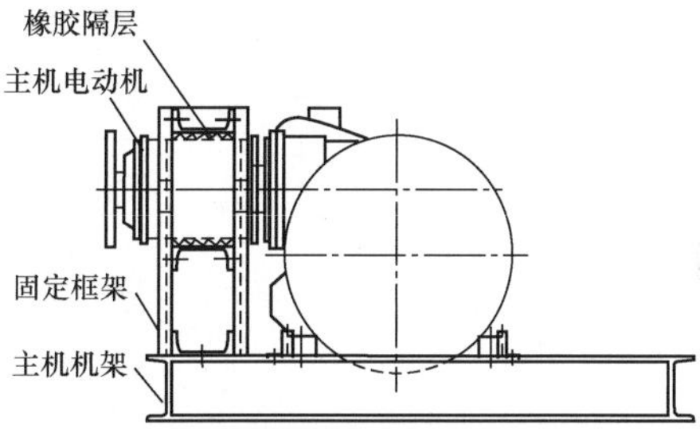

图 10-9　框架式固定电动机抗震结构图

通常采用如下方法防止钢丝绳脱落：

1）加深绳轮的绳槽深度，同时加高绳轮边缘的高度。从实践得出，此种方法并不理想。

2）加装防护装置，防止钢丝绳脱落。这是一种安装容易，又安全可靠的方法。

（2）承重工字梁设计。抗震建筑物必须具有抗震功能，才能保证电梯的抗震要求，所以承重工字梁可作为建筑物的一部分加以考虑。

（3）导向系统设计。导向系统安装于主机机架底部，其防脱绳装置与主机相同。所以同主机机架一起考虑防震措施。另外，只要考虑其连接螺栓的载荷是否能承受地震力即可。

（4）试验加载。可以根据主机的实际工况及振动试验台的安装及运作条件，设计用钢丝绳加负载弹簧对主机进行可调加载，从而实现试验钢丝绳及主机轴在地震中受力的等效工框，进行设计模拟加载。

10.3.2　我国电梯抗震整改措施

1. 整改措施

我国电梯抗震整改措施包括在灾后重建中，对震损电梯修复与震区在用电梯整改的安全技术要求。除了符合现行电梯法规标准外，还应满足以下要求：

（1）对于导靴与导轨的啮合深度小于 30mm 或者采用滚轮导靴的，增设防止对重脱轨装置，其示意图如图 10-10 所示。其中导轨的每个工作面和防止对重脱轨的限制板之间的间隙应不超过 5mm，限制板与导轨的接合深度应不小于导轨的侧工作面尺寸。

（2）采用贯通连接杆或者其他等效方式将对重块可靠固定，以防止对重块脱出。

（3）采取有效措施保障对重导轨有足够的抗变形能力。例如在对重导轨支架上装设连接杆等，在中等地震（本地区地震设防烈度以下）不因对重导轨的严重变形而导致对重装置脱轨。

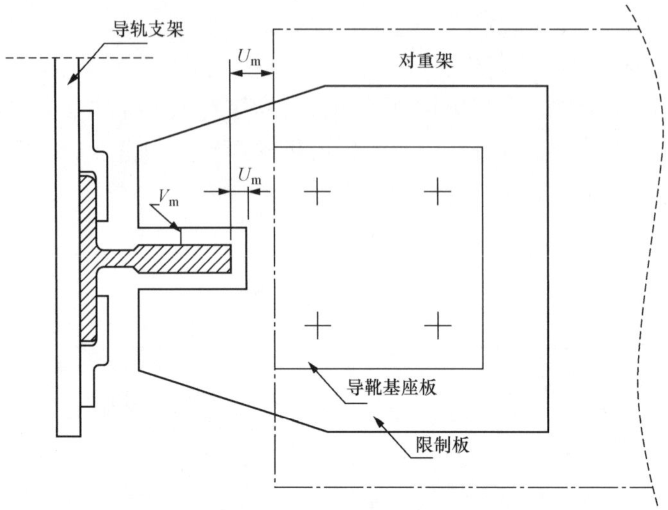

图 10-10 增设防止对重脱轨装置示意图

（4）对于医院等重要场所使用的电梯，建议采取下列措施：

1）将空心对重导轨更换为实心导轨。

2）在导向轮、复绕轮、曳引轮、限速器轮、限速器张紧轮、轿厢和对重悬挂滑轮上，设置能够防止钢丝绳脱出和移位的钢丝绳护罩，钢丝绳护罩的连续面应不小于绳与滑轮包角的2/3，且在护罩的尾端只有不超过包角的1/6露出。或者按照下述要求设置挡绳装置：①包角不超过30°时，在包角的中点处设置一个挡绳装置；②包角超过30°时，沿着包角以不超过30°的间隔设置挡绳装置，在包角的两端也设置挡绳装置。

3）未装设补偿链导向轮的，加装导向轮。

4）驱动主机应当采用螺栓连接等方式与其支撑可靠固定；控制屏应当与基础可靠固定。

2. 震损数据分析与改进建议

（1）对重导轨支架变形损坏，对重框架脱轨，对重导靴损坏，对重导轨顶面间距发生偏移，对重撞击轿厢，轿顶护栏、轿厢严重变形，这是最集中的，也是汶川地震震损的主要原因。导轨支架强度、刚性不足、无保障对重导轨相对间距考虑是造成对重脱轨主要原因之一；其次是对重导靴防脱出结构不足、啮合量不足以及导轨支架安装不符合规范也是造成对重框架脱轨的综合原因之一。

改进建议：为了防止对重脱轨，应对导轨支架刚性强度并对保障对重导轨相对间距作充分考虑，同时对重导靴基座结构加以改善，增加脱轨保护装置，充分考虑综合防震性能，并建议调整导轨支架安装距离。

（2）轿厢导靴脱离导轨。改进建议：应充分考虑弹性导靴叠加压缩量，应保证导靴与导轨的啮合量，保证其不脱轨。

（3）钢丝绳脱槽。改进建议：应加强止挡装置的强度、间隙的调整，尽量不使用单悬臂止挡。

（4）对重块移位、对重块脱落。改进建议：应对对重压紧装置刚性强度及考虑穿杆或等效结构（如金属捆绑式）加以改善。

（5）对重导轨支架脱落，水泥预埋裂纹、松动。应严格按规范进行安装，建议检规中预埋的形式及结构作更具体规定。

（6）补偿链钩挂、断裂、缠绕。链转向轮严重变形或损坏；对重护栏严重变形、损坏、移位。改进建议：应改善链转向轮结构，对安装的悬量通过具体试验，做出规定。护栏则不会出现移位、变形和损坏。

（7）限速器损坏。考虑降低涨绳装置和绳发生干涉的可能。

（8）层门变形、松动。应严格按规范进行安装。

（9）对重导轨产生扭曲变形。改进建议：应考虑导轨的强度或采用其他可保证强度而不受影响的方法，对此作具体规定。

10.3.3　日本的抗震设计

1. 抗震设计载荷

升降机引导设备和轿厢悬垂设备的轻度计算和设计用水平标准地震系数，是以建筑基础部分加速度的标准值为基础，并根据建筑物的高度、响应倍率、设备的支撑结构三要素而计算出来的。对于高度在60m以下的建筑设定一定的响应倍率，而对于超过60m的建筑，根据每幢建筑的楼层响应倍率分别算出。作为电梯的设计用水平地震系数的一例，在60m以下建筑中设备结构的防震支承和弹性支承的值见表10-8。

表10-8　　设计用水平地震系数一例

设计标准地震系数	设备对象	建筑物区分	设置位置	抗震级别	
				A_{09}	S_{09}
运行界限地震系数	升降引导设备	60m以下	2层以上楼层	0.6	1.0
			1层及地下室	0.4	0.6
安全界限地震系数	悬垂设备		2层以上楼层	1.0	1.5
			1层及地下室	0.6	1.0

2. 导轨强度及评价标准

对于导轨轻度评价，地震时产生的应力在许用应力以下，且必须确认导轨和支架产生的挠度的总和，应比导靴有效配合余量减少10mm的值小。考虑到对于轿厢或对重上下导靴间距短的场合，作用于导轨的载荷近于集中状态，故采用其间距 G_p 不到导轨安装支架间距的1/2的影响的计算式。导轨连接夹板断面的性能，应考虑导轨的应力和挠度的影响，故引入连接夹板的应力系数 γ_1 和连接夹板挠度系数 γ_2。作用于导轨的载荷状态和计算如图10-11和表10-9所示。

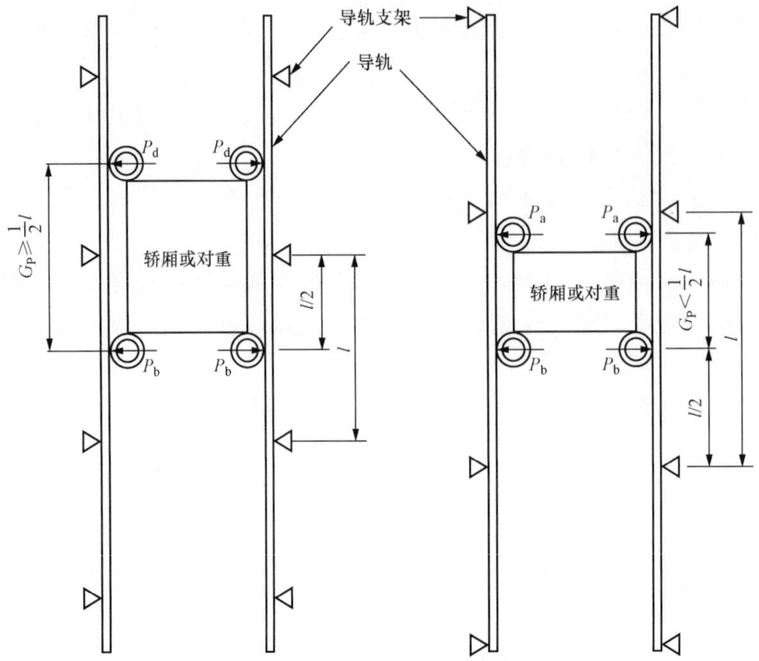

（a） （b）

图 10-11 作用于导轨的载荷状态

（a）$G_p \geqslant l/2$ 的场合；（b）$G_p < l/2$ 的场合

表 10-9 **应力和挠度的计算**

载荷状态	项目	计 算 式
（a）	应力	$\sigma=\gamma_1\times\frac{7}{40}\times\frac{\beta_1\beta_2P_1l}{z}$ （10-1）
	挠度	$\delta=\gamma_2\times\frac{11}{960}\times\frac{\beta_1\beta_2P_bl^3}{EI}$ （10-2）
（b）	应力	$\sigma=\gamma_1\left[\frac{\beta_1P_b}{40Z}\times7l+\frac{\beta_1P_a}{40Z}\left(7l-20G_P+\frac{12G_F^2}{EI}\right)\right]$ （10-3）
	挠度	$\delta=\gamma_2\left[\frac{\beta_1P_b}{960}\frac{11l^3}{EI}+\frac{\beta_1P_a}{960}\left(\frac{11l^3-84lG_P^2+80G_P^3}{EI}\right)\right]$ （10-4）

3. 曳引机、控制柜的抗震措施

曳引机、控制柜作为在地震力作用下不能倾斜移动的结构，可按下列计算式确定支持部的强度。在此假设下能够防止曳引机、控制盘的倾倒、移动，安装螺栓、地脚螺栓、抗震止动销，还要对混凝土的强度进行评价。条件如下：

$$\left(\frac{R}{R_a}\right)^2+\left(\frac{S}{S_a}\right)^2\leqslant1$$

式中 R——支持部的张力（N）；

R_a——支持部的许用张力（N）；

S——支持部的剪切力（N）；

S_a——支持部的许用剪切力（N）。

关于曳引绳槽沟防绳外脱措施，规定必须安装如图 10-12 所示尺寸的绳防护装置。图中，槽沟深尺寸 $A \geqslant d/3$，且 $A \geqslant 3mm$；槽顶和绳防护装置间尺寸 $B \leqslant 17d/20$；突缘和绳防护装置间尺寸 $C \leqslant 3d/4$。

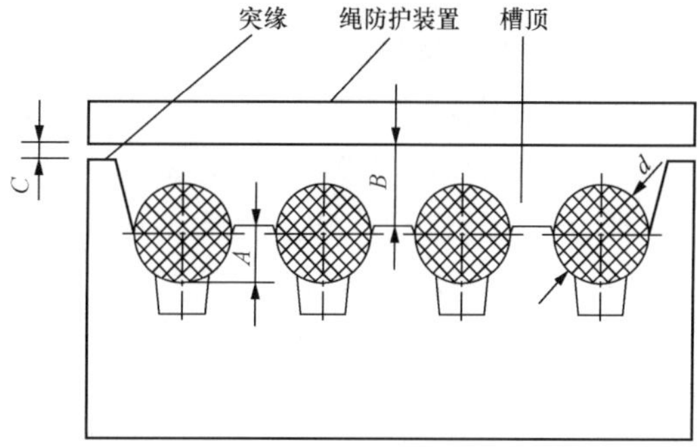

图 10-12　绳防护装置尺寸

4. 细长物的牵引钩挂防止措施

作为对细长物的保护对策，参照在长周期地震灾害事例而作策划决定的日本 JEAS-711（标 06-02）《电梯井道内对机器突出物的保护措施》，增加了水平方向的保护措施（横保护线及保护罩）。图 10-13 为加设水平方向保护措施（横保护线）的实例。

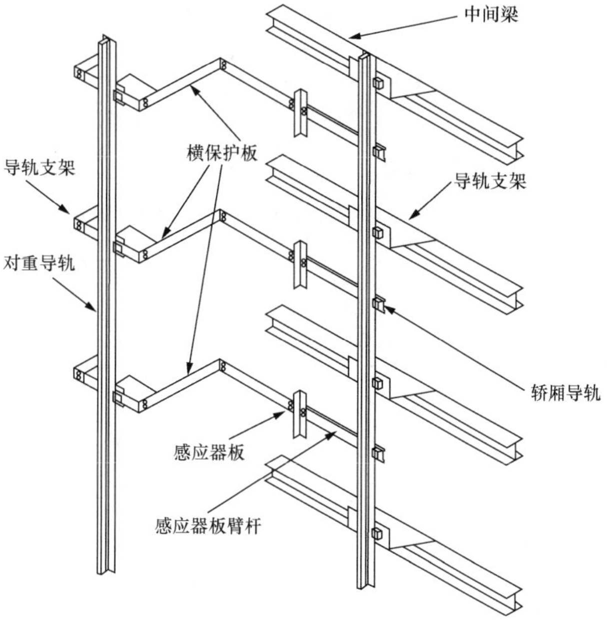

图 10-13　水平方向保护措施实例

10.3.4　日本的抗震措施

1. 电梯抗震措施优选

日本于 1981 年 6 月 1 日施行的“建筑标准法施行令”，列出了对现有电梯发生地震时的基本对策。可按表 10-10 所示优先度进行施工，并应成为标准抗震结构。如果全部实施有困难，则把实施项目分为 A、B、C 阶段依次实施。或者把对乘客有影响的“地震时管制运行装置”的措施与最低限度的相关措施，作为谋求解决的“A”阶段，以确保最低限度的安全。

2. 建筑抗震技术参数的检验

抗震设计是以建筑抗震的技术参数为基础，同时考虑电梯的运行状态。因此，在建筑抗震技术参数中，地面响应谱（或地面响应）、固有周期和层间位移要和最初的设计进行比较并确认相符，同时必须寻求在电梯的抗震设计中增加安全因素。导轨的断面性质、应力和挠度的容许值见表 10-11。用表 10-12 表示建筑抗震技术参数的检验和措施。

3. 电梯和建筑物施工相关的事项

（1）防止地震时房上水箱等溢水流入电梯机房和井道。

（2）预防井道结构，特别是钢结构物的耐火层和其他装饰材料，由于地震震动剥离脱落。

（3）谋求提高电梯有关电气设备的抗震性能。

（4）为防止机房设备倾覆，应设置拉筋等加固设备与相应建筑结构的对策。

（5）井道臂或梁，从结构上应能适应导轨支架与中间梁等安装的相应抗震措施。

（6）设计电梯地震管制运行装置时，应有快行区，快行区在 10 层台面以内，为了紧急到达出入口而要设计出口处。

表 10-10　　现有电梯抗震措施优选

顺序	抗震措施项目	内　容
A	地震时管制运行装置的设置	按照地震传感器的信号，电梯停在最近层
	防止导靴、挡块等脱轨	为了防止导靴、挡块等脱落，其最小相关尺寸见表 10-9，以此来设置挡块
	防止机房设备倾覆及位移措施	对曳引机、电动发电机、控制盘等设备，根据机房设备标准，对倾覆、位移检查，施行必要的相应措施
B	导轨 导轨支架 中间梁等的加固措施	基于导轨标准，根据地震力荷载，检查导轨、导轨支架、中间梁等的强度是必要的，加固导轨支架和中间梁，设置连接支架和中间控制器，以及施行其他措施
C	对限速器绳的张紧轮、对重绳的张紧轮以及井道内其他设备的对策	基于导轨标准，根据地震力荷载对安装卡具强度等检查，并施行必要的相应措施，免得变形
	对井道内突出物的措施	对限速器绳、对重绳、拖引电缆以及其他突出物，采用井道设备标准实施之，免得挂住
	防止主绳从绳轮上脱落的措施	按绳轮构造标准，采取必要的相应措施，免得主绳从绳轮上脱落

注：本表中表示地震措施的优先度顺序是 A、B、C。

表 10-11　　导轨的断面性质、应力和挠度的容许值

导轨名称	断面惯性矩		断面系数		容许应力/（kgf/cm^2）①	导靴（挡块）间隙尺寸 A/cm	容许挠度 δ/cm
	I_x	I_y	Z_x	Z_y			
5kg 导轨	—	—	—	—	2400	2.5	1.5
8kg 导轨	289.9	26.1	7.56	6.71	2400	2.5	1.5
13kg 导轨	59.9	50.4	14.3	11.3	2400	3.0	2.0
18kg 导轨	179	108	29.7	19.1	2400	3.5	2.5
24kg 导轨	199	226	31.1	35.6	2400	3.5	2.5
30kg 导轨	400	314	52.8	44.9	2400	4.0	3.0
37kg 导轨	539	349	76.7	49.9	2400	4.0	3.0
50kg 导轨	999	461.2	120.8	66	2400	4.0	3.0

注：1. 栏内值是根据日本建筑中心对电梯的性能评定值。

2. 就许用应力而言，也可以使用由注 1 中性能评定所明确的屈服点的值。

3. 除上述导轨外，在日本标准 JISE1101（普通导轨）中对 37A 导轨，50PS 导轨以及 50N 导轨，规定了使用情况的适用标准，同样是根据上述性能评定加以规定的。

① $kgf/cm^2=0.1MPa$。

表 10-12　　表示建筑抗震技术参数的检验和措施

建筑抗震参数	主要检验测试点	措　　施
地面响应谱的固有周期（自振频率）	导轨：在地震载荷作用下，轿厢的导向轮会不会从导轨脱落。导轨、导轨支架中间梁的总挠度，在设计限度之内，尤其是在许用应力值之内，是否安全	（1）必要时采用大型导轨或者加固以提高导轨刚度。 （2）导轨的支持间隔超过 4m 时，补加中间支持梁。 （3）在对重一侧的导轨的支点中间设置连接板，以防止损害导轨间的连接
	机房内的设备：在地震载荷作用下会不会翻倒或移动，而设备的自振频率和建筑物的振动频率之间有没有共振点	（1）曳引机、电动发电机牢靠地固定到通过建筑梁的设备梁上，必要时可以采取防止移动的办法。 （2）仪表盘等必要时和建筑物、天花板、横梁连接加固，或者盘之间互相连接加固，以防止翻倒
层间位移	门框：安装门框的墙要和地板固定，对上部横梁能否作相对滑动，产生层间位移（1/200 左右），在门框上有没有附加异常的力	加固安装门框的墙
	导轨：由于层间移位，有无异常的力作用在钢轨上	采用滑动卡子

10.4　电梯地震监测和运行管制

10.4.1　电梯地震监测系统

我国自主研发的地震感知报警系统（图 10-14），区域内可提前 10s 感知地震信息，并按设定震级发出报警信号，为震前逃生和自救赢得宝贵时间。地震感知报警系统由地震感知工作站、地震应急救生器和城市地震信息收集统计分析中心三部分构成。地震感知工作站可以实时检测地面运动加速度的异常变化，当震源发出的纵波和横波辐射到地球表面时，地震感知报警仪根据其强度，智能判断即将形成的面波将在本区域造成的地震震级，根据不同地区的地壳厚度及震源深浅不同，可提前 10s 到 30s 感知地震信息，并自动报警提醒逃生。按照覆盖面的需要，地震感知工作站可区别家庭、小区、城市等各种范围进行装备。

地震应急救生器具有应急手摇自发电，直流电源输出，室内应急玻璃击碎，闪灯报警求救，高频声讯报警，LED 手电照明，安全带迅速割断，AM/FM 调频收音，手机充电等功能，可满足自救和等待救援过程中的多种需要。

城市地震信息收集统计分析中心部分，是为城市地震感知预警系统应用准备的地震信息数据库，它可以详细记录地震过程中的各种数据，供地震工作者作日后研究用。

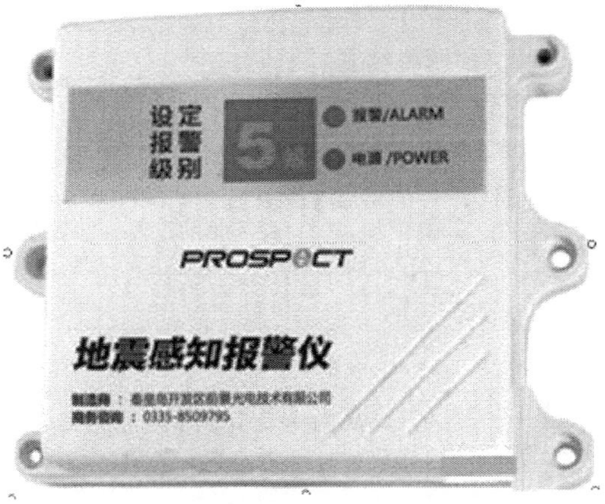

图 10-14　地震感知报警系统

所研发的地震监测报警技术还包括电梯地震监测系统，该系统经鉴定在国内外属首创。这套系统在地震发生时，通过输出相应的电信号，通过滤波放大后，由模数转换器送给微处理器进行相应处理，使电梯在地震发生之前或发生时有效进入管制运行状态，在最近的楼层平层开门，释放出电梯中的乘客，能最大限度拯救电梯内乘客的生命安全，并减少电梯设备损害。这套新的地震监测报警技术，将地震报警、人员自救、区域防灾减灾较好地结合起来，技术上达到了国内外同类产品的领先水平。它的应用，能在很大程度上减少百姓对地震的恐惧，并且能够在地震来临时提醒和帮助自救和求救。

10.4.2 日本电梯地震管制运行

日本是多地震国家，在电梯抗地震方面有许多经验，地震时的电梯管制运行方面的成熟做法，见表 10-13，可供我们参考。

表 10-13　　日本电梯地震时的管制运行

<table>
<tr><th>项目</th><th>详 细 内 容</th></tr>
<tr><td>使用的地震传感器设定值</td><td>
（1）日本在地震时对电梯进行管制运行使用的地震传感器设定值，原则上用表中的值。
地震传感器的设定值
<table>
<tr><th>建筑物高度/m</th><th>特低设定值[①~④]/gal</th><th>低设定值/gal</th><th>高设定值/gal</th></tr>
<tr><td>60 以下[⑤]</td><td>80 或 p 波传感</td><td>120</td><td>150</td></tr>
<tr><td>60 以上，120 以下</td><td>30、40、60 或 p 波传感等</td><td>60、80 或 100</td><td>100、120 或 150</td></tr>
<tr><td>120 以上</td><td>25、30 或 p 波传感等</td><td>40、60 或 80</td><td>80、100 或 120</td></tr>
</table>
① gal（伽）为加速度的单位，等于 $1cm/s^2$。
② 非快行区的一般电梯，定为特低及低的两级。
③ 在快行区间一般电梯和应急电梯定为特低、低以及高的三个级。但是，如在快行区的一般电梯，大约在 10s 内到达最近楼层，或在快行区设有地震时紧急出入口，可将给定值分为特低及低的两级。
④ 由于液压梯机房在地下室或 1 层附近，定为特低 30 gal 或 p 波传感，低给定值为 60gal。
⑤ 按日本 1981 年 6 月 1 日实施的建筑标准法施行令以前的电梯，适用的特低设定为 60gal 或 p 波传感，低设定值为 100gal。
（2）地震时管制运行装置是通过地震传感器的联动使电梯在最近楼层停止的装置。如地震时，尽可能谋求乘客安全，防止设备损坏，首要目的是为了尽早地把电梯停靠在最近层。
电梯一旦停在最近层，地震后设备只要不损坏，要求再度开机后能顺利运行
</td></tr>
<tr><td>低给定值传感器工作</td><td>（1）按照日本的对震Ⅳ级以下的地震，由于地震时管制运行装置的作用，多数电梯都处于停靠状态，由电梯专家们进行检修使之恢复运行，估计要相当长的时间。因此特低给定值的传感器尽快使电梯停在最近层，只要低给定值的传感器不起作用，就可尽快使电梯恢复正常运行。
（2）低给定值传感器工作时，使之在最近层停靠，让乘客安全地离开后，便暂时停止运行。如要恢复正常运行，原则上需经电梯专家检查</td></tr>
<tr><td>高给定值传感器工作</td><td>（1）快行区有电梯时，为了防止在快行区内电梯停止，乘客被关在轿厢内，只有高给定值的传感器工作，才能确保安全回路的正常低速到达最近层。关于在最近层停止后的处理同前所述。
（2）在快行区的电梯由于到最近楼层的行车时间长，每 10 层楼设置一紧急出入口。
（3）当快行区有一般电梯时，作为设置高给定值的传感器，要施行特定管制运行，其程序如图 10-15 所示</td></tr>
<tr><td>管制运行程序</td><td>关于地震时电梯的管制运行程序，一般电梯如图 10-15 所示</td></tr>
</table>

续表

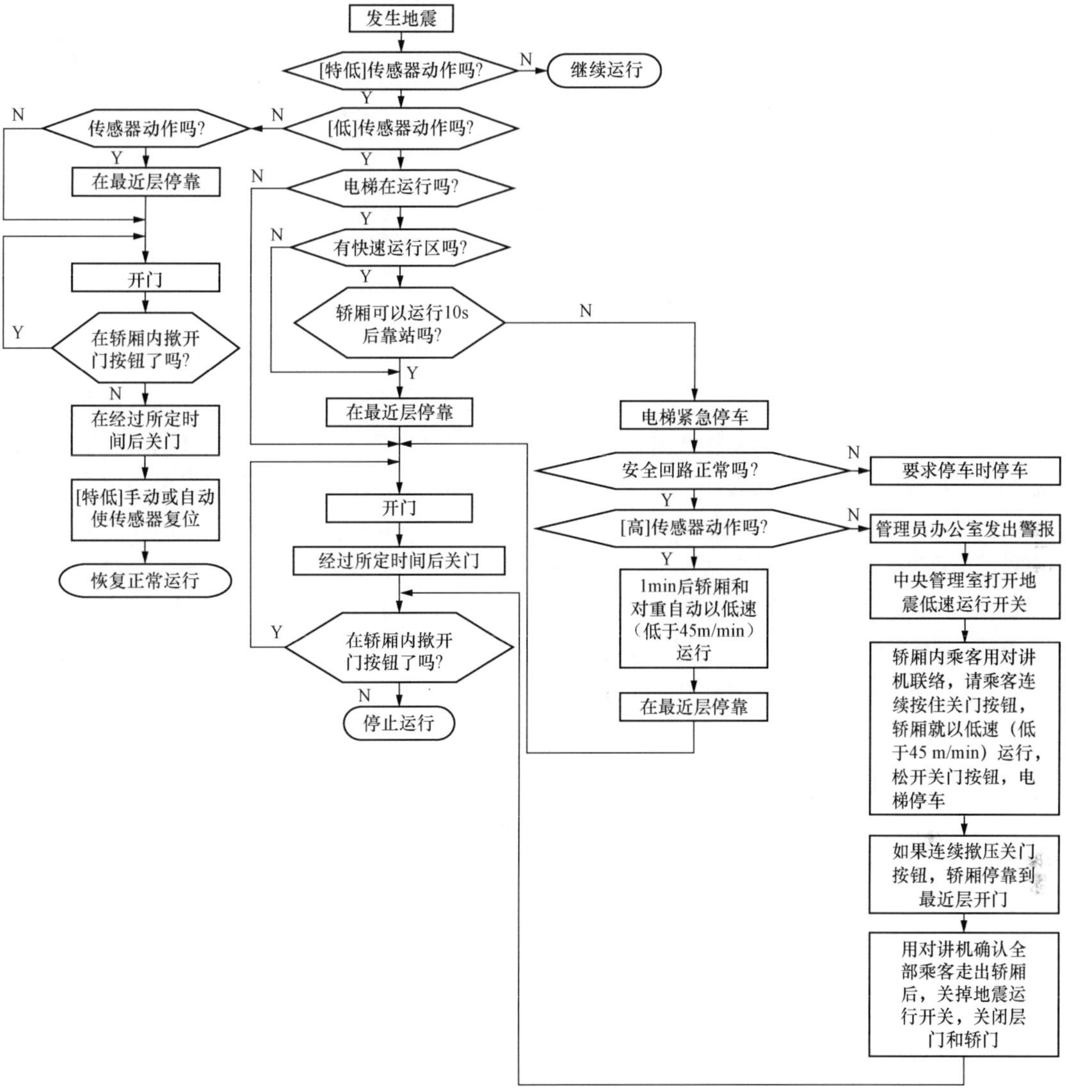

图 10-15　一般电梯地震时的管制运行程序

注：1．没有急行区的一般电梯，设特低及低的两级给定方式，低给定为手动复位。

2．作为有快速区的一般电梯，设特低、低及高的三级给定，高给定为手动复位。

第11章

电梯事故处置问题

美国按照纽约市法规规定，当有任何人员因电梯工作而受伤，需要医疗照顾，或造成超过 100 美元的财产或设备损失的，称为电梯事故，需向政府报告。电梯危害，使电梯本身造成影响正常运行的事件，都属于电梯事故。所谓电梯危害是指电梯对人员身体或健康的伤害，或对财产的损坏，或对环境的破坏。电梯事故有重大事故、严重事故和一般事故之分；按其严重程度，有高、中、低、可忽略之分；按其概率等级，有频繁、很可能、偶尔、极少、不大可能、不可能之别；按其产生原因，有机械的、电气的、辐射的、化学的、忽视人类工效学原则的、火灾的、地震的等原因造成。火灾事故将在第 12 章介绍，地震事故已在第 10 章做了介绍。本章要介绍电梯事故处置问题，包括国内外电梯事故发生情况及对策，电梯电气故障、机械故障排除方法，电梯接地、触电及防雷问题，电梯紧急情况处置，无机房电梯紧急救援等问题。

11.1 电梯安全事故分析

掌握电梯安全技术，是为了减少和防止电梯事故之发生。倒过来说，从发生的电梯事故，能直接反映出我们掌握的电梯安全技术程度和对电梯规范执行的程度。我们要正视电梯事故，研究国内外发生的电梯事故种类、性质、原因，找出妥善处置的方法。长期实践证明，发生电梯事故和违反电梯规范、违反电梯操作规程密切相关。我们的目的是采取一切可能措施，尽可能地减少甚至杜绝一切电梯事故，特别是重大事故。

11.1.1 电梯伤害事例和风险分析

利用电梯伤害事例的调查和统计数据，采取措施减少电梯伤害和电梯事故，并进行风险分析，尤其要进行对重块坠落事故和溜车伤人事故分析，进行救援事故处理和电梯拆除事故分析，找出电梯检测中的危险因素，这是电梯专业人员的一项责无旁贷的任务。在这里只对其主要内容进行分析和说明。

1. 电梯伤害事例统计分析

我国近年来电梯伤害事例统计数据见表 11-1 和表 11-2。频发的电梯事故已经引起百姓和媒体的广泛关注。“谁该为电梯事故负责”的质疑之声不绝于耳。作为特种设备，安全是电梯产品最重要的基础和前提，任何电梯企业在技术革新、扩大产能、降低成本时都不能忽略电梯安全问题。从事故情况看，电梯开门溜车、制动器实效、非正常开门坠落（含三角钥匙开门），所占比例较大。因此，只有实现设计质量、制造质量、安装调试质量、维保质量等几方面的综合提高才能从根本上解决电梯安全和质量问题。在电梯产品保证品质的同时，如何让社会更加了解电梯，如何普及安全乘梯的知识，让普通乘客更加爱护电梯设备，也成为业界人士共同思考的问题。

2. 电梯风险分析及对策

国家质检总局对电梯事故统计管理的主要内容见表 11-1。近 4 年来电梯事故的发生主要集中程度见表 11-2。电梯事故容易发生的场所见表 11-3。其中人流密集的场所和从事生产经营的企业工厂是电梯事故高发场所，总和高达 89%。其原因可能与这些场所电梯设备使用频率较高、设备性能老化速度较快、使用人员行为较为复杂等因素有关。

表 11-1　电梯事故统计管理的主要内容

项目	内　容
事故现象	坠落，挤压（剪切），碰撞，火灾，触电，物体打击，失控，冲顶（蹾底）
责任环节	设计，制造，安装，维修，改造，使用，检验
事故原因	设备本身原因，管理原因，标准规范选用错误，结构不合理，选材不当，计算错误等
具体原因	安全保护装置失效，调试不当，零件缺陷，违章操作，无证操作，违章指挥，无证改造，无证维修

表 11-2　近 4 年来电梯事故的发生主要集中程度

环节	使用	维修保养	安装过程	制造	改造
比率（%）	70	18	8	2	2

表 11-3　电梯事故容易发生的场所

电梯事故发生场所	物业	办公楼	工厂	餐厅	商场	工地	宾馆	医院
比率（%）	26	21	21	11	10	5	3	3

在表 11-1 的事故现象中，坠落事故占 38%，人员被挤压或剪切占 26.3%，电梯轿厢冲顶或蹾底占 18%，三者合计占 82.3%，其余占 17.7%。在具体原因中，违章操作占 37%，安全保护装置失效占 31%，零部件失效占 8.2%，非法设备占 11.5%，人为能力欠缺占 6.5%，其余只占 5.8%。

11.1.2　对重块坠落事故分析

2003 年佛山市某工厂安装曳引驱动式电梯，额定载重量 2000kg，额定速度 0.5m/s，曳引比为 2:1，4 层 4 站 4 门。于 2009 年 3 月发生了电梯对重坠落事故：对重反绳轮的轮轴断裂导致反绳轮从对重架上脱离，对重架坠落到底坑，电梯轿厢被安全钳制停在导轨上，事故未造成人员伤亡。电梯维保单位与几天前还对该电梯进行过例行保养。

1. 现场情况

（1）底坑情况。对重架掉落到底坑压在缓冲器上，对重架上没见到反绳轮，对重反绳轮轮轴卡板的固定螺栓被剪断，对重架上横板的轴孔磨损严重，对重架的防尘罩已不见，如图 11-1 所示。

（2）井道情况。对重反绳轮倾斜着卡在 3 楼楼面附近的对重导轨支架上，轮轴两端已被磨断，轴端带轮轴卡板槽的部分已不见，见图 11-2。对重导轨支架和靠近对重侧的轿厢顶上有大量铁屑。电梯轿厢顶处于 3 楼楼面下 1m 多的位置处，钢丝绳松弛散落在轿厢顶上，但没有全部掉落下来，如图 11-3 所示。

（3）机房情况。电梯限速器已动作，楔块已夹紧限速器钢丝绳，限速器电气开关处于动作状态，如图 11-4 所示。有一条钢丝绳脱离曳引轮绳槽，钢丝绳在机房可见部分上都有少量铁屑。

图 11-1　对重架情况

图 11-2　对重反绳轮情况

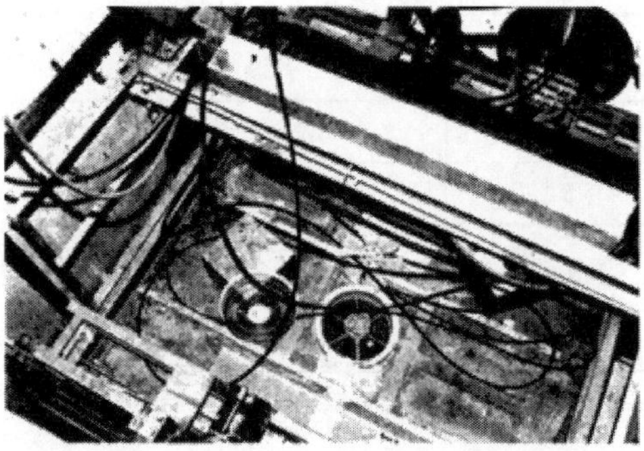

图 11-3　散落在轿厢顶上的钢丝绳

图 11-4　限速器情况

（4）对重反绳轮。将对重反绳轮移至地面后，拆开对重反绳轮的轴承盖，发现轴承已经严重破损，没有任何润滑。测量轮轴剩下的长度和对重架上横板之间的宽度，发现长度略微比宽度小一点。

2. 原因分析

根据上面的勘察，可以推断出事故发生的大致过程是：由于没有润滑，对重反绳轮的轴承长期处于干滚动摩擦状态。随着轴承内的灰尘不断堆积，轴承滚珠最终不能滚动，只能做滑动摩擦运动，最后导致轴承滚珠最终破损（图 11-5），将轮轴卡死在重反绳轮轴孔里。在电梯做上下运行过程中，由于轮轴不能转动，曳引钢丝绳在重反绳轮绳槽里产生巨大摩擦力，由此产生的力矩将轮轴卡板的固定螺栓剪断（图 11-6）。在失去轮轴卡板的卡止作用后，轮轴在对重上横板的轴孔里高速地转动，轮轴外表面和轴孔内表面之间高速滑动摩擦，产生了相当于机械加工的切削效应，导致轮轴外表面不断地被切削掉，最终轮轴被切断。对重反绳轮与对重架脱离，对重架掉落底坑，轿厢在失去曳引力后也自由向下坠落，当达到限速器动作速度时，限速器带动安全钳动作，将轿厢制停在电梯导轨上。

勘察结论：电梯由于缺少必要的维修保养，使得对重反绳轮的轴承长期处于没有润滑的状态，最终导致轮轴卡死，轮轴卡板螺栓被剪断，轮轴被摩擦切断，对重跌落，轿厢安全钳动作。

图 11-5　破损的轴承滚珠

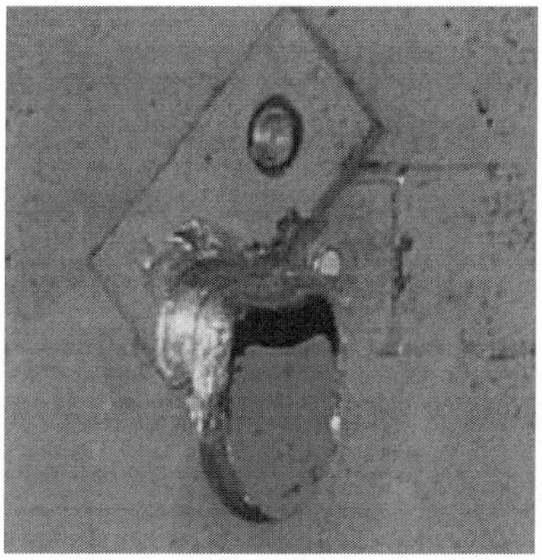

图 11-6　被剪切的轮轴卡板固定螺栓

3. 吸取教训和改进措施

（1）GB 7588—2003 等电梯规范对对重反绳轮没有具体条文规定，一旦对重反绳轮发生事故，对电梯设备将造成很大损害。因此，电梯规范和检规应该考虑对对重反绳轮的安全保障提出要求。

（2）吸取此次事故教训，应增加对重反绳轮有关的检验项目，并督促维保单位重视对重反绳轮的检查维护。

（3）开发新产品。从目前见到的各类有对重反绳轮的产品结构来看，能可靠防止轮轴在对重上横板轴孔中旋转的产品很少。因此建议开发新产品和电梯零部件设计时，应考虑到所有的失效形式，零部件应有良好的维护，就是有磨损，仍应满足所要求的尺寸。

（4）加强维护保养。这次事故勘察时知道，电梯维保单位对对重反绳轮没有任何保养措施，也没有相关的检查保养项目。而对电梯运动部件的润滑情况检查是最基本的工作，对电梯安全很重要。电梯维保单位应检讨现有的维护保养项目，对运动部件特别是悬挂系统部件轴承的润滑情况应加强检查，杜绝同类事故的发生。

11.1.3　电梯溜车伤人事故分析

制动器的制动臂、连杆机构的卡阻及制动器控制系统的设计缺陷是造成制动器失效的主要原因。我们通过一起电梯溜车伤人事故，来分析检讨制动器控制电路的设计和制动器维护保养的重要性，以期采取有效措施防止制动器故障和事故之发生。

1. 事故概况

2010 年 9 月 8 日，一职工在完成设备巡检后，走到一台型号为 NG-JVF-2000/1.0、6 层 6 站 6 门、提升高度为 45m 的载货电梯 5 层楼门外，见层门召唤面板显示电梯在 2 楼，于是按下向上按钮。电梯按指令上行到 5 楼层站平层后自动开门，该职工在跨入电梯轿厢时，发现电梯并未完全停止运行，轿门也未关闭，反而逐渐加速向上溜，导致该职工跌坐在 5 层层门上坎约 450mm 的空间里，造成左小腿骨折。电梯越过顶层后发生冲顶，见图 11-7 和图 11-8。事后调查发现，夹绳器及安全钳都动作，轿门机械锁挡杆已明显向上移位，挡板变形。

2. 事故调查

事故发生后，对事故电梯当即封存，成立事故调查小组，并制定事故分析调查方案。

图 11-7 轿厢冲顶后的位置

图 11-8 事故后 5 层厅门井道内侧上方情况

（1）对该电梯伤人事故的过程进行询问了解，检查该电梯的档案资料，近期电梯保养巡查记录，3～9 月该电梯维修记录，询问使用单位相关人员关于该电梯近期的使用情况。经询问，该电梯在事故发生前未发现有明显异常现象。9 月 6 日，电梯维保人员对此电梯进行了例行保养，未发现制动器异常现象。该电梯在事故发生前的当天未接到故障报修电话，当天也未对电梯进行其他维修作业。

（2）勘察电梯事故现场情况。发现制动器下方有一些碎屑被磨下（图 11-9），试验盘车手轮，在制动器闭合状态下稍用力就能轻易上下盘动。现场拆体检查制动器闸瓦，制动片磨损较大（图 11-10）。调查小组初步认为，造成该起电梯事故的直接原因是电梯制动器制动力不足，导致电梯轿厢向上溜车，最后冲顶。

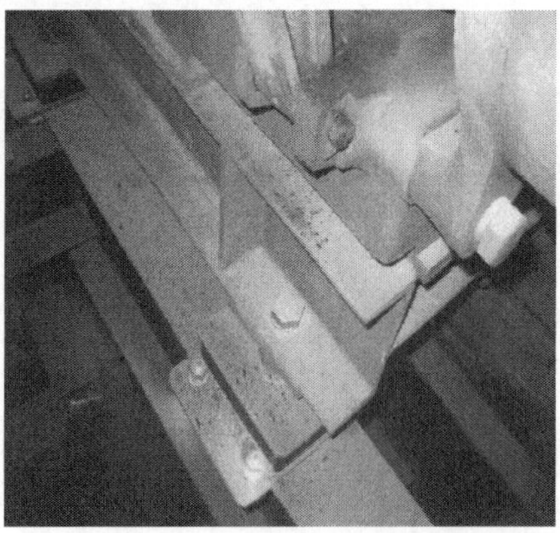

图 11-9 事故后抱闸片磨损脱落物

图 11-10 现场拆体检查制动器闸瓦状态

（3）回复电梯系统供电，通过强制启动抱闸接触器和运行接触器的方式，对制动器线圈进行通、断电试验。调查小组人员观察制动器机械机构及制动器闸瓦开、合状态，用万能表监控线圈电压情况，持续试验几十次，制动器开、合正常，未发现卡组及异常情况，制动器线圈电压未发现异常。

（4）对制动器进行修复调整，检修上、下运行，分别对下列 3 个部位同时进行状态检查：

1）电气控制箱内抱闸线圈得电时电压情况（用万用表检测）；

2）抱闸线圈接触器动作情况和主机变频器运行情况；

3）制动器机械部分动作情况。

在前 10 次检修运行过程中，变频器的运行、制动器线圈接触器的动作、制动器线圈的电压均正常，制动器正常打开，曳引主机正常运转，但有一次听到抱闸发出的异响。随后几次的检修运行，发现曳引机刚起动时，制动器线圈电压正常，制动器正常打开，但此状态维持不到 1s，突然发现制动器线圈失电（万用表指针接近于零）、制动器闸瓦闭合，而控制制动器线圈的接触器、变频器仍然处于工作状态，曳引机在抱闸状态下仍继续运转。继续试验时，不正常状态频繁出现，且发现制动器闸瓦处冒出阵阵青烟并闻到焦味，调查小组立即停止了试验。

图 11-11　发生故障的制动器线圈接触器

（5）对照电梯电气原理图，在试验状态下多次让制动器接触器的线圈得电情况，用万用表检测发现接触器触点不通，只有用外力强制推动接触器吸合机构时，接触器触点才导通，因此初步确定制动器线圈接触器内部触点接触不良（图 11-11）。

（6）更换制动器线圈接触器后，采用检修和正常运行进行试验，未再发现电梯异常情况。当场拆体检查制动器线圈接触器，外部有较大灰尘，内部清洁，开关触点烧灼，如图 11-12 所示。

图 11-12　发生故障的制动器线圈接触器拆体后开关触点的状态

3. 技术分析结论

事故的主要原因是制动器线圈接触器内部触点接触不良故障所致。事故的直接原因是电梯制动器制动力不足，导致电梯轿厢向上溜车。

电梯正常运行时，制动器制动瓦必须同时打开，且不产生与制动轮的相互摩擦。而在这次事故中，电梯曳引机在运行时，由于提供该制动器线圈电源的开关触点烧灼，接触不良，引起制动器线圈间断性失电，导致主机抱闸运行，制动器的制动轮与制动瓦剧烈摩擦，温度上升，制动瓦表面炭化，大量碎屑被磨下（图 11-10），于是间隙增大，造成制动力不足。

由于接触器开关触点烧灼，产生接触电阻，运行中会产生打火现象，触点的接触情况会发生随机性恶化。这种现象是在短时间内的随机性恶化。因为如果制动器线圈存在较长时间的间断性失电状态，则电梯制动器、制动瓦势必会严重磨损，在检修运行状态下会出现电梯制动不灵或失效，维保人员、巡查人员就会立即发现。

4. 必须加强故障防护

由于制动器线圈接触器发生电气故障，导致电梯制动器制动能力下降，进而导致人身伤亡事故，因此必须加强故障防护采取防护措施如下：

（1）增设制动器检测开关或制动线圈电压检测电路。

1）增设制动器检测开关。若制动器未完全打开或不打开，制动器检测开关输给主机控制系统（或变频器）信号，主机控制系统就切断主机供电或变频器输出电流。在电梯日常使用时，检测开关或电气安全装置动作或恢复有一段行程，如果设置不当，制动器检测开关在制动器闸瓦打开时未恢复，或者在制动器闸瓦闭合时未动作，就容易导致电梯故障。此外，在用电梯随着闸瓦的不断磨损，也需要对检测开关进行定期调整。

2）增设制动线圈电压、电流检测电路，例如电流互感器。

（2）合理设置电动机热保护或变频器过载保护。根据 GB 12974《交流电梯电动机通用技术条件》，在额定电压下，电动机堵转转矩对额定转矩之比的保证值在高速时应不低于 2.2 倍，低速时应不低于 1.4 倍，保证值的容差为–0.15。制动器线圈接触器发生触点烧灼等故障后，在电梯启动时制动器仍旧打开，这样制动器控制系统输出维持电压，制动器线圈接触器触点两端产生明显压降，制动器闸瓦在制动弹簧作用下回缩，导致制动器闸瓦与制动轮异常摩擦。此时产生动摩擦，电梯控制系统迫使电动机电流增大，但往往不足以使电动机热保护或变频器过载保护动作。随着制动器闸瓦继续磨损，制动器制动力不足，于是导致开门溜车事故。如果在电梯起动时，制动器线圈接触器发生故障，导致制动器未完全打开或不打开，电动机热保护或变频器过载保护设置过大，也会导致电动机烧毁或变频器损坏。

（3）制动器控制系统的设计。根据 GB 7588—2003《电梯制造与安装安全规范》第 12.4.2.3.3 条规定，断开制动器的释放电路后，电梯应无附加延迟地被有效制动。在线圈的两端尽量避免接检测电流、保护电路等相关的电气元件。因此，要避免接触器因触点烧灼产生接触电阻，在运行中产生打火现象，可采取以下措施：

1）采用额定工作电流更大的接触器；

2）并联一副接触器的触点；

3）并联一个同规格接触器，作为制动器辅助接触器。

（4）加强电梯制动器系统的保养。电梯保养单位在制定保养计划时，应加强对制动器制动能力的检查，尤其是对零速制动的制动器制动能力的检查。另外，需检查接触器的状况和制动闸瓦的磨损情况，并保持控制柜内电子元件的清洁。

11.2 电梯电气故障排除方法

11.2.1 电梯门故障的处理

1. 电梯门常见故障及排除

以当前大量使用的 XPM 电梯门为例，其常见故障及排除方法见表 11-4。

表 11-4　　　　　　　　　　XPM 电梯门常见故障及排除方法

<table>
<tr><th>问　题</th><th>说 明 和 处 理</th></tr>
<tr><td>电梯既不能关门，又不能开门</td><td>检修和排除方法：
（1）控制电路熔断器 1RD、2RD 或门机电路熔断器 11RD（图 11-13）过松或熔断，拧紧或更换。
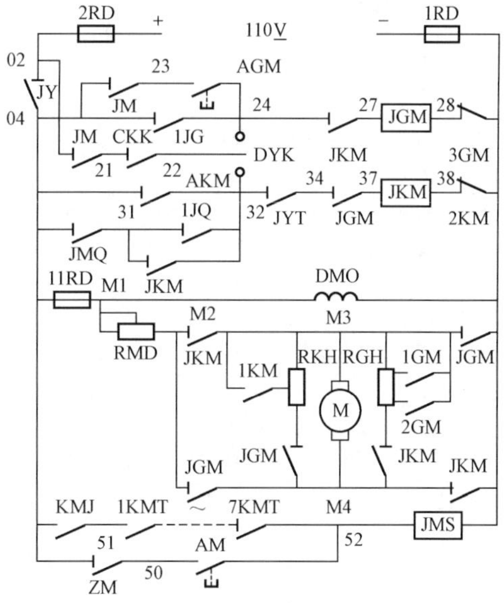

图 11-13　XPM 电梯门系统电气控制线路图

DMO—电动机励磁绕组；AKM—开门按钮；AM—应急按钮；CKK—基站开门开关；ZM—检修开关；JY、JM—分别为电压、检修继电器；余者符号文中均已说明。
（2）门机传动皮带打滑，张紧皮带或更换。
（3）门机电动机 M 损坏，用万用表 M3、M4 之间直流电压为 110V，而门机不转，说明电动机损坏，加以修复或更换。
（4）门机电阻 RMD 断丝不通，更换电阻 RMD。
（5）门机电路个别连接端点（M1 或 M2 或 M3 或 M4）松动脱落，拧紧使线路畅通。
（6）在基站用钥匙无法开、关门，如果将 22、24 点短接，电梯关门或将 22、32 短接，电梯开门，说明厅外钥匙开关 DYK 接点接触不良或折断。若接触不良，可用无水酒精清洗，并调整接点弹簧片；若接点折断，则更换 DYK</td></tr>
<tr><td>到站平层后，电梯门不开</td><td>检修和排除方法：
（1）二级开门限位开关 2KM 损坏，使开门继电器 JKM 不能得电，电梯无法开门。短接两点 38、01 检查确定，能开门，说明 2KM 损坏，更换 2KM；
（2）继电器 JKM 损坏，更换 JKM；
（3）开门电气回路出现故障，如运行继电器 JYT 常闭接点不通等，给予排除；
（4）开门区域永磁继电器（俗称干簧管）损坏，使开门控制继电器 JMQ 不能吸合，其常开触点仍断开，继电器 JKM 无法得电，而不能开门，更换开门区域永磁继电器</td></tr>
<tr><td>按下关门按钮，门不关</td><td>检修和排除方法：
（1）关门按钮 AGM 接点接触不良或损坏，短接两点 23、24 检查测定，然后修复或更换；
（2）三级关门限位开关 3GM 损坏，使关门继电器 JGM 不能得电，电梯无法关门，短接 28、01 两点检查测定，能关门，说明 3GM 损坏，更换 3GM；
（3）关门继电器 JGM 损坏，更换 JGM；
（4）启动开门继电器 1JQ 损坏，其常开触点 1JQ 仍断开，JGM 无法得电，因而不能关门，更换继电器 1JQ</td></tr>
</table>

续表

问　题	说明和处理
电梯已接受选层信号，门关闭，但不能起动	检修和排除方法： （1）轿门闭合到位，但轿门联锁开关 KMJ 未接通，门锁继电器 JMS 不能得电，因而不能起动，调整或更换开关 KMJ； （2）厅门未关闭到位，厅门联锁开关 KMT 未能接通，门锁继电器 JMS 不能得电，因而不能起动，重新开关门，如不奏效，应调整门速或门锁开关 KMT； （3）门关到位，但门锁开关 KMT 出现故障，排除或更换门锁； （4）运行继电器 JYT 出现故障，修复或更换 JYT
门未关，电梯能选层起动	检修和排除方法： （1）门锁继电器 JMS 有卡阻，常吸不放，排除和更换继电器 JMS； （2）门锁开关 KMT 触头粘连（微动开关的门锁），排除或更换门锁
电梯在行驶途中突然停车	检修和排除方法：门刀碰撞门轮，使锁臂脱开，门锁开关 KMT 断开，门锁继电器 JMS 失电，电梯立即停车。调整门锁滚轮与门刀位置
开门速度无变速	检修和排除方法： （1）开门一级限位开关 1KM 损坏，更换开关 1KM； （2）开门分路电阻 RKM 断丝不通，更换电阻 RKM
关门速度无变速	检修和排除方法： （1）关门一、二级限位开关 1GM、2GM 损坏，更换 1GM、2GM； （2）关门分路电阻 RGM 断丝不通，更换电阻 RGM
开关门速度变慢	检修和排除方法：开门机带打滑，张紧带
开关门时门扇振动大	检修和排除方法： （1）门滑轮磨损严重，更换门滑轮； （2）门导轨变形或发生松动偏斜，校正门导轨，调整、紧固导轨； （3）地坎中的滑槽积尘过多或有杂物，妨碍门的滑行，应清理滑槽； （4）门锁两个滚轮与门刀未紧贴，间隙大，调整门锁。 [实例 1] 某市面粉厂，XPM 货梯，4 站 4 门，电梯由 1 楼开到 4 楼到站平层后，门不开，再从 4 楼开到 2 楼，门仍不开。检查熔断器 11RD 完好，用导线将 38、01 之间短接，门打开，说明限位开关 2KM 损坏。经检查，果然如此。更换 2KM 后，故障排除。 [实例 2] 某市电工厂，XPM 客货梯，5 站 6 门，电梯由 1 楼开到 2 楼门打开后再不能关门。检查熔断器 11RD 完好，将 04、27 之间用导线短接，关门继电器 JGM 得电，但仍不能关门。用万用表测 M3、M4 之间电压为 0V，测 M1、M2 之间电压为 110V，说明 M1、M2 之间有断路。打开电阻箱检查，门机串接电阻 RMD 到端子 M2 的连接线脱落，拧紧后便可关门，故障排除。 [实例 3] 某市特种灯泡厂，XPM 货梯，4 站 4 门，电梯关门后，门机电动机仍在转。经分析是关门限位开关 3GM 未断开，于是调整 3GM 的位置，使关门到位后，3GM 断开，故障排除

2. 电梯层门事故

有相当多的电梯事故是在层门处发生的，例如，电梯违章检修、违章使用、层门处光线不足、门锁开关失效、门锁继电器误动作等原因，造成多起电梯层门事故。为了引起我们的足够重视，特列详例见表 11-5。

表 11-5　　电梯层门事故举例和原因分析

事　故	事故经过	原因分析
旅客被电梯门夹住，电梯运行而死亡	杭州某饭店，一旅客欲乘电梯回房休息，就在他左脚跨进电梯轿厢一刹那，电梯门突然关闭，夹住旅客一半身体，并向上运行至二楼，造成旅客头身分离，当场丧生	（1）该事故是由于电梯门锁继电器误动作，致使电梯门系统的安全保护装置失效，导致了惨案的发生。 （2）这一事故要求我们的电梯保养、维修人员要定期检查门锁继电器的可靠程度。同时，在用继电器控制应尽量改造为微机控制电梯

续表

事　故	事　故　经　过	原　因　分　析
旅客乘电梯误入电梯井道，摔伤死亡	1990 年 12 月，哈尔滨某饭店，旅客孙某办理完住宿手续后，从一楼乘电梯到十九楼。当轿厢行至十楼，有两名旅客下电梯，于是孙某便走出轿厢，给下电梯人员让道。当他再次返回电梯轿厢时，电梯却在开门的状态下突然上升，致使孙某脚踩空，而坠落到电梯井道底坑里，当即死亡	（1）维修电工在电梯正在使用时，违章检修。维修电工在未通知电梯操作人员的情况下，将层门联锁、轿门联锁短接，而在机房操纵电梯，致使停在十楼的电梯轿厢在没有关门的状况下突然上升，旅客坠入井道底坑，摔伤死亡。 （2）哈市某电梯维修单位，在电梯没有修好，不具备运行条件，没有经过验收的情况下，将电梯交给宾馆使用。 （3）宾馆对电梯没有履行验收手续，违章将电梯投入使用
学生乘电梯误入电梯井道，摔伤死亡	某大学教学楼客梯，晚上值班操作人员欲乘电梯从六楼至七楼，因管理人员将电梯锁在检修位置，此人便用检修和应急将电梯开至七楼，六楼层门未关，人即离开电梯。学生晚自习结束，由于走道光线较暗，有两个学生看见六楼电梯层门未关，以为电梯停在该层，便走了进去，其中一人摔入井道身亡	值班人员违章使用，检修状态不能当作正常运行，电梯管理人员下班后应锁梯，不能图省事，误以为检修状态别人不会开。 此台电梯的层门无自复装置。按国家规范，轿门带动的自动层门必须有自复装置。值班人员如果在轿厢离开层站时，检查层门关闭与否，事故也不会发生。 在层门附近，层站的光线不足。在层门附近，层站的自然或人工照明，照度应不低于 50 勒克斯，以使人员在打开层门进入轿厢时，即使轿厢内无照明，也可看清轿厢是否在该层
装卸工误入电梯井道死亡	某厂一台一吨电梯，用于运送纸箱包装的货物，在装货物时，有一装卸工把电梯开走而层门未关，又一装卸工搬运一叠高过人头的纸箱走向轿厢，因视线被纸箱挡住，不知电梯已被开走，结果人、货一起从三楼坠入底坑而死亡	事故发生后，经检查，层门未关闭而电梯起动运行的原因是层门安装歪斜，使门锁开关失效。电梯维修工不是解决层门安装缺陷，而是将门锁开关短接，致使门联锁保护失效。 电梯司机擅离岗位，让装卸工自行操作也有一定责任。 该厂对电梯安全缺乏监督，致使有故障电梯长期使用
管理人员误入井道摔伤	某学校教学楼客梯，管理人员将电梯开至一楼关闭层门离开电梯。后被维修人员用钥匙打开电梯运行至其他楼层，进行检修。该管理人员需要再用电梯时，误以为电梯还在一楼，用钥匙打开层门后跨了进去，摔入底坑，造成多处粉碎性骨折，终身残废	维修人员在检修电梯时，未在各层挂上“正在检修，电梯停用”的警示牌。 电梯管理人员与司机应严格遵守操作规程，开启电梯层门后应看清电梯确实在本层后方可进入

11.2.2　电梯微机故障分析

日立电梯微机按电梯故障的严重程度可分为 5 类：

（1）故障最严重，电梯立即停止，不能再起动。但如果是在门区，开关门有效。通常这类故障有安全装置故障、主副微机间的通信故障、主回路过电流、过电压及轿厢与控制屏的串行通信故障。

（2）运行中电梯立即停止，但可重新起动。执行低速自救，使电梯以低速运行到最近层，开门放出乘客。如同步位置错误，电梯以低速向端层运行，自动修正同步位置。这类故障有减速异常、同步位置错误、微机选层器计数错误、强迫减速开关粘死等。

（3）运行中的电梯立即向最近层站停靠，停止后不能再起动。这类故障有平层时间过长、大功率晶体管散热片过热等。

（4）并联或群控系统故障等。这类故障发生时，电梯自动脱离并联或群控管理系统而成为独立运行电梯，并进行援助服务等。

（5）属于小故障。故障带有偶然性，发生后可能自动解除，对安全及整体运行影响细微。

对这类故障微机只作记录而不采取行动。这类故障有开关门障碍、起动频度超负荷、负荷补偿故障等。

1. 重要信号的安全检测

电梯的重要安全信号（如安全钳开关、安全窗开关、轿内和轿顶急停开关、终端极限开关、限速器开关构成的急停信号，以及门联锁开关、强迫减速开关、极限开关等）都通过FIO板分别送主微机和副微机。主副微机之间通过并行通信互相交换信息。只要有一方收不到信号，或通信比较中双方信号不同，都会使电梯立即急停或作相应处理。

2. 继电器、接触器故障检测

继电器及接触器在微机的驱动下吸合或释放，如果触点粘死或不吸合动作，就有可能使电梯不能正常运行，甚至引起重大事故。因此对于重要的器件，其触点信号送回微机，微机在驱动其吸合或释放的同时，判断该器件的动作是否良好，能判断出吸合故障还是释放故障。这类器件如门联锁继电器、主回路接触器、抱闸接触器等。

3. 主回路故障检测

主回路的检测包括过电流、过电压、欠电压等。过电流的检测是通过直流回路上的霍尔电流互感器进行的，将检测电流与给定值进行比较就可判断是否过电流。过电压、欠电压的检测是在直流回路设置电压检测点。分别设过电压、欠电压比较回路，电梯运行时，直流回路电压必须在两个比较回路设定值范围内。超过，则为过电压；低于设定值则为欠电压。在电梯空闲时，微机系统还可对电容进行检测，此时，使电梯禁止运行几秒钟，电动机加入励磁电流，电容器经电动机放电，电压应下降。如果电容器两端电压不下降，则表明电容器损坏。

4. 微机的通信检查

微机中的通信，无论是轿厢与控制屏的串行通信，还是主、副微机间的并行通信，每批数据的通信都随数据发出一个不同的代码，在一次来回通信中，如果发出的代码与接收代码不同，就要作相应处理：串行通信可以放弃一批数据，但只要两次就会使电梯停止运行。并行通信则只一次就使电梯停止运行。

5. 运行方向检测

脉冲编码器随电动机旋转产生两相脉冲，通过方向判别回路可检测电梯的运行方向。如果微机发出的运行方向指令与方向判别回路不同，即判断为逆向运行，则电梯立即停止，故障被微机记录保存，电梯不能再起动。即使拉断电源再合闸也无法起动运行。必须在排除故障后，清去故障记录才能进行正常运行。

6. 旋转编码器故障检测

对于某些器件的故障检测，可通过设定时间值判断。旋转编码器发生故障时，电梯起动运行后，超过一定时间仍未收到脉冲输入。当然，未收到脉冲的原因不能唯一确定是脉冲编码器问题，但在现场的故障检测中，一般准则是确认微机系统本身的工作是正常的，再对外围器件进行检查。

7. 自救多发

电梯运行中发生故障而急停时，如果故障类别不高，微机会使电梯以低速运行自救，行驶到平层区放出乘客，然后再恢复正常运行。如果是偶然原因，电梯会恢复正常运行；如果是故障原因，自救会再次发生。在规定时间内，自救发生次数超过一定值时，就会判断为自救多发，而进入较高一类故障，电梯停止运行。

8. 超动频度超负荷

如果在规定时间内，电梯频频起动，次数超过一定值时，就判断为起动频度超负荷。此时由微机控制，电梯会自动减缓运行频度，延长每层的停梯时间，对系统起保护作用。同时记入故障表，表明电梯曾发生过超频度运行。

9. 主、副微机间的互检

由于采用了主、副微机结构，在电梯工作过程中，主、副微机间互相进行检查。如果其中一台微机有故障而停顿时，另一台微机会对故障微机进行一次再起动。如果工作正常，电梯继续运行不受影响，但故障会被记录。但如果在一定时间内超过一定的停顿次数，则进入高一类故障，电梯在最后站平层，开门后不能再起动，而必须由维修人员检查。

11.2.3　专家系统在电梯控制柜故障诊断中的应用

为了减少在现场的接线和调试时间，电梯控制柜都是先按照要求在厂里接好并调试好，但微机电梯控制柜的参数众多，接线复杂，传统的人工查找故障和处理故障的方式越来越不适应。为了减少人工调试时间，提高工作效率而设计电梯测试平台，利用模拟电梯在现场运行所需要的各种信号，建立专家系统，用在测试时的在线监测及实时故障诊断。

1. 专家系统结构

故障诊断专家系统以研华工控机为主机，通过软件模拟电梯运行现场的各种信号，对电梯控制柜的端口状态进行监测。利用 5 块 PCL-722 直接和工控机的总线相连，通过软件设置各个通道的 I/O 状态，配合相应的输入/输出端口板直接与电梯控制柜的端口相连，完成数据实时采集和发送，送到数据库中。系统根据现场实时数据对电梯控制柜当前状态进行监控和诊断。系统结构如图 11-14 所示。

2. 电梯故障诊断专家系统的结构

故障诊断专家系统主要由知识库、实时数据库、推理机、知识获取机制、解释机制、人机接口和系统数据接口 7 个部分组成，其结构图如图 11-15 所示。

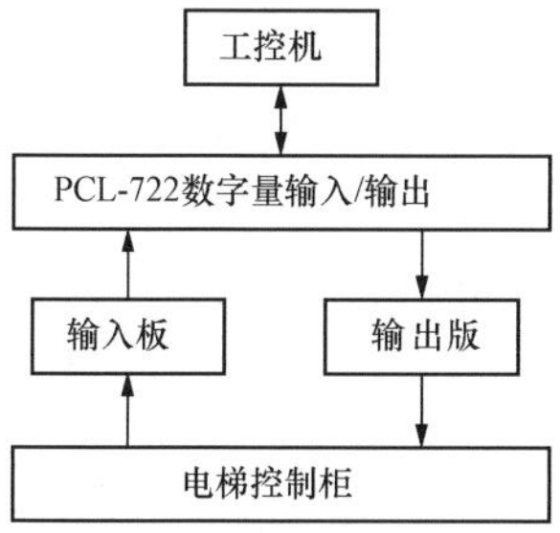

图 11-14　专家系统结构图

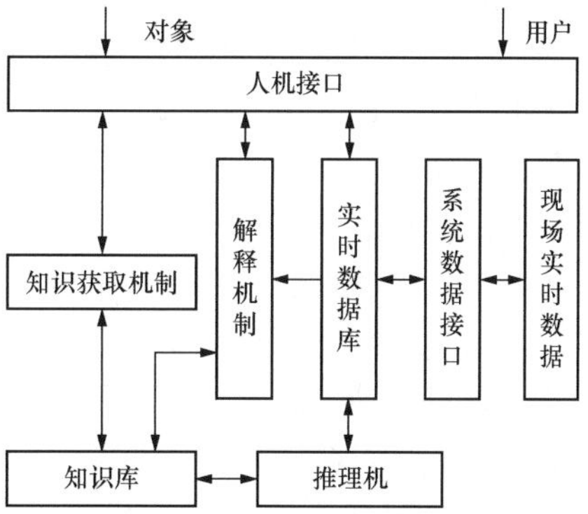

图 11-15　故障专家系统结构图

3. 电梯控制柜故障诊断专家系统的具体实现

电梯控制柜故障诊断专家系统开发环境为 Windows 98 中文操作系统、Access2000 数据库，整个系统用 Visual Basic6.0 开发完成。

（1）知识的获取。采用工厂调试专家向知识工程师提供故障时端口的状态和目前故障的类型，以及它们之间的相互关系等领域知识；同时知识工程师现场调试获取故障信息。知识工程师对这些信息进行分析和处理，建立合适的结构和规则，最终变成系统接受的知识表示形式，设计出专家知识库，同时在实际的测试过程中，如果没有发现适合的知识，则对知识库进行必要的完善，以达到真正实用的目的。

（2）知识库的建立。知识库存放问题求解需要的领域知识，知识的种类一般包括作为专家经验的判断性知识，以及描述各种事实的知识。知识的表示形式是多样的，包括产生式规则表示法、语义网络表示法、框架表示法、概念表示法等。专家系统的利用以拥有知识为前提，而知识在系统中有一定的表达模式。

在本系统中，系统的知识由诊断知识构成，知识的表示采用框架表示法。所谓框架，就是表示实体类型的数结构，一个框架由一组槽组成，每个槽表示对象的一个属性，槽的值就是对象的属性值，一个槽可以由若干个侧面组成，每个侧面可以有一个或者多个值。系统主要由两个框架组成：故障框架和判断规则框架。故障框架主要包括故障名称槽、电梯控制柜各端口当前状态槽和判断故障规则槽。判断规则框架主要有判断规则正文、故障原因和解决故障的方法。框架容易由面向对象方法设计和实现，系统中框架的表示形式如图 11-16 所示。

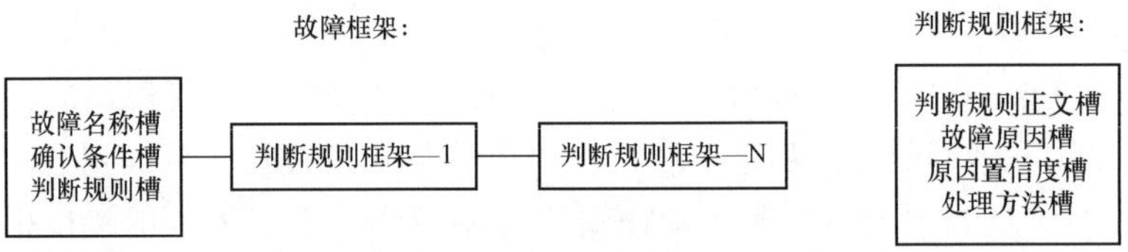

图 11-16　系统中框架表示形式

（3）推理机的建立。专家系统的推理方式通常有三种：

1）从目标出发，以反向验证的方式进行推理。

2）从所收集的原始数据出发，以向目标归纳的方式进行的推理。

3）将以上两种方式的推理结合起来，以双向混合方式进行推理。

电梯的故障有两类，一类使电梯禁用，即使故障排除，也必须由维修人员到现场使电梯控制柜恢复正常；另一类是使电梯不禁用，故障解除后，电梯控制柜能自动的正常运行。我们根据电梯控制柜故障的特点，采用深度优先的搜索策略，利用正向端口数据推理和逆向目标推理相结合的方式，快速查找故障原因。实际测试时，如果电梯控制柜端口不正常，则根据当前的电梯控制柜状态，得出出现故障的名称，然后查找故障判断规则，根据置信度从大到小查找，找到对应的错误，则系统立即通过对话框方式提示给测试人员，并同时将故障方式的时间和原因写进故障数据库内。

（4）电梯实时数据库的建立和故障的实时性判断。由于测试的电梯控制柜处在运行过程中，如果出现故障，则出现故障状态保持的时间相对来说比较短，然后控制柜将自动根据故障类型，自动停止或是处于锁定状态。为了能实时地检测控制柜的故障，我们利用 PCL-722 自带的 Windows 下的端口采集函数，利用定时器，每隔 200ms 采集一次端口，采集满 100 次后向实时数据库写一次数据，以减少写数据库的时间。为了能实时识别故障，每秒将电梯控制柜当前各端口的状态与电梯控制柜正常运行时的各端口状态表中的状态进行比较。如果正确就继续；如果不正确，则起动推理机进行判断，以减少故障查询时间，并满足实时性的要求。

此时，因为电梯控制柜上的端口可以自定义，所以在程序中设置了一张参数表，用于用户选择端口的定义，该定义应该和实际的电梯控制器上的端口定义一样，然后，程序会自动地动态生成一样端口数据表，用于存放实时端口数据。

（5）人机接口的实现。人机界面实现用户与系统的交互，可采用 Visual Basic6.0 做界面，包括对电梯井道信号的模拟。在有故障时，采用实时对话框和声音的方式进行提示，同时将故障信息和发生故障的时间同时写进故障信息数据库，以便以后查看和打印，用户也可删除里面的信息。

该系统自 2001 年投入使用，运行状况良好，基本上能实时检测控制柜的故障，大大缩短了电梯控制柜出厂前的检测时间。

11.3 电梯接地和防雷问题

11.3.1 电梯接地系统检测

接地系统检测属于电梯安装工程竣工验收检测的项目，接地系统检测种类、检测方法、测量方法及其比较等项内容见表 11-6。

11.3.2 电梯防雷实施方案

一般都需要建筑物外部和内部两个方面防雷。建筑物外部防雷，包括加装避雷针（接闪器）、铺设防雷接地网；建筑物内部防雷，包括接地、等电位联结、屏蔽、加装电涌保护器件等。接地是防雷系统中最基础的环节，电梯系统属于建筑物内部的电气设备，在不同品牌的电梯设计中，大部分已经就接地保护进行了相关设计，也具备过电压保护的能力。但考虑雷击次数、区域和产生的能量的不可预见性，要有效地预防雷击灾害，单靠保护性接地一项措施还远远不够，还要结合雷击风险考虑。现在大部分电梯品牌没有针对在不同雷击风险环境下，装设不同等级的防雷保护设施。特别是高层电梯，通信线路及受感应的线路均较长，这是出现雷击停梯故障，甚至烧毁电子板的主要原因。

表 11-6　　接 地 系 统 检 测

项　目	检测内容和要求
接地系统检测种类	（1）电梯的接地系统主要是指机房控制柜、主机、轿厢、层门、导轨等重要部件与接地装置的连接系统，而这些部件的接地线一般都汇总在机房的接地总线上。因此，机房的接地总线的接地电阻便能代表系统的接地电阻。 （2）所谓接地电阻主要是指接地体电阻、接地线电阻及周围土壤流散电阻之和，其中周围土壤流散电阻变化很大，它跟周围的土质、温湿度有关。 目前，电梯接地系统的检测方法主要有 ZC-8 型接地摇表测量、MODEL-4141 型地环仪测量
ZC-8 型接地摇表测量（方法 1）	该表是目前使用最普遍的接地电阻测量仪表，根据电位差计算原理进行工作。该表适用范围广，操作简单，无需工作电源。但较笨重，不利于携带；测量时需选取辅助电极，对于高层建筑，需从楼顶引线至地面取辅助点进行测量。而电梯的机房多数是在顶层，因此，用该表测量时会较为困难
MODEL-4141 型地环仪测量（方法 2）	该表由日本进口，是目前较为先进的接地测量仪表，根据伏安法计算原理进行工作。 该表体积小，携带方便，操作简单，读数准确，无需选取辅助电极，对于高层建筑的接地测量尤为方便。但是测量时需外接工作电源，且工作电源的线路中不能经过漏电开关，否则会引起漏电保护跳闸，电源被切断，测量无法完成

续表

项目	检测内容和要求
两种检测方法的区别	（1）以上两种方法除了各自优缺点外，其所测量的电阻数值的含义还有所不同。方法 1 所测的数据仅是一点 A 独立对地的接地电阻 RA，与电源变压器无关。而方法 2 所测量的是 A 点所在系统的接地电阻，除了该点的接地电阻 RA 外，还包括其所在电力系统的变压器接地电阻 RT。 （2）理论上，两种方法虽有所不同，但数值应相差不大，都应在标准值 4Ω范围内。 （3）但在实际测量中有时会发现两者相差很大，甚至几十欧以上，其具体的原因还需进一步分析电梯系统的接地制式。 （4）不同的接地方式对接地电阻的测量会有不同的影响。分析一下 TT 和 TN-S 两种常用接地系统的接地电阻的测量情况即可明白
TT 系统	（1）对 TT 接地系统（图 11-17），电气设备外露可导电部分接至电气上与电源端接地点无关的接地极上。如果用 ZC-8 型接地摇表进行测量，显然，A 点接地电阻为 RA（假设 A 点就是电梯机房的总接地线端）。用 MODEL-4141 型仪表进行测量，显然，A 点接地电阻为 RA＋RT＋RAT。 （2）可见，对于 TT 系统，两种方法的测量结果并不相等，相差 RT＋RTA 值。方法 1 测量的数值符合要求，但并不代表电梯系统的接地电阻也符合要求。只有方法 2 才能正确反映系统的接地电阻。因此，TT 系统中应选择方法 2 进行测量
TN-S 系统	（1）对 TN-S 接地系统（图 11-18），整个系统的中性导体和保护导体是分开的，这种系统就是三相五线制供电系统。如果用 ZC-8 型接地摇表进行测量，则 A 点接地电阻约等于 RT＋RTA。用 MODEL-4141 型仪表进行测量，显然，A 点接地电阻近似为 PE 线的线阻。 （2）可见，对于 TN 系统，两种方法的测量结果也是不相同的。如果方法 1 测量的数值符合要求，方法 2 必然也符合，系统的接地电阻就符合要求。如果方法 1 的测量数值不符合要求，则说明变压器处的接地电阻 RT 可能过大，但由于 PE 线的作用，方法 2 测量的数值仍可符合，因而电梯系统的接地保护系统仍然是可靠的。因此，TN 系统中选择两种方法均可，当方法 1 不符合时，可改用方法 2 测量。 （3）由此可知，我们在检测电梯的接地系统时，应根据系统的接地方式，选择正确的测量方法。对于某独立点接地电阻的测量可采用 ZC-8 仪表，而对于整个接地系统的接地电阻应尽可能采用 MODEL-4141 仪表进行测量。此外，电梯的电源系统应尽可能采用 TN-S 接地系统，以确保电梯的安全运行

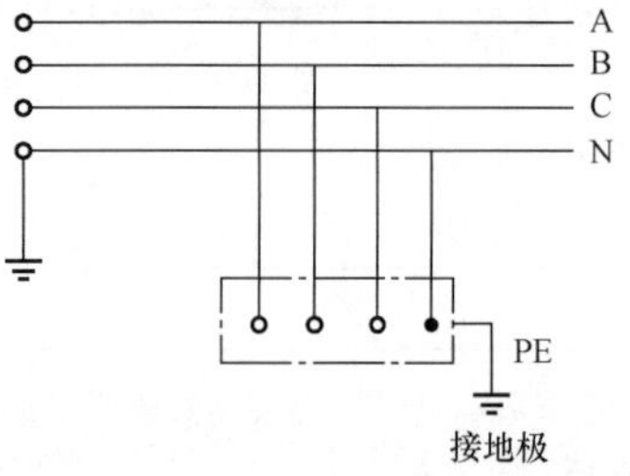

图 11-17 TT 接地系统示意图

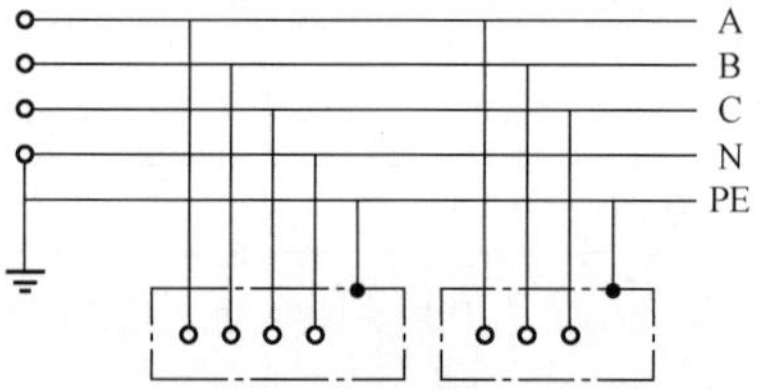

图 11-18 TN-S 接地系统示意图

根据工程经验，在以往几年中，电梯遭受雷击而发生多次故障停梯的情况经常发生（特别在南方地区），其中不乏伴随出现烧毁电子板的情况，且通常烧毁的大部分是主微机板或信号处理板。出现此类故障会造成电梯紧急制动停止，并有可能对电梯乘客造成恐慌甚至受伤。电梯安装在建筑物内，受建筑物避雷针或避雷网保护，被直击雷击中的可能性很小，因此可将注意力集中到防范感应雷方面。具体实施措施有：

1. 电源及信号线路的布线系统屏蔽及其良好接地

屏蔽是利用各种金属屏蔽体来阻挡和衰减加在电子设备上之电磁干扰或过电压能量。具体可分为建筑物屏蔽、设备屏蔽和各种线缆（包括管道）之屏蔽。建筑物之屏蔽可利用建筑物钢筋、金属构架、金属门属、地板等均相互连接在一起，形成一个法拉第笼，并与地网有可靠之电气连接，形成初级屏蔽网。设备之屏蔽应在对电子设备耐过电压水平调查之基础上，按国际电工委员会 IEC 划分之雷电防护区（LPZ）施行多级屏蔽。屏蔽之效果首先取决于初级屏蔽网之衰减程度，其次取决于屏蔽层对于射电磁波之反射损耗和吸收损耗程度。对入户之金属管道、通信线路和电力线缆要在入户前进行屏蔽（使用屏蔽线缆或穿金属管）接地处理。

2. 等电位联结

等电位联结是内部防雷装置的一部分，目的在于减少雷电流所引起之电位差。等电位是用连接导线或过电压（电涌）保护器将处在需要防护之空间内的防雷装置，将建筑物的金属构架、金属装置、外来导线、电气装置、电信装置等连接，形成等电位连接网络，以实现均压等电位，防止需要防护空间之火灾、爆炸、生命危险和设备损坏。

高层电梯机房金属门窗、金属构架接地，等电位处理。在电梯机房内使用 40mm×4mm×300mm 铜排设置等电位接地端子板，室内所有的机架（壳）、配线线槽、设备保护接地、安全保护接地、浪涌保护器接地端均应就近接至等电位接地端子板。区域报警控制器的金属机架（壳）、金属线槽（或钢管）、电气竖井内的接地干线、接线箱的保护接地端等，应就近接至等电位接地端子板。

3. 防雷器接地

这是散泄雷电流和有效降低电位的措施。接地有多种类型，有通信之信号接地、电源交流接地、人身保护接地、计算机系统的逻辑接地，再加上防雷接地。由于用途不同，对地线之要求也不相同，防雷接地的物理要求是：一旦有雷电流发生，尽快把雷电散发到大地内。因而其接地装置的接地电阻越低、等电位装置与接地装置间连接距离越短，相对而言，设备受雷电损坏之概率越小。

4. 电源和控制线路防雷实施

电梯控制系统主要由调速部分和逻辑控制部分构成。调速部分的性能对电梯运行时乘客的舒适感有着重要作用。目前，大多选用高性能的变频器，利用旋转编码器测量曳引电机转速，构成闭环矢量控制系统。通过对变频器参数的合理设置，不仅使电梯在运行超速和缺相等方面具备了保护功能，而且使电梯的起动、低速运行和停止更加平稳舒适。变频器自身的起动、停止和电机给定速度选择则都有逻辑控制部分完成，因此，逻辑控制部分是电梯安全可靠运行的关键。

5. 电源线路防雷实施

在电梯控制系统使用电涌保护器（SPD）对防止雷击灾害起到更有效的作用，电梯控制系统内部存在大量低压控制线路，电涌保护器（SPD）用于限制瞬时过电压和泄放电涌电流的电器器件，并联或串联于线路处，平时呈高阻态，当有瞬态电涌时候，SPD 就会导通，将电涌泄放到大地上，将线路两端的残余电压（“残压”）控制在一定范围内。SPD 按照保护的电压等级不同而各异，一般情况下，会有三个保护等级，如图 11-19 所示。

第 1 级保护：第 1 级避雷器并联设置在建筑总配电箱及电表处，进行雷电电流放电，将雷击电涌在该段线路的残压控制在 4000V 以内，避免瞬间击毁设备。从 2006 年开始，国内大部分建筑物已设置了第 1 级防雷 SPD（一般设置在建筑物总配电房内）。这也是《建筑物防雷设计规范》中的最基本要求，故在电梯配置中不考虑该等级防雷 SPD 器件的配置。第 1 级避雷器型号可选：ATPORT/4P-B100 三相 B 级电源避雷器。

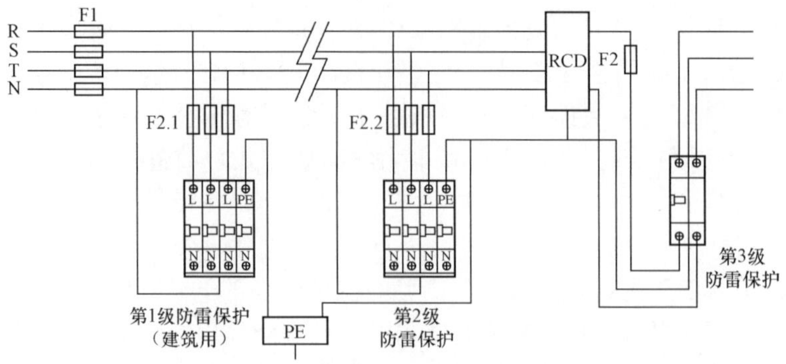

图 11-19 SPD 3 级防雷保护示意图

第 2 级保护：针对电梯的操作性，建议选用模块化设计，更换方便的电涌保护器件。模块失效会自动脱离电梯控制系统，模块表面能清晰显示故障失障功能。在顶层电梯机房三相电源配电箱或配电柜处并联安装三相电源避雷器，将雷击电涌残压控制在 2500V 以内。第 2 级避雷器型号可选：ATT385/4P-C40 三相 C 级电源避雷器。某公司的电梯选取 2 级 SPD 电涌保护器的配置，其相关参数见表 11-7。

表 11-7　　某公司电梯 2 级 SPD 配置

保　护　级		第 2 级 SPD
主要参数	标称通流量	20kA（8/20μs）
	限压（残压）U_P	≤1.9kV
	熔断器	32A
作用和功能		防雷器件具有重复抗击雷击能力，具有失效在自动脱力装置，可带电更换失效模块

6. 电梯控制系统 PLC 电子板线路防雷设计

考虑电梯微机电源或信号采集部分大都为低压工作回路，承受瞬间高电压冲击的能力不强，但如果发生损坏会导致电梯出现瞬时故障，造成乘客受困甚至受伤的情况。故有必要引入第 3 级电涌保护器，以便对控制系统中的重要电子板进行保护，并有效防止因 PLC 电子板损坏而造成的电梯瞬时故障。针对电梯使用的电子板种类繁多，各 PLC 电子板之间线路和相关电气性能有较大差异，而且每种电子板上存在不同电压级别的电源回路及信号回路，需要按照实际要保护的对象进行分析，挑选适当的避雷器保护电子板。表 11-8 是针对电梯控制系统电子板的简要分析。

表 11-8　　电梯电路板 3 级 SPD 保护等级分析

电子板	作　　用	价格	重要性	安装位置
主微机板	电梯运行和控制的中枢	较高	重要	控制柜内
信号处理通信板	沟通轿内和厅外的通信，对主微机板进行数据检查和部分数据的修改	中等	较重要	
继电器板	各低压回路的继电器汇总板	一般	较重要	

续表

电子板	作　用	价格	重要性	安装位置
轿厢信号传输板	控制轿厢按钮和显示	中等	较重要	轿顶电气箱内
控制门机指令板	门机驱动	中等	较重要	
厅外信号传输板	控制厅外按钮和显示	一般	一般	厅外召唤设备内

对在电子板的工作电压和控制电路电压中的各等级供电线路进行 SPD 保护，并且 SPD 的额定电压必须与保护的回路电压的等级相匹配。从实际工程经验看，大部分受雷击的电子板都是顶层电梯机房控制柜内的 PLC 电子板，所以是防雷设计中的重中之重。电梯控制系统中，一般采用 4 芯式的通信电缆，其中 2 根为传输电源，另 2 根为传输 CAN-bus 信号。

（1）在控制柜内电脑主微机板处安装 AOTEMATKZ。

（2）PLC 电源输入输出及信号处理通信板 IO 控制线路安装 AOTEMSPDATB140-2-D10 和 AT24V 及 ATKZ。

（3）在控制柜内继电器板各低压回路的汇总板线路处安装 AOTEMSPDAT24V。

（4）由于电梯对讲系统一般设计为总线式设计，所以在对讲主机电源线路及 4 芯信号处分别安装 AOTEMSPDATB140-2-D10 和 AT170V/4 避雷器。

7. 防雷设施运行维护

（1）避雷器安装后，首先应检查所有接线是否安装正确，然后运行测试，看系统和设备是否正常工作，有无异常情况。如有，应及时检查，直至整个系统均正常运作为止。

（2）每年雷雨季节前应对接地系统进行检查和维护。主要检查连接处是否紧固，接触是否良好，接地引下线有无锈蚀，接地体附近地面有无异常。必要时，应挖开地面，抽查地下屏蔽部分的锈蚀情况，发现问题及时处理。

（3）接地网的接地电阻宜每年进行一次测量。

（4）每年雷雨季节前应对运行中的避雷器进行一次检测。雷雨季节中要加强外观巡视，如检测发现异常应及时处理。

11.4　电梯机械故障排除方法

11.4.1　电梯井道事故及排除

1. 电梯维修时发生的井道事故

（1）某厂电梯检修人员头碰地坎牛腿而死亡事故。某厂电梯检修人员站在轿顶上检查门刀与门球配合情况，要求操作人员慢车进行。操作人员没听清，误以为快车运行，导致检修人员头碰地坎牛腿，当场身亡。

（2）一外单位人员从电梯层门口摔进井道身亡。某单位办公楼客梯，一外单位人员来联系工作，与该单位一名工作人员乘上电梯，电梯突然停在两个楼层之间，在轿厢内强行打开轿门和层门，该单位人员跳出后，外单位人员跟着跳出时，从层门口摔进井道，当场身亡。

（3）电梯检修人员在无防备情况下，坠落底坑身亡。某厂检修电梯，检修人员在轿顶检查和保养电梯时，司机在轿厢内快车起动电梯运行，检修人员在无防备的情况下，坠落底坑死亡。

（4）一电梯司机从轿顶坠落底坑身亡。沈阳市某冷库，一电梯司机在电梯运行时，发觉轿顶声音异常，便找来一名工人代开电梯，自己上轿顶检查，当她指令电梯向上运行时，自己头部已超出轿厢外沿，结果头被导轨支架卡住，从轿顶坠落底坑身亡。

（5）电梯检修人员在底坑检修被撞死。某厂电梯维修人员在检修电梯底坑的缓冲装置时，同时有人分别检修轿厢和机房设施，在无联系警告的情况下，检修人员快车下行，结果在底坑的人被撞死。

2. 事故原因分析及排除方法

从上述事故中可以看出，井道事故多发生在检修作业中，都是由于违章操作造成。所以，在检修电梯时，应严格遵守维修、保养制度。

（1）进行维修作业时，应有两人以上进行。非维修人员不得擅自进行维修作业，如需在轿顶或底坑进行维修时，轿内配合人员也应是电梯维修工或专职电梯司机。

（2）在轿顶进行检修或保养时，应打开轿顶照明，并将轿顶的开关拨到检修位置上，由轿顶检修人员操作电梯运行，停车后，应将安全开关断开，以确保安全。

（3）严禁维修人员从井道外探身到轿厢内和轿顶处，或从轿厢内和轿顶探身至井道外进行检修工作。

（4）严禁在井道上下方向同时进行检修作业，在井道或底坑有人作业时，作业人员上方（包括机房内）不得进行任何其他操作。

从以上五个事故中，我们还应注意到：无论是有司机电梯还是自动电梯，乘客应有必要的安全知识，自动电梯应在首层门厅或轿内设有“乘客须知”，使乘客知道电梯发生紧急故障时该如何去做。如第 2 个事故中，在电梯因故停在两层之间时，轿内人员应用轿内报警电话通知外界，等待维修人员排除故障，或在机房用手动盘车将轿厢盘至平层位置时，方可撤离，而不应采取其他方式。

11.4.2 电梯门系统故障及排除方法

电梯自动门系统经常有各种故障，影响电梯正常运行，如何对故障进行分析和排除?现以 XPM 电梯为例进行说明。

1. 电梯既不能关门，又不能开门

检修和排除方法：

（1）控制电路熔断器 1RD、2RD 或门机电路熔断器 11RD 过松或熔断，拧紧或更换即可。

（2）门机传动皮带打滑。将皮带张紧或更换。

（3）门机电动机 DM 损坏。用万用表 M3、M4 之间的直流电压为 110V，而门机不转时，说明电动机已损坏。加以修复或更换。

（4）门机电阻 RMD 断丝不通。更换电阻 RMD。

（5）门机电路个别连接端点（M1 或 M2 或 M3 或 M4）松动脱落。拧紧使线路畅通。

（6）在基站用钥匙无法开、关门。如果将 22、24 点短接，电梯关门；或将 22、32 短接，电梯开门，说明厅外钥匙开关 DYK 接点接触不良或折断。若接触不良，可用无水酒精清洗，并调整接点弹簧片；若接点折断，则更换 DYK。

2. 到站平层后，电梯门不开

分析和排除方法：

（1）二级开门限位开关 2KM 损坏。导致开门继电器 JKM 不能得电，电梯无法开门。短接两点 38、01 检查确定能开门，说明 2KM 损坏。更换 2KM。

（2）继电器 JKM 损坏。更换 JKM。

（3）开门电气回路出现故障。如运行继电器 JYT 常闭接点不通等，给予排除。

（4）开门区域永磁继电器（俗称干簧管）损坏。导致开门控制继电器 JMQ 不能吸合，其常开触点仍断开，继电器 JKM 无法得电而不能开门。更换开门区域永磁继电器。

3. 按下关门按钮，门不关

检修和排除方法：

（1）关门按钮 AGM 接点接触不良或损坏。短接两点 23、24 检查测定，然后修复或更换。

（2）三级关门限位开关 3GM 损坏。导致关门继电器 JGM 不能得电，电梯无法关门。短接 28、01 两点检查测定，如能关门，说明 3GM 损坏，更换 3GM。

（3）关门继电器 JGM 损坏。更换 JGM。

（4）起动开门继电器 1JQ 损坏。其常开触点 1JQ 仍断开，JGM 无法得电而不能关门。更换继电器 1JQ。

4. 电梯已接受选层信号，门关闭，但不能起动

检修和排除方法：

（1）轿门闭合到位，但轿门联锁开关 KMJ 未接通，门锁继电器 JMS 不能得电，因而不能起动。调整或更换开关 KMJ。

（2）厅门未关闭到位，厅门联锁开关 KMT 未能接通，则门锁继电器 JMS 不能得电，不能起动。重新开关门，如不奏效，应调整门速或门锁开关 KMT。

（3）门关到位，但门锁开关 KMT 出现故障。排除或更换门锁。

（4）运行继电器 JYT 出现故障。修复或更换 JYT。

5. 门未关，而电梯能选层起动

检修和排除方法：

（1）门锁继电器 JMS 有卡阻常吸不放所致。排除和更换继电器 JMS 即可。

（2）门锁开关 KMT 触头粘连（微动开关的门锁）。排除或更换门锁。

6. 电梯在行驶途中突然停车

检修和排除方法：门刀碰撞门轮，使锁臂脱开，门锁开关 KMT 断开，门锁继电器 JMS 失电，电梯立即停车。可调整门锁滚轮与门刀位置。

7. 开门速度无变速

检修和排除方法：

（1）开门一级限位开关 1KM 损坏。更换开关 1KM。

（2）开门分路电阻 RKM 断丝不通。更换电阻 RKM。

8. 关门速度无变速

检修和排除方法：

（1）关门一、二级限位开关 1GM、2GM 损坏。更换 1GM、2GM。

（2）关门分路电阻 RGM 断丝不通。更换电阻 RGM。

9. 开关门速度变慢

检修和排除方法：开门机皮带打滑。张紧皮带。

10. 开关门时门扇振动大

检修和排除方法：

（1）门滑轮磨损严重所致。更换门滑轮。

（2）门导轨变形或发生松动偏斜。校正门导轨，调整、紧固导轨。

（3）地坎中的滑槽积尘过多或有杂物，妨碍门的滑行。应清理滑槽。

（4）门锁两个滚轮与门刀未紧贴，间隙大。调整门锁。

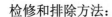

第12章

电梯火灾事故应急处置

不管是国内还是国外，高层建筑物和超高层建筑物的兴建越来越多，火灾事故也越来越多，火灾事故的处理也越来越难。“火灾时禁用电梯”！在国内外的建筑规范和电梯规范中都有明确规定。可是，在高层建筑物发生火灾时用电梯脱险有着直观优势，在某些条件下，确实也有用电梯脱险的成功实例，因此吸引众多专业工作者进行研究和探讨，目前还处于探讨阶段。本章介绍高层建筑物火灾下，电梯疏散情况，电梯疏散运行及管理要求，以及电梯用于火灾疏散问题的探讨等内容。

12.1 电梯火灾疏散和设计

12.1.1 火灾下人员疏散的困难和成功案例

1. 火灾下人员疏散的困难

高层建筑发生火灾时，火势蔓延快，疏散困难，扑救难度大，火险隐患多。火灾时，高层建筑的普通电梯不可能正常供电，如果用电梯逃生，极易困在电梯中。普通电梯在这种情况下都会自动回到底层，断电停止使用。防止烟雾进入电梯间和井道，是电梯安全使用中最大的问题。火灾时使用电梯，会形成“烟囱效应”，楼宇中的烟气会被吸入电梯间和电梯井道，并很快扩散至各个未起火的层面。所以，“电梯不能作为火灾时疏散逃生的工具”的规定在国际上作为惯例使用至今，我国在这方面也有“火灾时禁用电梯”的明确规定。

2. 使用电梯进行人员疏散的成功案例

在历年的火灾救援案例中，有通过电梯疏散成功的案例见表 12-1。

表 12-1　通过电梯疏散成功的案例

时间	火灾事故	应急处置情况	电梯疏散
1967 年 2 月 7 日	蒙哥马利市戴尔屋顶饭店 10 层发生火灾	该建筑有两部从地下室到 10 层屋顶饭店的电梯，电梯门是普通的自闭铁门（不防火）	火灾发生后，厨师带领一些顾客从 10 层乘电梯撤离到底层，使损失最小
1974 年 2 月 5 日	巴西圣保罗焦马大楼 12 层窗式空调机失火	大楼没有安装火灾自动报警系统、自动喷水灭火系统。12 层及其以上楼层的楼梯内烟雾弥漫，被困在上部的人无法向下疏散。直升机无法靠近屋顶	火灾初期，4 部电梯共成功疏散了 300 人，占 422 名生还者的 71%

续表

时间	火灾事故	应急处置情况	电梯疏散
1996年10月28日	日本广岛一栋20层的高层公寓发生火灾	建筑结构为钢筋混凝土结构，配置有灭火器、消火栓、自动报警系统，11层以上还配置有应急照明插座及消防用水。消防队接到火警后派出29辆消防车、2辆消防云梯车、1架消防直升机以及212名消防队员参战，历时7h扑灭了大火	有一半以上的居民利用消防电梯安全、有序地逃离了火场。据统计，居住在14层以上的用户75%通过电梯逃生；住在10～13层的住户选择楼梯和电梯逃生的各占一半。9层以下的有1/3乘电梯逃生；18层以上的都通过电梯逃生

2001年9月11日美国上午8时46分，美国航空公司航班号为F11的波音767客机被劫持后撞进世贸中心北楼94层至99层；18分钟后，美国联合航空公司航班号为F175的波音787客机撞进世贸中心南楼78层至84层，撞击后双塔燃起大火，10时01分南楼首先倒塌，10时28分北楼倒塌。两座大楼虽然损失惨重，但是仍有1.8万人在两小时内成功地从110层高的大楼里疏散。后来调查发现，南楼采用电梯疏散的逃生人员只用2min便到达地面，而采用楼梯的时间长达1个多小时。其中，南楼3名工作人员和北楼2名工作人员的疏散经过分别见表12-2和表12-3。

表12-2　　南楼3名工作人员的疏散经过

幸存者	所在位置	主要行动
约翰·万·内穆	91层	在8时46分北楼发生撞击后的几分钟内就离开91层，乘电梯到达78层共享空间的大厅
		8时50分乘直达电梯从78层到达首层共享大厅（在电梯内听到楼内的广播说南楼安全，可以返回办公室）
		通过教堂和自由街的出口离开世贸中心，9时3分，当第2架飞机撞击南楼时，他已经抵达两个街区以外的地铁站并进入地铁
彼得·特洛伯特	91层	在8时46分北楼发生撞击后几分钟内离开91层，乘电梯到达78层共享空间大厅
		乘直达电梯从78层到达首层的大厅
		被引导乘扶梯上到夹层停留5min，9时整又被引导回到大厅，试图从自由街的4号出口离开世贸中心
		9时3分，第2架飞机撞击南楼坠落的残骸堵住了两个出口，无法离开世贸中心
		步行一百多米到达世贸中心下面的地铁站，9时10分等上一列地铁，9时20分离开世贸中心
麦格里纳·布朗	91层	在8时46分北楼发生撞击后的几分钟内就离开91层，使用楼梯向下疏散（但回忆不起使用哪座楼梯）
		在80层与70层之间听到楼内广播通知南楼安全，可返回办公室，但继续向下走
		9时03分，当她疏散到50层与40层之间时，第2架飞机撞击到南楼78层到84层的位置
		9时20分到达夹层
		从扶梯走下到首层大厅，又上另一部扶梯，9时39分从世贸中心撤离，9时59分南楼开始倒塌时，已到达市政厅

表 12-3　　北楼 2 名工作人员的疏散经过

幸存者	所在位置	主要行动
狄汉姆・佩尔	74 层	在 8 时 46 分北楼发生撞击后的几分钟内离开 74 层，使用 C 号楼梯间向下疏散
		在 50 层以下，发现楼梯间内变得拥挤
		在 24 层的楼梯间内遇到水，通过楼梯间上行的消防队员降低了人员疏散的速度
		在夹层离开 C 号楼梯间，9 时 40 分通过扶梯走到首层大厅
		9 时 50 分之前，在扶梯口协助工作人员引导人流
		和港务局的其他职员转移到世贸中心 3 号楼 Marriott 旅馆的大堂，9 时 59 分南楼倒塌时被掩埋，但自己爬了出来
		眼睛被迷，10 时 13 分撤离到安全地点，10 时 28 分，当北楼倒塌时，Marriott 旅馆的大堂被彻底摧毁
布雷恩・伯恩斯坦	38 层	在 8 时 46 分北楼发生撞击后的几分钟内离开 38 层，进入 C 号楼梯间向下疏散
		在 20 层发现楼梯间内有烟气，在 9 层遇到上行的消防队员
		在 4 层走出 C 号楼梯间，进入核心区东北角的楼梯间
		在夹层走出楼梯间，从 38 层走到夹层共耗时 20min
		被引导到西北角夹层的出口，离开世贸中心

12.1.2　日本电梯的防火隔烟门技术

基于日本建筑基准法的规定，电梯防火隔烟门既基于建筑结构的规定，也基于电梯的规定，从整体上可分为两种：特定防火设备门和防火设备门。

特定防火设备门要求严格，从温度上要求超过 945℃，加热后 1h 之内，要求加热面以外不出现火焰，即电梯的反面不会出现损伤，如图 12-1 所示。防火设备门的钢板厚度在 0.8mm 以上，温度在 700℃以上（图 12-2）。在防火以外对防火设备门的强度也有规定，例如一般门的钢板厚度在 0.8mm 以上就是防火设备门了。

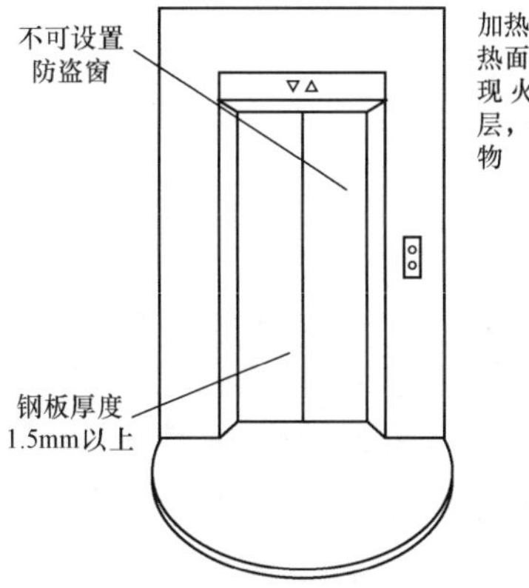

图 12-1　特定防火设备门

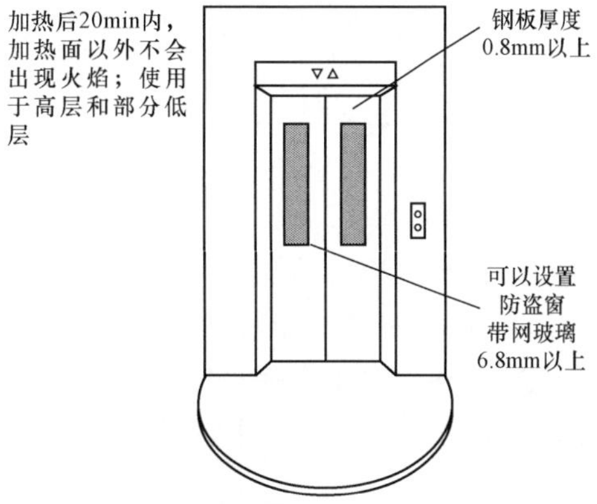

图 12-2　防火设备门

低层井道的防火设备门的规定参照图 12-3，低层主要是指 10 层以下住宅，或一般事务所。通常把 3 楼以上或总面积超过 200 ㎡的一般住宅，作为防火隔烟对象的重要条件。

高层井道特定防火设备门的规定如图 12-4 所示。在日本 11 层以上规定为高层建筑，要设置特定防火设备门。

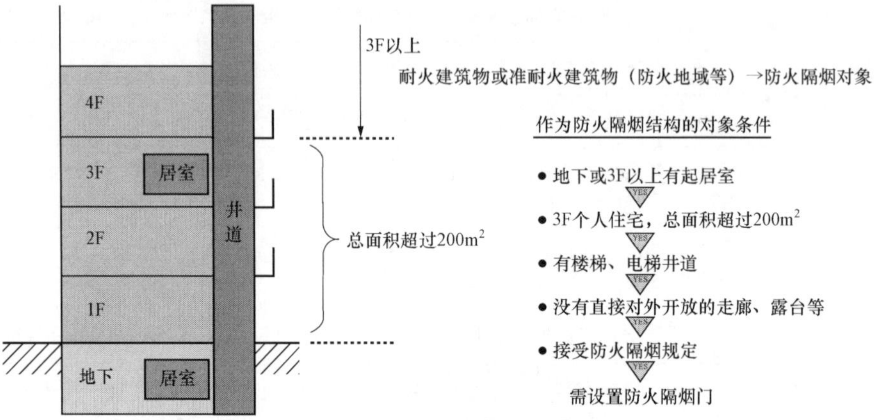

图 12-3 低层井道防火设备门的规定

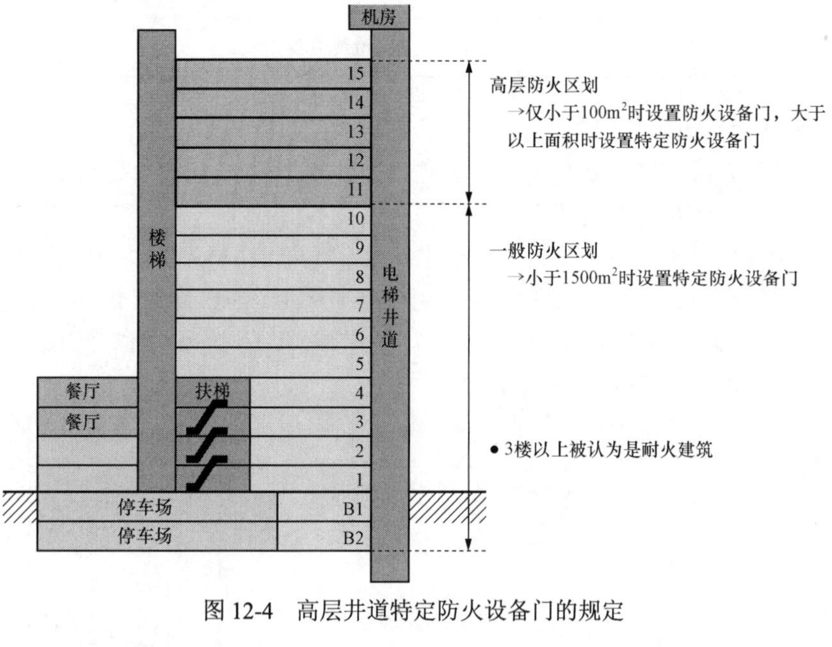

图 12-4 高层井道特定防火设备门的规定

基于日本电梯标准的规定，电梯门上有带窗和不带窗的：高层电梯一般不带窗；10 层以下电梯带窗；电梯门厚度至少在 1.5mm 以上。防火防烟法规的修订如图 12-5 所示。在电梯里面不会使烟跑到外面去，它上面尺寸最大有 6mm。由于发生火灾因为急性的 CO 中毒死亡，所以电梯法规修订后的防火门和防烟门结构分别如图 12-6 和图 12-7 所示。

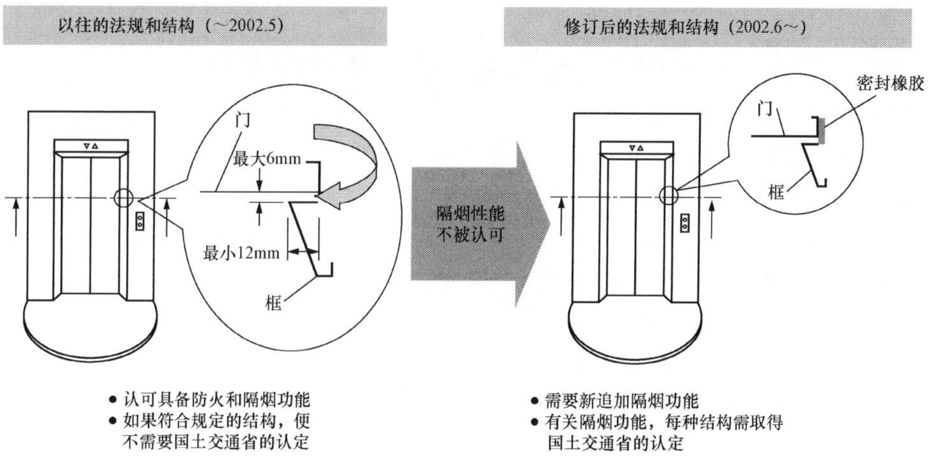

图 12-5　防火防烟法规的修订

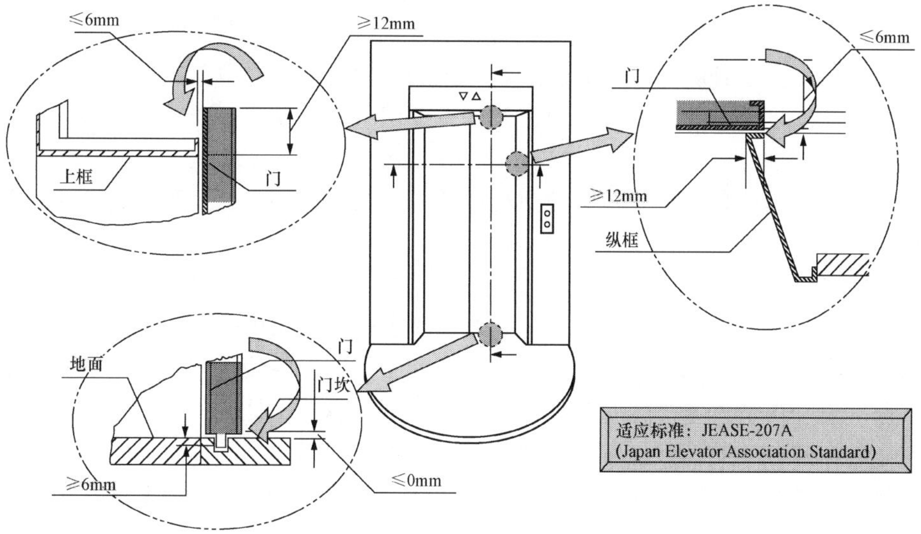

图 12-6　法规修订后的防火门结构

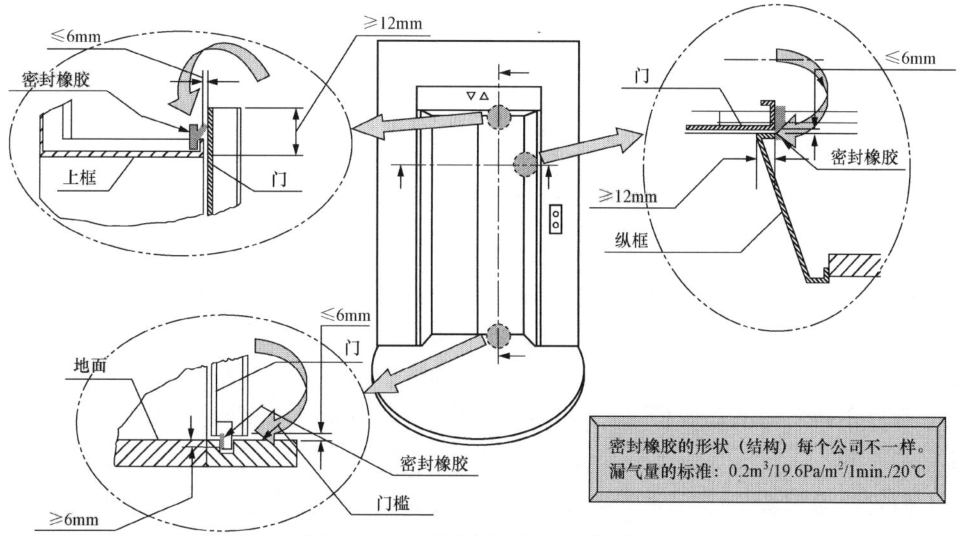

图 12-7　法规修订后的防烟门结构

12.2 电梯疏散运行及管理要求

12.2.1 火灾下的电梯使用

1. 国外三个超高层建筑发生火灾的分析

（1）在洛杉矶，发生火灾是由于不当操作，引导电梯到火警层造成的。这是人为所致，如果电梯遵照当时的 A17.1 规范要求设置，惨剧就不会发生。

（2）在费城的 Meridian，电源故障导致电梯无法使用。

（3）在拉斯维加斯米高梅电影制片公司，依据 A17.1 规范设置的自动调用功能失灵，以及由此并发的电源故障使电梯丧失使用功能。

2. 对高层建筑和超高层建筑的分析

在火警状态下，电梯在高层建筑和超高层建筑中在公认的条件下是可以使用的，并且可以确认的是：

（1）重要的是火警预防。对超高层建筑火灾的分析看出了对救灾的失误，看出对建筑物人流交汇区和工作区的疏忽。这是一个需要权威部门考虑，并应开发一个合适的救灾形式的问题；

（2）火灾确认和报警。为处理紧急情况做准备和火警来临时的预警方法已经开发出来，并需实施。

3. 设置水喷淋装置

设置水喷淋装置是一种普通方法，并且在多个管辖范围内由探测系统控制。为了保证可靠性，必须使其处于可用状态，因此定期的检测和维护应形成规章制度。电梯习惯于响应来自入口的除正常服务外的紧急情况的调用，并可以由紧急情况处理人员使用。除了电梯控制系统以外，这种操作主要依赖于烟雾探测器或人工干预功能的正确使用。电梯系统所关注的是，在给定正确的信号时能够正确运行，定期的检测是必要的合理保险措施。A17.1 规范要求每月检测并纪录测试结果，并且这种检测是强制性的。

4. 系统冗余设置

调查反馈的结果是应寻求系统的冗余设置，并可能以给电梯增加附件的形式实施。为了防止预期的火灾，或因救护功能的丧失而导致救灾失败而设计的，目的是加大系统救灾的可靠性，其中：①使电梯“不漏水”，以便于电梯可以在用过洒水装置后或救灾完毕后使用；②封闭电梯井道以阻止烟雾渗透。

5. 关于防火建议

（1）在电梯井道中用管道引入压缩空气到电梯轿箱和电梯停靠层上，可以避免烟雾渗透。这些措施如果维护简单并需要较少的停工期，就更容易做到。人们只需要访问几座建筑物就可以观察到机房和底坑中有多少个需要监视的屏面。

（2）隔离电梯系统和必要的休息厅与建筑物的剩余空间。目的是营造一个避难空间，这无疑是一个好主意。但其局限性是：在总体上对建筑物只是一个可行的方案，而对于具体的方案尚需特殊创建。

（3）假定电源未被破坏，可在电梯的一个耐火井道中安装电梯电源的馈电线。这些方法可行，并且有大量的“实质性的可安装文件系统”的支持。当然，我们可以要求所有的建筑物都安装室外电梯，工业企业自然很高兴这样做。真正的问题是对成千上万的现存建筑，什么样的救灾方案更为合适，这需要探讨。

（4）电梯制造商在提供必要的设备和电路时往往有考虑。他们依靠建筑物的生命安全系统指出紧急情况，并且已经安装和使用了信号响应。

电梯系统的调用依靠对火灾情况的探测，提供火警紧急情况处理人员使用的设备已被开发出来并得到确认。在 A17.1 规范中的紧急情况处理委员会正在检讨和更新那些过时的规定。

12.2.2　火灾情况下电梯运行可靠性的故障树简要分析

通过找出影响电梯运行可靠性的主要因素，计算各因素在故障树中的结构重要度，得出在火灾情况下，利用电梯进行疏散的可行性及相应的安全措施，并为在高层建筑火灾情况下，利用电梯进行疏散提供参考依据。

1. 火灾情况下故障树的建立

“故障树分析法”（Fault Tree Analysis，FTA）是系统可靠性和可用性的一种主要预测方法。通过对可能造成产品故障的硬件、软件、环境及人为因素的分析，并用方框图图解分析更低一级组成单元的故障，用逻辑的方法确定系统某一级产品的故障模式，从而掌握更高一级的产品产生致命性故障的原因。是画出故障原因的各种可能组合方式和（或）其出现概率的一种分析方法。

故障树实际上是系统的一种图示模型。绘制故障树时，首先要确定一个顶事件（top event，指危及系统危险的事件或是不希望发生的系统故障），然后从顶事件出发分级分路，通过有关逻辑门及中间事件，直到底事件（basic event），从而绘出一棵倒立的树。树的根部位于图的上方，代表需要分析的危险（或关键性失效）事件，从顶向下再层层衍生出许多分支，形成若干分支点。这些分支点代表了危险事件形成过程中的中间事件。分支的终点类似于树叶，代表了可能导致危险事件发生的基本事件。

火灾情况下，导致电梯故障停止运行故障树的建立步骤如下：

（1）分析故障建立系统。火灾情况下，可能对电梯运行可靠性形成威胁的主要设备区间是电梯机房、电梯厅门系统和电梯轿厢系统。电梯机房放置的是电梯控制系统和电梯曳引驱动系统，这个区间一旦着火，将直接导致电梯停止运行。但实际案例表明：火灾情况下着火点大多发生在建筑物的公共区域或仓库，极少发生在电梯机房，而且在建筑设计时，亦考虑了机房为电梯设备专用这一特性，为此这里的研究暂不考虑电梯机房着火的情况，而主要考虑建筑物其他区域着火时，遭受火灾的电梯厅门和电梯轿厢系统对电梯运行可靠性的影响。宾馆火灾情况下，利用电梯疏散时，可能发生的故障是由于供电电路被切断，电梯子系统中的机械部件或电气部件受高温、水和烟气的侵害而失效，迫使电梯退出正常运行。

（2）确定顶上事件。火灾导致故障停梯即为顶上事件。

（3）画出故障树。从顶上事件起，逐级找出直接原因的事件，直至所要分析的深度和逻辑关系。

2. 火灾情况下故障树分析

根据上面叙述，可以做出火灾情况下电梯运行可靠性的故障树如图 12-8 所示。在进行电梯火灾情况下的故障树分析时，要求出故障树的最小割集。所谓割集，是导致顶上事件发生的基本事件的集合，最小割集表示含有基本事件最少的割集。还要进行结构重要度的分析，并对事件最小径集加以控制，即可控制顶上事件的发生。所谓径集是指：如果事故树中的某些基本事件不发生，则顶上事件就不会发生，这些基本事件的集合叫做径集。最小径集是指：使顶上事件不发生所必需的最低限度的径集。在最小割（径）集中，包含基本事件的最小割（径）集，叫做此基本事件的相关割（径）集。基本事件 X_i 出现的次数是指基本事件 X_i 的相关割（径）集的数目。有故障树的最小径集可以看出控制事件 X_1、X_2、X_4、X_{13} 的发生，即可控制顶上事件的发生。即在火灾发生的情况下，通过防止人为的断电操作、防止电梯零部件火灾情况下受到高温侵害，防止电梯轿厢火灾情况下受到烟雾侵害，就可以保证电梯在火灾情况下安全的使用。

根据上述事故预防途径，可以制订相应的安全措施，配备相应的应急报警系统。通过制订合理的火灾情况下利用电梯和楼梯进行混合疏散的应急预案，再加上相应的应急报警系统的支持，就可以在火灾发生的初始阶段利用电梯进行人员疏散，大大地提高了疏散效率，并给老弱病残等弱势群体提供便捷的疏散平台。

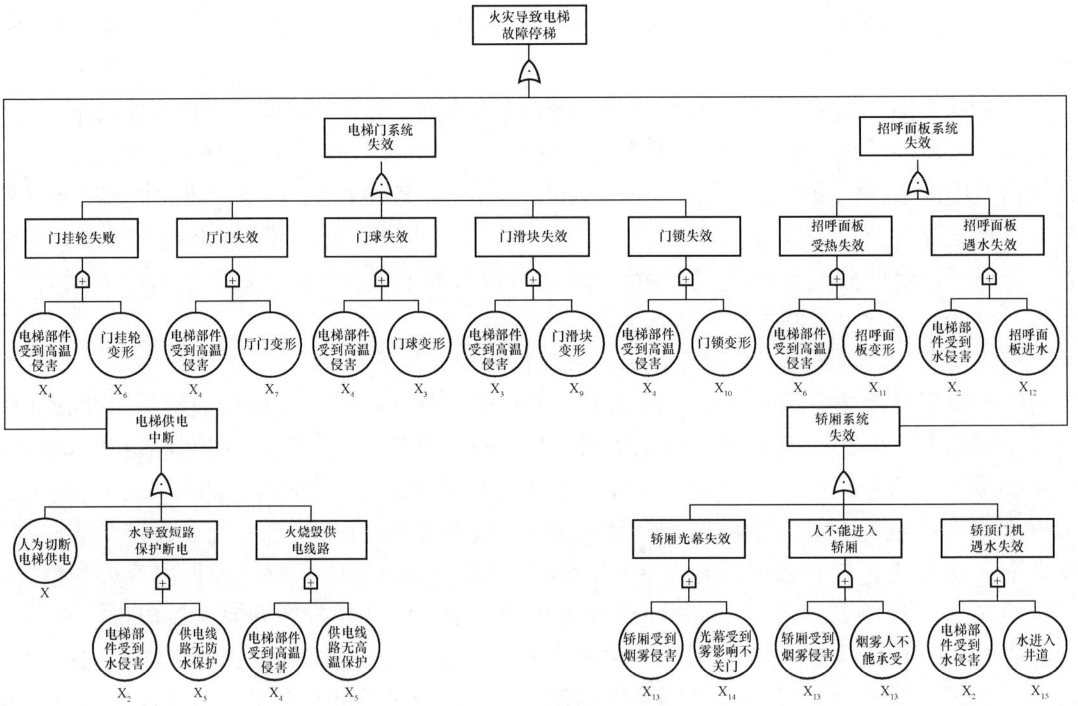

图 12-8 电梯运行可靠性的故障树分析

通过故障树分析，我们找出了火灾时影响电梯系统安全可靠性的主要因素，即人为切断电梯系统供电、火灾时产生的高温对电梯零部件的侵害，以及火灾时产生的烟雾对电梯轿厢的侵害，为进一步实验研究以及制订消防电梯标准提供了技术参考。又通过故障树的分析表明：顶上事件发生概率随各基本事件概率增大而快速增大，并趋近于 1；当基本事件概率被控制在较低水平时，则顶上事件概率将会显著降低。通过制订消防电梯标准，有效控制火灾时降低电梯可靠性时的各基本因素，电梯系统的可靠性将会明显改善，使高层建筑利用电梯疏散成为可能。

12.3　电梯疏散时间计算方法和疏散建议

12.3.1　电梯疏散时间计算方法

需要掌握在紧急情况下，工作人员通过电梯疏散的移动时间计算方法。

1. 电梯疏散时间

为了说明电梯运行的失效影响，疏散时间 T 可以表述如下：

$$T = t_{\rm a} + t_0 + \frac{1+\eta}{N}\sum_{j=1}^{m} t_{{\rm r},j} \tag{12-1}$$

式中　$t_{{\rm r},j}$——第 j 次环行的时间；

m——环行次数；

N——电梯数量；

η——交通失效率；

$t_{\rm a}$——电梯疏散的启动时间；

t_0——电梯从前室运行至外部或另一个安全地点的运行时间。

运行周期依赖于电梯的运行时间和下一步要讨论的电梯加载的人员数量。

在式（12-1）中使用的电梯数量 N 可能比梯群中的电梯数量要少，说明有的电梯已经处于非服务状态。电梯非服务状态的概率依赖于诸多系数，包括电梯的服务年限和维护的质量。由于脱离服务条件要增加电梯疏散时间，所以任何对电梯疏散时间的分析都必须把这点考虑进去。

2. 电梯疏散起动时间

电梯疏散起动时间是从电梯开始疏散人员的环行。对于疏散过程的电梯自动操作，简单的方法是：在所有电梯已经移动至避难层后再起动疏散电梯。基于这个方法，起动时间 $t_{\rm a}$ 包括电梯到达避难层的时间加上乘客离开电梯的时间。$t_{\rm a}$ 可用如下公式表示：

$$t_{\rm a} = t_{\rm T} + (t_{\rm u} + t_{\rm d})(1+\mu) \tag{12-2}$$

式中　$t_{\rm T}$——电梯从最远的楼层到避难层的运行时间；

$t_{\rm u}$——乘客离开电梯的时间；

$t_{\rm d}$——开关门单元时间；

μ——总的运行失效率，见下面叙述。

注意：上述步骤的选择包括：每一部电梯在到达避难层时，单独启动疏散操作。这个可选择的步骤将轻微导致疏散时间减少。对于人工控制的电梯操作，电梯操作者接到报警后去到电梯的时间必须包括在估计的启动时间之内。这个增加的时间可能比由式（12-2）计算出来的时间大得多。

3. 电梯环行时间

电梯环行时间开始于避难层，包括如下顺序：电梯门关闭、轿厢运行至另一个楼层、电梯门打开、乘客进入轿箱、电梯门关闭、轿厢运行至避难层、电梯门打开、乘客离开轿厢。环行时间 t_{r1} 由下式给出：

$$t_{r1}=2t_T+t_s \tag{12-3}$$

式中 t_s ——标准时间（见下面叙述）；

t_T——单程运行时间。

这个公式是基于只停靠到一个层站并在该层站营救乘客。一般期望是大多数电梯将在某一个楼层载满乘客，并且运行到避难层。如果电梯在一个环行过程中，在多个楼层停车并营救乘客，式（12-3）可作相应修正。然而，运行低效的原因是由于多次停站所致。

12.3.2 电梯疏散建议

火灾统计资料显示：美国 1946 年共发生火灾 60.8 万起，到 20 世纪 70 年代中后期，全年火灾近 330 万起。在火灾危害达到顶峰后，美国国会成立了由各方专家组成的消防安全委员会，研究出整治火灾的措施。随着消防工作的加强，美国 20 世纪 80 年代后期火灾形势保持相对平稳。

一个国家的火灾危险性与国民经济发展密切相关。在经济快速上升期，火灾进入“高危期”，并起伏相间地发展到火灾危害的顶峰；而后又随着经济发展、科技进步以及消防工作的强化，逐步降到相对平稳阶段。

纵观西方经济发达国家，伤亡 10 人以上的火灾 10 年才发生一次。可以说，一个国家的消防状况和人们的逃生水平代表了其发达程度。

1. 对于电梯疏散问题的安全措施

（1）建立完善的自动火灾报警与消防系统，及手动报警系统。

（2）建立自动喷淋系统（生命安全系统）。

（3）预备手持灭火器。

（4）架设喷淋垂直主管线。

（5）设置消防电梯和疏散电梯。

（6）建筑设计师以及建筑物的管理者应该提供详细的逃生路线图。

（7）必须严格地依据设计规范设置：火灾自动报警与消防系统；应急照明系统；应急电源系统；防排烟系统；自动空调系统。

2. 利用电梯进行疏散的安全建议

（1）建筑物内的人员必须得到安全保护，最后离开建筑物时能到一个安全地带。

（2）消防服务和其他的应急服务必须有效运作，并要安全可靠。

（3）任何建筑物，结构不能威胁到建筑物内的人员的安全，包括对邻近建筑物的应急服务人员的安全。

（4）火焰扩散和来自火源的高温应该限制在起火层和其上一层。

（5）利用电梯进行建筑物疏散设计的观点应至少给予考虑：

1）从起火层到上一层的疏散时间。

2）烟雾和热量对疏散的影响。

3）对整个建筑结构的影响。

4）起火楼层的火灾行为和影响。

5）为了利用电梯进行疏散，必须采用有效的应急疏散策略（图12-9）。

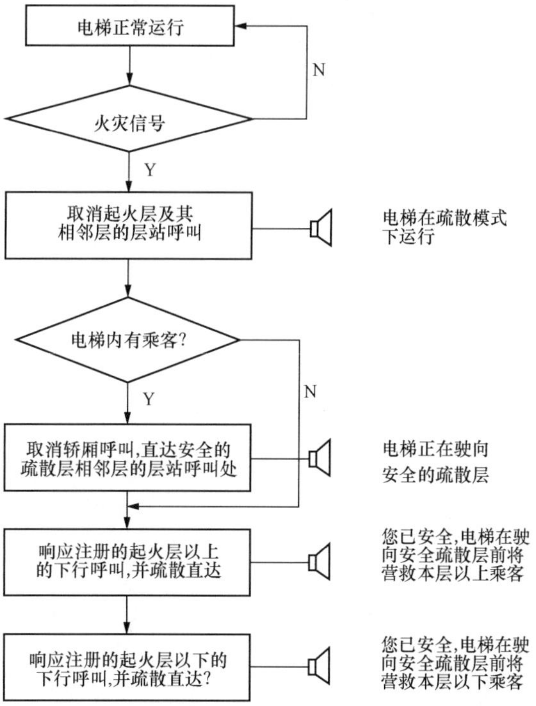

图12-9　智能电梯火灾疏散流程

6）在考虑疏散总人数与电梯运载能力关系的条件下，对使用电梯进行疏散策略的测试。

火灾疏散中的电梯疏散控制是一个智能火灾集中控制系统，涉及不同的防火分区。作为一个集中电梯控制系统，系统应该知道火灾层，并且不响应已经在这些层注册的轿厢呼叫和层站呼叫。智能语音提示系统应起到提醒乘客在疏散过程中知道发生了什么的作用。

火灾应急疏散仿真结果表明：利用电梯应急疏散只需等待 43s。当利用传统集中控制电梯系统时，将要等待254s，因为电梯将要从最高楼层向下依次拾取逃生人员，而不是从最接近火灾层开始疏散。疏散仿真显示：利用电梯从最近的和起火层的上一层进行疏散不仅速度快，而且是一个现代设计的可选的可靠设计方案。

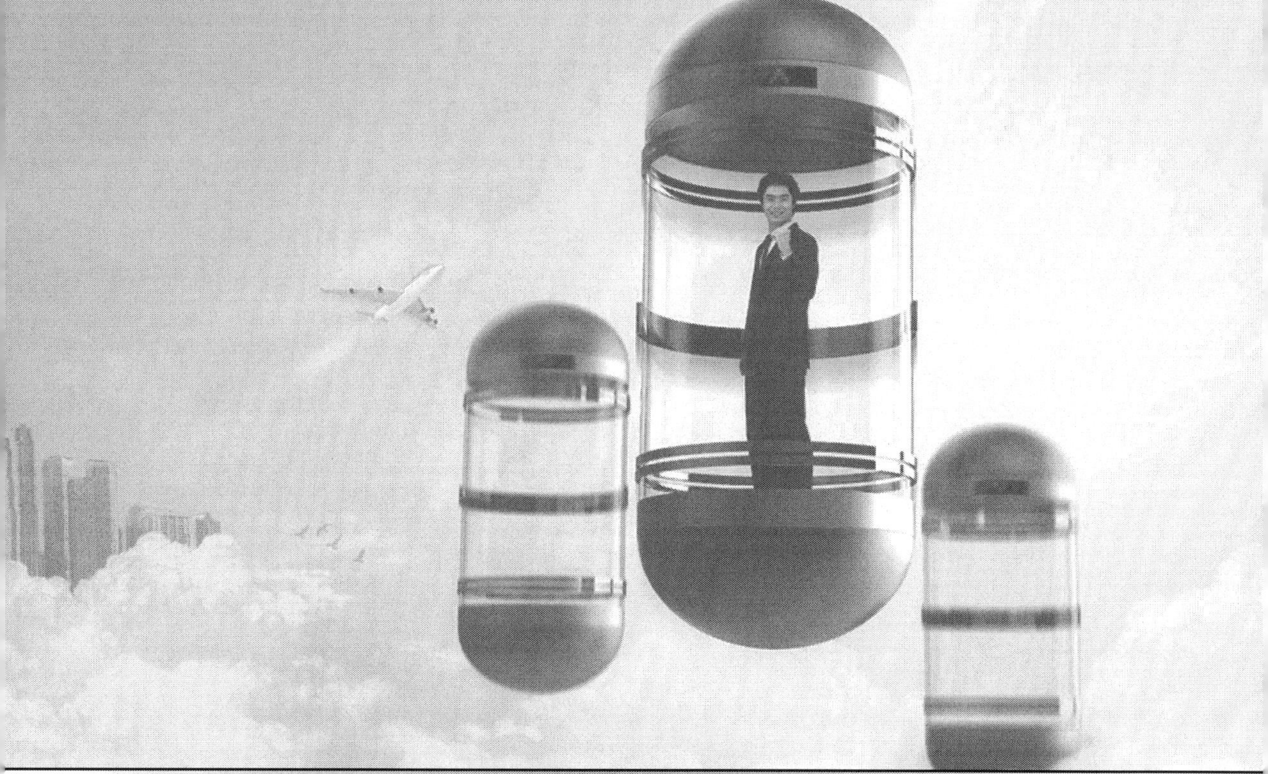

第3篇　特殊装置篇

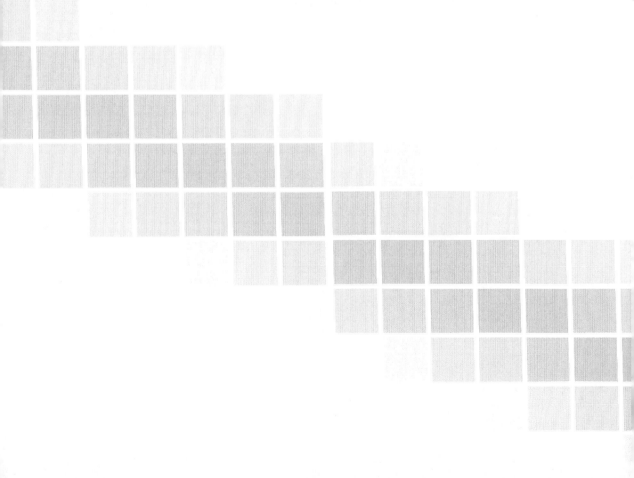

自动扶梯安全

自动扶梯安全是特别容易引起社会和舆论重视和警觉的一项安全工作。因为近几年来接连发生的自动扶梯死伤事故震动国内外，引起报刊和舆论界的普遍重视。本章将讲述自动扶梯安全的内容，包括自动扶梯事故调查和安全文明乘坐、自动扶梯环境安全和管理、自动扶梯安全装置和安全操作、自动扶梯和自动人行道维修设计安全、自动扶梯设计安全、带防震的自动扶梯土建设计、自动扶梯故障处理，以及自动扶梯电气故障防护和处理等。

13.1 自动扶梯事故调查和安全文明乘坐

13.1.1 自动扶梯事故调查

1. 日本自动扶梯事故统计

日本东京都消防厅对从 2003 年 1 月到 2004 年 3 月，共 15 个月内，辖内的旋转门、自动扶梯、电梯等发生的事故进行了调查。调查样本共 1317 人，图 13-1 所示为以 5 岁递增为单位每 10 万人当中每一年发生事故的人数。从中看出，从 50 岁开始，事故发生人数增加，70 岁以上事故人数比率上升，到 85～89 岁年龄段，发生事故人数最多，为 29.8 人，是 15～19 岁年龄段的 23 倍。

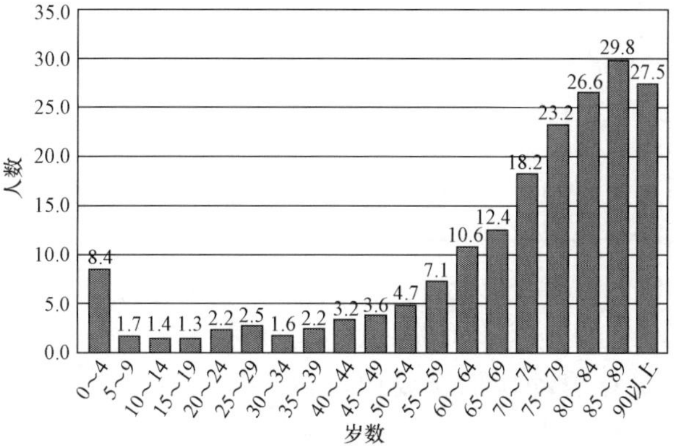

图 13-1 每 10 万人中每年发生的事故人数

事故内容包括翻倒、跌落等，以翻倒、跌落为最多，占 95.7%，受伤程度中轻伤占 84.1%，见表 13-1。

表 13-1　　事故内容和受伤程度

事故内容	特重症	重症	中等症	轻伤	不作回答	原因不明	合计	
翻倒、跌落	1	4	154	1060	37	5	1261	95.7%
冲撞			1	15			16	1.2%
拖曳硬拉			1	1			2	0.2%
不明下落物碰伤			1	4			5	0.4%
夹持			2	16			18	1.4%
其他/不明原因			2	12			15	1.1%
合计	1	4	161	1108	38	5	1317	
	0.1%	0.3%	12.2%	84.1%	2.9%	0.4%		100%

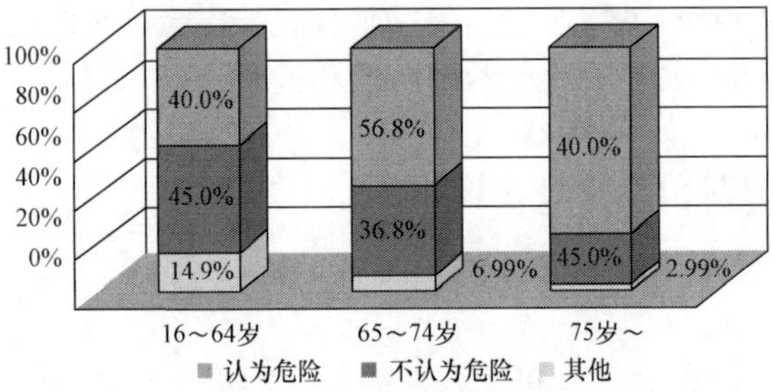

图 13-2　关于在自动扶梯上步行的调查

事故防止对策委员会在追加调查中分析了 313 件样品，其中由于酗酒、原有疾病引起、眩晕以及意识突然丧失等原因共占 54%，而其中又以酗酒比例较大，占 35%。与日本电梯协会的调查数据比较，所谓的夹持事故大为减少。

图 13-2 和表 13-2 是关于在自动扶梯上步行的调查。一般高龄者认为在自动扶梯上步行是十分危险的，这包括步行者自己翻倒或与正在自动扶梯上步行的乘客接触存有害怕的心理。

表 13-2　　在自动扶梯上步行的调查数据

认识调查	16～64 岁	65～74 岁	75 岁以上	合计	比例（%）
认为危险	81	188	80	349	54.8
不认为危险	91	120	21	232	36.4
其他	30	23	3	56	8.8
合计	202	331	104	637	100

从上述调查中得知，既然大多数人感到危险，就应禁止在自动扶梯上步行。对于单侧手不能抓握扶手带的人以及携带儿童的人也同样适用。对有急事要快步上楼的人，提倡使用楼梯步行。为了在自动扶梯上要留出供人步行的一侧空间，这不利于提高运送效率。

2. 安全建议

事故防止对策委员会对乘用者、管理者、制造厂商、社会团体对自动扶梯安全的主要建议见表 13-3。

表 13-3　　对自动扶梯安全的主要建议

乘用者	管理者	生产者	行业内团体
（1）利用扶手，避免在自动扶梯上步行。 （2）为高龄人乘用多多考虑。 （3）现已知发生事故者很多是高龄人以及酒醉者，当事人自己要注意。 （4）保护人要手牵学龄前儿童乘用自动扶梯	（1）要让乘用人在自动扶梯四周看到安全使用的通知。 （2）要根据设施的特性和人流高峰的时间段选择合适的运行速度，要考虑对原有的自动扶梯增加最新的安全对策	（1）要开发安全性高的新型自动扶梯（比如，防止绊倒对策，提高视觉确认乘降口的措施，以及采用防滑梯级）。 （2）开发既保证安全又能提高运送效率的自动扶梯	（1）介绍某些乘用者的事故事例，使民众理解安全乘用方法以及各种使用方法。 （2）呼吁社会对高龄人以及学龄前儿童乘用自动扶梯安全的关心

3. 日本自动扶梯事故调查情况和结论

日本对于参加协会各公司维保合同的63 237台自动扶梯，于2009年12月作了收集和统计，将确认事故状况的使用者事故件数做统计。事故调查从1970年开始，每5年调查一次。其中第4次～第7次调查时间为：第4次：1993年1月～1994年12月；第5次：1998年1月～1999年12月；第6次：2003年1月～2004年12月；第7次：2008年1月～2009年12月。

调查的主要结论是：

（1）事故增加的主要种类是跌倒事故增加。

（2）在事故总件数中，梯级上和乘降口的跌倒事故占总件数的70%，尤其是梯级上跌倒事故占事故总件数的54%。

（3）事故件数增加的主要建筑物用途为交通机关和购物中心，尤其是交通机关事故发生率增加到前次的2.2倍。

（4）在事故原因分类中，不正确乘梯方式造成的事故占全部事故件数的50%，其他及醉酒事故占11%。

（5）在受害者年龄段中，16岁以上大人占全部的70%，60岁以上高龄者又占其中的40%。

13.1.2　自动扶梯安全乘坐

近期，我国连续发生多起乘坐自动扶梯引发的事故。为此提出乘坐扶梯时建议要做到下列事项，以避免各类事故的发生：

1. 自动扶梯安全乘坐条款

（1）不要在乘扶梯时看手机、iPad。

（2）不要让孩子单独乘扶梯，要有家长陪护。

（3）不要踩在黄色安全警示线以及两个梯级相连的部位，更不要在扶梯上走或跑动，以免摔倒或跌落而发生危险。

（4）不要将鞋及衣物触及扶梯挡板。

（5）不要在扶梯进出口处逗留。

（6）不能将头部、四肢伸出扶手装置以外，以免受到障碍物、天花板或相邻的自动扶梯的撞击。

（7）不要蹲坐在梯级踏板上，随身携带手提袋等不要放在梯级踏板或扶手带上，以防滚落伤人。

（8）不要携带过大的行李箱、轮椅、婴儿车、手推车或其他大件物品上扶梯，此时可以使用升降式的无障碍电梯。

（9）不要将手放入梯级与围裙板的间隙内。

（10）不要逆行、攀爬、玩耍、倚靠自动扶梯，或在扶梯处有争先恐后举动。

2. 国外对自动扶梯安全乘坐要求

（1）向用户提供自动扶梯（自动人行道）用户手册。包括使用、维护、检查、周期检验、救援操作等，以及运输的组装。

（2）关于运输、存储和搬运的信息有：①储存条件；②重心的位置尺寸、重量；③套挂点的位置。

（3）关于安装和试车的信息有：①建筑接口；②固定件的振动和阻尼要求；③装配和固定的条件；④使用和维保需要的空间；⑤容许的环境条件，如温度、湿度、振动、电磁辐射、地震等；⑥连接动力源的说明（特别是过载保护）；⑦废弃物的去除和处理。

（4）关于设备本身的信息有：①设备的固定、防护和保护措施的详细说明；②设备使用范围，包括禁止使用的条件，在某些情况下，给出对原设计可能的变更；③安全功能的图示，详细的土建图；④关于电气设备的技术文件；⑤符合相关指南的证明文件；⑥说明防滑等级的证明文件。

（5）关于使用的信息有：①预定的使用；②手动操作的描述；③设置和调整；④设计者考虑了防护措施但仍有剩余风险；⑤护栏之间及护栏与建筑物之间禁止存放物品；⑥在设备附近会引起误用的防护装置；⑦持保足够的自由区域（如出入口区域）；⑧使用滚轮小车等特殊设施带来的风险；⑨适当预测滥用和禁止使用的情况；⑩扶梯不用作为楼梯或紧急出口的建议；⑪室外扶梯或人行道，建议加装顶棚或围封；⑫在外干扰后的再启动，故障、位置、修理状态的识别；⑬故障后，在复位和重新启动之前，应对故障作必要的调查和调整。

（6）使用说明书要经久耐用，可用 CD、VCD 电子版本保存。

（7）扶梯要有符号和警示标记。入口要有四个警示图：①应拉住小孩（图 13-3）；②狗必须抱住（图 13-4）；③握住扶手（图 13-5）；④不许上轮椅（图 13-6）。

图 13-3　应拉住小孩

图 13-4　狗必须抱住

图 13-5　握住扶手

图 13-6　不许上轮椅

（8）对运输手推车和行李车的规定。禁止小孩轮椅车、行李车和商场的手推车上自动扶梯；禁止商场手推车和行李车上自动人行道。

13.2　自动扶梯环境安全和管理

13.2.1　自动人行道上手推车的选用

上节讲过，国外禁止商场手推车上自动扶梯和自动人行道。在国内，手推车能否上自动人行道国家没有明确标准规范，电梯厂家也没有明确规定。根据国内技术人员意见可作如下处理。

1. 自动人行道上手推车的选用确认

（1）选用的手推车上需带刹车装置或有可代替它的装置。

（2）选用手推车的车轮和人行道踏板槽尺寸的配合关系。

当车轮和踏板槽不能配合时，在人行道出口可能会发生手推车的刹车装置不能解除，使手推车不能顺利过渡到梳齿上面，将影响自动人行道的正常运行或导致梳齿板损坏（图 13-7～图 13-11）。

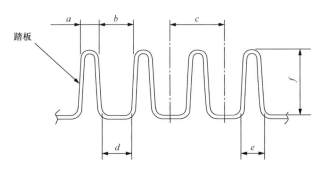

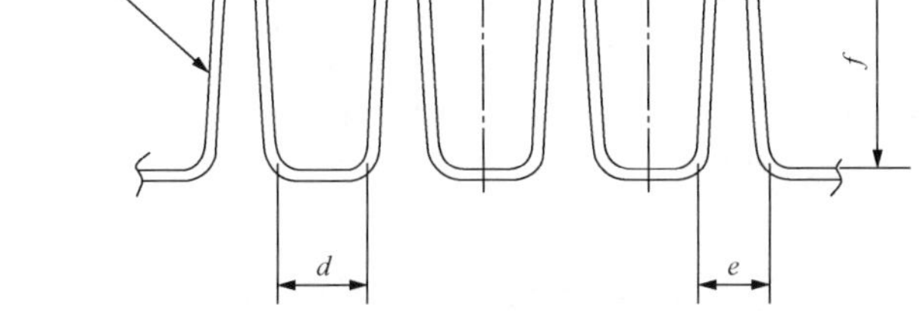

图 13-7　踏板槽尺寸

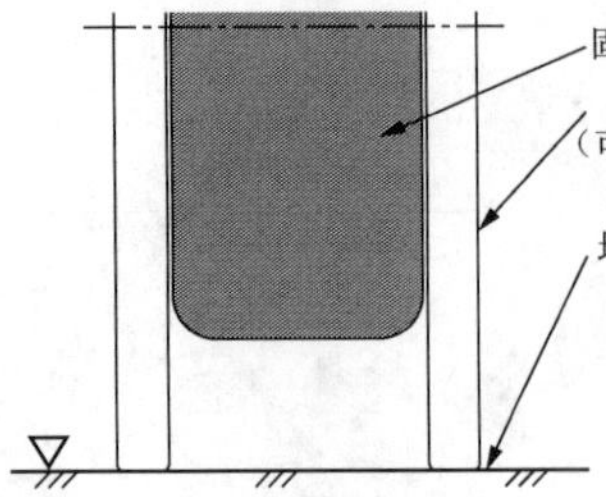

图 13-8 （不带刹车装置类型）在地面运行时

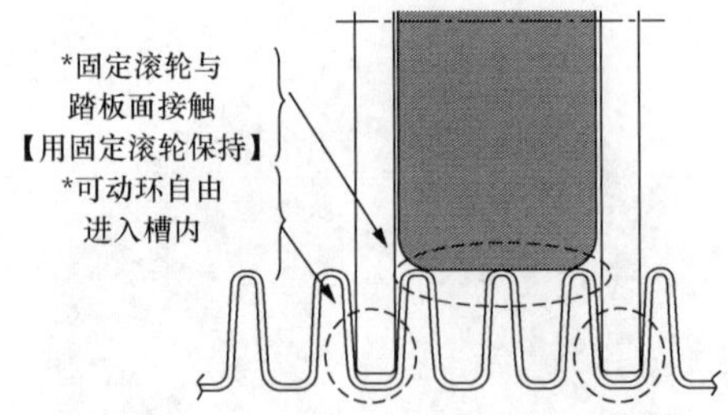

图 13-9 （不带刹车装置类型）在踏板上停止时

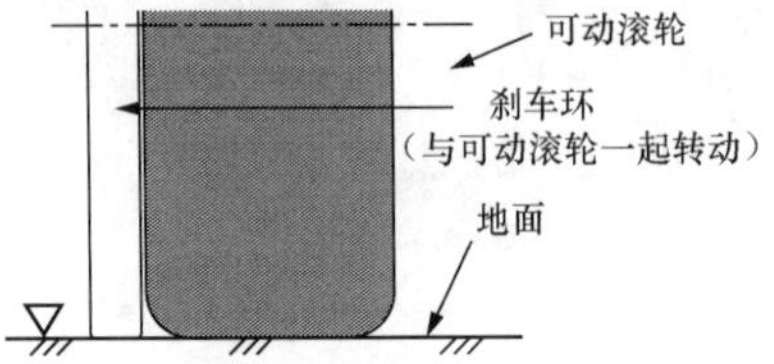

图 13-10 （带刹车装置类型）在地面运行时

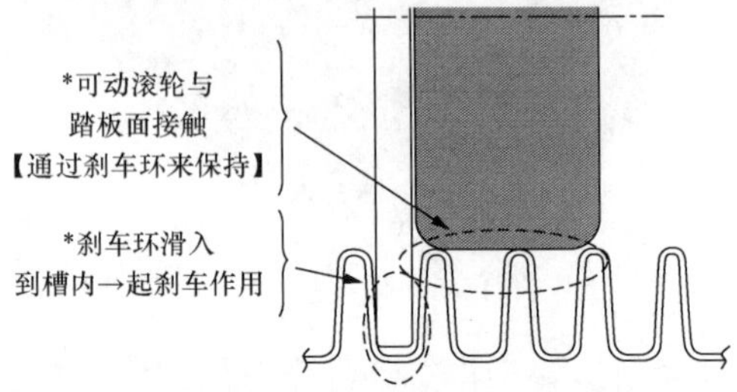

图 13-11 （带刹车装置类型）在踏板上停止时

2. 手推车车轮在人行踏板上的保持方法

不带刹车装置的类型，手推车车轮在地面运行和在踏板上停止时分别如图 13-8 和图 13-9 所示，带刹车装置的类型，手推车车轮在地面运行和在踏板上停止时分别如图 13-10 和图 13-11 所示。不管是哪种情况，可动环（刹车环）必须容易进入踏板操内，靠可动环（刹车环）和踏板槽的配合关系来保持购物手推车，因此必须向客户确认踏板槽尺寸和车轮尺寸的如下关系：可动环（刹车环）的厚度小于或等于 d；可动环（刹车环）滑入槽内深度小于或等于 f；滚轮厚度为 $a+b+e+c\times n$（其中 n=0，1，2，…）。

3. 手推车类型确认

（1）手推车类型有购物手推车、婴儿车兼购物手推车、婴儿车等。

（2）手推车固定方式分为刹车式、固定滚轮式及其他形式。

（3）手推车最大载重量，设计要求必须在 160kg 以下。如果手推车中装得过多、过重，在出口梳齿部位有可能卡在踏板槽中，无法从梳齿部位换乘到地面梳齿的垂直方向受力，在电梯业内一般设计承受不小于 2000N 的力。如果手推车过重，则容易压断梳齿，影响自动人行道的正常运行。

（4）手推车轮的直径。婴儿车兼购物车等的车轮（小脚轮）的直径设计要求必须在 ϕ120mm 以上。如果购物手推车滚轮的直径过小，则在出口梳齿部位手推车的框架结构有可能撞到梳齿板或基板，无法从梳齿部位顺利换乘到地面，甚至会引起安全事故。因此，电梯厂家有必要向用户提供有关自动人行道上选用手推车的说明书。

13.2.2 外部因素对安全运行的影响

1. 自动扶梯安全特点

自动扶梯是目前大型商场和公共场所等使用的主要交通工具，其结构、使用地点与环境同电梯之间存在较大差异，它们间使用的不同特点见表 13-4。在统计的 33 宗自动扶梯事故中，各类事故所占比例见表 13-5。

表 13-4 自动扶梯与电梯使用特点比较

自动扶梯	电梯
设计不能确保本质安全，乘客需要满足头不能伸出扶手之外，手必须握住扶手，脚必须站在黄线以内等要求，才能确保安全	设计能够保证本质安全，乘客在轿厢中不需要额外要求即可安全地乘坐
机房以及设备间空间狭小，工作时外人容易进入工作区域，需要设置防护装置	有独立满足安全空间要求的机房，工作时外人不能接近
安装在公众活动的场所，需要建筑设计时要满足一些安全条件	安装在封闭的井道中，不需要其他方面建筑安全设计
梯级设计不能限制超载，需要额外人员的管理才能确保不超载运行	轿厢的面积基本限制了电梯的超载，并且有电气的超载保护，确保电梯不会超载运行

表 13-5 自动扶梯各类事故所占比例

事故类别	个数/宗	比例（%）	事故类别	个数/宗	比例（%）
机械部件间的间隙产生的挤压	14	43	跌倒	3	9
坠落	5	15	运行中发生逆转	3	9
与物体发生碰撞和剪切	5	15	管理不善	3	9

从表 13-5 中看出：自动扶梯事故主要有 6 类：①机械部件间的间隙产生的挤压；②坠落；③与物体发生碰撞和剪切；④运行中发生逆转；⑤跌倒；⑥管理不善。

在自动扶梯的事故中，坠落、与物体发生碰撞和剪切、跌倒这 3 类事故占整个事故数量的 40%，这 3 类事故都不同程度地与外部因素有关，就是说，我们在关注自动扶梯本身安全的同时，还必须考虑外部因素对自动扶梯安全的影响。

2. 外部环境对安全运行的影响

外部环境对安全运行的影响，包括乘梯环境湿滑造成的跌倒伤害，外部防护栏设置不合理导致的坠落事故，防护挡板设置不当导致乘客的颈部被剪切受伤，建筑物与自动扶梯之间水平间隙不符合要求导致的挤压，自动扶梯出口纵深水平距离不符合要求导致的跌倒，以及自动扶梯梯级上方垂直净空距离不符合要求导致的剪切或碰撞等。

（1）乘梯环境湿滑造成的跌倒伤害。例如，2009 年重庆某农贸市场由于冲洗地面后留下了大量积水而未及时排除，造成一名顾客在乘坐自动扶梯时，因梯级湿滑跌倒造成骨折。类似的外部影响还有外部照明条件不佳，也可能使乘客看不清梯级而跌倒。

（2）外部防护栏设置不合理导致的坠落事故。自动扶梯常见的坠落事故主要发生在自动扶梯与自动扶梯之间、自动扶梯与建筑物之间的栏杆结合部，其安全条件并不是由自动扶梯本身的制造安装时所能保证的，即使自动扶梯本身是安全的，仍不能排除扶梯事故之发生，因为还依赖于例如建筑物的栏杆、防护的挡板等一些安全保护装置。

（3）防护挡板设置不当导致乘客的颈部被剪切受伤。GB 16899—2011《自动扶梯与自动人行道的制造与安装安全规范》规定：当自动扶梯与建筑物交叉处水平间距小于 500mm 时应该设置长度不小于 300mm 的防碰警示牌。但在检测过程中发现这一条款并未认真执行，存在的问题是：

1）未设置防碰撞警示牌。有的自动扶梯业主为了保持美观，即使在上述间距不满足相关要求时，也不悬挂防碰警示牌。

2）防碰警示牌设置不合理。警示牌固定在建筑物上，且与乘客乘坐时的视觉呈平行关系，乘客在乘坐过程中不容易看到警示牌上的内容，因此起不到警示作用。2003 年 1 月，重庆某商场一个小孩在乘坐自动扶梯过程中，由于将头伸出自动扶梯之外，使颈部在建筑物交叉处发生剪切，造成颈部骨折。经分析，发生事故固然与小孩的鲁莽行为有关，但防碰警示牌设置不合理是导致事故发生的主要原因。

（4）建筑物与自动扶梯之间的水平间隙不符合要求导致的挤压。自动扶梯检验人员在监督检验时，有相当一部分自动扶梯的外部装修还没有进行，此时绝大多数安装的自动扶梯满足规范有关要求：规定建筑物与自动扶梯之间的水平间隙应不小于 80mm。但是装修后，由于装饰板厚度等因素导致该数据无法满足要求。从而可能导致人们在乘坐自动扶梯时手部与建筑物之间发生挤压。

（5）自动扶梯出口纵深水平距离不符合要求导致的跌倒。GB 16899—2011 规定：在自动扶梯和自动人行道的出入口，应有充分畅通的区域，以容纳乘客。该畅通区的宽度至少等于扶手带中心线之间的距离，其纵深尺寸从扶手带转向端端部起算，至少为 2.5m。如果该区宽度增至扶手带中心距的两倍以上，则其纵深尺寸允许减少至 2m。该尺寸验收后可能因为业主建筑用途布局的调整而无法满足上述要求，因此在自动扶梯运行过程中，当输送量增加时，将无法保证出口的畅通，有可能造成人员因拥挤而跌倒。

（6）自动扶梯梯级上方垂直净空距离不符合要求导致的剪切或碰撞。GB 16899—2011 规定：自动扶梯梯级上方垂直净空距离不得小于 2.3m。即一个正常身高的人举双手能够达到的高度。检测人员在检验时发现没有满足这个要求，这既有建筑物本身设计高度的原因，也有因装饰吊顶后降低了垂直净空距离的原因。应该说这个距离对人的安全乘坐有一定影响，特别是如果乘坐的人员背有小孩时可能导致与梯级上端横梁发生碰撞。

3. 采取相应措施

上述事故是自动扶梯本身安全装置无法防范的典型事故，为此应该：

（1）在自动扶梯和自动扶梯之间、自动扶梯与建筑物之间的栏杆结合部处设置强度和高度满足安全需要的隔离栏杆。有条件的应尽可能安装防坠落安全网，建筑物栏杆与自动扶梯之间的间隙应满足不会使小孩从此处掉落。

（2）自动扶梯运行过程中，人与建筑物夹角发生碰撞是常见事故，其原因主要是未设立防碰撞的挡板或者其挡板不符合防止碰撞的要求，因此，自动扶梯使用单位应在恰当的位置设立醒目的、挡板面积符合规范要求的活动吊牌。

（3）很多安全隐患也是由于管理不到位造成的，因此，要加强自动扶梯的安全管理，减轻外部因素给自动扶梯安全运行所带来的影响。

（4）加强对自动扶梯试用期间的监护。在商场举行大规模促销时，自动扶梯使用单位除应加强对自动扶梯使用过程中的监护工作外，还应在活动开始时对自动扶梯防护栏的牢固程度，防护栏与自动扶梯之间、自动扶梯与自动扶梯之间的间距是否能防止人员从此处通过进行检查，避免因人流量过大引起人员拥挤、挤垮防护栏而造成人员的伤亡。

（5）在自动扶梯日常管理中，必须时刻留意上述房碰挡板的完好性。清洁自动扶梯梯级应在乘客稀少时进行，以避免因梯级湿滑而导致乘客跌倒。

（6）应采取果断措施制止使用自动扶梯搬运较大尺寸货物。

（7）将乘客乘坐自动扶梯的相关说明书贴在醒目位置，对小孩在自动扶梯上嬉闹等行为应及时加以制止。

（8）自动扶梯出入口处应保持畅通，其纵深长度和宽度应满足相关要求，同时应保持足够的照明。

13.3　自动扶梯安全装置和安全操作

13.3.1　自动扶梯的安全装置

自动扶梯结构及其安全装置如图 13-12 所示。主要安全装置如下：

（1）停止装置。在驱动站、转向站、出入口等明显易接近的位置处应设停止装置。停止装置应为红色，符合安全触点要求，并能防止误动作释放，在装置上或边上应有明显清晰的动作位置标记。

检验方法：观察安装位置、外观和标记；观察手动试验是否有效和防误动作释放。

（2）梳齿板异物卡入保护装置。当卡入异物使梳齿板水平移动时，装置应自动切断主机供电，使设备停止运行。

检验方法：在驱动站内手动电气安全开关，看是否起作用，在人为卡住梳齿板时，安全装置应动作使设备停止运转。

（3）扶手带入口安全保护装置。当异物卡入扶手带入口时，安全装置应动作，切断主机电源使设备并停止运行。

检验方法：在驱动站内手动电气安全开关，看是否起作用，再用手推或用木棍卡入安全保护装置，应能正确动作。

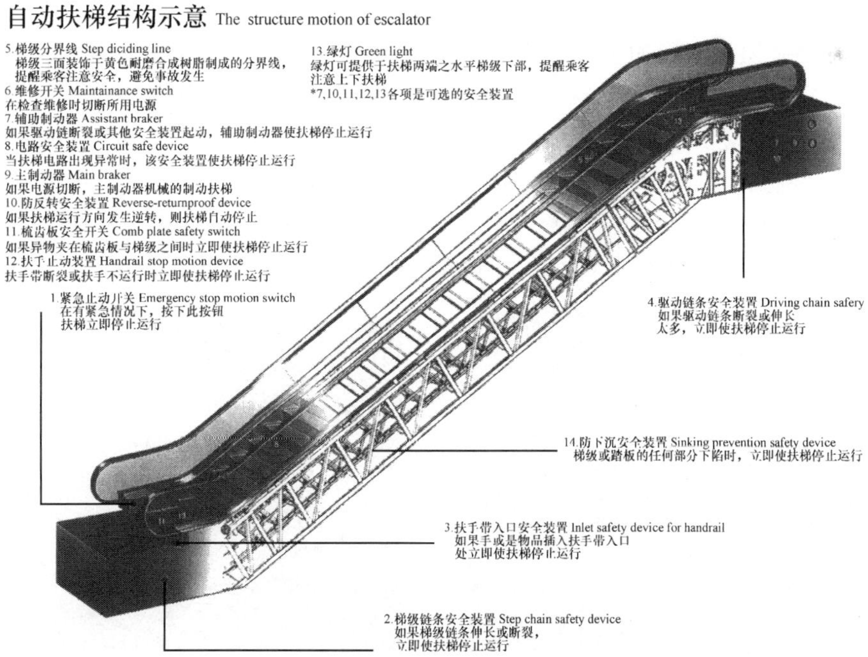

图 13-12　自动扶梯结构及其安全装置

（4）围裙板保护装置。当围裙板与梯级、踏板间塞入异物时，保护装置动作，使设备停止运行。

检验方法：人为塞入异物进行模拟试验。

（5）梯级下陷保护装置。梯级、踏板在工作中产生4mm以上的下陷时，保护装置应动作使设备停止运行。

检验方法：卸下1～2个梯级，将空挡运转到安全装置安设的地点，测量检测杆与梯级最低点的间隙，再用手拨动检测杆，应能使电气安全开关动作。并检查安全装置的位置，离梳齿板的距离应大于工作制动器最大的制动距离。

（6）驱动链断链和异常伸长保护。

检验方法：在转向站内检验，张紧弹簧应无锈蚀。因安全开关无法模拟试验，可人工动作开关，应使设备停止运转或不能起动。开关应符合安全触点要求，并接常闭触点，观测张紧装置动作时能否使开关可靠动作。

（7）扶手带断带安全保护装置。在公共交通型自动扶梯和人行道上，若扶手带没有断裂强度大于25kN的证明，则应设断裂保护装置。当发生扶手带断裂时，应能立即停止设备运行。

检验方法：打开外装饰围板，手动试验电气安全开关，看是否有效。在测量带断时，看扶手带的位移能否使电气安全开关准确动作。

13.3.2 自动扶梯运行发生的安全问题

以地铁公交型自动扶梯的运行、使用和操作中的问题，归纳出发生问题的现象，找出其原因，并给出解决办法。

1. 梯级链伸长超标，轴承损坏较快

自动扶梯的梯级链按照设计年限应为15～20年，可是使用3年多就出现了伸长超标问题，既影响服务质量，又大大增加了运行维修成本。实际运营中发现，室外扶梯的梯级链滚轮容易损坏（图13-13）或生锈（图13-14）。检查发现损坏的轴承内腔布满沙尘，润滑脂已经流失，轴承滚珠已经生锈，滚轮不能正常转动，密封圈已坏。虽然使用的梯级滚轮是国际名牌，属于免维护密封轴承，两个断面还带有防尘盖，可是在露天环境下，还是不能有效防止沙尘的进入（图13-15），使用寿命大大缩短了。为此建议对于室外扶梯要加盖顶棚，以防止风水沙尘的侵蚀。链条设计要考虑防锈措施，例如采用合理材质、镀锌处理等。设计轴承时应设

图13-13 损坏的滚轮

图13-14 生锈的轴承

置注油孔，方便人工定期注油。室外扶梯每次启动都要加油 1 次，累计运行 12 小时后可再自动加油 1 次。为了节油，建议采用双路供油系统，对于梯级链、驱动链能以不同时间间隔和不同油量供油。

主链轮轴承和张紧链轮使用 2 年后也有部分损坏现象，包括梯级轮轴承、主链轮轴承、张紧轮轴承等。轴承一旦损坏，将导致梯级链非正常运行，将造成梯级链或其他部件损坏。更换损坏的部件需停梯 3～5 天，工作量大，影响了自动扶梯正常运行。

2. 扶手带表面龟裂，扶梯噪声大

由于扶手带不断地受到驱动轮的挤压和摩擦，造成材料老化；室外扶梯受到日晒雨淋，特别是酸雨的侵蚀，使扶手带橡胶加速老化而出现龟裂现象（图 13-16）。解决办法：自动扶梯的维修，特别是室外扶梯的维修要充分考虑到灰尘大、酸雨多等客观现实，完善相应的维保标准和工艺。进行室外扶梯的防水防尘设计时，也要充分考虑到高温、高湿环境下的运行适应性。

图 13-15　链条沾满灰尘

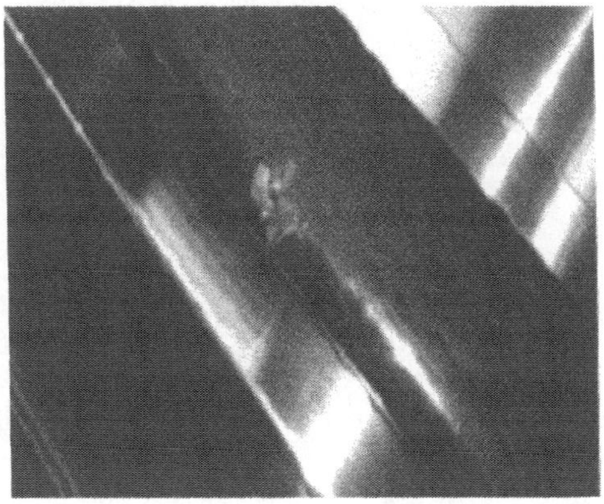

图 13-16　扶手带接驳口开裂

扶梯噪声大是由于链轮与链条运行时的啮合声，以及梯级后轮碰撞转向壁导轨发出的声音造成。如果主链轮与张紧轮不在一条直线上，则造成链轮齿与梯级链条啮合存在非正常的偏移而出现噪声，则要尽可能消除主链轮与张紧轮运行时的偏移现象，从而消除噪声。至于其他产生噪声的消除办法，目前尚在研究解决中。

3. 扶梯上发生的伤害事件

乘客搭乘扶梯时没有紧握扶手带，或携带大件物品或行李，双脚没有站在梯级安全线以内；有的乘客在扶梯上奔跑而造成伤害。部分型号的扶梯参数设计取值较大，对于体型较小的亚洲人，特别是老、弱、病、妇女、小孩等不适应，造成伤害。扶梯参数设计取值较大，包括：扶手带与护臂板间的距离达 400mm，接近于国家规定的上限值 500mm，不利于乘客紧握；扶手带距梯级表面的竖直距离较高，有些乘客不适应而不握扶手带了；有的扶手带运行速度较慢，乘客如不及时调整手的位置，则容易导致身体倾倒。为此有关部门应有针对性地调整自动扶梯设计制造标准，调整扶手带与护臂板间的距离，调整扶手带与梯级表面的垂直距离，调整扶手带的运行速度，以利于乘客的实际搭乘。建议在新扶梯线建设中，加装扶梯站点摄像机，以监视扶梯运行状态及乘客搭乘情况。一旦发生伤害事件，能够提供客观依据。

13.3.3 自动扶梯安全故障树和运行故障树

1. 自动扶梯故障树分析

在关注自动扶梯的安全实践中，利用故障树和故障模式知识往往比较方便和容易处理。故障树分析是一种演绎分析方法，对一种故障结果或事先预计的故障，用逻辑符号描述其发生过程，展开树形图，查明故障发生的经过和原因，分析事故（事件）发生的概率（参考12.3.3火灾情况下电梯运行可靠性的故障树简要分析）。

自动扶梯安全故障树和运行故障树分别如图13-17和图13-18所示。这是以扶梯部件为基本单元罗列，各个部件间的故障关系错综复杂，图中的故障（事件）为常见故障。几率较小的潜在故障原因未予列入。对扶梯故障记录数据进行统计，可以得到各底事件（故障）的概率。

在自动扶梯运行故障树中，动力传动系统故障是指扶梯内在质量出现的波动。未考虑如超载、电压不稳等外界因素所引发的故障。从图中看出，除了零件质量和安装质量外，定期维修是避免发生故障的重要措施。统计维修记录数据，可以得到故障原因发生的概率。

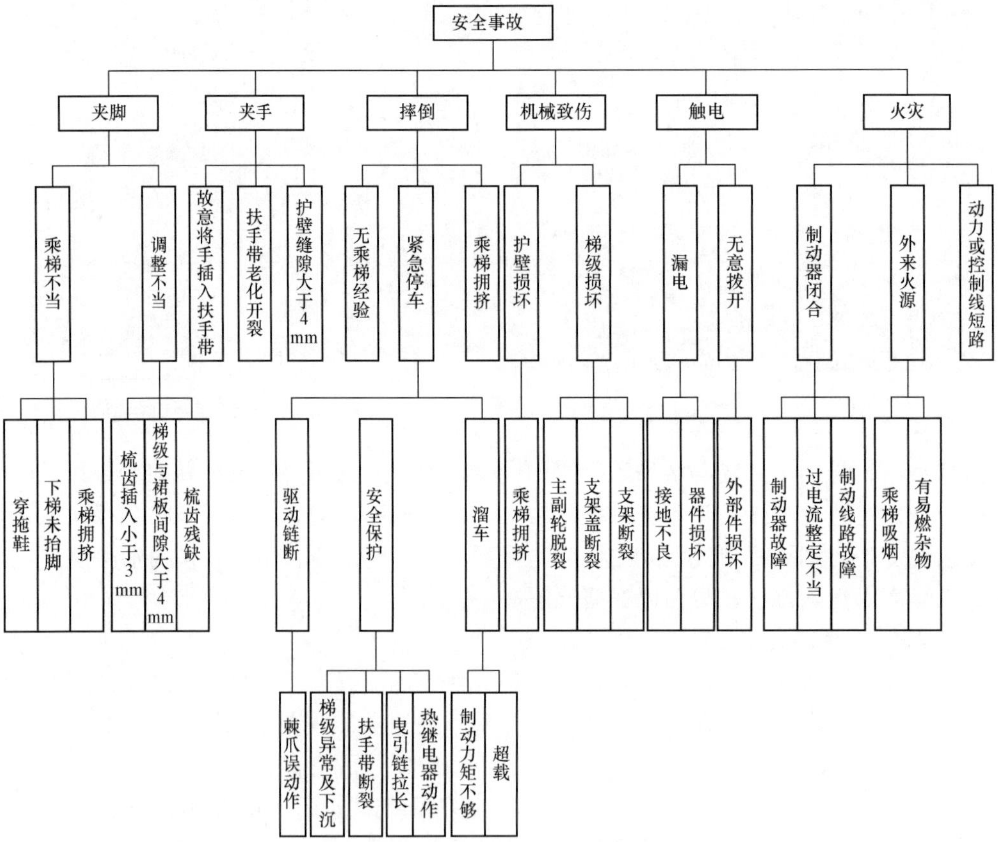

图13-17 自动扶梯安全故障树

2. 自动扶梯故障模式分析

故障模式分析是为了判定存在的设计缺欠，构成元件的故障模式，判明对高一层部件的影响，从而找出设计中不合理的潜在缺欠。自动扶梯主要部件的故障模式分析见

表 13-6。表中以故障为分析单元。损坏概率β是以经验和积累的数据进行估算的：

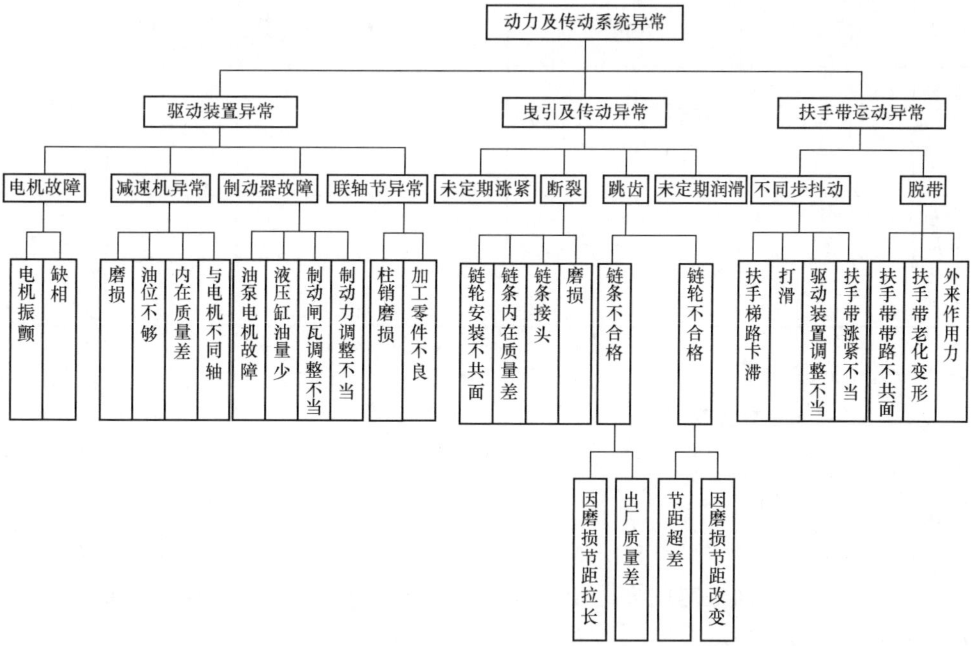

图 13-18 自动扶梯运行故障树

表 13-6　　自动扶梯主要部件的故障模式分析

项目	功能	故障模式	故障原因	故障影响	损坏概率β	检测方法	纠正措施
梯级	载人活动楼梯	支架盖断裂；	装配过紧，支架孔不同轴；	损坏梯级，造成安全事故；	0.7	检视	提高同轴度，适当拧紧提高共同质量，控制导轨精度，外移导轮或移动梯级，提高梯级安装及检测方法
		主副轮脱胶；	过载偏载，轮质劣；	梯级抖跳，有噪声；	0.3	检视	
		轮侧导轨挤擦；	导轨偏中，梯级偏中；	损坏梯轮；	0.4	检查，测量	
		梳齿相擦	梯级部装配不平行，总装偏中	损坏梳齿，挤脚	0.7	检视	
驱动装置	驱动梯级和扶手	振颤，噪声	联轴节等安装不当； 外购质量差； 缺油	噪声，振动，磨损	0.4	检视，测试噪声、电压、电流	联轴节等安装调平，事先检查
		制动器工作不良	缺油； 制动力及间隙不当	烧坏闸瓦，溜车	0.3	检查动作过程	注意检查油位，按要求调整力矩
曳引机	为扶梯工作提供动力	链条断裂	长期过载，安装不当； 链条质量较差	停梯，发生事故	0.1	定期检查	检查链条质量；安装是否正确
		链条跳齿	链条节距拉长，未张紧； 链条节距不合格	传动紊乱，噪声	0.1	检查	检验链条及链轮节距，定期张紧
		传动噪声	润滑不当； 链条和其他件相干扰	磨损，损坏	0.3	检查	注油润滑，调整相关件安装位置
扶手装置	扶手带及外部装饰	扶手带不同步，抖动	驱动装置调整不当； 打滑、张紧不当； 扶手带路卡滞	乘梯不便	0.5	检查	调整驱动装置，压紧力适当张紧，打滑严重者加防滑剂，修光、清理带路

续表

项目	功能	故障模式	故障原因	故障影响	损坏概率β	检测方法	纠正措施
扶手装置	扶手带及外部装饰	脱带	扶手带老化变形；带路不共面，有外部作用力	停机，扶手带挤伤	0.05	检查	扶手支架要安装正确
电气控制	控制扶梯运行正常	控制失误	元器件老化，粘连；接线不良，脱落	停机，有安全事故	1.0	检查	通电试验，定期检查维修

$\beta=1$，表示完全可能；

$0.1<\beta<1$，表示较大可能；

$\beta<0.1$，表示可能性较小。

从表13-6中可看出，自动扶梯维修的主要内容是：①电气装置元器件失效；②梳齿板折断；③磨损和残缺；④各传动链条松弛后定期张紧、定期润滑；⑤扶手驱动装置磨损后调整及更换；⑥减速机制动油缸定期检查、换油；⑦梯级主副轮脱胶后更换；⑧梯级支架盖断裂后更换；⑨装饰踏条折断后更换；⑩照明灯管失效后更换。

13.4 自动扶梯和自动人行道维修设计安全

13.4.1 安装和维修作业安全要求

对自动扶梯和自动人行道的安装和维修作业安全要求如下。

1. 吊装作业安全要求

（1）吊装作业应由专业吊装人员进行操作。

（2）起重设备应取得特种设备检验合格证，起重工须持有相应的资格证书。

（3）起吊时，吊带（索具）的安全系数不小于5，起吊物应不超过起重设备的额定负荷。

（4）起重时，闲杂人员不应靠近，起重臂下面严禁站人。

（5）在每次使用前，所有的起重设备均需经过目测检查是否存在不合格的地方。对有问题的设备应立即停止使用。

（6）在悬挂物可能摇晃或通过限制的区域时，应使用尾绳和导索。

2. 工地现场的安全要求

（1）工作开始前，应在自动扶梯和自动人行道的出入口处设置有效的护栏，警告和防止无关人员误入工作区域。

（2）维修作业应确保自动扶梯和自动人行道上没有乘客时，才可以停止自动扶梯和自动人行道的运行。

（3）在进行工作前，自动扶梯和自动人行道的主电源开关和其他电源开关应置于“关”的位置，上锁，悬挂标签并测试和验证有效。

（4）当一节或多节梯级被拆除，不允许乘用自动扶梯和自动人行道，应用两种独立的方法在电气和机械方面锁闭设备。

3. 在桁架中作业的安全要求

（1）试验停止和检修开关，试验共用和方向按钮的有效性。

（2）自动扶梯和自动人行道只能以检修速度运行。

（3）不允许在梯级轴上行走。

（4）对主电源开关锁闭，警示并采取两种独立的方法（电气和机械阻挡）来防止梯级链条的运动。

4. 驱动站和转向站作业的安全要求

（1）进入驱动站和转向站应按下停止开关。

（2）提供充足的照明以保证安全进出和安全工作，控制开关应在靠近每个入口的地方。

（3）要配备一个电源插座以备使用电动工具。该插座应符合 GB 16899—2011 中相关条款的要求。

（4）进入驱动站和转向站工作时，入口处应设置有效的防护装置。

（5）对于重载的自动扶梯和自动人行道的电动机、齿轮箱应采取预防措施以防止在高温情况下接触到这些设备，在可能达到高温的机器上应贴上警示标志。

13.4.2 自动扶梯清洁机

随着我国城市建设和旅游业的迅速发展，各地中、高级商厦，宾馆和机场、车站等相继安装了大量的自动扶梯，扶梯的广泛应用改善了购物环境，给顾客、旅客和人民群众带来了很大的便利。在人流络绎不绝的情况下，不少灰尘泥沙、果皮纸屑等也留在了扶梯的梯级板上，甚至卡入梯级板的沟槽中，影响了扶梯的清洁美观和正常运行，缩短了扶梯的使用寿命，严重时还会造成对扶梯的损坏，甚至危及人身安全。1992 年 8 月 20 日深圳国贸大厅 1 台扶梯将 1 名 2 岁女童左臂夹伤致残，事故的直接原因是梯级板前缘崩缺和梳齿崩缺。这类崩缺多是由于梯级板沟槽中嵌入了果核、石子等硬物所致，因此及时清扫扶梯，使其始终保持清洁是一项不可忽视的重要工作。

一些先进国家（如美、英、瑞士等国）已使用自动扶梯清洁机对扶梯进行清扫工作，而我国目前自动扶梯的保洁工作主要还是依靠人工清扫，费工费时，效率低、效果差。因扬尘等问题，多数只能安排在商厦非营业时间或机场、车站客流量小的时间进行，难以做到及时清扫。

我国厂家于 1994 年研制的 LM-T450 型自动扶梯清洁机，借鉴国外同类机具的优点，采用刷、吸结合的原理进行清扫，具有清扫、吸尘、去渍的功能，重量轻、体积小、操作灵活方便，能有效地控制扬尘，清洁效果好，清扫效率高。使用 LM-T450 型自动扶梯清洁机清扫扶梯效率是原人工清扫的 8 倍以上，大大减轻了工人的劳动强度，提高了扶梯特别是梯级板沟槽的清洁效果、控制了扬尘，改善了环境卫生和劳动条件。该机结构合理，制造质量及整机性能良好，能够满足不同场合的使用要求。

主要技术性能参数如下：

工作电压 220V±20V 50Hz AC；工耗≤±2100W；清扫宽度 450mm；真空度 24.5kPa；吸流量大于或等于 4m^3/min；吸净率大于或等于 95%；对梯级板表面无损；外形尺寸（长×宽×高）900mm×500mm×290mm；整机重量 42kg。

LM-T450 型自动扶梯清洁机结构及工作原理如图 13-19 所示。自动扶梯清洁机是一种刷、吸结合的专用清洁机具，其工作情形如图 13-20 所示。

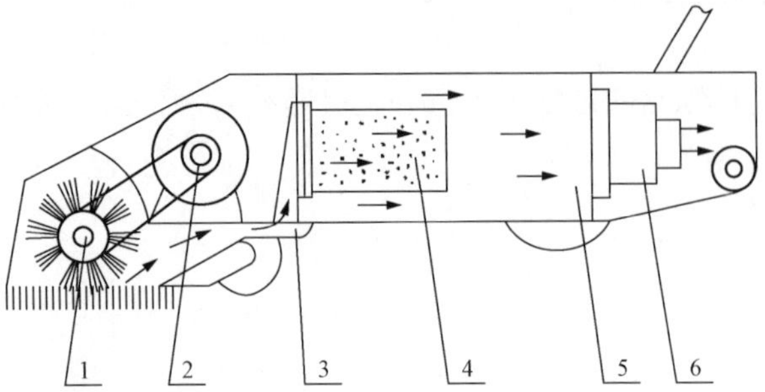

图 13-19 LM-T450 型自动扶梯清洁机结构

1—滚刷轮；2—刷电动机及减速器；3—风道；4—集尘袋；5—真空箱；6—负压风机

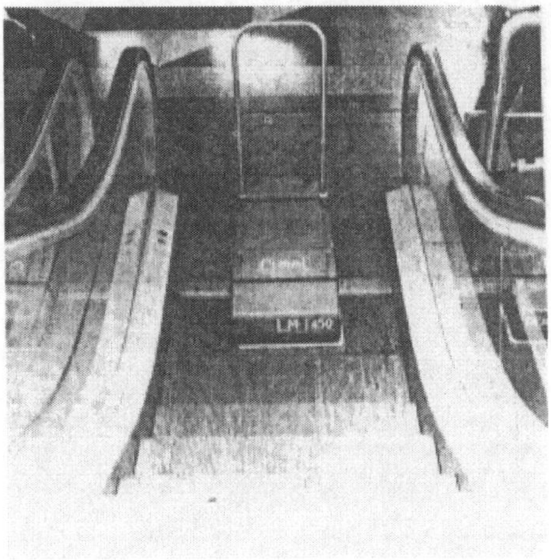

图 13-20 LM-T450 型自动扶梯清洁机工作图

清扫：将该机放在运行中的扶梯踏板上，由刷电动机经行星齿轮减速器通过三角带驱动滚刷转动进行清扫。

吸尘：负压风机工作使真空箱内产生负压，将刷起的尘土杂物吸至集尘袋内。

LM-T450 型自动扶梯清洁机的关键配套件均选用高品质的产品。其中负压风机选用日本松下电气公司的 SDM-1003A 型负压泵，与电动机连成一体，体积小，结构紧凑、功率大、噪声低。刷毛采用美国杜邦公司的尼龙磨料制作，软硬适中、耐磨，既能有效去除梯级板表面的尘垢，又不损伤梯级板表面。

合理的设计、良好的制造质量和配套件质量，使 LM-T450 型自动扶梯清洁机成为扶梯理想的专用保洁机具。

13.5 自动扶梯设计安全

13.5.1 自动扶梯设计主要技术要求

达到了自动扶梯设计主要技术要求，将对自动扶梯安全设计和安全运行有保障作用。这些要求是：

1. 提升高度 H

提升高度是指使用自动扶梯的建筑物上、下楼层间，或地铁地面与地下站厅间的高度。对于倾斜角为 35° 的自动扶梯，其提升高度不应超过 6m。

2. 名义宽度 Z_1

名义宽度是指梯级宽度的公称尺寸，通常为 600mm、800mm 和 1000mm 三种规格。

3. 额定速度 v

自动扶梯在空载情况下的运行速度，是制造厂商所设计确定并实际运行的速度。自动扶梯倾斜角 α 小于 30° 时，其额定速度应不超过 0.75m/s，通常为 0.5m/s、0.65m/s 或 0.75m/s；自动扶梯倾斜角 α 大于 30° 但不大于 35° 时，其额定速度应不超过 0.5m/s。

4. 倾斜角 α

梯级运行方向与水平面构成的最大角度，通常自动扶梯的倾斜角为30°和35°两种。自动扶梯的倾斜角 α 一般不应超过30°，当提升高度不超过6m，额定速度不超过0.5m/s时，倾斜角 α 允许增至35°。

5. 理论输送能力 t

自动扶梯每小时理论输送的人数 c，按下式计算：

$$c = \frac{v}{0.4} \times 3600k \tag{13-1}$$

式中 c——理论输送能力（人）；

v——额定速度（m/s）；

k——系数。

对常用的名义宽度 Z_1，系数 k 对应为

当 Z_1=0.6m 时，k=1.0；

当 Z_1=0.8m 时，k=1.5；

当 Z_1=1.0m 时，k=2.0。

按式（13-1）计算的理论输送能力见表13-7。

表13-7　名义宽度 Z_1 和额定速度 v 的关系

输送能力 c / 名义宽度 Z_1/mm	额定速度 v/（m/s）		
	0.5	0.65	0.75
600	4500	5850	6750
800	6750	8775	10 125
1000	9000	11 700	13 500

13.5.2 设计选型要点

1. 自动扶梯总体布置形式

自动扶梯的输送能力与其总体布置形式密切相关，应根据不同的使用要求，采用合理的布置形式，其基本布置形式有下列几种（图13-21）。

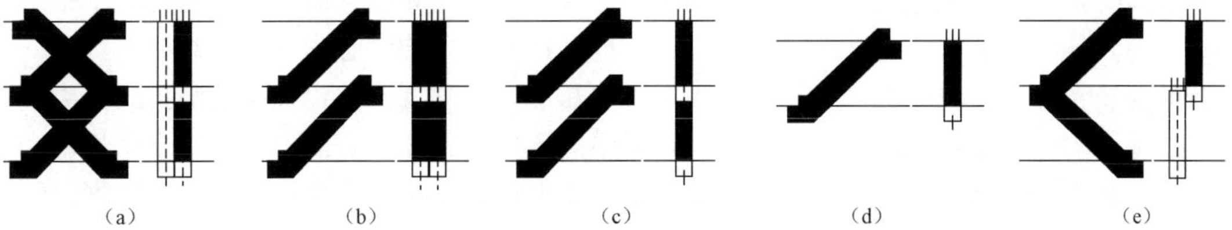

图13-21 自动扶梯总体布置

（a）单台布置；（b）单列连续布置；（c）单列重叠布置；（d）平行并列布置；（e）交叉布置

注：（a）、（b）、（c）三种布置形式，在同一时间内只能实现层楼间单向输送乘客，因此适用于客流量较小的小型商店和车站等处使用。（d）和（e）两种布置形式，能实现同一时间内双向输送乘客，适用于客流量较大的大型百货商场等处使用。

2. 自动扶梯的相邻区域

（1）出入口的通行区域。在自动扶梯的出入口，应有充分畅通的区域，以容纳进（出）自动扶梯的乘客，该区域的宽度应大于或等于扶手带中心线之间的距离，其在深度方向，从自动扶梯的扶手带端部起，向外延伸至少 2.5m。

若该通行区域的宽度达到扶手带中心距 b_1 的两倍以上，则其深度方向尺寸可减至 2m。

设计人员应将该通行区域视为整个交通输送系统的一部分，因此实际上有时需要适当增大。

（2）梯级、踏板上方的安全高度。自动扶梯的梯级上方，应有不小于 2.3m 的垂直净通过高度。该净高度应沿整个梯级、踏板的运动全行程，以保证自动扶梯的乘客安全无阻碍的通过。

（3）扶手带外缘与建筑物或障碍物之间的安全距离。扶手带中心线与相邻建筑物墙壁或障碍物之间的水平距离，在任何情况下均不得小于 500mm，该距离应保持到自动扶梯梯级上方至少 2.1m 的高度处。

如果采取适当措施可避免伤害的危险，则此 2.1m 的高度可适当减少。

对平行并列布置或交叉布置的自动扶梯，为防止相邻自动扶梯运动引起的伤害，相邻两台自动扶梯扶手带外缘之间距离应大于 500mm。

（4）与楼板交叉处以及交叉布置的自动扶梯之间的防护。自动扶梯与楼板交叉处以及各交叉布置的自动扶梯相交叉的三角形区域，除了应满足上述（3）的安全距离的要求外，还应在外盖板上方设置一个无锐利边缘的垂直防碰保护板，其高度不应小于 0.3m，例如用一个无孔的三角形保护板。

如扶手带中心线与任何障碍物之间的距离大于或等于 0.5m 时，则不需采用防碰保护板。

（5）自动扶梯上端部楼板边缘的保护。自动扶梯与上层楼板相交处，为了满足上述（2）梯级、踏板上方的安全高度，在上层楼板上应开有一定尺寸的孔，为了防止乘客有坠落或挤刮伤害的危险，在开孔楼板的边缘应设有规定高度的护栏。

（6）自动扶梯的照明。自动扶梯及其周边，特别是在梳齿板的附近应有足够的照明，室内或室外自动扶梯出入口处地面的照度分别至少为 50lx 或 15lx。

13.5.3 带防震的自动扶梯土建设计

合理的自动扶梯土建设计能保证自动扶梯达到安装质量和安全运行。特别是对于带防震的或考虑到伸缩缝要求的自动扶梯土建设计，自动扶梯在安装时必须适应这些要求，因而具有新的安装特点，它包括 6 项内容：①不考虑防震的自动扶梯土建设计和安装；②无中间支撑、防地震的自动扶梯土建设计和安装；③无中间支撑、带伸缩缝的自动扶梯土建设计和安装；④含有 1 个中间支撑、防地震的自动扶梯土建设计和安装；⑤含有 1 个中间支撑、带伸缩缝的自动扶梯土建设计和安装；⑥含有 2 个中间支撑的自动扶梯土建设计和安装。

1. 不考虑防震的自动扶梯土建设计和安装

对于不考虑防震和伸缩缝要求的自动扶梯，一般地，自动扶梯与建筑物的连接主要靠上下端部支撑，如图 13-22 中的 A 处和 B 处，称为 A 类支撑。安装如图 13-23 所示，为了缓解土建误差和考虑到热胀冷缩因素，只要使扶梯同建筑物处于不完全固定状态，且扶梯桁架和土建间留有 20mm 间隙即可。图中代号 1 和 2 分别表示 20mm 钢板和橡胶板。这种设计形式结构简单，安装方便，为大多数扶梯安装公司所采用。

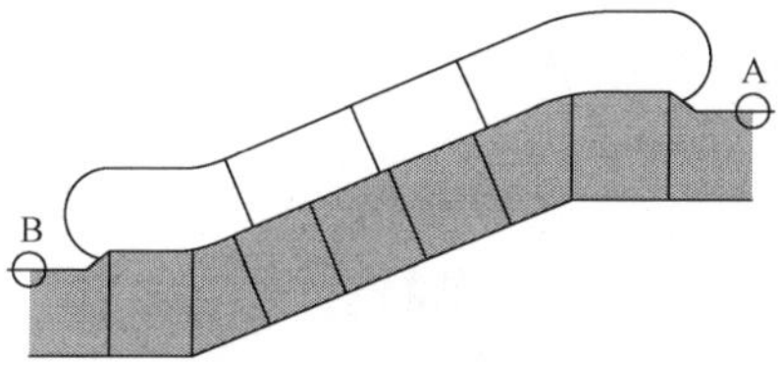

图 13-22　自动扶梯与建筑物的连接支撑

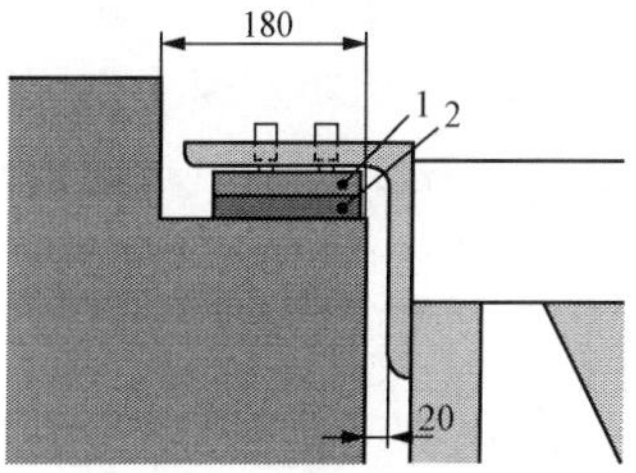

图 13-23　不考虑防震和伸缩缝要求的自动扶梯安装

2. 无中间支撑、防地震的自动扶梯土建设计和安装

在有地震的地区，设置自动扶梯时必须考虑防地震的两项要求：

（1）当地震导致楼板漂移，土建设计时要允许自动扶梯产生 2 倍于该漂移量的位移。为此要在自动扶梯处加中间支撑，并解决伸缩缝问题。

（2）由于地震而产生 0.5g 的激励加速度时，要保证自动扶梯不受损坏。为此要在土建支撑处进行处理，包括解决伸缩缝问题。

当自动扶梯无中间支撑时，为防地震，有下面 3 种设计和安装方法。

1）将自动扶梯的一端与土建固定，另一端处于自由状态，对自动扶梯的这种支撑我们称为 B 类支撑，如图 13-24 所示。图中件 1 和 2 分别为钢板和橡胶板，件 3 为土建台阶上的预埋钢板。它们通过螺栓与桁架大角钢相连，现场安装时件 1 与 3 进行焊接。

2）当楼板漂移量不大于 40mm 时，下端采用 C 类支撑。即下端支撑结构如图 13-25 所示。图中的 1～5 依次为钢板、橡胶板、预埋钢板、尼龙板和尼龙板。安装时，件 1 和件 4 连接在一起，件 2 和件 5 连接在一起，相对运动发生在两块尼龙板之间。图中，X 为楼板漂移量，桁架同土建间隙设计成 2X。

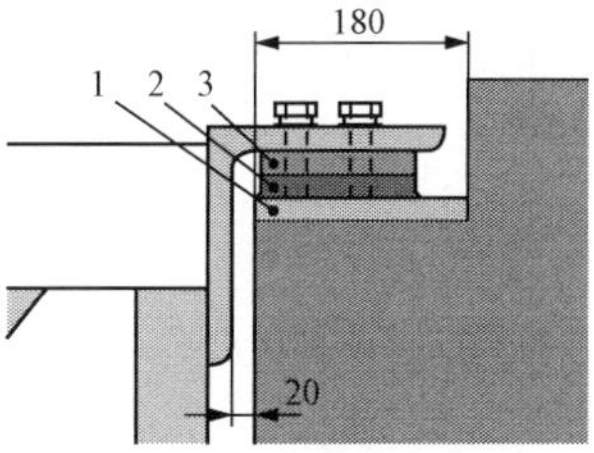

图 13-24　B 类端部支撑

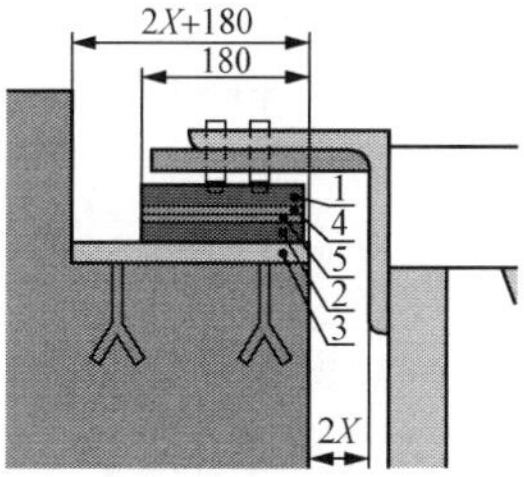

图 13-25　C 类端部支撑

3）当楼板漂移量大于 40mm 时，下端采用 D 类支撑。即下端支撑结构如图 13-26 所示。图中，件 1 为与桁架相连的钢板，件 2 为橡胶垫板，件 3 为预埋钢板，件 6 为钢板。相对运动发生在件 1 和件 6 之间。

3. 无中间支撑、带伸缩缝的自动扶梯土建设计和安装

带伸缩缝的自动扶梯土建楼板漂移不像地震那样比较突然，桁架同土建间隙无需考虑 2 倍于楼板漂移量的设计。可将伸缩缝的最大位移量设计为 Y，Y=2X。

当漂移量 X 不大于 40mm 时，土建上端和下端分别采用 B 类和 C 类设计。

当漂移量 X 大于 40mm 时，土建上端和下端分别采用 B 类和 D 类设计。

4. 含有1个中间支撑、防地震的自动扶梯土建设计和安装

（1）含有1个中间支撑、未考虑防地震的自动扶梯土建设计和安装。这是一般情况，中间支撑如图13-27所示，按Ⅰ型中间支撑设计。即中间支撑的一个支点是一个特制的球形螺栓头，可在支撑座上滑动。这种设计对土建要求不高，安装方便。

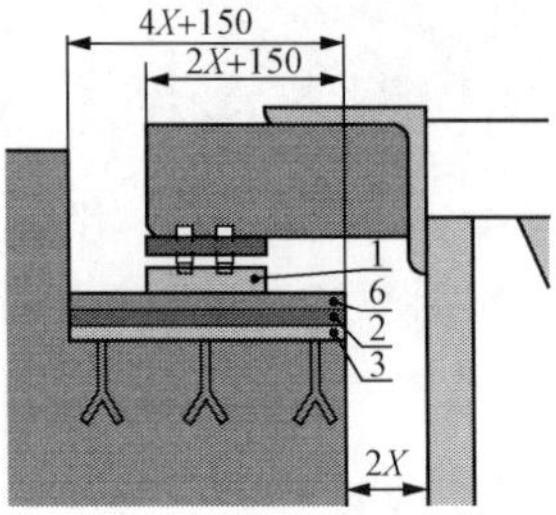

图13-26 D类端部支撑

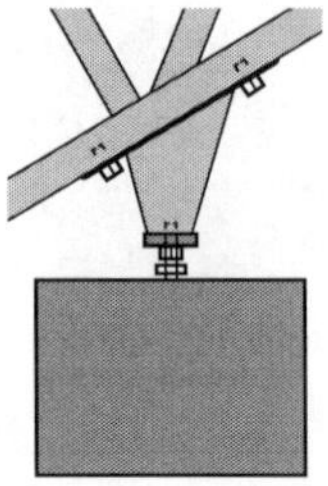
图13-27 Ⅰ型中间支撑

（2）含有1个中间支撑、防地震的自动扶梯土建设计和安装。按Ⅱ型中间支撑设计，即中间支撑如图13-28所示。这是一种新的处理方式，该中间支撑将桁架和土建完全固定，比较牢固，对土建要求较高。当地震产生的楼板漂移量X不大于40mm时，上、下端部支撑均采用C类设计，而中间支撑采用此Ⅱ型设计。当楼板漂移量X大于40mm时，上、下端部支撑均采用D类设计，而中间支撑采用此Ⅱ型设计。

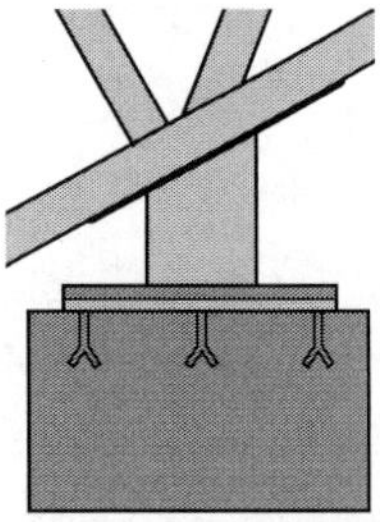
图13-28 Ⅱ型中间支撑

5. 含有1个中间支撑、带伸缩缝的自动扶梯土建设计和安装

（1）当伸缩缝在下支点和中间支点时，上端采用普通的A类设计即可，中间支撑采用Ⅱ型，下端设计根据楼板的漂移量而采用C类或D类。

（2）当伸缩缝在上支点和中间支点时，上端支撑采用普通的A类设计，中间支撑采用Ⅱ型，上端设计根据楼板的漂移量而采用C类或D类。

对于上面五种讨论情况，可以用表13-8总结出来。

表13-8 有1个（和无）中间支撑的防地震、带伸缩缝的自动扶梯土建设计和安装

条件	上支点	下支点	中间支点
一般土建，无中间支撑	A类	A类	
一般土建，有1个中间支撑	A类	A类	Ⅰ型
防地震，$X \leqslant 40$，无中间支撑	B类	C类	
防地震，$X \leqslant 40$，有1个中间支撑	C类	C类	Ⅱ型
防地震，$X > 40$，无中间支撑	B类	D类	
防地震，$X > 40$，有1个中间支撑	D类	D类	Ⅱ型
伸缩缝，$Y \leqslant 80$，无中间支撑	B类	C类	
伸缩缝，$Y \leqslant 80$，有1个中间支撑，伸缩缝在下支点与中间支点间	A类	C类	Ⅱ型
伸缩缝，$Y \leqslant 80$，有1个中间支撑，伸缩缝在上支点与中间支点间	C类	A类	Ⅱ型
伸缩缝，$Y > 80$，无中间支撑	B类	D类	
伸缩缝，$Y > 80$，有1个中间支撑，伸缩缝在下支点与中间支点间	A类	D类	Ⅱ型
伸缩缝，$Y > 80$，有1个中间支撑，伸缩缝在上支点与中间支点间	D类	A类	Ⅱ型

6. 含有2个中间支撑的自动扶梯土建设计和安装

（1）含有2个中间支撑、带伸缩缝而不考虑防地震的自动扶梯土建设计和安装。要由伸缩缝所在的位置决定。图13-29～图13-31分别描述了伸缩缝在下支点和第1个中间支点间、在2个中间支点间、在上支点和第2个中间支点间的设计和安装情况。图中带剖面线区域为伸缩缝所在区域。

（2）含有2个中间支撑、防地震的自动扶梯土建设计和安装。此种情形比较复杂，在此处不作深入讨论，但是简单的处理方法如图13-32所示。

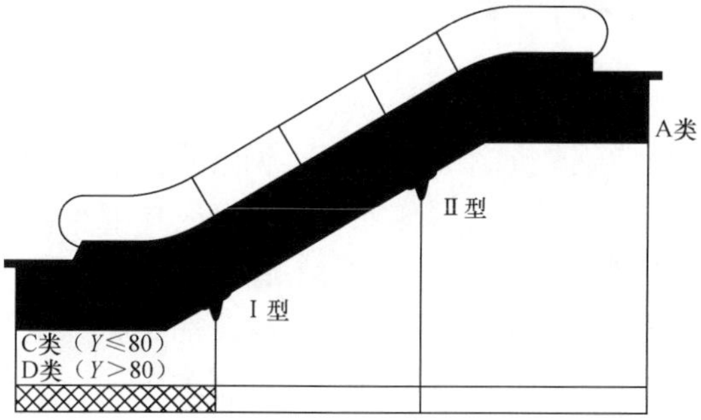

图13-29 伸缩缝在下支点和第1个中间支点间

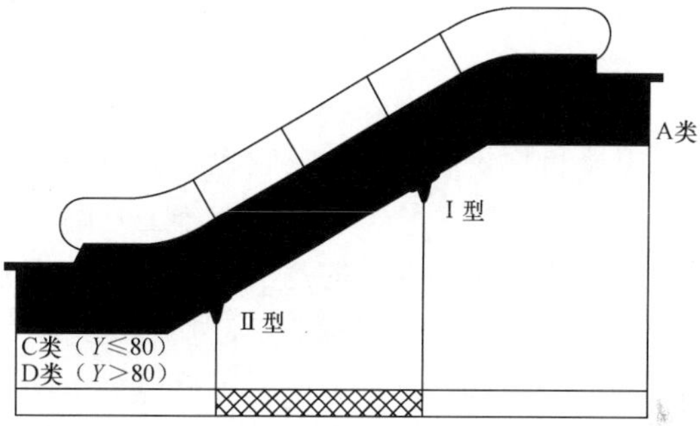

图13-30 伸缩缝在2个中间支点间

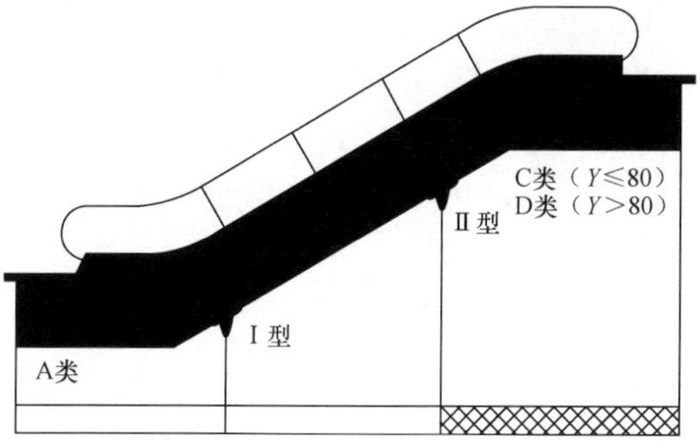

图13-31 伸缩缝在上支点和第2个中间支点间

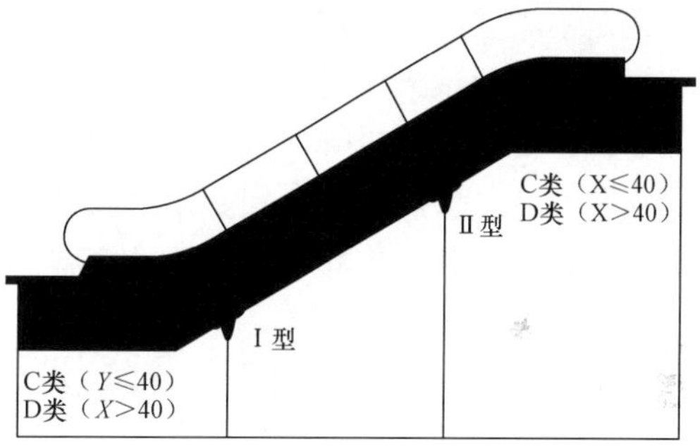

图13-32 带2个中间支点、防地震的设计和安装

第14章

升降机安全

升降机属于起重机类，它包括曲线施工升降机、锅炉炉膛检修平台、钢索式液压提升装置、电站提滑模装置、升船机、施工升降机、简易升降机、升降作业平台及高空作业车。这是升降机所包括的狭义的范围，是本章阐述的内容。特殊电梯一般是指满足客户的特定要求，需要经过特殊设计、特殊加工，安装在特殊使用场所，满足特殊需要的电梯产品。特殊电梯包括防爆类电梯、洁净类电梯、核电类电梯、风电类电梯、矿用类电梯、船用类电梯、汽车用电梯、大吨位电梯、家用电梯、斜行弧行类电梯、特殊升降平台、其他特殊电梯。从特殊电梯的角度看，风电类电梯、船用类电梯、斜行弧行类电梯、特殊升降平台等属于升降机范围，也是本章要阐述的部分内容。本章以阐述曲线施工升降机、施工升降机和简易升降机的内容为主，还包括大型电厂冷却塔机械化施工的垂直运输方法、新型高处作业吊篮、高层建筑擦窗机、建筑卷扬机等内容。重点放在对升降机的安全的阐述上。现在的最大问题是升降机的安全问题，要解决安全问题，就要使升降机及其部件达到规范要求，就要研究和熟悉升降机的结构，及其操作和管理方法。这就构成了本章的全部内容。

14.1 升降机安全和整治简易电梯

14.1.1 升降机技术在我国的发展和问题

施工升降机（builder’s hoist）是一种用吊笼（或平台、料斗等）载人、载物沿导轨作上下运输的施工机械。它主要应用于建筑工程施工，尤其是在高层建筑工程的施工或维修时使用的更为广泛，曲线型施工升降机可沿曲型导轨作上下载人、载物运输，可在烟囱、水塔施工时使用。掌握先进的升降机技术，制造出合格的升降机产品，并有良好的安全装置，再加上稳妥可靠的操作，并有行之有效的操作规程作保证，就能减少及至杜绝升降机事故。先看看我国升降机技术的发展情况。

20 世纪 80 年代以前，国内中、小规模建筑工程在进行小型施工机具和工程用物料的垂直运输时，基本采用老式的井架式升降机（电动卷扬机配置简易的固定式提升龙门架）作为施工的主要垂直运输设备。而对于大规模的建筑工程，则以塔式起重机作为小型施工机具和工程用物料的主要垂直运输设备，再辅以简易的井架式升降机作为辅助垂直运输设备。工程管理技术人员及实施作业的工人，在建筑物内楼层间的上下流动，只能够靠徒步或攀登为主，既降低功效又浪费了资源。20 世纪 80 年代初，我国实行改革开放的经济政策，建筑工程施工也引进了一些新型的机械设备，国内一些大规模的建筑工程开始采用施工升降机作为施工人员的主要垂直运输工具，极大地提高了施工功效。80年代开始使用的施工升降机大部分以国外生产的产品为主流。今天，我国的施工升降机，无论是在制造技术、使用功能、产品种类等方面均达到了世界发达国家的先进水平。我国虽继续引进少量国外生产的施工升降机，但国产施工升降机的市场占有率已达到95%以上。

施工升降机的主要作用是进行施工作业人员或工程用小型机具和物料的快速上下运输，尤其是以快速运送施工作业人员为主。它的产生和出现，极大地提高了劳动生产率，也大大地降低了工程建设成本。今天，施工升降机已是现代高层建筑施工中与大型塔式起重机互相配合的必不可少的重要施工设备，在保证工程的建设工期、保证工程施工安全等方面，起着不可替代的作用。高层建筑工程是城市现代化建设和发展的主流，施工升降机技术的进一步发展则为高层建筑工程的施工提供了有力的保障。

1. 技术成果

“九五”期间完成的升降机技术成果有：SC200/200升降机已在国家多项重点建设项目上得到应用，将VVVF+PLC控制技术成功地应用于拖动和控制系统中，实现了升降机的无级调速高速运行，减小了起制动冲击，提高了运行平稳性和可靠性；可大跨度、斜直两用，适应范围广，又可适用于超高大异型建筑施工中，对人员、混凝土及钢筋的运送，实现一机多能。产品整体技术指标达到国际先进水平。SCQ60曲线施工电梯专门用于电厂冷却塔施工运送施工人员和物料，也可永久附着于冷却塔，作为检修设备使用。产品已经占据国内特种升降机市场，为国家节约了大量外汇。CD200～300建筑擦窗机已在20多个城市的100多个工程中提供300多台产品。

2. 存在问题

（1）部分企业技术创新能力较差。不重视产品的更新和新产品的开发，品种规格单一，市场经营范围窄，企业效益差。

（2）近几年，国外产品纷纷进入国内。如在高空作业机械中芬兰的Bronto公司、美国的JLG、Genin、Upright、Snorkel、Skyjack等公司以及英国、意大利、丹麦的一些著名公司在国内都相继设立了办事机构，而且在大高度产品和特殊产品中仍然占有国内主要市场，如高空绝缘作业车、蜘蛛式大高度作业平台、自行式高空作业平台等，国内产品还有很多空白。

（3）基础零部件配套水平较差。国内产品的基础零部件配套生产厂家少，规格品种少，电气元件、液压元件、动力部件的性能和使用可靠性不高，影响了国内产品的开发。

（4）小作坊式企业较多。如在江苏、广东等地，一个地区就有数十家企业，这些小企业产量低、质量差，严重冲击和影响着正常的市场销售。

（5）施工升降机仍然是品种和性能问题。我国生产的品种不超过十种，90%以上是1～2t级的大路货，市场竞争激烈。

14.1.2 整治简易电梯

简易电梯通常是指技术含量较低，没有充分的安全装置，故障率偏高、容易发生安全事故的梯种。简易电梯主要用于工厂、仓库等生产场所作载货升降机使用。据2004年统计，广州市约有千余台载货用简易电梯，其中80%不符合国家标准或技术规定，预计经整改达到要求的也为数不多。

2003年1～8月，深圳市发生简易电梯安全事故4起，造成4人死亡，1人受伤。经调查发现，上述四起事故均存在以下原因：

（1）设备不符合国家安全技术规范，存在着严重的事故隐患。上述四起事故单位使用的设备均属强制驱动的简易载货升降机，其吊运货物的吊笼均只用一根钢丝绳悬挂，无限速器、安全钳等安全保护装置，属于存在严重事故隐患，无改造、维修价值，应予以报废的设备。

（2）使用单位安全意识淡薄。非法使用非法生产的设备。经查，上述设备均由未取得电梯生产许可证或安全认可证的单位制造，由未取得电梯安装资格的单位安装，安装后未经过特种设备监督检验机构进行验收检验，投入使用后从未进行过定期检验，也未在电梯监督管理机构办理过注册登记手续。

（3）使用单位电梯安全管理制度不健全，未设置专人监管电梯的使用，存在着随意使用的情形，或设置的电梯操作人员未持证（特种设备作业人员操作证）上岗，达不到正确指导、监管和使用电梯的目的。

（4）使用单位对员工安全教育不足。设备使用人员普遍没有基本的安全意识，存在着违章作业。如上述4起事故中有3起出现了违章载人的情形。

（5）个别使用单位将电梯安装在车间通道上，或将电梯设置在光线较差的楼道中，且未设置防护设施，或未设置照明设备，增加了电梯使用的危险性，这也是部分事故发生的原因。

预防措施：

（1）使用单位应根据《特种设备安全监察条例》的规定，立即报废强制驱动的简易载货升降机，更换符合国家电梯安全技术规范（即GB 7588—2003）要求的货梯。

（2）使用单位应购买具有电梯生产许可资格的正规厂家生产的合格电梯，并请具有电梯安装资格的单位安装。安装后应向监督检验机构申报安全监督检验（即验收检验），经检验合格，取得《检验合格标志》，并办理注册登记后，方可投入使用。使用中每年应进行一次定期检验，确保设备持续符合国家电梯安全技术规范要求。

（3）使用单位应聘请具有电梯维修保养资格的专业公司对电梯进行日常维护保养，确保在用电梯始终处于良好的安全技术状态。

（4）使用单位应按照《特种设备安全监察条例》的规定，建立健全电梯安全管理制度和岗位安全责任制度，建立电梯安全技术档案，制定电梯事故应急措施和救援预案，设置专门的安全管理机构或专兼职安全管理人员对电梯进行安全管理。电梯管理人员和操作人员应持证上岗。

（5）使用单位应对员工进行详细的安全教育，确保其按章作业，正确使用电梯。

14.2 升降机的安全规则

14.2.1 施工升降机的安全规则

施工升降机的设计、制造与安装的安全规则执行国家技术监督局制定的国家标准 GB 10055的统一规定。

1. 金属结构的设计安全要求

（1）金属结构的设计计算应符合GB 3811中对强度、刚度和稳定性的规定。

（2）整机稳定性。对于无固定基础的升降机，在无附着、最大独立高度时的稳定性力矩不应小于最大倾覆力矩的1.5倍。

2. 基础

（1）对基础的处理。

1）升降机基础应能承受最不利工作条件下的全部载荷。

2）基础周围应有排水设施。

（2）防护围栏。

1）在基础上吊笼和对重升降通道周围应设置防护围栏。轻便型可移动式升降机可采用其他措施进行围护。

2）防护围栏可采用实体钢板、冲孔钢板、焊接或编织网等制作。

3）防护围栏应能承受水平方向垂直于围栏施加的350N作用力而不产生永久变形。该物体为扁平等边正方形，边长50mm，边缘倒圆半径为3mm。

4）地面防护围栏的高度距离地面不应低于1.5m。

5）围栏门应装有机电联锁装置，使吊笼只能位于底部所规定的位置时围栏门才能开启，且在门开启后吊笼不能启动。

6）当附件或操作箱位于升降机防护围栏内部时，应另设置专用区域与其隔离，并安装锁紧门。

3. 停层

各停层应设置层门或停层栏杆。层门或停层栏杆不应突出到吊笼的升降通道上。

（1）层门。

1）层门应保证在关闭时人员不能进出。

2）层门应符合GB 10055中4.1.9.2项的第2款第（2）条及第（3）条的规定。封闭层门上应在视线位置设一观察窗，窗的面积不小于250cm^2，且不装玻璃。

3）层门净高度不应低于1.80m，层门的净宽度与吊笼进出口宽度之差不得大于120mm。

4）水平滑动层门和垂直滑动层门应在相应的上下边或两侧设置导向装置。

5）垂直滑动层门至少应有两套独立的悬挂支承系统。

6）机械传动层门的开、关门过程应由司机操作，不得受吊笼运动的直接控制。

7）层门应与吊笼电气或机械联锁。

8）对于机械传动的垂直滑动层门，采用手动开门，其所需力大于500N时，可不加机械锁紧装置。

9）层门锁紧装置及其附件的安装位置应设在人员不易碰触之处。

10）层门锁紧装置应牢固可靠。

11）层门锁紧装置应加防护罩，且维修方便。

（2）停层栏杆。

1）不设通道层门处应停层栏杆，并应符合4.1.9.2项的第2款第（2）条及第（3）条的规定。

2）停层栏杆的开、关可采用手动，但不能受吊笼运动的直接控制。

3）停层栏杆应与吊笼电气或机械联锁。

4. 吊笼

（1）吊笼内净空高度不得小于2m，人货两用升降机的吊笼顶部及除门之外的侧面应有围护。

（2）需在吊笼顶上进行安装与维修作业的，吊笼顶部周围必须设置高度不低于 1.05m 的护身栏杆。

（3）封闭式吊笼顶部应设有紧急出口，并配有专用扶梯。出口面积不应小于 0.4m×0.6m，口上应装有向外开启的活板门，门上应设有安全开关，当活板门打开时，吊笼不能启动。

（4）货用升降机的吊笼可不设置顶棚，但侧面围栏高度不得小于 1.1m。

（5）吊笼不允许当作对重使用。

（6）封闭式吊笼内应有足够的照明，门上应设供采光和观察用的窗口，窗口面积应不小于 250cm^2，且不安装玻璃。

（7）吊笼内乘员体重应按 80kg/人计算，占据底面积不小于 0.2m^2，吊笼底平面承载能力应不低于 2.5kN/m^2。

（8）人货两用升降机吊笼的顶面，应能承受 0.5kN 的点载荷及任一 0.4m^2 面积上 1.5kN 的均布荷载。

（9）吊笼结构应能承受 GB/T 10056 中规定的全部载荷试验。

（10）吊笼门的开启高度不得小于 1.8m。

（11）当吊笼翻板门兼作跳板用时，必须具有足够的强度和刚度。

（12）吊笼门需设置联锁装置，只有当门完全关闭后，吊笼才能开启。

5. 对重

（1）当升降机基础下有一施工空间或通道时，则该机应设有防对重坠落伤人的安全措施。

（2）当对重使用金属填充物时，应采取措施防止其移动。若吊笼起升速度不大于 1m/s，金属填充物可用两根或两根以上的拉杆固定。

（3）吊笼不能用作平衡另一个吊笼使用。

6. 钢丝绳、滑轮

（1）钢丝绳。

1）钢丝绳的选用应符合 GB 1102 和 GB 8918 的规定。

2）SS 型人货两用升降机，提升吊笼的钢丝绳不得少于两根，且应是彼此独立的。钢丝绳的安全系数不得小于 12，直径不得小于 9mm。

3）SS 型货用升降机，提升吊笼的钢丝绳允许用一根，其安全系数不得小于 8。额定载重量不大于 320kg 的升降机，钢丝绳直径不得小于 6mm；额定载重量大于 320kg 的升降机，钢丝绳直径不得小于 8mm。

4）悬挂对重用的钢丝绳安全系数不得小于 8，直径不得小于 9mm。

5）安全器上用钢丝绳安全系数不得小于 5，直径不得小于 8mm。

6）层门和安装吊杆的提升钢丝绳的安全系数不得小于 8，直径不得小于 5mm。

7）钢丝绳接头应采用可靠的连接方式，其连接强度不应低于钢丝绳强度的 80%。

（2）滑轮。

1）SS 型人货两用升降机提升滑轮用名义直径与钢丝绳直径之比不得小于 40。

2）SS 型货用升降机提升用滑轮名义直径与钢丝绳直径之比不得小于 30。

3）对重用滑轮的名义直径与钢丝绳直径之比不得小于 30。

4）平衡滑轮的名义直径不得小于 0.6 倍的提升滑轮名义直径。

5）安全器专用滑轮的名义直径与钢丝绳直径之比不得小于 15。

6）层门专用滑轮的名义直径与钢丝绳直径之比不得小于 15。

7）所有滑轮、滑轮组均应有防绳脱槽措施。

8）滑轮绳槽为圆弧形，其圆弧半径应比钢丝绳半径大 5%～7.5%，槽深不得小于钢丝绳直径的 1.5 倍。

9）钢丝绳进出滑轮的允许偏角不得大于 4°。

7. 传动系统

（1）传动系统及其附属设备的安全防护。

1）传动系统的安装位置及安全防护均应考虑到人身安全。其零部件应有安全防护设施。

2）传动系统及其防护设施应便于维修检查，有关零部件应防止雨雪、砂浆、混凝土、灰尘等有害物质侵入。

（2）卷扬机传动。

1）卷扬机传动仅用于无对重升降机。

2）采用多层缠绕的，应有排绳措施。

3）当吊笼停止在完全压缩的缓冲器上时，卷筒上应至少留有 3 圈钢丝绳。

4）卷筒两侧边，超出最外层钢丝绳的高度应大于 2 倍的钢丝绳直径。

5）SS 型人货两用升降机驱动卷筒的名义直径与钢丝绳直径之比不得小于 40。

6）SS 型货用升降机驱动卷筒的名义直径与钢丝绳直径之比不得小于 30。

7）SS 型人货两用升降机钢丝绳在驱动卷筒上的绳端应采用楔形装置固定；SS 型货用升降机钢丝绳在驱动卷筒上的绳端可采用压板固定。

（3）齿轮齿条传动。

1）齿轮和齿条应用优质钢材制造，齿形由机械加工形成。

2）设计计算时，应假设每个驱动齿轮只有一个齿参与啮合，安全系数不得小于 5。该安全系数是指齿条材料的抗拉强度极限与承受的静载荷在齿条上产生的实际应力之比。静载荷为吊笼自重与额定载荷之和。

3）齿轮和齿条的模数不得小于 7。

4）齿条应牢固地安装在导轨架上，相邻齿条的接合处应符合 GB/T 10054 的规定。

5）SC 型升降机传动系统和安全器的输出端齿轮与齿条啮合时的接触长度沿齿高不得小于 40%，沿齿长不得小于 50%，齿面侧隙应为 0.2～0.5mm。

（4）制动器。

1）传动系统应设有常闭式制动器。其额定制动力矩对人货两用的升降机应不低于作业时额定力矩的 1.75 倍；对于货用型的升降机应不低于作业时额定力矩的 1.5 倍。当升降机在动态超载 25%试验时，应能可靠制动。

2）当升降机装有手动紧急操作机构时，制动器应能手动松闸。

3）不允许采用带式制动器。

4）当采用两套独立的传动系统时，每套传动系统均应具备各自独立的制动器。

8. 导向与缓冲装置

（1）导向装置。

1）导轨应能承受升降机在额定载荷偏载的情况下，以额定起升速度上、下运行和制动时产生的全部应力，及在此情况下安全器动作时产生的全部附加应力。偏载量应符合 GB/T

10056 的规定。

2）SC 型升降机在计算由于安全器动作作用下导轨架和齿条的强度时，载荷冲击系数的取值为：①渐进式安全器为 2；②瞬时式安全器为 5。

3）吊笼与对重的导向应正确可靠，吊笼采用滚轮导向，对重采用滚轮或导靴导向。

（2）缓冲装置。

1）吊笼和对重底部均应按 GB/T 10054 规定的安装缓冲装置。

2）当吊笼停在完全压缩的缓冲器上时，对重上面的自由行程不得小于 0.5m。

3）在设计缓冲装置时应假设吊笼装有额定载荷，并以安全器标定动作速度作用在缓冲器上时，其平均加速度应不大于 1g（g 为重力加速度），并且以 2.5g 以上的加速度作用时间不得大于 0.04s。

14.2.2 安全措施和安全操作规程

1. 升降机施工的安全措施

以 SCD200/200J 型升降机（施工电梯）为例，其安装前的准备工作与安全注意事项如下。

（1）患有心脏病、高血压、癫病的人不得上高空作业。

（2）6 人组成安装小组，由专业人员安装，并持证上岗。

（3）安装前必须熟知安装阶段的安全要求全部内容，了解升降机的机械及电气性能原理、构造。

（4）准备好安装时的一切工具，安全用具、零配件等。

（5）必须将 2 带安装的标准节、附墙架、对重系统等零部件的插口、销孔、螺孔等穿插处去锈、除毛刺，并在这些部位及齿条上和对重导轨上涂适量润滑脂，对滚动部件确保其润滑充分及转动灵活。

（6）在安装工地周围加设保护棚、围栏，设警戒监护和警示牌。

（7）混凝土基础必须达到所规定的凝固周期及强度。

SCD200/200J 升降机安装时的有关安全操作及使用注意事项：

（1）安装前须认真学习施工电梯使用说明书，严格执行安全技术操作规程。

（2）安装前组织安装人员进行安装安全技术交底，明确各安装人员的工作内容及职责。

（3）安装人员进入现场必须戴好安全帽，穿防滑鞋，危险地方必须系好安全带。

（4）安装现场应安排人员进行警戒，非安装人员不得进入。

（5）在安装过程中，应注意各构件完好无损。

（6）严格保管好工具、螺栓，作业期间应注意工具、螺栓的放置，以防高空坠落。

（7）加节时，应经常对立柱的垂直度进行检查测量，偏差过大时利用附壁撑杆进行校正，使垂直度偏差控制在千分之一以内。

（8）利用施工电梯自身进行加节时，应认真检查电梯的制动情况，在加节时要注意防止梯笼冒顶。

（9）四级以上大风、大雨、大雾等恶劣气候，严禁进行安装作业。

（10）操作人员在开机前，必先检查各安全门，卸料平台防护门的情况，确认完好、可靠、安全后，方可起动，并严禁机械带病工作，超载运行。

拆除施工电梯前，必须对提升机进行一次大检查，特别是对主卷扬机、爬升卷扬机、涡流制动器、断绳保护装置，限位开关等零部件，应从严检查其动作的可靠性和灵敏度，不符

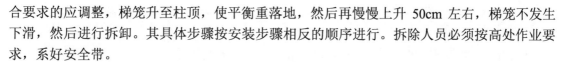

合要求的应调整，梯笼升至柱顶，使平衡重落地，然后再慢慢上升 50cm 左右，梯笼不发生下滑，然后进行拆卸。其具体步骤按安装步骤相反的顺序进行。拆除人员必须按高处作业要求，系好安全带。

2. 安全操作规程

（1）施工升降机操作人员，必须持证上岗。

（2）遇到下列情况之一者，不得开机：

1）天气恶劣：雷雨、大雾、大雪、电缆或导轨架结冰，风速达 20m/s 的情形。

2）施工升降机出现机械或电气方面故障。

3）对重钢丝绳断丝，超过有关规定。

4）夜间施工照明不足，信号不清。

（3）接班后，应阅读上一班工作记录，并用 15min 时间，进行班前检查，有故障应及时排除。

（4）严禁超载，严禁货物伸出吊笼外。正常载荷也应均布或放在中间。

（5）在吊笼运行时，如果发生意外，需紧急停车。在吊笼内拉开极限开关（总开关）切断电源，在地面可拉开底笼门或电源箱的空气自动开关，切断电源。

（6）紧急停车后，必须查出故障原因，排除故障后，才能重新开车。

（7）下班后，施工升降机应停在地面站，并切断电源，拉下电源箱电源开关。

（8）交班记录，并将机器存在问题或事故隐患，详细汇报给有关领导。

14.3 升降机的安全设计、施工和操作

14.3.1 安全设计、施工和操作的一般要求

施工升降机的技术要求、试验方法、检验规则等技术条件执行国家标准 GB/T 10052—1996 和国质检锅〔2002〕121 号等文件的统一规定。一般要求如下：

（1）升降机应能在环境为−20～+40℃条件下正常工作，超出此范围时，按特殊要求，由用户与制造厂协商解决。

（2）升降机应能在顶部风速不大于 20m/s 下正常作业，应能在风速不大于 13 m/s 条件下进行架设和接高导轨架作业。如有特殊要求时，由用户与制造厂协商解决。

（3）升降机应能在电源电压偏差为±5%，供电总功率不小于使用说明书规定的条件下正常作业。

（4）升降机的设计和受力计算应符合 GB 3811 的要求。

（5）用于制造升降机的材料应有材料生产厂的出厂合格证，并符合 GB 3811 中有关材料的规定；无出厂合格证者，应取样试验，其化学成分、力学性能应符合有关材料的标准。

14.3.2 安全设计、施工和操作的性能要求

1. 整机性能

（1）升降机在工作或非工作状态均应具有承受各种规定载荷而不倾翻的稳定性。

（2）升降机在最大独立高度时的抗倾翻力矩应不小于该工况最大力矩的 1.5 倍。

（3）升降机在动态试验时，应有超载 25%的能力。但产品在正常作业时，不允许超载运行。

（4）有对重的升降机，在安装工况下，应有静态超载25%的能力（其额定载重量为安装工况时的额定载重量）。

（5）减速器和液压传动系统，在额定载重量、额定提升速度状态下，按电动机所用工作制，工作1h，对蜗轮蜗杆减速器油液温升不得超过60K，其他减速器和液压系统的油液温升不得超过45K。

（6）升降机的传动系统不允许出现滴油（15min内有油珠滴落为滴油）。

（7）升降机正常工作时，安全器不得动作。当出现不正常超速运行时，安全器应能即时动作；对于SC型升降机，还应能切断传动系统控制电源。

（8）吊笼在某一高度停留时，不应出现下滑现象；在空中再起动上升时，不允许出现瞬时下滑现象。

（9）SS型人货两用升降机，提升吊笼的钢丝绳不得少于两根，且应是彼此独立的。钢丝绳的安全系数不得小于12，直径不得小于9mm。

（10）SS型货用升降机，提升吊笼的钢丝绳允许用一根，其安全系数不得小于8。额定载重不大于320kg的升降机，钢丝绳直径不得小于6mm；额定载重大于320kg的升降机，钢丝绳直径不得小于8mm。

（11）悬挂对重用的钢丝绳的安全系数不得小于8，直径不得小于9mm。

（12）安全器用钢丝绳的安全系数不得小于5，直径不得小于8mm。

（13）安装吊杆的提升钢丝绳的安全系数不得小于8，直径不得小于5mm。

（14）SS型人货两用升降机的驱动卷筒直径及滑轮直径与钢丝绳直径之比不得小于40。

（15）SS型货用升降机的驱动卷筒直径及滑轮直径与钢丝绳直径之比不得小于30。

（16）悬挂对重用滑轮直径与钢丝绳直径之比不得小于30。

（17）SS型升降机的滑轮应有防止钢丝绳脱槽的措施。

（18）SS型升降机的提升钢丝绳采用多层缠绕时，应有排绳措施。

（19）钢丝绳绳头应采用可靠的连接方式，绳接头的强度不低于钢丝绳强度的80%。

（20）安全器动作速度取值范围应符合表14-1的规定。

表14-1　安全器动作速度的取值范围表

额定提升速度 v/（m/s）	安全器动作速度/（m/s）
＞0.20～0.65	（1.4～1.6）v
＞0.65～1.20	（1.3～1.4）v
＞1.20	1.3v

注：当 $v\leqslant0.20$m/s 时，安全器动作速度（值）可取 v 的较大的倍率值。

（21）外露并需拆卸的销轴、垫圈、把手、链条等零件，应进行表面防锈处理。

（22）重要构件连接螺栓的强度等级型应不低于8.8级。

（23）升降机的提升速度误差不应大于8%，其值按式（14-1）计算：

$$速度误差=\frac{|v-v_{测}|}{v}\times100\% \tag{14-1}$$

式中　v——额定提升速度（m/s）；

$v_{测}$——提升速度实测值（m/s）。

（24）升降机正常作业状态下的噪声不允许超过表 14-2 的规定。对于 SC 型升降机，当传动系统在笼内时，测吊笼内传动系统处的噪声；当传动系统在吊笼顶时，则分别测吊笼内与顶部传动系统处的噪声。对于 SS 型升降机，只测吊笼外卷扬机处的噪声。

表 14-2　　升降机噪声限制表　　［单位：dB（A）］

测量部位	单传动	并联双传动	并联三传动
吊笼内	≤85	≤86	≤87
离传动系统 1m 处	≤88	≤90	≤92

（25）升降机基本工作循环次数应为 1.0×10^4 次。

（26）升降机的可靠指标为：可靠度应不小于 85%，平均无故障工作时间应不小于 $0.5t_0$，首次故障前工作时间应不小于 $0.4t_0$。

（27）升降机累积工作时间按式（14-2）计算：

$$t_0 = 2\frac{sn}{60v} \tag{14-2}$$

式中　t_0——试验累积工作时间（h）；

s——试验中最大提升高度（m）；

n——基本工作循环次数。

（28）升降机的可靠度按式（14-3）计算：

$$R = \frac{t_0}{t_0 + t_1}\times100\% \tag{14-3}$$

式中　R——可靠度；

t_0——试验累积工作时间（h）；

t_1——试验中修复（排除）故障所用时间总和（h）。

（29）升降机的平均无故障工作时间按式（14-4）计算：

$$\text{MTBF} = \frac{t_0}{r_b} \tag{14-4}$$

式中　MTBF——平均无故障工作时间（h）；

t_0——试验累积工作时间（h）；

r_b——试验中出现的当量故障数。其值按式（14-5）计算：

$$r_b = \sum_{i=1}^{3} n_i\varepsilon_i \tag{14-5}$$

式中　ε_i——第 i 类故障的危害度系数；

n_i——出现第 i 类故障的次数。当 $r_b<1$ 时，令 $r_b=1$。

（30）升降机在可靠性试验中的首次故障前工作时间按式（14-6）计算：

$$\text{MTTF}=t \tag{14-6}$$

式中　t——首次故障前工作时间（h）。

（31）升降机在可靠性试验中出现的基本故障分类见表 14-3。

表 14-3 基本故障分类表

故障类别	故障名称	故障特征	故障举例
1	致命故障（ZM）	严重危及或导致人身伤亡，重要总成或主要部件严重损坏，造成重大经济损失	电动机或发动机烧坏，液压泵或马达损坏，制动器或防坠安全器损坏失效，提升钢丝绳断裂等
2	严重故障（YZ）	严重影响产品功能、性能指标超出规范以外，必须停机修理，需要更换外部主要零部件或拆开机体更换内部零件，修理时间长（超过 4h），维修费用高	减速器或液压系统漏油，轮齿损坏，受力构件焊缝开裂，纵向、侧向滚轮或背轮损坏，限位开关失灵等
3	一般故障（YB）	明显影响产品的主要性能，必须停机检修，一般只需要更换或修理外部零部件（约 1.5h 排除），维修费用中等	重要受力紧固件松动，减速器或液压系统渗油等
4	轻度故障（QD）	轻度影响产品功能，不需停机去更换或修理零件，用随车工具可以在较短时间内（20min）排除，维修费用低廉	一般紧固件松动，指示灯泡坏等

（32）升降机在可靠性试验中分类故障的危害度系数值见表 14-4。

表 14-4 故障危害度系数值表

故障类别	故障名称	故障危害度系数ε
1	致命故障	—
2	严重故障	1
3	一般故障	0.2
4	轻度故障	0.05

2. 金属结构

（1）导轨轴心线对底座水平基准面的安装垂直度公差值应符合表 14-5 的规定。

表 14-5 安装垂直度公差值表

导轨架架设高度/m	≤70	70～100	100～150	150～200	＞200
垂直度公差值/mm	不大于导轨架架设高度的 1/1000	70	90	110	130

（2）标准节应保持互换性，拼接时，相邻标准节的立柱结合面对接应平直，相互错位形成的阶差不得大于 0.8mm。

（3）SC 型升降机，标准节上的齿条连接应牢固，相临两齿条的对接处，沿齿高方向的阶差不得大于 0.3mm，沿长度方向的齿周节误差不得大于 0.6mm。

（4）在吊笼上的司机室，应有良好的视野和足够的净空间。

（5）SC 型升降机的齿条模数应不小于 7，安全系数应不小于 5。

（6）SC 型升降机，在计算防坠安全器动作下导轨架和齿条的强度时，载荷冲击系数的取值应为：①渐进式安全器为 2；②瞬时式安全器为 5。

（7）吊笼内净空高度不小于 2m，门的开启高度不应低于 1.8m。

（8）封闭式吊笼内应有足够的照明设施，门上应设供采光和观察用的窗口。

（9）吊笼内乘员的体重按每人 80kg 计算，占据的底面积应不小于 0.2m^2；吊笼底平面承载能力不应低于 2.5kN/m^2。

（10）人货两用升降机吊笼的顶面，应能承受 0.5kN 的点载荷或任一 0.4m^2 面积上 1.5kN 的均布载荷。

（11）需在吊笼顶上进行安装与维修作业的升降机，吊笼顶部的周围必须设置高度不低于 1.05m 的护身栏杆。

（12）封闭式吊笼顶部应有紧急出口，并配专用扶梯。出口面积不应小于 0.4m×0.6m，出口上部应装有向外开启的活板门，门上应设置安全开关。当门打开时，吊笼不应启动。

（13）货用升降机的吊笼可不设置顶棚。

（14）当吊笼翻板门兼做运货跳板用时，必须具有足够的强度和刚度。

（15）吊笼门应设置连锁装置，只有当门完全关闭后，吊笼才能启动。

（16）吊笼不允许当作对重使用。

（17）升降机应设置高度不低于 1.5m 的地面防护围栏，围栏门应装有机电连锁装置，以使吊笼只有位于底部规定位置时围栏门才能开启，且在开启后吊笼不能启动。

3. 机械传动系统

（1）传动系统在起动、制动及正常工作过程中，应平稳，不得有冲击、抖震及不正常响声。

（2）传动系统中的制动器应是常封闭的，其额定制动力矩对于人货两用的升降机不应低于作业时额定力矩的 1.75 倍；对于货用的升降机不应低于作业时额定力矩的 1.5 倍。当升降机在动态超载 25%试验时，应能可靠制动。

（3）当传动系统具有两个以上传动单元时（如并联双传动、并联三传动等），每个传动单元均应有各自独立的制动器。

（4）SC 型施工升降机传动系统输出端齿轮的模数不得小于 7。齿厚磨损减薄到规定值后，其齿根弯曲疲劳强度的安全系数不得小于 1.5。

（5）SC 型施工升降机传动系统和安全器的输出端齿轮与齿条啮合时的接触长度，沿齿高不得小于 40%；沿齿长不得小于 50%；齿面侧隙应为 0.2～0.5mm。

（6）卷扬机传动仅用于无对重的升降机。当吊笼停止在最低位置时，卷筒上的钢丝绳至少应留有三圈以上。

（7）卷扬机卷筒两侧边超出最外层钢丝绳的高度应不小于 2 倍钢丝绳直径。

4. 液压系统

（1）应设有防止过载和冲击的安全装置，安全溢流阀的调整压力不得大于系统额定工作压力的 110%。

（2）应设置滤油器和其他防止油被污染的装置，过滤精度应符合系统中所选液压元件的要求。

（3）液压油应符合升降机产品说明书的规定。

（4）液压系统中应设置防吊笼下滑或坠落的可靠的安全装置。

（5）油管应排列整齐，并便于装拆、保养与检查。油管尺寸要符合系统压力和流量的要求。钢管的弯曲半径应大于管子外径的三倍。

（6）液压系统工作应平稳，无抖振，并应保证吊笼在工作行程的任意位置上准确而平稳的停止，不应出现下滑现象，在空中再起动时不出现瞬时下滑现象。

（7）传动系统中液压油固体颗粒污染等级不允许超过 20/16。

5. 外观要求

（1）涂漆质量。

1）涂层应干透、不粘手、附着力强、富有弹性。

2）漆层不得有皱皮、脱皮、漏漆、流痕、气泡。

（2）焊缝应美观、平整，不得有漏焊、裂纹、弧坑、气孔、夹渣、烧穿、咬肉等缺陷。

（3）焊渣、灰渣应清除干净。

（4）铸件表面应光洁平整，不得有砂眼、包砂、气孔、冒孔。飞边毛刺应铲除磨平，锻件非加工表面毛刺应清除干净。

14.4 升降机的安全装置和防坠安全器

14.4.1 升降机安全装置的演变

根据升降机技术的发展过程介绍其安全装置的演变过程，对我们今天更好地利用安全装置是有益处的。

1. 棘齿形安全装置

棘齿形安全装置如图 14-1 所示，为 19 世纪中期美国人 Otis 发明。其原理是，在竖井的 2 壁装有棘齿，起升绳连接在上横梁的板簧上，板簧通过杠杆与棘爪相连。轿厢可上下运行，当起升绳断开时，棘爪在板簧作用下，卡在棘齿中起安全保护作用。适用于低速电梯。

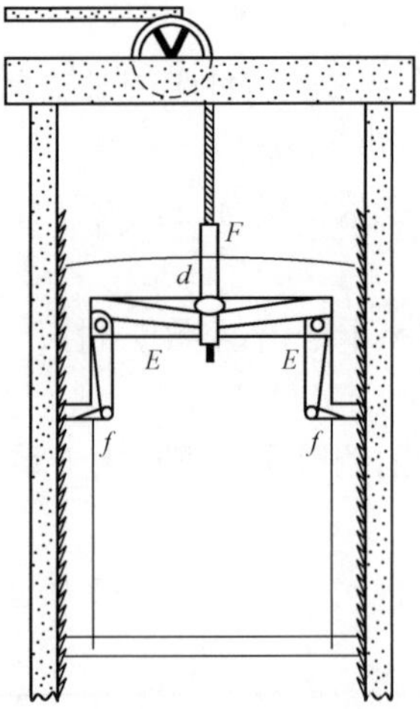

图 14-1 棘齿形安全装置简图

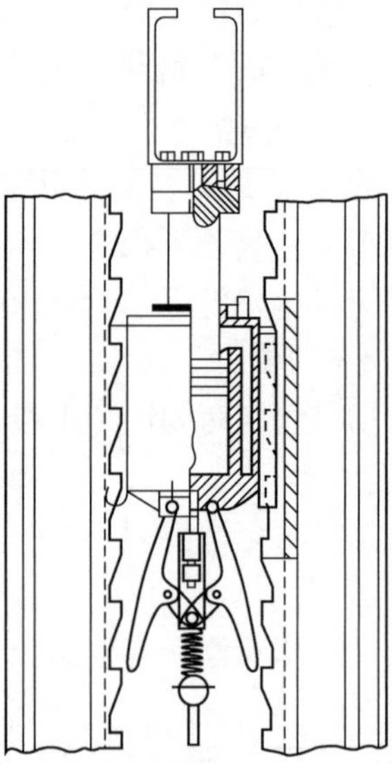

图 14-2 带液压阻尼器的棘齿安全装置

2. 带缓冲阻尼的棘齿装置

棘齿装置的缺陷是冲击大，带缓冲阻尼的棘齿装置为 Otis 装置的改进，如图 14-2 所示，是在升降机 2 侧棘爪上连接了一个起缓冲作用的液压阻尼器。

3. 螺母丝杠结构

图 14-3 为德国 20 世纪 30 年代用于升船机的安全装置，升降机的提升采用齿轮齿条机构，安全装置为丝杠螺母机构。螺母安装在升降台上，丝杠与螺母间配合间隙较大，平时丝杠空转，其转速与升降台一致。当起升机构发生故障时，螺母落到丝杠上，防止了升降台的坠落。常用于重载低速的情形。

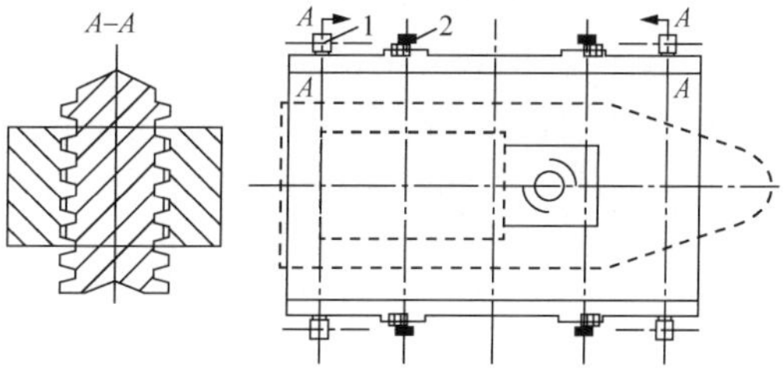

图 14-3 丝杠螺母机构

1—丝杠螺母；2—齿轮齿条升降机构

4. 带齿凸轮机构

带齿凸轮机构如图 14-4（c）所示。早期的升降机 2 侧为木制导轨，其侧面固定有涂油脂的小方木作为滑动导轨，制动导轨 2 侧是带齿的凸轮，当提升绳与重力失衡，弹簧力使凸轮嵌入木导轨，使轿厢制动。

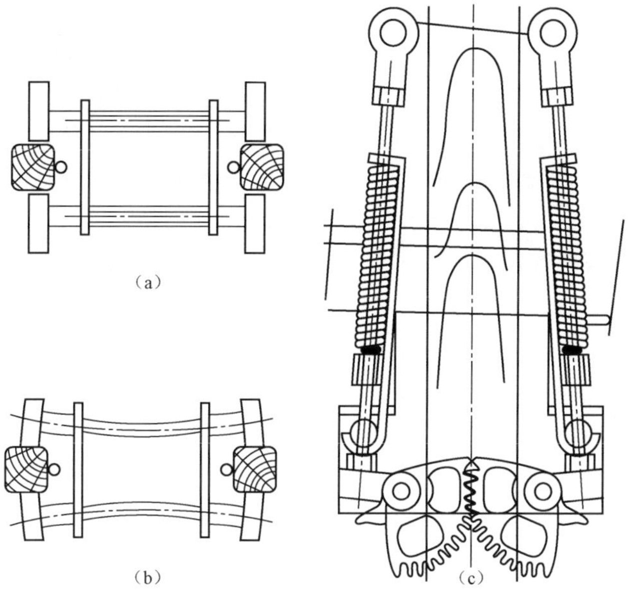

图 14-4 带齿凸轮制动机构

（a）轿厢非制动状态；（b）轿厢制动状态；（c）凸轮与弹簧连接示意

5. 安全钳机构

安全钳分瞬时和渐进式 2 种，瞬时安全钳的特点是制动距离短，轿厢承受的冲击载荷大，制动加速度为 5～10g（g=9.8m/s^2），制动距离仅为几毫米。渐进式安全钳与瞬时安全钳结构上的主要区别是钳体采用弹性体夹持，当安全钳动作时轿厢制动距离长，制动冲击小。

（1）楔块式瞬时安全钳。如图 14-5 所示的楔块式瞬时安全钳钳体 2 由铸钢制成，安装在轿厢架下横梁处，每根导轨分别由 2 个楔形钳块夹持，一旦楔块与导轨接触，由于楔块斜面的作用，导轨会被越夹越紧。钳块夹持导轨的必要条件为

$$\alpha \leqslant \phi_2 - \phi_1 \tag{14-7}$$

式中　α ——楔块角，α=6°～8°；

ϕ_2——楔块与导轨间的摩擦角；

ϕ_1——楔块与钳体间的摩擦角。

（2）滚柱瞬时安全钳。如图 14-6 所示，当提拉杆 1 提起时，钢制滚柱在钳体楔块槽内向上滚动，当滚柱贴近导轨时，钳座水平移动，消除了与导轨间一侧的间隙。其夹紧条件为

$$\alpha \leqslant \phi_1+\phi_2 \tag{14-8}$$

式中　α ——钳块楔形角；

ϕ_1——滚柱与楔形钳块间摩擦角；

ϕ_2——滚柱与导轨间摩擦角。

（3）渐进式滚柱安全钳。近年来，国外在交流电梯上常采用一种渐进式滚柱安全钳，其结构简图如图 14-7、图 14-8 所示。钳体的斜面由 2 个扁平弹簧代替，形成一滚道，供钢制滚花滚柱在上滚动。滚柱的动作仍由提拉杆控制，提拉杆提起，滚柱上升并与导轨接触，楔入导轨与弹簧之间。图 14-8 的弹簧是经计算机辅助设计的最佳形状。任何一种形式的安全钳，由于其结构、材料、工艺等因素的不确定，在理论上很难计算出安全钳的制停能力，只能通过试验确定。假设一个安全钳吸收的能量为 K，则一对安全钳制停轿厢的能量必须满足下式：

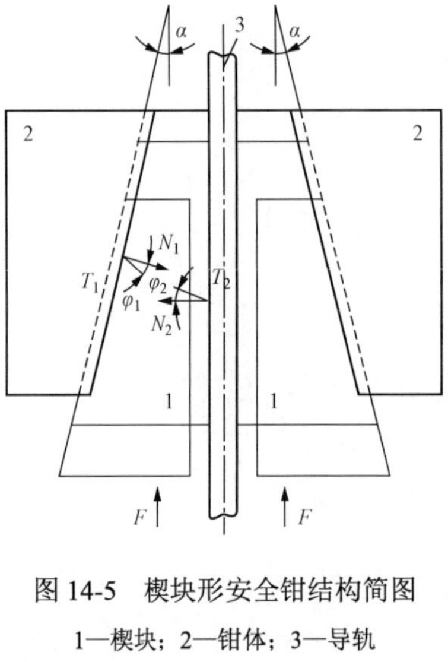

图 14-5　楔块形安全钳结构简图

1—楔块；2—钳体；3—导轨

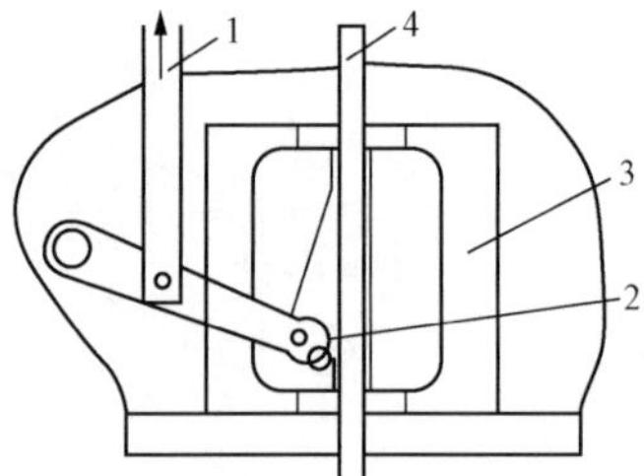

图 14-6　滚柱瞬时安全钳

1—提拉杆；2—钢制滚柱；3—钳体；4—导轨

$$2K \geqslant (P+Q)\,ghr \tag{14-9}$$

$$h=(vp)^2/2g+f_1+f_2 \tag{14-10}$$

式中　g——重力加速度；

h ——轿厢制停距离；

vp——限速器最大动作速度；

f_1 ——响应时间内运行距离，f_1=0101m；

f_2 ——夹紧件与导轨接触期间运行距离，f_2=0103m；

r ——安全系数，弹性变形 r=2，塑性变形 r=3～5。

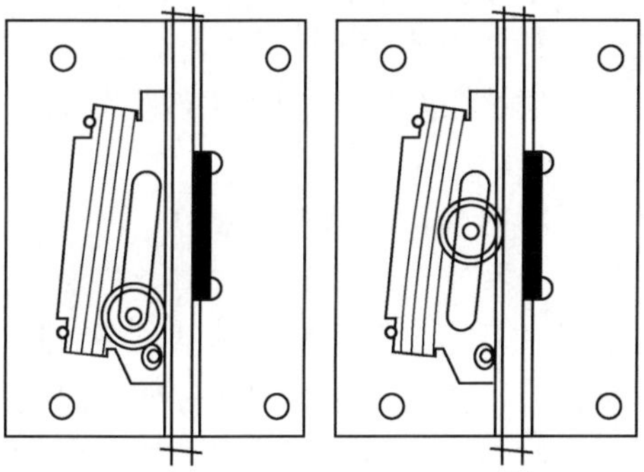

（a）（b）

图 14-7 渐进式滚柱安全钳

（a）开启状态；（b）制动状态

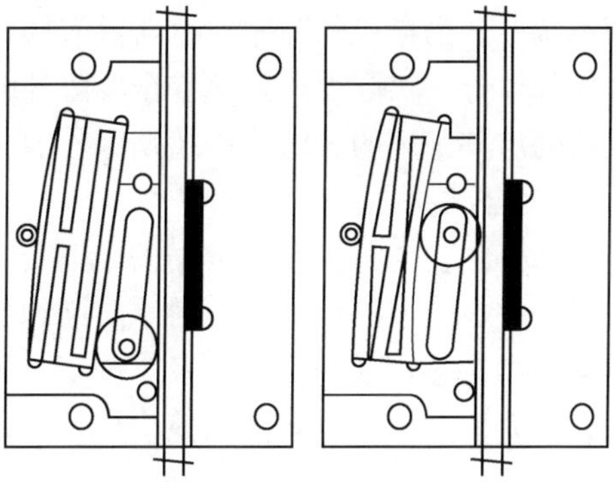

（a）（b）

图 14-8 优化设计的渐进式滚柱安全钳

（a）开启状态；（b）制动状态

一般在钳体强度许可范围内，应尽可能提高瞬时安全钳钳体的弹性变形，以增大滑行距离。钳体材料可用冲击韧性较好的碳钢锻造而成。通过试验知道 K 值后，则可确定最大的允许质量（$P+Q$）。

上述计算是假设轿厢所具有的动能和势能都变为安全钳的变形能。该假设与实际有较大差异，瞬时安全钳制停能量分配关系可通过试验得出。试验证明楔块式钳体吸收能量要比滚柱式安全钳大，滚柱式安全钳的能量主要消耗在滚柱与导轨的挤压中。

6. 安全装置的选择

设计和选择安全装置应注意以下方面：

（1）承载能力。选择安全装置应首先考虑的是其承载能力，必须大于或等于最大载荷。

（2）速度。瞬时安全钳其轿厢运行速度应限制在 0.165m/s 以下。

（3）导轨间隙。安全钳与导轨间的间隙为 1.5～5 mm。

（4）楔块材料。慢速升降机楔块一般选铸铁或工程塑料，此时可选择小间隙。滚柱形楔块的间隙取决于弹簧的挠曲变形。

（5）导轨质量。导轨加工和安装质量对安全装置的正常使用影响很大。

（6）安装与维修。应严格按图纸要求安装，环境中的灰尘、水气对钳体表面腐蚀很大，应定期检修更换。

14.4.2 使用注意防坠安全器等部位

近年来，施工升降机的恶性事故时有发生，其原因是管理措施不到位，是造成事故隐患的根本原因。这里以 SC 型施工升降机为例，提出几个需要注意的问题。

1. 防坠安全器

防坠安全器是施工升降机上的一个重要部件，用来消除吊笼坠落，保证乘员生命安全。因此，防坠安全器出厂试验要求非常严格，出厂前由法定的检验单位进行转矩测量，临界转速测量，弹簧压缩量的测量。每台都附有测试报告，组装到施工升降机上后进行额定载荷下的坠落试验。而工地使用中的升降机都必须每三个月进行一次坠落试验。对出厂两年的防坠安全器（防坠安全器上有出厂日期），还必须送到法定的检验单位进行检测试验，以后还要每年检测一次。可是到目前为止，很少有人送检，有些工地甚至连每三个月检测一次的坠落试验都不做，认为自己的防坠安全器没有问题。一旦出了事故，就后悔莫及。使用单位盲目认为不坏就算好。实际上，防坠安全器好坏只能通过试验和送检才能判断其好坏，日常运行中是无法确定其好坏的。对那些超期服役的防坠安全器，建议还是早些送检和定期试验。

2. 安全开关

升降机的安全开关都是根据安全需要设计的，有围栏门限位、吊笼门限位、顶门限位、极限位开关、上下限位开关、对重防断绳保护开关等。一些工地为了省事，将一些限位开关人为取消和短接，或损坏后不及时修复，就等于取消了这几道安全防线，埋下了事故隐患。例如，吊笼要装载长物体，吊笼内放不下，需伸出吊笼外，而人为取消门限位或顶门限位。在上述安全设施不完善或不完好的情况下，照样载人载物。为了避免事故隐患的发生，希望使用单位领导加强管理，严格要求升降机维护和操作人员定期检查各种安全开关的可靠性，杜绝事故的发生。

3. 齿轮、齿条的磨损更换

工地施工的作业环境条件恶劣，水泥、砂浆、尘土不可能消除干净，齿轮与齿条的相互研磨，齿都磨尖了仍然还在使用。众所周知，齿形如同一个悬臂梁，当磨损到一定尺寸时，必须更换齿轮（或齿条）。磨损到什么程度更换呢？可以采用25～50mm公法线千分尺进行测量，当齿轮的公法线长度由37.1mm磨损到小于35.1mm尺寸时（2个齿）就必须要更换新齿轮。当齿条磨损后，由齿厚卡尺测量，弦高为8mm时齿厚从12.56mm磨损到小于10.6mm时，齿条一定要更换了。然而工地上很多“老掉牙”的齿轮、齿条的升降机仍然在超期服役使用。

4. 暂载率的定义

工地上的升降机频繁作业，利用率高，但不得不考虑电机的间断工作制问题，也就是常说的暂载率FC的问题（有时叫负载持续率）。FC=工作周期时间/负载时间×100%，其中工作周期时间为负载时间和停机时间。有的工地上升降机是租赁公司租来的，总想充分利用，置电机的暂载率FC=40%或25%于不顾，电机怎么能不发热呢？有时甚至冒出焦煳味还在使用。如果传动系统润滑不良或运行阻力过大，超载使用，或作频繁的起动，那就等于小马拉大车了。因此，工地上的每个司机都必须明白暂载率的概念，按科学规律办事，而这种电机本身就是按间断作业设计的！

5. 缓冲器

施工升降机上的缓冲器是施工升降机安全的最后一道防线。第一，它必须设置；第二，它必须有一定的强度，能承受升降机额定载荷的冲击，且起到缓冲的作用。而现在很多工地，有的虽有设置，但不足以起到缓冲的作用；有的工地上完全没有缓冲器。这是极端错误的，希望使用单位注意进行检查，不要轻视这最后一道防线。

6. 楼层停靠安全防护门

施工升降机各停靠层应设置停靠安全防护门。很明显，如果不按要求设置，在高处等候的施工人员很容易发生意外坠落事故。在设置停靠安全防护门时，应保证安全防护门的高度不小于1.8m，且层门应有联锁装置。在吊笼未到停层位置，防护门无法打开，保证作业人员安全。目前工地上普遍存在着等候施工电梯的人员随时可以打开安全防护门，这是十分危险的，应引起重视。

7. 基础围栏

根据 GB 10055 的规定："基础围栏应装有机械联锁或电气联锁，机构联锁应使吊笼只能位于底部所规定的位置时，基础围栏门才能开启，电气联锁应使防护围栏开启后吊笼停车且不能起动"。有相当多的施工升降机，在吊笼接近围栏门时，吊笼底部压住一根横梁向下运行，通过换向滑轮钢丝绳带动围栏门向上开启，这是不允许的，很容易给围栏外附近的人造成伤害。

8. 吊笼顶部控制盒

GB 10055 规定："吊笼顶部应设有检修或拆装时使用的控制盒，并具有在多种速度的情况下只允许以不高于 0.65m/s 的速度运行。在使用吊笼顶部控制盒时，其他操作装置均起不到作用。此时吊笼的安全装置仍起保护作用。吊笼顶部控制应采用恒定压力按钮或双稳态开关进行操作，吊笼顶部应安装非自行复位急停开关，任何时候均可切断电路，停止吊笼的动作"。这一条主要针对 SC 型施工升降机，能同时满足该条五项规定的企业产品，包括一些有名的设计单位设计的产品，很少很少。因为不满足这五项规定时，有可能由于安装、维护人员的误操作而造成事故。希望有关使用单位对施工升降机进行对照检查，尤其是老产品，如不符合上述规定的，应积极采取措施进行改造。

9. 过电压、欠电压、错断相保护

过电压、欠电压、错断相保护装置是在当出现电压降、过电压或电气线路出现错相和断相故障时，为保护装置动作，施工升降机停止运行。有些工地上施工升降机的维修人员不及时排除引起过、欠电压及错断相保护装置动作的故障，而是把保护装置取消或短接，使其不起作用，给设备留下了事故隐患。有一些早期产品根本就没有保护装置，建议予以配备。施工升降机应在过、欠电压、错断相保护装置可靠有效的情况下方可载人运物。

14.5 升降机的安全隐患和可靠性问题

14.5.1 电动葫芦升降机的安全隐患与解决措施

在机械、化工、电力、轻纺等各个行业均普遍使用一种电动葫芦升降机作为电力驱动吊笼做垂直上下运动搬运物料的设备，但是它存在较大的安全隐患，因而引发多起重大人身伤亡事故。只要采取一些必要的技术改进措施，电动葫芦升降机还是能够安全经济地运行的。电动葫芦升降机作为一种简易、价廉的非标起重设备，为保证其使用安全，必须按照起重机械的要求进行设计、制造、安装和管理。

1. 存在的安全隐患

（1）电动葫芦升降机没有统一设计标准，且多数是使用单位自制，因此设计不完善，可靠性无法保障。

（2）多数设备未进行过设计而制造，且一些使用单位制造能力不够，无法保证设备的制造质量，留下安全隐患。

（3）安装由于简单和缺乏可依据的相应规范标准，安装质量不变监督和检查，安装质量得不到保证。

（4）各地管理部门对电动葫芦升降机管理力度降低，使用单位对该设备认识不足，疏于规范管理，是导致事故的一个原因。

2. 解决措施

（1）规范设计。必须从机械结构、电器及安全防护等方面，满足国家有关起重设备的规范标准，应有完整的设计图纸、技术参数、设备计算数据、参照标准以及使用的条件。应满足电梯保护的最基本的条件，如导向装置、导轨、层站门、上下限位开关、上下极限开关、紧急断电开关、信号警示装置、防坠装置、停靠装置等。

1）导向装置及导轨。目前使用的导轨多数是角钢或钢管之类的型钢。有采用两条轨道的，有采用四条轨道的。宜以四条为好。吊笼上应装滚轮与轨道接角成为滚动副，轨道的垂直度应满足不大于 $L/1000$ 的要求，且开档柜不大于设计尺寸加 5mm，以保持运行的稳定。

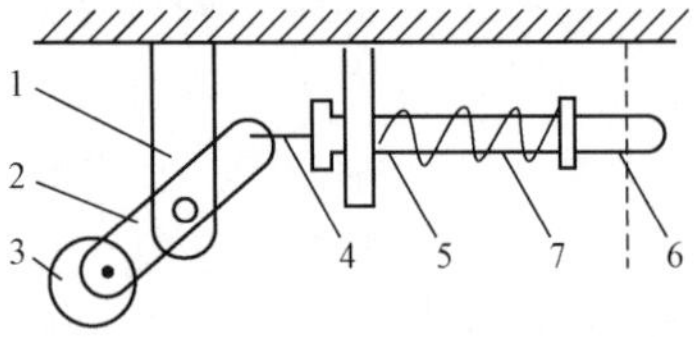

图 14-9　一种锁定门的机构

1—支架；2—摇臂；3—滚轮；4—牵引绳；5—挡板；6—门销；7—弹簧

2）层站门。目前使用的电动葫芦升降机很多没有层站门，有些即使有也仅是一种简易的栏杆。层站门必须在运行时无法打开，打开时设备无法运行。图 14-9 是一种锁定门的机构，当吊笼停在层站时，挤压件 3 使得件 6 动作移位，此时门可自动开闭。门闭合位置应装有电器联锁，当门打开时电路断开，升降机不能动作。当门闭合后升降机运行离开层站位置时，件 3、件 6 回位门锁死（门锁机构上可加挂稍加以解决）。

3）动滑轮与钢丝绳。

①钢丝绳的配置必须充分考虑吊笼的自重及货物重量，以及运行过程中的阻力，必须符合《圆股钢丝绳》GB 110 和《起重机械安全规程》GB 6067 的规定。

②目前有许多在用的电动葫芦升降机使用电动葫芦吊钩与吊笼连接。这种方式由于不易保证连接处的封闭，遇有长阻情况时，容易造成连接脱落而导致事故，且吊钩长时间使用过程中发生的损坏情况不易观察，所以不能使用。应采用动滑轮，通过一刚性体与笼直接连接，但滑轮的直径等技术参数必须符合起重机械的要求。

4）电器安全。电动葫芦升降机的电器设备应满足起重设备的电源、电器标准的要求，且满足安全可靠的要求。必须在紧急情况下能有效地切断电源。电源进线端应设置总断路器，一般采用与所用设备相匹配的空气开关，以保证在遇到短路情况时能自动切断总电源，且输出端不应再接其他设备。

5）安全装置。

①上、下限位开关。虽然电动葫芦自身通过导绳器的运动有上、下限位功能，但由于正常使用时，电动葫芦所处位置不易检查，且导绳机构易损坏，所以应按 GB 10054《施式升降机技术条件》的要求，重新设置上、下限位开关。上限位开关设置在最上层工作位置以上 50mm 的位置，下限位开关最底层工作位置下方 50mm 的位置。这样有利于在每天工作前操作人员直接观察限位是否有效可靠。

②上、下极限位置开关。上、下极限位置开关的作用是在运行过程中，由于种种原因而使上、下限位开关失效时，能切断电源，使升降机停止运行。极限开关要求能切断设备的总电源，位置应设置在超出上限位 200mm 范围内，并同时装接报警装置，以便于操作人员的观察。

③紧急断电开关。电动葫芦升降机有两个以上的层站，而且要求在任何层站都能操作，所以层站操作位置都必须装设紧急断电开关，在遇到紧急情况时，能及时切断升降机的总电

源，达到使升降机停止运行的目的。

6）防坠落装置。目前使用的电动葫芦升降机几乎没有防坠落装置—断绳保护装置。防坠装置的作用是在负载或空载情况下，钢丝绳断裂时防止吊笼坠落。防坠落装置有多种形式，很多是通过抱紧辅助安全钢丝绳起作用的，在电动葫芦升降机中，由于很多已是在用设备，受到改制等多种因素的影响，因此采用机械弹簧式断绳保护装置较为可行，其基本构造如图14-10所示。

其工作原理是：当钢丝绳断裂时，钢丝绳向上的拉力消失，滑轮下落，防坠器中被压缩的弹簧弹张开，将防坠器中的防坠销轴弹出，弹出的销轴架到防坠支架的横隔件上，阻止吊笼坠落。这种机构必须满足下列几点：

①滑轮与吊笼的连接必须是刚性可靠连接，且在断绳时有足够的下移量满足防坠器弹簧的弹出，且可靠无阻碍。

②防坠器中的销轴弹出时，伸出量应能与防坠支架横隔件担上30mm以上，且销轴的强度应满足坠落时冲击载荷的要求，防坠器与吊笼的连接能承受断绳时的冲击力。

③防坠支架的强度应能承受坠落时的冲击力，而不发生破坏和变形，防坠隔件的间隔距离不超过300mm。

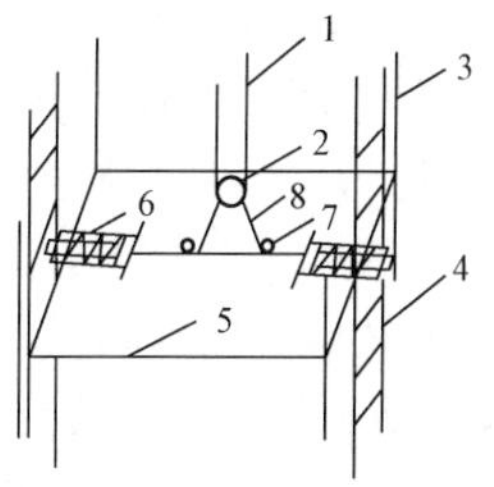

图14-10 防坠落装置基本构造

1—钢丝绳；2—滑轮；3—轨道；4—防坠支架；5—吊笼；6—防坠装置；7—过渡滑轮；8—牵引钢丝绳

7）停靠安全装置用于停靠在工作楼层时，搬运货物过程中发生钢丝绳断裂或其他因素造成吊笼坠落，防止吊笼坠落的停靠安全装置可用挂钩的形式，简便可行。但在吊笼上应有固定挂钩的位置，在该位置上应加上电器联锁，以保证挂钩在运行时已放回原位，防止挂钩未取下时的误操作。

8）超载限制器。电动葫芦升降机应装设超载限制器，超载限制器最好装设在电动葫芦的连接梁上，这样发生断绳事故时，限制器不会损坏。限制器要求在超载时能自动报警，并切断控制电源。

（2）制造。电动葫芦升降机的制造应严格按起重设备的制造要求进行。其结构生产必须在尺寸、选材、焊接等方面严格检查，满足设计要求，并由专业结构生产单位生产。所选的机构、电器等部件必须符合起重设备的要求，并满足设备使用环境的要求。

（3）安装。安装应由专业的起重设备安装单位进行，并且应有严格的安装检验记录，以保证设备的可靠运行，避免由于安装不当而产生不安全因素。

（4）维修。电动葫芦升降机大多数是在封闭的井道中使用，当运行中出现故障时，尤其是电动葫芦出现故障时，必须保证吊笼在一定位置牢固停靠。因此必须有维修电动葫芦的检修平台。为了能够在任何位置使吊笼可靠固定，可在顶部及两侧的防坠支架上设置一定数量的固定挂环，在吊笼顶上对称焊四个挂环，其作用是不论在任何位置，设备发生故障时，都可以通过手拉葫芦之类的起重工具，把吊笼固定起来，从而在安全的工作状态下对设备故障进行检修。另外，吊笼顶部应留一个可开闭的天窗，便于检修人员的出入及维修时的便利，天窗上应有电器联锁保护，以避免维修时可能出现的误操作而发生事故。

3. 使用维护管理

（1）建立健全安全操作规程。

1）严禁载人。

2）严禁超在运行。

3）使用完毕后应将吊笼放到最底层，切断总电源，填写交接班日志。

4）正常使用时，禁止使用紧急断电开关、限位开关等停车。

（2）操作人员必须持证上岗。

（3）建立完善日检、月检、年检等定期检查维护制度。

（4）必须通过劳动监察部门的检测合格后才可持证使用。

14.5.2 提高施工升降机的工作可靠性

从施工升降机导轨架的结构设计、附着、制造精度的影响、加工工艺及电器电缆系统的改进等方面来提高施工升降机的质量和工作可靠性。

1. 吊笼运行振动和摇摆分析

施工升降机主要由围栏、导轨架、吊笼、附墙架、传动机构、电缆系统、配重、电器等部分组成，如图 14-11 所示。其工作原理是：安装在吊笼上的传动机构带动开式齿轮与固定导轨架上的齿条啮合，使吊笼沿导轨架爬升或下降。吊笼依靠安装在其上的十二只滚轮作运行导向（图 14-12），导轨架通过附墙架及支架将力传递到建筑物上，使其成多跨柔性支座连续梁受力状态，如图 14-13 所示。吊笼在运行中出现振动和摇摆分析如下。

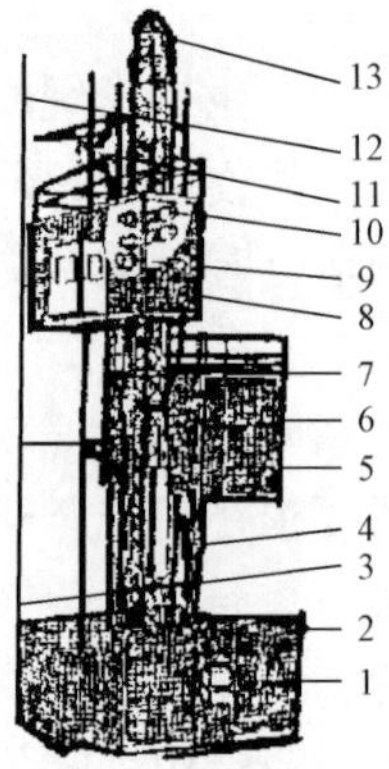

图 14-11 施工升降机结构图

1—电气系统；2—底笼；3—立柱；4—电缆系统；5—对重系统；6—过桥梁；7—导轨架；8—吊笼；9—限速器；10—传动机构；11—电动吊杆；12—附墙架；13—天轮装置

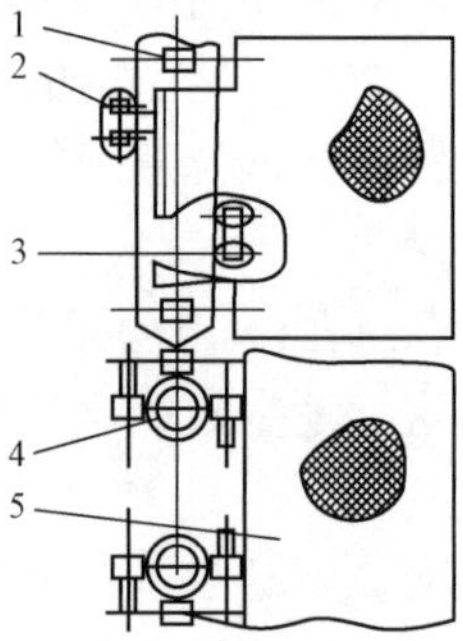

图 14-12 吊笼与导轨架连接及运行导向图

1—侧轮；2—上压轮；3—下压轮；4—导轨架；5—吊笼

（1）齿轮与齿条啮合过程中自然要产生固有振动。

（2）齿轮与齿条啮合过程中产生非正常状况的突发性或间隙性振动。这是因为有齿条制造误差，齿条对接处留有间隙造成公法线变化、齿条对接错位、齿条弯曲变化（图 14-14）。

（3）标准节制造误差。特别是主立杆对接处错位（图 14-14）会引起突发性振动和摇摆。

（4）侧导向滚轮及齿条背轮间隙过大，引起齿轮齿条啮合轨迹变化产生非正常振动，同时，侧导向滚轮与导轨架间隙过大会导致吊笼产生大幅度摇摆（图 14-2、图 14-4）。

（5）由于启动、停止、人员走动、货物偏心、风压等产生的振动和摇摆。

（6）由于导轨架、附墙架刚性差产生变形而造成的振动和摇摆，以及两只吊笼运行中导轨架产生的共振。

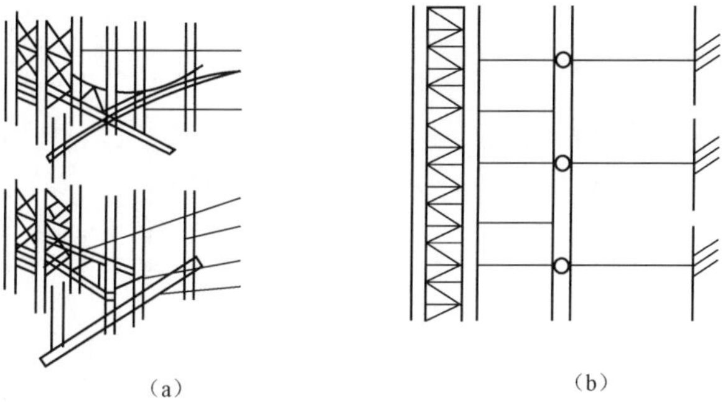

图 14-13 导轨架附着图

（a）导轨架附着示意图；（b）导轨架应力计算图

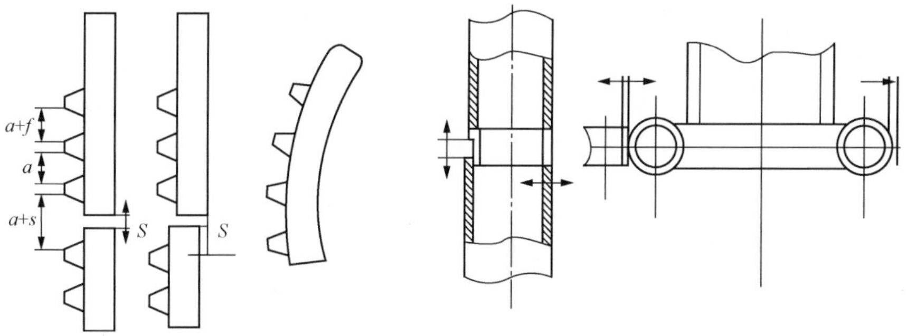

图 14-14 制造、调整误差引起非正常振动、摇摆的几种情况简图

（a）齿轮节距误差；（b）齿条对接错位；（c）齿条弯曲；

（d）立柱对接错位；（e）侧导向轮与方柱间隙过大

2. 采取的措施

（1）提高制造精度。对齿条加工误差、对接错位、弯曲及立柱对接错位所产生的影响，要在齿条加工中确定合理的精度要求，如公法线误差、齿厚误差、两端定位孔位置度、同轴度误差等，使齿条的精度符合标准节总体要求。在立柱的加工上采取图 14-15 的加工工艺，以立柱外圆定位、两端镗孔、车端面、由定位块保证长度尺寸，这样既保证了立柱两端内孔与外圆同心，又保证了长度公差。

为了控制标准节焊接变形，将标准节上、中、下三方框与立柱连接圆弧采用冲切加工，使其与立柱拼装间隙保留在 0.5mm 左右，同时方框先在胎膜上拼点焊接成型。对于标准节采用齿条、立柱、方框、配重块导轨等在模具上一次拼点成型的加工工艺（图 14-16），从而确保其精度和互换性要求。

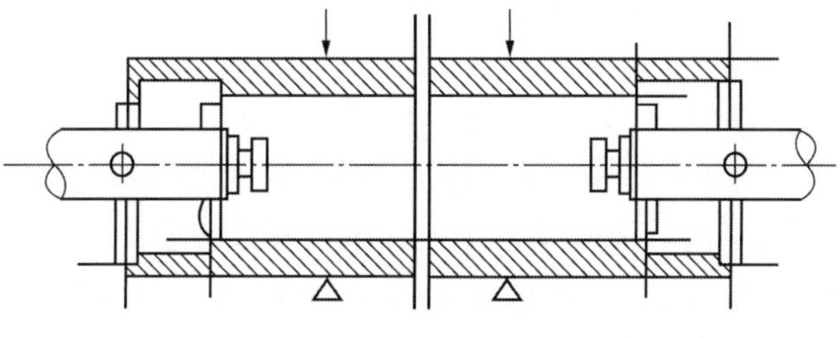

图 14-15 主立杆镗削图

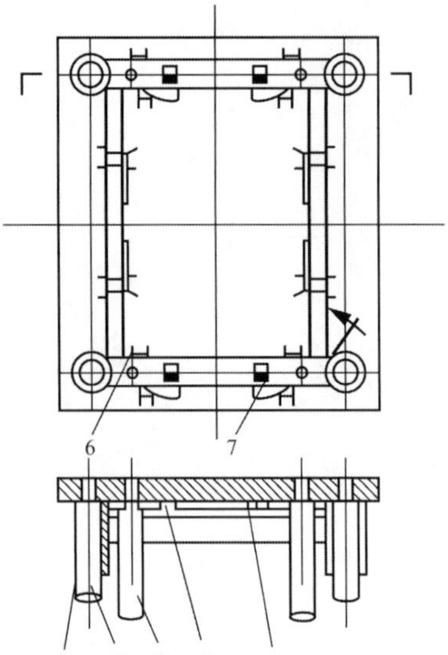

（a）

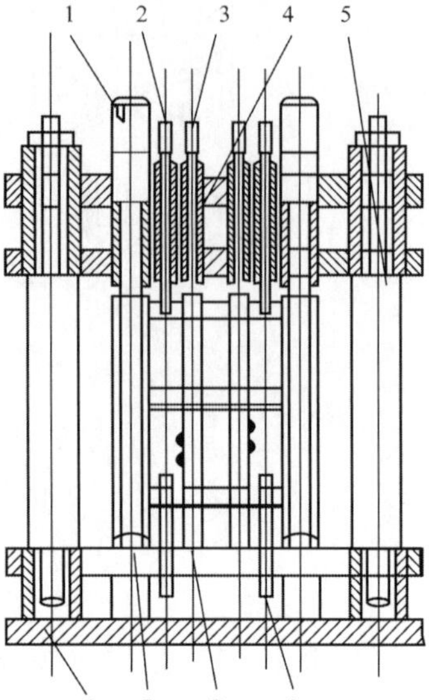

（b）

图 14-16　在模具上一次拼点成型的加工工艺

（a）方框胎模

1—套；2—心轴；3—销轴；4—垫块；5—底板；6—靠山；7—楔块

（b）标准节拼模简图

1—立柱定位螺销；2—方框定位插销；3—齿条定位插销；4—拼膜上模块；5—拼模主立柱；

6—拼模下模板；7—立柱定位块；8—齿条定位块；9—方框定位插销Ⅱ

吊笼上 12 只导向滚轮，尤其是侧导向轮与导轨架的间隙是引起吊笼振动和摇摆的重要因素，测试其间隙控制在 0.5～1.5mm 之间较为合适。由于 12 只导向滚轮位置偏差，会加大吊笼运行阻力。因此将安装导向滚轮的龙门架在拼膜上单独拼焊，注意保证导向滚轮的相对位置。

通过采取以上加工方法制造导轨架，其齿条错位、立柱错位明显减少，即使局部有错位现象，也控制在 0.3mm 以内，低于 0.8mm 以内的国标要求。导向轮相对位置准确，与导轨配合间隙合理，有效地提高了吊笼运行的平稳性。

（2）导轨架及附墙支撑架的改变。国产施工升降机 SCD200/200 型的导轨架标准节截面主要有两种，分别为 850mm×850mm、650mm×650mm，其主立杆分别是 ϕ89mm×6mm、ϕ76mm×4mm 无缝钢管。附墙面距均为≤9m。根据计算，前者主立柱应力值过小，不经济。而后者应力值为 1300kg/m^2，强度和稳定性均满足要求，但结构截面小，刚度差。使用结果表明，采用 650mm×650mm 截面导轨架，吊笼运行中摇摆较大。在原设计中尽管考虑了垂直方向冲击载荷，但对来自水平方向的冲击载荷振动、风力、人员走动、侧导向轮与立柱间隙过大等产生摇摆，偏心受力，附着架销轴间隙等引起，是忽略的。而为抗击水平方向的冲击载荷，恰恰需要提高导轨架的刚性。通过计算，在综合考虑强度和经济性的基础上，将导轨架的标准节截面设计为 750mm×750mm，主立柱仍为ϕ76mm×4mm 无缝钢管。这样与 650mm×650mm 截面比较，在制造成本略微提高的情况下，刚性提高了 30%，主立柱应力值也相应降低。实践表明，

750mm×750mm 界面刚性满足使用要求。

（3）缓解振动和冲击的措施。如图 14-17 所示，实际上吊笼是通过安装在其上的传动机构拖动运行的。来自齿轮啮合的振动和冲击是通过传动板传递到吊笼上。因此在传动板与吊笼顶部连接处增加减振垫，同时在传动板与吊笼连接螺栓外增加尼龙套，使得传动板在运行过程中沿水平方向有适量位移，克服因齿条弯曲、错位等引起的齿轮、齿条啮合过紧的现象，同时也减缓了振动（图 14-18）。

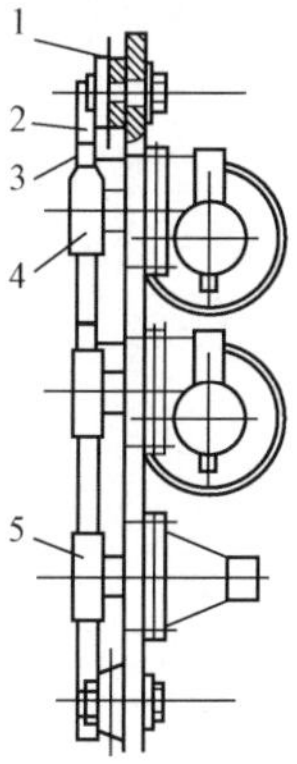

图 14-17　传动机构与吊笼等原连接位置示意图

1—吊笼；2—导轨齿条；3—压轮；

4—传动齿轮；5—被动齿轮

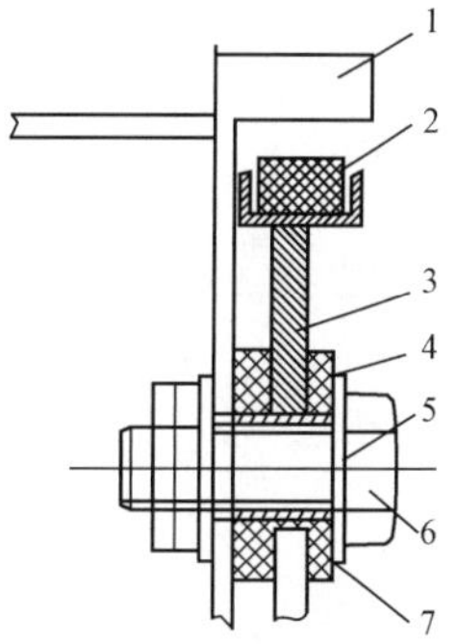

图 14-18　减缓了振动的连接位置示意图

1—吊笼；2—橡胶块；3—传动板；4—橡胶垫；

5—垫片；6—螺杆；7—尼龙套

3. 提高电器、电缆系统的工作可靠性

电器元件容易损坏是工程机械的通病，在施工升降机上尤为突出。目前电器元件的故障主要发生在两种电器元件上：一是集成化的整流桥堆；另一个是主接触器。通过对损坏的电器元件解剖分析，可以改进电路，使这两方面的故障大幅度下降，从而提高了产品的的可靠性。

对损坏的接触器解剖发现：主触头均完好，损坏部分普遍是控制直流制动回路的辅助触头。这是因为一方面辅助触头容量小（5A），另一方面直流电弧较难熄灭。为此，可改用一只接触器（B9-40）单独控制直流回路，并适当改变线路，使触头容量加大加快了对直流电弧的熄灭，工作可靠；又使主接触器寿命大大延长。

施工升降机电缆系统分直接拖曳式（适合于 100m 以下使用）和电缆小车拖曳式（适合于 100m 以上使用），其结构如图 14-19 所示。电缆系统的故障主要发生在电缆小车拖曳式上，表现在：

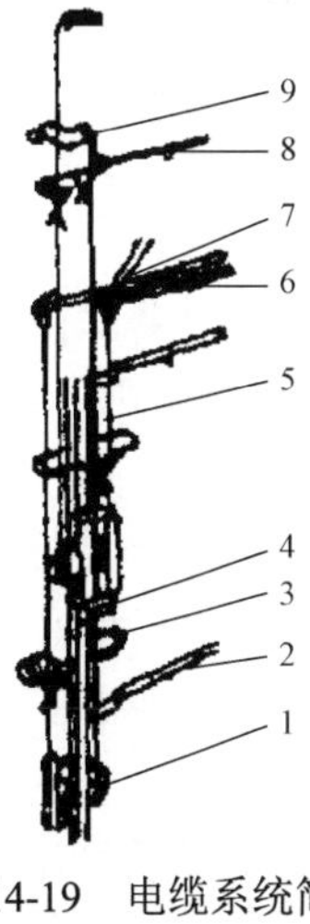

图 14-19　电缆系统简图

1—电缆滑轮；2—护墙架；3—护缆圈；4—电缆导轨；5—电缆；6—短挑线架；7—长挑线架；8—护栏架；9—电缆托架

（1）小车运行不畅，在空中停留，造成电缆松弛而引起故障。其主要原因是：

1）导轨工字钢对接错位。

2）导向滑轮柄设计过小。

3）小车滑轮直径过小，使电缆弯曲过大。

4）电缆本身质量问题，过硬或粗细不均等。

（2）电缆在风力作用下脱离护栏圈，造成电缆轧断，这种情况危险性很大。其原因是护栏圈片簧夹持力不够和片簧在短期内变形不得复位造成的（图14-20）。

针对以上故障，除选购优质电缆外，在电缆小车和导向工字钢接头处做了改进，如图14-21所示，即导向工字钢端头由单螺栓连接消除错位，将小车滑轮由ϕ450mm加大到ϕ650mm，以增加滑轮曲率半径，同时将导向小滑轮也做适当修改。

通过采取以上措施，有效地改善了SCD200/200施工升降机的技术性能，阻止了故障的频发，使施工升降机无故障期大大延长，提高了工作可靠性。

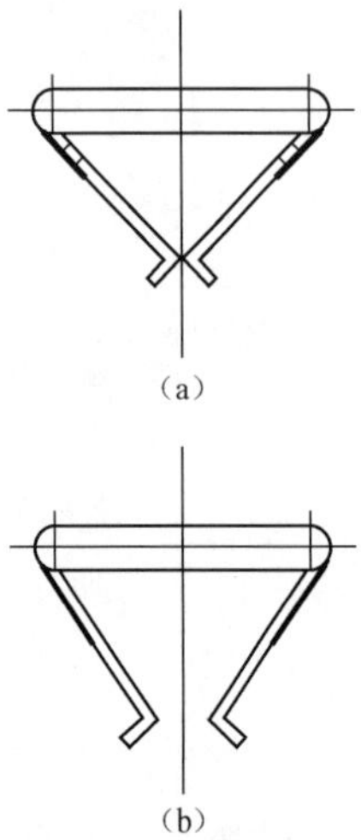

图14-20 电缆护圈片簧正常及变形情况

（a）安装初期；（b）运行一定时间后

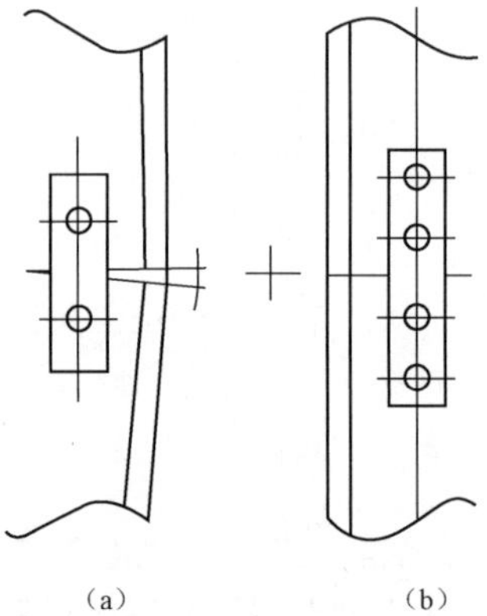

图14-21 工字钢对接图

（a）单螺栓连接易发生错位现象；（b）双螺栓连接

14.6 升降机安全使用注意事项

近年来施工升降机的恶性事故时有发生，其原因是管理措施不到位造成事故隐患。今以SC型施工升降机为例，提出几个需要重视的安全问题。

1. 防坠安全器

依靠防坠安全器（图14-22）来消除吊笼坠落事故的发生，保证乘员生命安全。防坠安全器出厂前已由法定检验单位进行了转矩测量、临界转速测量和弹簧压缩量的测量，每台都附有测试报告；组装到施工升降机上后进行额定载荷下的坠落试验。工地上使用的升降机都必须每三个月进行一次坠落试验。按规定，对出厂两年的防坠安全器，必须送到法定检验单位进行检测试验，以后每年检测一次。但是到目前为止很少有人送检，有些工地甚至连每三个月检测一次的坠落试验都不做，认为自己使用的防坠安全器没有问题，到出了事故则后悔莫及。对那些超期使用的防坠安全器，必须早些送检和定期试验，否则难以消除恶性事故防患。

2. 安全开关

升降机的安全开关根据安全需要设计，有围栏门限位、吊笼门限位、顶门限位、极限位开关（图 14-23）、上下限位开关、对重防断绳保护开关等。一些工地上为了省事，将一些限位开关人为取消或短接，损坏后不及时修复，埋下了事故隐患。有的装载长物件吊笼内放不下，需伸出吊笼外，人为地取消了门限位或顶门限位来运人载物，埋下了发生事故的隐患。

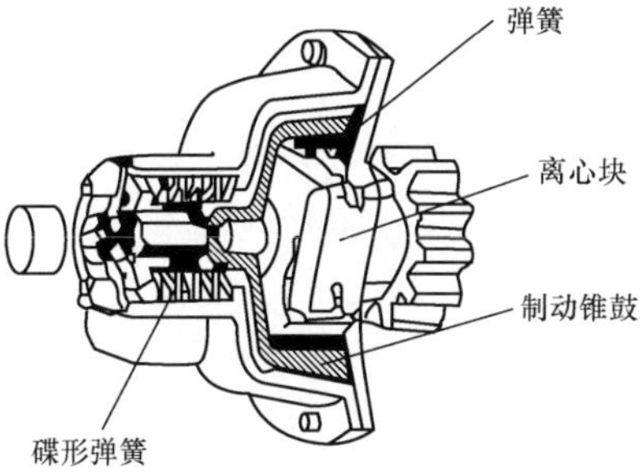

图 14-22 防坠安全器

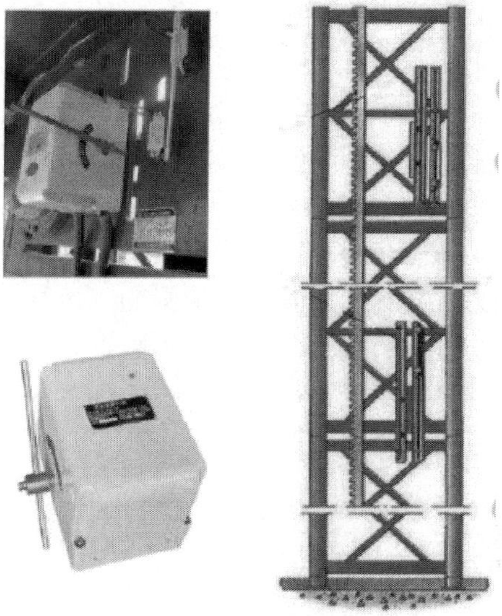

图 14-23 极限位开关

3. 齿轮、齿条的磨损更换

施工工地上作业环境恶劣，水泥、砂浆、尘土不可能消除干净，齿轮与齿条相互研磨结果，轮齿变尖还在使用。众所周知，齿形如同一个悬臂梁，当磨损到一定程度时必须更换齿轮或齿条。磨损到什么程度更换？可以采用 25～50mm 公法线千分尺进行测量，当齿轮的公法线长度由 37.1mm 磨损到小于 35.1mm 时（2 个齿），必须更换新齿轮。齿条磨损后，由齿厚卡尺测量，弦高为 8mm，齿厚从 12.56mm 磨损到小于 10.6mm 时，必须更换齿条。然而工地上很多带有“老掉牙”的齿轮、齿条的升降机仍在超期使用。为了安全起见，必须更换成新配件。

4. 暂载率

工地上的升降机频繁作业，利用率高，此时必须考虑电机的间断工作制，即暂载率问题（有时称负载持续率）。其定义是 FC=工作周期时间/负载时间×100%，其中工作周期时间为负载时间和停机时间。有的工地上的升降机系租来，总想多干一些活，不顾及电机的暂载率（FC=40% 或 25%），电机自然要过热，甚至冒出焦糊味还在使用，这是很不正常的操作使用。如果传动系统润滑不良或运行阻力过大，又超载使用，或作频繁启动，则等于小马拉大车。工地上的每名司机都必须明白暂载率的概念，按科学规律办事，因为电机本身就是按间断作业设计的。

5. 缓冲器

施工升降机上的缓冲器（图 14-24）是最后一道安全防线。第一，必须设置；第二，必须有一定的强度，能承受升降机额定载荷的冲击，且起到缓冲的作用。而现在很多工地虽有设置，但不足以起到缓冲的作用；有的工地上完全没有缓冲器，这是极端错误的，希望使用单位注意进行检查，不要轻视这最后一道防线。

6. 楼层停靠安全防护门

施工升降机各停靠层应设置停靠安全防护门。如果不按要求设置，则在高处等候的施工人员很容易发生意外坠落事故。在设置停靠安全防护门时，应保证安全防护门的高度不小于1.8m，且层门应有联锁装置，在吊笼未到停层位置时，防护门无法打开，以保证作业人员安全。目前工地上普遍存在着等候施工电梯的人员随时可以打开安全防护门，这是十分危险的，应引起重视。

7. 基础围栏

根据《施工升降机安全规程》(GB 10055—2007)之规定“基础围栏应装有机械联锁(图14-25)或电气联锁，机构联锁应使吊笼只能位于底部所规定的位置时，基础围栏门才能开启，电气联锁应使防护围栏开启后吊笼停车且不能起动”。不在少数的施工升降机在吊笼接近围栏门时，吊笼底部压住一根横梁向下运行，通过换向滑轮钢丝绳带动围栏门向上开启，这是不允许的！这样很容易对围栏外附近的人造成伤害。

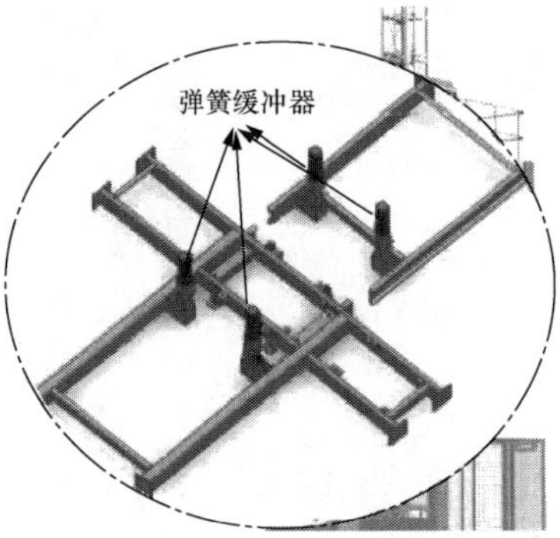

图 14-24 弹簧缓冲器

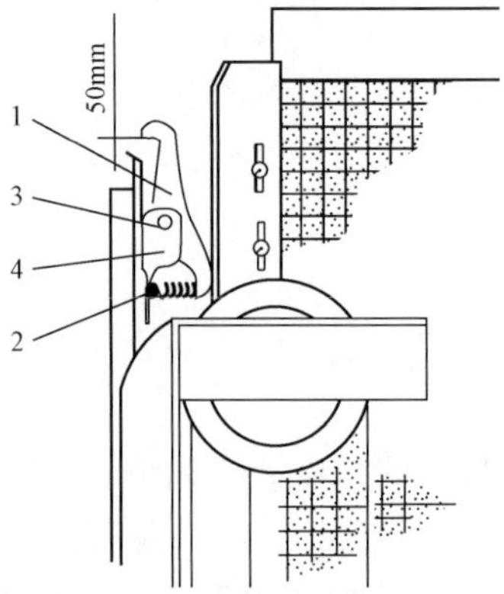

图 14-25 围栏门机械联锁装置

1—机械锁钩；2—压簧；3—销轴；4—支座

8. 吊笼顶部控制盒

GB 10055 规定“吊笼顶部应设有检修或拆装时使用的控制盒，并具有在多种速度的情况下只允许以不高于 0.65m/s 的速度运行。在使用吊笼顶部控制盒时，其他操作装置均起不到作用。此时吊笼的安全装置仍起保护作用。吊笼顶部控制应采用恒定压力按钮或双稳态开关进行操作，吊笼顶部应安装非自行复位急停开关，任何时候均可切断电路，停止吊笼的动作。”这一条主要针对 SC 型施工升降机，产品能同时满足该条五项规定的企业很少，包括一些有名的设计单位设计的产品。不满足这五项规定时，可能由于安装和维护人员的误操作，而造成安全事故。希望有关使用单位对施工升降机进行对照检查，尤其是老产品，如不符合上述规定的应积极采取措施进行整改。

9. 过电压、欠电压、错断相保护

过电压、欠电压、错断相保护装置是在出现电压降、过电压、电气线路出现错相和断相故障时，有保护装置动作，施工升降机停止运行。有些工地上的维修人员，不及时排除引起过、欠电压或错断相保护装置动作的故障，而是把保护装置取消或短接，使其不起作用，给设备留下了事故隐患。有一些早期产品根本没有该保护装置，建议应予以配备。施工升降机应在过、欠电压、错断相保护装置可靠有效的功能下方可载人运物。

第15章

自动化停车场安全

停车场（parking area）是指停放由内燃机驱动且无轨道的客车、货车、工程车等汽车的露天场地和构筑物。机械式立体汽车库（mechanical and stereoscopic garage）是指室内无车道且无人员停留的、采用机械设备进行垂直或水平移动等形式停放汽车的汽车库。机械式停车场（库）[mechanical parking lot（garage）] 是指使用机械设备作为运送或运送且停放汽车的场地、构筑物或建筑物。机械式停车设备（mechanical parking system ）是指用来存取、储放汽车的机械设备系统。随着汽车产业和城市建筑业的迅猛发展，停车难问题日益严重，大力发展立体停车场业，成为城市建设中最急迫的工程任务之一。本章介绍自动化停车场的安全问题以及与此有关的问题，包括自动化停车场及防火安全、自动化立体停车场安全要求等内容，都是在发展自动化停车场业中所面临的和首先必须解决的问题。

15.1　自动化停车场及防火安全概述

我们从停车场设备分类和立体车库系统构成开始，接着介绍停车库通风、防火和消防设施，最后介绍我国自动化停车场情况及发展趋势。

15.1.1　停车场设备分类和立体车库系统构成

1. 停车场分类

按照不同的标准，可将停车场分成如下 5 类：

（1）路上停车场和路外停车场。

（2）地上停车场和地下停车场。在空旷地方和地价不昂贵的地段，可考虑设置地上停车场。如果地价昂贵或在高层建筑处，可设置地下停车场。

（3）平面停车场和立体停车场。由于汽车数量大量增加，繁华地区的地段越来越昂贵，随着科学技术的发展，开始考虑在繁华地段兴建立体停车场。

（4）自行式停车场和机械式停车场。在停车位要求比较多的公共区，一般优先考虑建设自行式大规模立体停车场。机械式停车场是最主要的，也是今后要大力发展的停车场形式。自动化立体机械式停车场是今后的发展方向。

（5）公共停车场和非公共停车场。

2. 机械式停车设备分类

常用停车设备的类别有：

（1）升降横移类。停车位为两层或多层，有若干层的同层置车板可左右横向移位，通过升降机构改变置车板的高度。可为地上式或带地坑式（图 15-1）。

图 15-1　升降横移类机械式停车设备

（2）垂直循环类。通过传动机械，驱使以垂直方式排列的各置车板做连续环形运动。车辆出入口位于停车设备最下面的称为下出入口式；位于中间部分的称为中出入口式；位于最上面的称为上出入口式。可为封闭式高塔或敞开式低塔。

（3）垂直升降类。停放车辆的停车位和车辆升降机以立体方式组成的高层停车设备。通过搬运机械将车辆或载有车辆的置车板横向或纵向地从车辆升降机搬运至停车位。停车位分横置式、纵置式和圆周式三种。

（4）简易升降类。停车位为两层或三层，通过升降机构或俯仰机构改变置车板的高度或倾斜角度，供车辆出入。可为地上式或带地坑式。

其他类别的停车设备有：

（5）水平循环类。各置车板以两列或多列方式水平排列，并循环移动。置车板以圆弧运动方式循环者称为圆形循环式；以直线运动方式循环者称为箱形循环式。车辆入库方式有两种：一种是车辆直接驶入停车设备内的置车板；另一种是与设置在出入口的车辆升降机配合使用。

（6）多层循环式。各置车板以两层或多层方式排列，在相邻两层间的两端设有车辆升降机，同层置车板可在该层内作水平循环移动。置车板在设备两端以圆弧运动方式升降者称为圆形循环式；以垂直运动方式升降者称为箱形循环式。车辆入库方式与水平循环相同。

（7）平面移动类。在同一层面上，用搬运台车平面移动车辆，或使置车板平面横移。可为单层平面横移、单层（多层）平面往返以及门式起重机多层平移。

（8）巷道堆垛类。采用巷道堆垛机和搬运器，将进到搬运器上的车辆一起作平面移动且垂直升降到停车位旁，再用存取机构将车辆送入停车位。

（9）汽车升降机类。是指搬运器运载车辆或同时运载驾驶员，垂直升降运行，进行多层平层对位，从搬运器到存车位需要驾驶员驾车入位，实现车辆存取功能的停车设备。

3. 立体车库系统构成

立体车库由机械构件、液压系统、电气传动、光电检测和 PLC 控制系统组成。机械系统包括立桩、载车板（托盘）、悬臂、升降架、横移机械、防附保护装置、自动安全门等。电气传动包括主拖动电机、平层外偿电动机、开门控电动机、升转电动机、横向移动电动机等。

立体车库智能管理系统（图 15-2）包括：①收费管理系统：IC 卡管理；车位显示系统；出入库控制系统；②监控管理系统：视频监控、运动检测、车辆识别、报警连动；③安全运行系统：急停装置、缓冲装置、防坠装置、限位装置、通风装置、消防装置、避雷装置、排水装置、防盗装置。

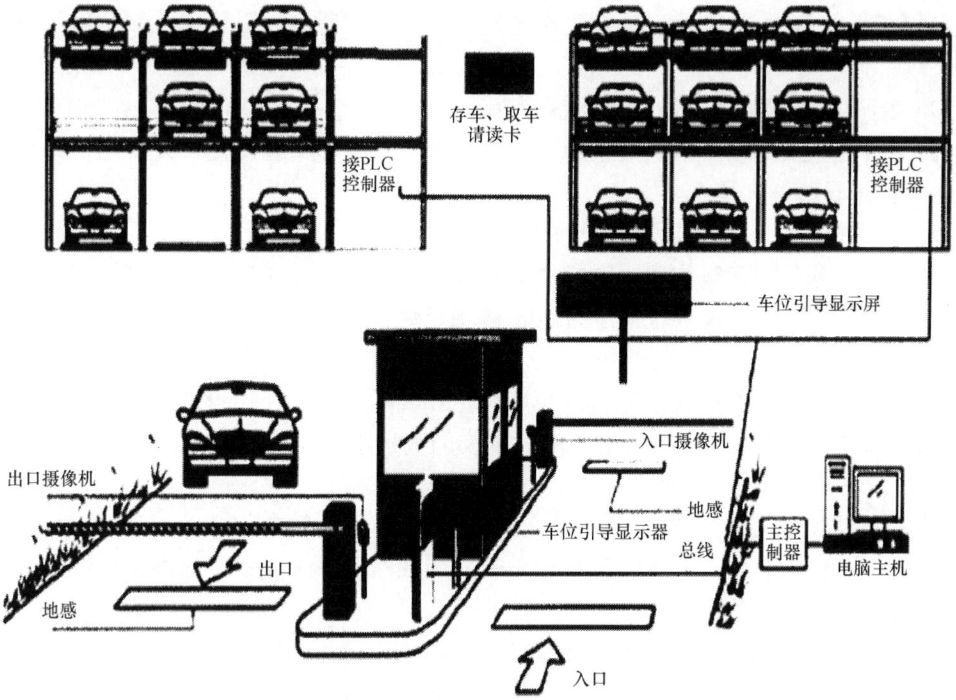

图 15-2　立体车库智能管理系统

15.1.2　停车库通风、防火和消防设施

停车库保证安全的公用设施有：

1. 通风和排烟

（1）停车库应以自然通风为主。

（2）对于有人员出入和停留的地下停车库应设置机械通风系统。唤起次数不应小于 6 次/h。风管应采用不燃烧体材料制成。

（3）建筑面积超过 2000m^2 的有车道的停车库应设置排烟系统。排烟系统的设置应符合现行工程建设规范《建筑防排烟技术规程（附条文说明）》（如上海市 DGJ 08—1988—2006）的相关规定。排烟系统可与通风系统合用。

（4）平时无人值班的机房，根据需要，应安装能使室温保持在 40℃以下的通风设备或空调设备。

（5）停车库的控制室和管理办公室宜设置空调设备。

2. 排水

（1）停车库应具备充分的排水能力，防止库内、地坑和道路积水。

（2）排水沟、集水井的位置应避开停车设备。

3. 消防设施

（1）停车库内应按现行国家标准《汽车库、修车库、停车场设计防火规范》（GB 50067）的相关规定设置消防给水系统和自动喷水灭火系统。

（2）自动喷水灭火系统喷头的布置应确保每个停车位都受到保护。

（3）停车场可采用移动灭火设施。

(4)停车场数量为50个及以下的无车道出入口的独立停车库可采用二氧化碳等气体灭火系统。

(5)地下停车库可采用高倍数泡沫灭火系统。

(6)无车道(人)或停车位数量为150个及以上的停车库应设置火灾自动报警系统。

4. 对停车场的防火要求

汽车库、修车库、停车场设计防火的主要规定部分有:

(1)对防火分隔和建筑构造。电梯井、管道井、电缆井和楼梯间应分开设置。管道井、电缆井的井壁应采用耐火极限不低于 1.00h 的不燃烧体。电梯井的井壁应采用耐火极限不低于2.50h的不燃烧体。

(2)对安全疏散。除机械式立体汽车库外,Ⅳ类的汽车库在设置汽车坡道有困难时,可采用垂直升降梯作汽车升降疏散出口,其升降梯的数量不应少于两台,停车少于10辆的可设一台。

(3)对自动喷水灭火系统。Ⅰ、Ⅱ、Ⅲ类地上汽车库、停车数超过10辆的地下汽车库、机械式立体汽车库或复式汽车库以及采用垂直升降梯作汽车疏散出口的汽车库、Ⅰ类修车库,均应设置自动喷水灭火系统。

(4)对电气。消防水泵、火灾自动报警、自动灭火、排烟设备、火灾应急照明、疏散指示标志等消防用电和机械停车设备,以及采用升降梯作车辆疏散出口的升降梯用电应符合下列要求:

1)Ⅰ类汽车库以及采用升降梯作车辆疏散出口的升降梯用电应按一级负荷供电。

2)Ⅱ、Ⅲ类汽车库和Ⅰ类修车库应按二级负荷供电。

3)除敞开式汽车库以外的Ⅰ类汽车库、Ⅱ类地上汽车库和高层汽车库以及机械式立体汽车库、复式汽车库、采用升降梯作汽车疏散出口的汽车库,应设置火灾自动报警系统。

15.1.3 我国自动化停车场情况及发展趋势

据2010年统计,机械式停车库在我国地级城市的应用已经相当普遍。不包括省会城市,全国兴建机械式停车库的地级城市已有113个。而江苏、浙江、山西、河北、贵州、青海等省区地级城市普及率达到 100%;山东、广东的普及率也已达到 85%以上。巨大的停车需求催生停车位市场。2010年包括北京、广州、重庆等大城市都出现排队买车位或租车位现象,而且“一位难求”。普通的机械式停车库因投资省、见效快、因地制宜、政策鼓励的优点而被看好,尽管还没有形成市场规模,但前景明朗。这一市场的最终形成,无疑会成为停车设备市场高速发展的又一强大推动力。

从自动化停车场的技术上看,智能化仓储式立体车库代表立体车库发展的方向。目前我国停车设备行业的低端设备占了90%,其中升降横移式占70%左右。升降横移式立体车库中,如中下层某个车位出现故障,则整个系统就会瘫痪。另外,升降横移式立体车库在安全性等方面也有待加强。智能化仓储式立体车库不但要重视停车密度和高性能,更应讲究产品的经济实用性及单车位造价。智能化巷道式立体车库主要是向地下发展,适合于新建小区或可以进行地下施工的单位。垂直升降式立体车库主要是向地上发展,适合老小区改造以及用地比较紧张的单位停车,在有限的空间上提高车库的容量,如在 $50m^2$ 的土地面积上,建设高 50m 的车库,可以存放50辆车,平均每车占地面积 $1m^2$。

15.2　自动化停车场的设计和安全

15.2.1　垂直升降式停车设备的安全技术和抗干扰措施

1. 停车设备安全技术

垂直升降式停车设备（图 15-3）的保护装置应设置有程序、电气、机械的三重保护机制，完整有效地构成停车设备的完善保护系统。应该为停车设备设置和完善的每一道保护措施，应使停车设备的每一套安全装置始终保持在有效的工作状态，同时应制定完善的规章制度，坚持安全技术检验。

安全防护装置要求有紧急停止开关，防止超限运行装置，汽车长、宽、高限制装置，阻车装置，人车误入检出装置，载车板上汽车停放到位的检测装置，出入口门，围栏联锁安全检查装置，防止载车板坠落装置和警示装置等。

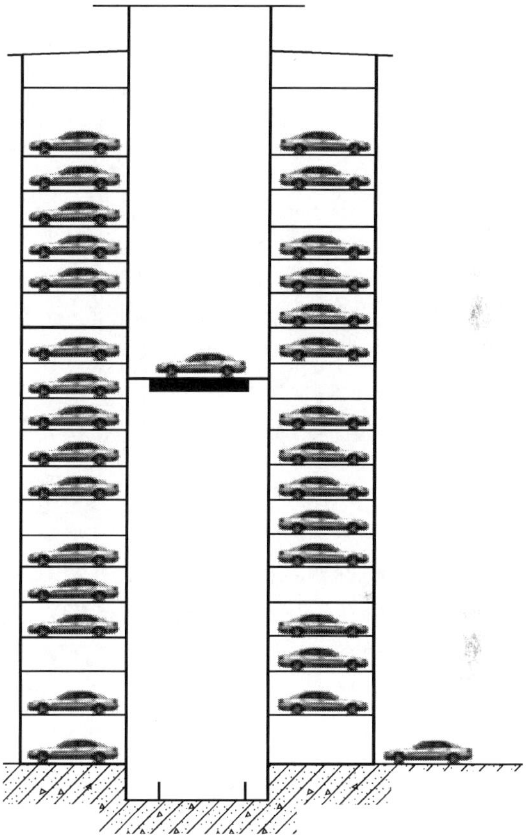

图 15-3　垂直升降式停车设备

控制器安全控制。控制系统负责停车设备一切动作，需设有多种自动保护和光电保护系统。自车辆进入动作区域泊车开始，在控制面板输入存车命令后，系统自动对入库车辆进行车长、车宽、车高、车重的全面检测，确认符合容车要求，动作区域无异常（如有人进入停车设备）后，系统即开始根据按键指令运行。如果在停车设备运行过程中，一旦本设备入口处的光电开关被遮断，表明有异常情况（如有人进入），则系统立即停止运行，直到确认安全后才能继续运行，以确保人员或车辆的安全。此外，在单片机内部可预先设置一组按照正常速度完成动作所需时间的定时器。在系统运行时，使之开始计时，在如多重保护失灵的情况下，计时时间一到，就向单片机发出中断请求，则控制系统立即停止设备运行，并触发蜂鸣器报警。如此可以防止因突发情况而导致系统出现危险情况；可以采用光电开关构成松、断链检测装置。在系统运行过程中，如出现链条松或断情况，安全机构开始起作用，系统停止运行并报警。

自动存取车操作过程完全由单片机控制，可避免人员操作失误发生危险。

2. 控制系统的抗干扰措施

由单片机组成的测控系统（图 15-4）所处工作环境往往比较恶劣和复杂，其应用系统的可靠性和安全性是一个非常突出的问题。测控系统必须保证长期稳定、可靠运行，否则将导致控制误差加大，严重时会造成系统失灵，甚至造成巨大损失。影响测控系统可靠、安全运行的主要因素是来自系统内部和外部的各种电气干扰，以及系统结构设计、元器件选择、安装、制造工艺和外部环境条件等。这些因素造成的后果有数据采集误差加大、控制状态失灵、数据受干扰变化以及程序运行失常等。因此，对于单片机控制系统，其抗干扰性能是一个不得不重点考虑的问题。

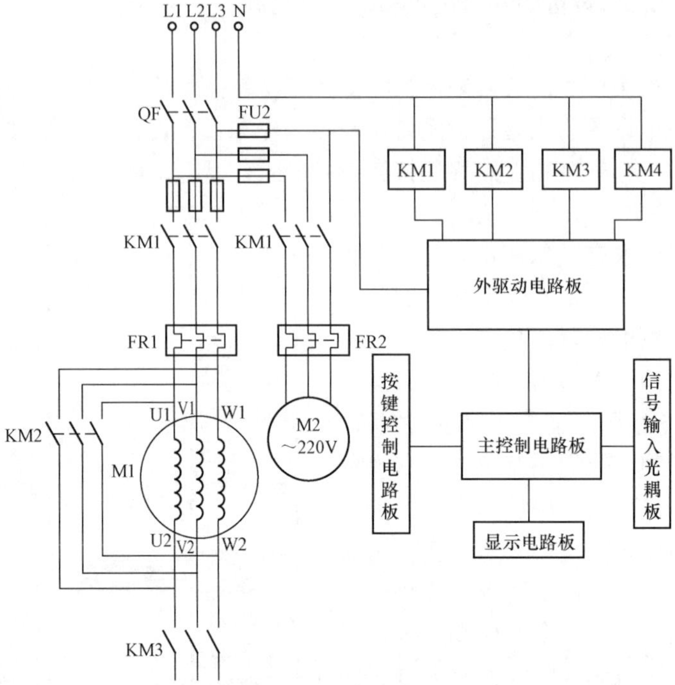

图 15-4 停车设备单片机控制系统原理图

以下从硬件和软件两方面介绍所采用的各种抗干扰措施。

（1）硬件抗干扰。硬件抗干扰措施采取方案如下：

1）可靠的元器件。要尽量选用高可靠性的元器件。尽量选用标准化、模块化的典型电路和芯片，如选用 89C52、DS12887、X5045 等芯片。

2）设计硬件抗干扰电路。应用硬件抗干扰电路来提高系统抗干扰性能是一种常用的有效措施，主要包括滤波技术（有源滤波和无源滤波）、去耦电路、屏蔽技术、隔离技术、接地技术等。实践证明，通过合理的硬件电路设计，可以削弱或者抑制大部分干扰。

3）采用微处理监控器电路，即“看门狗”电路。

4）采用 X5045 芯片构成“看门狗”电路，具有上电复位、看门狗定时器、电压监视器等功能，能有效保证单片机稳定而可靠的工作。

5）印制电路板的抗干扰措施。印制电路板在设计中要注意：印制电路板导线的特性阻抗，电源线和地线阻抗噪声的抑制，配置去耦电容，印制电路板的尺寸和器件配置及印制电路板的安装等。

此外，电源使用要注意干扰问题，在这里使用集成稳压电源供给单片机电源。同时采用合理的配电方式也非常重要。

（2）软件抗干扰。窜入测控系统的干扰，其频谱往往很宽，且具有随机性。采用硬件抗干扰措施，只能抑制某个频率段的干扰，仍会有一些干扰侵入系统，造成系统失灵。因此，采用适当的软件抗干扰措施对于单片机控制系统来讲，有时显得极为重要。如果处理不好，对控制系统的影响有时是致命的。下面是针对本系统提出的若干软件抗干扰措施。

1）指令冗余技术。当 CPU 受到干扰后，往往将一些操作数当作指令码来执行，引起程序混乱。典型的故障是破坏程序计数器 PC 的值，导致程序从一个区域跳转到另一个区域，或者程序在地址空间内“乱飞”，或者陷入“死循环”。为了使“乱飞”程序在程序区迅速纳入正轨，应该尽可能多地采用单字节指令，并在关键地方人为地插入一些单字节指令（NOP），或将有效单字节指令重写，即为指令冗余。

2）设置软件陷阱。当乱飞程序进入非程序区（如 E^2PROM 未使用空间）或表格区时，采用冗余指令使程序纳入正轨的条件并不满足，此时可以设定软件陷阱，拦截乱飞程序，将其迅速引向一个指定位置，在那里有一段专门对程序出错进行处理的程序。软件陷阱，就是一条指引指令，强行将捕获的程序引向一个指定的地址，在那里有一段专门对程序出错进行处理的程序。软件陷阱一般安排在未使用的中断向量区、未使用的片 ROM 空间、运行程序区、表格等地方。

3）软件“看门狗”技术。“看门狗”是 CPU 从死循环和弹飞状态中进入正常的程序流程。

4）RAM 中数据冗余保护与纠错。在单片机系统中，常常需要给 RAM 设置掉电保护功能，以防止在电源开启和断电过程中重要数据的丢失。此外，程序乱飞被纳入正轨后，需要检查 RAM 中数据内容，可以采用数据冗余备份的思想保护重要数据。在这里就可采用 X5045 芯片内 RAM 特性，进行数据的冗余备份。

以上方法是提高输入/输出接口抗干扰性的有效措施之一。综上所述，硬件抗干扰和软件抗干扰相互结合起来，以及它们正确合理的实施，将会极大提高系统的抗干扰性能，从而保证停车设备安全可靠的运行。

15.2.2　电梯升降式立体停车库的监控系统功能设计分析

电梯升降式立体车库由升降电梯、行走小车及其横移机构为主体组成。电梯升降式立体车库的主要作用如图 15-5 所示。电梯升降式立体车库的自动控制系统主要包括控制、拖动、检测及安全保护部分。其存取车时的动作较多且复杂，要求控制系统实现顺序动作、速度、定位及安全互锁等控制。故此类停车库一般都采用控制系统。为了保证传动装置在运行时低噪声、低能耗、自动加减速，运行平衡、高速、准确，车库升降装置多数采用交流变频调速系统。为了确保车辆安全，车库内还安装了光电检测装置和各种限位装置来检测隐患。下面介绍监控系统的功能。

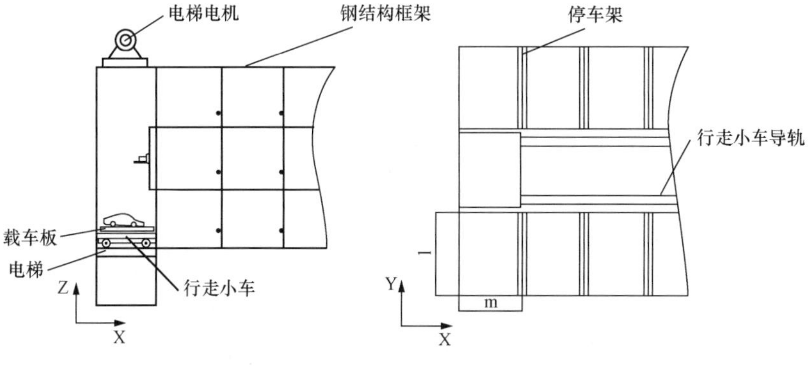

图 15-5　电梯升降式立体车库的主要作用示意图

监控系统在数据采集的基础上，以友好的人机交互界面，最终完成指挥PLC对车库运行操作的自动控制。操作员的所有存取车操作都在计算机上完成，如图15-6所示。

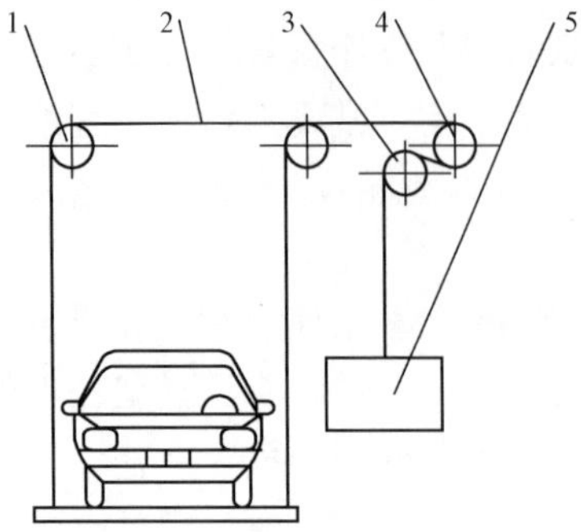

图15-6 定滑轮机构曳引驱动方式

1—定滑轮；2—钢丝绳；3—导轮；4—曳引轮；5—平衡重

（1）上位监控系统主要监视车库运行状态。“车库运行状态”功能界面显示整个车库电梯、各现场停车等待及现场进出指示信号灯，前者指示司机在何处等待停车，后者指示司机可以将车开入车库电梯。

（2）监视设备运行状态功能“位置信号”界面显示。电梯、行走小车、载车板在运行过程中各层平层开关、限位等的开关信号，与实际电气条件一致。当系统硬件或线路发生故障时，出错时信号灯显示，由此判断故障并确定故障点。

（3）人机交互操作。操作员直接在计算机上进行控制操作和管理。系统自动控制车位载车板的运动变化，自动生成记录报表和账单。起动、停车和打印，仍由操作员完成。操作分为手动操作和自动操作，手动操作又分为控制柜手动和现场手动。在计算机脱机情况下可以完成所有停车操作，但不能对车库进行监控管理。遇到比较复杂的故障时，可现场手动处理。自动操作指下位与计算机的交互操作。

（4）车位选择。停车首先要选车位，车位可以优选、指定和包租。每次存取车之后，自动按最优车位选定下次停车位置例如存车优先、取车优先、原地待命等。也可人工指定位置，如某车位属于包租，则对此车位的优选可指定为无效。

（5）故障处理和维护。故障可能发生两种情况：一种是现场设备和信号失误，运动部件在运动过程中非正常停止，则应急停控制，现场手动复位；另一种是计算机显示错误，则可调出“维护”界面。其功能包括重定电梯、载车板、小车状态，重定运行状态、调整停车收费价格和运动部件单步调试。这些功能保证了监控系统状态与现场的完全一致。

（6）系统记录。历史日报、月报、即时日报、历史账单和打印当前账单。日报和月报保存均保存1个月，查询可选定时间段进行。所有管理数据在车库运行中都自动生成。

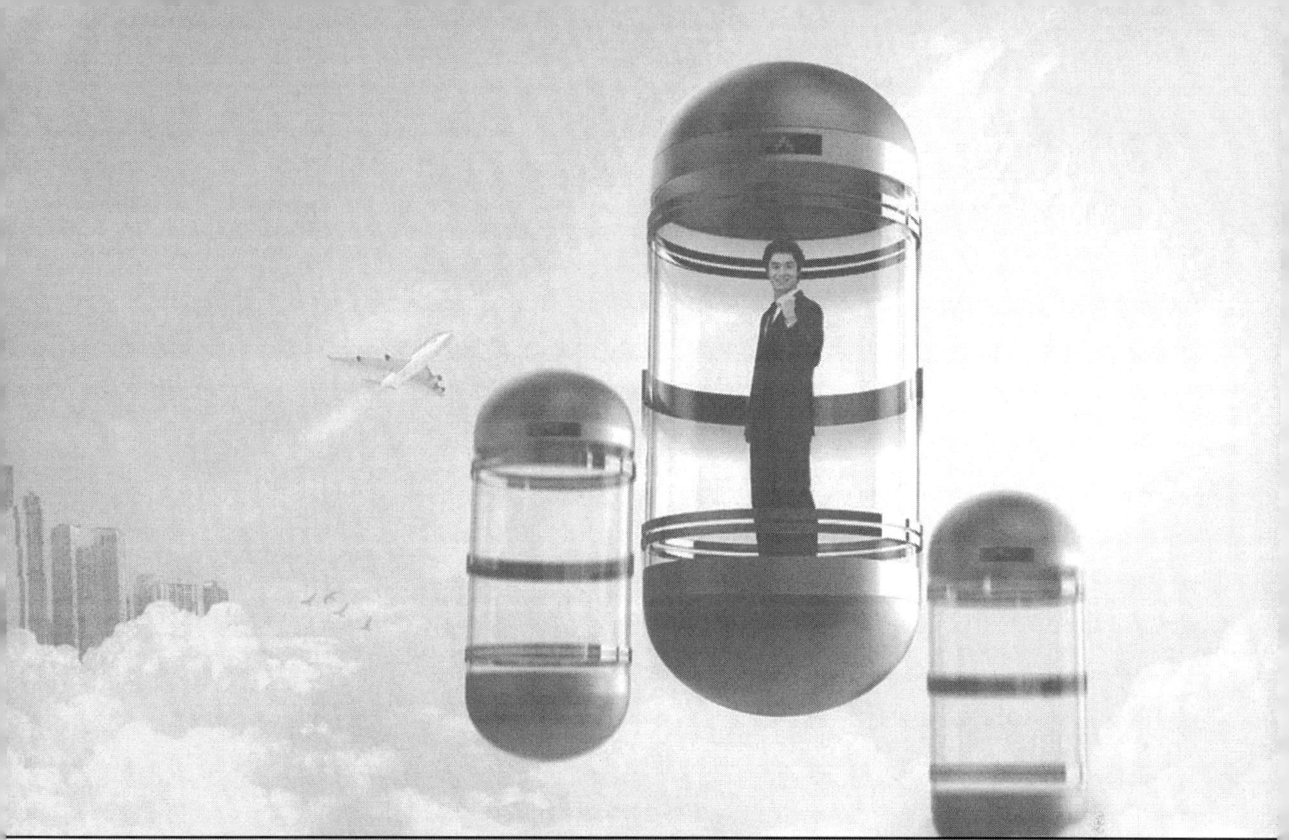

第4篇 质量安全篇

我国是电梯生产和使用大国。电梯质量安全事关人民群众生命财产安全和经济社会发展稳定。近年来，我国电梯万台事故起数和死亡人数持续下降，安全形势稳定向好。但随着电梯保有量持续增长，老旧电梯逐年增多，电梯困人故障和安全事故时有发生，社会影响较大。为进一步加强电梯质量安全工作，保障人民群众乘用电梯安全和出行便利，用下面两章阐述落实电梯生产使用单位主体责任问题和电梯业的科学监管问题。

第16章

落实电梯生产使用单位主体责任

落实电梯生产使用单位主体责任需要了解电梯生产实际情况，不但对电梯设计选型和生产制造负责，还对电梯安装检测和维修改造，直至乘客使用负责，但是重点应放在前面两部分上。内容包括：电梯产业安全调查，电梯技术和电梯安全，电梯安全技术研究，电梯意外移动和电梯安全，电梯部件设计和电梯安全，保证电梯选型和配置符合相关标准规范要求，对电梯依附设施的设置和土建质量负责等内容。

16.1 电梯产业安全调查

坚持以人民为中心的发展思想进行电梯产业安全调查，了解和掌握电梯产业现状，并把先进的电梯技术和安全技术应用在电梯生产中，才能使人民乘梯有安全感，同时获得产业利润和行业效益。

16.1.1 电梯产业安全调查现状

当今我国是世界上电梯生产量和在用量的第一大国，2016 年我国电梯生产达 78.6 万台，在用电梯达 493.69 万台，具体数据见表 16-1 和表 16-2。2007～2016 年中国电梯进出口量见表 16-3。

表 16-1　2007～2016 年中国电梯生产量

年份	电梯、自动扶梯、自动人行道总产量/万台	年份	电梯、自动扶梯、自动人行道总产量/万台
2007	21.6	2012	52.9
2008	24.5	2013	63.3
2009	26.1	2014	71.4
2010	36.5	2015	76.0
2011	45.7	2016	78.6

注：不含台湾、香港和澳门地区。

表 16-2　2007～2016 年中国在用电梯量

年份	在用电梯量/万台	年份	在用电梯量/万台
2007	91.73	2009	136.99
2008	115.31	2010	162.85

续表

年份	在用电梯量/万台	年份	在用电梯量/万台
2011	201.06	2014	359.85
2012	245.33	2015	425.96
2013	300.93	2016	493.69

注：不含台湾、香港和澳门地区。

表 16-3　　2007～2016 年中国电梯进出口量

年份	出口/台			进口/台		
	客梯	自动扶梯与自动人行道	合计	客梯	自动扶梯与自动人行道	合计
2007	16 507	15 089	31 596	2536	59	2595
2008	24 781	18 220	43 001	2004	23	2027
2009	19 359	13 589	32 948	2008	10	2018
2010	23 626	13 646	37 272	1988	29	2017
2011	30 709	16 834	47 543	1698	19	1717
2012	37 932	17 448	55 380	1929	23	1952
2013	47 123	18 845	65 068	1601	13	1614
2014	50 459	18 451	68 910	1804	17	1821
2015	53 439	20 501	73 940	1700	12	1712
2016	56 736	19 644	76 380	2093	4	2097

注：不含台湾、香港和澳门地区。

截至 2015 年底，不含我国台湾、香港和澳门地区，取得电梯制造许可证的企业有 696 家；型式试验备案，境外有 57 项，包括 13 家部件企业 23 项，26 家整机企业 34 项；境内 395 项，包括 255 家部件企业 393 项，2 家整机企业 2 项。取得《特种设备作业人员证》的电梯作业人员 962 682 人。截至 2016 年底，取得电梯安装、改造、维修许可证的 11 208 家，其中由国家质检总局发证的有 206 家，由省级质监局发证的有 11 002 家。

我国 2009～2014 年电梯发生事故数如图 16-1 所示，2002 年、2009～2014 年发生事故死亡率如图 16-2 所示。2015 年发生电梯事故 58 起，死亡 46 人，万台设备年事故率 0.14，死亡率 0.11；2016 年发生电梯事故 48 起，死亡 41 人，万台设备年事故率 0.10，死亡率 0.08。

由图 16-1、图 16-2 和表 16-1、表 16-2 看出：近十多年来我国电梯事故比呈现出下降趋势。目前国内电梯年增长 50 万～60 万台，每万台电梯设备年死亡率从 2002 年的 1.33 降低到 2014 年的 0.13，到 2016 年的 0.08。与发达国家电梯安全水平基本相当。

16.1.2　电梯产业安全调查初步结论

（1）我国电梯万台事故起数和死亡人数持续下降，安全形势稳定向好。这只能使我们对电梯安全工作增加信心，但千万不可掉以轻心。因为随着电梯保有量持续增长，老旧电梯逐年增多，电梯困人故障和安全事故时有发生，社会影响较大。而且，我国的电梯事故以严重事故为多，以死亡人数为多；而欧美几个工业发达国家的以轻伤者为多，所以对我国来说，出现电梯事故的形势仍然严峻，对电梯事故和电梯安全要引起足够重视。

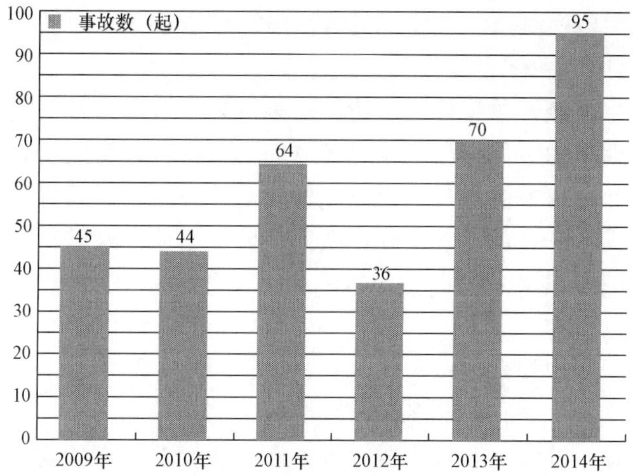

图 16-1　我国 2009～2014 年电梯发生事故数

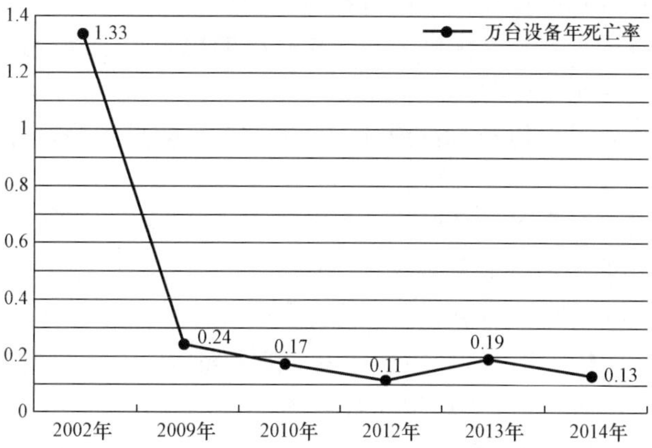

图 16-2　2002 年、2009～2014 年电梯发生事故死亡率

（2）我国电梯行业市场竞争格局激烈，国内民资企业电梯技术还次于合资和独资技术，尽管这种格局逐渐在变化。表现在：大型外资或合资企业在竞争中的技术优势明显；民族企业的产业集中度在逐渐提高，康力、江南嘉捷、广日等优秀的本土民族企业表现抢眼，业绩逆势增长；中小企业增幅较小，有部分企业淡出了行业。长期以来，以三菱、通力、奥的斯、迅达、蒂森等西方电梯巨头企业为代表的外资企业，占据了中国电梯市场的半壁江山；中国电梯主要以中低端品牌为主，品牌价值也较低。不过，内资品牌与国际知名品牌的市场占有率对比出现明显改变，由过去二八比例逐步向三七格局发展。

（3）电梯综合服务能力日益重要。目前我国内外资电梯厂家自维保比例都比较低，国内电梯企业还是以制造为主，维保收入在电梯企业总收入占比不到 10%。大部分电梯企业由于服务网络还不健全，服务能力较弱，服务环节可控的安装、保养比例不高；或由于其人力、装备、服务、保障等能力受到制约，缺乏完善服务体系的核心技术，没有形成自主的安装维保服务体系。因此，大部分企业一般采用委托当地有资质的经销商或其他单位承担安装及售后的维保工作。电梯产品运行的安全性、可靠性和舒适性除了取决于电梯产品的制造外，更大程度上取决于其安装、维修和保养服务的质量。随着电梯维保市场的需求增长，维保收入将成为电梯行业新的增长点，电梯维保由大量第三方维保公司负责逐步走向由厂商专业化维保为主成为趋势，我国电梯制造企业将日益重视电梯综合服务能力的提升。

16.1.3 电梯安全管理中的主体责任

主体责任是指：生产经营单位依照法律、法规规定，应当履行的安全生产法定职责和义务。分清电梯安全管理中的主体责任，明确各方的责任权利，有助于划分政府和检验机构、设计和经营方及使用和维修方的责任，提高电梯安全管理水平。具体地说，电梯设备生产和使用单位是保证电梯设备安全的责任主体；政府是监管主体；检验机构对电梯安全管理进行评价，并提供质量保证要求。

主体责任包括如下内容：

（1）依法建立安全生产管理机构。

（2）建立健全安全生产责任制和各项管理制度。

（3）持续具备法律、法规、规章、国家标准和行业标准规定的安全生产条件。

（4）确保资金投入满足安全生产条件需要。

（5）依法组织从业人员参加安全生产教育和培训。

（6）如实告知从业人员作业场所和工作岗位存在的危险、危害因素、防范措施和事故应急措施，教育职工自觉承担安全生产义务。

（7）为从业人员提供符合国家标准或行业标准的劳动防护用品，并监督、教育从业人员按照规定佩戴使用。

（8）对重大危险源实施有效地检测、监控。

（9）预防和减少作业场所职业危害。

（10）安全设施、设备（包括特种设备）符合安全管理的有关要求，按规定定期检测检验。

（11）依法制定生产安全事故应急救援预案，落实操作岗位应急措施。

（12）及时发现、治理和消除本单位安全事故隐患。

（13）积极采取先进的安全生产技术、设备和工艺，提高安全生产科技保障水平，确保所使用的工艺装备及相关劳动工具符合安全生产要求。

（14）保证新建、改建、扩建工程项目依法实施安全措施同时到位。

（15）统一协调管理承包、承租单位安全生产工作。

（16）依法参加工伤保险，为从业人员缴纳保险费。

（17）按要求上报生产安全事故，做好事故抢险救援，妥善处理对事故伤亡人员依法赔偿等事故善后工作。

（18）法律、法规规定的其他安全生产责任。

在这里仅对作为电梯生产方的企业在设计中存在的安全问题，提出来供考虑和借鉴。对于电梯和自动扶梯的安全，作为电梯生产方的企业不能仅以满足标准要求、检验合格、交付使用作为生产目标，而应该从设备的本质安全、使用过程的可靠性角度生产和交付这些产品。从本质安全的角度提升设计能力，以新技术的引用来保证电梯和自动扶梯的安全裕度，开拓远程监测、精准诊断、预防性维修，在技术上提高电梯和扶梯安全运行的稳定性。还应该重视采用新型材料、运用新的控制技术提升产品运行的可靠性。设计院对车站附近的电梯设备，要考虑电梯选型合理，应结合近远期客流预测，设置满足公共交通运力的电梯数量，确保设备布局合理、使用环境符合要求，避免电梯超负荷运行。

有些电梯产品设计考虑不周全，一味地追求降低产品成本和极限设计，未能全面计算、平衡电梯系统中零部件的承受能力和兼容性。例如在曳引机改为永磁同步驱动后，着重于降低绳轮直径，没有考虑钢丝绳等零部件的承受能力。有些载货电梯为了保证提升能力，用一些 4:1 甚至 8:1 的悬挂方式设计，都会影响钢丝绳的寿命。电梯产品属于工地安装成品，在设计中除保证功能设计外，应更多地考虑工地安装的方便性，降低工地安装出问题的可能性，提供更多的方便、简捷的安装工具。对许多重要零部件、系统的安全可靠性评估方面研究不足，致使电梯产品中存在许多潜在的安全风险，尤其在高速电梯、超高速电梯方面。在加装电梯市场方面，应避免当初盲目上永磁同步驱动后带来的问题，对不同区域、不同系统加装电梯的重要零部件，应深入研讨才能规避风险。

16.2　电梯技术和电梯安全

电梯技术的发展能保证电梯安全，但是另一方面由于电梯技术的发展，电梯系统变得复杂而变得不安全，又需要新的、更加严格的电梯安全技术作保证。在这里从电梯技术发展和电梯安全、电梯智能化和电梯安全、电梯技术成就和电梯安全三方面，来阐述电梯技术和电梯安全的关系。

16.2.1　电梯技术发展和电梯安全

从电梯技术及其安全发展史可以看出电梯技术和电梯安全是密不可分的。1854 年在纽约水晶宫展览会上，Elisha Otis 公开展示了它的升降机，他站在载有木箱、打通和其他货物的升降机平台上，当平台升至大家都能看到的高度后，命令砍断绳缆，制动爪立即深入平台两侧的锯齿状的铁条内，平台安全地停在原地，纹丝不动。此举迎来了观众热烈的掌声，Otis 不断地向观众鞠着躬说道："一切平安，先生们，一切平安。"这段在世界电梯史上有名的叙述说出两个重点：一是要记住的 1854 年；一室电梯设备的安全是其生命线，安全是从科学技术的发展中得到认识。

1949 年新中国成立时，全国拥有电梯总量约 3000 台，目前国内在用电梯已超过 500 万台（2017 年）。新中国成立后尤其是改革开放以来，中国电梯拥有量的巨大变化也引发了电梯行业的发展高峰。这个高峰出现在 21 世纪初，而这个时期又恰恰是国际上科学技术的腾飞时期，电梯的技术发展和标准发展也在其中。以 EN 115–1：2008 和 EN 81–20：2014 和 EN 81–50：2014 为代表，凸显国际上把电梯设备的安全技术发展到一个新阶段：对于安全的要求更为严格，安全防护的手段更加现代化。在国内以 GB 16899—2001 和 GB 7588—2003 第 1 号修订单，TSGT007、TSGT001～7006 第 1、2 号修订单的颁布为代表。在当今严峻的新形势下，不断学习标准、加深理解、尽快执行才是出路。每个电梯人都要努力实现电梯设备的安全运行，从而更好地为社会、为民众服务。

电梯技术的发展也包含着电梯安全技术的发展。持续提升安全性、可靠性也是电梯未来技术发展的核心方向，法规和标准将提出更严格的要求，更加关注电梯全寿命周期的安全性，尤其是关键部件，例如制动系统、永磁同步曳引机、电梯悬挂系统、门系统、自动扶梯的附加制动器和驱动链等的可靠性。新型的曳引悬挂装置，例如包覆钢丝绳皮带（钢带）、裹塑钢丝绳、碳纤维带等，能够用于更轻的轿厢设计，降低能耗，节省井道空间，具有更长的使用寿命。电梯物联网基于远程监控平台的大数据，提高电梯的安全性和可靠性，提高安全管理和事故预警水平，推动建设电梯全寿命周期的追溯体系，为实施电梯的预防性维修奠定基础。

随着高层建筑的发展，高速和超高速电梯的市场需求将增加，需要大功率驱动、安全部件、减振降噪、速度控制、群控，以及有关安装、维护和检验等方面的技术，以满足运行安全可靠、乘坐舒适的需要。

电梯技术的进步不仅仅在于电梯技术本身，也依赖于同时代科技现状及建筑需求。电梯技术在超高层建筑方面还有较大的技术发展空间。详细地说，超高层建筑电梯井道约占用总建筑面积的 10%～15%，中国某超高层建筑仅电梯井道就耗资十几亿元。建筑高度的增加让我们重新思考当前的垂直运输理念。城市较合理的水平交通工具是公共汽车和地铁，高层和超高层建筑垂直交通与城市水平交通有相似之处：电梯好比公共汽车，占用了太多建筑面积，还缺少垂直的“地铁”。研究建筑内的垂直列车，高峰时一个井道内有多个甚至十几个列车在“大站”间高速运输，平峰时多个列车停靠在“车站”，“小站”间运输仍然依靠传统电梯。总体来说，超高层建筑新式电梯将降低井道占用面积和提高效率。一位电梯技术专家说：“实现所面临的最大挑战来自人们的观念，而不是技术。”著者的理解是：实现所面临的最大挑战来自电梯业的经营和管理，而不仅仅是电梯技术。

16.2.2 电梯智能化和电梯安全

1. 电梯智能化是发展智能建筑所不可缺少的组成部分

电梯智能化以电梯安全性作保证，需要加强电梯安全。电梯智能化又是发展智能建筑所不可缺少的组成部分。利用电梯作为信息入口的特点，通过融合以云计算、物联网、大数据等新一代信息技术，实现电梯运行、使用、维保等过程的智能化管理来提高电梯的智能化水平，充分发挥协同效应来构建智能建筑。其中，云服务大数据时代推动电梯行业进入自动化和高效率时代，成立云服务数据安全中心有利于对电梯运行状态实施远程监控及获得大量可获取的分析数据，将有助于企业更好地研究和验证以做出精确判断，从而使安全运行效率得到重大改善。未来智能建筑中的电梯将成为建筑综合体内的交通工具，因为随着电子技术、网络通信技术的发展，智能城市、智能建筑已成为城市建设的未来发展趋势。《2013—2017年中国智能建筑行业发展前景与投资战略规划分析报告》显示：我国建筑业产值的持续增长推动了建筑智能化行业的发展，智能建筑行业市场在 2005 年首次突破 200 亿元之后，也以每年 20%以上的增长态势发展，未来几年智能建筑市场前景仍然巨大。通过各种现代化技术所构建的智能化系统可以使楼宇具备了“聪明”的大脑，从而对建筑物内外的信息进行收集、处理，并通过智能化系统做出适当反应，为楼宇的管理者和使用者提供各种信息，给住户带来多元化信息以及安全、舒适、便利的生活环境。

2. 电梯智能化推动着电梯维保经营的进步和变化

随着我国城市化进程不断深入，城市空间在往纵向发展，高层建筑的比例不断增加，未来对于大容量、超高速的电梯需求有增无减，这意味着对电梯安全性和可靠性提出更高要求。电梯维保政策要求电梯维保应由厂家或者其委托的单位进行。目前电梯事故中 60%左右是由于维保不当造成的，70%的维保市场是被低价竞争的第三方维保占据。维保规范政策全国推行后，电梯自维保比例将大幅提升，大批第三方维保公司将退出市场。维保市场将摆脱低价竞争，安全与质量第一，维保价格将上升，维保市场空间将加速增长；网络布局完善的电梯企业受益，没有网络和品牌的内资企业将进一步遭到洗牌。

电梯智能化也推动着维保的智能化。创新设计、制造、安装及维保智能化，能提高电梯使用环节的安全性和可靠性。当下是信息化时代，物联网是推动行业高速发展的重要生产力，实施物联网对在用电梯信息化管控，对电梯时时体检、数据分析对电梯潜在故障预判、预处理，从而使电梯使用环节的安全性、可靠性可进一步提升。

3. 物联网的智能电梯技术标志着智能评估故障概率，使电梯管理智能化

除了实现电梯远程监视、故障及救援通知等基本功能外，还可在云端平台上对采集的数据进行深度学习并实现大数据分析，进而智能评估电梯的健康状况、付账概率，及时发出预警信息、实现远程维保和预测性维保。这是提高电梯安全性、降低运行维修成本的有效技术手段。为了提高电梯的智能化服务水平，各种客流量识别和身份识别技术也被广泛应用，例如影像及红外识别、人脸识别、手机信号识别等。电梯管理系统与楼宇智能管理系统联网，可以在整个楼宇内对乘客流量实时预测分析。一方面为电梯智能群控系统的自主学习和调度优化提供数据信息，减少乘客候梯时间，另一方面也可为不同乘客提供更人性化的服务。

4. 电梯智能化将使电梯整机产品智能化和安全化

目前国内电梯产品在产品的标准体系、安全技术规范、制造与施工等，与发达国家的技术水平基本保持了同步，但在先进的设计与工艺技术上还差一些。未来的电梯整机产品一定是数字化、智能化、网络化的集成，一定是多学科技术应用、多领域跨界合作的成果：数字技术以其软件控制、具有逻辑运算和存储功能、系统简单、可靠集成度高的技术优势必将替代现有的触点+模拟信号控制，例如电梯（自动扶梯）可编程电子安全相关系统（PESSRAL/E）已成功应用于安全电路的监测和连接。未来的“可编程”不仅仅用于电梯的安全相关系统，运行、通信等电梯控制的方方面面必将得到普遍推广。随着大数据、云计算以及相关智能产业的发展，影像识别、无线射频、远程控制、物联互通等技术手段将赋予传统电梯以大脑、神经和四肢功能，成为智能城市的一个节点或一个终端；网络化则是电梯技术更新换代的另一个重要标志，电梯的销售、设计、生产、使用和监管通过网络实现互联互通，相关方能够借助诸如手机应用程序（App）实现对标的物的互动和实时过程控制。录入云平台大数据的共享电梯，北斗卫星导航系统（BDS）组网系统的电梯导航定位技术，免去随行电缆的非接触式供电电梯，分散式生产和配送的电梯集成系统与装配式建筑组合在一起的电梯等，无一不是数字化、智能化、网络化或者多学科技术应用、多领域跨界合作的技术成果。

5. 智能检测打造智能高效的电梯系统

电梯智能检测将基于物联网技术及“互联网+”的方法，实现电梯运行转肽参数的实时采集、传输与存储；以信息处理技术为手段，结合大数据及云平台技术充分挖掘和利用检验产生的数据，整合成某种信息工具，提出统一的基于数据的电梯设备安全评价体系。在整个电梯检测过程中实现信息技术和检验检测技术的深度融合。以“互联网+”为基础的新型交互式业务与服务系统建设，将推动传统检验模式转型升级为远程、系统、在线、制动、动态、线上、实时、互动的现代检验模式。使用单位在网上提出检验请求，检验机构在网上远程进行检测，检验报告通过网络传输，大大提高了检测机构工作效率。

在互联网的基础上，电梯设备检验将迎来更加高效、更加开放包容的发展平台。检测印证通过对设备运行全过程监测，采集大量有用信息，实现检测过程的高效性、正确性，从而打造智能高效的“互联网+电梯检测”电梯系统。

16.2.3 电梯技术成就和电梯安全

电梯技术的每一项成就，电梯产品每一个元器件的改进，以及电梯经营管理的每一项完善，都提高了电梯的安全性。

（1）新材料、新工艺、新技术在电梯上的应用，以及人们对电梯安全性、舒适性的追求，推动了电梯技术的不断进步，电梯将向着更加安全、节能、环保、智能化的方向发展。近几年来电梯系统和环节取得的技术成就，例如ACCEL变速自动人行道、CORE厅门系统、多轿厢电梯、GM8碟式马达、智能电梯核心系统、交通配置、轿厢意外移动保护、节能技术、蒂森克虏伯电梯、迅达电梯物联网方案、TWIN双子电梯系统、碳纤维带、威特安全钳等，在一定程度上都提高了电梯的安全性。以TWIN双子电梯系统为例，在蒂森克虏伯推出的TWIN双子电梯系统中，两个轿厢独立运行于同一井道的电梯系统。为了使轿厢独立运行并减少不必要的候梯时间，该系统采用智能化目标选择控制系统来最大限度地缩短候梯时间。该系统能够释放更多有效楼层空间，增加运量，还具有独特的四重冗余安全系统：防碰撞路径；自动监控最小安全距离；紧急制动功能；万一前三个阶段失灵，将自动启动安全钳装置。

（2）成型的电梯技术成就表现在电梯技术创新点上。例如，电梯的系统化分析和改进：电梯整梯设计可综合井道动力学分析和模态测试、电梯整梯结构强度分析和应力应变测试等方法，做到最优设计；钢丝绳选型配置可综合曳引力、比压、安全系数、寿命计算、绳（轮）间的硬度、强度、尺寸匹配等进行系统性分析，使曳引系统性价比最高。又如，电梯故障预警平台：结合人工智能/专家系统、在线监测、远程监控等手段，对工地问题进行故障诊断及大数据分析，争取对电梯故障提前预警，避免关人伤人等事故的发生。

（3）对可靠性研究的成就。表现在：

1）对可靠性概念的深入理解。可靠性是电梯系统的生命线。安全与可靠是一对孪生兄弟，是包括电梯在内的一切机电产品质量的首要品质和生命线。因此，应当以“可靠性工程”观念全面审视电梯结构系统，包括设计、生产、运行等全过程。必须充分考虑到电梯乘客的习性，精通装配调式的技术条件，洞悉电梯的运行和检修工况特点，才能甄别出现有技术之不足。其实在停车制动、门洞防护、电力拖动以及软硬件控制系统上，都存在着不断改进、优化的空间。

2）完善规范标准实施，突出安全和可靠性要求。2017年4月10日，国家质检总局通报了2016年全国特种设备安全状况和2017年特种设备安全监察工作重点。截至2016年底，全国电梯在用量为493.69万台，2016年全国发生电梯事故48起。电梯事故主要原因如下：违章作业或操作不当原因21起；安全附件或保护装置失灵等设备原因13起；应急救援（自救）不当导致的事故4起；儿童监护缺失及乘客自身原因导致的事故3起。国家质检总局扎实开展电梯安全攻坚战，并整治隐患电梯39 750台，继续挂牌督办1215台，电梯事故数量大幅下降，治理成效明显。建立电梯应急处置平台的城市从2015年的15个增加到104个。全面启动安全监督改革，颁布《特种设备安全监督改革顶层设计方案》，提出了明晰各方责任边界，建立权责一致共治体系的改革路径。成立了法规标准优化清理、行政许可改革、检验工作改革、电梯监管改革4个小组，从中观微观层面落实改革举措。组织开展电梯维保标准自我声明和服务质量公开承诺活动，引导企业提供高于国家标准、技术规范的电梯维保服务。2017年国家质检总局继续开展特种设备安全攻坚战，开展电梯安全隐患整治“回头看”。对建档问题电梯和挂牌督办电梯，依托地方政府，联合相关部门，采取综合治理措施，加大力度，尽快完成整改逐台销号。同时，对新发现的问题要责令使用维保单位查找原因，有针对性地进行督改。2017年全国全面推进电梯应急处置服务平台建设，在全国范围内实现各省的有地级城市建成电梯应急处置服务平台，并在此基础上推进电梯信息公示平台和监管平台建设。在强化保险激励约束保障机制方面，总结推广“保险+服务”的电梯综合保险试点经验，积极引入保险企业参与对电梯使用维保的监督约束机制和对乘梯人员的保障机制。

3）引入可靠性竞争理念，强化公众监督。当前电梯的行政监督系统，有时人浮于事，建议推行运行“故障率”管控竞争机制。“故障率”明显是与“可靠性”成反比的，这样既可记录某台电梯的“故障率”，也反映某维修单位的“故障率”。管理者只要如实采集、统计、比较，公示辖区置于群众的监督之下，就自然而然地引导了业内公平、公正、公开的竞争机制。

4）电梯研究的成就也要不断地完善。举例说，永磁无齿曳引机因体积小、效率高、成本低而得到广泛应用，但也容易产生制动力矩不足。这些年的轿厢意外移动事故多发于此，而在有齿曳引机上意外并不多见。为此一位技术负责人提出了曳引电梯辅助制动方案，这一方案对曳引机结构无需任何变动，投入不多，却可彻底消除轿厢意外移动伤人隐患。另外，面临世界性能源进展，为进一步压缩曳引功率，提出了曳引系统动态平衡拖动方案，该方案还可大幅度提高电梯安全性能及整机品质。

16.3　电梯安全技术研究

为了支持和鼓励电梯生产企业自主创新和科技进步，促进企业科技研发和维保服务能力提升，推动电梯生产企业由制造型企业向创新型、服务型企业转型，引导电梯维保企业向连锁化、规模化发展，需要大力研究电梯技术，特别是电梯安全技术，这样才能保障人民群众乘用电梯的安全和出行便利。今以电梯安全技术问题、电梯旧标准的安全隐患和电梯监督检验新技术三个方面，来说明电梯安全技术研究的重要性和研究现状。

16.3.1　电梯安全技术问题

电梯安全技术问题是指电梯有哪些安全技术风险，我们通过电梯制动器失效来说明。

制动器失效是当前电梯存在的主要安全技术风险之一，由此可引发惨烈的轿厢意外移动和冲顶事故的发生。2016 年 11 月～2017 年 11 月，已发生由于制动器机械卡主造成的事故 5 起。电梯工作制动器起着维持轿厢停止位置、电梯安全保护装置动作紧急制动的安全功能。为了进一步减少电梯事故，近几年来要求增加的轿厢上行超速保护、轿厢意外移动保护都在一定条件下允许或依赖工作制动器作为制动部件。虽然电梯检验规则、型式试验规则和电梯标准已经做了一些改进，但是还存在两个问题：

（1）采用不符合新要求的单组制动部件的在用电梯有 30 万～50 万台，还有相当多的制动器动作验证开关不起作用、上行超速保护装置制动部件（夹绳器等）不起作用的电梯，还有封星的永磁同步曳引机的电梯约 100 万台。此外，TSG T 5002—2017《电梯维护保养规则》规定了每年对制动器铁心（柱塞）进行清洁、润滑、检查，确保磨损量不超过制造单位要求。而几乎所有制造单位也都有类似的要求。但是，这一要求未能在电梯正常维保中得到落实。如能落实这一要求，估计可以减少过半制动器机械卡组事故。

（2）等效欧洲标准的我国电梯标准在国情上有较大差异。发达国家的企业除了政府的要求外，还会自觉遵守行业规范、准则和惯例，以避免安全事故后的巨额民事赔偿。我国则更需要明确具体的安全要求，但现有的电梯法规和强制性标准（包括报批稿）都没有明确制动器制动力矩的安全裕量，也没有两组制动部件分别试验的要求，增加了制动器是小分享。

16.3.2　电梯旧标准的安全隐患

按照旧标准生产使用的电梯有的至今还在使用，这些老旧电梯应用的是过去的电梯技术，有些存在着安全隐患，要特别引起重视并加整改，杜绝事故的发生。例如：

1. 对于机械系统

有相当一部分老旧电梯只装设一组制动器，最有可能发生剪切和挤压事故，当制动力不足或制动失效时会导致电梯溜车而发生伤害事故。按照规范 GB 7588—2003《电梯制造与安装安全规范》生产的电梯，其制动器机械部件均至少分两组装设，如果一组部件不起作用，另一组部件仍有足够的制动力使载有额定载荷以额定速度下行的轿厢减速下行。

老旧电梯无上行超速保护装置，存在安全隐患。当电梯因制动器或传动机构失效时，可能造成电梯上行方向超速冲顶，此时如果轿厢内有人，将造成重大伤害。而现行标准规定：电梯必须装设上行超速保护装置。

部分老旧电梯旋转部件防护不全，存在人身伤害和设备损坏的安全隐患。电梯上需要防护的旋转部件主要有曳引轮、导向轮、反绳轮、限速器及涨紧轮等，要防止旋转部分伤害人体，防止杂物落入绳与绳槽之间，防止悬挂绳松弛时脱离绳槽造成危险。

2. 对于电气系统

部分电梯安全继电器和门锁继电器的选型存在安全隐患。一些老旧电梯由于当年生产时，其安全继电器和门锁继电器用的是普通继电器（图 16-3），这些继电器一旦损坏（如可动衔铁不释放、触点不断开或不闭合），极有可能导致电梯电气安全回路和门锁回路中的安全保护开关时效，从而引发事故。安全继电器和门锁继电器是电梯电气安全回路的一部分，是电梯的安全装置，对其选型必须严格要求，所以现今规范 GB 7588—2003 规定，如果使用安全继电器和门锁继电器来操作电梯驱动主回路的接触器，则安全继电器和门锁继电器因为继电接触器（图 16-4）。

部分电梯层门连锁开关接线端子存在安全隐患。有的部分电梯层门连锁开关接线端子选用如图 16-5 所示的接线端子，并将该接线端子水平放置在层门上坎上，而层门上坎是最容易推挤灰尘的，如果维保不到位，未能及时清理该接线端子上推挤的灰尘，遇到潮湿天气时可能会出现短路，造成事故。

图 16-3　普通继电器

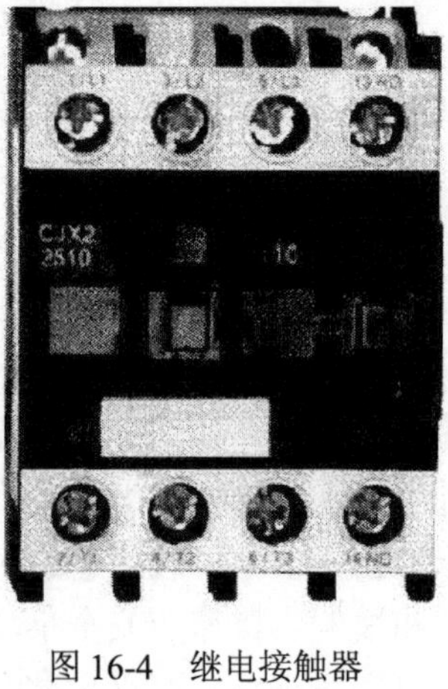

图 16-4　继电接触器

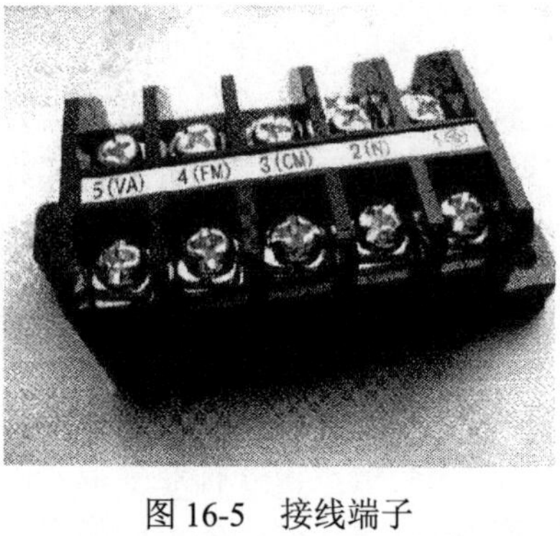

图 16-5　接线端子

部分电梯的安全回路存在安全隐患。例如，安全继电器 JY 一旦发生粘连故障，即衔铁不释放、触点不断开的故障，这安全回路里的安全保护开关全部失效。因为当安全回路接通时，安全继电器 JY 吸合（图 16-6），JY 的常开触点闭合，安全回路接通的信号通过 PLC 的 X0 端输入 PLC（图 16-7）。当安全继电器发生粘连时，安全回路断开不会改变安全继电器的粘连故障状态，PLC 接收到的仍然是安全回路接通的信号，即该电梯安全回路中所有安全开关均失效，使电梯处在无安全保护的带故障运行的危险状态。

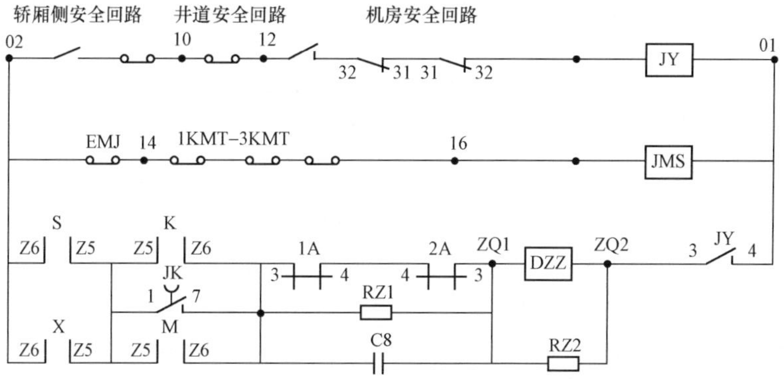

图 16-6　安全回路、门锁回路、自动去回路

门锁继电器 JMS 一旦发生粘连故障，则门锁开关全部失效，电梯有可能会开门走梯。因为从图 16-6、图 16-7 可看出，该电梯门锁回路的设置跟安全回路一样，各层门连锁开关和轿门连锁开关通过门连锁继电器将电梯门锁闭信号输入给 PLC。从图 16-8 可看出门连锁开关不直接切断电梯主回路的接触器（上行接触器 S、下行接触器 X、快车接触器 K、慢车接触器 M），而是通过 PLC 来切断。当门锁继电器发生粘连故障时，如果 PLC 控制程序里没有设置监控门锁继电器粘连的保护程序（实际检验时发现很多老旧电梯没有该保护功能），则电梯会开门走梯而导致事故。

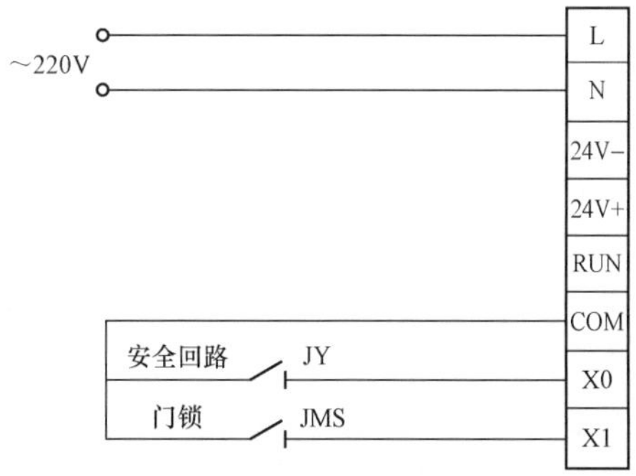

图 16-7　PLC 相关输入回路

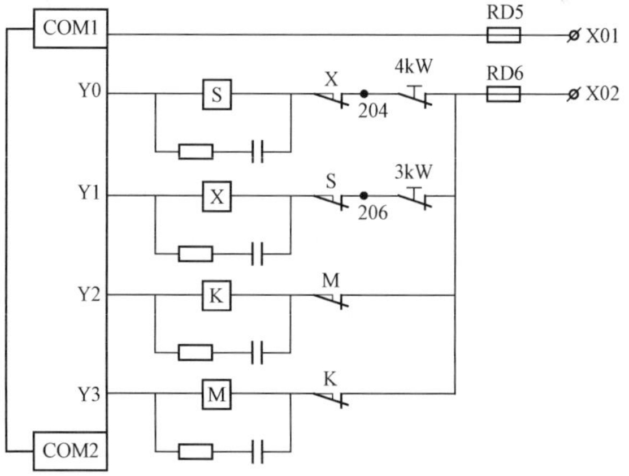

图 16-8　PLC 相关输出回路

老旧电梯安全电路的安全隐患还有：PLC 输入接口隔离电路元件发生损坏时，有可能导致 PLC 对安全回路、门锁回路输入信号产生误判，为电梯带病运行、开门走梯发生事故埋下隐患。因为该电梯的安全开关、门锁开关均不直接切断电梯主回路接触器。而是通过 PLC 来

切断，而 PLC 的输入接口电路均为隔离电路。当光电耦合器集电极和发射极短路时，PLC 内部将会一直接收到该端口的常闭信号。如果该输入端为 X0（安全回路信号输入），则会导致安全回路开关失效；如果该输入端为 X1（门锁回路信号输入），则会导致门锁回路开关失效，为电梯带病运行、开门走梯发生事故埋下了隐患。

3. 其他方面

部分老旧电梯无电动机运转时间限制功能，存在安全隐患。电动机运转时间限制功能是指：当启动电梯时，电梯曳引机不转，或者由于轿厢、对重受到阻碍而导致钢丝绳在曳引轮上打滑，此状态持续一定时间后将驱动主机停止并保持停止状态的功能。按 GB 7588—2003 生产的电梯均设置有该保护功能。当时许多老旧电梯无该功能，当电梯轿厢或对重在运行过程中受到阻碍时，驱动主机不会停止运转，则钢丝绳将在曳引轮绳槽上打滑，持续打滑后会造成钢丝绳及绳槽的损坏、发热，甚至造成电梯机房失火或钢丝绳断裂等严重事故发生。还有当电梯启动后，如果由于电动机堵转，持续较长时间后可能烧毁电动机，甚至会造成机房失火的严重事故。

部分病床电梯轿厢面积超标，存在安全隐患。现行标准规定病床电梯轿厢面积不得超出规定值，但是在用的老旧病床电梯存在轿厢面积超标的情况。这些病床电梯额定载荷为 1000kg，但实际面积所对应的额定载重量达到了 1600kg。这些电梯当年是按照当时的电梯检验规程检验的，当时合格而现在不合格。医院属于人员密集场所，人员流动性较大，处在这样场所的病床电梯使用频率和满载率非常高，如果医院对电梯管理不善，让额定载重量为 1000kg 的超面积病床电梯实际承载 1600kg 的重量，极易导致电梯溜梯事故发生，甚至会导致电梯开门走梯的严重伤害事故。

16.3.3 电梯监督检验新技术

新的超高层建筑需要有新的电梯监督检验技术。总高 632m 的上海中心大厦，内部安装的 3 台直达 119 层观光平台的超高速电梯（称为 OB 电梯），上行速度最高可达 18m/s，下行速度达 10m/s。OB 电梯新技术、新材料、新工艺的大量应用，对开展电梯监督检验工作带来了全新的挑战。今将 OB 电梯运行中的断相检验、液压制动器检验和耗能缓冲器检验做个介绍。

1. 电梯运行中的断相检验

检验内容：GB/T 10060—2011《电梯安装验收规范》第 5.1.4.1 条规定：每台电梯应具备供电系统断相、错相保护功能。当电梯供电电路出现断相或错相时，电梯应停止运行并保持停止状态。如果电梯运行与相序无关，可以不设错相保护功能。根据该条款，需要检验电梯在运行状态下断相时的状态。

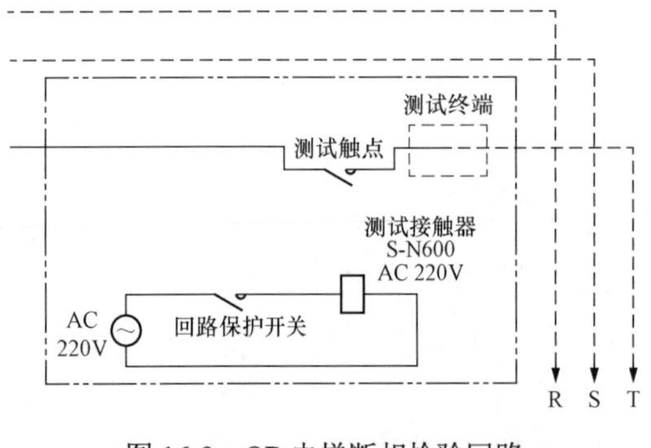

图 16-9　OB 电梯断相检验回路

检验方法：由于 OB 电梯功率很大，采用的三相电源线调试完毕后拆除不容易，在进行断相试验时直接拆除相线存在危险性。在 OB 电梯检验现场用驳接旁路来辅助检验。以 T 线断相试验为例，选用三菱 S-N600 主接触器，即线圈规格 AC200～220，额定电流 600A，可切断最高 10 倍的电流，可进行 50 次试验。如图 16-9 所示插入并连接回路，接触器的项圈电流通过其他途径的插座连接，通过将回路保护开关设置于 ON 状态使接触器处于 ON 状态。电梯运行状态中通过关断回路保护开关来实现 T 线断相。

试验结果：电梯显示 E-STOP 状态，控制屏上可确认故障代码“237”“311”“34C”。

试验中应避免在馈电状态下切断接触器。在馈电状态下，母线电压上升，可能导致部件损坏，一般在耗能状态下进行断相试验。

2. 液压制动器检验符合规则和规范要求

检验内容：TSG 7001—2009《电梯监督检验和定期检验规则——曳引与强制驱动电梯》第 2、9 项规定：①所有参与向制动轮或盘施加制动力的制动器机械部件应分两组装设；②电梯正常运行时，切断制动器电流至少应当用两个独立的电气装置来实现；当电梯停止时，如果其中一个接触器的主触点未打开，最迟到下一次运行方向改变时，应当防止电梯再运行。

按照 GB 7588—2003《电梯制造与安装安全规范》第 12.4.2.3 条规定：正常运行时，制动器应在持续通电下保持松开状态。

检验方法：审核厂家提供的电气原理图和液压制动器结构图，分析是否满足检验规则要求的内容，必要时做现场模拟试验。如图 16-10 所示，通过液压组件给压的动作油流入活塞和本体罩壳之间的柱筒后，弹簧被压回，制动闸瓦与制动盘之间产生间隙，制动器呈释放状态。当电磁阀的通电被切断后，从液压组件传入的压力被切断，活塞和本体罩壳之间的弹簧释放，使闸瓦产生对制动盘的压力，制动器呈制动状态。

液压制动器的驱动线路示意图如图 16-11 所示，制动器释放用电磁阀线圈的电源由 LB 接触器和 5B 接触器的触点来切断。

上述做法均符合规则 TSG 7001—2009 及规范 GB 7588—2003 的要求。因为参与向制动轮或盘施加制动力的制动器机械部件为两组，由活塞驱动的制动器及电磁阀铁心，均独立装设。切断制动器的电流由两个独立的接触器触点来实现。电磁阀在通电状态下能维持制动器的释放状态，断电则制动。

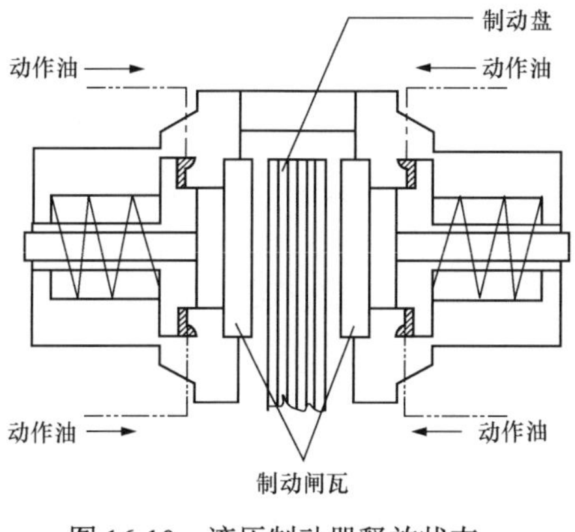

图 16-10　液压制动器释放状态

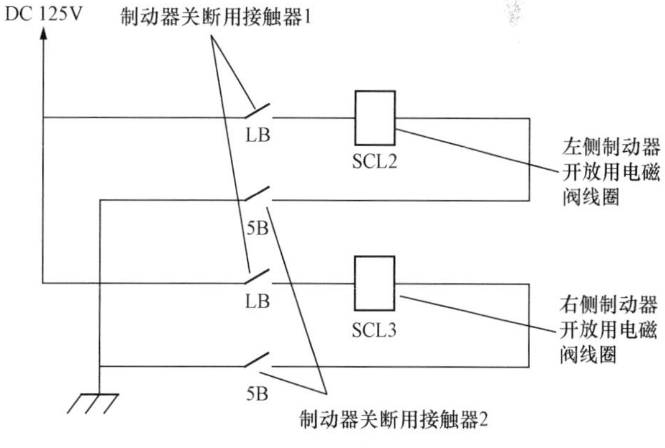

图 16-11　制动器驱动线路示意图

3. 耗能缓冲器检验

检验内容：GB 7588—2003 第 10.4.3.1 条规定：缓冲器可能的总行程应至少等于相应于 125%额定速度的重力制停距离，即 $0.0674v^2$（m）。GB 7588—2003 第 10.4.3.2 条又规定：当按 12.8 的要求对电梯在其行程末端的减速进行监控时，对于按照 10.4.3.1 规定计算的缓冲器行程，可采用轿厢（对重）与缓冲器刚接触时的速度取代额定速度。但行程不得小于：①当额定速度小于或等于 4m/s 时，按 10.4.3.1 计算行程的 50%，但在任何情况下，行程不应小于 0.42m；②当额定速度大于 4m/s 时，按 10.4.3.1 计算的行程 1/3，但在任何情况下，行程不应小于 0.54m。

对终端层强制减速装置（SETS）的要求：终端层强制减速装置通过限速器编码器型号和基准位置开关信号，联系检测出轿厢的位置信息，与作为位置的函数所决定的检测速度进行比较，一旦检测到轿厢速度异常，就切断曳引机电动机和制动器的供电电源，紧急停梯，使电梯进入安全状态。借此 SETS 实现对电梯驱动主机正常减速的监测，控制轿厢和对重到达缓冲器上表面时的速度不超过所使用缓冲器的设计冲击速度。

OB 电梯的上行速度达到 18m/s，下行速度 10m/s。为节省底坑空间，OB 电梯通过设置终端层强制减速装置，满足了 GB 7588—2003 对设置减行程缓冲器的要求。

检验方法及缓冲行程核算：审查 SETS 型式试验证书（型号 SETS-11，适用范围为 2.5～18.0m/s），并根据标准要求核算，见表 16-4。

表 16-4　缓冲行程核算

缓冲器位置	轿厢侧		对重侧	
额定速度 v/（m/s）	10		18	
缓冲器型号	OBC–2800		OBT–7300	
缓冲行程/mm	2803		7300	
最小缓冲行程（根据 GB 7588—2003 第 10.4.3 条）	$1/3\times0.0674v^2$	2247mm	$1/3\times0.0674v^2$	7279mm
检验结论	符合		符合	

16.4　电梯意外移动和电梯安全

轿厢意外移动（unintended car movement，UCM），即电梯在开锁区域内且开门状态下，轿厢无指令离开层站的移动，不包含装卸载引起的移动。轿厢意外移动事故对乘客伤害程度很严重，美国、欧盟标准中都已对轿厢意外移动保护措施提出了要求。近几年随着此类电梯事故的频发，国内业界对轿厢意外移动的安全防护越来越重视。轿厢意外移动保护（unintended car movement protection，UCMP），即在开锁器域内，在层门未被锁住且轿门未关闭的情况下，由于轿厢安全运行所依赖的驱动主机或驱动控制系统的任何单一部件失效引起轿厢离开层站的意外移动，电梯应具有防止该移动或使移动停止的装置。全国电梯标准化技术委员会 2014 年发出的《GB 7588—2003〈电梯制造与安装安全规范〉第 1 号修改单（征求意见稿）》中给出了防止轿厢意外移动保护、层门强度、轿内打开轿门的要求。各相关研究机构以及电梯制造厂家也已投入了一定的科研力量，致力于轿厢意外移动保护措施的研究。在这里仅介绍对电梯意外移动的关注，轿厢意外移动安全保护结构设计，轿厢意外移动安全保护电气系统设计和不能完全解决电梯开门移动的问题几个方面，从而引起对电梯意外移动和电梯安全的重视。

16.4.1　对电梯意外移动的关注

随着我国电梯应用数量的增加，电梯事故绝对数也急剧增加，其中轿厢意外移动事故对乘客伤害程度又非常严重，需要引起大家的警惕和重视。美国早在 2000 年发布的 ASME A17.1—2000《电梯和扶梯安全规程（Safety code for elevators and escalators）》中就给出了防止电梯轿厢意外移动的要求，欧盟也在 2009 年发布的 EN 81—1：1998+A3：2009 中给出了要求。在修订 EN 81—1：1998+A3：2009 的基础上，2014 年欧盟最新发布的 EN 81—20：2014（E）中对电梯开门情况下轿厢意外移动保护措施的要求更加规范。香港机电工程署 2010 发布的《电梯和自动扶梯设计与安装操作守则》（2010 版）也对电梯在开门情况下，轿厢意外移动的保护措施提出了要求。近几年随着此类电梯事故的多发，国内业界对电梯在开门情况下轿厢意外移动的安全防护越来越重视。广东省电梯技术学会在 2013 年专门举办了轿厢意外移动保护装置专业论坛，参会的领导、专家及企业代表都对其做出了深刻论述。

16.4.2　轿厢意外移动安全保护装置结构设计

1. 轿厢意外移动安全保护装置结构

轿厢意外移动安全保护装置结构如图 16-12 所示，它广泛应用于无机房电梯防止轿厢意外移动中，其机械锁定装置一般由插销 1、插销孔 2、电器开关 3 共 3 个部分组成。图中插销插入插销孔，表示机械锁定装置处于工作位置。图 16-13 表示机械插销处于停放位置。两图分别对应轿厢意外移动保护装置的工作位置和停放位置。在此基础上设计轿厢意外移动保护装置时，首先根据电梯安全部分的冗余设计原则将该装置的机械部分设置成独立的两套，并分别作用于左右两侧轿厢导轨。然后为实现轿厢意外移动保护装置的制动控制，添加一个电磁铁以控制插销的动作与自动复位。

图 16-12　机械锁定装置处于工作位置

图 16-13　机械插销处于停放位置

插销是轿厢意外移动保护装置的执行元件，轿厢就是通过左右两个独立作用的插销来限制电梯的意外移动。它受电磁铁控制，电磁铁得电吸合时，机械插销处于停放位置，并压缩一个复位弹簧使其处于蓄能状态。失电释放后，插销将因为复位弹簧弹性势能作用而进入插销孔。不同于机械锁定装置，轿厢意外移动保护装置除了用电磁铁来实现对插销的自动控制外，还应有一个信号集成处理装置，主要负责收集相关的触发信息，并根据这些信息对电磁铁发出吸合或释放的指令。它可以集成在电梯控制柜内部，也可以单独置于轿顶，以方便调试与维修。另外，为了保障电梯正常运行的流畅性，轿厢意外移动保护装置的电气安全开关应能自动复位。

2. 轿厢意外移动安全保护装置动作过程

根据轿厢意外移动的概念，明确轿厢意外移动安全保护装置的两个关键触发条件：

1）轿厢位置在门区，即该装置只在电梯的每个层站平层区才能动作。故插销孔的上下长度与电梯平层区范围应是一致的，既能满足该装置保护范围的要求，又考虑到了电梯的平层与再平层以及控制系统信号的延迟。

2）轿门在打开状态下，平层区轿门与层门是联动的，故轿门与层门的门锁状态均未闭合，这是轿厢意外移动保护装置动作的直接触发条件。

总之，轿厢意外移动保护装置只能是在轿厢处于平层区，且轿门未闭合的状态下才能被触发。

轿厢意外移动保护装置动作过程是：电梯正常运行时，插销处于停放位置（图 16-13）。当收到选层信号后，开始向目标层站运行，电梯到达目标层站平层区并且开门后，信号集成处理器收到相关信息，发出释放的指令给电磁铁，机械插销进入工作位置（图 16-12）。在进入工作位置之前，电气安全开关动作，切断安全回路，电梯不能正常运行，且轿厢被左右插销锁在导轨上不能移动。当电梯轿门、层门关闭准备离开目标层站时，信号集成处理器接收到相关信息，在电梯离开平层区之前使电磁铁得电吸合，插销重新回到停放位置，电气安全开关自动复位，电梯恢复正常运行。

信号集成处理器收集的信息不仅仅包含平层信号和轿门、层门开门信号，还应有一些辅助信号，以便于进一步提升该装置的安全性和实用性，如抱闸状态信号、提前开门信号、开门再平层信号、轿厢速度等。这些信号是该处理器的输入信号，其输出可以控制左右电磁铁的动作，其设计如图 16-14 所示。

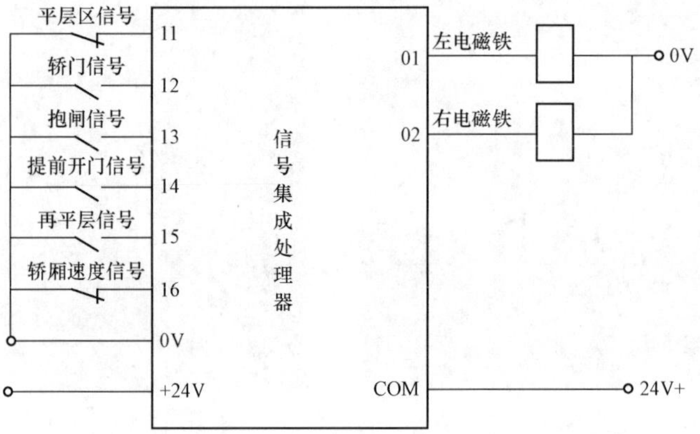

图 16-14 信号集成处理器示意图

16.4.3 轿厢意外移动安全保护系统电气设计

依据 EN 81—20：2014（E）第 5.6.7 条的要求，给出在电梯开门情况下轿厢意外移动保护装置的电气设计。

1. 对标准 EN 81—50：2014（E）的理解

EN 81—50：2014（E）第 5.6.7.1 条要求电梯有防止轿厢意外移动的保护装置：“在层门未被锁住且轿门未关闭状态下，由于轿厢安全运行所依赖的驱动主机或驱动控制系统的任何单一零部件的故障而导致轿厢离开层站的意外移动，电梯应具有防止该移动的装置。悬挂绳、链和主机曳引轮、卷筒、链轮、液压软管、液压硬管和液压缸失效除外。（注：①曳引轮的失效包含曳引能力的丧失。②不具有符合 5.12.1.4 的开门情况下的平层、再平层和预备操作的电梯，并且其制停部件是符合 5.6.7.3 和 5.6.7.4 的驱动主机制动器，不需要检测轿厢的意外移动。）”对此条款的理解见表 16-5。

表 16-5　　依据 EN 81—20：2014（E）第 5.6.7.1 条要求对电梯 UCMO 的理解

判断条件	产生原因	范围要求
（1）层门锁紧：EN 81—20：2014（E）第 5.3.9.1.1 条描述的证实层门锁紧的电气安全装置处于打开状态。 （2）轿门关闭：EN 81—20：2014（E）第 5.3.13.2 条描述的证实层门关闭的电气安全装置处于打开状态。 （3）轿厢意外的移动且离开层站： ①意外移动：任何由于其不可预测性而对人员产生风险的移动，参见 GB/T 15706—2012《机械安全设计通则风险评估与风险减小》第 3.31 条； ②参考位置：层站； ③运行方向：离开层站	轿厢安全运行所依赖的驱动主机或驱动控制系统的任何单一零部件的故障； （1）制动器或与曳引轮之间的链接； （2）控制系统异常	符合下列两个条件的电梯可不需要检测 UCM： （1）不具有符合 EN 81—20：2014（E）第 5.12.1.4 条描述的开门情况下的平层、再平层和预备操作功能； （2）制停部件是符合 5.6.7.3 和 5.6.7.4 条的驱动主机制动器

作用效果：EN 81—50：2014（E）第 5.6.7.5 条对 UCMP（轿厢意外移动保护）作用效果给出了明确要求：轿厢装有不超过 100%额定载重量的任何载荷情况下均应满足，移动距离从平层区域的停止位置计算（图 16-15）。

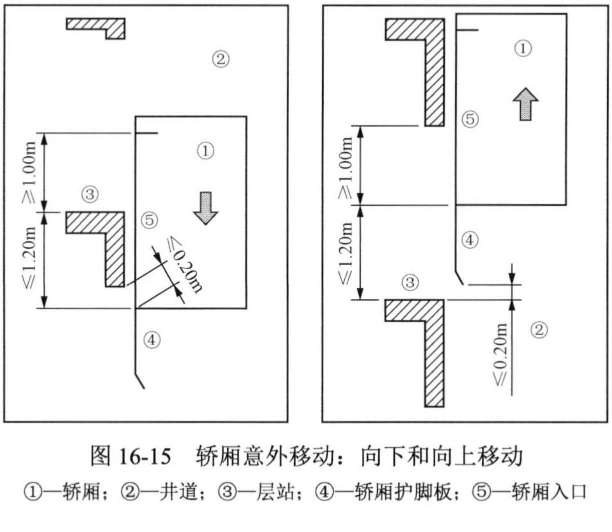

图 16-15　轿厢意外移动：向下和向上移动

①—轿厢；②—井道；③—层站；④—轿厢护脚板；⑤—轿厢入口

2. 电气系统构成及工作原理

如图 16-16 所示，UCMP 电气控制系统由 3 部分组成：检测输入单元（SRP_a）、逻辑单元（SRP_b）、输出单元（SRP_c）。GB/T 16855.1—2005《机械安全控制系统有关安全部件　第 1 部分：设计通则》第 3.1 条对控制系统的构成有如下规定：组合的控制系统有关安全部件起始于有关安全信号被触发处，结束于动力控制元件的输出处；GB/T 15706—2012《机械安全设计通则风险评估与风险减小》附录 A 也有对输出单元这样的描述：动力控制元件（接触器、阀门、速度控制器等）。因此这里所指的 UCMP 电气控制系统也仅到动力控制元件接触器为止。

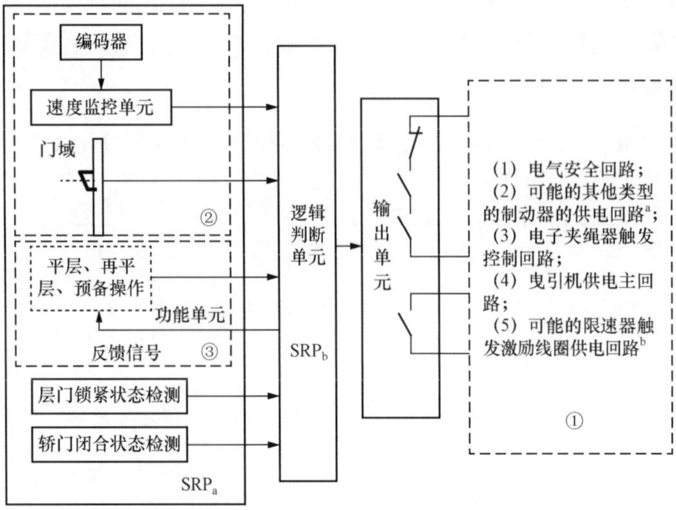

图 16-16 UCMP 电气设计总框图

①—执行器件；②—门域内速度检测（曳引机所带的增量编码器或安装于井道内的绝对值编码器）及位置检测单元；③—有平层、再平层、预备操作功能时，增加的功能单元；虚线框：标注框

a. 对于有齿轮主机，在原制动装置之外又增加的制动器，可能作用于曳引轮轴等。

b. 为了满足 5.6.7.12 条要求的“如果需要外部能量来操作该装置，当能量不足时应使电梯停止并保持在停止状态。此要求不适用于带导向的压缩弹簧”，对于用“限速器+安全钳”等作为制停子单元的 UCPM，限速器远程触发激励线圈失电时，限速器被触发，通过直接固定于轿厢的限速器绳拉动安全钳动作。电梯正常运行时，限速器的触发激励线圈需要带电保持；失电时，限速器处于触发状态。

UCMP 在层门锁未锁紧且轿门关闭不到位状态下控制：

（1）轿厢运行在开锁区域内还没有运行到端部时，速度监控单元将对离开层站轿厢的移动速度进行实时监控而通过逻辑判断。当轿厢移动速度检测值大于预期值时，可确认轿厢意外移动事件发生并输出制停指令，切断电气安全回路及曳引机供电回路等来达到轿厢减速停止的目的。

（2）轿厢运行离开开锁区域端部时，已超出了轿厢目前功能或工况的预期位置，通过开锁区域端部位置信号立即切断电气安全回路及曳引机供电回路等，轿厢制停。

3. 检测单元、逻辑单元和输出单元

检测单元是由开锁区域码板、门锁状态开关轿厢位置和速度检测装置及连接元件组成。其作用是检测出轿厢的实时速度信号和到达开锁区域端部的信号及门状态信号。检测层、轿门状态的开关可用独立于原已存在的电气安全触点开关完成，也可以通过一个可编程电子安全相关系统（PESSRAL）从电气安全回路中拾取信号判断相关状态；轿厢位置检测传感器由开锁区域位置检测开关完成；轿厢运行速度可用曳引机、轿厢端限速器上的相对编码器或贯穿整个井道高度的绝对值编码器两种测量装置的一种进行测量，其中相对编码器测速时的方向信号还要用固定于轿厢上的光电开关进行检测。

EN 81—50：2014（E）第 5.6.7.7 条规定：应该采用至少一个符合 5.11.2 条的开关装置，

最迟在轿厢离开开锁区域(5.3.8.1)时，检测出轿厢的意外移动。该开关装置应为：符合 5.11.2.2 条要求的安全触点；或连接方式满足 5.11.2.3 条中关于安全电路的要求；或满足 5.11.2.6 条的要求。EN 81—50：2014（E）附录 A（规范性附录）中把检查门开着情况下轿厢意外移动的装置（对应标准条款 5.6.7.7）固定位电气安全装置，其安全完整性等级要求为 SIL2。很明显，纯粹单一符合第 5.11.2.2 条的安全触点或满足第 5.11.2.3 条的安全电路很难实现检测要求，可以和逻辑判断单元或者和输出单元一起组成满足第 5.11.2.3 条、第 5.11.2.6 条（PESSRAL）的安全电路，实现安全完整性等级 SIL2 的要求。

逻辑单元由接口电路、CPU 微机板及相关软件组成，或者和检测单元一起构成满足 EN 81—50：2014（E）第 5.6.7.7 条要求的电气安全装置。逻辑控制单元对检测单元相关检测信号进行在线监测，且与 CPU 内预设信息进行比较并判断轿厢意外移动事件是否发生。设计时可和检测单元一起对其安全完整性综合考虑。

输出单元可用安全触点、安全电路，也可以和 EN 81—50：2014（E）第 5.6.7.7 条中要求的电气安全装置共用。输出单元需要满足 EN 81—50：2014（E）第 5.6.7.8 条“该装置动作时，应使符合 5.11.2 要求的电气安全装置动作”的规定。EN 81—50：2014（E）附录 A（规范性附录）中把检查开门状态下轿厢意外移动保护装置的动作（对应标准条款第 5.6.7.8 条）规定为电气安全装置，其安全完整性等级要求为 SIL1.电路安全失效分数＜60%时，A 类安全子系统硬件故障裕度 *HFT*=0 或者 B 类安全子系统硬件故障裕度 *HFT*=1 就可以满足。输出单元可通过切断以下某些供电电路进行输出控制：①曳引机的供电电源。保证即便控制系统出问题时，也能强制曳引机停止运转。②制动器抱闸线圈的供电电源。断开电气安全葫芦或对于某些有齿轮曳引机附加的符合第 5.6.7.3 条和第 5.6.7.4 条制动器的供电电源。③限速器触发线圈供电电源。以便失电时，限速器处于被触发状态，通过直接固定于轿厢上的限速器绳提拉双向安全钳动作进行制停。

16.5　电梯部件设计和电梯安全

电梯部件故障影响到电梯安全，新的电梯部件、环节和装备装设在电梯上又能加强电梯的安全。

16.5.1　电梯部件故障影响电梯安全

电梯部件故障能影响到电梯安全，例如：

（1）厅门故障。在电梯运行故障中，厅门故障占 70%以上。

1）如何减少故障的发生？选择正确的厅门开关很重要。目前多采用两种方式：针状桥式开关和条状桥式开关。对于针状桥式开关，无法观测到接点和触点的工作状态。条状桥式开关的特点是在条状金属片上焊接有 2 个 6mm×8mm 的触点。与接点采用压接方式。从安装角度很容易观察到它的接触状态。

2）及时发现故障点是维修人员首先要解决的问题。在整体的控制回路设计中，应该将厅门故障检测点设计在厅门控制板中，与呼梯按键一同处理并显示在楼层信息中。

（2）按键故障。按键是电梯中使用频率最高的部件。

1）一般电梯中使用的按键都是接触性开关，按键的微动开关都有寿命次数的，一般都在 300 万次以上。按键本来就是经常按的，属于正常损耗。

2）可采用非接触型开关，例如触摸按键，寿命长、成本高。可以采用干簧管开关，寿命长、成本低。

（3）接触器故障。因空气潮湿或灰尘、动静触头融在一起等原因引起故障。近年来生产的变频器都有正反转控制的功能，同时变频器在没有接到运转指令的时候，它的输出电压是零。由于变频器具有的特殊功能，可以将主控电路中主接触器和方向接触器去掉。这就降低了制造成本，同时还减少了故障点。

（4）光幕故障多发生在红外发射管上。发射红外线的距离与发射功率成正比，但与发射管 PN 结上的温度成反比。在条件允许的情况下，适当控制发射管的电流，可减少发射管损坏的概率。建议在安装红外发射管的条板上增加一个开关，设高、中、低三挡，安装的光幕在正常工作状态下，可以选择大一挡。

16.5.2 智能装备在电梯装配系统上的应用

研究推进智能电梯信息安全工作，推动电梯生产、使用、监管和检验工作的科学发展，是当前加强电梯质量安全工作的一项重要内容。在这里通过电梯装配系统的智能化和智能检测这两项内容，来说明新的电梯部件、环节和装备装设在电梯上，能加强电梯的安全；通过智能装备在电梯曳引机装配过程中的应用，能提高电梯检验效率和精确性，也就等于提高了电梯系统的安全性。

1. 电梯自动化装配的重要性

智能装备在电梯曳引机装配过程中的应用：通过工业机器人、智能化检验设备自动仓库等智能装备的投入应用，能实现电梯曳引机的自动化装配，提高检验效率和精确性，确保曳引机的出厂质量稳定。曳引机自动化装配系统能实现管理系统与设备的互联互通，通过智能物流、智能装配、智能检测和信息采集技术的综合应用，能实现自动化和信息化的高度融合。因为曳引机自动化装配系统已经成功上线运行，它是集自动仓库、自动化物流配送和自动装配，以及智能检测于一体的先进装配体，生产线实现管理系统与设备的互联互通，通过智能物流、智能装配、智能检测和信息采集技术的综合应用，能实现主机的智能化生产。实施完成将有效地助力电梯行业制造工厂的智能化生产，进一步扩大生产能力，降低工人劳动强度和生产成本，不断提高生产效率，提高产品的质量和自动化程度，进而提升企业的核心竞争力。作为实现电梯行业制造智能化实施的一种方式，也为类似的零部件装配生产和检测提供了参考性的解决方案。

曳引机常被称为电梯的“心脏”，其性能直接关系到电梯的平层精度、乘坐的舒适性、安全性和运行的稳定可靠性等指标。曳引机系统的质量稳定性对电梯正常运行起着举足轻重的作用。目前国内外大多数曳引机厂家的生产方式依然以传统的手工装配为主，在线装配过程仍需要人工辅助，装配手段和检测方法比较传统，缺少必要的自动化装配和智能检测模块，导致产品装配的整体质量参差不齐。而自动化装配曳引机目前国内研究的比较晚，指定化装配曳引机生产线还未完全实现自动化。如何将现代化的智能装备应用于曳引机的自动装配过程，实现生产过程的自动化、检验手段和产品流转等的智能化，正是在这里要研究解决的问题。

2. 自动化装配设备的应用

自动化装配设备实施的步骤是：

（1）智能物流：应用智能仓库和 AGV（自动导引运输车），实现主机物料装配过程的自动化物流。

（2）全自动化：采用机械手、自动压装和自动夹紧工装，实现生产过程的制动化。

（3）智能检测：综合应用视觉系统、伺服系统、智能检测系统等前沿技术，并通过总线系统将数据收集和上传至管理系统，实现主机的全面质量控制，确保产品零缺陷。

（4）全信息化：生产、匀速、检测、数据收集信息化，实现主机生产快速响应。

曳引机自动装配系统使用两套 FANUC 机器人，分别完成电梯曳引机的转子部件的自动装配和自动紧固螺栓的工作，零部件的定位应用视觉定位系统，确保零部件的装配精度符合制造的技术要求。通过对影响到机械手装配的关键尺寸进行了质量控制，确保满足机械手的自动装配进度，包括转子自动装配、定子转子自动合装、自动紧固螺栓和磁力器自动装配等（图 16-17）。

（a）

（b）

（c）

（d）

图 16-17　自动化装配设备应用

（a）转子自动装配；（b）定子转子自动合装；（c）自动紧固螺栓；（d）磁力器自动装配

3. 智能传感与控制设备的应用

视觉检测被应用在机器人定位上，实现机械装配的准确定位；力矩传感器广泛使用在螺栓装配上能够准确监控螺栓的预紧力，从而确保关键部件的螺栓安装质量；通过对压力传感器的应用，能够实现主轴和轮毂以及轴承等的实时监控，从而确保压装过程稳定可靠。还有诸如温度传感器、时间继电器、旋转编码器等智能传感与控制设备被广泛应用在生产中，确保生产过程的高速和稳定（图 16-18）。

(a) (b)

图 16-18 智能传感与控制设备应用图

(a) 曳引机装配视觉定位检测；(b) 曳引机装配压力传感器

4. 智能检测装备应用

曳引机自动装配系统还拥有多套智能化检测装备，不但能实现零件外形尺寸的实时检测并记录，也能对诸如螺栓力矩、永磁铁磁通量、轴的圆跳动和旋转部件的异常杂音进行实时测量。通过模拟量转为数字信号，实现监测标的实时监控与判定。通过对跟随产品的读写卡进行在线读写，能够实现检测数据与在线产品的一一对应，并可根据每一个产品出具对应的检测报告（图 16-19）。

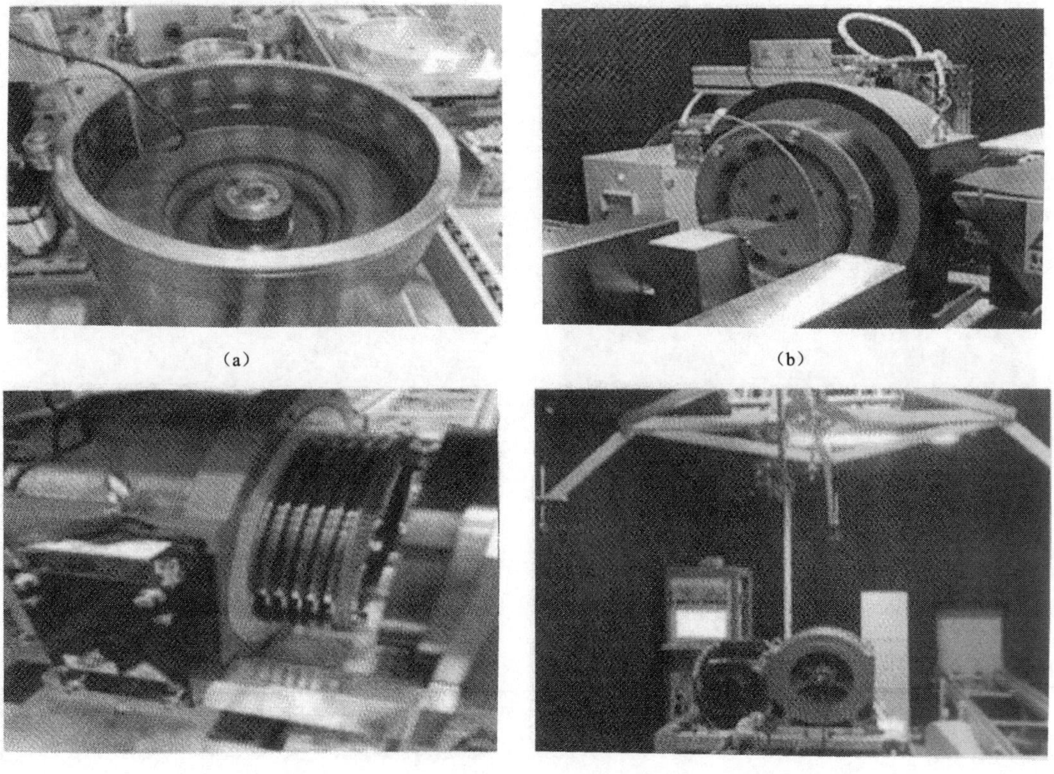

(a) (b) (c) (d)

图 16-19 主机异音和磁通量自动检测

(a) 磁通量智能检测；(b) 跳动自动监测；(c) 力矩抱闸自动测试；(d) 异音自动检测

16.5.3　语音提示系统在自动扶梯上的应用

1. 地铁自动扶梯安全现状

地铁站客流特点决定了乘客乘坐自动扶梯时的周期性特点。乘坐自动扶梯时发生的乘客伤亡事故数量一直居高不下，发生安全事故与乘客乘坐习惯、松懈意识、地铁客流特点密切相关。为此提出在地铁车站自动扶梯上加装智能语音提示装置，对语音提示装置方案的选型进行说明。为了保证语音提示装置能够正常工作，对其技术参数及功能，对语音装置现场的安装位置及范围，现场设备取电、安装方式、现场施工难点等都要进行说明，以确保乘客出行的安全。

2. 语音提示装置加装选型

郑州地铁运营公司调研了 3 种增加自动扶梯语音提示装置的方案，分别为加装循环播放扩音器、加装带红外感应的语音提示装置以及自动扶梯自身选配内置带感应的语音提示装置。

方案 1：加装循环播放扩音器。在每台自动扶梯上下端，各装一个无感应功能的扩音器，其样式及在自动扶梯的安装位置如图 16-20 所示，它只能循环播放预录内容。

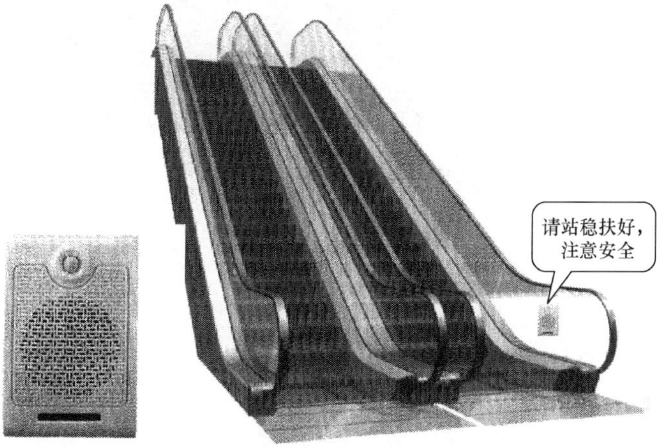

（a）　　　（b）

图 16-20　循环播放扩音器及安装位置

（a）循环播放扩音器样式；（b）安装位置

方案 2：加装带红外感应的语音提示装置。在自动扶梯上下端对应的建筑物上，加装带红外感应的语音提示装置，其外形及安装位置如图 16-21 所示。它采用热释电红外感应触发装置，可自动检测乘客身体散发出的红外信号。但有乘客乘行自动扶梯时，可以在乘客乘梯前发出语音提示，提醒乘客“站稳扶好，注意安全”，做到在整个乘梯过程中向乘客进行语音提醒，有效地降低了违规或采用错误的方法乘坐自动扶梯的概率，因而降低了乘客受到意外伤害的概率。

方案 3：自动扶梯自身选配内置带感应的语音提示装置。每台自动扶梯有一个语音报站板，上下端各带一个扩音器，语音报站板信号采集于自动扶梯上下雷达感应装置，根据雷达感应进行语音提示。语音模块由自动扶梯厂家提供，每台自动扶梯配置一套。

方案选择：3 种方案的优缺点如下：方案 1 安装改造方便，造价低，施工周期短。但由于安装在自动扶梯上下端楼梯扶手上，易受人为损坏。方案2有感应功能，节能、方便；但需要在自动扶梯上下端建筑物上吊装，目前地铁站内已经吊顶，布线安装困难，安装后人为损坏故障较少，造价较低。方案3有感应功能，节能、美观。但造价高，对已投用设备改装困难。为此选择方案2作为郑州地铁1号线自动扶梯语音提醒装置。

（a）　　　　　　（b）

图16-21　带红外感应的语音提示装置及安装位置

（a）带红外感应的语音提示器样式；（b）安装位置

3. 技术要求

根据地铁站自动扶梯的运行情况，确定好语音提示装置的相应工作参数，使其符合地铁站供配电、工地建设等要求。

（1）安装支架。采用与自动扶梯周边现有装饰板材料相近的不锈钢材质制作，以保证其美观与耐用性。支架预留好按钮安装和固定螺栓孔，按钮孔边缘以醒目标记注明该按钮的作用。

（2）电源线缆。语音模块供电由市电220V提供，使用接头保护电源线，电源线为低烟无卤阻燃电缆和220V电源连接。

（3）防护套管。在所有线缆外套装防护套管，用于避免外界信号的干扰，并能增加线缆的抗磨损及抗拉伸强度，延长线缆使用期限。

（4）其他辅助材料。所需辅材有阻燃胶带：线缆接头的绝缘防护；固定扎带：线缆的捆绑固定；固定螺栓：内迫式膨胀螺栓；插座：为语音提示装置提供电源；接线端子：用于中间连接；其他必要的辅助材料等。

（5）软硬件功能：语音提示装置音量调节等级不低于20级，均匀分布于整个音量可控区间，并具备声音等级记忆功能，保证长时间断电之后再次开启音量等级不变。

遥控方式可靠，范围适中，遥控器可通用，遥控过程有信号灯反馈。语音提示装置具备可校时时钟功能，24h制，在通、断电的情况下均能保持时钟稳定、准确。

具备4种工作模式：触发模式、循环播报模式、分时段工作模式和工程调试模式。播报内容可以写进办卡程序里面，也可插入存储卡，从而可以根据要求通过存储卡改变播报内容。

当语音提示装置存储卡内有多条语句时，语音提示装置能够自动对语音提示装置存储卡内音频文件进行逐条巡回播放，每次播报一条。

4. 现场施工要求

增加的自动扶梯语音提示装置是在自动扶梯上的改造，因此要综合考虑各方面因素。

（1）语音提示装置安装位置和范围。分4种情况：

1）出入口或者站内只有一台自动扶梯时，仅在自动扶梯运行方向下端的上方安装一台语音装置。

2）有两台并排安装的自动扶梯时，仅在两台自动扶梯中间上下端的上方各安装一台语音装置。

3）有两台自动扶梯分列布置两旁时，考虑到可能会调整自动扶梯运行方向，分别在每台自动扶梯上下端的上方各装一台语音装置。

4）有3台并排安装的自动扶梯时，在上下端的上方各装两台语音装置。

（2）语音提示装置取电、安装方式。

1）语音提示装置取电方式。出入口下行自动扶梯上部语音装置从出入口卷帘门取电，出入口上行自动扶梯上部语音装置从自动扶梯双电源箱取电；站内自动扶梯上部语音装置就近从节能照明取电。

2）语音提示装置安装方式。语音装置采用吊杆固定于上方混凝土结构体，具体要求是：

①语音模块安装在吊顶内，通过吊杆固定于自动扶梯出入口上方混凝土结构体。

②通丝吊杆采用规格为M10，材质为：Q235、35/45号，其与混凝土结构体固定方式如图16-22所示，其承受力为7140N。吊杆为直径10mm的全螺纹圆钢，一端接入与混凝土结构体固定好的内迫式膨胀螺栓中，另一端与语音模块安装，吊杆长度可根据现场实际调节。

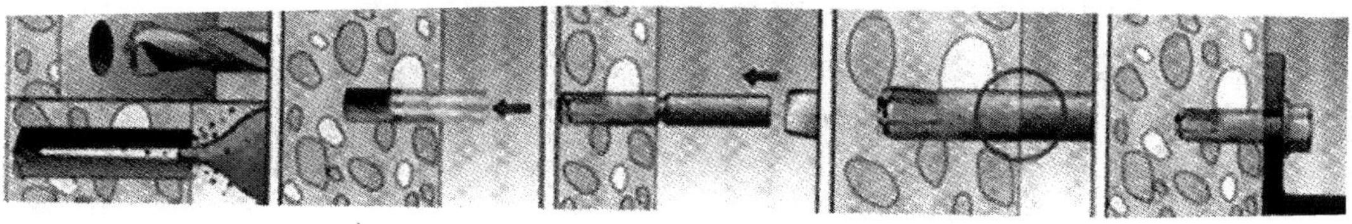

图16-22　内迫式膨胀螺栓与混凝土结构体固定

③语音模块的下沿高度高于吊顶栅格底部100mm。经现场勘察，吊杆满足语音模块的重量要求。

④语音模块电源线采用金属软管吊顶内敷设，与导向标识电源吊顶内进线口处连接。

吊杆安装方式、现场安装示意如图16-23、图16-24所示。

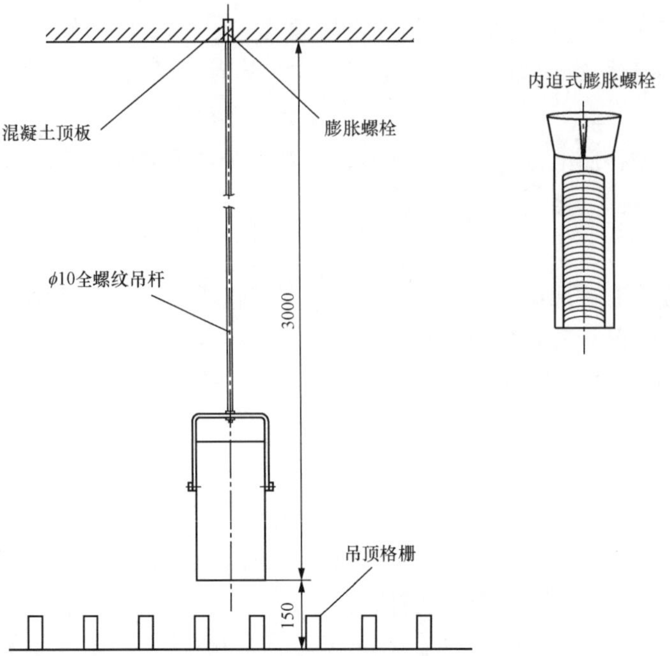

图 16-23 吊杆安装方式

图 16-24 现场安装示意图

16.6 电梯选型和配置符合相关标准规范要求

对住宅电梯配置标准进行讨论。电梯安全的首要条件是满足相关标准要求，拿住宅电梯的选型和配置来说，我们从其配置和选型的迫切性，相关主要标准及参考应用表格三个方面来讨论这个问题。

1. 住宅电梯配置和选型的迫切性

目前电梯投诉数量在逐年增加，基本上有 90%以上的电梯投诉都是针对住宅电梯的，公众投诉的主要问题是电梯故障频繁。造成电梯故障的原因很多，如使用管理、维护保养工作不到位；不文明乘梯；电梯质量不佳，部件耐用性不强；使用环境问题；电梯长时间超负荷运行等。电梯长时间超负荷运行与电梯数量配置不足、选型不当有直接关系。除了商业办公用房需要考虑电梯交通规划设计之外，对于住宅小区，特别是楼高已接近甚至超过 100m 的高层住宅，更需要考虑前期的电梯交通规划设计，应以科学的配置满足居民出行，保证居民居住质量。

但是目前住宅电梯配置和选型的相关标准规范既不多又有不足，不适应加强电梯质量安全工作的需要。以国家强制性标准 GB 50096—2011《住宅设计规范》为例，该规范规定的“十二层及十二层以上的住宅，每栋楼设置电梯不应少于 2 台”，而在住宅设计过程中，部分开发商为了降低电梯投入成本，没有从居民出行需求出发，仅最低要求配置 2 台电梯。而楼层高、住户多的住宅电梯按照 2 台电梯的配置要求已经远远不能满足居民出行需求。以武汉市为例，武汉近 3 年（2014—2016 年）新增住宅电梯行程、楼层和电梯配置，主要包括 3 种情况：①建筑高度不超过 60m，18～19 层设计，配置 2 台电梯；②建筑高度不超过 100m，31～33 层设计，商品房配置 3 台电梯，保障房配置 2 台电梯；③建筑高度 100m 左右，50 层设计，配置 3 台电梯。近 3 年有 80%以上的住宅（含普通商品房、保障房）在建筑高度 100m、30 层以上设计。户型方面，普通商品房一般按照一个单元 2～4 户设计，而保障房主要基于小户型解决百姓居住需要，一般按照 1 个单元 4 户、6 户和 8 户设计。不论是楼层高度增加还是单元住户增多，居住人数和出行人数都在不断增加，而电梯的配置却没有增加，这显然不能满足居民舒适出行的需求，甚至会造成由于电梯故障率高，使居民无法出行或限制出行的情况出现。

2. 住宅电梯配置和选型主要规范标准讨论

我国住宅电梯配置和选型主要规范标准有：

《住宅电梯的配置和选择》（JG/T 5010—1992）（推荐性标准）。虽然对配置和选择规定得比较详尽，但是它的制定主要是等效采用了国际标准 ISO 4190-6：1984《电梯与服务电梯　第 6 部分　住宅电梯的配置与选择》。而国际标准 ISO 4190-6：1984 与我国目前实际有较大距离，因此只能作为参考用。

《城市无障碍设计规范》（GB 50763—2012）。对无障碍电梯，《城市无障碍设计规范》（GB 50763—2012）规定：“如果建筑内设有电梯时，公共建筑和居住建筑至少应设置一部无障碍电梯。”公共建筑基本都按照标准配置了无障碍电梯，但是居住建筑中有很多没有配置。再者虽然配置了无障碍电梯，但因为标准中没有规定配置专用召唤，致使很多项目的电梯厅召唤不合理：两台并联或多台群控电梯中的一台配置了无障碍功能，当时在电梯厅召唤盒上没有配置专呼这台无障碍电梯的按钮，无障碍者使用困难，因而没有达到无障碍电梯的目的。

武汉市地方技术规范 DB 4201/T496—2016《住宅电梯配置和选型通用要求》。由武汉市特种设备监督检验所与中信建筑设计研究总院有限公司等多家单位联合起草制定，由武汉市质量技术监督局于 2016 年 9 月 28 日发布，2016 年 10 月 20 日起实施。该规范包括正文 6 个部分，2 个规范性附录，共 41 条内容，分为范围、规范性引用文件、术语和定义、住宅电梯通用要求、电梯数量配置和选型要求、电梯布置要求、典型住宅建筑的电梯配置和选型表、电梯配置和选型的传统计算方法等内容。

3. 住宅电梯配置和选型参考应用表格

地方技术规范 DB4201/T496—2016《住宅电梯配置和选型通用要求》给出的电梯运行级别、平均间隙时间 *AI* 和 5min 载客率 *CE* 见表 16-6，其中平均间隙时间 *AI* 即相当于客流高峰期相邻两次离开积攒的时间间隔的平均值 t_{INT}。

表 16-6　　电梯运行级别

电梯运行级别/等级	平均间隙时间 *AI*/s	5min 载客率 *CE*（%）
舒适	≤60	≥8
普通	≤75	≥6.5
经济	≤90	≥5

DB4201/T496—2016 给出的世界主要地区住宅（公寓）电梯性能参数见表 16-7。

表 16-7　　世界主要地区住宅（公寓）电梯性能参数

国家或地区	类别	*CE*（%）	*AI*/s	标准来源
日本	高档 普通	≥5 ≥3.5	1 台电梯≤90 2 台以上≤60	日本电梯协会指引
美国	市中心 新开发区	5～8 6～7	50～70 50～90	美国建筑设计指引
欧洲	低收入 普通 豪华	5～8 6～7 8	50～70 50～60 45～50	CIBSE GUIDE D：Transportation systems in buildings
中国 [1]	经济 正常 舒适	8～15	90～120 70～90 40～70	全国民用建筑工程设计技术措施（2009）
中国 [2]	经济 正常 舒适	居住于主楼层以上人口的 7.5	≤100 ≤80 ≤60	《住宅电梯的配置和选择》（JG/T 5010—1992）

注：因标准来源不同，国家或地区栏中的中国用上角标 1、2 区别。

英国没有住宅电梯配置和选型的规范标准数值，这方面的工作由建筑顾问公司负责，或者由建筑师和顾问公司一起做这类工作，极少数是由建筑师事务所的机电工程师负责。给出的上行峰值期写字楼平均间隙时间 *AI* 和平均候梯时间 *AW* 参考值见表 16-8，用 5min 载客率 *CE*（%）区分写字楼使用类型见表 16-9，用平均间隙时间和 5min 载客率区分带有电梯双向峰值交通的酒店建筑类型见表 16-10，区分带有夜间双向峰值交通的住宅公寓类型见表 16-11，用住宅建筑使用系数对建筑物的上班人数进行估计见表 16-12，用梯组处理能力（相当于 5min 载客率）处理带有电梯单向峰值交通的停车场建筑类型见表 16-13。

表 16-8　写字楼服务级别

服务级别	AI/s	AW/s	服务级别	AI/s	AW/s
优秀	≤25	≤20	一般	≤35	≤30
良好	≤30	≤25	无法接受	>35	>30

表 16-9　写字楼使用类型

建筑使用类型	服务类型			
	优秀	良好	一般	无非接受
多承租者	>14	13～14	11～12	<11
混合承租者	>15	14～15	12～13	<12
单一承租者	>16	15～16	13～14	<13

表 16-10　酒店建筑类型

酒店类型	人数/（人/房）	AI	CE
商用	1.3～1.7	≤45	≥10
会议	1.8～2.0	≤50	≥10
游客	2.0～3.0	≤50	≥10

表 16-11　住宅公寓类型

建筑类型	AI	CE	建筑类型	AI	CE
豪华公寓	≤50	≥8	经济适用房	≤70	≥5
普通公寓	≤60	≥6			

表 16-12　住宅建筑使用系数

公寓类型	豪华	普通	经济适用	公寓类型	豪华	普通	经济适用
1 室户	1.0	1.5	2.0	2 间卧室	2.0	3.0	4.0
1 间卧室	1.5	1.8	2.0	3 间卧室	3.0	4.0	5.0

表 16-13　停车场建筑类型

建筑类型	达到/（人/车）	AI	CE
办公楼	1.2～1.5	≤45	8～10
独立式	2.0～2.5	≤60	8～10

16.7　对电梯依附设施的设置和土建质量负责

政府部门和特种设备检验机构对电梯生产和使用单位督促其对电梯依附设施的设置和土建质量负责，保证电梯选型和配置符合相关标准规范要求。这里包括对电梯凸出物的处理，也包括电梯在安装调试前、调试中和调试后对依附物的处理，以保证安装后电梯运行的安全，避免发生事故。

16.7.1 电梯井道凸出物类型

电梯井道凸出物是指超出井道壁，影响电梯安装与运行或者使电梯井道净空减小的障碍物，这些障碍物不及时清除很可能引起安全事故，如拼装电梯后准备从顶层往下运行，由于没有及时清除井道内凸出的钢筋，致使电梯轿厢撞击钢筋而变形。

电梯井道凸出物一般有塑料管、残留模板、水泥块、脚手管、钢筋、铁钉子（或膨胀螺栓）等。

塑料管：作为井道凸出物虽然没有直接给人造成身体上的伤害，也不会造成电梯运行的硬伤害，但是也可能造成身心伤害。有的塑料管（图 16-25）、钢管虽然割断了，其小孔及抹的灰进入小孔内，经过风压而振动（图 16-26），就会产生哨鸣及噪声，检查起来非常困难（图 16-27）。

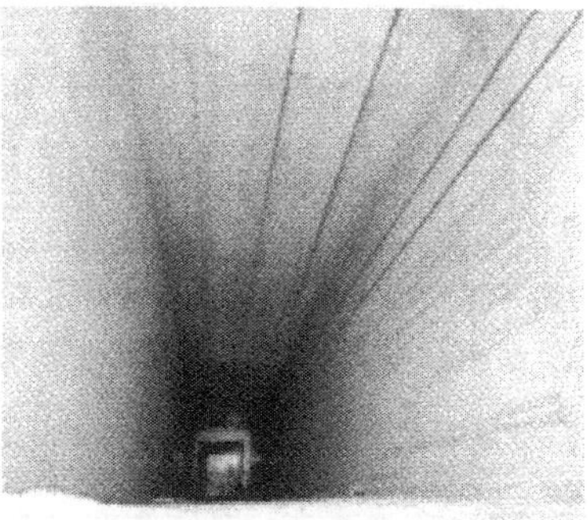
图 16-25 电梯井管道内的塑料管

图 16-26 电梯井管道内的封堵缝隙

图 16-27 电梯井管道内的孔洞未封堵

残留模板：电梯井滑膜一般用钢支撑，随滑模施工，要求电梯井道垂直偏差不得大于+50mm，不得出现负误差，所有预埋件误差±20mm；模板用材料一般使用 12mm 厚竹胶板、60mm×80mm 木方、直径 48mm×3.5mm 扣接式钢管、直径 14mm 拉丝钎。滑膜提升过程中，要求施工完毕后拆除滑膜，会遗留钎孔，要求必须压力灌浆。如果土建施工人员麻痹大意，可能将部分滑膜工程遗漏或者孔洞未及时封堵（图 16-28、图 16-29），这些将给电梯安装人员带来很多困扰。

图 16-28 井道内残留滑膜

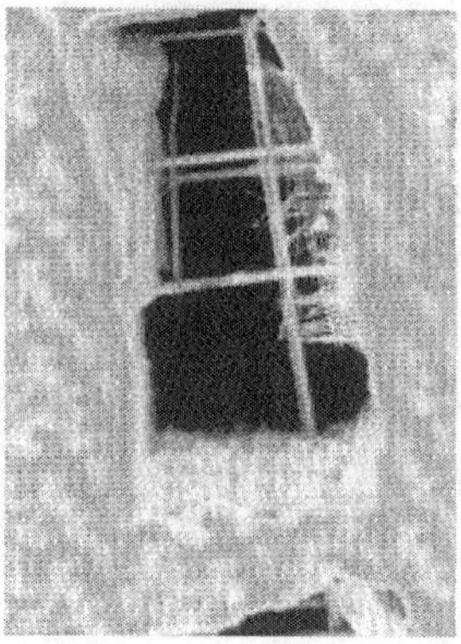
图 16-29 井道孔洞

水泥块：电梯井道内的水泥块是常见的井道凸出物（图 16-30），它们多是因为某些孔洞或滑膜部分没有封堵严密造成的。这些凸出物使电梯净尺寸减小，容易被人忽视而造成事故。如 20 世纪 90 年代厦门市某工地，在井道前部的侧壁上有一些水泥块，电梯安装试运行时，轿厢铝地坎与水泥地发生碰撞，之后地坎弯曲而不能使用。

脚手管：电梯井道内的脚手管也是常见的井道凸出物（图 16-31），它们多是因为在随滑膜上升而搭设的工作平台留下的产物。如果电梯安装人员没有及时发现与清除，就会造成各类安全事故。

水泥块 1　　水泥块 2

图 16-30　井道侧壁水泥块

图 16-31　井道侧壁脚手管

16.7.2　电梯井道凸出物出现部位

（1）井道前壁。在电梯井道前壁主要安装电梯厅门系统处，包括厅门上坎与下坎。井道前壁凸出物例如厅门口上方钢筋、厅门右前壁钢筋（图 16-32），经常会将电梯厅门划伤。

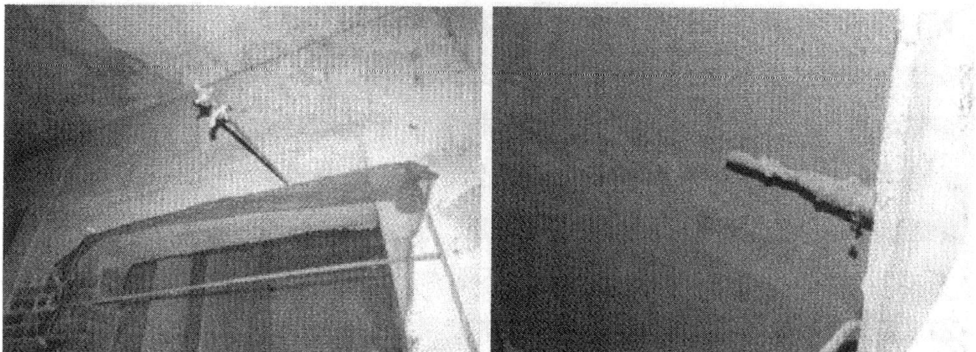

（a）　（b）

图 16-32　井道前壁凸出物

（a）厅门口上方钢筋；（b）厅门右前壁钢筋

（2）井道侧壁。电梯井道左右两侧主要安装电梯导轨、电缆、线槽、限速器、钢丝绳等。电梯井道左右两侧凸出物经常会将安装的电缆、限速器钢丝绳、曳引机钢丝绳割伤或造成安装事故［图 16-33（a）］。如 20 世纪 90 年代福州市某工地在搭设脚手架过程中，搭设脚手架人员只注意脚手管的上升与锁扣，没有注意到钢筋及铁丝而将面部划伤。图 16-33（b）为井道侧壁钢筋将电缆磨破；图 16-33（c）为井道侧壁铁丝将电缆磨破。

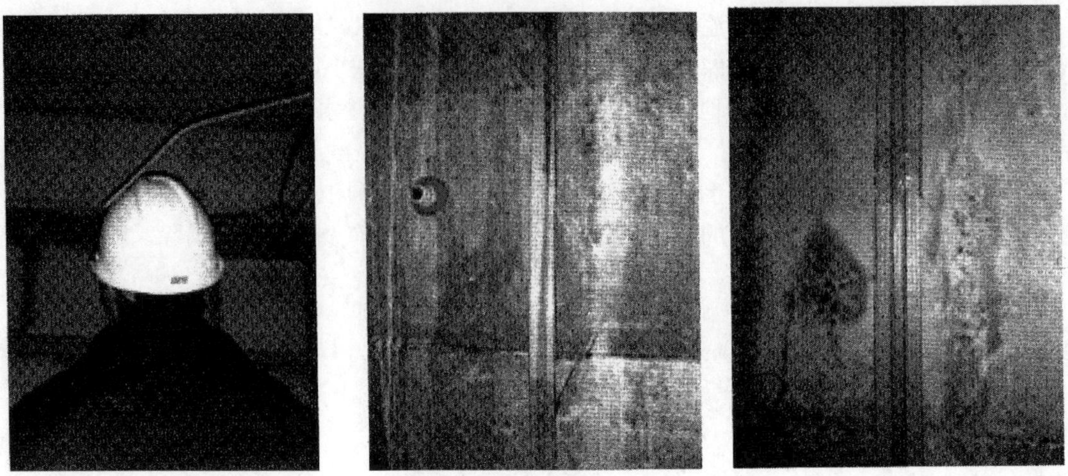

(a) (b) (c)

图 16-33 井道侧壁凸出物钢筋和铁丝导致的事故

(a) 钢筋将人员面部划伤；(b) 钢筋将电缆磨破；(c) 铁丝将电缆磨破

（3）井道后壁。电梯井道后侧主要安装电梯导轨与对重等，电梯井道后侧凸出物会使对重块脱离对重框坠落，造成安装过程事故。

16.7.3 电梯安装调试时对凸出物的处理

1. 电梯安装前

要对机房与井道土建状况进行勘查，包括：

（1）检查建筑物的外观、施工进度、内装完成状态、接货通道、货物存放地点、楼内门窗、楼板地面强度、电源箱、所用电源、接地保护等，并核对机房位置尺寸和楼板预留孔等是否具备安装条件。

（2）检查机房门窗、吊钩、临时电源配备、承重梁等。

（3）外呼和层站显示器的开孔深度和高度是否合适，门框的开孔位置、尺寸是否合适。

（4）核对井道横截面的内径尺寸。核对井道纵剖面图中的顶层净高、底坑深度、导轨架预留孔位置尺寸和各层层门框位置等。

（5）井道的垂直度是否超出井道土建图的偏差要求。

（6）井道墙壁、底坑应该有足够的强度，底坑应无漏水。对因基建需要，在底坑下方有人可能通过的地方设置的防护措施进行检查。向土建单位了解底坑地面的实际承载能力是否满足至少 2kPa 的均衡布荷。

（7）检查厅门口防护状态及照度情况。

（8）目测井道内的凸出物及梁的状况。涉及井道的偏差，还要制定相关的修改方案。

检查井道凸出物是准备工作的重要项目之一。如某电梯厂家安装调试工地安全检查要点表中专门有此项要求，具体如下：

1）脚手架安装。清除井道杂物，如井道壁上的铁丝、钢筋、水泥块等。

2）M 型无脚手架安装。规定：井道内无杂物，井道壁无凸出物，底坑清洁，无积水和垃圾等。

3）T 型无脚手架安装。规定：同 2）。

2. 电梯安装调试前

检查井道内凸出物，它涉及电梯运行安全与责任事故发生的频率。在搭设脚手架过程中和安装导轨时，遇到井道凸出物就立即清除。在拆除脚手架过程中再次检查井道凸出物并随手清除（图16-34）。

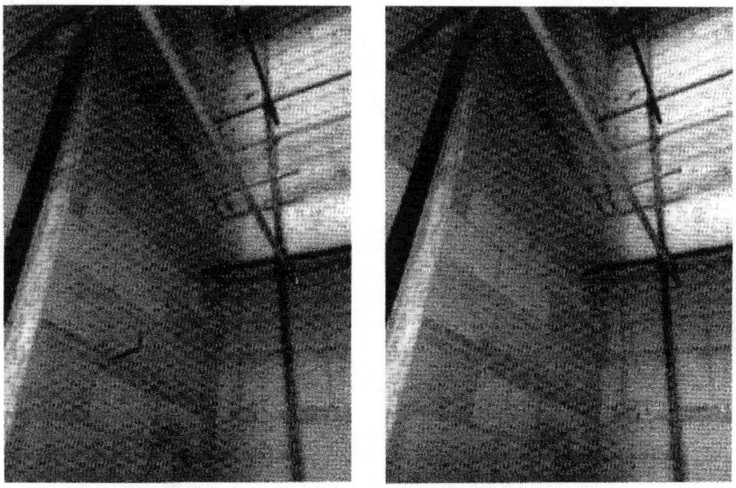

(a) (b)

图16-34 搭设脚手架中清除井道凸出物

(a) 发现凸出物；(b) 突出物清除后

3. 电梯安装调试中

有些电梯安装人员为了图省事，随手用榔头将钢筋打弯而不彻底清除，造成后患。图16-35就是在工地发现的井道凸出物。电梯调试人员应严格执行相应的检查程序，发现问题及时解决，不能协调的应找主管，目的是将安全隐患彻底根除。

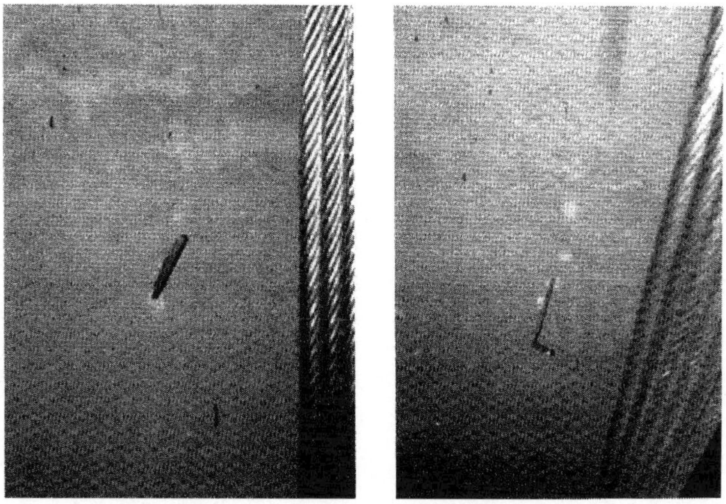

(a) (b)

图16-35 井道内被打弯的钢筋隐患

(a) 钢筋打弯前；(b) 钢筋打弯后隐患

4. 电梯安装调试后

电梯安装调试后，安装部门与维修部门在交接检查时有时会遗漏井道凸出物，例如凸出井道壁 40mm［图 16-36（a）］。如图 16-36（b）的隐患虽然暂时不碍事，但当有风摆出现时，电线将被挂住，要引起很多隐患，因此必须立即清除。

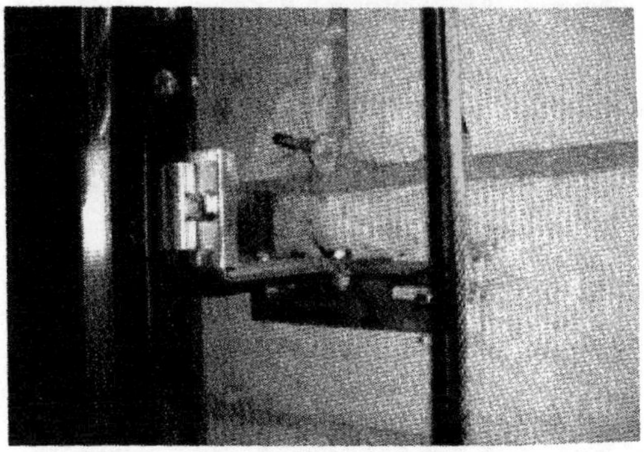

（a）

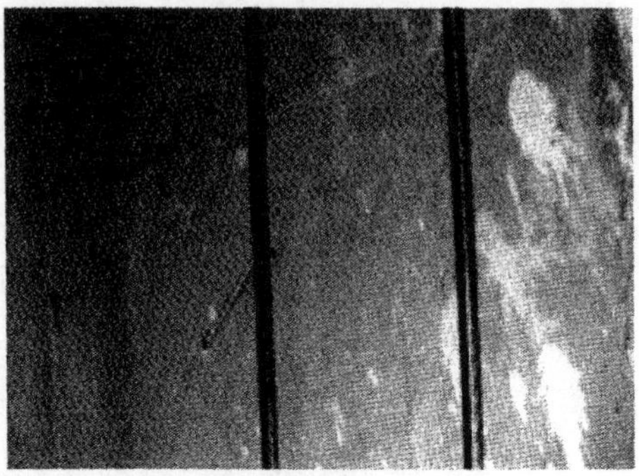

（b）

图 16-36　电梯安装调试后的隐患

（a）轨道后面凸出的钢筋隐患；（b）墙壁上的钢筋隐患

第17章

电梯业的科学监管

本章主要阐述以科学监管为手段，加强和规范自行检测，提升检验和检测质量，打造适合于我国国情的更为严格的标准规范体系；加强既有住宅加装电梯相关技术标准制订和修订，促进既有住宅加装电梯工作；制定老旧住宅电梯更新改造大修的有关政策，畅通维修资金提取渠道；推进老旧住宅电梯大修改造工作，达到消除和减少故障率，保障人民乘梯安全的效果。内容包括：国内电梯监管问题调查和应对；强化质量安全意识，加强电梯检测技术研究；电梯物联网和信息化检测；电梯物联网的安全监控；电梯应急救援平台的大数据管理；推进老旧住宅电梯大修和改造工作；预防和减少事故；让人民群众安全乘梯等。

17.1 国内电梯监管问题调查和应对

只有调查和了解国内电梯监管情况和问题，才能做出正确应对，达到提高电梯安全性的目的。而这两者都要受到电梯厂家生存和电梯产品的激烈竞争所左右。

17.1.1 国内电梯安全监管现状

国内电梯安全监管主要是从电梯经营、管理和落实规范上来调查和监管。目前我国电梯在调查和监管上存在 5 大问题和特点，需要加以正确应对。

（1）随着我国电梯生产量和在用量的大幅增加，电梯事故也在增多，直接威胁人民的生命财产安全。据统计，2009 年我国发生电梯事故 45 起，2010 年发生电梯事故 44 起，2011 年发生电梯事故 64 起，2013 年发生电梯事故 70 起，2014 年发生电梯事故 95 起。武汉市仅 2011 年上半年，消防部门共接到电梯困人报警 137 起，营救被困人员 253 人，月均达 20 起。武汉市质监局相关人士称，乘客被困电梯后很焦急，第一反应拨打 110 的占了多数。这样来算，武汉电梯困人报警至少达一天一起。近几年来由于国家政府部门、质检总局和各个电梯部门的重视，电梯万台事故起数和死亡人数等指标有所下降，接近发达国家水平。但是这是关系到亿万乘客生命财产的大问题，切不可掉以轻心，应继续采取得力措施加强电梯质量安全工作。

（2）数万台电梯进入“老龄化”期。近期全国各地连续发生多起电梯安全事故，一个主要原因是一些电梯处于“带病”上岗或超期服役状态。我国是世界上拥有电梯数量最多的国家，在用电梯 2017 年高达 562.7 万台。按照电梯设计寿命为 20～25 年测算，我国已有数万台电梯进入“老龄化”期。

在汉口某大厦，一台电梯已运行 23 年，经常不是打摆子关人，就是闹罢工停运。还有某

21层老旧住宅电梯因为没钱维修，电梯停运1年多。这些电梯步入老年，保养和维修无法正常跟上，导致电梯故障不断。上海市据统计约有1.4万台使用年限超过15年的老年电梯，这些电梯由于部件老化、原零件已停止生产或者电梯的安全性不满足现行安全标准要求，存在较大的风险隐患。按照《特种设备安全监察条例》规定，电梯检验不合格的不得使用。但是在“允许继续使用保证居民出行方便”与“责令停止使用”上存在着不能简单选择其一的“两难”问题。据统计，2012年1～7月，青岛市质监部门共接到76起电梯故障投诉，该市现有约1.7万部电梯，其中400多部“年老体衰”，电梯故障时有发生。而超过保修期后，需要2/3用户同意，才可动用房屋维修金来维修或者更换电梯。由于所需费用较高，电梯维修、换新之路十分曲折。

一般电梯使用寿命为10～15年，之后就会老化、故障频发。遇到这种情况，一般采取两种措施：一是保留导轨、门、轿厢等主体部件，换掉主机、控制系统并验收合格后继续使用；二是彻底更换成新电梯。继续使用老化电梯不仅存在安全隐患，而且在维修成本、后续维修保养和成本方面大大高于更新、改造电梯所需的费用。按照《中华人民共和国特种设备安全法》的管理规定，特种设备存在严重事故隐患，无改造、修理价值，或者达不到安全技术规范规定的其他保费条件的，特种设备使用单位应当依法履行报废义务，采取必要措施消除该特种设备的使用功能，并向原登记的负责特种设备安全监督管理部门办理使用登记证书注销手续。因而越来越多的用户（尤其是商业用户）开始倾向于直接更换改造电梯，而不是采用简单的维修方式。

一般而言，三菱、日立等日本电梯的报废年限约在15年，奥的斯、迅达、通力等欧美电梯的报废年限在25年。由于我国电梯大部分标准都是参照欧盟和日本标准设定，随着在用电梯使用寿命临近，预计未来旧梯更新需求将进一步增加。按照中国电梯业协会数据，国内电梯安装是从2001年开始兴起的，按照10年更新周期，以每年10%的比例计算，可以推测出2013～2020年大概有73万台电梯需要更新改造，年均约9万台，更新改造量持续增长。

（3）电梯维修保养不到位。以深圳市为例，电梯抽查结果不容乐观。2012年9月，深圳市市场监督管理局公布2012年上半年电梯维修保养单位工作质量抽查结果：200台被抽查的电梯中，有37台电梯存在抽查项目不合格，维修保养不到位的情况。而据深圳市特种设备协会此前的调查报告：深圳市有六成以上的高层电梯都没有配备或启动应急电源；深圳市各个小区的电梯都由大大小小近万个不同规模的物业管理企业进行管理，电梯应急管理的水准参差不齐。此外电梯维修行业的恶性竞争也使电梯维护质量堪忧。再如哈尔滨市：电梯专项维修资金未落实到位。2006年施行的《哈尔滨市城市住房专项维修资金管理试行办法》中提出，电梯的维修可以申请专项维修资金。然而一个尴尬的事实是，目前哈尔滨市的民用电梯专项维修资金收缴率非常低，如果居民没有缴纳这笔资金，物业根本无法提出申请。据哈尔滨市质量技术监督局统计，该市小区共有民用电梯1.1万部，运行10年以上的有3000部。

对于电梯维修保养不到位等不良问题，北京市推出多项应对办法。例如：①今后新建电梯将尽量设置“休息平台”，减少自动扶梯的提升高度。对于提升高度较高的自动扶梯，应在其上、下端预留安装视频监控设施的位置。②制造单位“终身负责”。统计数据显示，导致电梯安全隐患的因素中，制造质量占16%，安装环节占24%，而保养和使用问题占高达60%。对此，北京市将对公共交通领域的电梯实行制造单位“终身负责”制。制造单位负责电梯的安装、维修和日常维护保养，并在电梯投入使用后，对其安全运行情况进行跟踪调查和了解。

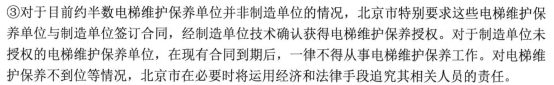

③对于目前约半数电梯维护保养单位并非制造单位的情况，北京市特别要求这些电梯维护保养单位与制造单位签订合同，经制造单位技术确认获得电梯维护保养授权。对于制造单位未授权的电梯维护保养单位，在现有合同到期后，一律不得从事电梯维护保养工作。对电梯维护保养不到位等情况，北京市在必要时将运用经济和法律手段追究其相关人员的责任。

（4）电梯使用权等不明确。由于部分电梯安全责权关系不明确，电梯使用中的所有权、使用权、物业管理权涉及多个主体，而各个主体之间责任不清甚至相互推卸责任，致使电梯管理混乱。一旦发生事故，受害者往往找不到索赔对象。广州市出台《电梯安全监管改革的实施方案》，规定：未明确使用权者不得使用电梯。作为广东省电梯改革的试点城市之一，2012 年 8 月广州市启动了电梯安全监管改革试点工作。今后每台电梯都要有明确的使用权者，一旦发生安全事故，使用权者对事故受害者承担第一赔付责任。

再如上海，原来电梯在使用中经常存在所有权、使用权、管理权相分离的情况，导致电梯的使用单位不明确，责任主体不清晰，给电梯安全管理带来难度。尤其是上海市的一些居民小区的电梯普遍存在“以包代管”的问题，物业公司找来电梯维保单位签订合同后，就认为电梯运行安全是维保单位的事了。应对办法：出台的《上海市电梯安全管理办法》将瞄准电梯安全监管中存在的“盲区”，例如新安装电梯未移交电梯产权所有者的，项目建设单位为使用单位；委托物业服务企业管理的，物业服务企业为使用单位；规定由使用单位负责落实电梯的日常运行、维护保养、维修、改造、更新、检验检测、安全技术论证等。

（5）国家没有电梯报废期限的相关规定。在 20 世纪 80 年代批量投入使用的电梯，由于国家没有电梯报废期限的相关规定，一些用了很多年的电梯仍在“服役”，而维修费用从哪出则成了业主和物业管理公司共同面临的问题。广州市质监局的相关负责人表示，根据《住宅专项维修资金管理办法》的规定，电梯属于公共设备，其维修、更新和改造费用可以从住宅专项维修资金中列支。

17.1.2　监管技术问题及应对

据调查，关于电梯监督检验、定期检验不合格项比较多的项目有：

（1）曳引驱动电梯在监督检验中发现的主要问题分布情况：建筑物占 29.2%，电梯设备占 20.8%，技术资料占 18.3%，人员资质及安全防护占 10.5%，其他占 21.2%。存在问题主要表现为：建筑物的机房（门）、通道高度、井道顶部空间、底坑深度尺寸等空间尺寸不符合要求，井道层门门洞未封堵，底坑积水及底坑下部悬空等问题；电梯设备问题有对讲系统、临时电源等问题；技术资料问题有制造单位、施工单位及使用单位提供的资料，与现场安装电梯实物的符合性、匹配性上有问题。

（2）自动扶梯与自动人行道在监督检验中发现的主要问题分布情况：相邻区域占 38.2%，技术资料占 16.9%，标识与标致占 14.0%，监控和安全装置占 10.6%，其他占 20.3%。存在问题主要表现为：指定扶梯相邻区域主要是出入口的阻挡装置、畅通区域不满足要求，梯级或踏板的净高度、扶手带外缘距离不满足要求等。技术资料问题有制造单位、施工单位及使用单位提供的资料与现场安装电梯实物的符合性、匹配性问题。标识与标志问题为使用须知、产品标识等不完整、不规范。

（3）曳引驱动电梯在定期检验中发现的主要问题分布情况：紧急报警装置和应急照明占 33.9%，技术资料占 20.1%，限速器占 12.7%，缓冲器占 9.1%，其他占 24.2%。紧急报警装置和应急照明不符合要求、技术资料不完善是定期检验的主要不合格项目。

（4）自动扶梯与自动人行道在定期检验中发现的主要问题分布情况：相邻区域占 30.2%，扶手装置与围裙板占 22.7%，技术资料占 15.6%，安全标识占 9.0%，监控和安全装置占 5.6%，其他 17.9%。相邻区域的空间尺寸、防护不符合要求，扶手装置与围裙板的防爬、阻挡、防滑行、梯级与围裙板间隙，防夹装置等不符合要求。技术资料不完善是定期检验的主要不合格项目。

根据上述统计数据提出几点应对：

（1）监管与引导并重来提升电梯施工、维护保养水平。加强现场安全监督，规范电梯施工、维护保养行为。引导企业练好内功、做强做大，引导社会重视电梯施工和维保工作，吸引高素质人才。

（2）曝光与宣传并重，切实落实相关方的安全主体责任。通过媒体曝光，加强舆论和社会对电梯生产（自找、施工、维保）单位的监督。通过宣传教育，普及电梯使用单位是电梯安全第一责任人的观念。建立多部门联合监管机制，齐抓共管。抓好隐患警示，住室电梯生产、使用单位的落实整改。

（3）技术与法规并重，加强电梯使用施工、维保和使用管理的监督。应用先进技术及工艺，提高电梯安全水平，完善法律法规，加大对违法行为的查处力度。

17.1.3 中国电梯企业发展历程

通过中国电梯企业的发展历程可以看出：外资如奥的斯、迅达、通力、蒂森、三菱、东芝、富士达、日立等 8 大电梯品牌占据我国电梯业的主导地位，内资电梯处于被动的不利地位，电梯厂家生存和电梯产品竞争激烈。外资 8 大电梯品牌主要占据了我国电梯业的高新技术，即智能控制技术和产品上，见表 17-1。

表 17-1　国内外主要电梯群控产品型号及控制算法特点

公司名	群控产品名	特　点
Mitsubishi	∑-AI 2200	模糊逻辑及神经网络技术
Schindler	AITP	模糊控制、神经网络技术
Schindler	Miconic10	目的层站控制、神经网络技术
Fujitec	Flex8820/8830	模糊推理、自适应技术
Kone	TMS9000	模糊逻辑智能控制技术
Toshiba	EJ-1000	模糊逻辑、人工神经网络
Otis	Elevonic ® Class	采用奖惩算法
Hitachi	FI-340G	遗传算法
Hitachi	CIP/IC	即时预约等周期控制
Hitachi	CIP-3800	缩短等待时间预测控制
Hitachi	CIP-5200	自学习节能控制
Hitachi	FI-320	楼层个性化专家系统

外资最初在中国组建的部分合资、独资企业情况见表 17-2。

我国于 1907 年在上海和平饭店最早安装了奥的斯电梯，自那以后一直到 1949 年，我国电梯拥有量仅约 1100 台。这个阶段虽然只有对国外电梯的销售、安装、维保和使用，却训练了一大批电梯工程技术人员，为电梯企业的起步准备了人才。从 1949～1980 年，国内电梯生产企业仅 10 家左右。此期间，全世界最有影响的著名电梯公司几乎全部在中国建立了合资或独资企业，极大地推动了电梯行业的技术进步。大量的先进技术和管理理念在行业中得到推广和应用；如调频调压调速（VVVF）技术、电梯群控技术、永磁同步无齿轮曳引技术、串行通信技术、远程监控技术等；涌现了很多革命性的产品，如无机房电梯、小机房电梯、螺旋形自动扶梯等。

表 17-2　　世界 8 大主流品牌在中国组建部分合资、独资企业情况

合资、独资企业名称	成立时间/年	合资、独资企业名称	成立时间/年
中国迅达（SCHINDLER）	1980	大连星玛（SIGMA）（奥的斯分品牌之一）	1995
天津奥的斯（OTIS）	1984	广州日立（HITACHI）	1996
上海三菱（MITSUBISHI）	1987	通力中国（KONE）	1996
沈阳东芝（TOSHIBA）	1995	西子奥的斯（XIZIOTIS）	1997
华升富士达（FUJITEC）	1995	苏州江南快速（EXPRESS）（奥的斯分品牌之一）	2003
中山蒂森克虏伯（THYSSENKRUPP）	1995	巨人通力（GIANTKONE）	2005

普遍按照国际先进标准组织生产。世界各大电梯公司都带来了他们所在国家和地区的标准，如 EN81、A17.1、JIS 等，国内电梯行业经过慎重选择，采用了 EN81 标准，即 GB7588 标准。由于这一标准在中国是强制执行标准，采标起点高，所以今天的中国电梯水准代表了世界电梯的水准。

如今，中国电梯市场需求量呈现保稳求质过程，不再有大起大落。在未来的一二十年，高层建筑电梯的需求量仍会增加，这为电梯行业带来了生机。我国电梯主打“节能、环保”，小机房、无机房等环保产品受到市场青睐，如通力 Monospace 无机房电梯系列、奥的斯 Gen2 无机房电梯系列、天擎 Sky 全电脑模块化控制永磁同步无齿轮电梯系列、三菱 LEHY（菱云）小机房电梯系列等颇受欢迎，并将更加智能化。与此同时，各个整机企业将从产品制造纷纷转型为服务型企业，正是所谓三分制造、七分安装。中国电梯维保市场的潜在收入超过 40 亿元人民币。电梯设计的一般使用寿命在 15～18 年，20 世纪 80 年代以来陆续安装的电梯现在已经进入更新改造期，所以专家预计，今后每年大修改造的电梯将保持在 15 000 台以上。

17.2　强化质量安全意识，不断提升电梯质量安全水平

要达到电梯安全的目的，首先需从电梯经营和管理措施入手。在这里不是忽视从技术入手，因为电梯经营和管理同时也是为技术服务的。

强化安检意识，首先要强化自检意识。“加强和规范自行检测，允许符合条件的维保单位自行检测，或由使用单位委托经核准的检验检测机构提供检测服务，鼓励符合条件的社会机构开展电梯检测工作。加强对检验、检测工作的监督检查，提升检验、检测质量。”强化质量安全意识，不断提升电梯质量安全水平的中心内容，一是要推行“电梯设备+维保服务”的一

体化采购模式，依法推进按需维保，推广“物联网+维保”等新模式，全面提升维保质量；二是要逐步建立电梯全生命周期质量安全追溯体系，优化发展“保险+服务”新模式，推行“自我声明+信用管理”，加大信息公示力度，发挥社会监督作用；三是要运用计算机和模糊算法进行电梯质量安全评价。

17.2.1 检验流程时限控制

1. 电梯检验流程存在的问题

电梯检验量大面广，社会影响极为重要，据某检验机构调查，电梯检验流程存在如下问题：

（1）电梯检验业务部门在安排或实施检验时晚于设备的下次检验日期，导致间歇性设备超期未检。

（2）对于检验结论为“合格”或“不合格”的电梯，检验业务部门未按期出具检验报告。

（3）电梯检验后有整改要求的（不能现场判“合格”或“不合格”），需要整改后再下检验结论。由于受检单位没有及时整改并且提交见证材料，或者检验人员没有在规定的时间内对整改见证资料进行确认；或者检验业务部门没有在整改确认后按期出具检验报告，导致检验报告不能按期完成，拖延了报告出具时间，不能及时交到用户手中。

（4）用户对电梯检验报告出具的各个时间节点不清楚，特别是对于有整改项目的电梯检验报告。

2. 采取的措施

采用信息化手段。在检验管理系统中设置各检验环节限时功能。其功能主要有特种设备报检、任务安排、检索意见通知书录入、报告录入及打印，其主界面如图 17-1 所示。其限时功能主要有 6 个时间节点限制。

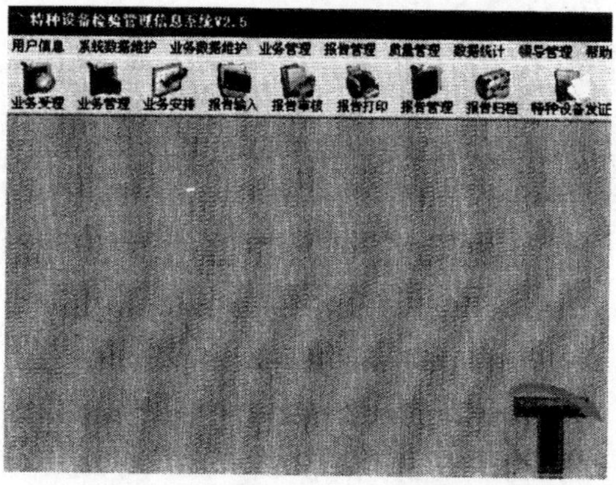

图 17-1 特种设备信息管理系统主界面

1）检验任务安排时间限制。用户检验后，系统中安排检验任务应当在下次检验日期到期之前进行，并且安排现场检验日期不能晚于下次检验日期；否则将不能在系统中安排检验任务，且有一定的时间余量。

2）现场检验时间限制。检验人员现场检验时，该现场检验日期不能晚于下次检验日期；否则将不能在系统中提交报告审核。

3）检验报告出具时间限制。检验工作完成后，检验业务部门应在自现场检验完成之日起的 8 个工作日内，将检验报告提交中央打印机房打印，即比检规规定的 10 个工作日提前打印，逾期将不能提交打印。

4）整改时间限制。对于电梯存在不合格项，但不满足立即判“不合格”条件，检验人员现场出具《检验意见通知书》。检验业务部门应及时将检验人员在检验现场开具的《检验意见通知书》输入系统（图 17-2），包括《检验意见通知书》上的整改期限不能超过 10 个工作日；否则将不能在系统中输入整改截止日期。

5）整改见证资料收到时间限制。对于电梯存在“不合格”项，但不满足立即判“不合格”条件，检验人员现场出具《检验意见通知书》。检验业务部门应在收到受检单位提交的整改见

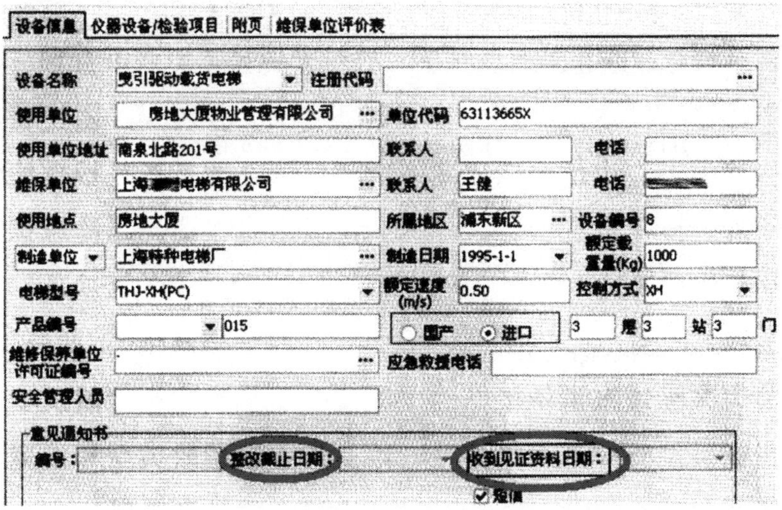

图 17-2　系统中录入整改截止时间和收到见证资料时间

证资料当日，将收到日期输入系统。收到整改见证资料的日期晚于整改截止日期的，系统将不能出具检验合格报告。

6）整改确认时间限制。对于电梯存在不合格项，但不满足立即判“不合格”条件，检验人员现场出具《检验意见通知书》。检验员应在自收到整改见证资料之日起的 5 个工作日内完成整改确认；否则将不能在系统中提交报告审核。

①系统中的时限控制功能一旦发生作用，检验业务部门需要通过系统填写《解除系统受限申请》申请解除受限，经检验业务部门负责人审核后通过系统上报，由管理员开放相关权限。超过权限出具检验报告，需填写《解除系统受限申请》。

②将检验业务部门出具报告情况纳入质量考核指标体系。该检验机构每月 10 日前，通过系统统计、汇总上月各部门的时间限制情况，并根据相关质量考核规定进行考核。

③将检验业务部门落实，及时出具检验报告情况，纳入绩效考核指标体系。记事出具报告情况与检验业务部门绩效息息相关，推动检验业务部门落实有关规定。

3. 检验效果及影响

自正式启用系统时限控制功能以来，经过一年半时间的检验，通过系统统计得出检验业务部门受限检验报告数量如图 17-3 所示。从图中可以看出，检验业务部门受限报告数量呈明显下降趋势，因电梯检验业务的周期性特点，在某些季度也会出现反复。

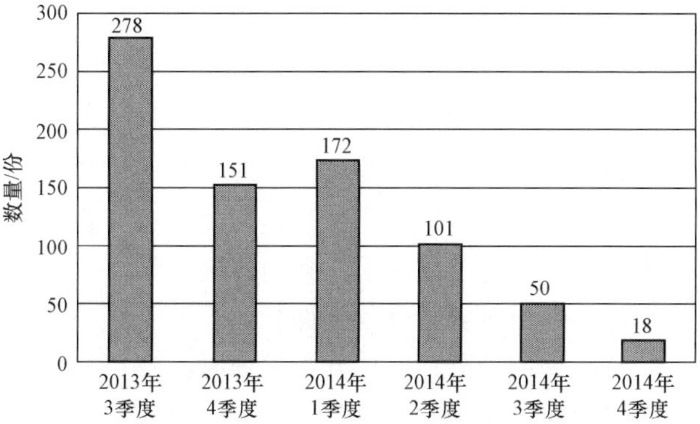

图 17-3　电梯检验报告受限数量统计

电梯检验流程时限控制功能实施后，对该检验机构管理工作产生了积极影响，表现在下面 4 个方面：

（1）电梯检验流程对用户更加透明。原来电梯现场检验完成后，接待大厅只能给电梯用户大致的取报告时间，有时候还可能延期。这给电梯用户带来不便。现在电梯检验各个时间节点都非常明确，电梯用户可通过完善检验平台知晓检验工作到了哪个环节，以及确切的领取检验报告时间。

（2）电梯检验人员对自己的职责更加明确。该做什么不该做什么，已经一清二楚。能拖则拖，或将报告放一放的不良现象已经绝迹，检验人员真正做到依法施检，依法履职。

（3）电梯检验工作更加规范。检验报告是检验工作的最终“产品”，检验工作围绕检验报告和服务用户开展。通过实施“电梯检验流程时限控制”项目，电梯检验工作更加规范化了。

（4）电梯检验流程更加高效。通过电梯检验流程时限控制，实现了该检验机构的电梯检验流程再造，进一步完善了电梯检验流程中各个关键环节，明确了各个岗位的职责，防止出现推诿扯皮现象，使检验流程更加高效。

17.2.2 电梯成新率的模糊数学综合评判

运用计算机和模糊算法进行电梯质量安全评价来强化质量安全意识，不断提升电梯质量安全水平，要涉及电梯可靠性的现代理论。电梯可靠性的现代理论是指数量化的、公式化的、应用智能控制的电梯可靠性理论，包括可靠性计算公式、电梯维修风险评价分析及组合系统的可靠性。把电梯可靠性的现代理论引向深入时，要研究电梯可靠性的计算公式、可靠性的分析方法、电梯成新率的模糊数学综合分析，以及电梯安全保护系统的事故树分析等内容。现在介绍电梯成新率的模糊数学综合评判。

按照《电梯技术条件》（GB/T 10058—2009）的规定：电梯整机可靠性检验为起制动运行60 000次中失效（故障）次数不应超过5次。每次失效（故障）修复时间不应超过1h。由于电梯本身原因造成的停机次数或不符合本标准规定的整机性能合格要求的非正常运行，均被认为是失效（故障）次数。

控制柜可靠性检验为被其驱动与控制的电梯起制动运行60 000次中，控制柜失效（故障）次数不应超过2次。由于控制柜本身原因造成的停机次数或不符合本标准规定的相关性能项目合格要求的非正常运行，均被认为是失效（故障）次数。

电梯自安装后的运行期限一般为15年。在此期间中，电梯随着运行时间的加长，其损耗在积累，成新率在减低。怎样估价和分析这种演变呢？电梯成新率的模糊数学综合评判能解决此问题。

电梯成新率的模糊数学综合评判根据原理：

$$\text{成新率}=1-\text{损耗率} \tag{17-1}$$

在已知电梯症状的隶属度模糊向量的情况下，建立模糊关系矩阵，求出电梯状态的隶属度模糊向量，进而由状态的隶属度模糊向量中各元素的值，判断电梯设备的损耗状态。

第1步：组织客户、维修人员和评估人员5人，共同对电梯状态进行评估。

第2步：了解和检查电梯状态。举例说，客梯已运行5年，随着使用期限的延长，电梯状态距离质量安全技术要求已出现差距。详细情况是：

（1）机房部分：曳引机减速箱蜗轮有一定的合理磨损，但尚未达到更换程度；电动机线包的绝缘有相对老化现象；其他情况正常。

（2）井道部分：钢丝绳伸长，缓冲越程小于标准尺寸150mm；其他正常。

（3）轿厢部分：轿门开关关门时，噪声稍大，82dB；其他正常。

（4）层站部分：无异常。

（5）安全装置：无异常。

第 3 步：给定电梯损耗率向量 $\boldsymbol{V}$。按照 15 年使用期限已使用 5 年，商定缩小取值区间为 20%～40%。损耗率行向量 $\boldsymbol{V}$ 由 5 个分量组成，其值依次由专家组评估给定为：

$$\boldsymbol{V}=[V_1,V_2,V_3,V_4,V_5]=[20\%,25\%,30\%,35\%,40\%] \tag{17-2}$$

第 4 步：建立模糊关系矩阵。

5 人专家组根据第 2 步检查来的情况，分别对电梯机房、井道、轿厢、层站和安全各个部分依次给出评定值。例如对机房部分的评定值为[0.4,0.2,0.2,0,0.2]，对井道、轿厢、层站及安全各部分的评定值依次为[0.2,0.2,0.2,0.2,0.2]，[0,0.2,0.4,0.2,0.2]，[0.2,0.2,0.2,0.4,0]，及[0.4,0.6,0,0,0]，得下面模糊关系矩阵 R：

$$\boldsymbol{R}=\begin{bmatrix}0.4 & 0.2 & 0.2 & 0.0 & 0.2\\0.2 & 0.2 & 0.2 & 0.2 & 0.2\\0.0 & 0.2 & 0.4 & 0.2 & 0.2\\0.2 & 0.2 & 0.2 & 0.4 & 0.0\\0.4 & 0.6 & 0.0 & 0.0 & 0.0\end{bmatrix}$$

具体做法是：比如对机房部分，每个专家给出评定值后，将这些评定值相加求和，则每个专家给出的评定值在求和中所占的比值，即为上述模糊关系矩阵中的每一行向量。

第 5 步：给定权系数 $\boldsymbol{A}$。由专家组集体商定给出机房、井道、轿厢、层站及安全装置每一部分的全系数，为

$$\boldsymbol{A}=[0.3,0.1,0.2,0.1,0.3]$$

第 6 步：求出电梯状态的隶属度模糊向量 $\boldsymbol{B}$：

$$\boldsymbol{B}=\boldsymbol{AR}=[0.3,0.1,0.2,0.1,0.3]\begin{bmatrix}0.4 & 0.2 & 0.2 & 0.0 & 0.2\\0.2 & 0.2 & 0.2 & 0.2 & 0.2\\0.0 & 0.2 & 0.4 & 0.2 & 0.2\\0.2 & 0.2 & 0.2 & 0.4 & 0.0\\0.4 & 0.6 & 0.0 & 0.0 & 0.0\end{bmatrix} \tag{17-3}$$

$$=[0.28,0.32,0.18,0.10,0.12]$$

第 7 步：求电梯损耗率。电梯损耗率即为状态的隶属度模糊向量 $\boldsymbol{B}$ 的范数对应的电梯损耗率向量 $\boldsymbol{V}$ 的分量。状态的隶属度模糊向量 $\boldsymbol{B}$ 的范数 $\|\boldsymbol{B}\|$ 定义为

$$\|\boldsymbol{B}\|=\max\boldsymbol{B}=\max[0.28,0.32,0.18,0.10,0.12]=0.32 \tag{17-4}$$

$\|\boldsymbol{B}\|=0.32$ 对应的电梯损耗率向量 $\boldsymbol{V}$ 的分量是 $V_1=0.25$。故电梯损耗率为 25%。

第 8 步：求电梯成新率：

$$电梯成新率=1-损耗率=1-0.25\%=75\%$$

17.3　电梯检测技术研究

电梯检测技术是电梯业科学监管的重要内容，公共交通型自动扶梯检验是电梯检测技术中的内容。公共交通型扶梯是指适用于下列情况之一的自动扶梯或自动人行道：①是公共交通系统包括出口和入口的组成部分；②高强度的使用，即每周运行时间约 140h，且在任何 3h

的间隔内，其载荷达100%制动载荷的持续时间不少于0.5h。重载公共交通型扶梯也称重型自动扶梯，是指适用于以下工作条件的公共交通型扶梯：全年每天连续工作20小时以上，且任何3h间隔内，持续重载时间不少于1小时，其载荷应达到100%制动载荷并且设被停止运行时，能够作为固定楼梯使用。由此可见，公共交通型扶梯是为满足客流量大的公共场合应用而设计；而重载公共交通型扶梯作为特殊的公共交通型扶梯，更是为满足地铁、高铁、火车站等特殊公共场合长时间持续重载客流而设计。

下面从公共交通型扶梯检验与一般自动扶梯的不同之处，分为主要技术参数检验、整体结构检验、主要零部件检验、其他要求检验4个部分，见表17-3。

表17-3　　公共交通型扶梯检验过程和特点

项目	子项目	检验要点和说明
主要技术参数	倾斜角度	（1）按照GB 50157—2013《地铁设计规范》要求："公共交通型自动扶梯倾斜角不得大于30°，公共交通型自动人行道倾斜角不大于12°。"这是出于对乘客乘坐安全的考虑。过于倾斜陡峭的角度不利于拥挤的高峰客流，一旦发生推搡等情况极容易酿成事故。 （2）现场检验时，应注意查看安装图纸，利用角度尺等工具进行测量
	名义宽度	（1）北京市地方标准DB11/T 705—2010《重型自动扶梯、自动人行道技术要求》提到"公共交通型自动扶梯和人行道的名义宽度不小于1000mm，名义速度应不小于0.5m/s，宜采用0.65m/s。"人们出行为了赶地铁、火车、飞机，乘坐公共交通型扶梯会比较匆忙，为了提高旅客输送能力，对其速度有较高要求。 （2）公共场所需要防火，发生火灾时，公共交通型扶梯也需作为安全通道的组成部分，考虑到旅客疏散时间，故对梯级宽度要求不得过小。 （3）现场检验时，应该对图纸用券尺等工具对梯级宽度进行测量
	水平梯级数量	（1）GB 50157—2013要求："当公共交通型扶梯的名义速度为0.5m/s，且提升高度不大于6m时，上下水平梯级数量不少于2块；当公共交通型扶梯的名义速度为0.5m/s，且提升高度大于6m时，上下水平梯级数量不少于3块；当公共交通型扶梯的名义速度为0.65m/s时，上下水平梯级数量不少于3块；当公共交通型扶梯的名义速度大于0.65m/s时，上下水平梯级数量不少于4块。"如图17-4所示，在公共交通型扶梯中水平梯级数量较多。 （2）在水平梯级数量的规定上，GB 50157—2013和GB 16899—2011对公共交通型扶梯的规定是相同的。对于0.65m/s的公共交通型扶梯，都规定上、下端不能少于3块。但水平移动段是乘客进入和离开公共交通型扶梯时的过渡段，增加水平梯级的数量，能有效提高乘客登上和离开公共交通型扶梯时的水平稳定性。 （3）现场检验时可以通过目测来确定水平梯级的数量
	从倾斜段到水平段过渡的曲率半径	（1）GB 50157—2013提出："从倾斜段到上水平段过渡的曲率半径不宜小于2m，从倾斜段到下水平段过渡的曲率半径不宜小于1.5m。"DB 11/T 705—2010对该参数的要求更为严格："从倾斜段到上水平段过渡的曲率半径不宜小于2.6m，从倾斜段到下水平段过渡的曲率半径不宜小于2m。" （2）现场检验时，应对资料进行查看以及现场核对以上相关项目。如果发现有倾斜角、名义速度、名义宽度、水平梯级数量，以及从倾斜段到水平段过渡的曲率半径等参数不符合GB 16899—2011要求的，应提出质疑，要求相关单位进行整改，甚至重新考虑选型和参数
整体结构检验	中心支撑	（1）对于重载公共交通型扶梯以下情况需要在其中间设置中心支撑：①支承距离超过16m的公共交通型扶梯；②室外使用的公共交通型扶梯。如图17-5所示，是加了中间支撑的自动扶梯桁架图。 （2）现场应核对安装图纸，对中间支撑的位置进行确认
	桁架结构	（1）出于承载零部件的需要，重载公共交通型扶梯的桁架底部应采用厚度不小于3mm的钢板全封。为了防水，室外型扶梯桁架应采用整体热镀锌，锌层层厚度不小于80μm。一般来说，这些要求现场进行目测即可。 （2）通常公共交通型扶梯的桁架整体截面高度会比普通自动扶梯桁架高出一半以上，而且所用的钢材更厚。 （3）对于桁架强度，根据5000N/m²的载荷计算或实测最大挠度，不应大于支承距离的1/1000。如果现场条件允许，可以采用经纬仪来进行挠度的测量：在扶梯桁架的中点贴上钢直尺，用经纬仪从远处观察，对比空载时和满载时（载荷可以用砝码）的下挠量，然后与支承距离相比，看其是否满足要求

续表

项目	子项目	检验要点和说明
整体结构检验	控制系统与驱动方式	（1）重载公共交通型扶梯如无特殊情况应采用计算机控制，一般都会采用变频调速的节能措施，在变频器故障被隔离时也可切换至工频正常运行。 （2）具备变频调速节能功能的扶梯，在低速节能模式下，其运行速度不大于名义速度的 20%。扶梯在正常速度和节能速度之间切换应平稳，启动加速度不大于 $0.50m/s^2$
主要零部件检验	驱动装置	（1）由于载荷较大、工作强度较高等原因，公共交通型扶梯的主要零部件和普通自动扶梯在要求上有所不同，其工作寿命、保护等级、安全系数、报废要求等都显著提高。 （2）公共交通型扶梯一般采用整体型驱动装置，扶手驱动系统多采用端部驱动式或直线驱动式。在整体结构主机中，电动机与减速箱之间采用联轴器传动，不同于部分普通自动扶梯的三角皮带传动，消除了打滑和易断裂的危险。 （3）驱动装置中，对于电动机的外壳保护等级应不低于 IP54，结缘等级应不低于 F。电动机应采用三相异步电机，转差率不大于 4%。电动机额定功率因数不低于 0.8。现场查勘时，可以对比实物看是否与随机资料一致。 （4）如果现场检验发现电动机出现以下情况，应对电动机进行维修、更换：①电动机轴承磨损、破裂、窜动影响运行；②正常条件情况下，电动机结缘电阻下降，平常情况下测量小于 5MΩ；③正常条件使用下，F 级绝缘工作温升大于 105K。 （5）电动机的主轴应采用挠性联轴器传动，不能采用摩擦传动方式，且联轴器的非金属缓冲部件不应超过其使用寿命年限。减速器应采用斜齿轮传动。减速机或其固定部位出现裂纹或破碎的，予以报废更换
	驱动链	主机和主驱动轴之间应采用链条传动，链条至少为双排链。当驱动链条伸长超过调整极限或链条与齿轮不能完全啮合且无法修复时，应进行更换
	链轮	（1）主驱动轴上的各种链轮应固定可靠，如采用焊接固定，应按 GB/T 11345—2013《焊缝无损检测、超声波检测技术、检测等级和评定》中的一级焊缝进行探伤检查。 （2）现场检验时，如链轮出现以下情况，则须更换或报废：①链轮出现严重变形、裂纹或断齿；②链轮出现严重的齿面或齿宽磨损，导致与链条不能啮合，且不能修复
	工作制动器	（1）工作制动器应设制动器松闸检测装置，制动器未完全打开时，设备不能启动。出现紧急情况时，工作制动器应能在关闭电源后打开制动器手动盘车。对室外型设备，工作制动器应有防水、防尘装置。 （2）现场检验时，检查各项设置是否齐全，是否满足检查规则要求
	附加制动器	（1）公共交通型扶梯和倾斜式自动人行道必须设置附加制动器。附加制动器应作用于主驱动轴上。附加制动器应采用机—电式制动器，且为机械式的（利用摩擦原理），如图 17-6 所示是一种公共交通型扶梯所采用的附加制动器。 （2）附加制动器应在下列情况下动作：①超速（不高于 140%）；②扶梯非操纵逆转；③供电中断；④驱动链断链。 （3）对于公共交通型扶梯来说，附加制动器是一项十分重要的安全装置，必须加以重视。现场试验时，检查附加制动器的型式、安装位置及连接方式；注意附加制动器应为机械式，利用摩擦原理进行制停。然后检查附加制动器与驱动链之间是否采取轴、齿轮、多排链条或多根单排链条等形式连接。不允许用摩擦传动元件连接，例如离合器；也不能采用皮带之类的柔性连接
	扶手带驱动装置	（1）扶手驱动摩擦轮、压紧带（链）应能有效驱动扶手带，速度应满足 GB 16899—2011 的第 5.6.1 条要求，不能低于梯级运行速度。如果发现扶手驱动摩擦轮有断裂、脱胶等状况应进行更换。图 17-7 所示为扶手带的驱动装置。 （2）每条扶手带都应安装保护装置，在扶手带破断时使自动扶梯停止运行。扶手带驱动链条应有足够的强度，安全系数不小于 8，可以通过核对扶手带的相关资料确认其是否符合要求
	梯级和梯级链	（1）梯级由金属材料制成，梯级滚轮轮缘由耐油、耐水高强度材料制造。梯级滚轮轴承应采用免维护密封滚珠轴承，轴承与润滑脂寿命应不低于轴承寿命。 （2）公共交通型扶梯载荷强度较高，一般应首选滚轮外置式链条，特别是提升高度较大的公共交通型扶梯，梯级链的安全系数不应小于 5。梯级应至少用两根链条驱动，梯级每侧应不少于一根，安全系数不小于 8。 （3）公共交通型扶梯多采用滚轮外置式链条，如图 17-8 所示，以适应其高强度载荷的要求，可显著增加其工作寿命

续表

项目	子项目	检验要点和说明
主要零部件检验	梯路导轨及支架	（1）公共交通型扶梯一般要求导轨的工作寿命应按照不小于 140 000h 设计。对于导轨材料洁面后堵，工作轨应不小于 3mm，其他应不小于 2.5mm。导轨接缝应采用 45° 斜接缝。导轨支架如使用板材制作，厚度应不小于 4mm。 （2）一般通过核对随机资料或型式试验报告进行确认；现场检验时，如有必要可以拆开几个梯级观察梯路导轨的情况
	变频器	（1）变频器应可靠固定。独立设置的变频器外壳保护等级：变频器应能适应 50℃的工作环境温度。对于室外型的设备，变频器应有高湿度天气的防结露措施。 （2）现场检验时应对变频器进行资料核查，确认满足上述要求
其他要求检验	采用的材质、装置和结构	（1）公共交通型扶梯多采用金属材质栏杆，玻璃材质的栏杆只适用于客流较小的场合。 （2）公共交通型扶梯的载荷和运行时间都大于普通自动扶梯，因此一般采用自动润滑装置；对提升高度较大或室外工作条件的自动扶梯，宜采用双路自动润滑装置。 （3）室外型的公共交通型扶梯，需要加强整机和部件的防水、防锈、防晒等特别设计。比如，有些露天的公共交通型扶梯为了减少故障、降低失效风险，在梯级滚轮设有盖板结构，实现防水防尘功能（图 17-9）
	设置防水、通风装置	（1）在公共交通型扶梯的扶手带中，应添加防水纤维结构；并在自动扶梯中设置水位保护开关。如果下机舱的水位超过了预定的限度，则自动扶梯就会自动切断运行，以免水分渗入自动扶梯内部，损坏零部件。由于自动扶梯长期运行，其内部零件应符合高防护等级要求。 （2）对于露天的公共交通型扶梯，通常需要有防止下部机房被水漫入的设计，因此在自动扶梯下部机房下应设有集水井，井内设有水泵和水位检测器；在下部机房底部应设有排水口和油水分离装置，如图 17-10 和图 17-11 所示。 （3）对于室外型的公共交通型扶梯，在控制柜上还应有通风设计，必要时考虑对机房进行强制通风；冬季有冰冻的地区，需要在桁架内设有加温装置
	设置安全标志	（1）设置原因：由于目前大部分自动扶梯没有建立统一的图形符号和色系，不利于人们辨识。公共交通型扶梯速度快、负荷大、提升高度大、使用场所情况复杂，一旦发生事故，产生的伤害后果比普通自动扶梯更为严重。 （2）设置办法：除了常规的 4 种标志之外，还可针对不同的使用环境和所在场所的客流特点，在出入口额外增加一些安全标志，如“禁止运输笨重物品”“禁止将物品放在扶手带上”等

图 17-4 公共交通型扶梯水平梯级数量

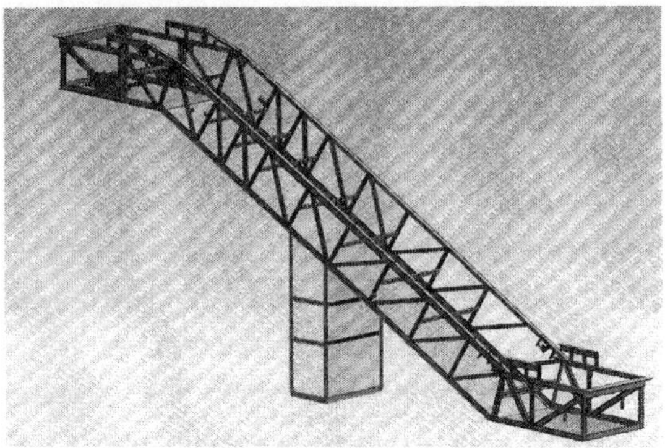

图 17-5 加了中间支撑的自动扶梯桁架

图 17-6　一种公共交通型扶梯采用的附加制动器

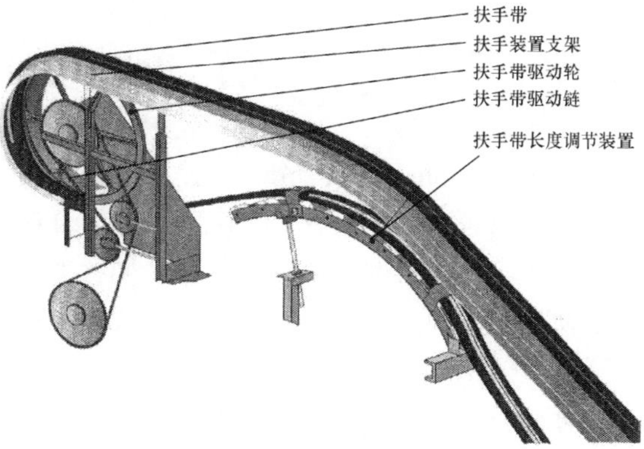

图 17-7　扶手带的驱动装置示意图

图 17-8　公共交通型扶梯滚轮外置式链条

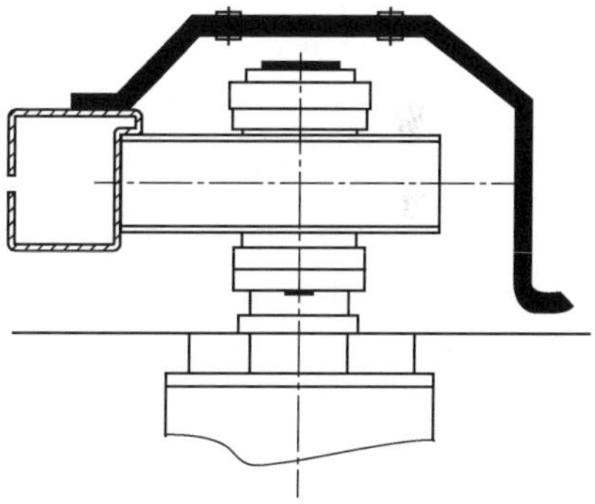

图 17-9　梯级滚轮设有盖板

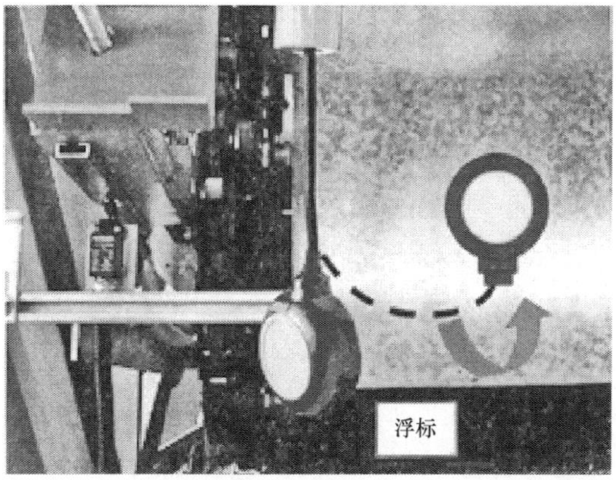

图 17-10　水位检测器

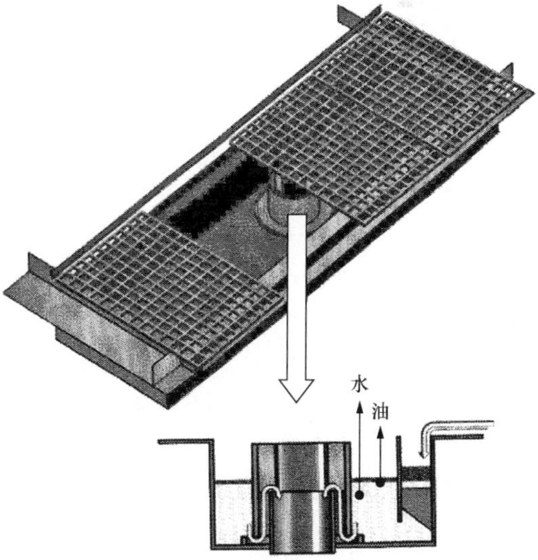

图 17-11　油水分离装置

17.4 电梯物联网和信息化检测

物联网（Internet of things）是新一代信息技术的重要组成部分，是新一代信息技术和网络技术发展的又一次革命。物联网是由美国麻省理工学院Auto-ID中心在1999年提出的。电梯物联网就是利用物联网技术，对电梯参数、故障响应做出统计分析。电梯物联网即利用先进的物联网技术，采用小区组网的方式将电梯方便地接入互联网，使电梯、整梯企业、质监部门、维保企业、配件企业、物业企业、电梯乘客、行业协会和房产企业之间可以进行有效的信息和数据交换，从而实现对电梯的智能化管理，保障电梯的可靠运行。电梯物联网是利用传感器感知技术，通过网络层，按照约定协议，将电梯前端的信息采集并上报，反馈至应用层，统计分析和运用运行数据，从而实现对电梯故障的报警，进一步实现指导电梯维保，实施分类监管，提高电梯应急处置和电梯安全监察能力，为电梯事故预防、应急救援和事故调查提供信息技术支撑。在这里主要介绍电梯物联网整体架构和处置能力，以及基于物联网的电梯检验等内容。

17.4.1 电梯物联网整体架构和处置能力

1. 国内电梯物联网应用现状

2014年8月11日，国家质检总局在发布的《关于推进电梯应急处置服务平台建设的指导意见》中明确指出：电梯应急处置平台建设应当统筹考虑与电梯物联网监控系统衔接，以电梯应急处置平台为基础，逐步引入物联网技术，从人工电话报警发展到物联网系统自动报警和自动分析统计，实现动态监管。近年来全国各地也纷纷出台电梯物联网相关政策，投入电梯物联网监控技术研究，开展电梯物联网试点工程，全国电梯物联网工作呈现欣欣向荣的景象。但是，当前电梯物联网在国内还是一个新生事物，尚处于起始阶段，物联网技术在电梯中的应用仍面临诸多问题亟须解决。例如各地电梯物联网发展各自为政，企业、政府采集数据不尽相同，没有统一的标准对其进行规范，使得物联网企业每到一个城市都要新开发一套设备以满足各地的需求，这在一定程度上增加了企业成本；同时各地通信协议不统一，电梯数据也很难互通，造成了信息数据交流的壁垒，形成信息化孤岛，不利于电梯信息数据的分析利用，产生的社会、经济效益不够明显，为电梯应急处置和电梯安全监察提供的数据支撑不够充分。

2. 电梯物联网整体架构

某市电梯物联网系统主要由该市电梯安全运行监控中心、维保单位电梯安全运行监控中心、电梯安全运行监控系统、数据信息传输通道（即互联网）四大块组成。图17-12为电梯物联网整体架构示意图。

电梯安全运行监控系统能够采集电梯运行的重要运行参数，尤其是电梯常见的可能对人民生命和财产安全造成威胁的严重故障，并实时上传至维保单位电梯安全运行监控中心和市电梯安全运行监控中心。维保单位电梯安全运行监控中心接到故障报警后，对故障电梯进行应急处置，处置内容包括报警时间、故障类型、接警时间、接警人、派遣时间、派遣维修人员、故障原因、维修情况记录、维修完成时间。维保单位电梯安全运行监控中心通过数据接口将每次电梯故障报警及应急处置信息上报到市特种设备应急处置中心。

当电梯发生困人时，电梯安全运行监控系统第一时间将困人信息通过互联网同步自动报警到维保单位电梯安全运行监控中心和市电梯安全运行监控中心。维保单位电梯安全运行监

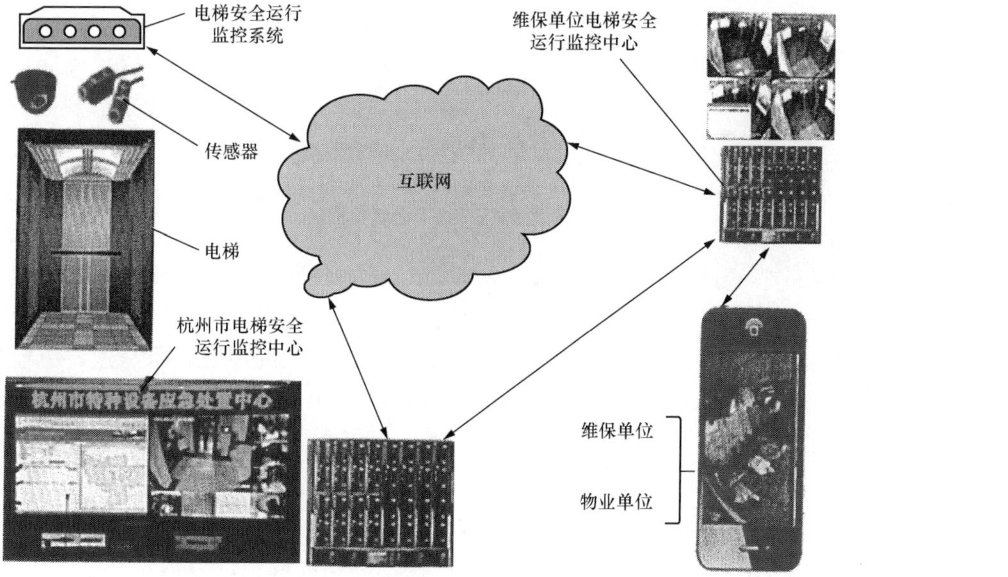

图 17-12　电梯物联网整体架构示意图

控中心接警后迅速启动视频和语音对讲功能，安抚被困人员，组织人员进行施救；并通过数据接口将处置过程同步上传至市电梯安全运行监控中心。市电梯安全运行监控中心根据接收到的数据对维保单位的整个施救过程进行跟踪管理，动态监督维保单位对困人事故的处理过程。如果维保单位没有第一时间组织救援，市电梯安全运行监控中心立即启动二级或三级救援机制，派遣就近救援站或值班工程师进行施救，确保被困人员第一时间得到解救。图 17-13 为市电梯安全运行监控中心处置界面。

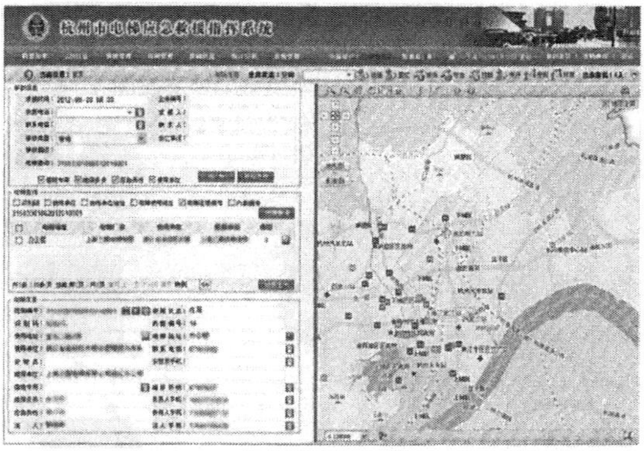

图 17-13　市电梯安全运行监控中心处置界面

市电梯物联网系统还支持短信报警功能，监控中心可将电梯异常信息自动发短信给维保单位和责任单位，也可以利用短信功能发布通知、会议、电梯安全宣传知识等，提高责任单位的电梯安全意识。

3. 电梯物联网的处置能力

（1）电梯物联网报警处置具有及时性优势。电梯物联网报警无须被困人员拨打电话，省去被困乘客求救时间；同时物联网报警后接警处置人员能够根据物联网平台数据信息，直接定位电梯使用地址及维保单位救援人信息，及时发出救援指令，省去接警处置人员与被困乘客核对被困电梯位置等信息时间，使求援和救援得到及时响应，提高电梯困人救援效率，降低求援和救援处置不及时带来的安全隐患。

监控系统 24h 不间断地对电梯进行监测，一旦发生电梯困人，系统将自动第一时间报警，接警人员能够立即与被困人员对话查看视频，并组织救援工作；如果维保单位没有第一时间做出反应，监管部门将派遣就近救援站人员实施救援，确保被困人员得到及时解救，从而大

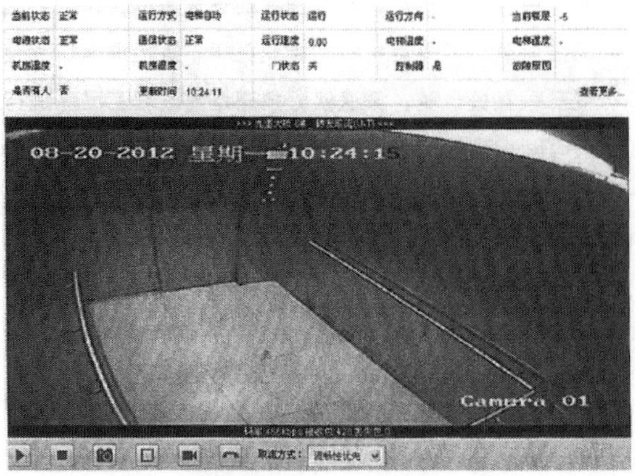

图 17-14 市电梯安全运行监控中心处置界面

大提高电梯应急处置能力。图 17-14 为市电梯安全运行监控中心监控界面。

（2）提高应急救援的安全性。相关数据表明，电梯困人因处置不当导致的人员伤亡事故占电梯困人人员伤亡事故的相当比例。物联网困人报警时，处置人员能够通过音频、视频实时查看被困人员情况，能够对被困乘客扒门自救及情绪过激破坏电梯等不当行为及时制止，可有效避免自救不当引发次生事故。同时，物联网通过视频能够及时发现被困老人、孕妇、小孩和人员身体不适情况，及时采取措施，避免发生人身安全和意外事故，大大提高了应急救援的安全性。

（3）促进文明乘梯和按规范维保电梯。电梯物联网能够自动获取电梯使用不当以及保养、检修不规范信息，如果乘客搬运大件货物阻挡电梯门导致电梯关门超时，电梯保养时电梯未平层工作人员就上轿顶等情况。电梯物联网能够自动报警，接警人员可及时提醒乘客按规范使用电梯，电梯保养、检修人员按规范作业，促进乘客文明和按规范维保电梯，有效预防和避免安全事故的发生。

（4）指导维保单位有针对性地维保电梯。电梯维保单位能第一时间获得电梯故障及困人信息，不仅能够第一时间使故障得到排除、人员得到解救，还可以查明电梯困人及故障原因，通过物联网报警，大数据分析电梯安全隐患风险，从而更有针对性地制订电梯维保计划，有针对性地维保电梯。

（5）为电梯安全监察提供信息支撑。电梯物联网系统采集存储了大量的电梯故障及困人信息，提升了电梯信息化管理水平。各级质监部门通过查看分析电梯运行异常数据，可有针对性地组织对维保单位的安全监察和考核。电梯物联网也为电梯事故调查处理增加了新的手段，使电梯安全检查工作更加科学公正。

17.4.2 基于物联网的电梯检验

1. 电梯检验系统的开发

电梯检验与设备管理辅助系统是基于射频识别技术、物联网技术和互联网技术开发的，是将物联网和互联网技术与电梯检验结合起来，在符合检验规则的前提下把检验人员从重复的劳动中解放出来，从而提高了检验效率。由于我国电梯在用量爆炸式的增长，检验人员虽然努力工作，但仍满足不了检验工作的需求。在实际检验工作中，发现检验工作有大量的重复和不必要的工序，例如检验记录中的基本信息：使用单位、使用地点、设备型号等，都是重复填写的，检验人员虽然把大量的人力、物力浪费在这些工作中，却依然无法保证这些信息的准确性。于是研制出新的检验设备——电梯检验与设备管理辅助系统。

2. 电梯检验系统工作原理

电梯检验与设备管理辅助系统的数据流程图如图 17-15 所示。系统选择射频识别（Radio Frequency Identification：RFID）技术与手持客户端相结合，通过 4G 网络与数据服务中心相互连接的方式，来实现现场检验与数据中心数据库同步互动以完成检验。即在现场检验的同时，调取数据库中的设备信息，在完成检验的同时数据库中就已经生成了新的检验记录。由于设备信息来源和检验信息都返回数据中心，从而保证了数据的准确性和现场检验的及时性。其组成和功能如下：

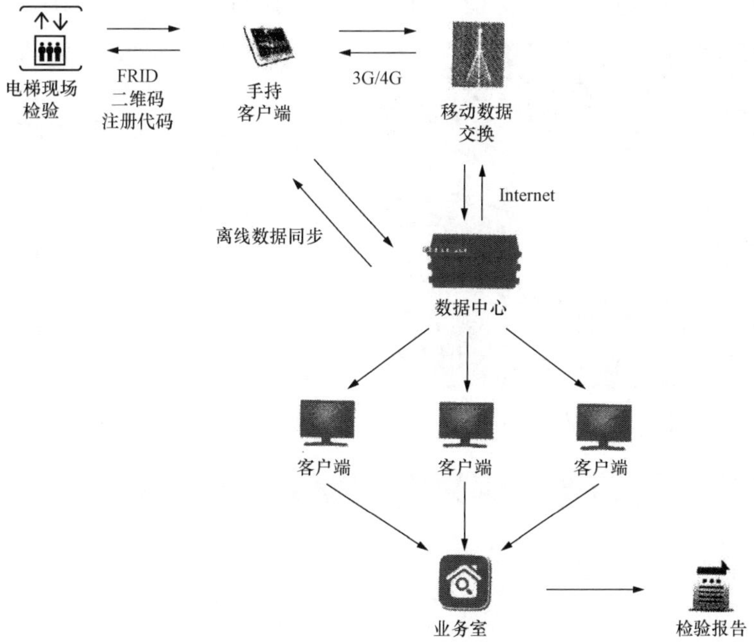

图 17-15　电梯检验检测与设备管理辅助系统的数据流程图

（1）RFID 技术。RFID 又称电子标签，通过无线电信号识别特定目标并读写相关数据，而无需识别系统与特定目标之间建立机械或光学接触。标签进入磁场后，接受解读器发出的射频信号，凭借感应电流所获得的能量发送出存储在芯片中的产品信息。解读器读取信息并解码后，送至中央信息系统进行有关数据处理。一套完整的 RFID 系统是由阅读器、电子标签（应答器）和应用软件系统 3 部分组成。该系统利用 RFID 电子标签的全球唯一性与电梯设备一一对应，从而完成电梯设备的数据转换，方便了电梯设备的定位与数据处理。

（2）手持客户端是移动输入设备。在这里选择平板电脑，针对不同的工作环境选择从普通民用级直到工业级的不同平板设备与之相适用。

（3）数据中心是该系统的数据基础，也是该系统的核心所在。现场检验要从数据中心读取数据，检验完成后所有检验信息也要存储到数据中心中。这里布置 4 台服务器全天候 24h 保证该系统的通畅运行，同时通过数据加密、虚拟专用网络（VPN）等技术手段保证了该系统的远程应用及数据安全。

（4）现场检验中检验人员使用手持客户端通过 3 种方式的一种（RFID 电子标签、二维码、手输入）获得设备的注册代码，获取方式以 RFID 电子标签为主，在特使现场或监督检验现场以二维码、手输入方式为辅助。手持客户端通过 4G 网络在数据中心中调取该设备的基本信息，进行信息比对，核对无误后开始检验并根据现场的实际检验情况在手持客户端上生成该设备的检验记录。完成检验并保存后，手持客户端通过 4G 网络将检验记录保存回数据中心。在检验全部完成后，检验人员在单位的台式机上可以通过数据中心调取该检验记录并进行操作，确认无误后生成报告，提交审批直至审批完成业务时，打印该报告。

图 17-16 表示该系统手持端的登录页面，需要 2 名检验人员同时输入身份验证才能登录。进入系统需扫描 RFID 电子标签对应待检设备如图 17-17 所示。图 17-18 为与现场设备进行信息比对界面。检验人员根据现场实际情况对检验记录进行勾选，如图 17-19 所示。

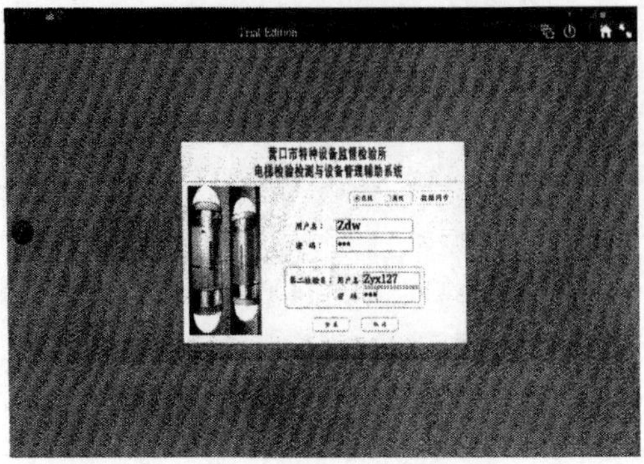

图 17-16　系统手持端的登录页面

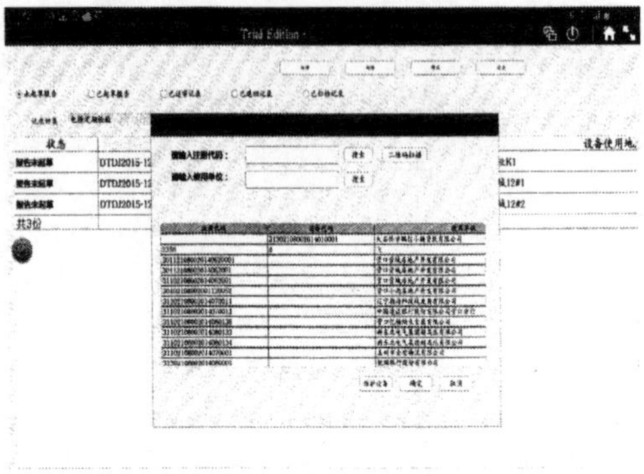

图 17-17　扫描 RFID 电子标签

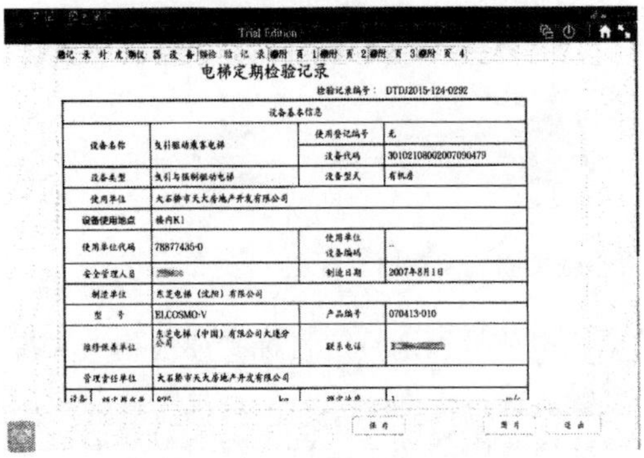

图 17-18　与现场设备进行信息比对

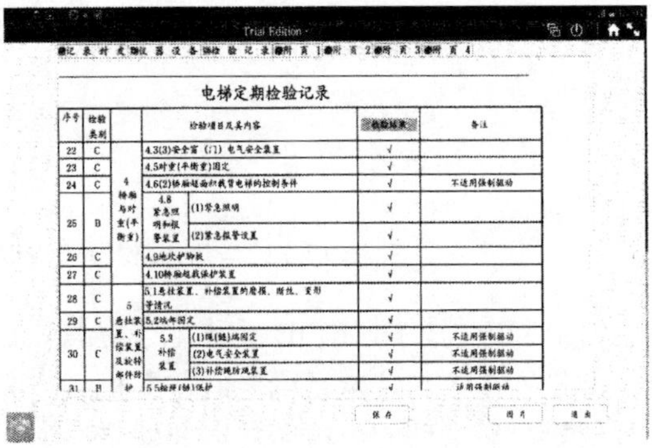

图 17-19　根据现场实际情况对检验记录进行勾选

检验结束后依然需要现场 2 名检验人员的确认后才能完成检验。检验人员回到单位后由数据中心调取该检验记录，修改后可直接生成检验报告，如图 17-20 所示。

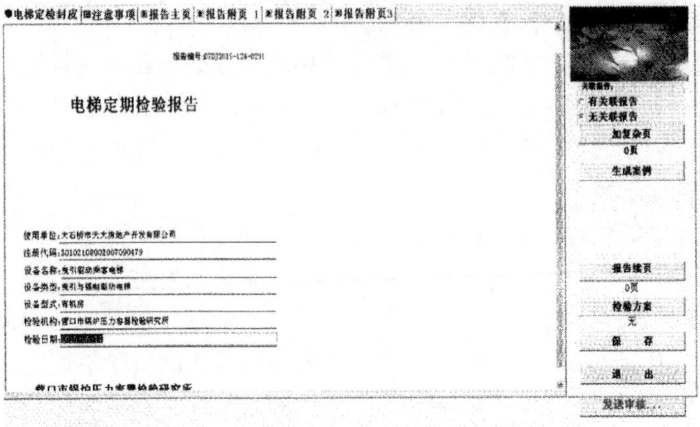

图 17-20　生成检验报告

17.5　电梯物联网的安全监控

17.5.1　电梯运行安全管理现状

截至 2017 年我国电梯保有量达到 562.7 万台，电梯增多对我国以后的电梯安全形势带来很大考验，特别是对电梯管理、维护和服务要求将有很大提升。为此，一些知名的电梯企业在把产品交付到客户手中后，多采用电梯在线实时监控等手段实现电梯的实际运行情况及维保情况的管理。但是由于国家没有相关标准要求，企业往往根据自身要求设置其功能，通用性较差；又由于成本压力，在过去销售的电梯中带有电梯物联网的安全监控系统的极少，目前该系统的安装率还不到 10%。

除了企业之外，各地政府也对电梯监控提出了要求。近几年，全国各地陆续出台了电梯监控的政策法规。例如 2008 年 9 月，重庆市人大通过《重庆市特种设备安全监察条例》，规定所有电梯必须安装电梯运行管理系统。2010 年 12 月，杭州市质监局发布《杭州市电梯安全监察办法》，支出财政支出和新建公共场所的电梯，要采用具备图像采集功能的电梯安全运行监控系统，并与电梯维保单位的监控中心联网；未按照规范要求操作的单位，由质检部门责任整改、警告，并予以同班批评或处以罚款。2013 年 4 月，《沈阳市电梯安全管理办法》第十八条指出：公共聚集场所所使用的电梯以及住宅电梯，应当配备具有运行参数采集功能的电梯运行安全监控系统。

但是由于各地均是根据本地的要求制定政策法规，所以对相关产品要求具有差异性。为解决当前电梯存在的问题，许多电梯有关部门纷纷研制基于物联网的电梯安全监控系统。例如某市特种设备安全监督检验研究院研制成的“基于物联网的电梯安全监控系统”，在南京市进行了试运行，通过 GPS 采集电梯精确的位置信息，并将电梯基础数据库纳入电梯监控系统中。目前该系统实现了数据监控的电梯近百台，呼叫监控的电梯近 6000 台，尤其是在青奥会比赛场馆、训练场馆、新闻中心、运动员村、签约饭店、定点医院等核心场馆，进行了基于物联网的电梯智能公共安全监控平台的工程示范。系统具有较为友好的人机交互功能，通过平台可以实时查看电梯的运行状态、视频信息，以及实现与被困乘客的语音安抚。实时记录故障信息，并对故障进行统计分析，作为电梯救援和预警的依据。该系统实现了 96333 全市的统一呼叫。当困人事故发生后，通过系统可以第一时间知道被困乘客的精确位置和相关信息，从而调动三级救援体系（图 17-21），实施应急救援。

17.5.2　基于物联网的电梯安全监控原理

基于物联网的电梯安全监控与应急救援技术路线如图 17-22 所示。图中构建基于物联网的电梯智能公共安全监控平台，全面掌控城市中电梯运行状态。电梯智能公共安全监控系统包括：终端感知层：用于现场状态感知及监控装置；数据传输层：作为数据支撑网络；服务层：接入各种服务器，具有存储、报警、视频注册等功能；应用层：建立电梯公共安全监控中心。在应急救援方面，建立电梯“三级（电梯维保单位、就近维保点、应急救援分队）应急救援体系”。当紧急事故发生时，利用安全监控技术，结合电子图对电梯、维保点快速定位，并对现场进行实时的视频监视，合理调用应急志愿兵远程指挥一线的救援人员，从而达到对电梯困人事故的快速反应。

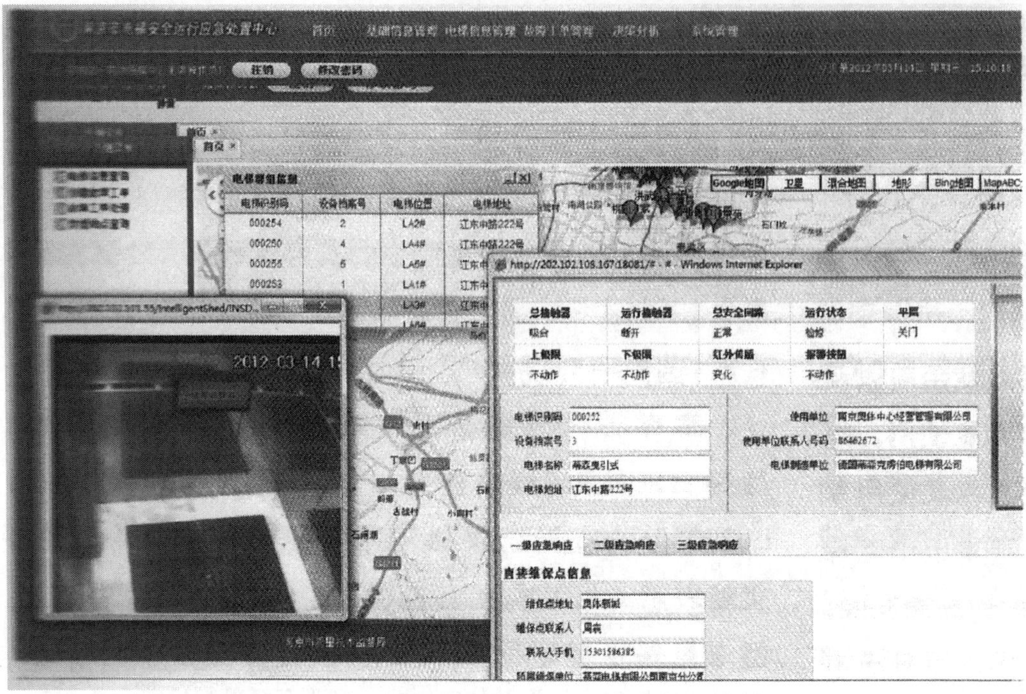

图 17-21 电梯安全监控系统与应急处置平台

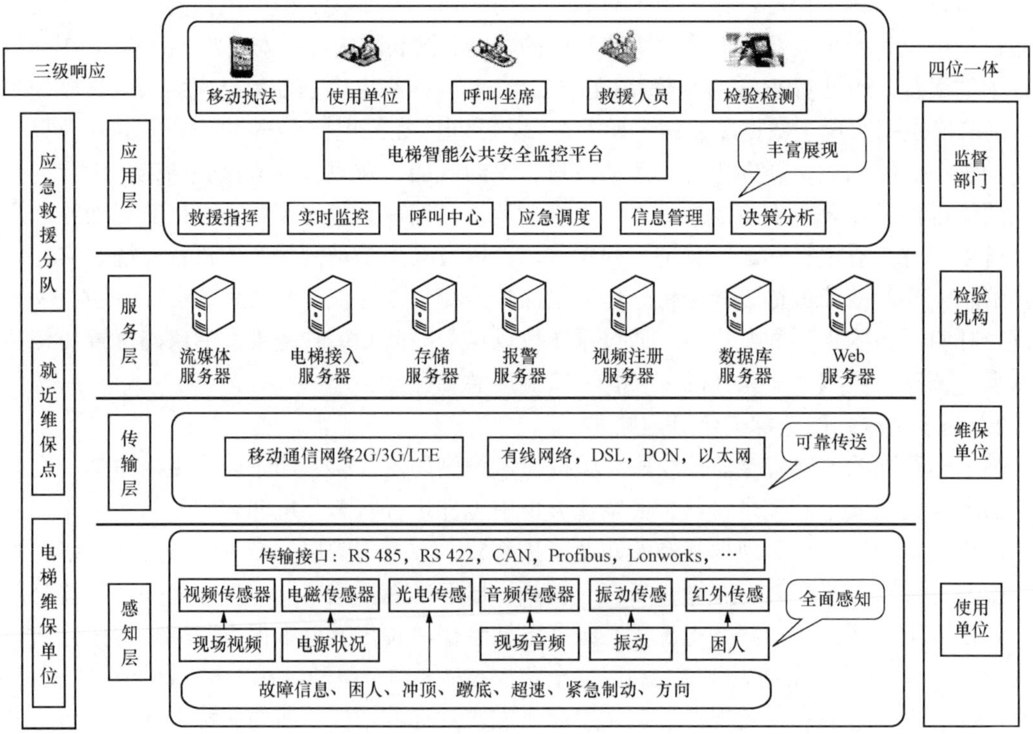

图 17-22 基于物联网的电梯运行公共安全监控技术路线

17.5.3 电梯安全监控系统实现

1. 监控终端系统结构和功能

系统监控电梯的运行数据和故障信息，奖励被困乘客和处置中心的音频和视频通信链路。对于数据采集，考虑到监控系统不能影响电梯的正常工作，电梯厂家一般不公开主板通信协议，而采用了外加传感器的方式，使得监控系统与电梯控制系统没有直接的链接，以确保电梯监控系统的安全、可靠。终端监控系统结构框图如图 17-23 所示。

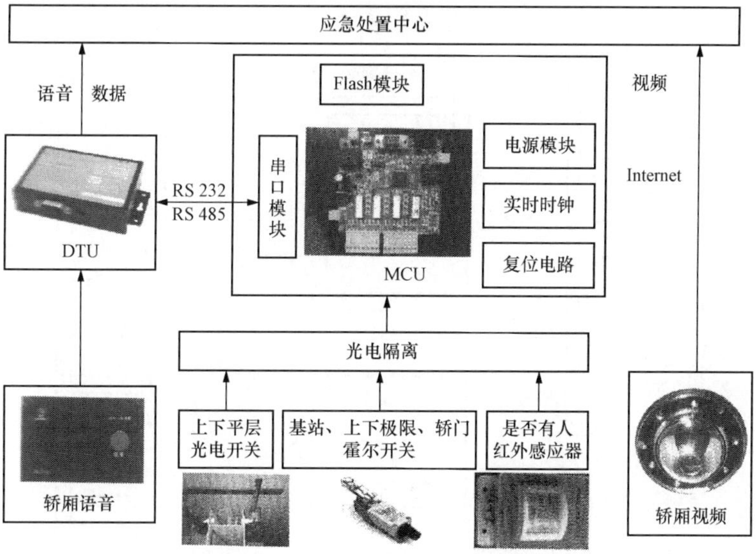

图 17-23 终端监控系统结构框图

监控终端采用基于 STM32 的嵌入式系统，主要包括 CPU、电源、RTC、传感器、Flash、RS 232/RS 485 通信接口等。CPU 选用 STM32F103RBT6，这是基于 ARMCortex-M 3 内核的 32 微处理器，具有杰出的功耗控制以及众多的外设，内外部资源完全能够满足电梯状态监控的需要。RTC 实时时钟用于记录状态和故障发生的时间，上传给平台，或存到本地 Flash 内。

考虑到电梯的安全性能，监控系统采集的关键信号包括主接触器、运行接触器、安全回路、运行状态、门状态、平层信息、上/下极限状态、报警按钮、乘员感知、轿厢视频等反映电梯运行状态的重要信息，提供电梯受困人员和监控平台的语音报警、语音安抚的链路。采用的传感器主要有光电开关、霍尔开关和红外感应器。安全回路和主回路一般直接从控制柜中多余的空触点采集，采用统一的数据通信协议来实现数据传输。为了建立语音和视频链路，还需要轿厢语音和视频的采集传感器——拾音器和摄像头。视频采用高效、灵活的 H.264 数字编码技术及 RTP、RTCP 流媒体网络协议，开发适应网络带宽的视频图像码流和图像质量的编码，以及海量数据传输技术，可满足不同网络环境的应用需求。

监控终端根据采集的数据情况，运用专家系统的推理规则（专家经验）进行推理，找出电梯对应的故障。专家系统故障诊断由综合数据库、知识库（规则）、推理机及人机接口组成，知识库是专家系统的核心，其主要功能是存储和管理专家系统的知识。电梯故障诊断系统知识库采用了树形结构表达。其中系统级故障包括拖动系统、制动系统、门系统和安全回路 4 个部分，用于表现电梯正常使用中故障率最高的 4 个系统的电气故障，进一步的门系统故障子知识库又包括厅门、轿门和门锁继电器 3 个部分。进而建立的规则关联给定的电梯故障信息与电梯运行信号，最后推理机采用正向推理的方法，根据综合数据库的已有事实，在知识库中寻找当前证据的可用知识，按照条件匹配自故障树顶部向下搜索的原则来完成推理，以确定电梯故障类别。具体实现如图 17-24 所示。

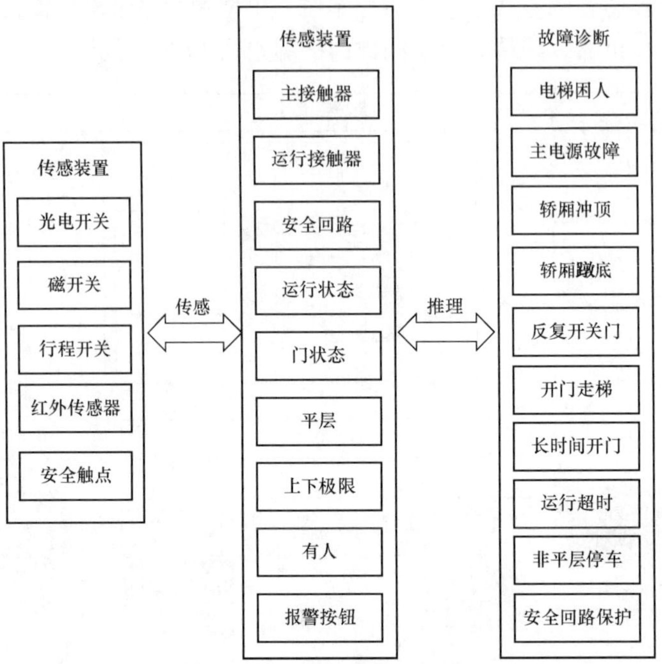

图 17-24　电梯故障推理机制

2. 实现数据的即时传输

为了实现数据的即时传输，考虑到数据传输的成本和有效性，采用 GPRS 无线传输。当电梯正常运行时，传输电梯的运行状态；在检测到电梯运行异常、重大故障事故或困人事故后，故障报警功能会主动采用声、光、图像、文字、短信等多种形式向应急处置中心、使用单位、维保单位等不同层次进行报警，实时产生紧急处理警示和应急预案。系统采用了 DTU 模块实现了数据和语音的传输。对于视频传输，考虑到数据传输的流量，采用了有线传输方式，整个传输系统建立了基于光纤、3G 等高效率电梯安全保障系统的分层组网模式，开发出电梯运行状态、故障数据以及音频、视频信息等大容量数据传输技术，实现了电梯状态监控装置与电梯接入服务器、电梯状态服务器、流媒体服务器、存储服务器、报警服务器、视频注册服务器及数据库服务器间的高效信息交换。

在服务层，通过信息融合、网络管理、Web 服务等技术，向上层提供相关服务，包括但不限于组织身份服务、单点登录服务、访问控制服务、电子表单服务、业务流程服务、统一消息服务、GIS 引擎服务、数据分析服务等。这是实现监控中心和处置中心的前提和基础。

在应用层，主要实现了实时监控、应急调度、应急救援、信息管理、决策分析等功能。为了实现应急处置功能，变事后处置为事前预警，处理故障记录和实时监控系统对电梯设备实时地记录、传输、存储等是应急调度救援的数据支撑，更是准确评估决策分析的信息基础。通过将每次应急处置的记录和实时监控保存的记录存储在案例库中，便于平台值班人员和救援人员在以后的应急处置中参照案例样本，能有效提高应急处置的效率。系统通过对海量信息的有效存储，对单个电梯运行情况、品牌电梯运行质量、救援人员救援效率、维保单位维保质量等进行量化分析，得出图形化的界面，方便中心查询和决策。

3. 应急处置系统的实现

电梯应急处置是建立在数据监控和紧急呼叫系统上的，核心业务的应用软件结构采用多层体系结构，将用户界面的表示、业务逻辑、数据层分开，从而实现业务逻辑共享。应用支撑平台是电梯安全运行应急处置中心平台的重要组成部分，运行在网络和系统平台之上，用来承载业务系统的建设与运行，为信息资源共享和业务系统之间的互联、互通、互操作提供服务。按功能可划分为基础服务层、门户解析层、Web 服务层、集成交换层、应用服务层等 5 个层面。电梯安全应急处置中心平台的网络平台基于 M2M、TCO/IP 网络通信协议，操作系统平台选择 Windows Server 2003，数据平台选择 Oracle。

核心服务层设计包括以下方面：

（1）Internet 服务。主要提供 Web 服务。

（2）XML 服务。为电梯安全应急处置中心平台提供基于 XML 的基础服务功能，在各应用程序间方便地共享和交互数据。

（3）通信中间件。能够跨越多种平台，支持多种系统结构将各业务系统中的异构环境平滑地连接在一起，进行相互通信，实现应用程序之间的协同。能够满足电梯信息管理系统对于数据传输方面的各种需求，从而可屏蔽掉各种平台及协议之间的差异。

（4）系统管理服务。可以对网络上的可管理设备进行检测，包括对网络设备交换机、接入服务设备、应用系统及用户端设备的检测；了解网络性能和现状，为网络管理维护提供依据。

（5）数据表示服务。为达到电梯安全应急处置中心平台中各子系统、各应用软件的高度集成、数据高度共享的目的，通过数据表示服务来解决系统间数据交换的编码和语义一致性。应用服务层设计包括数据共享服务、数据服务、元数据管理及服务、数据转换、数据加密解密、数据分布和数据复制、数据库接口、身份认证服务、极限管理功能。

在应急处置机制上，采用了呼叫中心和三级救援响应机制。依托呼叫中心，保证救援报警的及时处理和有效调度。设立全市统一的应急报警号码，集中报警，统一调度。调度采用了三级救援响应体系：一级响应为电梯本身的维保单位，二级响应为网络化的维保单位，三级响应为统一的救援分队。三级响应逐层分级，以确保救援的快速有效。三级响应结构如图 17-25 所示。

17.6　电梯应急救援平台的大数据管理

1. 大数据应用于电梯安全上的特点

大数据技术是基于庞大海量、类型繁多的数据集，通过快速的处理分析，挖掘具有价值信息的一种新技术。随着现代信息社会的发展，数据信息呈现出爆炸性增长，大数据分析技术依靠独特的优势与经济社会发展的融合越来越紧密，大数据技术也正在生产、消费、管理等社会各个领域广泛应用。如何让充分利用大数据分析技术，全面掌握在用电梯安全状况，消除事故隐患和分享，预防和减少电梯事故，让群众安全乘梯、放心乘梯，形成“使用单位、政府统一领导、部门联合监管”的管理格局，是摆在我们面前的重要课题。

构件基于大数据的电梯安全新格局，需要从数据信息的获取、分析、应用等环节着手，充分利用现有的物联网、云计算、信息识别等手段，在电梯的生产制造、安装检验、维护保养、使用管理、舆情分析等方面建立起数据的采集获取体系，从而为实现数据的分析应用打下基础。应用物联网、互联网、移动互联网技术的电梯应急救援平台，将电梯连接到云端，以终端和平台收集数据，在云端储存并管理数据。通过数据的双向传输，做到数据可追溯、能运用，甚至通过远程诊断模式，通过数据的实时传输，预见电梯存在的问题及维保需求，以保证电梯能长时间、低故障的安全运行。在这里要介绍电梯应急救援平台的广义架构、系统架构、系统流程、系统功能、实施效果和特点等内容。

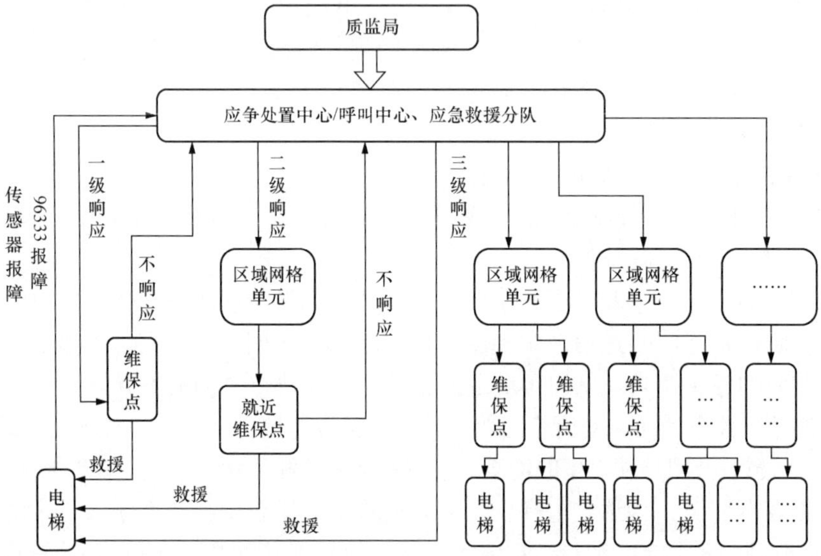

图 17-25 三级救援体系架构

2. 电梯应急救援平台的广义架构

电梯应急救援平台的设计理念是：在发生困人故障时最大化地缩短需求方（乘客）和供给方（维修工人）之间的距离，提高救援处置效率，如图 17-26 所示。

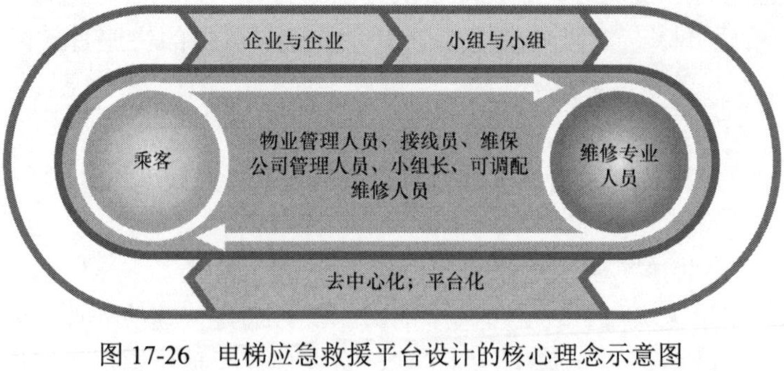

图 17-26 电梯应急救援平台设计的核心理念示意图

电梯应急救援平台的广义架构即业务架构如图 17-27 所示，五方对讲、电话、移动 App、电梯多媒体终端、物联网等报警信息源通过网络和电话与应急救援平台对接。一方面，平台可以第一时间调度救援联盟维修工、维保站等资源，迅速调度最近资源完成救援。另一方面，平台实时监控救援过程，协调参与救援各方配合完成救援，同时救援平台记录救援过程，方便日后对救援过程进行追踪和统计分析。

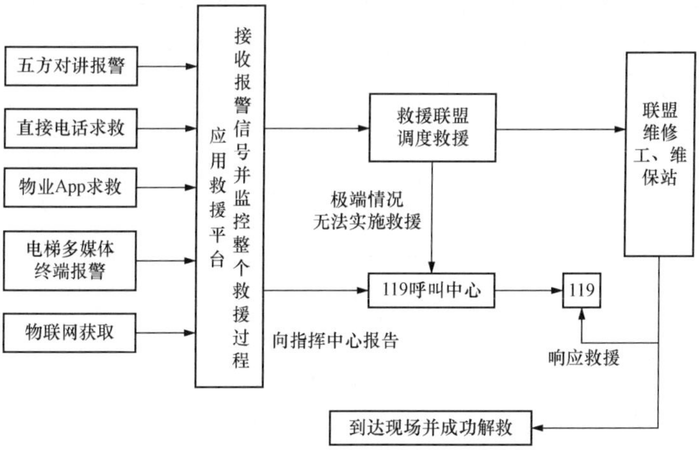

图 17-27　电梯应急救援平台的广义架构

3. 电梯应急救援平台系统架构

电梯应急救援平台系统架构如图 17-28 所示。系统由感知接入子系统、呼叫中心子系统、救援调度子系统组成：

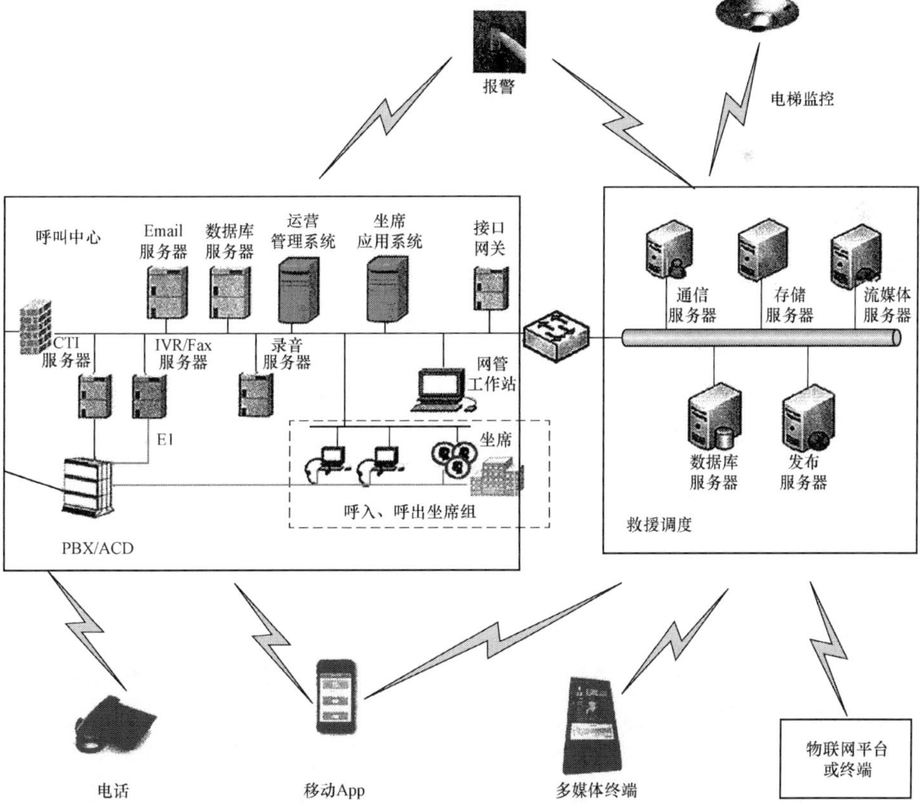

图 17-28　电梯应急救援平台系统架构

（1）感知接入子系统：包括五方对讲、电梯监控、物联网终端或平台、多媒体终端、移动 App、电话等。通过电话交换网和互联网接入平台。

（2）呼叫中心子系统：其中座席通过 IP 电话接入呼叫中心系统，实现座席和平台之间的数据和语音的交换。呼叫中心子系统与救援调度子系统通过接口无缝对接。

（3）救援调度子系统：是应急救援平台的核心，综合应用地理信息、移动通信、数据库、音视频流媒体多种技术构建完成。系统通过对维修工、物业公司、维保公司等多种角色的协调调度完成应急救援。

电梯应急救援平台的软件系统架构如图 17-29 所示，系统从下到上依次由感知层、业务数据层、业务应用层和访问层组成。感知层由电梯前端数据采集器、电梯音视频监控、电梯多媒体终端、五方对讲等传感、感知、采集设备组成，获取电梯运行、音频视频、电梯人员等数据。业务数据层存储包括感知层获取的电梯专题数据、空间数据、呼叫救援数据、公共服务数据。各种数据存储在数据库中，通过数据共享和交互管理组成业务数据层。业务数据层为上一层业务应用层提供数据支撑，通过对业务数据的应用可以完成电梯运行监测维保系统、维保管理系统、呼叫系统、应急指挥调度系统、信息公共发布系统和平台运行维护各种业务系统的功能。各业务层子系统通过其上的访问层，供政府监管部门、维保公司、物业公司、公众访问使用。

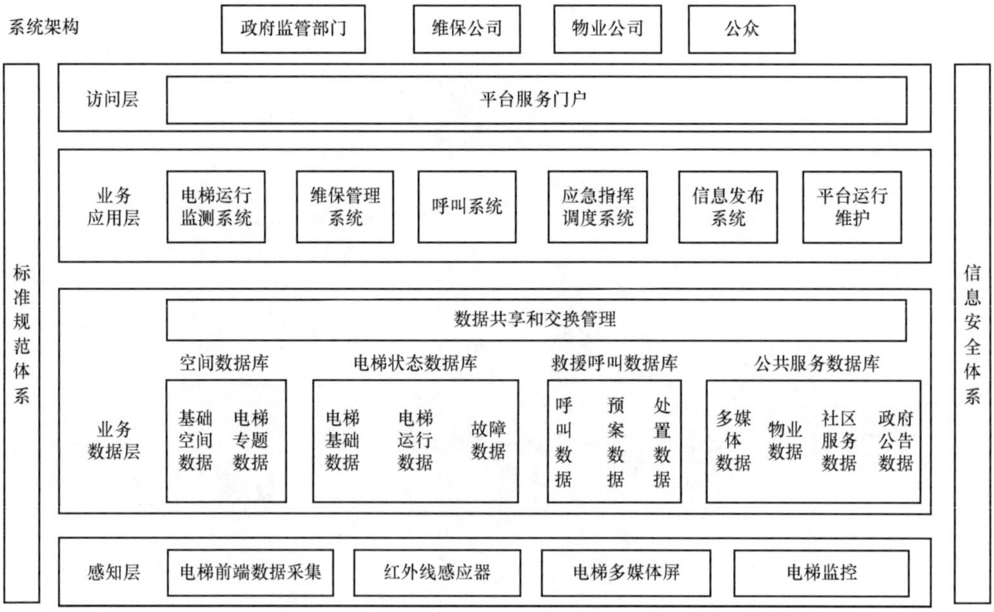

图 17-29 电梯应急救援平台的软件系统架构

4. 系统流程

一旦某电梯发生困人故障，乘客一定会第一时间报警求救。通常是利用轿厢内紧急呼叫按钮联系物业值班室，则该值班室应迅速确定困人电梯位置，了解乘客及电梯情况，是否有人员伤亡，电梯有否严重变形；然后将上述信息通过物业管理人员手机上安装的“电梯易管家”应用程序发送到救援平台。如果该值班室无法接通，被困乘客还可拨打应急指挥中心电话报警，比如 96333，该指挥中心接到报警电话后，同样需要迅速确定困人电梯位置，并了解乘客及电梯情况，然后将上述信息通过应急救援平台的报警功能发送到救援平台。

只要把报警信息传递到应急救援平台，平台即刻启动应急救援流程：自动搜索以困人电梯为中心，以 15km 为直径的范围内所有注册在平台的维修工，接警后在 30min 内到达，并询问维修工能否接单实施救援，同时将报警信息推送至电梯维保单位负责该项目的工人及区域经理、维保业务主管、系统管理员及主管领导，确保承保公司相关人员都能第一时间了解报警信息并进行处置。如果在推送的有超过两人的工人应答并能实施救援，则平台会按照距离选择离困人电梯最近的两名工人确认下单，前往实施救援。如果做不到，则平台会推送离最近的 10 名维修工人的资料给平台，调度人员可逐个进行线下联系，指派能实施救援的两名工人前往。

领受任务的工人通过手机客户端发送出发信息给平台，同时通知物业人员准备好机房钥匙，以便迅速施救。救援完成后通过手机客户端提交简单报告，说明有无人员伤亡、解救多少乘客等情况。救援平台实现流程如图 17-30 所示。

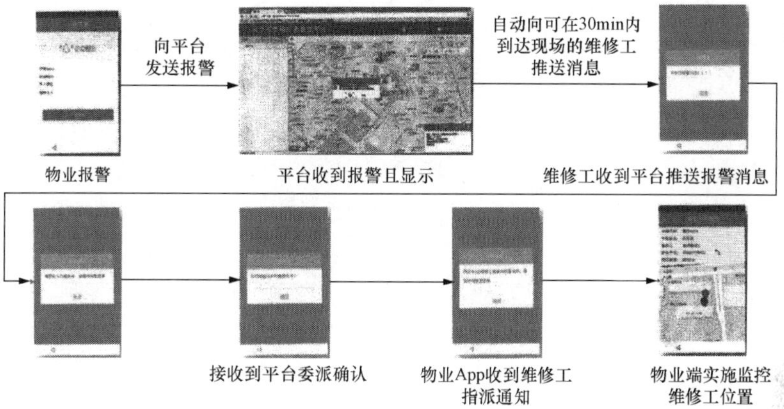

(a)

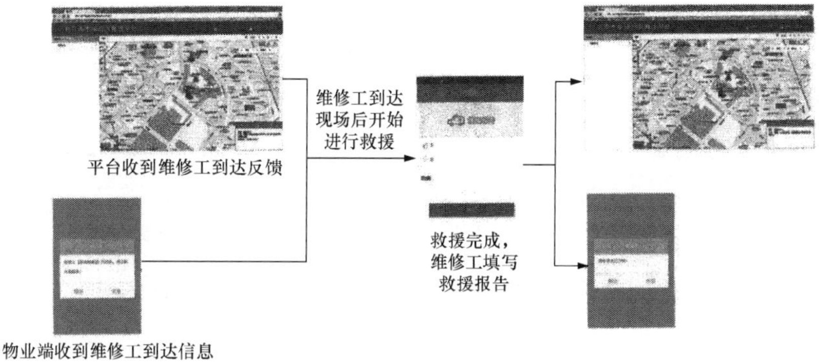

(b)

图 17-30　救援平台实现流程图

（a）前半程；（b）后半程

5. 系统功能

有下面 5 项功能：

（1）紧急救援管理。对报警、接警、处置等过程进行调度和管理，包括三级响应、意外处置和记录、救援后回访的管理。

（2）投诉建议管理。包括何时接到哪里、何人的投诉，投诉内容；投诉后期处置，以及投诉后期的回访。

（3）数据统计分析。

1）在移动时段内，统计电梯应急处置的情况，包括按照行政区域统计、按照使用单位统计、按照维保单位统计、按照电梯品牌统计、按照时间区间统计等，并对事故的高发地点、单位、品牌进行统计分析。

2）在一定时段内，对各维保单位及救援机构发生困人后，采取的应急救援情况进行统计分析，包括响应时间、救援时间、出动的次数及成功救援比率等，并对承担社会应急救援责任的救援机构未出动的原因、频率进行统计分析。

3）在一定时段内，对电梯发生故障情况进行统计分析，包括故障成因、表象、处理措施等，并可按照维保单位、电梯品牌进行分类查询。

（4）基本信息管理。系统运行所需要的基本基础信息的管理，包括电梯的基本信息管理、维保公司的管理、物业公司管理。

1）电梯的基本信息管理是指对电梯维保单位、电梯维保负责人、负责人联系方式、电梯使用单位、电梯编码以及电梯在GIS系统中的位置等信息进行管理。

2）维保公司管理是指对维保公司的名称、公司的组织机构、公司地址、负责人、联系方式等信息进行管理。

3）物业公司管理是指对电梯对应物业公司的名称、所管理项目、电梯负责人电话进行管理。

（5）人员角色管理。包括可以登录系统的角色管理、用户管理、各类人员的管理。

1）角色管理包括角色的名称、角色的访问权限管理。

2）用户管理包括用户名、密码管理。

3）人员管理包括维修工、物业人员、物业公司管理员、平台管理员各种角色人员的管理。

6. 实施效果

电梯应急救援平台实施效果对比见表17-4。

表17-4　　电梯应急救援平台实施效果对比

相关各方	实施前	实施后
乘客	（1）因电梯故障被关，等候物业人员施救； （2）等待救援时，出现焦急、害怕等心理 （3）施救时间等不确定性因素较多； （4）采取危险的、不科学的自救逃生方法	（1）多种方式寻求救援或直接求救于物业； （2）可直观救援过程，便于心理调整； （3）可监控营救时间，及时行使监管等权力； （4）科学理性地等待救援或开展自救
维保企业	（1）只能调动公司内部资源； （2）无法快速、准确找到能第一时间施救的员工； （3）监管电梯日常维保情况有限	（1）寻求全部可用资源，第一时间实施救援； （2）提高电梯事故处理的速度和能力，降低不必要的人身伤害、伤亡等事故； （3）加强电梯日常维保监管力度
政府机构	（1）被动接受投诉； （2）应急事件反馈时间长，处理慢等； （3）无法及时协调有效资源进行救援	（1）主动监管； （2）及时指挥调度、处置、数据分析； （3）监测与预警，实现“应急”救援

17.7　推进老旧住宅电梯更新、改造和大修工作

国家和各级部门很重视老旧住宅电梯的更新改造工作，提出要制定老旧住宅电梯更新改造大修有关政策，建立安全评估机制，畅通住房维修资金提取渠道，明确紧急动用维修资金程序和维修资金缺失情况下的资金筹措机制，推进老旧住宅电梯更新改造大修工作。

17.7.1　老旧住宅电梯现状和更新改造调查

1. 老旧住宅电梯现状

电梯是有生命周期的产品，一般来说使用寿命在 15～20 年。行业发展黄金期的大量新装电梯目前也已进入“老龄化阶段”。随着时间的推移，电梯逐渐老化，一部分电梯在安全、节能方面不能满足相关要求，需要加大改造和维保投入。电梯检测、改造及加装需求增长旺盛，形成了另一个潜力市场。政府持续加大对民生工程的重视，例如 2016 年，北京市已由住建部牵头，计划在城六区的 100 个小区单元楼门试点旧楼加装电梯工作，年内启动安装工程。上海、广州等地也在积极开展相关方面的推进工作。

据住建部和国家统计局数据，全国 1980～2000 年建成的老旧住宅约 80 亿 m^2，假定有一半需加装电梯，电梯需求量就高达 400 万部。去除因建筑设计、无法协商等客观因素，保守估计至少需要 200 万台以上，对于提升传统产业、壮大关联产业将会产生积极的带动作用。全联房地产商会城市更新和既有建筑改造分会负责人指出，老旧住宅宜居改造也为房地产转型升级带来巨大的市场机遇。

我国使用年限在 15 年以上的电梯已经接近 20 万台，大部分已经到了更新换代的节点。老旧电梯加装和更新电梯市场空间巨大。然而，老旧小区安装电梯因为存在低层业主协调难、安装电梯条件参差不齐等难题，使得这一民生工程进展缓慢。

2. 老旧住宅电梯调查结论

截至 2013 年底，中山市共有 10 年以上电梯 2873 台，占在用电梯总量的 10%左右。与广东省特种设备检测研究院中山检测院合作，通过走访用户、审查维保记录、勘查现场等方式，对中山市 10 年以上梯龄的 526 台检测不合格电梯存在的缺陷、故障发生率等做了调查统计。得出下面结论：

（1）在不合格的 363 台电梯系列中，载货电梯因运行强度、工作强度及维修情况等因素，不合格比例较大，为 76%。所以在老旧电梯中，对载货电梯的关注尤为关键。

（2）载货电梯的机房及相关设备、轿门与层门两部分安全部件检验不合格项所占比例远高于其他部件，应是重点防范部分。随着梯龄的增加，电梯安全部件出现安全隐患大幅增加，说明电梯部件有一个安全寿命，提醒维保人员不仅要关注整机状况，更要时刻了解相关部件的使用期限。

（3）从调查的技术资料不合格项看出，随着电梯保有量的快速增加，结合中山市维保人员不足 500 人的实际情况，电梯维保人员严重不足，存在维保人员超负荷工作情况。这直接导致电梯技术资料缺失。电梯资料不合格主要包括无持证电梯安全管理人员，未建立安全管理制度，未制订应急救援预案并定期演练，无日常巡查记录和故障记录，自检记录不合乎要求，未签订维保合同等。该情况说明：

1）检验机构应充分发挥检验监督作用，通过定期检验，督促使用单位建立、完善、落实安全管理制度和应急救援预案。

2）电梯使用单位安全主体责任不强，制度不健全、不落实，人员配备不到位、未持证上岗，未按要求进行日常巡查和应急演练的问题还比较突出。尤其是很多电梯维保人员没有特种设备作业人员证，致使电梯在使用管理上的安全隐患日益增加。

（4）对老旧载货电梯调查统计得出：通道与通道门、紧急操作两个使用管理方面的问题是最主要的不合格项。通道与通道门不合格往往是使用单位管理不善造成的，如无警示标识、门无上锁、过道被货物堵塞、无安全照明等。紧急操作不合格的主要原因是住宅小区管线等配套设施不完善，早期投用的电梯未按 2009 年实施的检验规程要求加装应急对讲装置，使用单位未及时修复失效的对讲装置和应急照明等。

（5）老旧载货电梯门系统由于长期高强度反复开闭，出现安全隐患的可能性较大。其中最应关注的是门间隙。一是因为此要素伤害程度高，二是因为此要素伤害发生概率频繁。根据 GB 24804—2009《提高在用电梯安全性的规范》与 GB/T 20900—2007《电梯、自动扶梯和自动人行道　风险评价和降低的方法》，此为风险类别高的风险等级，应采取其相应保护措施降低风险。由于每台电梯的使用环境、使用频率以及保养的情况等因素的不同，其风险评估要素登记的伤害程度（*S*）、概率等级（*P*）、风险类别有可能不同，防护的措施（风险降低措施）也可能不同，电梯要素风险评估、安全状况等级、风险类别评定以及降低风险措施应根据每台电梯情况具体分析，举例见表 17-5。

表 17-5　　　　评估某电梯风险状况

项目序号	危险状态	伤害事件		风险要素评估		风险类别	防护措施（风险降低措施）	实施防护措施后		风险类别
		原因	后果	*S*	*P*			*S*	*P*	
1	门扇与门扇间隙 9mm	不能满足现行标准 GB 7588—2003 要求	电梯不安全运行或运行失控	Ⅰ	A	Ⅰ	重新安装、调整	3	D	Ⅱ
2	限速器-安全钳联动试验时限速器不可靠	棘爪不能有效卡入棘轮	电梯超速后不能使限速器-安全钳动作	Ⅰ	B	Ⅰ	更换、调试限速器	4	D	Ⅲ

17.7.2　老旧电梯存在的问题

老旧电梯存在的主要问题是：故障率高；维保困难且成本高；不符合现行安全技术规范和标准；老旧电梯报废缺乏相应法规及标准等，见表 17-6。

表 17-6　　　　老旧电梯存在的主要问题

项目	说　明
故障率高	（1）长期使用过程中，各种零部件出现了磨损、老化、损坏等，造成零部件基本不能保持原有的产品特性。 （2）电梯运行过程极易出现故障，导致电梯失控，出现电梯不关门或关门不能启动运行、楼停靠不准确或不停站、运行时突然下滑、电梯故障关人等问题
维保困难且成本高	（1）大部分电梯制造企业的维保部门只承接自己品牌的电梯维保业务；而非制造企业的维保公司可承接任何品牌的电梯维保业务。 （2）制造企业出于品牌保障的要求，其维保成本和价格往往比小维保公司要高，致使制造企业因价格劣势失去大部分维保市场； （3）由于费用问题，很多老旧电梯得不到及时检验、维修、改造； （4）物业公司管理不到位，发现故障、出了问题，不能及时维修，没有进行符合技术标准的更新和改造

续表

项目	说　明
不符合现行安全技术规范和标准	GB 7588《电梯制造与安装安全规范》是我国最主要的电梯标准，自 1987 年我国首次颁布以来，分别于 1995 年、2003 年修订了两次，增加了许多新的安全要求，而老旧电梯不能满足现行标准的有些规定
老旧电梯报废缺乏相应法规及标准	目前我国还没有正式推行电梯报废的标准。一台电梯运行多长时间、存在哪些故障和问题时应该报废，没有具体的评估标准和方法。老旧电梯尽管存在不少安全隐患或故障，但均无采取强制报废措施的依据

17.7.3　电梯安全风险评估步骤

老旧电梯全风险评估项目主要采用 GB/T 20900—2007《电梯、自动扶梯和自动人行道风险评价和降低的方法》规定的方法。该方法通过对影响电梯安全的子系统（如曳引系统、导向系统、轿厢、门系统等）及使用管理、维护保养状况、能耗等方面进行检验检测，定量、定性分析，对风险的严重程度、风险的发生频率进行评估，确定风险等级及类别，提出降低风险的措施。其评估流程如图 17-31 所示。

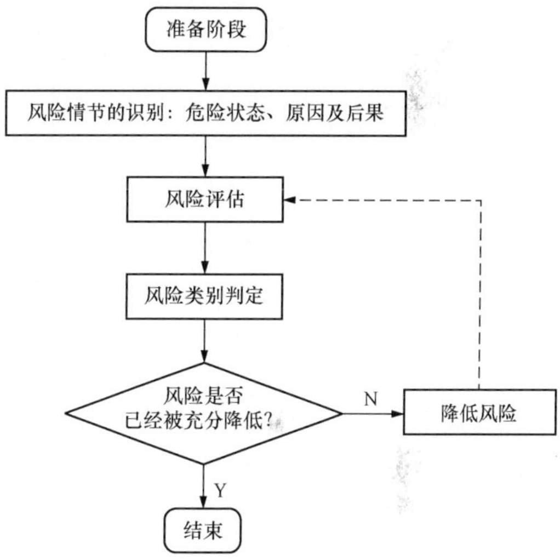

图 17-31　电梯安全风险评估流程

电梯安全风险评估步骤是：

第 1 步：准备阶段。明确被评估的对象和范围，签订评估协议，确定评估目的、主体和相关因素，确定风险评估组成员，收集相关资料。

第 2 步：危险、有害因素识别与辨析。根据被评估的电梯系统和相关过程的情况、识别、监测和分析危险、有害因素，确定危险、有害因素存在部位、存在方式，事故发生的途径及其变化规律。

第 3 步：定性、定量评估。在对危险、有害因素识别和分析的基础上，划分评估单元，选择合理的评估方法，对电梯系统和相关过程发生事故的可能性和严重程度进行定性、定量评估。

第 4 步：提出安全对策措施。根据定性、定量评估结果，提出消除或减弱危险、有害因素的技术和管理措施及建议。

第 5 步：形成风险评估结论及建议。列出主要危险、有害因素，提出电梯系统和相关过程重点防范的重大危险因素，明确主要安全措施和遗留风险的应对方法。

第 6 步：编制风险评估报告。依据风险评估的结果编制相应的风险评估报告。

老旧电梯安全风险评价除了确定评价的项目和内容外，关键是如何判定伤害发生的概率和伤害程度，这需要有大量的试验数据和经验积累来验证，这种数据调查统计和经验积累判断是开展风险评价的技术难点之一。此外，各区域电梯设备由于管理、使用状况等存在差异，危险发生概率也有所区别。例如对于某地区的部分在用老旧曳引式电梯存在缺陷、故障发生概率等做了调查统计，为确定伤害事件发生概率提供依据。

17.7.4 老旧电梯安全管理方法

老旧电梯的安全管理方法包括完善电梯安全管理体系、明确电梯使用单位的职责、提高电梯机关人员的素质、建立电梯主要部件判废标准和监测制度、推广应用先进科技手段诸项内容。

1. 完善电梯安全管理体系

建议相关职能部门和电梯协会出台电梯维保价格的最低限价，电梯维保合同到相关部门进行备案；提高电梯维保行业的准入门槛，对规模较小的维保企业进行有效整合，提升其市场竞争力；严厉查处私人挂靠有资质的维保企业进行电梯保养；电梯的维保应当由电梯制造单位或者依法取得许可的安装、改造、修理单位进行。

电梯安全事关人民群众生命财产安全，属于公共安全。同时电梯作为建筑物的一种配套设备，属于全体业主所有。因此在电梯安全管理中经常存在公共安全与私人权利的冲突。为保证公共安全，应该规定在电梯安全与私人权利发生冲突时，优先考虑电梯安全。

电梯的检验部门应提高电梯的检验质量，配合宣传电梯安全文明使用的相关知识，让百姓了解电梯、爱护电梯，进而文明使用电梯。安全文明乘坐电梯，才能避免因人为故意破坏或违规乘梯造成的安全事故。加强对大众的电梯法律法规和安全知识教育，普及安全乘梯舱室，提高民众电梯安全意识

2. 明确电梯使用单位的职责

明确实际使用管理单位承担首要责任。建立实际使用管理单位承担首要责任，各安全主体根据职责承担相应责任的责任体系。在发生电梯事故后，电梯实际使用管理单位应承担第一赔付责任，然后再根据实际情况对造成事故的制造、安装、维保单位和使用者等其他安全主体追索相关损失。电梯使用单位应当加强对电梯的安全管理，严格执行特种设备安全技术规范的规定，对电梯的使用安全负责。使用单位应当设置电梯的安全管理机构或者配备电梯安全管理人员，至少有一名取得特种设备作业人员证的电梯安全管理人员承担相应的管理职责，并建立健全电梯安全管理制度和安全技术档案。

3. 提高电梯机关人员的素质

电梯维修保养人员必须接受电梯安全技术培训，不接受这种培训并取得合格证书者不能从事电梯维修保养工作；经过电梯安全技术培训并取得合格证书的，可参与到电梯安装工作中，对电梯的结构和各组成部件的安装位置、安装精度和电梯程序的调试要有一定的了解和掌握，并在实践中不断学习和提高。

电梯使用单位可派电梯安全管理人员全程跟踪电梯的维修保养过程，防止维保人员偷工减料，不能按时、按量对电梯进行有效的保养；电梯的检验部门对电梯维修保养的资料要进行抽查，对电梯维修保养质量进行检查；电梯维保企业建立电梯维修保养考核制度，考核电梯日常维修保养的及时性、准确性及安全运行可靠性。

目前对电梯乘用人员行为，相关法律法规有一些相应的规定，但对其违法行为缺少相应的惩罚措施。应规定电梯乘客明知电梯未经检验合格而继续使用，或用强力掰开电梯门等危险行为，应负的法律责任，直接规范行为的实施者，提高其安全使用电梯意识。

4. 建立电梯主要部件判废标准和监测制度

目前的电梯安全监督机制，对一些基本符合现行标准和安全技术规范要求，但电梯运行稳定性、可靠性差，零部件质量低劣的产品难以形成有效的约束，电梯应针对不同零部件制

订相应判废标准，强制报废制度，与更新资金配套等政策相结合。保障电梯在合理的“生命”周期中使用，降低安全隐患。

（1）建立电梯主要部件安全寿命制度，规定电梯曳引机、钢丝绳、缓冲器、变频器等主要部件达到安全使用寿命的，使用单位应及时更换或维修。督促电梯制造单位提高产品质量，甚至可以促使电梯制造单位根据使用需要提供满足实际需求的产品，避免性能低的产品应用在使用频率高、负荷大的场所，从而导致电梯故障率居高不下。

（2）建立电梯质量安全监测制度。质监部门应设立专门机构，根据电梯安全物联网公共服务平台监测数据或群众投诉举报情况，监测在用电梯质量安全情况，并进行系统、深入的调查、研究，查找存在质量安全缺陷的电梯，责令电梯制造单位予以召回，消除隐患，并发布质量安全预警，建议相关部门和单位慎重选用该型电梯。

5. 推广应用先进科技手段

针对在用电梯，特别是涉及公共安全和人员密集场所的电梯，要安装电梯数据采集终端。新装电梯验收前必须安装电梯数据采集终端；已经投入使用的住宅小区和其他单位的电梯要在 3 年内逐步安装电梯数据采集终端；各地电梯数据采集终端与省质监局的电梯安全监控中心实现有效对接。终端设备实施数据自动采集、传输、存储、分析等，具有信息采集、电梯运行状态监测、故障报警管理、故障响应处置管理、维保管理、应急救援监督、事故调查服务、综合统计分析等功能，可以实现电梯安全管理智能化、信息化、远程化。利用物联网技术等先进科技手段，对电梯运行进行远程监控，是提高电梯安全管理水平的必然选择，是加强社会管理创新的具体手段。政府应通过政策引导、资金支持等方式，推广应用电梯安全物联网公共服务平台，提高电梯应急救援能力，提升电梯安全管理水平，保障电梯安全运行。

17.8　预防和减少电梯事故，降低故障率

由于各级政府部门的重视和广大电梯工作者的努力，我国电梯万台事故起数和死亡人数持续下降，安全形势稳定向好。但是电梯困人故障和安全事故还时有发生，社会影响较大。而且，我国的电梯事故以严重事故为多，以死亡人数为多；而欧美几个工业发达国家的以轻伤者为多，所以对我国来说，出现电梯事故的形势依然严峻，对电梯事故和电梯安全要引起足够重视，切不可掉以轻心。政府号召：到 2020 年，努力形成法规标准健全、安全责任明晰、工作措施有效、监管机制完善、社会共同参与的电梯质量安全工作体系，电梯质量安全水平全面提升，安全形势持续稳定向好，电梯万台事故起数和死亡人数等指标接近发达国家水平。为此我们要认真对待电梯事故，认真分析发生电梯事故的原因，找出预防办法，真正做到预防和减少电梯事故，降低故障率。

下面介绍电梯事故的分类和调查分析：

以 2015 年发生的电梯事故为例，发生在使用环节的 38 起，安装、改造、修理维保环节的 20 起。事故原因中，安全附件或保护装置失灵等设备原因 39 起，违章作业或操作不当原因 13 起，应急救援（自救）不当导致的事故 2 起，管理不善或儿童监护缺失以及乘客自身原因导致的事故 4 起。电梯设备的主要事故是：倒塌、坠落、撞击、剪切和电击等。

2011～2015 年累计发生电梯事故 329 起（另一说 323 起），其中发生在使用环节的 266

起，占81%；发生在安装环节的23起，占7%；发生在维修环节的23起，占7%。

统计数据显示，违规、违章仍是导致电梯事故发生的主要原因。从经营管理和技术层面来看，造成电梯事故的主原因是管理不善和安全附件或保护装置失灵，设计作业人员违章作业、乘客违规操作或家长监护不当、电梯三角钥匙保管不善、救援逃生方法不当及安全保护装置失灵等原因。

根据管理要素，据某批电梯检查人员8人，检查30个工地，调查现场安装人员260人，检查61次。从检查过程中发现的电梯安装环节中的隐患分为人的因素、物的因素、环境因素、管理因素4个方面的问题。从某种角度看来，经营管理因素是主要的、首要的，是亟须重视和解决的；技术上的事故在一定程度上也是通过经营管理问题而扩大和严重了，至少是伴随产生的。只有解决了首要问题，才能全面彻底解决技术问题，才能把计算机化管理和智能管理有效地应用在对电梯事故的处理和预防中。

1. 人的因素

电梯员工的安全行为是实现安全管理目标的基础；但是对于电梯管理者来说，缺乏安全监督和缺乏安全管理控制则被称作其管理职责范围内的不安全行为，这存在更大隐患。

大量事故调查表明：违章作业是所有事故中的一个十分重要的因素，无论事故是否造成人员伤亡、损失工时、设备损坏、生产损失或未遂事故。

员工所谓的违规表现在员工不了解工作程序的要求。有些情况下他们即使了解程序要求，但是违规违章习以为常，这通常是监督人员默许的。在发现冒险行为时，监督人员没有及时制止，没有任何反馈。员工也有他们的苦衷：没有节假日，得不到业主理解，任务过重等。但是，为了企业的发展和员工的家庭幸福，我们必须坚守原则。

检查中发现安装监督员、现场调试人员、安装经理、调试经理、质量检查员等，普遍存在发现问题没有及时制止的做法，因此留下安全隐患。为此我们提醒所有的管理人员，在现场一旦发现员工的不安全行为、物的不安全状态，都应该立即叫停、制止与纠正。这样才能做到防患于未然。

在调查过程中发现电梯安装人员几乎对《特种设备安全法》及相关的法律法规不甚清楚，如关于施工方案的编写、档案材料的管理等，即使自己违法了还不知晓；对自己作业的专业知识不清楚，特别是它们的出处，只是“听师傅说的”而已。如监测数据的来源是按电梯厂家提供的小册子或以往的经验，根本不知道特种设备的检验规则；由于安全意识淡薄，根本没有意识到自己的违章，例如交谈过程中身体依靠电源箱（图17-32）。

图17-32 身体依靠电源箱

检查中发现的导致安全隐患的人的因素见表17-7。

调查人认为：多少电梯人因麻痹和侥幸而失败。因微不足道的小事而丧生。有很多意想不到的事都在我们的一念之间产生福祸差异。为了根除电梯隐患，我们必须提高警惕，警钟长鸣。

表 17-7　　导致安全隐患的人的因素

项目	检查中发现的次数	项目	检查中发现的次数
缺乏法律法规知识	61	违章指挥	6
缺乏专业知识	45	指挥失误	5
安全意识淡薄	20	健康状况异常	5
违章作业	16	体力负荷超限	5
操作失误	15		

2. 物的因素

电梯安装环节中的隐患有物的不安全因素，如安装工具破损、电动机焊把线破损（图 17-33）、手锯损坏、吊具锈蚀或工具不顺手等；又如安装设备缺失、脚手架防护缺失、脚手架不稳固等（表 17-8）。企业必须按照相关的规定配齐相应的工具，且保证工具及设备的可靠性。

图 17-33　电动机焊把线破损

表 17-8　　导致安全隐患的物的因素

项目	检查中发现的次数	项目	检查中发现的次数
无专用检测仪器	20	电伤害隐患	2
无专用工具	20	无防护	2
脚手架缺陷	4	防护缺陷	9
运动物体伤害隐患	4	设备设施缺陷	15

3. 环境因素

应对施工人员生命、设备设施及环境安全起关键性作用的项目进行检查，如警示标识欠缺、井道口标识不齐全（禁止抛物，严禁烟火；注意安全、当心坠落；进入井道必须戴安全帽、穿安全鞋等），电梯机房警示不全（机房重地，闲人免进；注意触电，禁止烟火；禁止合闸；禁止吸烟；注意安全等）。电梯施工现场采光差，杂乱，交叉作业是电梯安装的通病（图 17-34），需要总承包方进行监督和管理。

4. 管理因素

电梯安装单位的项目负责人即项目经理，在工程项目施工中处于“生产经营单位主要负责人”的地位，应当对电梯安装项目的安全生产负责。项目负责人对项目组织实施中动力的调配、资金的使用、安装设备的购进等行使决

图 17-34　电梯施工现场杂乱

策权。为了加强对项目负责人安全资格的管理，明确其安全生产职责，《建设工程安全生产管理条例》第二十一条规定，施工单位的项目负责人应当由取得相应职业资格的人员担任，对其建设项目的安全施工负责，其职责主要包括：①落实安全生产责任制；②落实安全生产规章制度和操作规程；③确保安全生产费用的有效使用；④根据工程特点组织制定安全施工措施，消除安全事故隐患；⑤安全质量与技术档案管理；⑥发生危害时应及时、如实报告生产安全事故。

在检查工地工程中发现的主要问题是：工作流程缺项，即只有安装说明，没有变化的技术指导文件，为此会出现培训没有针对性的问题；现场档案管理不到位，各类报告填写不齐全、不及时，大部分都是后补的等（表 17-9）。

表 17-9　　导致安全隐患的管理因素

项目	检查中发现的次数	项目	检查中发现的次数
工作流程缺项	1	事故未分析	35
监察不到位	61	文件未落实	30
保险过期	6	“三同时”未落实	20
无证上岗	3	责任制未落实	20
超营业范围	15	其他管理缺陷	3
培训制度未执行	35		

17.9　让人民群众安全乘梯、放心乘梯

要达到让人民群众安全乘梯、放心乘梯的目的，在宣传上，要加强中小学电梯安全教育，普及电梯安全知识。发挥新闻媒体宣传引导和舆论监督作用，加大电梯安全知识宣传力度，倡导安全文明乘梯，提升全民安全意识。强化维保人员职业教育，推进电梯企业开展维保人员培训考核，提高维保人员专业素质和技术能力。

据统计，使用事故在全部电梯事故中占 81%。技术上，从设计、生产安装、运行使用、检测维修，一直到更新改造，这些做法的目的只有一个：让人民群众安全乘梯、放心乘梯。从经营管理上，即从落实电梯生产使用单位主体责任和电梯业的科学监管上，目的也是一个：让人民群众安全乘梯、放心乘梯。现在我们要做的是，揭示影响乘客乘梯舒适感的因素及应对。

乘坐电梯安全舒适是所有乘客的共同要求，但是怎样做到呢？影响乘坐电梯不舒适的因素有多种，具体体现在晃动、抖动、共振、噪声、超重、失重等情况。归纳之，有机械方面和电气方面两大因素。

影响乘坐电梯安全舒适的机械方面主要有：导轨、导靴、轿厢、对重、钢丝绳、曳引机、补偿链的悬挂位置等因素。

1. 导轨的影响

GB 7588—2003 第 10.1.1，b）条对导轨的变形作出了具体规定：导轨变形应限制在一定范围内，由此，①不应出现门的意外开锁；②安全装置的动作应不受影响；③移动部件应不

会与其他部件相撞。TSGT 7001—2009《电梯监督检验和定期检验规则》中，对导轨工作面的直线度偏差、导轨的接头、导轨的支架等给出了量化检验的标准数据。例如：轿厢导轨的直线度偏差不大于 1.2mm，轿厢导轨的间距偏差为 0～2mm，轿厢导轨局部接头间隙不大于 0.5mm 等。

尽管这样，实际运行的电梯导轨仍有可能出现全程或局部的 X 形或 V 形变形、导轨刚度不够、工作面扭转、导轨支架尺寸安装不符合要求等非正常情况。这导致了抖动或共振。所以导轨的安装应严格限制在相关标准和规程要求范围以内，检查和测量时更应细致认真。图 17-35 为某现场安装良好的导轨接头，图 17-36 为常见的导轨安装不规则现象。

图 17-35　某现场安装良好的导轨接头（平整无台阶）

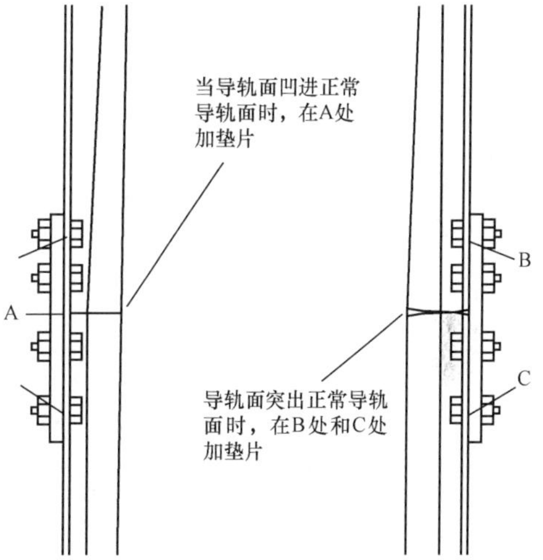
当导轨面凹进正常导轨面时，在A处加垫片
A
B
C
导轨面突出正常导轨面时，在B处和C处加垫片

图 17-36　常见的导轨安装不规则现象

2. 导靴的影响

导靴主要是给轿厢运行时起导向作用的，应固定良好。导靴与导轨的水平间隙过大时，会导致轿厢运行中的晃动；导靴靴衬与导轨间隙过小时，又会导致电梯运行中的抖动、顿感等，导轨接头不规范时就更明显。导轨刚性差时，就成为导轨与轿厢共振的传递媒介。采用滑动导靴的导轨若尘污较多、润滑不良，会使电梯在运行时出现较大的噪声及共振。因此在中高速梯上，许多电梯厂家采用滚轮导靴，把滑动面接触改为滚动的线接触，这样在相同状态下会把轿厢在运行中的振动相对降低。

3. 轿厢质量的影响

一般来说，质量越小的物体对振动的敏感性越强，这就是为什么有的电梯在空载上行时共振比较明显，而在装载上行时共振明显减弱的原因。轿厢设计时既要提倡节能降耗，又要考虑轿厢质量给轿厢运行产生共振带来的影响。轿厢导靴安装尺寸的偏差、轿厢拼装时几何尺寸的偏差、轿壁四周连接螺丝是否紧固、轿厢的前后重量的平衡偏差、补偿链的悬挂位置与设计位置的偏差等，均会造成轿厢的各个导靴的中心线与导轨的中心线不在同一个平面上，致使导靴偏磨，运行中出现晃动或不平稳现象。

以上因素不容易测量，又具有一定的“隐蔽性”，给调试工作带来很多不便。出现舒适感差的情况时，需要逐一排除。在电梯实际安装中，要对轿厢做一下“静平衡”处置，根据实际情况调整影响轿厢平衡的相关因素。测量时，随行电缆和补偿链等需全部装上，人可以站在轿架横梁上，尽量处于中间位置。图 17-37 和表 17-10 是在慢车状态下进行轿厢架静平衡的（限客梯类）测量位置及相关要求，可供参考。

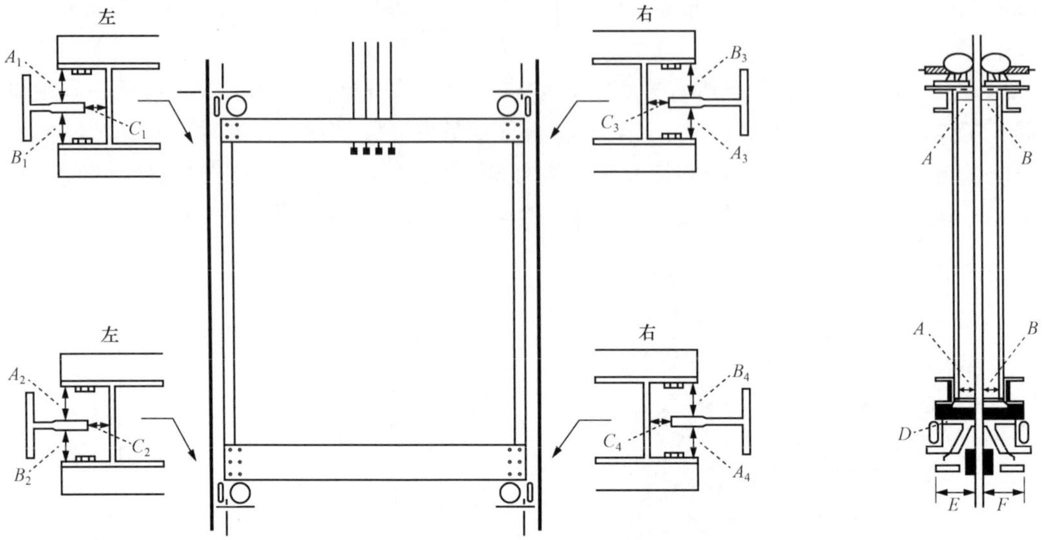

图 17-37　乘客电梯轿厢静平衡测量示意图

表 17-10　　电梯慢车调整相关测量尺寸及要求

项次	内　容	合格标准/mm	自检记录
1	A_1（　　）$-B_1$（　　）=（　　）	0±2	
2	A_2（　　）$-B_2$（　　）=（　　）	0±1	
3	C_1（　　）$-C_2$（　　）=（　　）	0±1	
4	C_3（　　）$-C_4$（　　）=（　　）	0±1	
5	A_3（　　）$-B_3$（　　）=（　　）	0±2	
6	A_4（　　）$-B_4$（　　）=（　　）	0±1	
7	E（　　）$-$F（　　）=（　　）	0±1	

4. 钢丝绳的影响

电梯运行时钢丝绳张紧力的不均匀会出现某根或某几根抖动或振动，对电梯起动、高速运行、停车的舒适感都有影响。钢丝绳在安装以前如果是盘旋捆扎，内部会有回复扭应力。如果直接安装，电梯运行时容易产生振动。所以钢丝绳安装之前应充分释放这种回复扭应力。对于钢丝绳所传递的曳引机振动，可能会引起轿厢的共振，某些电梯制造厂家配套了专用的减震器（一般固定在钢丝绳上），以期降低或减弱传递的振动强度。胶带是通过减震垫放在轿架上的，但是如果轿厢支架的拉杆或其他刚性原件与轿厢壁等某个部位直接接触，钢丝绳上的共振或抖动也会直接传递给轿厢。电梯在高速运行时，轿厢有时会出现风鸣共振声，这多与轿厢安装的紧固度、轿厢的密封度以及井道是否留有通风孔有关。

5. 曳引机自身的影响

曳引机安装位置偏差过大，会导致“钢丝绳相对于绳槽的偏角（放绳角）超过 4° ”，使钢丝绳在曳引轮槽内侧滑，出现轿厢运行中的振动或抖动。解决方法是重新调整曳引机的安装位置。若曳引轮的加工误差偏大，而出现椭圆形轮槽、轮槽加工不均匀时，也会导致这样或那样的周期性问题，例如运行速度的不均匀，使乘客感觉到失重或超重。此时只能更换曳引轮了。

以前，异步电动机驱动的电梯中间需要蜗轮蜗杆式或齿轮式传输机构，如果装配不当，蜗轮蜗杆或齿轮之间磨损增大，都会出现电梯加速或减速时有轴向窜动的现象，乘客会有台阶感。曳引机与搁置钢梁之间加铺橡胶垫，也是防止共振的有效方法。目前的永磁同步电动机驱动的电梯有很多的相对优点。随着科学技术的发展，新型材料、新型技术在电梯上不断应用，如导向轮采用尼龙材料，曳引轮外圈采用非金属材料，也会起到良好的减振作用。

参 考 文 献

［1］ *Marja-Liisa Siikonen*. Double-deck enevators: savings in time and space［J］. Elevator World. Vol. 46，1998(7):65-69.

［2］ エスカレーター専門委員会. エスカレーター人身事故件数調査集計報告［J］. エレベータ界. 2000(1):23-27.

［3］ Robert Caporale. Elevate^{TM} traffic analysis software（eliminating the guesswork）［J］. Elevator World. June 2000:118-124.

［4］ Marja-liisa Siikonen，Henri Hakonen. Efficient evacuation methods in tall buildings［J］. Elevator World. 51(7)，2003 :78-83.

［5］ Michael V·Farinola and M·V·Farinola. Performance measurement of vertical transportation equipment［J］. Elevator World. Vol. 49，2001(2):142-146.

［6］ Marja-liisa Siikonen，Matti Kakinen. Using artificial intelligence to improve passenger service quality［J］. ELEVATORI. April，1994: 25-36.

［7］ 刘剑，朱德文. 电梯控制、安全与操作［M］. 北京：机械工业出版社，2011.

［8］ 朱德文，李大维. 电梯安装与维修图解［M］. 北京：机械工业出版社，2011.

［9］ 朱德文，刘剑. 电梯安全技术［M］. 北京：中国电力出版社，2007.

［10］ 刘连昆，冯国庆，等. 电梯安全技术——结构·标准·故障排除·事故分析［M］. 北京：机械工业出版社，2003.

［11］ 朱德文，朱慧缈. 超高层建筑物和电梯配置的设想和实现［J］. 中国电梯. Vol. 23，2012(10): 68 -72.

［12］ 朱德文. 双层轿厢电梯的设置、结构和控制［J］. 电梯工业. Vol. 11，2010(3):25-29，23.

［13］ 李守林. 高速施工升降机拖动与控制技术［J］. 建筑机械化. 1999. №6：21-22.

［14］ Zhu Dewen and Zhu yu. The discreteness for maintainability of elevator trip in intelligent residential buildings［C］. Proc. of’96 Inter. Seminar on Affordable Hovsing. November，12-15，1996，Beijing :476-479.

［15］ Zhu Dewen，et al. Low-cost automation design in elevator traffic dispatch［C］. Proc. of CCM’98 of AMSE，Lyon-France，6-8. July，1998: 4.8-4.11.

［16］ Zhu Dewen and Zhu Yu. Statistics and nalysis of ptimum ontrol ariables for levator in ime–space［C］. Proceedings Intern. AMSE Conf. ‘Modelling，Simulation＆Control’，Hefei，China，USTC Press. Oct. 1992，4:2258-2265.

［17］ Jong-Kyou Kim，H·Lee-Kwang Seung W Yoo. Fuzzy bin packing problem［J］. Fuzzy Sets and System. 2001:429-434.

［18］ 服部岑生*. 高層住宅のェレベーター交通調査（高層共同住宅のェレベーター交通計画——その 1）［C］. 日本建築学会論文報告集第 229 号. 昭和 50 年 3 月. 151-161，194.

［19］ 服部岑生*. シミュレーションによるェレベーター交通計画の検討（高層共同住宅のェレベーター交通計画——その 2）. 日本建築学会論文報告集第 235 号. 昭和 50 年 9 月. 55-63.

［20］ Ray W. Both. Elevator energy conservation system. United States Patent. №: 5909017. 1999.6.1.

[21] Robert S. Caporale. Elevate traffic analysis software [J]. Elevator World. Vol. 48，2000(6):118-124.

[22] Kiyoji Kawai and Hideki Shiozaki. A remote inspection system for elevators [J]. Mitsubishi Electric ADVA-NCE. December 1999:24-27.

[23] 平沢宏太郎. エレベータリングにおける交通需要の推定法と検定法 [M]. 計測自動制御学会論文集，第7巻 第6号.（1971）:582-587

[24] Yoshio Kamiya and Hiroshi Hirano. New Elevators for Residential Use [J]. Mitsubishi Electric ADVANCE. December 1999:20-23

[25] Charles P. Shelton，Philip Koopman. Developing a software architecture for graceful degradation in an elevator control system [C]. Workshop on Reliability in Embedded Systems (in conjunction with SRDS). October 2001.1-5

[26] G. F. Newell. Strategies for serving peak elevator traffic [J]. Transpn Res. -B，Vol. 32，№8. 1998:583-588

[27] Dr. Lutfi R・Al-Sharif. Bunching in lift systems [J]. Elevatori. July/August 1994:47-57

[28] B. A. Powell. Important issues in up-peak traffic handling [C]. Proceedings of the 1992 International Conferences on Elevator Technologies. Amsterdam，1992，207-218

[29] J. W. Fortune. Revolutionary lift design for mega-high - rise building [J]，Elevator World. Vol. 46，May，1998:66-69.

[30] Yang Zhenshan，Shao Cheng，Ma Haifeng. LS-SVM based determination of critical time ranges for elevator traffic patterns [J]，Elevator World. 56(5). 2008：110-115.

[31] Yang Zhenshan，Shao Cheng，Li Guizhi. Multi-objective optimization for EGCS using improved PSO algorithm [C]. Proceedings of the 2007 American Control Conference，New York City，USA，2007：5059-5063.

[32] Yang Zhenshan，Shao Cheng. Queuing theory based modeling and parameters analysis of elevator group service system [J]，Int. J. Advances in Systems Science and Application(ASSA)，USA，2006，6(1)：45-50.

[33] Yang Zhenshan，Zhang Yunli，Zhu Dewen. Research on Elevator Traffic Dispatching Using Genetic Algorithm [C]. Proceedings of MS'2002 Inter. Conf. on Modelling and Simulation Technical and Social Sciences. Girona，Calalonia/ Spain. 25-27 June 2002:627-633.

[34] 李松，丘如亮. 一起对重坠落事故的分析与反思 [J]. 中国电梯. 2010，21（3）：57-59.

[35] 方良，施鸿均，梅水麟. 火灾情况下电梯运行可靠性的故障树分析 [J]. 中国电梯. 2010，21（17）：27-30.

[36] 李贤明. 一种违章的电梯安装施工程序 [J]. 中国电梯. 2010，21（15）：70，72.

[37] 杨铁平，戎安心. 电梯制动器防粘连安全保护存在的缺陷 [J]. 中国电梯. 2010，21（17）：59-60，72.

[38] 黄恒栋. 高层建筑火灾安全学概论 [M]. 成都：四川科学技术出版社，1992.

[39] 高岩，尤建阳，张孟欣. 电梯限速器的定期检验及日常维护 [J]. 中国电梯. 2006，17（15）：54-56.

[40] Kotaro HIRASAWA. Estimation and Test of Traffic Demand of Elevatoring [C]. Proceedings of the society for automatic control. Japan 7(6).(1971): 582-587.

[41] 铃木直丹彦，岩田雅史，驹谷喜代俊. ェレベ-タ交通需要予测装置 [P].（12）特许公报（A）. 特開2005-335893.2005.12.8.1-19.

[42] Lutfi Al-Sharif, ZS Yang, Ammar Hakaml and Alaa Abd Al-Raheem. Comprehensive analysis of elevator static sectoring control systems using Monte Carlo simulation [J]. Journal of Building Services Engineering

Research & Technology. 0(0)2018:1-22.

［43］R.H. CRITES AND A.G. BARTO. Elevator Group Control Using Multiple Reinforcement Learning Agents［C］. Machine Learning, 33, 235-262 (1998). °c 1998 Kluwer Academic Publishers, Boston. Manufactured in The Netherlands.

［44］Richard Peters, Pratap Mehta and John Haddon. Lift Passenger Traffic Patterns: Applications, Current Knowledge and Measurement［J］. Elevator World. 48(9).2000: 87-94.

［45］申益洙. 电梯运行周期公式及其单元参数研究［J］. 科技创新与应用，2017，Nol.17，25.

［46］申益洙. Barney 的电梯运行周期公式研究［J］. 山东工业技术，2017.Vol.13.222.

［47］申益洙，朱德文. 蚁群算法思想在电梯群控运行中的应用研究[J]. 中国高新技术企业.2016（18）：44-46.

［48］申益洙，朱德文. 双轿厢电梯运行分类研究［J］. 科技与企业. No.305.2016：226，228.

［49］朱德文. 对电梯综合运行模式的研究［J］. 中国电梯. Vol.29，No.14.2018：67-72.

［50］朱德文，申益洙. 多轿厢电梯系统设计与实施［M］. 北京：中国电力出版社，2017.